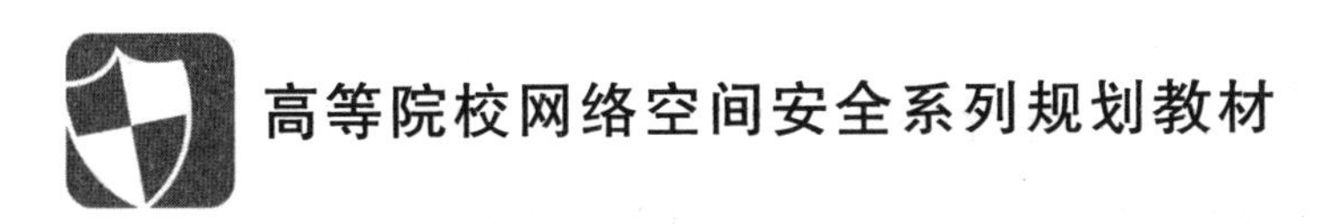

信息安全导论

李丽香　徐志宏　高大永　主编

北京邮电大学出版社
www.buptpress.com

内 容 简 介

本书根据北京邮电大学成人高等学历继续教育“信息安全导论”课程教学大纲编写而成。

全书共分为两部分。第1部分为基础理论和技术，包括信息安全概述、加密技术基础、身份认证与访问控制技术、物理安全、网络安全、Web应用安全、网络安全协议、防火墙技术等8个内容；第2部分为软件和数据安全，包括软件安全和恶意代码、信息内容安全、数据安全、操作系统安全、网络数据库安全、信息安全新技术与应用等6个内容。书后附有参考文献，这也是本教材的一部分。“信息安全导论”课程综合练习题及对应答案、课程实验指导部分、课程教学大纲可在北京邮电大学出版社官网上下载。

本书可作为成人高等教育信息安全专业及高等院校相关专业本科生和研究生的教材，也可作为信息安全专业人员及应用程序开发人员的基础参考资料。

图书在版编目（CIP）数据

信息安全导论 / 李丽香，徐志宏，高大永主编 . 北京 ：北京邮电大学出版社，2025. -- ISBN 978-7-5635-7411-7

Ⅰ. TP309

中国国家版本馆 CIP 数据核字第 2024M1S660 号

策划编辑：刘纳新　**责任编辑**：王晓丹　廖国军　**责任校对**：张会良　**封面设计**：七星博纳

出版发行：北京邮电大学出版社
社　　址：北京市海淀区西土城路10号
邮政编码：100876
发 行 部：电话：010-62282185　传真：010-62283578
E-mail：publish@bupt.edu.cn
经　　销：各地新华书店
印　　刷：保定市中画美凯印刷有限公司
开　　本：787 mm×1 092 mm　1/16
印　　张：28.5
字　　数：763千字
版　　次：2025年1月第1版
印　　次：2025年1月第1次印刷

ISBN 978-7-5635-7411-7　　定价：79.00元

前言

Foreword

“信息安全导论”作为计算机科学与技术(信息安全方向)专业的必修课程,它的开设是为了应对社会对信息安全技术的迫切需求,并解决实际的信息安全问题。本教材坚持需求驱动、问题导向和目标导向,理论与实践紧密结合,向学生传授解决信息安全问题的方法和技术。本教材根据高等教育学生的认知特点,遵循业内人员的素质规范要求,从学生熟悉的信息安全概述展开,逐步深入,以符合学生的认知发展规律。本教材在内容选取过程中力求从横向上全面覆盖本领域的主要知识点,从纵向上讲清楚问题解决的每个步骤。学生在本教材的学习过程中可有选择地进行学习,以便更好地发挥学生的学习主观能动性。

通过本课程的学习,学生将清楚地掌握信息安全的基本概念,熟悉现行的信息安全技术,为以后计算机信息安全及网络安全相关课程的学习打下坚实的基础。而本教材旨在培养学生对信息安全的基本认知,建构起信息安全的知识体系结构,提高学生自学的能力和解决问题的能力,让学生可以在网络虚拟环境中安全、自由地冲浪,并为未来的研究学习和应用开发打下良好的基础。

本教材涉及安全技术领域,重点介绍信息安全的保障和防御技术。我们知道,技术是一把双刃剑,因此,本教材的重点在于学习技术做“盾”的一面,而不是攻击别人的“矛”的一面,当然,攻击技术也是本教材介绍的内容之一。在教学中倡导学生学习时从大处着眼、小处着手,从模仿老师和他人解决问题到独立解决现实中遇到的问题,而这是一个渐进演化、不断发展的过程。信息安全技术既要让学生掌握基本的概念(这是万丈高楼的基础),也要让学生掌握解决问题的基本方法(这是课程的基本要求)。此外,开阔眼界、了解信息安全领域的主流技术和新技术以及未来发展的趋势,也可为进一步研究打下坚实的基础。

本教材在编写过程中参考了信息安全的相关书籍以及相关电子文档,在此一并对作者加以感谢。其中李丽香老师对全书进行了审阅,并提出了宝贵的修改意见;徐志宏和高大永老师共同编写了 5.1 节,其余部分由徐志宏老师编写。由于编者水平和阅历有限,以及信息安全领域日新月异的发展,书中难免存在错误和遗漏,敬请各位读者批评指正。

李丽香

2024 年元旦于北京

目录

Contents

第1部分　基础理论与技术

第1部分

基础理论与技术

第1章 信息安全概述

本章学习要点

- 了解信息安全的意义及发展；
- 了解目前主要存在的信息安全威胁和等级保护；
- 了解信息安全体系结构，重点掌握相关概念。

1.1 信息安全的理解

人类社会已经进入信息时代，社会发展对信息的依赖程度越来越高。从工农业生产到科学教育，从人们的日常生活到国家军事政治，信息已成为社会必不可少而又无处不在的重要资源，并决定着许多领域的成败。同时，网络技术无疑是当今世界激动人心的高新技术之一，它的快速发展给人们的工作、学习以及娱乐带来了新的方式，并且将世界连接成一个整体，而"世界"这一概念正在逐渐变小。

然而，随着信息化进程的不断深入和互联网的快速发展，信息安全问题日渐突出，已成为信息时代的人类共同面临的挑战。如果信息安全问题得不到很好的解决，那么必将阻碍信息化发展的进程，甚至危及地区安全。

1. 信息与信息安全

在讨论信息安全之前，需要了解信息(Information)的概念。目前，信息最普遍的定义是"事物运动的状态与方式"。国际标准化组织(ISO)对于信息给出了如下解释："信息是通过施加于数据上的某些约定而赋予这些数据的特定含义。"通常，我们可以把消息、信号、数据、情报和知识等都看作不同形式的信息。信息本身是无形的，需借助信息介质，以多种形式存在或传播。

人类的一切活动可以归结为认识世界和改造世界。从信息的观点来看，人类认识世界和改造世界就是一个不断从外部世界的客观事物中获取信息，并对它们进行识别、分析、判断、传递等处理，最终在大脑中形成决策信息，并反作用于外部世界的过程。人类对信息的认识越来越深刻，对信息的重视程度越来越高，各项活动也逐步变成以信息为核心。可以说，信息和物质、能量一样，是当今人类生存和发展中必不可少的宝贵资源。因此，信息的安全问题也越来越受到人们的关注。

信息安全的概念具有丰富的内涵和广泛的外延，不同领域对它的理解和阐述都有所不同。

在商业和经济领域，信息安全主要强调的是削减并控制风险，保持业务操作的连续性，并将风险造成的损失和影响降到最低。建立在网络基础之上的现代信息系统，其信息安全的定义较为明确，ISO 对信息安全的定义是："在技术上和管理上为数据处理系统建立的安全保护，保护信息系统的硬件、软件及相关数据不因偶然或者恶意的原因遭到破坏、更改及泄露。"

在信息时代，信息安全的目的是："确保以电磁信号为主要形式的、在计算机网络化系统中进行获取、处理、存储、传输和应用的信息内容在各个物理及逻辑区域中安全存在，并不发生任何侵害行为。"

2. 信息安全的发展阶段

信息安全可谓是一个古老的话题，其发展经历了漫长的历史演变。从某种意义上说，从人类开始进行信息交流时，就涉及了信息安全问题。从古老的恺撒密码到第二次世界大战时期的谍报战，从《三国演义》中的蒋干盗书到当今的网络攻防，只要存在信息交流，就存在信息的窃取、破坏以及欺骗等信息安全问题。

信息安全的发展是跟信息技术的发展和用户的需求密不可分的。目前，信息安全领域的流行观点表示，信息安全的发展大致分为通信安全（COMSEC）、信息安全（INFOSEC）和信息保障（Information Assurance，IA）三个阶段，即保密、保护和保障发展阶段。

1）通信安全

20 世纪 90 年代以前，通信技术还不发达。面对电话、电报、传真等信息交换过程中存在的安全问题，人们主要强调的是信息的保密性，且对安全理论和技术的研究只侧重于密码学。这一阶段的信息安全可以简单称为通信安全，主要目的是保障传递的信息安全，防止信源、信宿以外的对象查看信息。

2）信息安全

20 世纪 90 年代以后，半导体和集成电路技术的飞速发展推动了计算机软件、硬件的发展，计算机和网络技术的应用进入了实用化和规模化阶段。人们对安全的关注已经逐渐扩展为以保密性、完整性和可用性为目标的信息安全（Information Security，IS）阶段，具有代表性的测评标准为美国的 TCSEC 和欧洲的 ITSEC，同时，出现了防火墙、入侵检测、漏洞扫描及 VPN 等网络安全技术。这一阶段的信息安全可以归纳为对信息系统的保护，主要保证信息的机密性、完整性、可用性、可控性和不可否认性。

① 机密性（Confidentiality）：指信息只能为授权者使用而不泄漏给未经授权者的特性；

② 完整性（Integrity）：指保证信息在存储和传输过程中未经授权不能被改变的特性；

③ 可用性（Availability）：指保证信息和信息系统随时为授权者提供服务的有效特性；

④ 可控性（Controllability）：指授权实体可以控制信息系统和信息使用的特性；

⑤ 不可否认性（Non-repudiation）：指任何实体均无法否认其实施过的信息行为的特性，也称为抗抵赖性。

3）信息保障

1996 年美国国防部提出了信息保障的概念，标志着信息安全进入了一个全新的发展阶段。

随着互联网的飞速发展，信息安全不再局限于对信息的静态保护，而是对整个信息和信息系统进行保护和防御。美国提出信息保障主要包括保护（Protect）、检测（Detect）、反应（React）、恢复（Restore）四个方面，其目的是动态地、全方位地保护信息系统。我国也给出了信息保障的相关解释："信息保障是对信息和信息系统的安全属性及功能、效率进行保障的动态行为过程。它运用源于人、管理、技术等因素所形成的预警能力、保护能力、检测能力、反应能力、恢复能力和反击能力，在信息和系统生命周期全过程的各个状态下，保证信息内容、计算环境、边界与连接、网络基础设施的真实性、可用性、完整性、保密性、可控性、不可否认性等安全属性，从而保障应用服务的效率和效益，促进信息化的可持续健康发展。”由此可见，信息保障是主动的、持续的。

在信息保障的概念中，人、技术和管理被称为信息保障三大要素，如图1.1所示。人是信息保障的基础，信息系统是人建立的，同时也是为人服务的，受人的行为影响，因此，信息保障需依靠专业知识强、安全意识高的专业人员。技术是信息保障的核心，任何信息系统都势必存在一些安全隐患，因此，必须正视威胁和攻击，依靠先进的信息安全技术，综合分析安全风险，实施适当的安全防护措施，达到保护信息系统的目的。管理是信息保障的关键，没有完善的信息安全管理相关制度及法律法规，就无法保障信息安全。每个信息安全专业人员都应该遵守有关的规章制度及法律法规，保证信息系统的安全。同样，每个使用者也需要遵守这些规定，并在法律许可的范围内合理地使用信息系统。

图1.1 信息保障三大要素

总之，信息安全不是一个孤立静止的概念，其具有系统性、相对性和动态性，且其内涵随着人类信息技术、计算机技术以及网络技术的发展而不断发展。如何有效地保障信息安全是一个长期的、发展的话题。

1.2 信息安全的威胁与等级保护

1. 信息安全的威胁

信息资产（有价值的信息）的存在形式多种多样，如书籍、文件、硬件、软件、服务等形式，总体上可分为有形和无形两类，这两类都具有一定的价值属性。信息安全的威胁主要源于对信息资产直接或间接的、主动或被动的侵害企图。

1）信息安全威胁的基本类型

信息的安全属性主要包括机密性、完整性、可用性、可控性、不可否认性等。信息安全威胁也是针对这些属性而存在的。

（1）信息泄露

信息泄露即信息被有意或无意地泄露给某个非授权的实体。此项威胁主要破坏信息的机密性，如利用电磁泄漏或者其他窃听的方式截获信息、破解传输或存储的密文信息、通过谍报人员直接得到对方的情报等行为。

（2）信息伪造

信息伪造即某个未授权的实体冒充其他实体发布信息，或者从事其他网络行为。此项威胁主要破坏信息的真实性和不可否认性，如在网络上冒充他人发布假消息、盗用他人身份进行网络资源访问等行为。

（3）完整性破坏

完整性破坏即以非法手段窃取信息的控制权，未经授权对信息进行修改、插入、删除等操作，使信息内容发生不应有的变化。此项威胁主要破坏信息的完整性，如篡改电子文档、伪造图片、伪造签名等行为。

（4）业务否决或拒绝服务

业务否决或拒绝服务即攻击者通过对信息系统进行过量的、非法的访问操作使信息系统超载或崩溃，从而无法正常进行业务或提供服务，简单地讲，当一个实体的非法操作妨碍了其他实体完成其正当操作的时候便发生了服务拒绝。此项威胁主要破坏信息系统的可用性，如大量的垃圾邮件会使邮件服务器无法为合法用户提供正常的服务。

（5）未经授权访问

未经授权访问即某个未经授权的实体非法访问信息资源，或者授权实体访问超越其权限的信息资源。此项威胁主要破坏信息的可控性，如：有意避开信息系统的访问控制，对信息资源进行非法操作；通过非法手段擅自提升或扩大权限，越权访问信息资源等行为。

2）信息安全威胁的主要表现形式

对于信息来说，面临的威胁可能是针对物理环境、通信链路、网络系统、操作系统、应用系统以及管理系统等方面的破坏，一般与环境密切相关，即其危险性随环境的变化而变化。下面给出一些常见的信息安全威胁。

（1）攻击原始资料

① 人员泄露：某个得到授权的人，为了利益或由于粗心将信息泄露给某个非授权的人；

② 废弃的介质：信息从废弃的磁盘、光盘或纸张等存储介质中获得；

③ 窃取：重要的资料或安全物品（如身份卡等）被非授权的人盗用。

（2）破坏基础设施

① 破坏电力系统：电力系统的破坏可以导致现代的信息系统完全失去其意义；

② 破坏通信网络：通信网络的破坏可以使依赖于通信网络的信息系统瘫痪；

③ 破坏信息系统场所：即直接对信息中心建筑物进行攻击，彻底摧毁信息系统核心设备。

（3）攻击信息系统

① 物理侵入：入侵者绕过物理控制而获得对系统的访问；

② 特洛伊木马：本质上是一种基于远程控制的黑客工具，具有很强的隐蔽性，当其运行时，会破坏用户主机的信息安全；

③ 恶意访问：没有预先经过授权就使用网络或计算机资源；

④ 服务干扰：以非法手段窃得对信息的使用权，或不断对网络信息服务系统进行干扰，使系统响应变慢甚至瘫痪；

⑤ 旁路控制：攻击者利用系统的安全缺陷或安全性上的脆弱之处获得非授权的权利或特权。例如，攻击者通过各种攻击手段发现了原本应该保密但是又暴露出来的一些系统“特性”，其可以利用这些“特性”绕过防线守卫者侵入系统内部；

⑥ 计算机病毒：这是一种人为编制的特殊程序。它可以在计算机系统中运行，实现感染和侵害功能。它一般通过文件复制、电子邮件、网页浏览、文件服务器下载等形式侵入，并在发作时导致程序运行错误、死机甚至毁坏硬件。

（4）攻击信息传输

① 窃听：在信息传输过程中，用各种可能的合法或非法的手段窃取信息资源；

② 业务流分析：通过对系统进行长期监听，并利用统计分析方法对诸如通信频度、通信流量等参数的变化进行研究，从中发现有价值的信息和规律；

③ 重放：出于非法目的，将某次截获的合法通信数据进行复制并重新发送。

（5）恶意伪造

① 业务欺骗：非法实体伪装成合法实体身份，通过欺骗让合法的用户或实体自愿提供其敏感信息等；

② 假冒：通过欺骗通信系统达到非法用户冒充合法用户，或者特权小的用户冒充特权大的用户的目的；

③ 抵赖：对实体本身实施过的行为予以否认，以达到规避某些责任的目的。例如，否认自己曾经发布过的某条消息等。

（6）自身失误

每个实体都拥有相应的权限，而这些权限均和其特定的身份证明标志绑定在一起，如果这些特定的身份证明标志被其他非法实体得到，那么将给某些重要信息资源带来重大损失。例如，网络管理员的操作口令泄露，导致攻击者可以进入信息系统中控制重要的信息资源。

（7）内部攻击

被授权的合法实体出于某些目的利用其权限从事非法行为。若要保证信息的安全就必须想办法在最大程度上克服种种威胁。需要指出的是，无论采取何种防范措施都不能保证信息是绝对安全的，因为安全是相对的。

2. 信息安全的等级保护

信息安全等级保护是按照信息和信息载体的重要性分级别进行保护的一项工作，是国家安全管理部门对核心、敏感系统的一种强制要求的等级保护机制。该机制依照信息系统的功能定位，基于不同等级的划分，采取相关的安全管理制度和技术来保障信息安全，并通过配置信息系统建设的责任人及运维技术负责人，打造一个安全高效的信息系统防护团队。同时，借助专业人士评估企业的专业技术手段，该机制将构建一套行之有效的信息安全管理制度。

信息安全等级保护是提高信息安全保障能力和水平，维护国家安全、社会稳定和公共利益，保障和促进信息化建设的一项基本制度，也是国外通行的做法。其核心思想是将安全策略、安全责任和安全保证等计算机信息系统安全需求划分为不同的等级。国家、企业和个人可依据不同等级的要求，有针对性地保护信息系统安全。

1）概述

信息安全等级保护，即对涉及国计民生的基础信息网络和重要信息系统按其重要程度及实际安全需求合理投入，分级进行保护、分类指导和分阶段实施，以保障信息系统安全正常运行，提高信息安全综合防护能力，保障国家安全，维护社会秩序和稳定，保障并促进信息化建设健康发展，拉动信息安全和基础信息科学技术发展与产业化，进而牵动经济发展，提高综合国力。

信息安全等级保护的核心理念是对信息系统，特别是对业务应用系统安全分等级、按标准进行建设、管理和监督。通常根据信息系统在国家安全、经济建设、社会生活中的重要程度，信息系统遭到破坏后对国家安全、社会秩序和公共利益以及公民、法人和其他组织的合法权益的危害程度等因素，将信息安全等级保护划分为五个等级。从第一级到第五级，安全性逐级提高。

信息安全等级保护在国际上得到了广泛的认可，其思想源头可以追溯到美国的军事保密制度。自20世纪60年代以来，这一思想不断发展、完善。等级保护思想中第一个比较成熟并且具有重大影响的评估准则是于1985年发布的《可信计算机系统评估准则》（TCSEC），该准则是当时美国国防部为适应军事计算机的保密需要，针对没有外部连接的多用户系统提出的。

受美国等级保护思想的影响，欧盟和加拿大也分别制定了自己的等级保护评估准则。英国、法国、德国、荷兰四国于1991年提出了包含保密性、完整性、可用性等概念的《信息技术安全评估准则》(ITSEC)。ITSEC作为多国安全评估标准的综合产物，适用于军队、政府和商业部门。1993年，加拿大公布《可信计算机产品评估准则》(CTCPEC)3.0版本。CTCPEC作为TCSEC和ITSEC的结合，将安全分为功能性要求和保证性要求两个部分，其中功能性要求分为机密性、完整性、可用性、可控性四个大类。

为解决原各自标准中出现的概念和技术上的差异，1996年，美国、欧盟、加拿大联合，将各自评估准则整合，形成评估通用准则(Common Criteria，CC)。1999年，CC 2.1版本被ISO采纳，作为ISO/IEC 15408发布。在CC中定义的评估信息技术产品和系统安全性所需要的基础准则是度量信息技术安全性的基准。

近年来，世界各国在信息安全方面的重视程度明显提高，并在信息安全等级保护方面投入了巨大的精力。目前对信息及信息系统实行分等级保护是各国保护关键基础设施的通行做法。

2) 等级保护的发展

(1)《可信计算机系统评估准则》(TCSEC)

TCSEC是第一个计算机系统安全评估的正式标准，由美国国防部根据国防信息系统的保密需求制定，首次公布于1983年。由于它使用了橘色书皮，所以通常被称为“橘皮书”。后来在美国国防部国家计算机安全中心(NCSC)的主持下制定了一系列相关准则，如可信任数据库解释(Trusted Database Interpretation)和可信任网络解释(Trusted Network Interpretation)。

1985年，TCSEC进行修改后再次发布，并沿用至今。到1999年前，TCSEC一直是美国评估操作系统安全性的主要准则，其他子系统，如数据库和网络的安全性，一直以橘皮书的标准进行评估。

TCSEC将计算机系统的安全划分为四个等级、七个级别。安全性由低到高分别为D、C、B、A四个等级，其中D等级包括D1一个级别，C等级包括C1、C2两个级别，B等级包括B1、B2、B3三个级别，A等级包括A1一个级别。TCSEC具体级别划分如表1.1所示。

表1.1 TCSEC安全级别

等级	级别	名称	主要特征
D	D1	低级保护	本地操作系统，或者是一个完全没有保护的网络
C	C1	主存取控制	可信任运算基础体制，所有文档都具有相同的机密性
	C2	自主存取控制	单独的可追究性，加强了可调的审慎控制
B	B1	强制存取保护	强迫访问控制，使用灵敏度标记
	B2	结构化保护	可信任运算基础体制，隐通信约束
	B3	安全区域	建立安全审计跟踪，支持独立的安全管理
A	A1	形式化认证	按正式的设计规范分析系统，确保系统符合设计规范

① D1级：该级的计算机系统除了物理层面的安全设施没有任何安全措施，任何人只要启动系统就可以访问其资源和数据，因此，符合安全要求的该级系统不能在多用户环境中处理敏感信息。如DOS、Windows的低版本和DBASE。

② C1级:又称选择的安全保护。系统能够把用户和数据隔开,用户可以根据需要采用系统提供的访问控制措施来保护自己的数据。系统中有一个防止破坏的区域,该区域包含安全功能。用户拥有注册账号和口令,系统通过账号和口令来判断用户是否合法,并根据用户的身份为其分配相关的访问权限。

③ C2级:又称访问控制保护。系统具有审计和验证机制,可对可信计算机进行建立和维护操作,防止外部人员进行修改。更细的控制粒度使得允许或拒绝任何用户访问单个文件成为可能。系统必须对所有的注册以及文件的打开、建立和删除进行记录。审计跟踪必须追踪到每个用户对每个目标的访问。能够达到C2级的常见操作系统有UNIX、XENIX、Windows NT。

④ B1级:标识的安全保护。系统中的每个对象都有一个敏感性标签,而每个用户又都有一个许可级别。许可级别定义了用户可处理的敏感性标签。系统的每个文件都按内容分类并标有敏感性标签,任何对用户许可级别和成员分类的更改都会受到严格控制。比较流行的B1级操作系统是OSF/1。

⑤ B2级:又称结构化保护。系统的设计和实现要经过全面的测试和严格的审查,确保对所有目标和实体实施访问控制。系统应结构化为明确而独立的模块且严格遵守最少特权原则。系统政策应由专职人员负责实施,并且进行隐蔽信道分析。系统必须维护一个保护域,以保护系统的完整性,防止外部干扰。目前,UNIXWare 2.1/ES作为国内独立开发且具有自主版权的高安全性UNIX系统,其安全级别为B2级。

⑥ B3级:又称安全域级别。系统的安全功能足够精简,易于进行全面测试并且必须满足参考监视器需求,以传递所有主体到客体的访问。此外,系统要有安全管理员,审计机制扩展到能用信号通知安全相关事件,并且具备恢复规程,以及高度抗侵扰功能。

⑦ A1级:又称核实保护。最初设计系统时就充分考虑了安全性。系统采用"正式安全策略模型",该模型包括由公理组成的数学证明。系统的顶级技术规格必须与模型相对应。此外,系统还包括分发控制和隐蔽信道分析。

(2)《信息技术安全评估准则》(ITSEC)

由于信息安全评估技术的复杂性和国际市场上信息安全产品的逐渐形成,单靠一个国家自行制定并实行自己的评估标准已不能满足国际交流的需求,因此,多国开始共同制定统一的信息安全产品评估标准。

1991年,英国、法国、德国、荷兰四国的国防部门信息安全机构率先联合制定了《信息技术安全评估准则》(ITSEC),并迅速成为欧盟各成员国共同使用的评估标准。这为多国共同制定信息安全评估标准开辟了先河。

ITSEC是欧洲多国安全评价方法的综合产物,其应用领域为军队、政府和商业。该准则将安全概念分为功能与评估两个部分。功能准则从F1到F10,共有10级。F1级到F5级分别对应TCSEC的D级别到A级别。F6级到F10级分别对应数据和程序的完整性、系统的可用性、数据通信的完整性、数据通信的保密性以及机密性和完整性的网络安全。

与TCSEC不同,ITSEC并不把保密措施直接与计算机功能相联系,而是只叙述技术安全的要求,并把保密作为安全增强功能。另外,TCSEC把保密作为安全的重点,而ITSEC则把完整性、可用性与保密性作为同等重要的因素。ITSEC定义了从E0级(不充分的安全保证)到E6级(形式化保证)七个安全级别。

对于每个系统,安全功能可分别定义,ITSEC安全级别定义如表1.2所示。

表 1.2 ITSEC 安全级别

安全级别	主要特征
E0	不充分的安全保证
E1	必须包含一个安全目标和一个对产品或系统的体系结构设计的非形式化描述，还需要功能测试，以表明是否达到安全目标
E2	除了 E1 级的要求，必须对详细的设计有非形式化描述。另外，功能测试的证据必须被评估，以及必须有配置控制系统和认可的分配过程
E3	除了 E2 级的要求，不仅要评估与安全机制相对应的源代码和硬件设计图，还要评估测试这些机制的证据
E4	除了 E3 级的要求，必须含有支持安全目标的安全策略的基本形式模型。用半形式化的格式说明安全加强功能、体系结构和详细的设计
E5	除了 E4 级的要求，在详细的设计和源代码或硬件设计图之间要求存在紧密的对应关系
E6	除了 E5 级的要求，必须正式说明安全加强功能和体系结构设计，使其与安全策略的基本形式模型一致

(3)《信息技术安全评估通用准则》(CC)

1993 年 6 月，TCSEC、CTCPEC、FC 和 ITSEC 的发起组织集中了他们的力量，开始了将各自独立的准则集合成一组单一的、能被广泛使用的 IT 安全准则的联合行动，并于 1996 年由美国、加拿大、法国、德国、英国和荷兰六个国家联合公布《信息技术安全评估通用准则》(CC)1.0 版本。随后，上述的发起组织和 ISO 建立了联系，并为 ISO 提供了几个 CC 的早期版本。

实际上，ISO 从 1990 年就开始制定通用的国际标准评估准则。最初由于工作量大，而且各方意见不一，标准制定的进展缓慢。在与 CC 的发起组织建立联系后，1999 年 12 月，ISO 采纳了 CC v2.0，并将其作为国际标准 ISO/IEC 15408 发布，从此国际上形成了统一的信息安全评估准则。ISO/IEC 15408 实际上就是 CC 在 ISO 的名称。

从等级保护的思想上来说，CC 比 TCSEC 更认同实现安全渠道的多样性，因此扩充了测评的范围。TCSEC 对各类信息系统规定了统一的安全要求，认为必须具备若干功能的系统才算得上某个等级的可信系统，而 CC 承认各类信息系统具有灵活多样性。

CC 是国际通行的信息技术产品安全性评价规范。它基于保护轮廓和安全目标提出安全需求，具有灵活性和合理性。通过基于功能要求和保证要求进行的安全评估，CC 能够实现安全性分级评估目标。此外，CC 不仅考虑了保密性评估要求，还考虑了完整性和可用性等多方面的安全要求。在第 4 章还会进一步介绍 CC。

CC 中定义了七个评估安全级别，具体如表 1.3 所示。

表 1.3 CC 安全级别

级别	名称	主要特征
EAL1	功能测试	不满足品质
EAL2	结构测试	测试
EAL3	方法测试和检验	配置控制和可控的分析
EAL4	方法设计、测试和评审	访问详细的设计和源代码
EAL5	半形式化设计和测试	详细的脆弱性分析
EAL6	半形式化验证设计和测试	设计与源代码对应
EAL7	形式化验证设计和测试	形式化设计

各评估标准之间的对应关系如表1.4所示。

表1.4　评估标准间的对应关系

CC	TCSEC	ITSEC
—	—	E0
EAL1	—	—
EAL2	C1	E1
EAL3	C2	E2
EAL4	B1	E3
EAL5	B2	E4
EAL6	B3	E5
EAL7	A1	E6

(4) 中国等级保护的发展

在国际信息安全等级保护发展的同时，信息化建设不断深入，我国的等级保护工作也被提上日程，其发展主要经历了四个阶段。

1994—2003年是政策环境营造阶段。国务院于1994年颁布了《中华人民共和国计算机信息系统安全保护条例》，规定计算机信息系统实行安全等级保护。2003年，中共中央办公厅、国务院办公厅联合颁发的《国家信息化领导小组关于加强信息安全保障工作的意见》(中办发〔2003〕27号)明确指出了"实行信息安全等级保护"，此文件的出台标志着等级保护已从计算机信息系统安全保护的一项制度上升为国家信息安全保障的一项基本制度。

2004—2006年是等级保护工作开展准备阶段。公安部、国家保密局、国家密码管理局、国务院信息化工作办公室四部委联合开展了涉及65 117家单位，共115 319个信息系统的等级保护基础调查和等级保护试点工作。通过摸底调查和试点，探索了开展等级保护工作领导、组织、协调的模式和办法，为全面开展等级保护工作奠定了坚实的基础。

2007—2010年是等级保护工作正式启动阶段。2007年6月，四部委联合出台了《信息安全等级保护管理办法》，同年7月，四部委联合颁布了《关于开展全国重要信息系统安全等级保护定级工作的通知》，并于7月20日召开了全国重要信息系统安全等级保护定级工作电视电话会议，这标志着我国信息安全等级保护制度历经十多年的探索后开始正式实施。

2010年至今是等级保护工作规模推进阶段。2010年4月，公安部出台了《关于推动信息安全等级保护测评体系建设和开展等级测评工作的通知》，该文件提出了等级保护工作的阶段性目标。2010年12月，公安部和国务院国有资产监督管理委员会联合出台了《关于进一步推进中央企业信息安全等级保护工作的通知》，该文件要求中央企业贯彻执行等级保护工作。至此，我国信息安全等级保护工作全面展开，等级保护工作进入规模化推进阶段。

表1.5列出了我国开展信息安全等级保护工作的主要历程。

表1.5　我国开展信息安全等级保护工作的主要历程

颁布时间	文件名称	内容及意义
1994年	《中华人民共和国计算机信息系统安全保护条例》	第一次提出信息系统要施行安全等级保护，确定了等级保护的职责单位，并成为等级保护的法律基础

续 表

颁布时间	文件名称	内容及意义
1999 年	《计算机信息系统安全保护等级划分准则》	将我国计算机信息系统安全保护划分为五个等级，并成为等级保护的技术基础和依据
2003 年	《国家信息化领导小组关于加强信息安全保障工作的意见》	明确指出了“实行信息安全等级保护”，并确定了信息安全等级保护制度的基本内容
2004 年	《关于信息安全等级保护工作的实施意见》	将等级保护从计算机信息系统安全保护的一项制度上升为国家信息安全保障的一项基本制度
2007 年	《信息安全等级保护管理办法》	明确了信息安全等级保护制度的基本内容、流程及工作要求，信息系统运营使用单位和主管部门、监管部门在信息安全等级保护工作中的职责与任务
2009 年	《关于开展信息安全等级保护安全建设整改工作的指导意见》	指导各地区、各部门在信息安全等级保护定级工作基础上，深入开展信息安全等级保护安全建设整改工作
2010 年	《关于推动信息安全等级保护测评体系建设和开展等级测评工作的通知》	公安部结合了全国信息安全等级保护工作开展实际情况，及时制定和出台了这些规范性文件，对等级测评体系的建设工作提出了明确的要求，信息安全等级保护政策基本完备
2012 年	《信息安全技术　政府部门信息安全管理基本要求》	该标准规定了政府部门信息安全管理基本要求，用于指导各级政府部门的信息安全管理工作。该标准中涉及保密工作的，按照保密法规和标准执行；涉及密码工作的，按照国家密码管理规定执行
2013 年	《关于组织实施 2013 年国家信息安全专项有关事项的通知》	为了贯彻落实《国务院关于大力推进信息化发展和切实保障信息安全的若干意见》(国发〔2012〕23 号)的工作部署，针对金融、云计算与大数据、信息系统保密管理、工业控制等领域面临的信息安全实际需要，国家发展改革委决定继续组织国家信息安全专项的管理
2014 年	《关于加强国家级重要信息系统安全保障工作有关事项的通知》	要求加强涉及能源、金融、电信、交通、广电、海关、税务、人力资源社会保障等 47 个行业主管部门，276 家信息系统运营使用单位，500 个涉及国计民生的国家级重要信息系统的安全监管和保障
2015 年	《信息安全技术　统一威胁管理产品技术要求和测试评价方法》	该标准规定了统一威胁管理产品的功能要求、性能指标、产品自身安全要求和产品保证要求，以及统一威胁管理产品的分级要求，并根据技术要求给出了测试评价方法
2016 年	《信息安全技术　政府联网计算机终端安全管理基本要求》	该标准的创新性在于定义了计算机终端安全的概念，并将政府计算机终端安全列为信息安全的一个重要方面

1999 年，国家质量技术监督局正式发布了强制性国家标准，即《计算机信息系统安全保护等级划分准则》(GB 17859—1999)，将我国计算机信息系统安全保护划分为五个等级，这个准则成为等级保护的技术基础和依据。

2003 年，中共中央办公厅、国务院办公厅转发的《国家信息化领导小组关于加强信息安全保障工作的意见》(中办发〔2003〕27 号)明确指出：“要重点保护基础信息网络和关系国家安全、经济命脉、社会稳定等方面的重要信息系统，抓紧建立信息安全等级保护制度，制定信息安全等级保护的管理办法和技术指南。"明确指出"实行信息安全等级保护"，并确定了信息安全等级保护制度的基本内容。

2004 年 9 月 15 日，由公安部、国家保密局、国家密码管理局和国务院信息化工作办公室联合发布的《关于信息安全等级保护工作的实施意见》(公通字〔2004〕66 号)，明确实施了等级保护的基本做法，将等级保护从计算机信息系统安全保护的一项制度上升为国家信息安全保障的一项基本制度。

2007 年 6 月 22 日，四部委联合发布的《信息安全等级保护管理办法》(公通字〔2007〕43 号)，规范了信息安全等级保护的管理。2007 年 7 月 20 日，四部委在北京联合召开全国重要信息系统安全等级保护定级工作电视电话会议，部署在全国范围内开展重要信息系统安全等级保护定级工作。明确了信息安全等级保护制度的基本内容、流程及工作要求，信息系统运营使用单位和主管部门、监管部门在信息安全等级保护工作中的职责、任务。

2009 年 10 月 27 日，公安部颁布了《关于开展信息安全等级保护安全建设整改工作的指导意见》(公信安〔2009〕1429 号)，指导各地区、各部门在信息安全等级保护定级工作基础上，深入开展信息安全等级保护安全建设整改工作。

2010 年 4 月，公安部出台了《关于推动信息安全等级保护测评体系建设和开展等级测评工作的通知》(公信安〔2010〕303 号)，要求 2010 年底前完成等级测评体系建设工作，并完成 30%第三级(含)以上信息系统的测评工作，2011 年底前完成第三级(含)以上信息系统的等级测评工作，2012 年底前完成第三级(含)以上信息系统的安全建设整改工作。在《信息安全等级保护测评工作管理规范(试行)》中明确规定，公安部信息安全等级保护评估中心负责测评机构的能力评估和培训。

2012 年 12 月 31 日，中华人民共和国国家质量监督检验检疫总局、中国国家标准化管理委员会颁布了《信息安全技术　政府部门信息安全管理基本要求》。该标准从适用范围、信息安全组织管理、日常信息安全管理、信息安全防护管理、信息安全应急管理、信息安全教育培训、信息安全检查七个方面规定了政府部门信息安全管理基本要求。该标准可用于指导各级政府部门的信息安全管理工作以及信息安全检查工作，保障政府机关各部门各单位信息和信息系统的安全。

2013 年 8 月 26 日，国家发展和改革委员会决定继续组织国家信息安全专项，发布了《关于组织实施 2013 年国家信息安全专项有关事项的通知》，针对金融、云计算与大数据、信息系统保密管理、工业控制等领域面临的信息安全实际需要，贯彻落实《国务院关于大力推进信息化发展和切实保障信息安全的若干意见》(国发〔2012〕23 号)的工作部署。

2014 年，公安部、国家发展改革委、财政部颁布了《关于加强国家级重要信息系统安全保障工作有关事项的通知》(公信安〔2014〕2182 号)，要求加强涉及能源、金融、电信、交通、广电、海关、税务、人力资源社会保障等 47 个行业主管部门、276 家信息系统运营使用单位、500 个涉及国计民生的国家级重要信息系统的安全监管和保障。

(5) 信息安全等级保护实施过程中存在的问题

目前等级保护实施体系主要存在以下问题。

① 信息安全等级保护定级标准较为宏观，需要进一步定量分析，以提高准确度。宏观标准难以映射到具体实施中，且在具体实施中尺度不易把握，获得的结果主观随意性较大。

② 新标准实施后，缺乏相应的软件支撑。信息系统等级保护是国家根据国内信息安全具体情况实施的信息安全制度，与国际上的安全标准均不相同，因此不能直接使用国外的评估软

件。到目前为止,国内尚未出现类似开发出了评估软件的报道。

3）信息系统的安全等级

《计算机信息系统安全保护的等级划分准则》(GB 17859—1999)规定了计算机信息系统安全保护能力的五个等级,即用户自主保护级、系统审计保护级、安全标记保护级、结构化保护级和访问验证保护级。计算机信息系统安全保护能力随着安全保护等级的提高而逐渐增强。

(1) 信息安全保护等级划分

信息系统的安全保护等级由两个定级要素决定:等级保护对象受到破坏时所侵害的客体和对客体造成侵害的程度。

① 受侵害的客体。等级保护对象受到破坏时所侵害的客体包括三个方面:一是公民、法人和其他组织的合法权益;二是社会秩序、公共利益;三是国家安全。

② 对客体的侵害程度。对客体的侵害程度由客观方面的不同外在表现综合决定。由于对客体的侵害是通过对等级保护对象的破坏实现的,因此,对客体侵害的外在表现为对等级保护对象的破坏,通过危害方式、危害后果和危害程度加以描述。等级保护对象受到破坏后对客体造成侵害的程度有三种:一是一般损害;二是严重损害;三是特别严重损害。

信息系统的安全保护等级由低到高划分为五级,其根据信息系统在国家安全、经济建设、社会生活中的重要程度,信息系统遭到破坏后对国家安全、社会秩序和公共利益以及公民、法人和其他组织的合法权益的危害程度等来划分的。保护等级划分依据如表 1.6 所示。

表 1.6　保护等级划分依据

等级	对象	侵害客体	侵害程度	监管强度
第一级	一般系统	合法权益	一般损害	自主保护
第二级		合法权益	严重损害	指导保护
		社会秩序和公共利益	一般损害	
第三级	重要系统	社会秩序和公共利益	严重损害	监督检查
		国家安全	一般损害	
第四级		社会秩序和公共利益	特别严重损害	强制监督检查
		国家安全	严重损害	
第五级	极端重要系统	国家安全	特别严重损害	专门监督检查

(2) 第一级用户自主保护级

本级的计算机信息系统可信计算基通过隔离用户与数据,使用户具备自主保护的能力。它具有多种形式的控制能力,可对用户实施访问控制,即为用户提供可行的手段,保护用户和用户组信息,避免其他用户对数据进行非法读写与破坏。信息系统受到破坏后,会对公民、法人和其他组织的合法权益造成一般损害,但不损害国家安全、社会秩序和公共利益。第一级包含自主访问控制、身份鉴别和数据完整性验证三个安全模块。

① 自主访问控制。计算机信息系统可信计算基定义和控制系统中命名用户对命名客体的访问。实施机制(如访问控制表)允许命名用户以用户和(或)用户组的身份规定并控制客体的共享,阻止非授权用户读取敏感信息。

② 身份鉴别。计算机信息系统可信计算基初始执行时,首先要求用户标识自己的身份,并使用保护机制(如口令)来鉴别用户的身份,阻止非授权用户访问用户身份鉴别数据。

③ 数据完整性验证。计算机信息系统可信计算基通过自主完整性策略，阻止非授权用户修改或破坏敏感信息。

(3) 第二级系统审计保护级

与用户自主保护级相比，本级的计算机信息系统可信计算基实施了粒度更细的自主访问控制。它通过登录规程、审计安全性相关事件和隔离资源，使用户对自己的行为负责。信息系统受到破坏后，会对公民、法人和其他组织的合法权益造成严重损害，或者对社会秩序和公共利益造成一般损害，但不损害国家安全。第二级包含自主访问控制、身份鉴别、客体重用、审计和数据完整性验证五个安全模块。

① 自主访问控制。计算机信息系统可信计算基定义和控制系统中命名用户对命名客体的访问。实施机制(如访问控制表)允许命名用户以用户和(或)用户组的身份规定并控制客体的共享，阻止非授权用户读取敏感信息，并控制访问权限扩散。自主访问控制机制根据用户指定方式或默认方式，阻止非授权用户访问客体。访问控制的粒度是单个用户，没有存取权的用户只允许由授权用户指定对客体的访问权。

② 身份鉴别。计算机信息系统可信计算基初始执行时，首先要求用户标识自己的身份，并使用保护机制(如口令)来鉴别用户的身份，阻止非授权用户访问用户身份鉴别数据。通过为用户提供唯一标识，计算机信息系统可信计算基能够使用户对自己的行为负责。计算机信息系统可信计算基还具备将身份标识与该用户所有可审计行为相关联的能力。

③ 客体重用。在计算机信息系统可信计算基的空闲存储客体空间中，对客体初始指定、分配或再分配一个主体之前，撤销该客体所含信息的所有授权。当主体获得对一个已被释放的客体的访问权时，当前主体不能获得原主体活动所产生的任何信息。

④ 审计。计算机信息系统可信计算基能创建和维护受保护客体的访问审计跟踪记录，并能阻止非授权的用户对它的访问或破坏。

计算机信息系统可信计算基能记录下述事件：使用身份鉴别机制；将客体引入用户地址空间(如打开文件、程序初始化)；删除客体；由操作员、系统管理员或(和)系统安全管理员实施的动作，以及其他与系统安全有关的事件。对于每一事件，其审计记录包括：事件的日期和时间、用户、事件类型、事件是否成功。对于身份鉴别事件，审计记录包含请求的来源(如终端标识符)；对于客体引入用户地址空间的事件及客体删除事件，审计记录包含客体名。

对不能由计算机信息系统可信计算基独立分辨的审计事件，审计机制提供审计记录接口，可由授权主体调用。这些审计记录区别于计算机信息系统可信计算基独立分辨的审计记录。

⑤ 数据完整性验证。计算机信息系统可信计算基通过自主完整性策略，阻止非授权用户修改或破坏敏感信息。

(4) 第三级安全标记保护级

本级的计算机信息系统可信计算基具有系统审计保护级所有功能。此外，还需提供有关安全策略模型、数据标记以及主体对客体强制访问控制的非形式化描述，具有准确地标记输出信息的能力，消除通过测试发现的任何错误。信息系统受到破坏后，会对社会秩序和公共利益造成严重损害，或者对国家安全造成一般损害。第三级包含自主访问控制、强制访问控制、标记、身份鉴别、客体重用、审计和数据完整性验证七个安全模块。

① 自主访问控制。计算机信息系统可信计算基定义和控制系统中命名用户对命名客体的访问。实施机制(如访问控制表)允许命名用户以用户和(或)用户组的身份规定并控制客体的共享，阻止非授权用户读取敏感信息，并控制访问权限扩散。自主访问控制机制根据用户指

定方式或默认方式，阻止非授权用户访问客体。访问控制的粒度是单个用户，没有存取权的用户只允许由授权用户指定对客体的访问权。

② 强制访问控制。计算机信息系统可信计算基对所有主体及其所控制的客体(如进程、文件、段、设备)实施强制访问控制，并为这些主体及客体指定敏感标记，而这些标记是等级分类和非等级类别的组合，也是实施强制访问控制的依据。计算机信息系统可信计算基支持两种或两种以上成分组成的安全级。计算机信息系统可信计算基控制的所有主体对客体的访问应满足：仅当主体安全级中的等级分类高于或等于客体安全级中的等级分类，且主体安全级中的非等级类别包含了客体安全级中的全部非等级类别，主体才能读客体；仅当主体安全级中的等级分类低于或等于客体安全级中的等级分类，且主体安全级中的非等级类别包含于客体安全级中的非等级类别，主体才能写一个客体。计算机信息系统可信计算基使用身份和鉴别数据来鉴别用户的身份，并保证用户创建的计算机信息系统可信计算基外部主体的安全级和授权受该用户的安全级和授权的控制。

③ 标记。计算机信息系统可信计算基应维护与主体及其控制的存储客体(如进程、文件、段、设备)相关的敏感标记。这些标记是实施强制访问的基础。为了输入未加安全标记的数据，计算机信息系统可信计算基向授权用户要求并接受这些数据的安全级别，且可由计算机信息系统可信计算基审计。

④ 身份鉴别。计算机信息系统可信计算基初始执行时，首先要求用户标识自己的身份，计算机信息系统可信计算基维护用户身份识别数据并确定用户访问权及授权数据。计算机信息系统可信计算基使用这些数据鉴别用户身份，并使用保护机制(如口令)来鉴别用户的身份，阻止非授权用户访问用户身份鉴别数据。通过为用户提供唯一标识，计算机信息系统可信计算基能够使用户对自己的行为负责。计算机信息系统可信计算基还具备将身份标识与该用户所有可审计行为相关联的能力。

⑤ 客体重用。在计算机信息系统可信计算基的空闲存储客体空间中，对客体初始指定、分配或再分配一个主体之前，撤销客体所含信息的所有授权。当主体获得对一个已被释放的客体的访问权时，当前主体不能获得原主体活动所产生的任何信息。

⑥ 审计。计算机信息系统可信计算基能创建和维护受保护客体的访问审计跟踪记录，并能阻止非授权的用户对它访问或破坏。

计算机信息系统可信计算基能记录下述事件：使用身份鉴别机制；将客体引入用户地址空间(如打开文件、程序初始化)；删除客体；由操作员、系统管理员或(和)系统安全管理员实施的动作，以及其他与系统安全有关的事件。对于每一事件，其审计记录包括：事件的日期和时间、用户、事件类型、事件是否成功。对于身份鉴别事件，审计记录包含请求的来源(如终端标识符)；对于客体引入用户地址空间的事件及客体删除事件，审计记录包含客体名及客体的安全级别。此外，计算机信息系统可信计算基具有审计更改可读输出记号的能力。

对不能由计算机信息系统可信计算基独立分辨的审计事件，审计机制提供审计记录接口，可由授权主体调用。这些审计记录区别于计算机信息系统可信计算基独立分辨的审计记录。

⑦ 数据完整性验证。计算机信息系统可信计算基通过自主和强制完整性策略，阻止非授权用户修改或破坏敏感信息。在网络环境中，使用完整性敏感标记来确保信息在传送中未受损。

(5) 第四级结构化保护级

本级的计算机信息系统可信计算基建立于一个明确定义的形式化安全策略模型之上，它要求将第三级系统的自主访问控制和强制访问控制扩展到所有主体与客体。此外,还要考虑隐蔽通道。本级的计算机信息系统可信计算基必须结构化为关键保护元素和非关键保护元素。计算机信息系统可信计算基的接口也必须明确定义,使其设计与实现能经受更充分的测试和更完整的复审。此外,系统加强了鉴别机制,支持系统管理员和操作员的职能,提供了可信设施管理,增强了配置管理控制。系统还具有一定的抗渗透能力。信息系统受到破坏后,会对社会秩序和公共利益造成特别严重损害,或者对国家安全造成严重损害。第四级包含自主访问控制、强制访问控制、标记、身份鉴别、客体重用、审计、数据完整性验证、隐蔽信道分析和可信路径九个安全模块。

① 自主访问控制。计算机信息系统可信计算基定义和控制系统中命名用户对命名客体的访问。实施机制(如访问控制表)允许命名用户和(或)以用户组的身份规定并控制客体的共享,阻止非授权用户读取敏感信息,并控制访问权限扩散。自主访问控制机制根据用户指定方式或默认方式,阻止非授权用户访问客体。访问控制的粒度是单个用户,没有存取权的用户只允许由授权用户指定对客体的访问权。

② 强制访问控制。计算机信息系统可信计算基对外部主体能够直接或间接访问的所有资源(如主体、存储客体和输入、输出资源)实施强制访问控制,并为这些主体及客体指定敏感标记,这些标记是等级分类和非等级类别的组合,也是实施强制访问控制的依据。计算机信息系统可信计算基支持两种或两种以上成分组成的安全级。计算机信息系统可信计算基外部的所有主体对客体的直接或间接访问应满足:仅当主体安全级中的等级分类高于或等于客体安全级中的等级分类,且主体安全级中的非等级类别包含了客体安全级中的全部非等级类别,主体才能读客体;仅当主体安全级中的等级分类低于或等于客体安全级中的等级分类,且主体安全级中的非等级类别包含于客体安全级中的非等级类别,主体才能写一个客体。计算机信息系统可信计算基使用身份和鉴别数据来鉴别用户的身份,并保护用户创建的计算机信息系统可信计算基外部主体的安全级和授权受该用户的安全级和授权的控制。

③ 标记。计算机信息系统可信计算基维护计算机信息系统资源(如主体、存储客体、只读存储器)相关的敏感标记。这些计算机信息系统资源是可被外部主体直接或间接访问到的。这些标记是实施强制访问的基础。为了输入未加安全标记的数据,计算机信息系统可信计算基向授权用户要求并接受这些数据的安全级别,且可由计算机信息系统可信计算基审计。

④ 身份鉴别。计算机信息系统可信计算基初始执行时,首先要求用户标识自己的身份,计算机信息系统可信计算基维护用户身份识别数据并确定用户访问权及授权数据。计算机信息系统可信计算基使用这些数据鉴别用户身份,并通过保护机制(如口令)来鉴别用户的身份,阻止非授权用户访问用户身份鉴别数据。通过为用户提供唯一标识,计算机信息系统可信计算基能够使用户对自己的行为负责。计算机信息系统可信计算基还具备将身份标识与该用户所有可审计行为相关联的能力。

⑤ 客体重用。在计算机信息系统可信计算基的空闲存储客体空间中,对客体初始指定、分配或再分配一个主体之前,撤销客体所含信息的所有授权。当主体获得对一个已被释放的客体的访问权时,当前主体不能获得原主体活动所产生的任何信息。

⑥ 审计。计算机信息系统可信计算基能创建和维护受保护客体的访问审计跟踪记录,并能阻止非授权的用户对它访问或破坏。

计算机信息系统可信计算基能记录下述事件:使用身份鉴别机制;将客体引入用户地址空间(如打开文件、程序初始化);删除客体;由操作员、系统管理员或(和)系统安全管理员实施的动作，以及其他与系统安全有关的事件。对于每一事件，其审计记录包括：事件的日期和时间、用户、事件类型、事件是否成功。对于身份鉴别事件，审计记录包含请求的来源（如终端标识符）；对于客体引入用户地址空间的事件及客体删除事件，审计记录包含客体名及客体的安全级别。此外，计算机信息系统可信计算基具有审计更改可读输出记号的能力。

对不能由计算机信息系统可信计算基独立分辨的审计事件，审计机制提供审计记录接口，可由授权主体调用，这些审计记录区别于计算机信息系统可信计算基独立分辨的审计记录。

计算机信息系统可信计算基能够审计利用隐蔽存储信道时可能被使用的事件。

⑦ 数据完整性验证。计算机信息系统可信计算基通过自主和强制完整性策略，阻止非授权用户修改或破坏敏感信息。在网络环境中，使用完整性敏感标记来确认信息在传送中是否受损。

⑧ 隐蔽信道分析。系统开发者应彻底搜索隐蔽存储信道，并根据实际测量或工程估算确定每一个被标识信道的最大带宽。

⑨ 可信路径。对用户的初始登录和鉴别，计算机信息系统可信计算基提供它与用户之间的可信通信路径。该路径上的通信只能由该用户初始化。

（6）第五级访问验证保护级

本级的计算机信息系统可信计算基满足访问监控器的需求，可访问监控器仲裁主体对客体的全部访问。访问监控器本身是抗篡改的，而且它必须足够小且能够分析和测试。计算机信息系统可信计算基为了满足访问监控器的需求：在构造时，需排除那些对实施安全策略来说并非必要的代码；在设计和实现时，需从系统工程角度将其复杂性降到最低。系统支持安全管理员职能，扩充了审计机制，当发生与安全相关的事件时将发出信号，提供了系统恢复机制。此外，系统还具有很高的抗渗透能力。信息系统受到破坏后，会对国家安全造成特别严重损害。第五级包含自主访问控制、强制访问控制、标记、身份鉴别、客体重用、审计、数据完整性验证、隐蔽信道分析、可信路径和可信恢复十个安全模块。

① 自主访问控制。计算机信息系统可信计算基定义并控制系统中命名用户对命名客体的访问。实施机制（如访问控制表）允许命名用户和（或）以用户组的身份规定并控制客体的共享，阻止非授权用户读取敏感信息，并控制访问权限扩散。自主访问控制机制根据用户指定方式或默认方式，阻止非授权用户访问客体。访问控制的粒度是单个用户。访问控制能够为每个命名客体指定命名用户和用户组，并规定他们对客体的访问模式。没有存取权的用户只允许由授权用户指定对客体的访问权。

② 强制访问控制。计算机信息系统可信计算基对外部主体能够直接或间接访问的所有资源（如主体、存储客体和输入、输出资源）实施强制访问控制，并为这些主体及客体指定敏感标记，这些标记是等级分类和非等级类别的组合，也是实施强制访问控制的依据。计算机信息系统可信计算基支持两种或两种以上成分组成的安全级。计算机信息系统可信计算基外部的所有主体对客体的直接或间接访问应满足：仅当主体安全级中的等级分类高于或等于客体安全级中的等级分类，且主体安全级中的非等级类别包含了客体安全级中的全部非等级类别，主体才能读客体；仅当主体安全级中的等级分类低于或等于客体安全级中的等级分类，且主体安全级中的非等级类别包含于客体安全级中的非等级类别，主体才能写一个客体。计算机信息系统可信计算基使用身份和鉴别数据来鉴别用户的身份，并保证用户创建的计算机信息系统可信计算基外部主体的安全级和授权受该用户的安全级和授权的控制。

③ 标记。计算机信息系统可信计算基维护计算机信息系统资源（如主体、存储客体、只读存储器）相关的敏感标记。这些计算机信息系统资源是可被外部主体直接或间接访问到的。

这些标记是实施强制访问的基础。为了输入未加安全标记的数据，计算机信息系统可信计算基向授权用户要求并接受这些数据的安全级别，且可由计算机信息系统可信计算基审计。

④ 身份鉴别。计算机信息系统可信计算基初始执行时，首先要求用户标识自己的身份，计算机信息系统可信计算基维护用户身份识别数据并确定用户访问权及授权数据。计算机信息系统可信计算基使用这些数据鉴别用户身份，并通过保护机制(如口令)来鉴别用户的身份，阻止非授权用户访问用户身份鉴别数据。通过为用户提供唯一标识，计算机信息系统可信计算基能够使用户对自己的行为负责。计算机信息系统可信计算基还具备将身份标识与该用户所有可审计行为相关联的能力。

⑤ 客体重用。在计算机信息系统可信计算基的空闲存储客体空间中，对客体初始指定、分配或再分配一个主体之前，撤销客体所含信息的所有授权。当主体获得对一个已被释放的客体的访问权时，当前主体不能获得原主体活动所产生的任何信息。

⑥ 审计。计算机信息系统可信计算基能创建和维护受保护客体的访问审计跟踪记录，并能阻止非授权的用户对它访问或破坏。

计算机信息系统可信计算基能记录下述事件：使用身份鉴别机制；将客体引入用户地址空间(如打开文件、程序初始化)；删除客体；由操作员、系统管理员或(和)系统安全管理员实施的动作，以及其他与系统安全有关的事件。对于每一事件，其审计记录包括：事件的日期和时间、用户、事件类型、事件是否成功。对于身份鉴别事件，审计记录包含请求的来源(如终端标识符)；对于客体引入用户地址空间的事件及客体删除事件，审计记录包含客体名及客体的安全级别。此外，计算机信息系统可信计算基具有审计更改可读输出记号的能力。

对不能由计算机信息系统可信计算基独立分辨的审计事件，审计机制提供审计记录接口，可由授权主体调用，这些审计记录区别于计算机信息系统可信计算基独立分辨的审计记录。计算机信息系统可信计算基能够审计利用隐蔽存储信道时可能被使用的事件。

计算机信息系统可信计算基包含能够监控可审计安全事件发生与积累的机制，当超过阈值时，其能够立即向安全管理员发出报警。如果这些与安全相关的事件继续发生或积累，那么系统应以最小的代价终止它们。

⑦ 数据完整性验证。计算机信息系统可信计算基通过自主和强制完整性策略，阻止非授权用户修改或破坏敏感信息。在网络环境中，使用完整性敏感标记来确认信息在传送中是否受损。

⑧ 隐蔽信道分析。系统开发者应彻底搜索隐蔽信道，并根据实际测量或工程估算确定每一个被标识信道的最大带宽。

⑨ 可信路径。当连接用户时(如注册、更改主体安全级)，计算机信息系统可信计算基提供它与用户之间的可信通信路径。可信路径上的通信只能由该用户或计算机信息系统可信计算基激活，且在逻辑上与其他路径上的通信相隔离，并能正确地加以区分。

⑩ 可信恢复。计算机信息系统可信计算基提供过程和机制，保证计算机信息系统失效或中断后，可以进行不损害任何安全保护性能的恢复。

1.3　信息安全体系结构

人们经常使用“体系结构”来描述某一领域的组成元素及其相互关系，以达到对该领域内涵更好理解的目的。同样，信息安全领域也是由大量的知识元素组成的，通过分类知识元素及描述元素之间关系，将零乱的知识元素归纳整理，形成关于信息安全的有机视图。这样的视图对学习研究信息安全领域知识有极大的帮助。

体系结构的建立需要在特定的视觉角度下进行分析归纳，而不同的视觉角度会形成不同的体系结构。

1.3.1 面向目标的知识体系结构

信息安全通常强调所谓的 CIA 三元组，实际上是信息安全的三个基本目标，如图 1.2 所示，即机密性(Confidentiality)、完整性(Integrity)和可用性(Availability)。

CIA 的概念源自 ITSEC，是信息安全的基本要素和安全建设所应遵循的基本原则。围绕这三个基本目标，可以全面覆盖信息安全知识领域。

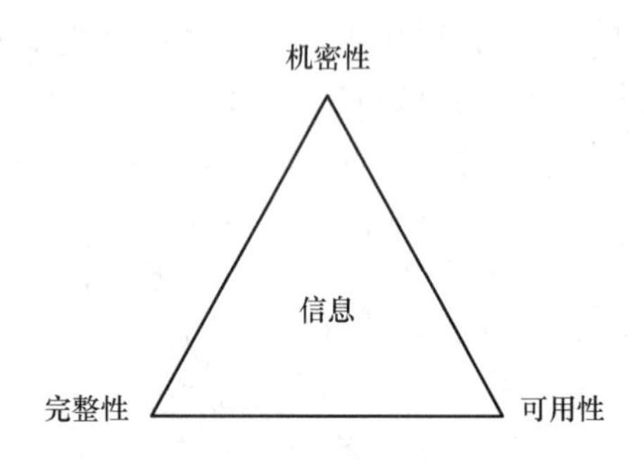

图 1.2 信息安全的三个基本目标

机密性指信息在存储、传输、使用过程中，不会泄露给非授权用户或实体；完整性指信息在存储、使用、传输过程中，防止信息被非授权用户篡改或授权用户对信息进行不恰当的更改；可用性则涵盖的范围最广，凡是为了确保授权用户或实体对信息资源的正常使用不会被异常拒绝，允许其可靠而及时地访问信息资源的相关理论技术均属于可用性研究范畴。图 1.3 为围绕 CIA 三元组的知识体系结构。从图 1.3 中可以看出密码学是信息安全三个基本目标的基础，同时 CIA 三元组也存在一定程度上的内容交叉，很多信息安全技术是围绕 CIA 三元组来进行研究的。

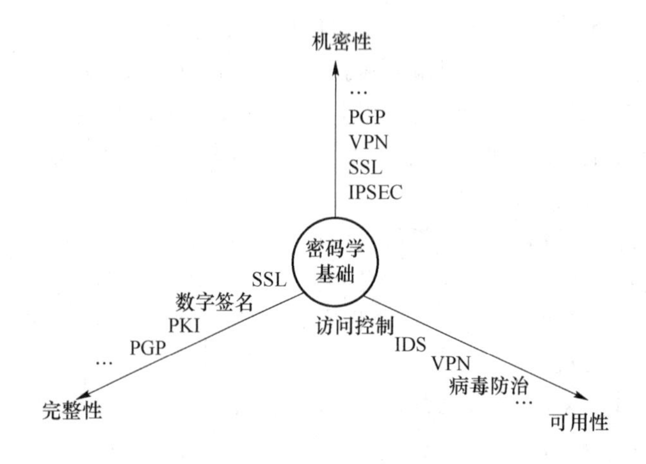

图 1.3 面向目标的知识体系结构

当然，不同的组织由于需求的不同，对 CIA 三元组的侧重点也会有所不同。如果组织最关心的是对私密信息的保护，那么就会特别强调机密性原则；如果组织最关心的是能否随时随地向客户提供正确的信息，那么就会强调完整性和可用性的要求。

除了 CIA 三元组，信息安全还有一些其他原则，包括可追溯性(Accountability)、抗抵赖性(Non-repudiation)、真实性(Authenticity)、可控性(Controllability)等，这些都是对 CIA 三元组的细化、补充或加强。

与 CIA 三元组相反的是 DAD 三元组，即泄露(Disclosure)、篡改(Alteration)和破坏(Destruction)，DAD 三元组实际上就是信息安全面临的最普遍的三类风险，也是信息安全实践活动最终应该解决的问题。

1.3.2　面向过程的信息安全保障体系结构

美国国防部提出的信息安全保障体系为信息系统安全体系提供了一个完整的设计理念，并很好地诠释了信息安全保障的内涵。如图 1.4 所示，信息安全保障体系包括四部分内容，即人们常提的 PDRR。

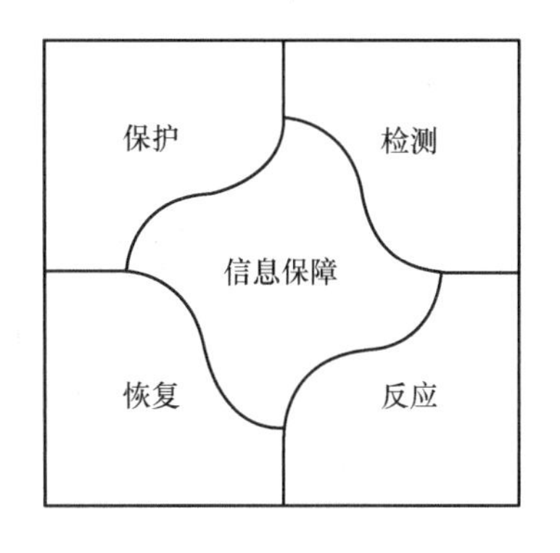

图 1.4　信息安全保障体系

1. 保护

所谓保护(Protect)，就是预先采取安全措施，阻止形成产生攻击的条件，让攻击者无法顺利地入侵。保护是被动防御，因此不可能完全阻止对信息系统的各种攻击行为。主要的安全保护技术包括信息保密技术、物理安全防护、访问控制技术、网络安全技术、操作系统安全技术以及病毒预防技术等。

2. 检测

所谓检测(Detect)，就是依据相关安全策略，利用有关技术措施，针对可能被攻击者利用的信息系统的脆弱性进行具有一定实时性的检查，并根据结果形成检测报告。主要的检测技术包括脆弱性扫描、入侵检测、恶意代码检测等。

3. 反应

所谓反应(React)，就是对于危及安全的事件、行为、过程及时做出适当的响应与处理，防止危害事件进一步扩大，从而将信息系统受到的损失降低到最小。主要的反应技术包括报警、跟踪、阻断、隔离以及反击等。反击又可分为取证和打击，其中取证是依据法律搜集攻击者的入侵证据，而打击是采用合法手段反制攻击者。

4. 恢复

所谓恢复(Restore)，就是当危害事件发生后把系统恢复到原来的状态或比原来更安全的状态，将危害造成的损失降到最小。主要的恢复技术包括应急处理、漏洞修补、系统和数据备份、异常恢复以及入侵容忍等。

如图 1.5 所示，信息安全保障是一个完整的动态过程，而保护、检测、反应和恢复可以看作信息安全保障的四个子过程，并分别在攻击行为的不同阶段为系统提供保障。保护是最基本的被动防御措施，也是第一道防线；检测的重要目的之一是对突破“保护防线”后的入侵行为进行检测及预警；反应是在检测成功后针对入侵采取的控制措施；恢复旨在对入侵带来的破坏进行弥补，是最后的减灾方法。如果前面的保障过程有效地控制了攻击行为，则无须进行恢复过程。

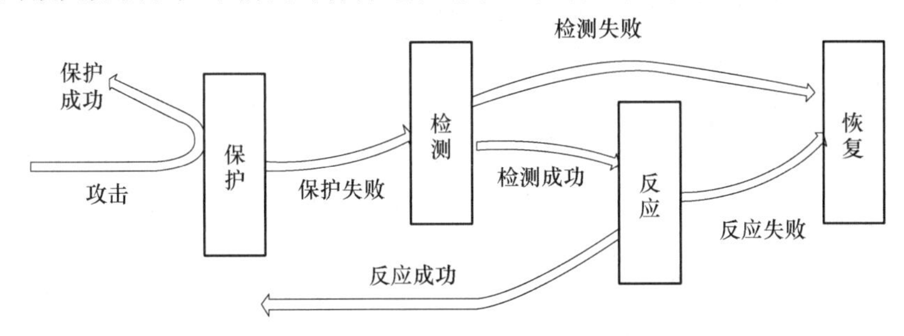

图 1.5　PDRR 模型安全保障动态过程

1.3.3 面向应用的层次型技术体系结构

信息安全学科是一个应用性较强的交叉性领域，信息安全的核心目标是保证信息系统安全。尽管目前对信息系统的解释多种多样，但异中有同，可以根据信息系统设计的功能和范围适当界定。从广义上看，“凡是提供信息服务，使人们获得信息的系统”均可称为信息系统；从狭义上看，信息系统仅指基于计算机的系统，是人、规程及数据库、软件和硬件等各种设备、工具的有机集合，突出的是计算机、网络通信及信息处理等技术的应用。本书的内容基于后一种解释。信息安全技术应用是围绕保证信息系统安全为核心目标展开的，而讨论信息安全技术体系结构是为了理解各种信息安全技术与维护信息系统安全的关系，以利于信息安全技术的研究。

信息系统的基本要素为人员、信息、系统，也可以看作三个组成部分。面向应用的层次型技术体系结构如图 1.6 所示，三个组成部分存在五个安全层次与之对应。系统部分对应物理安全和运行安全，信息部分对应数据安全和内容安全，而人员部分的安全需要通过管理安全来保证。

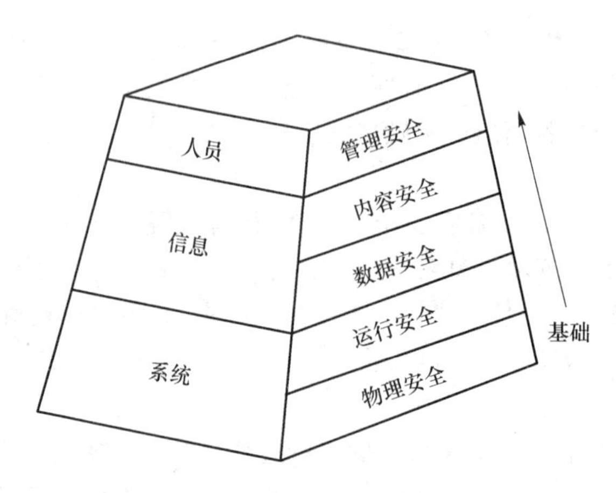

图 1.6 面向应用的层次型技术体系结构

如图 1.6 所示，五个安全层次存在着一定的顺序关系，每个层次均为其上层提供基础安全保证，即没有下层的安全，上层安全无从谈起。同时，各个安全层次均依靠相应的安全技术来提供保障，这些技术从多角度、全方位保证信息系统安全。如果某个层次的安全技术处理不当，那么信息系统的安全性均会受到严重威胁。

1. 物理安全

物理安全指对网络及信息系统物理装备的保护。其主要涉及网络及信息系统的机密性、可用性、完整性等。物理安全主要涉及的安全技术包括灾难防范、电磁泄漏防范、故障防范以及接入防范等。灾难防范包括防火、防盗、防雷击、防静电等，电磁泄漏防范包括加扰处理、电磁屏蔽等，故障防范涵盖容错、容灾、备份和生存型技术等内容，接入防范则是为了防止通信线路的直接接入或无线信号的插入而采取的相关技术以及物理隔离等。

2. 运行安全

运行安全指对网络及信息系统的运行过程和运行状态的保护。其主要涉及网络及信息系统的真实性、可控性、可用性等。运行安全主要涉及的安全技术包括身份认证、访问控制、防火墙、入侵检测、恶意代码防治、容侵技术、动态隔离、取证技术、安全审计、预警技术、反制技术以及操作系统安全等，其内容繁杂并且不断发展。

3. 数据安全

数据安全指对数据收集、处理、存储、检索、传输、交换、显示、扩散等过程中的保护，并保障数据在上述过程中依据授权进行使用，不被非法冒充、窃取、篡改、抵赖。其主要涉及信息的机密性、真实性、完整性、不可否认性等。数据安全主要涉及的安全技术包括密码、认证、鉴别、完整性验证、数字签名、PKI、安全传输协议及VPN等。

4. 内容安全

内容安全指依据信息的具体内涵判断其是否违反特定安全策略，并采取相应的安全措施，对信息的机密性、真实性、可控性、可用性进行保护，主要涉及信息的机密性、真实性、可控性、可用性等。内容安全主要包含两方面：一方面是针对合法的信息内容加以安全保护，如对合法的音像制品及软件的版权保护等；另一方面是针对非法的信息内容实施监管，如对网络色情信息的过滤等。内容安全的难点在于如何有效地理解信息内容，并判断信息内容的合法性。内容安全主要涉及的技术包括文本识别、图像识别、音视频识别、隐写术、数字水印以及内容过滤等。

以往的经验教训告诉人们，系统安全和数据安全不是信息安全的全部问题，但内容安全是相当重要的问题。在未来，内容安全的重要性要高于系统安全。目前，网络上的“网络钓鱼”“信用卡欺骗”“知识产权侵犯”“反动色情暴力宣传”等安全威胁都属于内容安全问题。如果内容安全问题处理得不好，那么结果将相当严重，甚至威胁社会及国家安全。

5. 管理安全

管理安全指通过对人的信息行为的规范和约束，提供对信息的机密性、完整性、可用性以及可控性的保护，主要涉及的内容包括安全策略、法律法规、技术标准、安全教育等。时至今日，“在信息安全中，人是第一位的”已经成为被普遍接受的理念，而对人的信息行为的管理是信息安全的关键所在。

1.3.4　开放系统互连安全体系结构

1989年，ISO正式颁布了《信息处理系统　开放系统互连　基本参考模型　第2部分：安全体系结构》，即ISO 7498-2。这个标准中描述的开放系统互连安全体系结构是一个普遍适用的安全体系结构，提供了解决开放互连系统中的安全问题的一致性方法，对网络信息安全体系结构的设计具有重要的指导意义。

ISO 7498-2给出了基于开放系统互连（Open System Interconnection，OSI）参考模型中七层协议之上的信息安全体系结构，为了保证异构计算机进程与进程之间远距离交换信息的安全，它定义了五大类安全服务和为这五大类安全服务提供支持的八类安全机制，以及相应的开放式系统互连的安全管理。图1.7为ISO 7498-2中的安全体系结构三维图。

1. 安全服务

安全服务（Security　Service）是计算机网络提供的安全防护措施。ISO定义的安全服务包括鉴别服务、访问控制、数据机密性、数据完整性和抗抵赖性。

① 鉴别服务：也称认证服务，用于确保某个实体身份的可靠性。鉴别服务可分为两种类型：一种是鉴别实体本身的身份，确保其真实性，称为实体鉴别；另一种是证明某个信息是否来自某个特定的实体，称为数据源鉴别。

② 访问控制：访问控制的目的是防止对任何资源的非授权访问，即确保只有经过授权的

实体才能访问受保护的资源。

③ 数据机密性:数据机密性的目的是确保只有经过授权的实体才能解码和理解受保护的信息。其主要包括数据机密性服务和业务流机密性服务。数据机密性服务主要是采用加密手段使得攻击者即使窃取了加密的数据也很难推出有用的信息,业务流机密性服务则要使得监听者很难从网络流量的变化中推出敏感信息。

④ 数据完整性:数据完整性的目的是防止对数据的未授权修改和破坏。数据完整性服务使消息的接收者能够发现消息是否被修改,以及是否被攻击者用假消息替换。

⑤ 抗抵赖性:也称不可否认性,用于防止对数据源以及数据提交的否认。它有两种可能,即数据发送的不可否认性和数据接收的不可否认性。

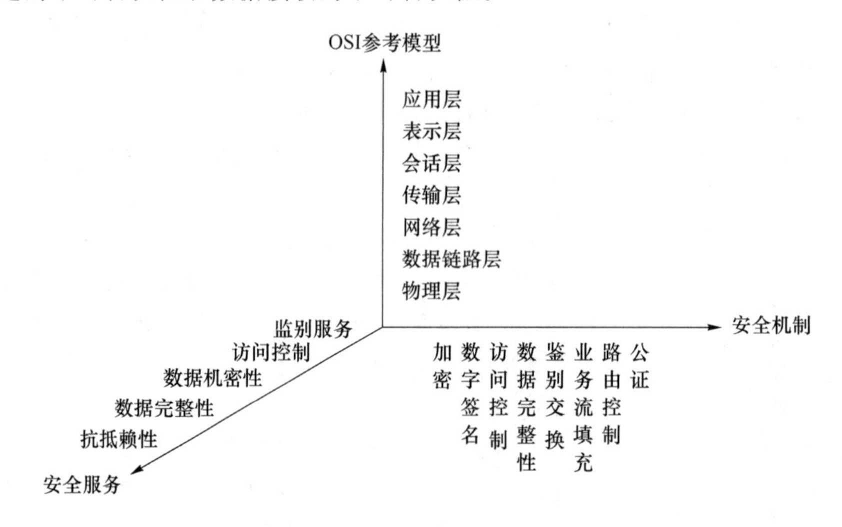

图 1.7　ISO 7498-2 安全体系结构三维图

2. 安全机制

安全机制(Security　Mechanism)是用来实施安全服务的机制。安全机制既可以是具体的、特定的,也可以是通用的。ISO 定义的安全机制包括加密、数字签名、访问控制、数据完整性、鉴别交换、业务流填充、路由控制和公证。

① 加密:用于保护数据的机密性。它依赖于现代密码学理论,一般来说,加解密算法是公开的,加密的安全性主要依赖于密钥的安全性和强度。

② 数字签名:是保证数据完整性及不可否认性的一种重要手段。数字签名在网络应用中的作用越来越重要。它可以采用特定的数字签名机制生成,也可以通过某种加密机制生成。

③ 访问控制:与实体认证密切相关。首先,要访问某个资源的实体应该成功通过认证。然后,访问控制机制对该实体的访问请求进行处理,查看该实体是否具有访问所请求资源的权限,并做出相应的处理。

④ 数据完整性:用于保护数据免受未经授权的修改。该机制可以通过使用一种单向的不可逆函数——散列函数计算消息摘要(Message Digest),并对消息摘要进行数字签名来实现。

⑤ 鉴别交换:用于实现通信双方的实体身份鉴别(身份认证)。

⑥ 业务流填充:针对的是对网络流量进行分析的攻击。有时攻击者通过分析通信双方的数据流量变化来推出一些有用的信息或线索。

⑦ 路由控制:可以指定数据报文通过网络的路径。这样就可以选择一条路径,且这条路

径上的节点都是可信任的，从而确保发送的信息不会因为通过不安全的节点而受到攻击。

⑧ 公证：由通信各方都信任的第三方提供。由第三方来确保数据完整性、数据源、时间及目的地的正确性。

表1.7给出了安全服务与OSI各协议层之间的关系。在OSI七层协议中，理论上除了会话层外，其他各层均可提供相应的安全服务。而最适合配置安全服务的是物理层、网络层、传输层及应用层，其他各层不适宜配置安全服务。

表1.7 安全服务与OSI各协议层之间的关系

安全服务		OSI 协议层						
五大类		物理	数据链路	网络	传输	会话	表示	应用
鉴别服务	对等实体鉴别	—	—	Y	Y	—	—	Y
	数据源鉴别	—	—	Y	Y	—	—	Y
访问控制	访问控制服务	—	—	Y	Y	—	—	Y
	连接机密性	Y	Y	Y	Y	—	Y	Y
	无连接机密性	—	Y	Y	Y	—	Y	Y
	选择字段机密性	—	—	—	—	—	—	—
	流量机密性	—	—	—	—	—	Y	Y
数据完整性	有恢复功能的连接完整性	Y	—	Y	—	—	—	Y
	无恢复功能的连接完整性	—	—	—	Y	—	—	Y
	选择字段连接完整性	—	—	Y	Y	—	—	Y
	无连接完整性	—	—	—	—	—	—	Y
	选择字段非连接完整性	—	—	Y	Y	—	—	Y
数据保密性	连接保密性	Y	Y	Y	Y	—	Y	Y
	无连接保密性	—	Y	Y	Y	—	Y	Y
	信息流保密性	Y	—	Y	—	—	—	Y
抗抵赖性	源发方抗抵赖	—	—	—	—	—	—	Y
	接收方抗抵赖	—	—	—	—	—	—	Y

注："Y"为提供，"—"为不提供。

本章小结

信息安全的概念具有广泛的外延和丰富的内涵，不同领域对它的理解和阐述都有所不同。在商业和经济领域，信息安全主要强调的是削减并控制风险，保持业务操作的连续性，并将风险造成的损失和影响降到最低程度。在信息时代，信息安全的目的是："确保以电磁信号为主要形式的、在计算机网络化系统中进行获取、处理、存储、传输和应用的信息内容在各个物理及逻辑区域中安全存在，并不发生任何侵害行为。"

信息资产（有价值的信息）的存在形式多种多样，有书籍、文件、硬件、软件、代码、服务等形式，总体上可分为有形和无形两类，都具有一定的价值属性。安全威胁主要源于对信息资产的直接或间接的、主动或被动的侵害企图。

信息安全保障措施多种多样，目前国际实行的等级保护工作不但是保障国家信息安全工作的重中之重，同时也与国家的安全、社会的安定息息相关。信息安全等级保护是对信息和信息载体按照重要性分级别进行保护的一项工作，是国家安全管理部门对核心、敏感系统的一种强制要求的等级保护机制。

信息安全等级保护工作的核心内容就是通过制定统一的政策标准，依照现行的相关规定，由各单位开展信息安全等级保护工作，同时由各相关管理部门对进行的信息安全等级保护工作进行检查与监督，进而实现国家对重要信息系统的保护功能，提升重要系统的安全性。

信息安全领域也是由大量的知识元素组成的，通过分类知识元素及描述元素之间关系，将零乱的知识元素归纳整理，形成关于信息安全的有机视图。这样的视图对学习研究信息安全领域知识有极大的帮助。

体系结构的建立需要在特定的视角下进行分析归纳，而不同的视觉角度会形成不同的体系结构。

本章习题

一、名词解释

信息　信息系统　信息安全　机密性　完整性　可用性　不可否认性　TCSEC　ITSEC

二、简答题

1. 信息安全的发展过程主要经历了哪些阶段？
2. 信息安全的意义是什么？
3. 信息保障的内容是什么？
4. 应该如何理解信息安全的体系结构？
5. 数据安全与内容安全有什么区别？
6. 什么是信息安全等级保护，为什么要实行信息安全等级保护？
7. 简述信息安全等级保护准则的发展历程。
8. 简要介绍 TCSEC 和 CC 中的安全级别。
9. 信息安全等级保护的原则是什么？
10. 什么是安全域，如何划分一个安全域？
11. 简述边界保护中“边界”的具体含义。
12. 网络安全保护包含哪些内容？
13. 我国信息系统安全等级是如何划分的，每一级的内容包括什么？

三、辨析题

1. 有人说，信息安全就是网络安全。你认为这种说法正确与否，为什么？

2. 有人说，信息安全问题使用安全技术就可以完美地解决。你认为这种说法正确与否，为什么？

第 2 章

加密技术基础

本章学习要点	• 了解密码机制及关键概念； • 了解对称密钥密码，重点掌握 DES 算法； • 了解公开密钥密码机制及作用，重点掌握 Diffi-Hellman 算法、RSA 算法； • 掌握消息认证、散列函数、数字签名的基本原理。

2.1 加密技术基础

1. 引言

数据安全是信息安全的重要组成部分，也是核心目标之一。数据安全所研究的内容主要包括数据的机密性、完整性、不可否认性以及身份识别等。而对这些内容的研究均需要以密码为基础对数据进行主动保护，因此，可以说密码技术是保障信息安全的核心基础。

密码学(Cryptography)包括密码编码学和密码分析学两部分：将密码变化的客观规律应用于编制密码以保守通信秘密的，称为密码编码学；研究密码变化客观规律中的固有缺陷，并应用于破译密码以获取通信情报的，称为密码分析学。密码编码学与密码分析学是相互斗争、相互依存、共同发展的两个方面。

中国古代的秘密通信手段已有　些密码的雏形。据宋代的曾公亮、丁度编撰的《武经总要》中“字验”部分记载，作战中曾用一首五言律诗的 40 个汉字，分别代表 40 种情况或要求。这种方式已具有密码机制的特点。公元前 1 世纪，古罗马皇帝恺撒(Caesar)曾使用有序的单表代替密码。20 世纪初，产生了可以使用的机械式和电动式密码机，同时出现了商业密码机公司和市场。20 世纪 60 年代后，电子密码机得到较快的发展和广泛的应用，密码的发展因此进入了一个新阶段。

密码分析技术是随着密码地逐步使用而产生和发展的。1412 年，波斯人卡勒卡尚迪所编的百科全书中载有破译简单的代替密码的方法。到 16 世纪末期，欧洲一些国家设有专职的破译人员，以破译截获的密信。1917 年，英国破译了德国外交部长齐默尔曼的电报，促使了美国对德宣战。1942 年，美国从破译的日本海军密报中获悉了日军对中途岛地区的作战意图和兵力部署，因此能以劣势兵力击败日本海军的主力，扭转了太平洋地区的战局。1863 年普鲁士人卡西斯基所著《密码和破译技术》和1883年法国人克尔克霍夫所著《军事密码学》等著作都对密码学的理论和方法做过一些论述和探讨。1949年，美国人香农发表了《秘密体制的通信理论》一文，应用信息论的原理分析了密码学中的一些基本问题。随着网络通信技术的发展和信息时代的到来，密码学如今也面临着前所未有的发展机遇，而密码技术的先进程度已经成为衡量一个国家在信息安全领域发展水平的重要指标。

2. 密码机制

密码学包括密码编码学和密码分析学。本书中提到的密码学如未特别说明，均指用于保护信息安全的密码编码学。

人们为了沟通思想而传递的信息一般被称为消息，消息在密码学中通常被称为明文(Plain Text)。用某种方法伪装消息以隐藏内容的过程称为加密(Encrypt)，被加密的消息称为密文(Cipher Text)，而把密文转变为明文的过程称为解密(Decrypt)。加密和解密可以看成一组含有参数的变换或函数，明文和密文则是加密和解密变换的输入和输出。

图2.1为加密通信模型，可以看出发送方意图将信息传递给接收方，而为了保证安全，使用加密密钥将明文加密成密文，以密文的形式通过公共信道传输给接收方，接收方接收到密文后需要使用解密密钥将密文解密成为明文才能被正确理解。破译者虽然可以在公共信道上得到密文，但不能理解其内容，即无法解密密文。在加密过程和解密过程中的两个密钥可以相同，也可以不同。一个完整密码机制通常要包括五个要素，分别是M、C、K、E和D，具体定义如下。

① M是可能明文的有限集，称为明文空间；

② C是可能密文的有限集，称为密文空间；

③ K是由一切可能密钥构成的有限集，称为密钥空间；

④ E为加密算法，对于密钥空间的任一密钥加密算法都能够有效地进行计算；

⑤ D为解密算法，对于密钥空间的任一密钥解密算法都能够有效地进行计算。

一个密码体系如果是实际可用的，必须满足如下特性。

① 加密算法($E_k: M \rightarrow C$)和解密算法($D_k: C \rightarrow M$)满足$D_k(E_k(x))=x$，这里$x \in M$；

② 破译者取得密文后，不能在有效的时间内破解出密钥k或明文x。

密码学的目的就是当发送者和接收者在不安全的信道上进行通信时，攻击者不能理解他们通信的内容。一个密码机制安全的必要条件是穷举密钥搜索是不可行的，即密钥空间非常大。

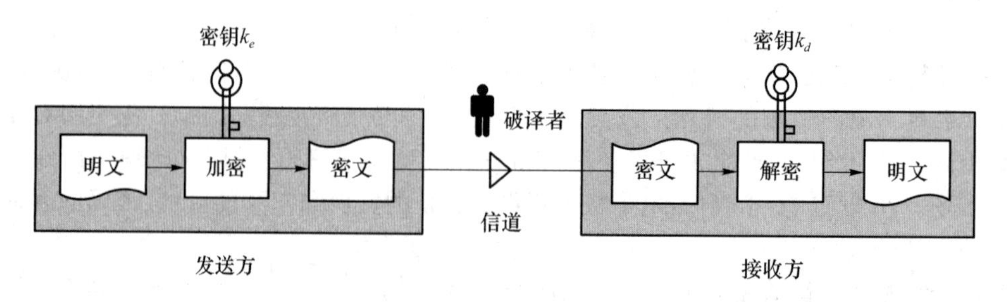

图2.1 加密通信模型

3. 密码的分类

密码学的历史极为久远，人类有记载的通信密码始于公元前400年。密码学的发展可以分为三个阶段，即古代加密方法、古典密码和近代密码。古代加密方法主要基于手工方式实现，因此也称为密码学发展的手工阶段；古典密码的加密方法一般是文字替换，古典密码系统已经初步体现出近代密码系统的雏形，比古代加密方法复杂很多；近代密码与计算机技术、电子通信技术紧密相关，在这一阶段，密码理论蓬勃发展，出现了大量的密码算法。另外，密码使用的范围也在不断地扩张，并且出现了许多通用的加密标准，极大地促进了信息安全的发展。

在上述三个阶段中，具有明显的密码机制特征的是古典密码和近代密码，密码学的研究对象通常是这两种。依据密码机制的特点以及出现的时间，可以将密码分为古典替换密码、对称密钥密码和公开密钥密码。

1）古典替换密码

古典替换密码的加密方法一般是文字替换，使用手工或机械变换的方式实现基于文字替换的密码。这种密码现在已很少使用，但是它代表了密码的起源。经常被讨论的古典替换密码包括单表代替密码、多表代替密码以及转轮密码等。

2）对称密钥密码

对称密钥密码是指加密过程和解密过程使用同一个密钥来完成，也被称为秘密密钥密码或单密钥密码。由于具有安全、高效、经济等特点，对称密钥密码发展非常迅速并应用广泛。依据处理数据的类型，对称密钥密码通常又分为分组密码（Block Cipher）和序列密码（Stream Cipher）。分组密码是将定长的明文块转换成等长的密文，这一过程在密钥的控制之下完成。解密时使用逆向变换和同一密钥来完成。当前许多分组密码的分组大小是64位，但这个尺寸以后很可能会增加。序列密码又称为流密码，加解密时一次处理明文中的一个或几个比特。

3）公开密钥密码

1976年，Diffie和Hellmen发表了具有里程碑意义的文章《密码学新方向》，提出了单向陷门函数的概念。在此思想的基础上，很快出现了非对称密钥密码机制。非对称密钥密码是指加密过程和解密过程使用两个不同的密钥来完成，也叫公开密钥密码或双密钥密码。

密码学的另一部分，即密码分析学的目的是在不知道密钥的情况下，恢复出明文或密钥。密码分析可以发现密码机制的弱点。密码分析也称为密码攻击。常见的密码攻击主要有六种形式。

（1）唯密文攻击

密码分析者有一些消息的密文，且这些消息都用同一加密算法。密码分析者的任务是恢复尽可能多的明文，或者最好推算出加密消息的密钥，以便可以采用相同的密钥解出其他被加密的消息。

（2）已知明文攻击

密码分析者不仅可得到一些消息的密文，而且也知道这些消息的明文。密码分析者的任务就是用加密信息推出用来加密的密钥或推导出一个算法，此算法可以对用同一密钥加密的任何新消息进行解密。

（3）选择明文攻击

密码分析者不仅可得到一些消息的密文和相应的明文，而且也可选择被加密的明文。这比已知明文攻击更有效，因为密码分析者能选择特定的明文块去加密，那些明文块可能产生更多关于密钥的信息，密码分析者的任务是推出用来加密消息的密钥或推导出一个算法，此算法可以对用同一密钥加密的任何新消息进行解密。

（4）自适应选择明文攻击

选择明文攻击的特殊情况。密码分析者不仅能选择被加密的明文，而且也能基于以前加密的结果修正这个选择。在选择明文攻击中,密码分析者可以选择一大块被加密的明文,而在自适应选择密文攻击中,其可选取较小的明文块,然后再基于第一块的结果选择另一明文块,依次类推。

(5) 选择密文攻击

密码分析者能选择不同的密文,并可得到对应的明文。如密码分析者得到了一个防篡改的自动解密盒,其任务是推出密钥。

(6) 选择密钥攻击

选择密钥攻击并不表示密码分析者能够选择密钥,而是指密码分析者具有不同密钥之间关系的有关知识。这种方法有点奇特和晦涩,不是很实际,但有时却可以进行有效的密码攻击。

密码分析对密码系统的安全性评估具有重要的理论意义。一个密码系统采用什么密码分析方法进行衡量,取决于多种因素,包括计算复杂度、存储量、时间复杂性等。

4. 密码学的新进展

密码技术是信息安全的核心技术,网络环境下信息的机密性、完整性、可用性和不可否认性都需要采用密码技术来解决。21 世纪以来,密码学领域的研究取得了长足进展,新理论、新技术不断产生出现,其中在混沌密码学、量子密码、DNA 密码等方面都取得了长足的进步。

自 1989 年英国数学家 Matthews 提出基于混沌的加密技术以来,混沌密码学作为一种新技术,受到各国学者越来越多的重视。现有的研究成果表明,混沌和密码学之间有着密切的联系,混沌系统具有良好的伪随机性、轨道的不可预测性、对初始状态及控制参数的敏感性等一系列特性,这些特性与密码学的很多要求是吻合的。例如:传统的密码算法敏感性依赖于密钥,而混沌映射依赖于初始条件和映射中的参数;传统加密算法通过加密轮次来达到扰乱和扩散的目的,混沌映射则通过迭代将初始域扩散到整个相空间;传统加密算法定义在有限集上,而混沌映射定义在实数域内。当前,混沌理论方面的研究正在不断深入,已有不少学者提出了基于混沌的加密算法。

量子密码是密码学与量子力学结合的产物,首先想到将量子物理用于密码学的是美国哥伦比亚大学的科学家威斯纳。1970 年,威斯纳提出利用单量子态制造不可伪造的“电子钞票”,但这个构想由于量子态的寿命太短而无法实现。研究人员受此启发,1984 年,IBM 公司的贝内特和加拿大学者布拉萨德提出了第一个量子密码方案,由此迎来了量子密码学的新时期。量子密码体系采用量子态作为信息载体,经量子通道在合法的用户之间传送密钥。量子密码的安全性由量子力学原理所保证,被称为是绝对安全的。所谓绝对安全是指即使在窃听者可能拥有极高的智商,采用最高明的窃听措施,使用最先进的测量手段,密钥的传送仍然是安全的,可见量子密码研究具有极其重大的意义。量子密码已进入实用化阶段,克服量子密码应用中的技术难题和进行深入的安全性探讨将是今后量子密码发展的趋势。

近年来,人们在研究生物遗传时发现 DNA 可以用于遗传学以外的其他领域,如信息科学领域。1994 年,Adleman 等科学家进行了世界上首次 DNA 计算,解决了一个 7 节点的有向哈密尔顿回路问题。此后有关 DNA 计算的研究不断深入,获得的计算能力也不断增强。由于 DNA 计算具有信息处理的高并行性、超高容量的存储密度和超低的能量消耗等特点,非常适合用于攻击密码计算系统的不同部分,这对传统的基于计算安全的密码机制提出了挑战,而 DNA 密码也成为近年来伴随着 DNA 计算而产生、发展的信息安全领域新的研究方向之一。

2.2　对称密钥加密

对称密钥密码又称单密钥密码,建立在通信双方共享密钥基础上,是加密密钥和解密密钥为同一个密钥的密码系统。图2.2为对称密钥密码的模型。

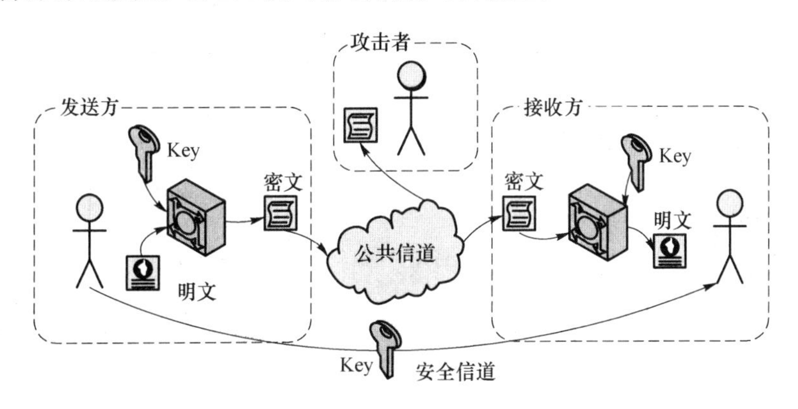

图2.2　对称密钥密码的模型

从图2.2中可以看出,在对称密钥密码的模型中加密与解密使用同一密钥,攻击者虽然可以得到密文,但在没有密钥的情形下无法破译。因此,对称密钥密码的通信安全性取决于密钥的机密性,密钥Key必须通过安全信道传递,保证其只能被发送方和接收方所掌握。另外,通信的安全性与算法本身无关,算法是公开的。

1. 对称密钥密码加密模式

自1977年美国颁布DES(Data Encryption Standard)密码算法作为美国数据加密标准以来,对称密钥密码机制发展迅猛,得到了世界各国的关注和广泛使用。对称密码加密系统从工作方式上可分为分组密码和序列密码两大类。分组密码工作原理如图2.3所示,明文消息分成若干固定长度的组,如每64 bit一组,用同一密钥和算法对每一明文分组进行加密,输出固定长度的密文;解密时,将密文消息分成若干固定长度的组,采用同一密钥和算法对每一组密文分组进行解密,输出明文。分组密码算法包括DES、AES、IDEA、SAFER、Blowfish和skipjack等,其中以DES应用最为广泛。

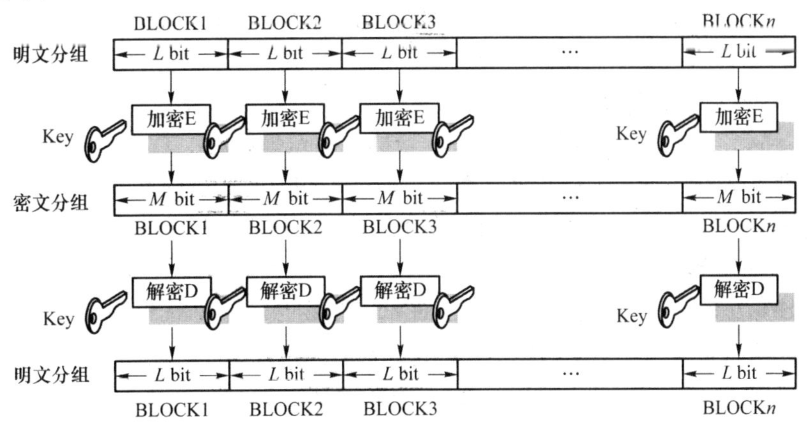

图2.3　分组密码工作原理示意图

序列密码一直是军事和外交场合使用的主要密码技术之一。序列密码工作原理如图 2.4 所示，通过伪随机数发生器产生性能优良的伪随机序列（密钥流），并使用该序列加密明文消息流，得到密文序列；解密过程与加密过程的主要区别在于输入和输出。典型的序列密码每次加密一个字节的明文，当然也可以被设计成每次操作一位或者大于一个字节的单元。

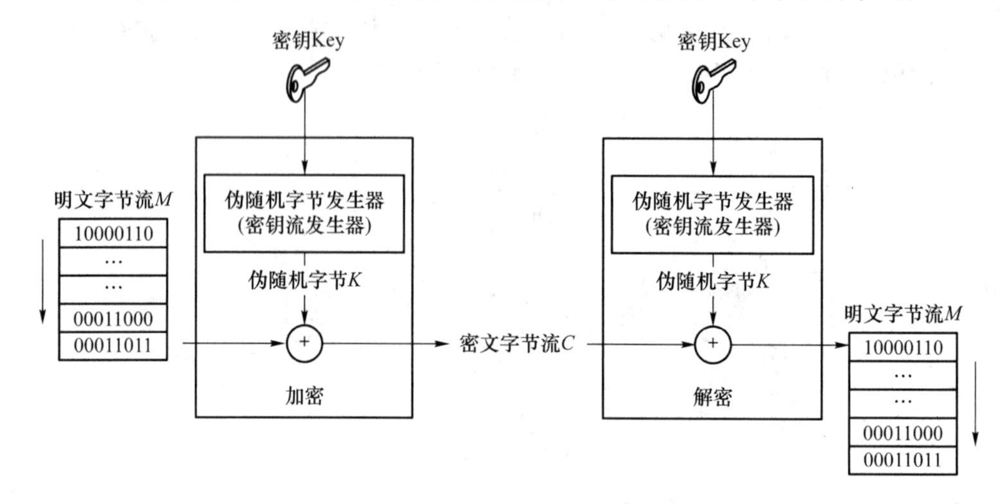

图 2.4　序列密码工作原理示意图

2. 数据加密标准

1973 年，美国国家标准局（NBS）公开征集国家密码标准方案，并公布了关于密码的设计要求，具体如下：

① 算法必须提供高度的安全性；

② 算法必须有详细的说明，并易于理解；

③ 算法的安全性取决于密钥，不依赖于算法；

④ 算法适用于所有用户；

⑤ 算法适用于不同应用场合；

⑥ 算法必须高效、经济；

⑦ 算法必须能被证实有效；

⑧ 算法必须是可公开的。

1974 年，NBS 开始第二次征集时，IBM 公司提交了 LUCIFER 算法，该算法由 IBM 的工程师在 1971—1972 年间设计的，并应用在 IBM 公司为英国 Lloyd 公司开发的现金发放系统上。

1975 年，NBS 公开了全部设计细节并指派了两个小组进行评价。1976 年，LUCIFER 算法被采纳为联邦标准，并被批准用于非军事场合的各种政府机构。1977 年，LUCIFER 算法被 NBS 作为“数据加密标准 FIPS PUB 46”发布，简称为 DES。随后的几十年，DES 一直活跃在国际保密通信的舞台上，扮演着十分重要的角色。

1）简化的 DES 算法

由于 DES 算法的结构和变换相对复杂，而为了能够更好地理解 DES 算法，我们先介绍一个简化的 DES 算法，即 Simplified DES(S-DES) 算法。S-DES 算法是由美国圣达卡拉大学的 Edward Schaeffer 教授提出的，主要用于教学，其设计思想和性质与 DES 算法一致，但是函数变换相对简化，具体参数要小得多。

S-DES算法的机制如图2.5所示，S-DES算法的输入为一个8位的二进制明文组和一个10位的二进制密钥，输出为8位二进制密文组。解密过程与加密过程基本一致。该算法共涉及八个函数，两个与密钥变换有关的置换函数P8、P10和循环移位函数Shift，四个基本函数用于数据加密变换，包括初始置换IP(Initial Permutation)、复合函数f_k、转换函数SW以及末尾置换IP^{-1}。

图2.5给出的加密过程可以用函数的复合来表示，表达式为

$$密文=IP^{-1}(f_{k_2}(SW(f_{k_1}(IP(明文)))))$$

其中，

$$K_1=P8(Shift(P10(key)))$$

$$K_2=P8(Shift(Shift(P10(key))))$$

图2.5也给出了解密过程，表达式为

$$明文=IP^{-1}(f_{k_1}(SW(f_{k_2}(IP(密文)))))$$

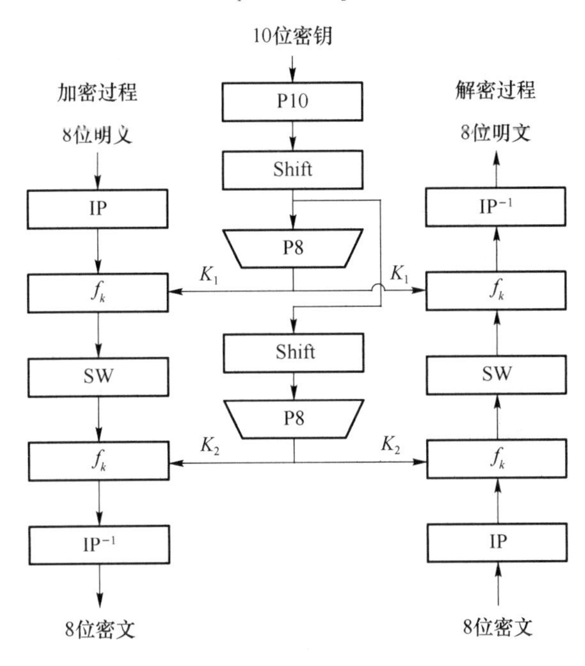

图2.5 S-DES算法的机制

2) S-DES算法的密钥产生过程

S-DES算法的安全性依赖于收发双方共享的10位二进制密钥，这个10位密钥经过相应变换后产生两个8位二进制密钥，分别用于加密和解密的不同阶段。

S-DES算法的密钥产生过程如图2.6所示，输入的10位二进制密钥首先要经置换函数P10将10位二进制数变换位置顺序。如果将输入的10位密钥表示成($k_1,k_2,k_3,k_4,k_5,k_6,k_7,k_8,k_9,k_{10}$)，则置换函数P10可以表示为

$$P10(k_1,k_2,k_3,k_4,k_5,k_6,k_7,k_8,k_9,k_{10})=(k_3,k_5,k_2,k_7,k_4,k_{10},k_1,k_9,k_8,k_6)$$

$$P10=(3,5,2,7,4,10,1,9,8,6)$$

接下来将P10输出的10位二进制数的前5位和后5位分别输入两个循环左移函数LS中，循环左移1位，输出的两个5位二进制数被两次使用。一次是合并后作为P8的输入，进行变换产生8位的输出，即子密钥K_1。另一次是分别输入另外两个LS函数中，循环左移2位，

输出的两个 5 位二进制合并后输入 P8 中进行变换，产生 8 位的输出，即子密钥 K_2。函数 P8 的定义为

$$P8=(6,3,7,4,8,5,10,9)$$

上述过程中产生的两个子密钥 K_1 和 K_2 分别作用于 S-DES 算法的加密、解密过程中的两个阶段。按照子密钥产生的运算逻辑，若 K 选为(1010000010)，则产生的两个子密钥 K_1 和 K_2 分别为(10100100)和(01000011)。

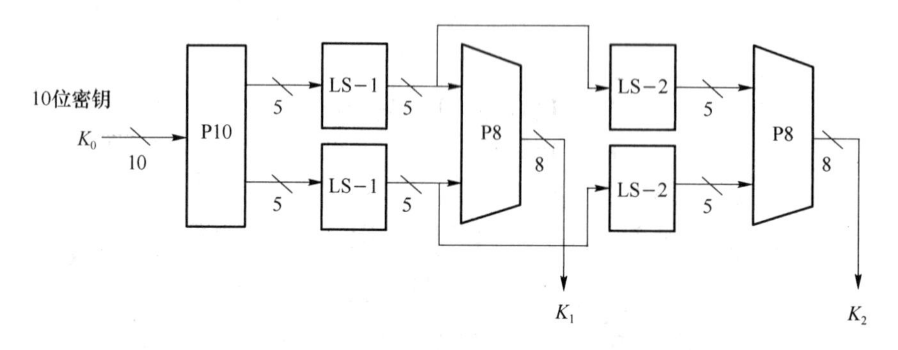

图 2.6　S-DES 算法的密钥产生过程

3）S-DES 算法的加密变换过程

图 2.7 具体描述了 S-DES 加密算法，其涉及前面提到的五个函数，下面分别对这五个函数及其他相关联函数做具体说明。

初始置换 IP 和末尾置换 IP^{-1} 的定义为

$$IP=(2,6,3,1,4,8,5,7), IP^{-1}=(4,1,3,5,7,2,8,6)$$

显而易见，初始置换与末尾置换互为逆置换，即 $IP^{-1}(IP(X))=X$。

E/P 函数是扩张置换函数，4 位输入可产生 8 位输出，其定义如下：

$$E/P=(4,1,2,3,2,3,4,1)$$

图 2.7 中“$\oplus$”表示按位进行异或运算，而 P4 定义为

$$P4=(2,4,3,1)$$

SW 为交换函数，其作用是将左 4 位和右 4 位交换。S 盒函数包括 S0 和 S1 两个盒函数，其工作原理是将输入作为索引进行查表，得到相应的系数作为输出。S0 和 S1 的盒矩阵定义如下：

$$S0=\begin{bmatrix}1 & 0 & 3 & 2\\3 & 2 & 1 & 0\\0 & 2 & 1 & 3\\3 & 1 & 3 & 2\end{bmatrix}, S1=\begin{bmatrix}0 & 1 & 2 & 3\\2 & 0 & 1 & 3\\3 & 0 & 1 & 0\\2 & 1 & 0 & 3\end{bmatrix}$$

在图 2.7 中，浅色阴影部分为复合函数 f_k 的运算逻辑，深色阴影部分为 F 函数的运算逻辑，两个函数的定义如下：

$$f_k(L,R)=(L\oplus F(R,SK),R)$$

$$F(R)=(P4(S(E/P(R)\oplus SK)))$$

其中，L、R 为两个 4 位二进制数，SK 为 8 位二进制的子密钥。

在 S-DES 算法中，复合函数 f_k 是最复杂的部分，同时也是最重要的加密部分。下面结合 f_k，对 S-DES 算法的加密运算过程做较详尽的描述。

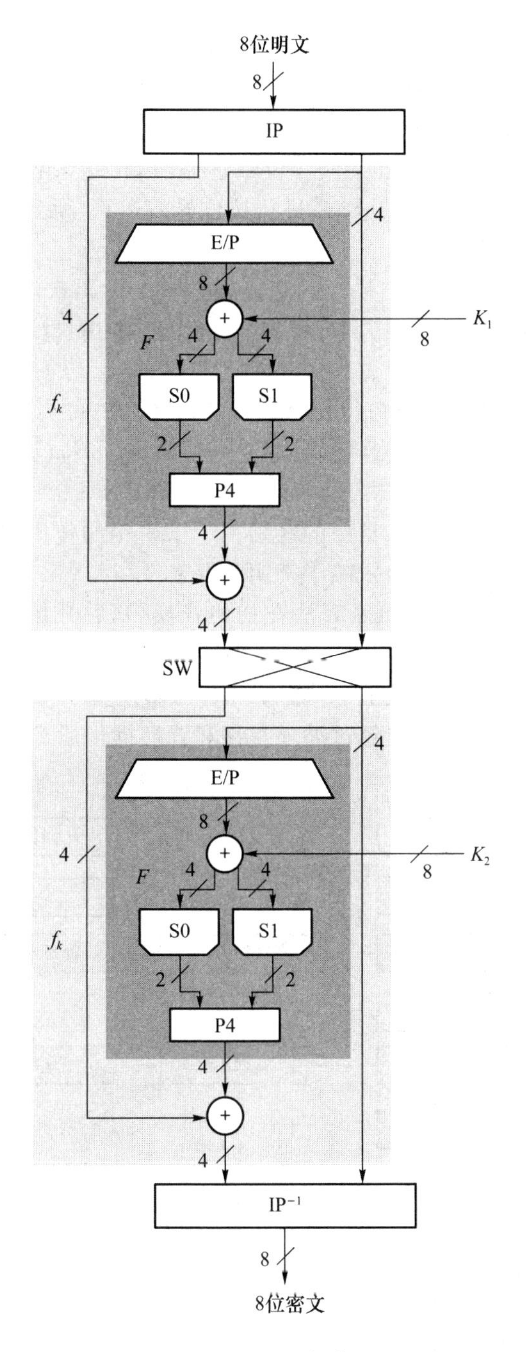

图 2.7　S-DES 的加密过程

一个 8 位二进制明文信息经过 IP 置换后，输出的是左边 4 位 L 和右边 4 位 R。L 直接和 F 函数的结果进行异或运算。R 作为输入被送入 F 函数，首先输入扩张函数 E/P，产生 8 位输出，这 8 位二进制数与子密钥 K_1 进行按位异或运算，输出分为左边 4 位 L' 和右边 4 位 R'。令：

$$L'=(l_0,l_1,l_2,l_3),R'=(r_0,r_1,r_2,r_3)$$

将 L' 和 R' 分别输入 S0 和 S1 中，作为索引进行运算。

S 盒函数按下述规则运算：将输入的第 1 位和第 4 位二进制数合并为一个两位二进制数，作为 S 盒的行号索引 i；将第 2 位和第 3 位同样合并为一个两位二进制数，作为 S 盒的列号索

引 j，如此可以确定 S 盒矩阵中的一个系数(i,j)。将此系数以两位二进制数形式作为 S 盒的输出。例如，$L''=(l_0,l_1,l_2,l_3)=(0,1,0,0)$，则 l_0 和 l_3 合并为 00B，l_1 和 l_2 合并为 10B，即$(i,j)=(0,2)$，在 S0 中确定系数 3，则 S0 的输出为 11B(注：数值后缀为 B，表示此数值为二进制)。

S0 盒函数和 S1 盒函数的输出合并成 4 位二进制数，再送入置换函数 P4，得到的输出就是 F 函数的输出。F 函数的 4 位结果与 L 进行按位异或运算，得到的 4 位二进制数与 R 一起成为复合函数 f_k 的运算结果。

如图 2.7 所示，复合函数 f_k 的结果经过交换函数 SW 后再次输入复合函数 f_k 中，两次复合函数运算使用的子密钥不同，分别为 K_1 和 K_2。最后经过 IP^{-1} 操作，形成 8 位二进制密文。

4) DES 算法

DES 是一种对二进制数据进行分组加密的算法，它以 64 位为分组大小对数据加密，DES 算法的密钥也是长度为 64 位的二进制数，其中有效位数为 56 位(因为每个字节第 8 位都用做奇偶校验)。

加密算法和解密算法非常相似，唯一的区别在于子密钥的使用顺序。DES 算法的整个密码机制是公开的，系统的安全性完全依赖于密钥的保密性。

DES 算法框图如图 2.8 所示，DES 算法在初始置换 IP 后开始执行。明文组被分成左半部分和右半部分，输入复合函数 f_k 后，重复 16 轮迭代变换，从而将数据和密钥结合起来。16 轮迭代替换之后，左右两部分再连接起来，经过一个初始逆置换 IP^{-1} 算法后结束。在密钥使用上，将 64 位密钥中的 56 位有效位经过循环左移和置换操作后产生 16 个子密钥，并用于 16 轮复合函数 f_k 的变换。

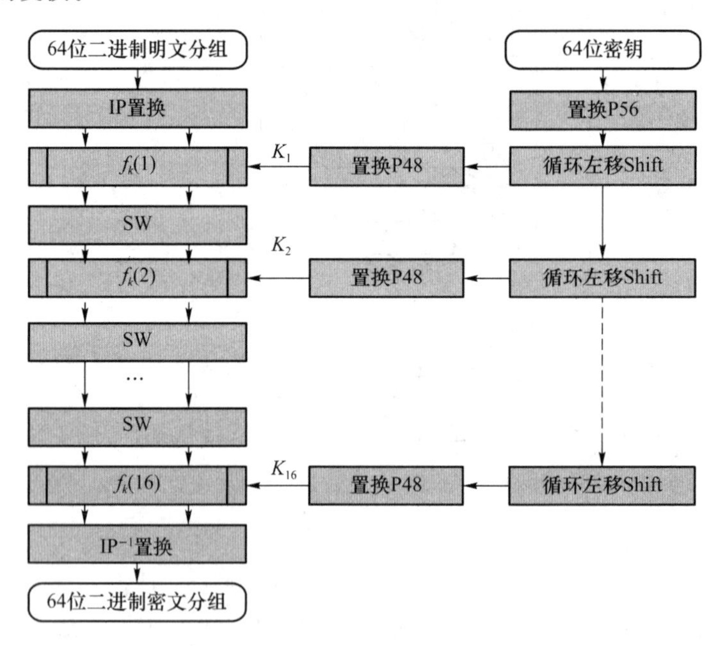

图 2.8　DES 算法框图

5) DES 算法的安全问题

DES 算法使用 56 位密钥对 64 位的数据块进行加密，并对 64 位的数据块进行 16 轮运算。每轮运算所需要的 48 位密钥均是由 56 位的完整密钥计算得来。DES 算法用软件进行解码需要很长的时间，而用硬件解码速度非常快。在 1977 年，人们估计要耗资 2 000 万美元才能建成一个计算机专门用于 DES 算法的破译，而且需要经过 12h 的破解才能得到结果。因此，当时 DES 算法被认为是一种十分“健壮”的加密方法。

DES 算法受到的最大攻击是它的密钥长度仅有 56 位。1990 年，Biham 和 Shamir 提出了差分攻击方法，其采用选择明文攻击，最终找到了可用的密钥。在 1994 年的世界密码大会上，Matsui 提出了线性分析方法，其利用 243 个已知明文成功地破译了 DES 算法。到目前为止，这是最有效的破译方法。

1997 年，RSA 公司发起了一个称作“向 DES 挑战”的竞技赛。在首届挑战赛上，罗克·维瑟用了 96 天的时间破解了用 DES 算法加密的一段信息。1999 年 12 月，RSA 公司发起“第三届 DES 挑战赛”(DES ChallengeIII)。2000 年 1 月 19 日，由电子边疆基金会组织研制的价值为 25 万美元的 DES 解密机以 22.5h 的战绩成功地破解了 DES 加密算法。

1977 年，DES 算法被 NBS 作为数据加密标准发布后，在 1979 年被美国银行协会批准使用。1980 年，美国国家标准学会(ANSI)批准 DES 算法作为私人使用的标准，称为 DEA(ANSI X.392)。1983 年，ISO 批准 DES 算法作为国际标准，称为 DEA-1。最近一次对 DES 算法的评估是在 1994 年，同时决定在 1998 年 12 月以后，DES 算法不再作为联邦加密标准。

3. 分组密码的工作模式

DES 算法是提供数据加密的基本组件。为了更好地应用 DES 算法，人们为它设计了四种工作模式，分别是电子编码本(Electronic Code Book，ECB)模式、密码分组链接(Cipher Block Chaining，CBC)模式、密码反馈(Cipher FeedBack，CFB)模式和输出反馈(Output FeedBack，OFB)模式，这些工作模式同样适用于其他分组密码。

1) ECB 模式

如图 2.9 所示，分组密码以 ECB 模式工作时，首先将明文消息分成 n 个 m 位组，如果明文长度不是 m 位的整数倍，则在明文末尾填充适当数目的规定符号，使长度为 m 位的整数倍。然后对每个明文组用给定的密钥分别进行加密，生成 n 个相应的密文组。解密过程与加密过程的工作模式基本一致。

ECB 模式的特点如下：

① 简单且有效；

② 可以并行实现；

③ 不能隐藏明文的模式信息，相同明文对应相同密文，同样的信息多次出现会造成泄露；

④ 对明文的主动攻击是可能的，信息块可被替换、重排、删除、重放；

⑤ 误差传递较小，一个密文块损坏时，仅有与其对应的明文块无法正常解密。

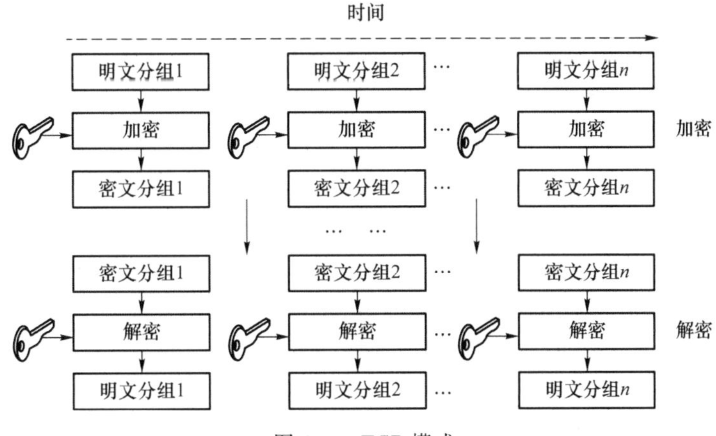

图 2.9 ECB 模式

2）CBC 模式

如图 2.10 所示，在 CBC 模式下，每个明文组在加密前与前一组密文按位异或运算后，再进行加密变换，首个明文组与一个初始向量 IV 异或运算。采用 CBC 模式加密时，要求收发双方共享加密密钥 Key 和初始向量 IV。解密时每组密文先进行解密，再与前组密文进行异或运算，还原出明文分组。

CBC 模式的特点如下：

① 没有已知的并行实现算法；

② 能隐藏明文的模式信息，相同明文对应不同密文；

③ 对明文的主动攻击是不容易的，即信息块不容易被替换、重排、删除、重放；

④ 误差传递较大，一个密文块损坏时，涉及两个明文块无法正常解密；

⑤ 安全性好于 ECB 模式。

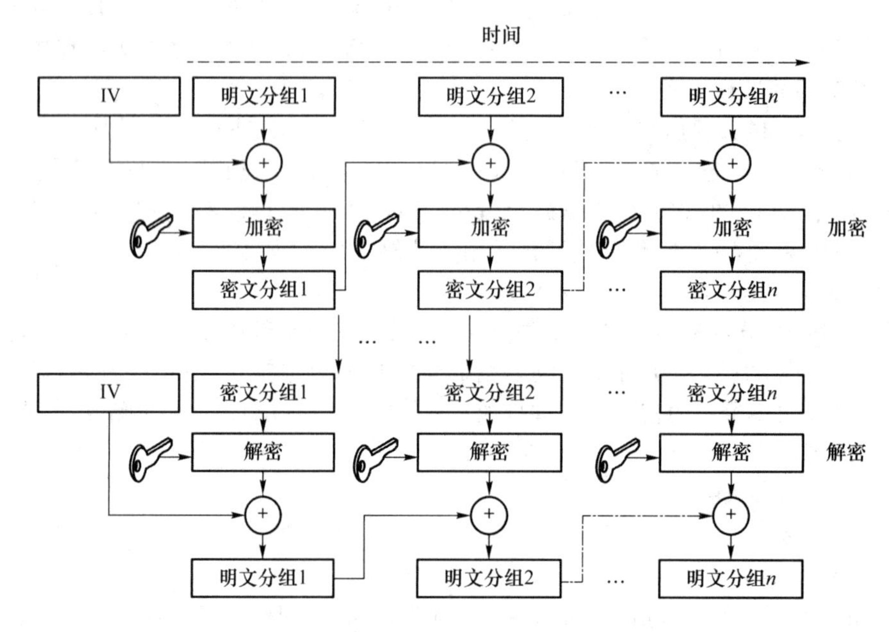

图 2.10　CBC 模式

3）CFB 模式

如图 2.11 所示，在 CFB 模式下，初始化向量 IV 进入移位寄存器，移位寄存器将内容送入加密单元进行运算，并在输出的结果中选择 S 位，与 S 位明文组进行异或运算得到密文组。同时每组密文将被按位移入移位寄存器中，以用于后续的明文组加密。解密过程与加密过程相似，具体步骤参见图 2.11 中的解密部分。采用 CFB 模式加密时，要求收发双方共享加密密钥 Key 和初始向量 IV。

CFB 模式的特点如下：

① 适用分组密码和流密码；

② 没有已知的并行实现算法；

③ 能够隐藏明文的模式信息，相同明文对应不同密文；

④ 需要共同的移位寄存器初始值 IV；

⑤ 误差传递较大，一个密文块损坏时，可能使得两个明文块无法正常解密。

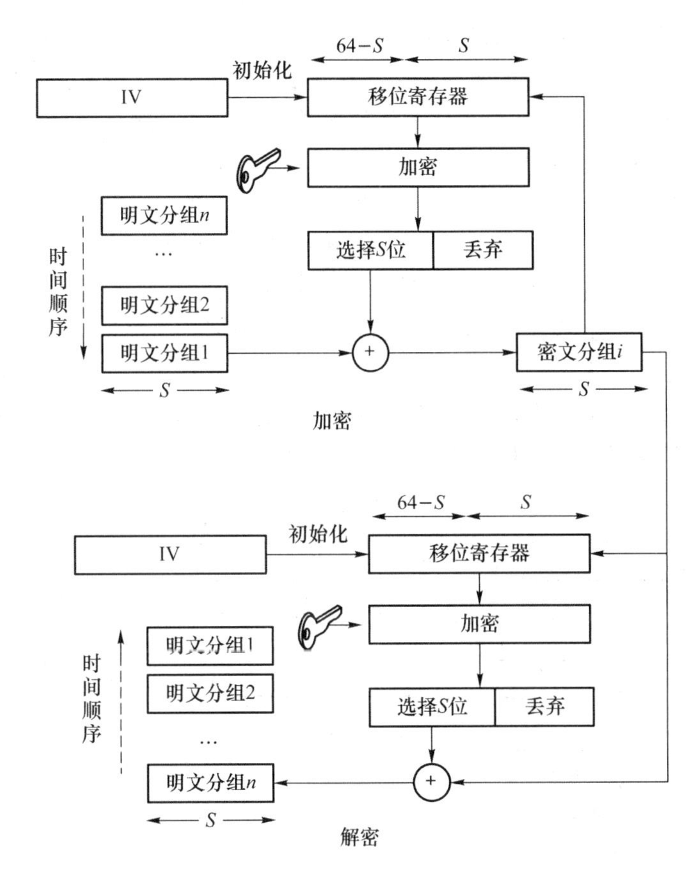

图 2.11 CFB 模式

4) OFB 模式(可用于序列密码)

如图 2.12 所示,与 CFB 模式唯一不同的是,OFB 模式是直接取加密器输出结果的 S 位,而不是取密文的 S 位。由于采用了直接取加密器的输出结果的模式,所以可以克服 CFB 模式的密文错误传播的缺点。

OFB 模式的特点如下:

① 适用分组密码和流密码;

② 没有已知的并行实现算法;

③ 能够隐藏明文的模式信息,相同明文对应不同密文;

④ 误差传递较小,一个密文块的损坏只影响对应的明文块;

⑤ 安全性较 CFB 模式差。

4. 其他对称密码简介

自 DES 算法公布之后,人们逐渐了解了 DES 算法的缺点,并不断地对其进行更为深入的研究,试图给出新的算法来解决 DES 算法存在的安全问题。基本研究思路主要包括两种:一种是对 DES 算法进行复合变换,强化它的抗攻击能力;另一种是开辟新的算法,既能够像 DES 算法一样加解密速度快,又具有抗差分攻击和其他方式攻击的能力。下面介绍几种应用较广的对称密码。

1) 三重 DES 算法

为了增加密钥的长度,人们建议将一种分组密码进行级联,在不同的密钥作用下,连续多次对一组明文进行加密，这种技术通常被称为多重加密技术。三重 DES 算法是扩展 DES 算法中密钥长度的一种方法，可使加密密钥长度扩展到 128 位（112 位有效）或 192 位（168 位有效）。这种方式中，使用三个或两个不同的密钥对数据块进行三次或两次加密，三重 DES 算法的强度和 112 位的密钥强度相当。三重 DES 算法有如下四种算法。

① DES-EEE3。使用三个不同密钥顺序进行三次加密变换。

② DES-EDE3。使用三个不同密钥依次进行加密——解密——加密变换。

③ DES-EEE2。密钥 $K_1=K_3$，顺序进行三次加密变换。

④ DES-EDE2。密钥 $K_1=K_3$，依次进行加密——解密——加密变换。

到目前为止，还没有人给出攻击三重 DES 算法的有效方法。如果对其密钥空间中密钥进行穷举搜索，则将由于空间太大，变得不切实际。若用差分攻击的方法，则相对于单一 DES 算法来说，其复杂性以指数形式增长且要超过 10^{52}，因此也是不可行的。

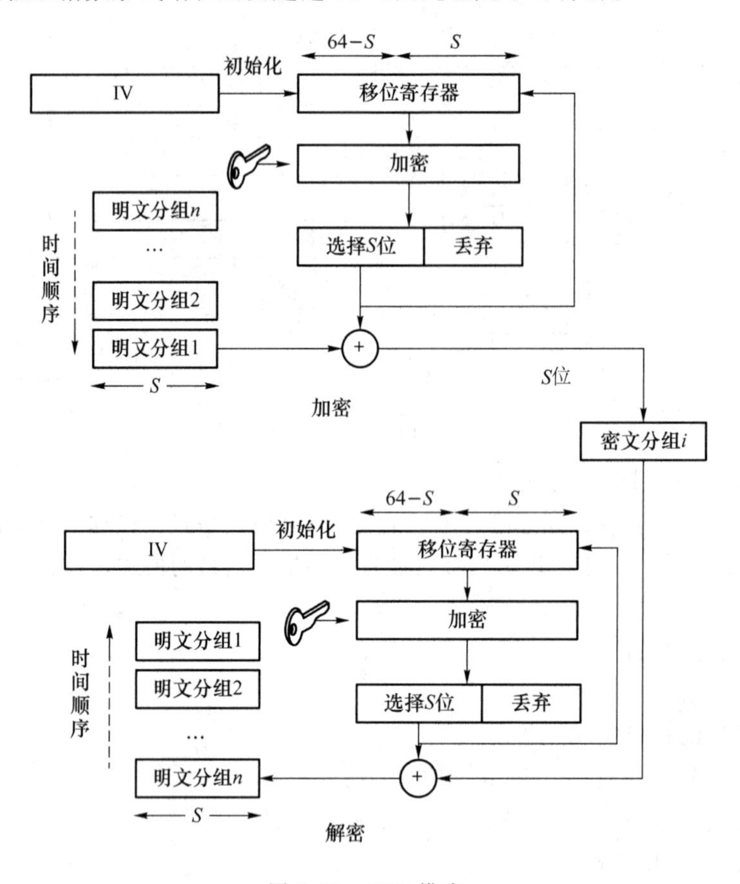

图 2.12　OFB 模式

2）RC5 算法

RC5 算法是由 RSA 公司的首席科学家 Ron Rivest 于 1994 年设计并于 1995 年正式公开的一个很实用的加密算法。它是一种分组长度 w、密钥长度 b 和迭代轮数 r 都可变的分组迭代密码，简记为 RC5-w/r/b。此算法中使用了三种运算，即异或、加法和循环，并通过数据循环实现数据的扩散和混淆，且每次循环的次数都依赖于输入数据，事先不可预测。

该算法具有如下特性：

① 形式简单，易于软件或者硬件实现，运算速度快；

② 能适用于不同字长的程序，且不同字长可派生出不同的算法；

③ 加密的轮数可变，可用来调整加密速度和安全性的程度；

④ 密钥长度是可变的，加密强度可调节；

⑤ 对存储要求不高，可用于类似 SmartCard 这类对记忆度有限定的器件；

⑥ 具有高保密性（选择适当的参数）；

⑦ 对数据实行比特循环移位，增强了抗攻击能力。

自 1995 年 RC5 算法公布以来，尽管至今还没有发现实际攻击的有效手段，但已有一些论文对 RC5 算法抵抗差分攻击和线性分析的能力进行了分析。虽然已分析出 RC5 算法的一些理论弱点，但分析结果也表明了当 r 为 12 时，RC5 算法就可抵抗差分攻击和线性分析了。

3）IDEA 算法

1990 年，瑞士联邦技术学院的来学嘉（X. J. Lai）和 Massey 提出了一个全新的加密算法，称作 PES（Proposed Encryption Standard）。1991 年，根据有关专家对这一密码算法的分析结果，该算法的设计者对该算法进一步强化并称之为 IPES，即“改进的建议加密标准”。该算法于 1992 年更名为 IDEA（国际数据加密算法），即现行的欧盟数据加密标准。

IDEA 算法是对 64 位大小的数据块加密的分组加密算法，密钥长度为 128 位。该算法基于“相异代数群上的混合运算”设计思想，用硬件和软件实现都很容易，且比 DES 算法在实现上快得多。

该算法的设计者尽最大努力使该算法不受差分密码分析的影响，而来学嘉已证明 IDEA 算法在其 8 轮迭代的第 4 轮之后便不受差分密码分析的影响。目前尚无一篇公开发表的文章试图对 IDEA 算法进行密码分析，可见，就现在来看，IDEA 算法是非常安全的。

4）AES 算法

1997 年 4 月 15 日，美国国家标准与技术研究所（NIST）发起了征集 AES 算法的活动，并成立了专门的 AES 工作组，目的是确定一个公开的且全球免费使用的分组密码算法来保护下一世纪政府的敏感信息，并希望成为秘密和公开部门的数据加密标准。1997 年 9 月 12 日，在联邦登记处公布了征集 AES 候选算法的通告，AES 算法的基本要求是比三重 DES 算法快，而且至少和三重 DES 算法一样安全，分组长度 128 位，密钥长度为 128 位/192 位/256 位。1998 年 8 月，NIST 召开了第一次 AES 候选会议，宣布对 15 个候选算法的若干讨论结果。第一轮评测的候选算法包括美国的 HPC、MARS、RC6、Safer＋和 Twofish，加拿大的 CAST-256 和 REAL，澳大利亚的 LOK197，比利时的 Rijndael，哥斯达黎加的 FROG，法国的 DFC，德国的 Magenta，日本的 E2，韩国的 Crypton，挪威的 Serpent。1999 年 3 月 22 日，NIST 举行了第二次 AES 候选会议，从中选出五个候选算法，入选的五种算法是 MARS、RC6、Twofish、Rijndael、Serpent。2000 年 10 月 2 日，美国商务部部长 Norman Y. Mineta 宣布，经过三年的世界著名密码专家之间的竞争，“Rijndael 数据加密算法”最终获胜。该算法是由两位比利时的工程师提交的，他们是比利时 Proton World International 公司的 Joan Daemen 博士、Katholieke Universiteit Leuven 大学电子工程系（ESAT）的 Vincent Rijmen 博士后。2002 年 5 月，NIST 公布了以 Rijndael 数据加密算法为基础的高级加密标准规范 AES，并预测 AES 算法会被广泛地应用于各种组织、公司及个人。

2.3 公开密钥密码

公开密钥密码机制是现代密码学最重要的发明,也可以说是密码学发展史上最伟大的革命。一方面,公开密钥密码与之前所有密码的不同,其算法不是基于代替和置换,而是基于数学函数。另一方面,与仅使用一个密钥的传统对称密钥密码不同,公开密钥密码是非对称的,即使用两个独立的密钥。

一般认为密码学就是保护信息传递的机密性,这其实仅仅是现代密码学主题的一个方面,对信息发送方与接收方的真实身份的验证、事后对所发出或接收信息的不可抵赖性以及保障数据的完整性是现代密码学主题的另一个方面。公开密钥密码机制对这两方面的问题都给出了出色的答案,并正在继续产生许多新的思想和方案。

1. 公开密钥密码理论基础

1)公开密钥密码通信模型

公开密钥密码又称非对称密钥密码或双密钥密码,是加密密钥和解密密钥为两个独立密钥的密码系统。图 2.13 为公开密钥密码的模型,可以看出在信息发送前,发送者首先要获取接收者发布的公钥,并在加密时使用该公钥将明文加密成密文,公钥也称加密密钥;解密时接收者使用私钥对密文进行处理,还原成明文,私钥也称为解密密钥。在信息传输过程中,攻击者虽然可以得到密文和公钥,但在没有私钥的情形下无法对密文进行破译。因此,公开密钥密码的通信安全性取决于私钥的保密性。

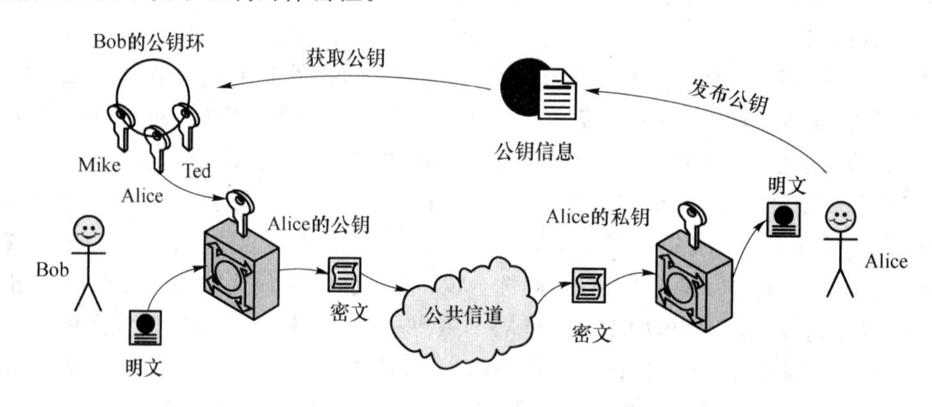

图 2.13 公开密钥密码的模型

在公开密钥密码机制中,使用者的公钥、私钥成对产生,公钥对外发布,私钥则严格保密,且只允许使用者一个人管理与使用。另外,通信的安全性与算法本身无关,因为算法是公开的。

2)公开密钥密码的核心思想

公开密钥密码是在 1976 年由 Whitfield Diffie 和 Martin Hellman 在其《密码学新方向》一文中提出的。文章中虽然没有给出一个真正的公开密钥密码,但首次提出了单向陷门函数的概念,并给出了一个 Diffie-Hellman 密钥交换算法,这为公开密钥密码的研究提供了基本思路,同时也奠定了他们在密码学发展过程中不可替代的地位。

如果函数 $f(x)$ 被称为单向陷门函数,则必须满足以下三个条件:

① 给定 x，计算 $y=f(x)$ 是容易的；

② 给定 y，计算 x 使 $y=f(x)$ 是困难的(所谓计算 $x=f^{-1}(y)$ 是困难的是指计算上相当复杂，且已无实际意义)；

③ 存在 δ，已知 δ 时对给定的任何 y，若相应的 x 存在，则计算 x 使 $y=f(x)$ 是容易的。

需要注意到的是，第一，仅满足①②两个条件的称为单向函数，第③条称为陷门性，δ 称为陷门信息。第二，当用陷门函数 f 作为加密函数时，可将 f 公开，这相当于公开加密密钥 P_k。f 函数的设计者将 δ 保密，用作解密密钥，此时 δ 称为秘密钥匙 S_k。由于加密函数是公开的，因此任何人都可以将信息 x 加密成 $y=f(x)$，然后发送给函数的设计者。由于设计者拥有 S_k，因此他自然可以利用 S_k，求解 $x=f^{-1}(y)$。第三，单向陷门函数的条件②表明窃听者由截获的密文 $y=f(x)$ 推测 x 是不可行的。

3) 公开密钥密码的应用

对于信息安全来说，机密性是一个十分重要的方面，而可认证性是另一个不可忽视的方面，特别是在今天，信息网络渗透到金融、商业以及社会生活的各个领域，信息的可认证性已经变得越来越重要。公开密钥密码可以有效地解决机密性和可认证性这两个问题。

公开密钥密码的加密模型如图 2.14 所示，其采用公开密钥密码实现信息的机密性主要依靠的是公开密钥密码算法的单向性和私钥的机密性。发送方 Bob 使用 Alice 的公钥加密信息，并以密文形式在公共信道上传输。密码分析者即使捕获了密文，由于公开密钥密码算法的单向性，因此也无法解密。而接收方 Alice 使用私钥可以对密文进行解密，还原出明文。

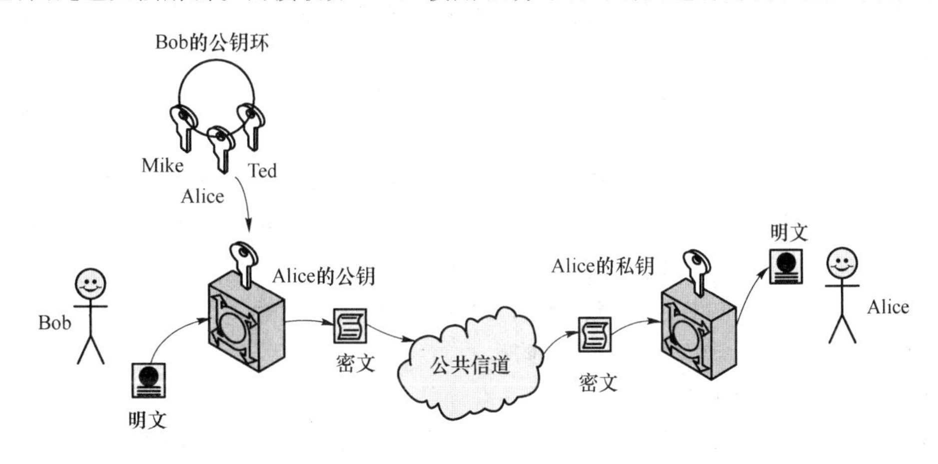

图 2.14　公开密钥密码的加密模型

采用公开密钥密码解决信息的可认证性问题是依靠公钥与私钥使用的可逆性和私钥的机密性。公开密钥密码的认证模型如图 2.15 所示，发送方 Bob 使用自己的私钥对明文信息进行加密，密文在公共信道上传输，接收方 Alice 收到密文后，使用已得到的 Bob 的公钥对信息进行解密。如果成功还原出明文，则可以确定该信息一定是 Bob 使用其私钥进行加密的，即信息源必为 Bob。

公开密钥密码除了可以解决信息的机密性和可认证性之外，还在密钥交换、信息的完整性验证以及数字证书等方面做出了重大贡献。

2. Diffie-Hellman 密钥交换算法

Whitfield Diffie 和 Martin Hellman 虽然在他们具有里程碑意义的文章中给出了公开密钥密码的思想，但是没有给出真正意义上的公钥密码实例，即没能找出一个真正带陷门的单向函数。然而，他们给出了单向函数的实例，并且基于此提出 Diffie-Hellman 密钥交换算法。为了方便理解 Diffie-Hellman 密钥交换算法，先简单介绍两个数学概念，分别是原根和离散对数。

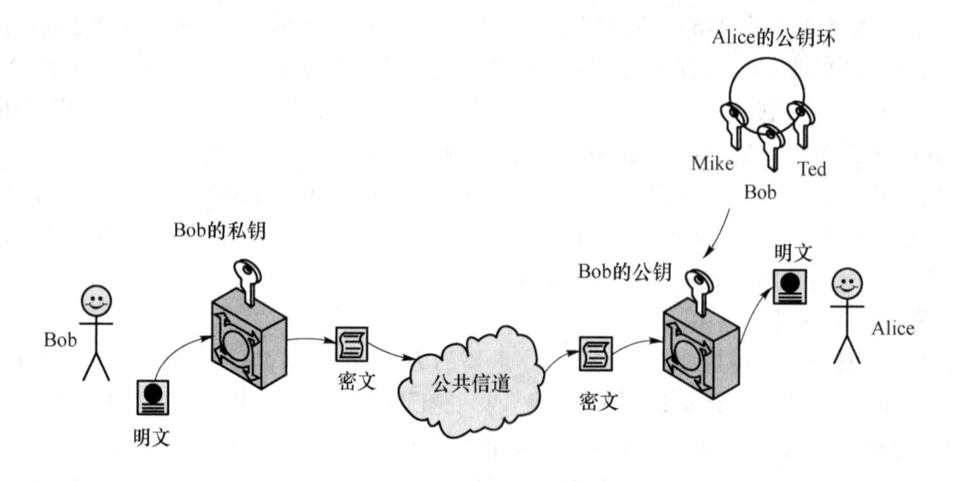

图 2.15　公开密钥密码的认证模型

1）原根

素数 p 的原根（Primitive Root）的定义：如果 a 是素数 p 的原根，则数 $a \bmod p, a^2 \bmod p, \cdots, a^{p-1} \bmod p$ 是不同的并且包含从 1 到 $p-1$ 的所有整数的某种排列。对任意的整数 b，可以找到唯一的幂 i，满足 $b \equiv a^i \bmod p$，且 $1 \leqslant i \leqslant p-1$。

注："$b \equiv a \bmod p$"等价于"$b \bmod p = a \bmod p$"，称为"b 与 a 模 p 同余"。

2）离散对数

若 a 是素数 p 的一个原根，则相对于任意整数 b（$b \bmod p \neq 0$），必然存在唯一的整数 i（$1 \leqslant i \leqslant p-1$），使得 $b \equiv a^i \bmod p$，i 称为 b 的以 a 为基数且模 p 的幂指数，即离散对数。

对于函数 $y \equiv g^x \bmod p$，其中，g 为素数 p 的原根，y 与 x 均为正整数。已知 g、x、p，计算 y 是容易的；而已知 y、g、p，计算 x 是困难的，即求解 y 的离散对数 x。

注：离散对数的求解为数学界公认的难题。

3）Diffie-Hellman 密钥交换算法

Diffie-Hellman 密钥交换算法是基于有限域中计算离散对数问题的困难程度而设计出来的，对 Diffie-Hellman 密钥交换算法的描述如下：Alice 和 Bob 协商好一个大素数 p 和大的整数 g，$1 < g < p$，g 是 p 的原根。p 和 g 无须保密，可为网络上的所有用户共享。当 Alice 和 Bob 要进行保密通信时，他们可以按如下步骤来做：

① Alice 选取大的随机数 $x < p$，并计算 $Y = g^x (\bmod p)$；

② Bob 选取大的随机数 $x' < p$，并计算 $Y' = g^{x'} (\bmod p)$；

③ Alice 将 Y 传送给 Bob，Bob 将 Y' 传送给 Alice；

④ Alice 计算 $K = (Y')^x (\bmod p)$，Bob 计算 $K' = (Y)^{x'} (\bmod p)$。

显而易见，$K = K' = g^{xx'} (\bmod p)$，即 Alice 和 Bob 已获得了相同的秘密值 K。双方以 K 作为加密、解密的密钥，并以传统对称密钥算法进行保密通信。

3. RSA 公开密钥算法

RSA 密码是目前应用最广泛的公开密钥密码。该算法于 1978 年由美国的 Rivest、

Shamir、Adleman 提出。该算法的数学基础是初等数论中的欧拉(Euler)定理以及大整数因子分解问题。

为了方便理解 RSA 密码算法,先简单介绍一下欧拉定理和大整数因子分解问题。

1) 欧拉定理

欧拉函数是欧拉定理的核心概念,其表述为:对于一个正整数 n,由小于 n 且和 n 互素的正整数构成的集合为 Z,这个集合被称为 n 的完全余数集合。Z_n 包含的元素个数记作 $f(n)$,称为欧拉函数,其中,$f(1)$被定义为 1,且没有任何实质的意义。如果两个素数 p 和 q,且 $n=pq$,则 $f(n)=(p-1)(q-1)$。

欧拉定理的具体表述为:正整数 a 与 n 互素,则 $a^{f(n)}=1 \bmod n$。

一个基于欧拉定理的推论的具体表述为:给定两个素数 p 和 q 以及两个整数 m、n,使得 $n=pg$,且 $0<m<n$,对于任意整数 k 下列关系成立,即 $m^{kf(n)+1}=m^{k(p-1)(q-1)+1}\equiv m \bmod n$。

上述定理和推论证明略。

2) 大整数因子分解

大整数因子分解问题可以表述为:已知 p、q 为两个大素数,则求 $N=pq$ 是容易的,且只需要一次乘法运算;但已知 N 是两个大素数的乘积,要求将 N 分解,则在计算上是困难的,且运行时间的复杂程度为指数级。实际上,如果一个大的且二进制数的长度为 n 的数是两个大小差不多的素数的乘积,那么现在还没有很好的算法能在多项式时间内成功分解它,这就意味着没有已知算法可以在 $O(n^k)$(k 为常数)的时间内成功分解它。

算法的运行时间复杂性是衡量算法有效性的常用标准。如果输入规模为 n,一个算法的运行时间复杂度为 $O(n)$,则称此算法为线性的;若运行时间复杂度为 $O(n^k)$,其中,k 为常量,则称此算法为多项式的;若有某常量 t 和多项式 $h(n)$,使算法的运行时间复杂度为 $O(t^{h(n)})$,则称此算法为指数的。

一般说来,在线性时间和多项式时间内可以解决的问题被认为是可行的,而任何比多项式时间更久的,尤其是指数时间可解决的问题则被认为是不可行的。

注:如果输入的规模太小,即使很复杂的算法也会变得可行。

3) RSA 密码算法

RSA 密码机制是一种分组密码,明文和密文均是从 0 到 n 之间的整数,n 的大小通常为 1 024位二进制数或 309 位十进制数,因此,明文空间 P=密文空间 $C=\{x\in \mathbf{Z}|0<x<n,\mathbf{Z}$ 为整数集合$\}$。RSA 密码算法的密钥生成过程的具体步骤如下:

① 选择两个互异的素数 p 和 q,计算 $n=pq$,$\Phi(n)=(p-1)(q-1)$;

② 选择整数 e,使 $\gcd(\Phi(n),e)=1$,且 $1<e<\Phi(n)$;

③ 计算 d,使 $d\equiv e^{-1} \bmod \Phi(n)$,即 d 为模 $\Phi(n)$下 e 的乘法逆元,

则公开密钥 $P_k=\{e,n\}$,私用密钥 $S_k=\{d,n,p,q\}$。当明文为 m,密文为 c 时:加密时使用公开密钥 P_k,加密算法 $c=m^e \bmod n$;解密时使用私用密钥 S_k,$m=c^d \bmod n$。故 e 也被称为加密指数,d 被称为解密指数。

RSA 密码算法的有效性证明如下。

当 $0<m<n$ 时,$ed\equiv 1 \bmod \Phi(n)$,等价于 $ed=k\Phi(n)+1$,对于任意整数 k,自然有下式成立:

$(m^e)^d=m^{ed}=m^{k\Phi(n)+1}\equiv m \bmod n$　(根据基于欧拉定理的推论)

故 RSA 密码算法成立。

注：加密和解密是一对逆运算。

例如，若 Bob 选择了 $p=101$ 和 $q=113$，那么 $n=11\ 413$，$\Phi(n)=100\times112=11\ 200$。11 200可分解为 $2^6\times5^2\times7$，一个正整数 e 能用做加密指数，当且仅当 e 不能被 2、5、7 整除。事实上，Bob 不会分解 $\Phi(n)$，而是用辗转相除法（扩展的欧几里得算法）来求得 e，使 $\gcd(e,\Phi(n))=1$。假设 Bob 选择了 $e=3\ 533$，那么用辗转相除法将求得 $d\equiv e^{-1}\ \mathrm{mod}\ 11\ 200\equiv6\ 597\ \mathrm{mod}\ 11\ 200$，于是 Bob 的解密密钥 $d=6\ 597$。Bob 在一个目录中公开 $n=11\ 413$ 和 $e=3\ 533$，现假设 Alice 想发送明文 9 726 给 Bob，她计算 $9\ 726^{3\ 533}\ \mathrm{mod}\ 11\ 413=5\ 761$，且在一个信道上发送密文 5 761。当 Bob 接收到密文 5 761 时，他用他的解密指数 $d=6\ 597$ 进行解密，计算 $5\ 761^{6\ 597}(\mathrm{mod}\ 11\ 413)=9\ 726$。

4）RSA 密码机制的安全性

RSA 密码机制的安全性是基于加密函数 $e_k(x)=x^e(\mathrm{mod}\ n)$是一个单向函数，对于其他人来说求逆计算不可行。而 Bob 能解密的关键是了解陷门信息，即能够分解 $n=pq$，知道 $\Phi(n)=(p-1)(q-1)$，从而可用欧几里得算法解出解密私钥 d。

密码分析者能否成功攻击 RSA 密码机制的关键点在于如何分解 n。若分解成功使得 $n=pq$，则可以算出 $\Phi(n)=(p-1)(q-1)$，然后通过公开的加密指数 e 计算出解密指数 d。如果要求 RSA 密码机制是安全的，则 p 与 q 必为足够大的素数，使分析者没有办法在多项式时间内将 n 分解出来。RSA 密码机制开发人员建议，p 和 q 应该选择大约 100 位的十进制素数，模 n 的长度要求至少是 512 位。

EDI(Electronic Data Interchange)国际标准中规定 RSA 算法的 n 为 512～1 024 位，且必须是 128 的倍数。国际数字签名标准(ISO/IEC 9796)中规定 n 为 512 位。

为了抵抗现有的整数分解算法，对 RSA 算法的模 n 的素因子 p 和 q 还有如下要求：

① $|p-q|$很大，通常 p 和 q 的长度相同；

② $p-1$ 和 $q-1$ 分别含有大素因子 p_1 和 q_1；

③ p_1-1 和 q_1-1 分别含有大素因子 p_2 和 q_2；

④ $p+1$ 和 $q+1$ 分别含有大素因子 p_3 和 q_3。

为了提高加密速度，通常取 e 为特定的小的整数。如 EDI 国际标准中规定 $e=2^{16}+1$，ISO/IEC 9796 中甚至允许 $e=3$，这时加密速度一般比解密速度快 10 倍以上。

RSA 算法在计算中的另一个问题是模 n 的求幂运算，著名的“平方-和-乘法”方法将计算 $x^c\ \mathrm{mod}\ n$ 的模乘法的次数缩小到至多为 $2l$，这里的 l 是指数 c 以二进制表示时的位数。若 n 以二进制形式表示时有 k 位，$1\leqslant k$，则 $x^c\ \mathrm{mod}\ n$ 能在 $O(k^3)$时间内完成，具体证明略。

4. 其他公开密钥密码简介

在国际上已经出现的多种公开密钥密码中，比较流行的有基于大整数因子分解问题的 RSA 密码和 Rabin 密码、基于有限域上的离散对数问题的 Differ-Hellman 公钥交换机制和 ElGamal 密码、基于椭圆曲线的离散对数问题的 Differ-Hellman 公钥交换机制和 ElGamal 密码。这些密码机制有的只适合密钥交换，有的只适合加密/解密。

Rabin 密码算法是由 Rabin 设计的，是 RSA 密码的一种改进。RSA 密码是基于大整数因子分解问题的，而 Rabin 密码则是基于求合数的模平方根这一难题的。Rabin 密码的复杂性和把一个大数分解为两个素因子 p 和 q 在同一级，也就是说，Rabin 密码和 RSA 密码一样安全。

除 RSA 和 Rabin 密码之外，另一个常见的公钥算法就是 ElGamal，这个名称是根据发明者的名字 Taher ElGamal 命名的。ElGamal 算法既能用于数据加密,也能用于数字签名,其安全性依赖于计算有限域上离散对数这一问题的困难程度。ElGamal 的一个不足之处是它的密文是成倍扩张的。一般情况下,只要能够使用 RSA 算法,就可以使用 ElGamal 算法。

随着分解大整数方法不断地进步及完善、计算机速度的提高以及计算机网络的发展,且为了保障数据的安全,RSA 算法的密钥长度需要不断增加。但是密钥长度的增加导致其加解密的速度大幅降低,硬件方面也变得越来越难以实现,这给 RSA 算法的应用带来了很大的负担,因此需要一种新的算法来代替 RSA。

1985 年,Koblitz 和 Miller 提出将椭圆曲线用于密码算法,其根据是有限域上的椭圆曲线上的点群中的离散对数问题(Elliptic Curve Discrete Logarithm Problem,ECDLP)。ECDLP 是比大整数因子分解问题更难的问题,是指数级别的难度。ECDLP 定义如下:给定素数 p 和椭圆曲线 E,对 $Q=kP$,在已知 P 和 Q 的情况下求出小于 p 的正整数 k。可以证明由 k 和 P 计算 Q 比较容易,而由 Q 和 P 计算 k 则比较困难。将椭圆曲线中的加法运算与离散对数中的模乘运算相对应,将椭圆曲线中的乘法运算与离散对数中的模幂运算相对应,就可以建立基于椭圆曲线的密码机制。因此,原来基于有限域上离散对数问题的 Diffie-Hellman 密钥交换算法和 ElGamal 公钥算法就都可以在椭圆曲线上予以实现。

椭圆曲线密码机制(Elliptic Curve Cryptosystems,ECC)和 RSA 密码机制相比,在许多方面都有绝对的优势,主要体现在以下方面。

① 抗攻击性强。相同的密钥长度,其抗攻击性比 RSA 密码机制强很多倍。

② 计算量小,处理速度快。ECC 总的速度比 RSA 密码机制要快得多。

③ 存储空间占用小。ECC 的密钥尺寸和系统参数与 RSA 密码机制相比要小得多。

④ 带宽要求低。对于短消息加密,ECC 带宽要求比 RSA 密码机制低得多。带宽要求低使得 ECC 在无线网络领域具有广泛的应用前景。

ECC 的这些特点使它必将取代 RSA 密码机制,成为通用的公钥加密算法。目前,SET 协议的制定者已把它作为下一代 SET 协议中缺省的公钥密码算法。

2.4 消息认证

2.4.1 概述

1. 引言

作为信息安全的三个基本目标之一,信息完整性的目的是确保信息在存储、使用、传输过程中不会被非授权用户篡改或防止授权用户对信息进行不恰当的修改。随着信息网络应用的不断发展,有关完整性的技术越来越受到人们的关注。

当前对信息完整性产生威胁的违反安全规则的行为主要包括以下方面。

① 伪造。假冒他人的信息源向网络中发布消息。

② 内容修改。对消息的内容进行插入、删除、变换、修改。

③ 顺序修改。对消息进行插入、删除、重组。

④ 时间修改。针对网络中的消息,实施延迟或重放。

⑤ 否认。接收者否认收到消息,发送者否认发送过消息。

确保信息完整性的任务主要由认证技术来完成。在开放环境中，认证的主要目标有两个：一是验证信息的收发双方是否合法，是不是冒充的，即实体认证，主要包括信源、信宿的认证和识别；二是验证消息的完整性，即数据在传输和存储过程中是否受到篡改、重放或延迟等攻击。

认证是用于防止对手对信息进行攻击的主动防御行为，主要包括消息认证、数字签名、实体认证以及摘要函数等内容，这些机制及算法为保证信息安全提供了强有力的支撑。

为了便于以后准确地理解有关内容，需要先解释一下消息和信息的关系。信息一般被解释为“事物运动状态或存在方式的不确定性的描述”；而消息被解释为“用文字、符号、数据、语言、音符、图片、图像等能够被人们感觉器官所感知的形式，把客观物质运动和主观思维活动的状态表示出来的载体”。可以这样理解二者之间的关系，即消息是信息的载体，信息通过消息来传递。消息是符号形式的，信息则是消息所反映的实质内容。也可以粗略地认为“消息是经过加工处理后可感知的信息的特定表示”。

消息认证是保证信息完整性的重要措施，其目的主要包括：证明消息的信源和信宿的真实性；消息内容是否曾受到偶然或有意的篡改；消息的序号和时间性是否正确。消息认证对于开放网络中各种信息系统的安全性具有极其重要的作用。

消息认证功能是由具有认证功能的函数来实现的，可用来做消息认证的函数主要分为三种：第一种是消息加密，用消息的完整密文作为消息的认证符；第二种是消息认证码（Message Authentication Code，MAC），也称密码校验和，其使用密码对消息加密，生成固定长度的认证符；第三种是消息编码，是针对信源消息的编码函数，其使用编码抵抗针对消息的攻击。前两种函数用于生成消息认证符，并凭借认证符来识别消息的真伪。消息编码是对消息进行编码，并利用编码语法来检验信息的真伪。

2. 认证函数

任何认证技术在功能上可以分为两层：下层包含一个产生认证符的函数，认证符是一个用来认证消息的值；上层是以认证函数为原语，接收方可以通过认证函数来验证消息的真伪。

1）消息加密函数

使用对称密钥密码对消息加密，不仅具有机密性，同时也具有一定的可认证性。如图 2.16(a) 所示，发送方 A 使用密钥 K 对消息加密，然后发送给接收方 B。由于密钥 K 只有 A 和 B 知道，故 A 可以相信只有 B 能够还原密文，同样接收方 B 也可以确信消息是 A 发送的。

公开密钥密码本身就提供认证功能，其具有的私钥加密、公钥解密以及反之亦然的特性，可以完美地实现大多数认证功能。如图 2.16(b) 所示，发送方 A 可以使用其私钥 K_{R_a} 进行加密，接收方 B 使用 A 的公钥 K_{U_a} 进行解密，如果成功还原成明文，则 B 可以确定消息是 A 发送的，并且没有被篡改及伪造。通常使用私钥加密消息的被称为签名，而使用公钥还原消息的被称为验证签名。有关签名的更多内容将在 2.4.3 节展开讨论。

2）MAC

MAC 也是一种重要的认证技术，基本思想是利用事先约定的密码，加密生成一个固定长度的短数据块 MAC，并将 MAC 附加到消息之后，一起发送给接收者。接收者使用相同密码对消息原文进行加密得到新的 MAC，新的 MAC 和随消息一同发来的 MAC 如果相同则代表未受到篡改。生成 MAC 的方法主要包括基于加密函数的认证码和消息摘要。

基于加密函数的认证码是指使用加密函数生成固定长度的认证符，图 2.17 是基于 DES 算法的消息认证符码，算法采用 DES 加密和 CBC 模式。经过对所有数据分组进行处理后形成最后一块密文 O_n，消息认证符可以是整个 64 位的 O_n，也可以是 O_n 最左边的 M 位，$16 \leqslant M \leqslant 64$。

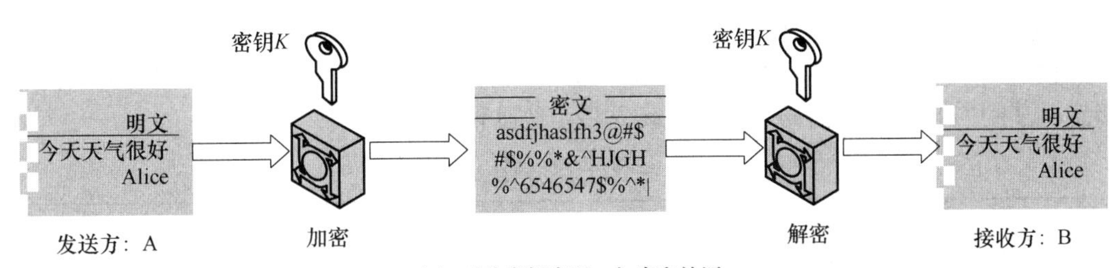

(a) 对称密钥密码：加密和认证

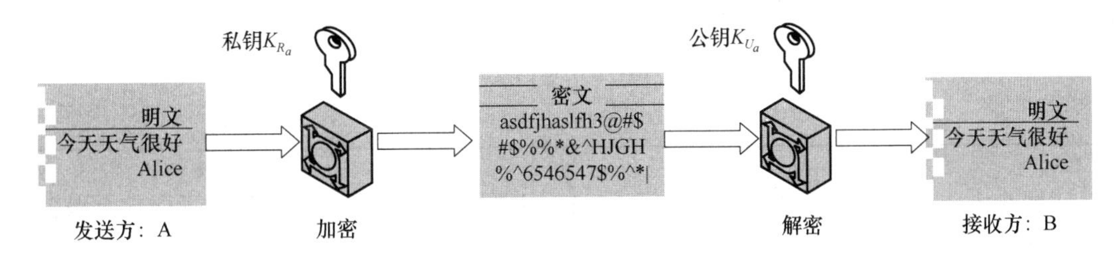

(b) 公开密钥密码：认证

图 2.16　加密函数的认证方法

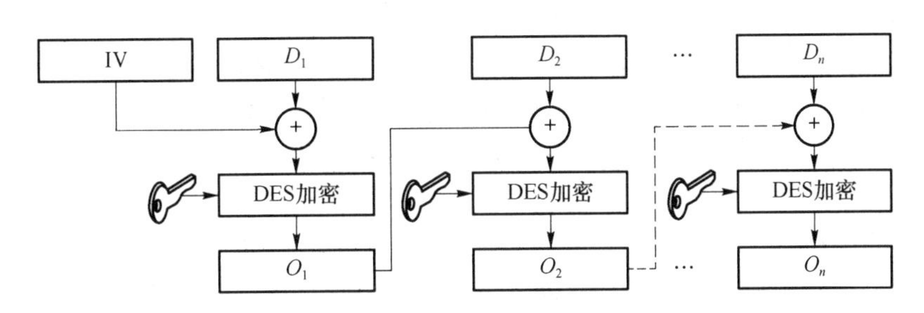

图 2.17　基于 DES 算法的 MAC 技术

消息摘要方案是以单向散列计算为核心，将任意长度的消息全文作为单向散列函数的输入，进行散列计算，并将得到的被压缩到某一固定长度的散列值(即消息摘要)作为认证符。消息摘要的运算过程不需要加密算法的参与，其实现的关键是所采用的单向散列函数是否具有良好的无碰撞性。现在通用的算法有 MD5、SHA-1、SHA-256 等，更多的有关内容将在 2.4.2 节展开讨论。

3）消息编码

使用消息编码对信息进行认证的基本思想源于信息通信中的差错校验码。差错校验码是差错控制中的检错方法，数据通信中的噪声会使得传输的比特值改变，而校验码可以检测出来。同样的道理，一些人为造成的比特值的改变也是可以使用差错控制检测到的。消息编码的基本方法是要在发送的消息中引入冗余度，使通过信道传送的可能序列集 M(编码集)大于消息集 S(信源集)。对于任何选定的编码规则 L(相当于某一特定密钥)：发送方从 M 中选出用来代表消息的许用序列 L，即对信息进行编码；接收方根据编码规则进行解码，还原出发送方按此规则向其传来的消息。攻击者由于不知道被选定的编码规则，因此所伪造的假码字多是 M 中的禁用序列，而接收方可将以很高的概率将其检测出来，并拒绝通过认证。

例如，设信源 $S=\{0,1\}$，$M=\{00,01,10,11\}$，定义编码规则 L 包含四个不同的子规则 $\{L_0,L_1,L_2,L_3\}$，每个子规则确定其许用序列，如表 2.1 所示，这样就构成了一个 MAC，发送方 A 和接收方 B 在通信前先秘密约定使用的编码法则。例如，如果决定采用 L_0，则以发送消息“00”代表信源“0”，发送消息“10”代表信源“1”。在子规则 L_0 下，消息“00”和“10”是合法的，而消息“01”和“11”在 L_0 之下不合法，接收方将拒收这两个消息。

表 2.1 一个简单的消息编码法则

编码法则 L	信源 S		
	0	1	禁用序列
L_0	00	10	01,11
L_1	00	11	01,10
L_2	01	10	00,11
L_3	01	11	00,10

信息的认证和保密是不同的两个方面，一个认证码可能具有保密功能，也可能没有保密功能。系统设计者的任务是构造好的认证码，使接收者受骗概率极小化。

2.4.2 散列函数

使用散列函数(Hash Function)的目的是将任意长的消息映射成一个固定长度的散列值(Hash 值)，也称为消息摘要。消息摘要可以作为认证符，完成消息认证。

如果使用消息摘要作为认证符，则要求散列函数必须具有健壮性，可以抵抗各种攻击，使消息摘要可以代表消息原文。当消息原文产生改变时，使用散列函数求得的消息摘要必须相应地变化，这就要求散列函数具有无碰撞特性和单向性。

1. 散列函数的健壮性

用来认证的散列函数是如何保证认证方案安全性的呢？首先需要对可能的攻击行为进行分析。在将完整消息变成消息摘要并通过摘要进行认证的整个过程中，可能出现何种伪造？是否会造成无法正确判断消息的完整性？

伪造一 攻击者得到一个有效签名(x,y)，此处 x 表示消息原文，y 表示经过私钥签名消息摘要，$y=E_{kr}(Z)$，kr 为私钥，Z 为 x 的消息摘要，即 $Z=h(x)$，$h(x)$为散列函数。攻击者首先可以通过计算得到 $Z=h(x)$，也可以找到公钥，还原出 Z。然后企图找到一个 x'，使其满足 $h(x')=h(x)$。若攻击者做到这一点，则(x',y)必也可以通过认证，即为有效的伪造。为了防止这一点，要求散列函数 h 必须具有无碰撞特性。

定义 1 弱无碰撞特性 散列函数 h 被称为是弱无碰撞的，是指在消息特定的明文空间 X 中，给定消息 $x\in X$，在计算上几乎找不到不同于 x 的 x'，$x'\in X$，使得 $h(x)=h(x')$。

伪造二 攻击者首先找到两个消息 x 和 x'，满足 $h(x)=h(x')$。然后攻击者把 x 给 Bob，并且使他对 x 的摘要 $h(x)$进行签名，从而得到 y，那么(x',y)也是一个有效的伪造。为了避免此种伪造，散列函数需要具有强无碰撞特性。

定义 2 强无碰撞特性 散列函数 h 被称为是强无碰撞的，是指在计算上难以找到与 x 相异的 x'，满足 $h(x)=h(x')$，x'可以不属于 X。

注：强无碰撞自然包含弱无碰撞。

伪造三 在某种签名方案中可伪造一个随机消息摘要 Z 的签名 y，$y=E_{kr}(z)$。若散列函数 h 的逆函数 h^{-1}是易求的，可算出 $x=h^{-1}(Z)$，满足 $Z=h(x)$，则(x,y)为合法签名。为了避免此种伪造，散列函数需要具有单向性。

定义 3　单向性　散列函数 h 被称为单向的，是指通过 h 的逆函数 h^{-1} 来求得散列值 $h(x)$ 的消息原文 x，在计算上不可行。

2. 散列值的安全长度

为了确定散列值的长度为多少位时，散列函数才具有较好的无碰撞性，我们需要研究一下“生日攻击”问题。

首先了解一下“生日悖论”。如果一个房间里有 23 个或 23 个以上的人，那么至少有两个人的生日相同的概率要大于 50%。对于 60 个或者更多的人，这种概率要大于 99%。这个数学事实与一般直觉相抵触，被称为悖论。计算与此相关的概率被称为“生日问题”，这个问题背后的数学理论已被用于设计著名的密码攻击方法——生日攻击。

不计特殊的闰年，计算房间里所有人的生日都不相同的概率。第一个人不发生生日冲突的概率是 365/365，第二个人不发生生日冲突的概率是 1－1/365，…，第 n 个人是 $1-(n-1)/365$。所以所有人的生日都不冲突的概率为 $E=1\times(1-1/365)\times\cdots\times(1-(n-2)/365)\times(1-(n-1)/365)$，而发生冲突的概率 $P=1-E$。当 $n=23$ 时，$P\approx 0.507$；当 $n=100$ 时，$P\approx 0.9999996$。

生日悖论对于散列函数的意义在于 n 位的散列值可能发生一次碰撞的测试次数不是 2^n 次，而是大约 $2^{2/n}$ 次。生日攻击给出消息摘要尺寸的下界，即一个 40 位的散列值将是不安全的，因为大约在 100 万个随机散列值中将找到一个碰撞的概率为 50%，因此通常建议消息摘要的尺寸为 128 位。

3. MD 算法

在 20 世纪 90 年代初，Ron Rivest 和 RSA Data Security Inc. 先后发明了 MD2、MD3 和 MD4。1991 年，Ron Rivest 对 MD4 进行改进升级，提出了 MD5(Message Digest Algorithm 5)。MD5 具有更高的安全性，因此目前被广泛使用，其算法如图 2.18 所示。

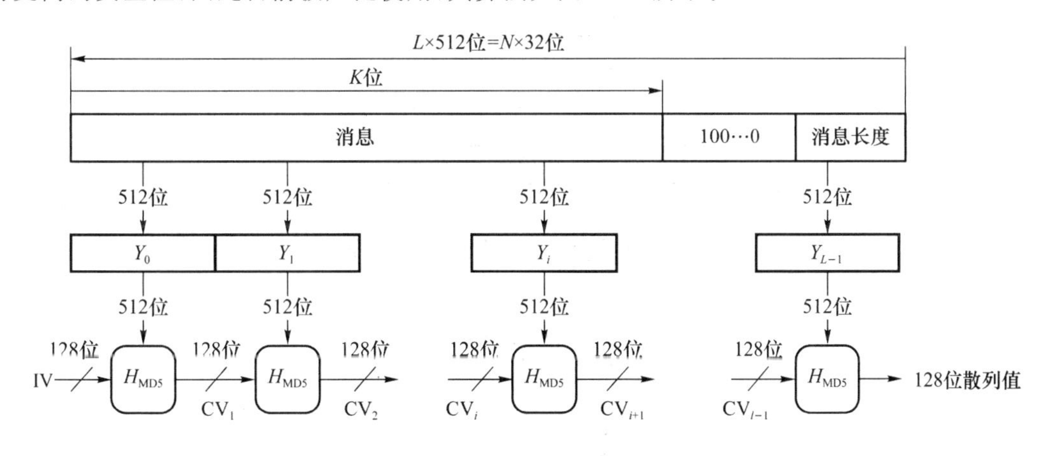

图 2.18　MD5 算法

MD5 算法的操作对象是长度不限的二进制位串，如图 2.18 所示，在计算消息摘要之前，首先调整消息长度，在消息后面附一个“1”，然后填入若干个“0”，使其长度恰好为比 512 位的整数倍数仅小 64 位的比特数。然后在其后附上 64 位的实际消息二进制长度(如果实际长度超过 2^{64} 位，则进行模 2^{64} 运算)。这两步的作用是使消息长度恰好是 512 位的整数倍，因为 MD5 以 512 位分组来处理输入文本，每一分组又划分为 16 个 32 位字。算法的输出由 4 个 32 位字组成，将它们级联后形成一个 128 位散列值，即该消息的消息摘要。

图 2.19 为 MD5 算法的具体程序流程，4 个 32 位变量 A、B、C、D 被称为链接变量(Chaining Variable)。进入主循环，循环的次数是消息中 512 位消息分组的数目，循环体内包含四轮运算，且各轮运算都很相似。第一轮运算进行 16 次操作，每次操作对 A、B、C、D 中的三个变量作一次非线性函数运算，然后将所得结果加上三个数值后分别是第四个变量、消息的一个字和一个常数。再将所得结果循环左移一个不定的数，并加上 A、B、C、D 中的一个变量，最后用该结果取代 A、B、C、D 中的一个。

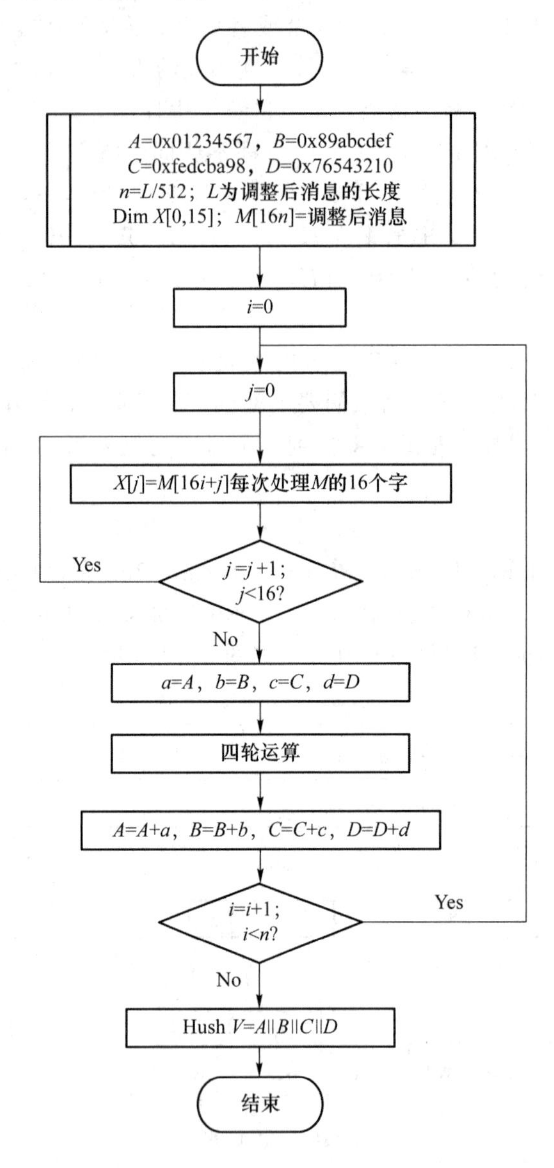

图 2.19　MD5 算法程序流程图

在四轮运算中涉及的具体逻辑运算如下：

① $X \wedge Y$：X 和 Y 的逐比特“与”。

② $X \vee Y$：X 和 Y 的逐比特“或”。

③ $X \oplus Y$：X 和 Y 的逐比特“异或”。

④ $X+Y$：模 2^{32} 的整数加法。

⑤ $X<<S$:X 循环左移 S 位($0\leqslant S\leqslant 31$)。

每轮运算涉及以下四个函数之一:

① $E(X,Y,Z)=(X\wedge Y)\vee((\neg X)\wedge Z)$;

② $F(X,Y,Z)=(X\wedge Z)\vee(Y\wedge(\neg Z))$;

③ $G(X,Y,Z)=X\oplus Y\oplus Z$;

④ $H(X,Y,Z)=Y\oplus(X\vee(\neg Z))$。

假设 $X[j]$表示某一组 512 位数据中的一个 32 位字,其中,$j\in$ {0～15 的整数},t_i为特定常数,则具体的四轮运算操作如下。

第一轮:使用 EE(a,b,c,d,M_j,s,t_i)表示 $a=b+((a+(E(b,c,d)+M_j+t_i)<<S)$。具体操作为

EE(a,b,c,d,M_0,7,Oxd76aa478)

EE(d,a,b,c,M_1,12,Oxe8c7b756)

EE(c,d,a,b,M_2,17,Ox242070db)

EE(b,c,d,a,M_3,22,Oxclbdceee)

EE(a,b,c,d,M_4,7,Oxf57c0faf)

EE(d,a,b,c,M_5,12,Ox4787c62a)

EE(c,d,a,b,M_6,17,Oxa8304613)

EE(b,c,d,a,M_7,22,Oxfd469501)

EE(a,b,c,d,M_8,7,Ox698098d8)

EE(d,a,b,c,M_9,12,Ox8b44f7af)

EE(c,d,a,b,M_{10},17,Oxffff5bb1)

EE(b,c,d,a,M_{11},22,0x895cd7be)

EE(a,b,c,d,M_{12},7,Ox6bgo1122)

EE(d,a,b,c,M_{13},12,Oxfd987193)

EE(c,d,a,b,M_{14},17,Oxa679438e)

EE(b,c,d,a,M_{15},22,Ox49b40821)

第二轮:使用 FF(a,b,c,d,M_j,s,t_i)表示 $a=b+((a+(F(b,c,d)+M_j+t_i)<<s)$。具体操作为

FF(a,b,c,d,M_1,5,Oxf61e2562)

FF(d,a,b,c,M_6,9,Oxc040b340)

FF(c,d,a,b,M_{11},14,0x265e5a51)

FF(b,c,d,a,M_0,20,Oxe9b6c7aa)

FF(a,b,c,d,M_5,5,Oxd62f105d)

FF(d,a,b,c,M_{10},9,Ox02441453)

FF(c,d,a,b,M_{15},14,Oxd8a1e681)

FF(b,c,d,a,M_4,20,Oxe7d3fbc8)

FF(a,b,c,d,M_9,5,Ox21e1cde6)

FF(d,a,b,c,M_{14},9,Oxc33707d6)

FF(c,d,a,b,M_3,14,Oxf4d50d87)

FF(b,c,d,a,M_8,20,Ox455a14ed)

FF(a,b,c,d,M_{13},5,Oxa9e3e905)

FF(d,a,b,c,M_2,9,Oxfcefa3f8)

FF(c,d,a,b,M_7,14,Ox676f02d9)

FF(b,c,d,a,M_{12},20,Ox8d2a4c8a)

第三轮：使用 GG(a,b,c,d,M_j,s,t_i)表示 $a=b+((a+(G(b,c,d)+M_j+t_i)<<s)$。具体操作为

GG(a,b,c,d,M_5,4,OxEEfa3942)

GG(d,a,b,c,M_8,11,Ox8771f681)

GG(c,d,a,b,M_{11},16,Ox6d9d6122)

GG(b,c,d,a,M_{14},23,0xfde5380c)

GG(a,b,c,d,M_1,4,Oxa4beea44)

GG(d,a,b,c,M_4,11,Ox4bdecfa9)

GG(c,d,a,b,M_7,16,Oxf6bb4b60)

GG(b,c,d,a,M_{10},23,Oxbebfbc70)

GG(a,b,c,d,M_{13},4,Ox289b7ec6)

GG(d,a,b,c,M_0,11,Oxeaa127fa)

GG(c,d,a,b,M_3,16,Oxd4ef3085)

GG(b,c,d,a,M_6,23,Ox04881Do5)

GG(a,b,c,d,M_9,4,Oxd9d4d039)

GG(d,a,b,c,M_{12},11,Oxe6db99e5)

GG(c,d,a,b,M_{15},16,Ox1fa27cf8)

GG(b,c,d,a,M_2,23,Oxc4ac5665)

第四轮：使用 HH(a,b,c,d,M_j,s,t_i)表示 $a=b+((a+(H(b,c,d)+M_j+t_i)<<s)$。具体操作为

HH(a,b,c,d,M_0,6,Oxf4292244)

HH(d,a,b,c,M_7,10,Ox432aEE97)

HH(c,d,a,b,M_{14},15,Oxab9423a7)

HH(b,c,d,a,M_5,21,Oxfc93a039)

HH(a,b,c,d,M_{12},6,Ox655b59c3)

HH(d,a,b,c,M_3,10,Ox8f0ccc92)

HH(c,d,a,b,M_{10},15,OxEEeEE47d)

HH(b,c,d,a,M_1,21,Ox85845dd1)

HH(a,b,c,d,M_8,6,Ox6fa87e4f)

HH(d,a,b,c,M_{15},10,Oxfe2ce6e0)

HH(c,d,a,b,M_6,15,Oxa3014314)

HH(b,c,d,a,M_{13},21,Ox4e0811a1)

HH(a,b,c,d,M_4,6,Oxf7537e82)

HH(d,a,b,c,M_{11},10,Oxbd3af235)

$$HH(c,d,a,b,M_2,15,\text{Ox2ad7d2bb})$$

$$HH(b,c,d,a,M_9,21,\text{Oxeb86d391})$$

得到常数 t_i 的计算方法是:整个四轮运算操作总共分为 64 步,在第 i 步中 t_i 是 $2^{32} \times \text{abs}(\sin(i))$ 的整数部分,i 的单位是弧度。如图 2.19 所示,四轮运算操作完成之后,将 A、B、C、D 分别加上 a、b、c、d,然后再用下一分组数据继续运行算法。最后,将 A、B、C 和 D 四个 32 位变量值级联形成一个 128 位散列值,即 MD5 算法的散列值。

2.4.3 数字签名

数字签名是一种重要的认证技术,主要用来防止信源抵赖,目前被广泛使用。数字签名的全称是 Digital Signature,在 ISO 7498-2 标准中定义为:"附加在数据单元上的一些数据,或是对数据单元所作的密码变换,这种数据或变换允许数据单元的接收者用以确认数据单元来源和数据单元的完整性,并保护数据,防止被人(例如接收者)进行伪造。"美国电子签名标准(FIPS 186-2)对数字签名作出如下解释:"数字签名是利用一套规则和一个参数对数据进行计算所得的结果,用此结果能够确认签名者的身份和数据的完整性。"一般来说,数字签名可以被理解为,通过某种密码运算生成一系列符号及代码,构成可以用来进行数据来源验证的数字信息。数字签名从签名形式上可以分为两种,一种是对整个消息的签名,另一种是对压缩消息的签名,它们都是附加在被签名消息之后或在某一特定位置上的一段数据信息。数字签名主要的目的:保证接收方能够确认或验证发送方的签名,但不能伪造;发送方发出签名消息后,不能否认所签发的消息。为了达到这一目的,设计数字签名必须满足下列条件:

① 数字签名必须基于一个待签名信息的位串模板;

② 数字签名必须使用某些对发送方来说是唯一的信息,以防止双方的伪造与否认;

③ 数字签名必须相对容易生成、识别和验证;

④ 伪造该数字签名在计算复杂性意义上具有不可行性,既包括对一个已有的数字签名构造新的消息,也包括对一个给定消息伪造一个数字签名。

数字签名主要采用公钥加密技术实现。通常情况下,一次数字签名涉及三个信息,分别是哈希函数、发送者的公钥、发送者的私钥。图 2.20 为数字签名的生成及验证,发送方使用散列函数对消息报文进行散列计算,生成散列值(消息报文摘要),并用自己的私钥对这个散列值进行加密,加密的散列值即为数字签名。而加密的散列值将作为消息报文的附件和消息报文一起发送给接收方。接收方首先用与发送方一样的散列函数计算原始消息报文的散列值,接着再用发送方的公钥对报文附加的数字签名进行解密,得到发送方计算的散列值。如果两个散列值相同,接收方就可确认消息报文的发送方,并且消息报文是完整的。实际上,数字签名的生成可以看作一个加密的过程,数字签名的验证则可看成一个解密的过程。

实现数字签名有很多方法,可以基于对称密钥密码机制,也可以依靠其密钥双方保密的特点来实现数字签名,但其使用范围有所局限。目前数字签名多数还是基于公钥密码机制,常见的数字签名算法有 RSA、ElGamal、DSA 以及椭圆曲线数字签名算法等。另外,还有一些特殊数字签名算法,如盲签名、代理签名、群签名、门限签名、具有消息恢复功能的签名等,它们与具体应用环境密切相关。NIST 在 1994 年 5 月 19 日公布了数字签名标准(Digltal Signature Standard,DSS),标准采用的算法便是 DSA。DSA 是 Schnorr 和 ElGamal 签名算法的变种,是基于有限域上的离散对数问题设计的。DSA 算法不是标准的公钥密码,只能提供数字签名功能,但由于具有良好的安全性和灵活性,被广泛地应用于金融等领域。

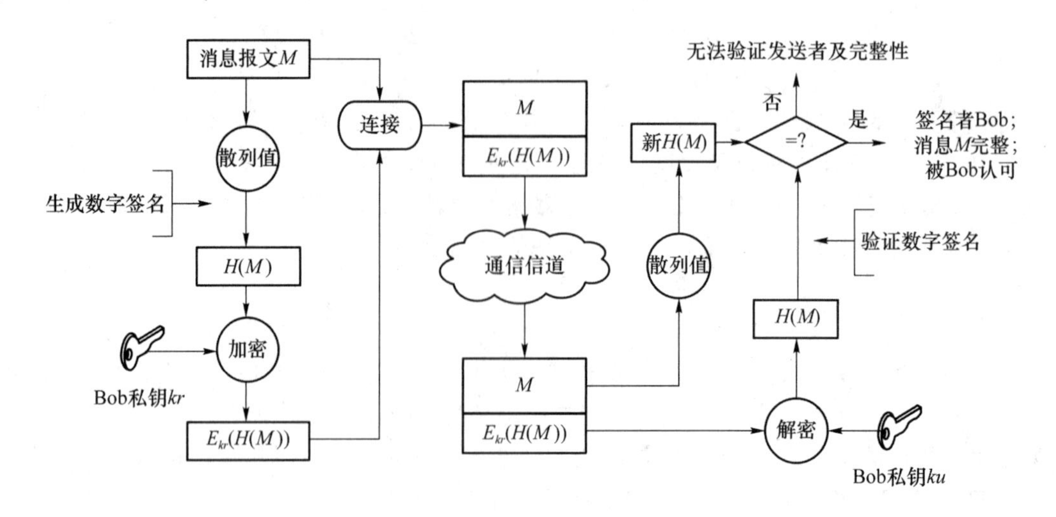

图 2.20　数字签名的生成及验证

本 章 小 结

数据安全是信息安全的重要组成部分，也是核心目标之一。数据安全所研究的内容主要包括数据的机密性、完整性、不可否认性以及身份识别等。而对这些问题的研究均需要以密码为基础对数据进行主动保护，因此，可以说密码技术是保障信息安全的核心基础。

具有明显的密码机制特征的是古典密码和近代密码，密码学的研究对象通常是这两种密码。依据密码机制的特点以及出现的时间，可以将密码分为古典替换密码、对称密钥密码和公开密钥密码。

作为信息安全的三个基本目标之一，信息完整性的目的是确保信息在存储、使用、传输过程中不会被非授权用户篡改或防止授权用户对信息进行不恰当的修改。

确保信息完整性的任务主要由认证技术来完成。在开放环境中，认证的主要目标有两个：一是验证信息的收发双方是否合法，是不是冒充的，即实体认证，主要包括信源、信宿的认证和识别；二是验证消息的完整性，即数据在传输和存储过程中是否受到篡改、重放或延迟等攻击。认证是用于防止对手对信息进行攻击的主动防御行为，主要包括消息认证、数字签名、实体认证以及摘要函数等内容，这些机制及算法为保证信息安全提供了强有力的支撑。

数字签名是一种重要的认证技术，主要用来防止信源抵赖，目前被广泛使用。实现数字签名有很多方法，可以基于对称密钥密码机制，也可以依靠其密钥双方保密的特点来实现数字签名，但其使用范围有所局限。目前数字签名多数还是基于公钥密码机制，常见的数字签名算法有 RSA、ElGamal、DSA 以及椭圆曲线数字签名算法等。另外，还有一些特殊数字签名算法，如盲签名、代理签名、群签名、门限签名、具有消息恢复功能的签名等，它们与具体应用环境密切相关。

本章习题

一、名词解释

密码编码学　代替密码　对称密钥密码　公开密钥密码　乘法逆元 离散对数　消息摘要　散列函数　数字签名　无碰撞特性

二、简答题

1. 密码机制的五个要素是什么?

2. 密码学的发展过程是怎样的?

3. 什么是单向陷门函数?

4. 公开密钥密码的作用有哪些?

5. 散列函数的作用是什么?

6. 数字签名是如何使用的?

三、计算题

1. 俄语共有32个字母,设计一个乘数密码来加密俄语信息,并计算一下潜在的加密密钥有多少个,并列举。

2. Alice和Bob使用Diffie-Hellman协议协商共享密钥,得知使用的素数 $g=13$,原根 $a=2$。如果Alice传送给Bob YA=12,那么Alice的随机数XA是多少?如果Bob传给Alice YB=6,那么共享的密钥 K 是多少?

3. 如果攻击者截获了Alice发给Bob的消息 C 为10,并得知加密密码是RSA(公钥:$e=5$;$n=35$),那么明文 M 是什么?

四、辨析题

1. 有人说,使用AES密码加密数据绝对安全。你认为这种说法正确与否,为什么?

2. 有人说,所有的散列函数都存在产生碰撞的问题,很不安全。你认为这种说法正确与否,为什么?

第3章 身份认证与访问控制技术

本章学习要点

- 掌握身份认证的基本概念和分类；
- 掌握常见的身份认证方式和协议；
- 掌握数字证书与公钥基础设施(PKI)；
- 了解访问控制的概念与分类；
- 了解自主访问控制、强制访问控制的概念及特征，重点掌握基于角色的访问控制和基于属性的访问控制。

3.1 身份认证与访问控制技术概述

1. 身份认证

随着互联网的不断发展，人们逐渐开始尝试在网络上购物、交易以及各种信息交流。然而黑客、木马以及网络钓鱼等欺诈行为给互联网的安全带来了极大的挑战。层出不穷的网络犯罪引起了人们对网络身份的信任危机，如何证明"每个人是谁?"及如何防止身份冒用等已经成为人们必须解决的焦点问题，而解决这些问题的唯一途径就是进行身份认证。

身份认证是证实用户的真实身份与其所声称的身份是否相符的过程。身份认证的依据应包含只有该用户所特有的并可以验证的特定信息，主要包括以下三个方面：

① 用户所知道的或所掌握的信息，如密码、口令等；

② 用户所拥有的特定东西，如身份证、护照、密钥盘等；

③ 用户所具有的个人特征，如指纹、笔迹、声纹、虹膜、DNA 等。

目前，实现身份认证的技术主要包括基于口令的认证技术、基于生物特征的认证技术和基于密码学的认证技术。基于口令的认证技术的原理是通过比较用户输入的口令与系统内部存储的口令是否一致来识别用户身份。基于口令的认证技术简单灵活，是目前最常使用的一种认证方式，但由于口令容易泄露，其安全性相对较低。基于生物特征的认证技术是指通过计算机利用人体固有的生理特征或行为特征来识别用户的真实身份。生理特征与生俱来，多为先天性；行为特征则是习惯使然，多为后天性。生理特征和行为特征被统称为生物特征，常用的生物特征包括指纹、笔迹、声音、虹膜、人脸等。生物特征认证与传统的密码、证件等认证方式相比，具有依附于人体、不易伪造、不易模仿等优势。基于密码学的认证技术主要包括基于对称密钥的认证和基于公开密钥的认证。

考虑认证数据的多种特征，身份认证可以进行不同的分类。根据认证条件的数目可分为以下三类：仅通过一种条件来证明一个人的身份的，称为单因子认证；通过两种不同条件来证明一个人的身份的，称为双因子认证；通过多种不同条件的组合来证明一个人的身份的，称为多因子认证。根据认证数据的状态可以分为静态数据认证（Static Data Authentication，SDA）和动态数据认证（Dynamic Data Authentication，DDA）。静态数据认证是指用于识别用户身份的认证数据事先已产生，并保存在特定的存储介质上，认证时提取该数据进行核实认证；而动态数据认证是指用于识别用户身份的认证数据不断动态变化，每次认证使用的是不同的认证数据，即动态密码。动态密码由一种称为动态令牌的专用设备产生，可以是硬件也可以是软件，其产生动态密码的算法与认证服务器采用的算法相同。身份认证还有其他的分类方法，这里不再一一说明。作为信息安全必不可少的技术手段，身份认证在整个安全体系中占有十分重要的位置。

正确识别主体的身份是十分重要的。身份认证是指证实主体的真实身份与其所声称的身份是否相符的过程。这一过程是通过特定的协议和算法来实现的，且常使用 PPP、TACACS＋和 Kerberos 等协议来实现身份认证。

身份认证是在计算机网络中确认操作者身份的过程而产生的有效解决办法。从某种意义上说，在网上商务日益火爆的今天，认证技术可能比信息加密更为重要。因为很多情况下用户并不要求购物信息保密，即只要确认网上商店不是假冒的，且自己的交易信息不被第三方修改或伪造即可，而这就需要身份认证技术。

身份认证是网络安全的核心，它能有效防止未授权用户访问网络资源。身份认证系统一般由示证者(P)、验证者(V)、攻击者和可信第三方组成。P 试图向 V 证明自己知道某信息，有两种方法：一种方法是 P 说出这一信息使得 V 相信，这样 V 也就知道了这一信息，这是基于知识的证明；另一种方法是使用某种有效的数学方法，使得 V 相信他掌握这一信息，却不泄露任何有用的信息，这种方法被称为零知识证明。零知识证明分为两类，即最小泄露证明（Minimum Disclosure Proof）和零知识证明（Zero Knowledge Proof）。最小泄露证明需要满足：

① P 几乎不可能欺骗 V。如果 P 知道证明，那么他可以使 V 以极大的概率相信他知道证明；如果 P 不知道证明，则他使得 V 相信他知道证明的概率几乎为零。

② V 几乎不可能知道证明的知识，特别是他不可能向别人重复证明的过程。

③ V 无法从 P 中得到任何有关证明的知识。

身份认证的协议可分为双向认证协议和单向认证协议。双向认证协议是使通信双方相互认证对方的身份。而单向认证协议指的是使通信的一方认证另一方的身份，如服务器在提供用户申请的服务之前，先要认证用户是否是这项服务的合法用户，但不需要向用户证明自己的身份。另外，基于对称密钥的认证协议需要双方事先已经通过其他方式拥有共同的密钥；基于公钥的认证协议的双方一般需要知道对方的公钥。公钥的获得相对于对称密钥来说更简便，但其缺点是加密和解密速度慢，代价大。

2. 访问控制

访问控制是实现既定安全策略的系统安全技术，目标是防止任何资源进行非授权访问。非授权访问包括未经授权的使用、泄露、修改、销毁及发布指令等。通过访问控制技术可以限制对关键资源的访问，防止非法用户的侵入或因合法用户的不慎操作所造成的破坏。

1）访问控制的基本概念

在用户身份认证和授权后，访问控制机制将根据预先设定的规则对用户访问某项资源进行控制，只有规则允许时才能访问，违反预定安全规则的访问将被拒绝。资源可以是信息资源、处理资源、通信资源或物理资源；访问方式可以是获取信息、修改信息或完成某种功能，可认为是读、写或执行操作。访问控制是系统保密性、完整性、可用性和合法使用性的重要基础，是网络安全防范和资源保护的关键策略之一，也是主体依据某些控制策略或权限对客体本身或其资源进行不同授权的访问。

访问控制的目的是限制访问主体对客体的访问权限，从而保障数据资源在合法范围内得以有效使用和管理。因此，访问控制要完成两个任务，即识别和确认访问系统的用户，并决定该用户是否可以对某一系统资源进行何种类型的访问。

访问控制包括三个要素，即主体、客体和访问控制策略。

（1）主体

主体（Subject）有时也称为用户或访问者。主体指提出请求或要求的实体，是动作的发起者，但不一定是动作的执行者。主体可以是用户或其他任何代理用户行为的实体（如进程、作业和程序）。实体指计算机资源（物理设备、数据文件、内存或进程）或合法用户。

（2）客体

客体（Object）是主体试图访问的一些资源，是接受其他实体访问的被动实体。客体的含义很广泛，凡是可以被操作的信息、资源、对象都可以被认为是客体。

（3）访问控制策略

访问控制策略（Access Control Policy）是主体对客体的操作行为集与约束条件集，即主体对客体的访问规则集，该规则定义了主体可能的作用行为和客体对主体的条件约束。访问控制策略体现了一种授权行为，是客体对主体的权限允许，这种允许不得超越规则集。

2）访问控制原理

计算机信息系统访问控制技术最早产生于 20 世纪 60 年代，随后出现了自主访问控制（Discretionary Access Control，DAC）和强制访问控制（Mandatory Access Control，MAC），还有另外两个著名的访问控制模型，即基于角色的访问控制（Role Based Access Control，RBAC）模型和基于属性的访问控制（Attribute Based Access Control，ABAC）模型。

在 GB/T18794.3—2003 中定义了访问控制系统设计的基本功能组件，并描述了各功能组件之间的通信状态，访问控制系统如图 3.1 所示。

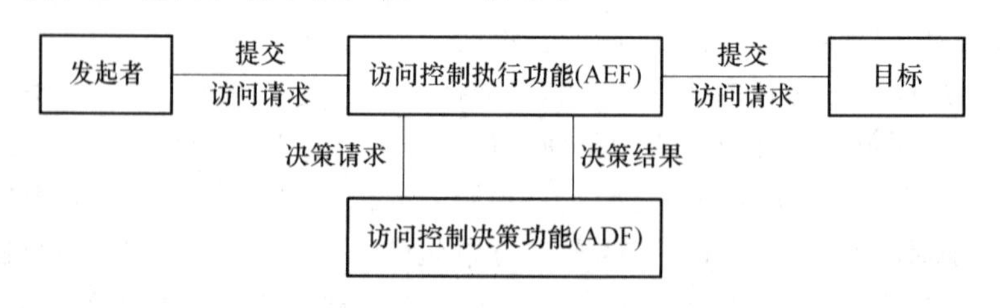

图 3.1　访问控制系统

在图 3.1 中，发起者指信息系统中系统资源的使用者，是访问控制系统中的主体；目标指被发起者所访问或试图访问的基于计算机或通信的实体，是访问控制系统中的客体；访问控制执行功能（AEF）是负责建立发起者与目标之间的通信桥梁，它依照访问控制决策功能（ADF）的授权查询的指示来实施上述动作，即当发起者对目标提出执行操作要求时，AEF 会将这个请求信息通知给ADF,并由ADF做出是否允许访问的判断。因此,ADF是访问控制的核心。

访问控制的实现首先要对合法用户进行验证,然后是控制策略的选用和管理,最后对非法用户或越权操作进行管理。因此,访问控制包括认证、控制策略的具体实现和审计三方面的内容。

(1) 认证

认证包括主体对客体的识别认证和客体对主体的检验认证。主体和客体的认证关系是相互的,当一个主体受到另一个客体的访问时,该主体就变成了客体。一个实体可以在某一时刻是主体,在另一时刻是客体,这取决于当前实体的功能是动作的执行者还是动作的被执行者。

(2) 控制策略的具体实现

控制策略体现在如何设定规则集合,从而确保正常用户对信息资源的合法使用,即,既要防止非法用户,也要考虑敏感资源的泄露。对于合法用户而言,也不能越权行使控制策略所赋予其权利以外的功能。

(3) 审计

若客体的管理者(即管理员)有操作赋予权,则由于他有可能滥用这一权利,且无法在策略中加以约束,所以必须对这些行为进行记录,从而达到威慑和保证访问控制正常实现的目的。这正是审计的重要意义所在。由于用户的访问涉及访问的权限控制规则集合,将敏感信息与通常资源分开隔离的系统称为多级安全信息系统。安全级别有两种类型:一种是有层次的安全级别,即TS(绝密级别)、S(秘密级别)、C(机密级别)、RS(限制级别)和U(无级别级),其安全等级依次降低;另一种是无层次的安全级别,它不对主体和客体按照安全级别进行分类,而是只给出客体接受访问时可以使用的规则和管理者。

3) 访问控制策略和机制

(1) 访问控制策略

访问控制策略可分为自主式策略和强制式策略。自主式策略为特定的用户提供访问信息,它在用户和目标分组方面具有很好的灵活性。当一个安全区域的强制式策略被最终的权威机构采用和执行时,它基于能自动实施的规则。从实际应用来看,基于身份的策略等同于自主式策略,基于规则的策略等同于强制式策略。

① 基于身份的策略——基于个体的策略和基于组织的策略

基于个体的策略能根据哪些用户可以对一个目标实施哪一种行为的列表来表示。由于基于身份的策略陈述总是依赖于一个暗含的或清晰的默认策略,而基于个体的策略是基于身份的策略的一种类型,所以基于个体的策略陈述也总是依赖于一个暗含的或清晰的默认策略。假定的默认是所有用户被所有的许可否决。这类策略遵循所谓的最小特权原则,最小特权原则要求最大限度地限制每个用户为实施授权任务所需要的许可集。这种原则的应用减少了由偶然事件、错误或未授权用户导致的危险。

基于组织的策略指一些用户被允许对一个目标具有同样的访问许可。例如,当许可被分配给一个队的所有成员或一个组织的一个部门的所有雇员时,采取的就是这种策略。也就是说,多个用户被组织在一起并赋予一个共同的识别标识符。

② 基于规则的策略——多级策略和基于间隔的策略

多级策略被广泛应用于政府机密部门,在非机密部门中也有应用。该策略应该自动控制执行,且主要用来保护数据的非法泄露,也支持完整性需求。一个多级策略通过给每个目标分配一个密级来操作,每个用户从相同的层次中分配一个等级,目标的分派反映了其敏感性,用户的分派反映了其可信程度。

在基于间隔的策略中，目标集合与安全间隔或安全类别相关联，并通过它们来分离其他目标。用户需要给一个间隔分配一个不同的等级，以便能够访问间隔中的目标。此外，一个间隔中的访问可能受控于特殊的规则。例如，在一个特定的时间间隔内，两个消除了的用户为了恢复数据可能需要提出一个联合请求。

③ 基于角色的策略

基于角色的访问控制(Role Based Access Control，RBAC)是通过对角色的访问所进行的控制，使权限与角色相关联，用户通过成为适当角色的成员而得到其角色的权限，可极大地简化权限管理。为了完成某项工作，需要创建角色，用户可根据其责任和资格分派相应的角色，角色可根据新需求和系统合并赋予新权限，而权限也可根据需要从某角色中收回。这减少了授权管理的复杂性，降低了管理开销，提高了企业安全策略的灵活性。RBAC 的授权管理方法主要有：根据任务需要定义具体不同的角色；为不同角色分配资源和操作权限；给一个用户组指定一个角色。

在设计任何一种访问控制策略时，目标的粒度都是主要的讨论因素。对于相同的信息结构，不同级别的粒度可能在逻辑上有截然不同的访问控制策略和不同的访问控制机制。不同的访问控制粒度通常与策略委托有关。例如，一个公司将公司数据库的部分责任委托给一些部门，而部门又将部分职责委托给个别雇员。当多种策略运用于一个目标时，有必要建立一些关于这些策略之间如何协调的规则。典型的规则是规定策略的优先关系，也就是规定一个策略的许可或否认许可，而不管与其他策略是否冲突。

(2) 访问控制机制

访问控制机制是检测系统是否未授权访问和防止系统未授权访问，并对保护资源采取各种措施，是在文件系统中广泛应用的安全防护方法。访问控制矩阵是最初实现访问控制机制的概念模型，它通过二维矩阵规定主体和客体间的访问权限，其中二维矩阵的行表示主体的访问权限属性，矩阵的列表示客体的访问权限属性，矩阵格表示所在行的主体对所在列的客体的访问授权。矩阵格如果为空则表示未授权，若为 Y 则表示有操作授权。而在实际应用中，若系统较大，其访问的控制矩阵将非常大，较多的空格将造成存储空间的浪费。因此，实际应用中很少使用矩阵的方式来规定主体和客体间的访问权限。

① 访问控制列表

每个访问控制列表是目标对象的属性表，它指出了每个用户对给定目标的访问权限，即一系列实体对资源的访问权限列表。访问控制列表反映了一个目标对应于访问控制矩阵列中的内容。因此，基于身份的访问控制策略和基于角色的访问控制策略都可以很简单地应用访问控制列表来实现。访问控制列表机制最适合需要被区分得相对少的用户，并且这些用户中的绝大多数是稳定的。如果访问控制列表太大或经常改变，那么维护访问控制列表将成为最主要的问题。

② 访问控制能力

访问控制能力是发起者拥有的一个有效标签，它授权持有者以特定的方式访问特定的目标。能力可以从一个用户传递给另一个用户，但任何人都不能摆脱负责的机构进行修改和伪造。在发起者的环境中根据某个用户的访问许可存储表产生能力。用访问矩阵的语言来讲，就是运用访问矩阵中用户所包含的每行信息来产生能力。

③ 安全标签

安全标签是限制在一个传达的或存储的数据项的目标上的一组安全属性的信息项。在访问控制机制中，安全标签属于用户、目标、访问请求或传输中的一个访问控制信息。作为一种访问控制机制的安全标签，其用途通常是支持多级访问控制策略。在发起者的环境中，标签被每个访问请求用以识别发起者的等级。标签的产生和附着过程必须可信，且必须同时跟随一个把它以安全的方式束缚在一个访问请求上的传输。

3.2　身份认证技术

身份认证技术用于认证用户身份，限制非法用户访问网络资源，从而实现对系统访问权限的控制和对系统资源的保护。因此，建立强有力的身份认证系统是排除网络安全隐患、保护网络信息安全的重要手段。在信息安全体系中，身份认证与管理是整个信息安全体系的基础，在身份认证的基础上才能进行授权与访问控制、审计与责任认证。认证技术广泛应用在系统登录、资源访问、网上支付、网上银行、电子商务、电子政务等方面。本节主要介绍身份认证的概念、常见的身份认证方式以及身份认证协议。

3.2.1　概述

一个基本的信息安全系统至少应包括身份认证、访问控制和审计功能。安全系统的逻辑结构如图 3.2 所示。

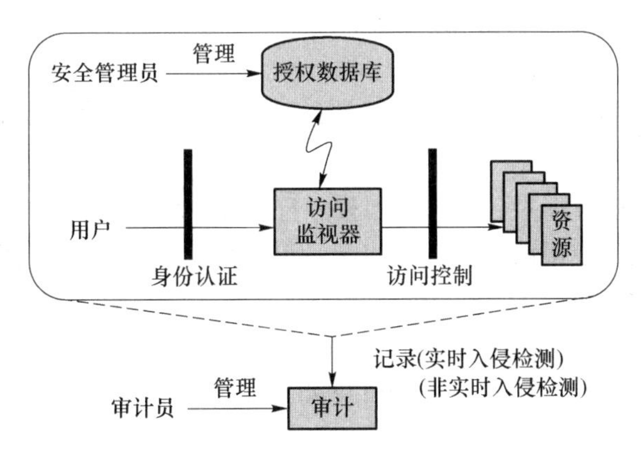

图 3.2　安全系统的逻辑结构

身份认证是信息系统中的第一道安全防线。如图 3.2 所示，当用户在访问信息系统时，安全系统首先要通过身份认证识别用户身份，然后根据用户的身份和授权数据库决定用户是否能够访问以及以什么权限访问某个资源。安全管理员按照安全策略配置授权数据库，审计系统根据审计策略记录用户的请求和行为。身份认证是最基本的安全服务，访问控制和审计功能的实现都依赖于身份认证系统所识别的用户身份，因此，身份认证对网络环境下的信息安全尤其重要。

1. 身份认证的概念

身份认证是证实主体的身份是否与其所声称的身份相符的过程。在安全的网络通信中，通信各方必须通过某种形式的身份认证机制来验证各自的身份是否与其所声称的身份一致，并且只有在身份认证的基础上才能实现相应的访问控制和审计功能。身份认证可以确保用户身份的真实性、唯一性和合法性。身份认证可以对抗假冒攻击和重放攻击。通常,可以通过下列因素或下列因素的组合来完成用户的身份认证。

① 用户所知道的秘密信息(Something the User Knows),例如,口令等;

② 用户所持有的秘密信息(Something the User Possesses),例如,智能卡、密钥盘等;

③ 用户所具有的某些生理特征或行为特征(Something the User Is or How He/She Behaves),例如,指纹、声音、视网膜、人脸、手写签名、步态等。

以上三种方式各有利弊。基于口令和基于智能卡的身份认证技术相对比较成熟,应用比较广泛,且目前多数系统登录还是以基于口令的认证技术为主。此外,近年来,基于生物识别的身份认证技术已从研究阶段转向应用阶段,业界对该技术的研究和应用也十分深入,前景十分广阔。例如,现在很多品牌的笔记本电脑和智能手机都支持指纹认证和人脸识别。

2. 身份认证的分类

根据不同的认证依据,身份认证技术可以分成不同的种类。

1)根据采用的安全因素的性质

根据认证时采用的安全因素性质的不同,身份认证可以分为基于秘密知识的身份认证、基于物品的身份认证和基于生物特征的身份认证。

① 基于秘密知识的身份认证:利用通信双方所共同知道的秘密信息进行认证,包括基于用户名/口令的身份认证、基于密码的身份认证等。

② 基于物品的身份认证:利用通信中的一方所拥有的物品进行认证,主要包括基于智能卡的身份认证和基于非电子介质信物的身份认证。

③ 基于生物特征的身份认证:主要包括基于生理特征(如指纹、虹膜、人脸等)的身份认证和基于行为特征(如步态、手写签名等)的身份认证。

2)根据采用的安全因素的数量

进行身份认证时,可以使用一种或多种安全因素。根据所使用的安全因素数量,可将身份认证协议分为以下两类:

① 单因素身份认证:仅通过一种安全因素进行认证。例如,利用口令进行身份认证。

② 多因素身份认证:使用两种或两种以上的安全因素进行认证。例如,使用口令与智能卡相结合的方式进行身份认证。

3)根据通信双方是否都需要认证

根据需要认证的通信中的一方是只进行单方认证还是双方互相认证,认证协议可以分为单向认证和双向认证。

① 单向认证:通信的一方认证另一方的身份。例如,服务器在为用户提供服务之前,先要认证用户是否是合法用户,但是服务器不需要向用户证明自己的身份;或者只有服务器向用户证明自己的身份,而用户不需要向服务器提供身份证明。

② 双向认证:通信双方互相认证对方的身份。双向认证是最常用的认证方式。

4)根据采用的密码机制

根据认证时所采用的密码机制的不同,可以分为基于对称密码的认证和基于公钥密码的认证。

① 基于对称密码的认证:双方需要共享对称密钥。例如,通信双方事先通过邮件、电话或物理传递等方法安全地获得了共同的对称密钥。

② 基于公钥密码的认证:双方需要知道对方的公钥。公钥的获得相对于对称密钥要简

便，例如，通过证书颁发机构（CA）可获得对方的数字证书，这是基于公钥认证的优势。但是公钥密码机制具有加/解密速度慢的缺点，因此，通信双方通常会基于公钥的认证协议协商出一个对称密钥，并使用该密钥作为下一步通信的会话密钥。

3. 身份认证所面临的安全攻击

在进行身份认证的过程中可能会遭受攻击，例如，攻击者窃听参与者的通信内容，控制公开信道并对认证过程中通过公开信道传输的信息进行篡改、删除或添加等。安全的身份认证过程应该能抵抗如下攻击形式。

1）窃听攻击

攻击者可以窃听认证执行过程中在不安全信道上传输的通信消息，这种被动攻击很难被检测出来。虽然窃听攻击不会中断系统，但是破坏了信息的保密性。

2）拒绝服务攻击

恶意用户向服务器发送大量无用的登录请求消息，导致服务器资源被耗尽，不能向合法用户提供服务。

3）伪造攻击/假冒攻击

攻击者试图通过窃听或拦截的通信消息伪造合法的登录请求消息，并以此假冒合法用户登录到服务提供者的服务器。

4）并行会话攻击

在攻击者的操控下，被攻击协议的两个或多个运行操作并发执行，攻击者可以从某个协议运行时传输的消息中得到其他运行时所需的应答。

5）口令猜测攻击

在这种攻击中，攻击者可能拦截用户和服务器之间的认证消息，采用遍历的方式穷举口令集合中的所有口令，并逐个进行验证，直到找到正确的口令。因为口令一般选自较小的集合，所以口令猜测攻击易于成功。

6）重放攻击

这是一种常见的主动攻击形式，最典型的情况是，A和B通信时，第三方C对其进行窃听并在获得了A发给B的消息M后，在之后的某个时刻冒充A将M发给B，希望能够以A的身份与B建立通信，并从中获取有用信息。在最坏情况下，重放攻击可能导致被攻击者误认对方身份，暴露密钥和其他重要信息，这即使不成功也可以干扰系统的正常运行。一般地，可在认证协议执行过程中插入随机数或时间戳来防止重放攻击。

7）智能卡丢失攻击

在基于智能卡的认证中，攻击者可以通过差分能量分析和简单能量分析获取智能卡中存储的信息。因此，当智能卡丢失或被盗时，未授权的用户就有可能更换智能卡的密码，或通过字典攻击猜测用户的口令，或通过该智能卡假冒合法用户登录服务提供者的服务器。

8）中间人攻击

攻击者处于通信双方A和B的中间，拦截双方正常的网络通信数据并对数据进行嗅探和（或）篡改，而通信的双方却毫不知情。

4. 常见的身份认证方式

1）基于口令的认证

基于口令的认证是身份认证最常用的方式，通常使用二元组信息＜用户账号（用户ID），口令（Password）＞来表示某用户的身份。口令只有用户和系统服务器知晓。用户登录系统时提供其用户账号和口令，服务器将用户账号和口令与数据库的用户账号和口令进行比对，如果相符，则通过认证。

很明显，基于口令的身份认证方法简单易用，但是存在着严重的安全问题。首先，基于口令认证的安全性仅仅基于用户口令的保密性，如果用户口令较短且容易猜测，那么这种方案就容易遭受口令猜测攻击；其次，如果口令在通信线路上进行明文传输，那么系统攻击者就能够通过窃听的方法获取用户口令；最后，由于系统需要保存用户名和口令，这一方面要求系统管理员是可信赖的，另一方面，一旦攻击者能够访问口令库，那么整个系统的安全性将受到威胁。如果口令库中保存的是明文的口令，那么攻击者就能够直接获取用户口令。如果保存的是经过密码变换后的口令，如保存口令的哈希值，那么攻击者也可以采用离线的方式对口令密文实施字典攻击或穷举攻击，从而获得合法用户的口令。

在基于口令的认证中，以前通常使用的都是静态口令，即由用户自己设置或者系统给定的一串静态数据作为口令。静态口令一旦设定之后，除非用户更改，否则将保持不变。因为静态口令存在上述的安全问题，再加上静态口令方案对重放攻击毫无抵抗能力，所以人们为了得到更安全的认证，开始采用动态口令。动态口令是根据专门的算法生成的一个不可预测的随机数字组合，每个密码只能使用一次。随着移动互联网的发展，动态口令已逐渐成为身份认证技术的主流技术，被广泛应用于网银、网游、电信运营商、电子商务、企业等方面。动态密码目前主要有短信密码、动态令牌、手机令牌等几种方式。

2）基于智能卡的认证

智能卡（Smart Card），也被称为 IC 卡（Integrated Circuit Card），是一种将具有加密、存储、处理能力的集成电路芯片嵌入塑料基片而制成的卡片。智能卡的外形与普通的信用卡十分相似，但也有一些其他形式，如钥匙状令牌、移动电话中的 SIM 芯片等。智能卡有存储容量大、体积小、重量轻、保密性强等优点。

智能卡一般由微处理器、存储器及输入/输出设备构成，因此，它具有数据处理能力，可进行较复杂的操作，能实现系统与持卡人之间的相互认证。由于智能卡有唯一的用户标识（Identity Document，ID），能保证其的真实性，持卡人可以使用 ID 访问系统，因此，使用智能卡作为用户身份标识，并采用合适的认证协议，可以大幅提高系统的安全性。同时，为防止智能卡遗失或被窃，许多系统要求同时使用智能卡和个人身份识别码（Personal Identification Number，PIN）进行认证。在进行认证时，用户输入 PIN，智能卡认证 PIN 成功后，即可读出智能卡中的秘密信息，进而利用该秘密信息与主机进行认证。

基于智能卡的认证方式是双因素的认证方式（PIN＋智能卡），除非 PIN 和智能卡被同时窃取，否则用户不会被冒充。智能卡提供硬件保护措施和加密算法，人们可以利用这些功能加强安全性能。例如，可以把智能卡设置成用户只能得到加密后的某个秘密信息，从而防止秘密信息全部泄露。但是，使用智能卡认证方式需要在每个认证端添加读卡设备，这增加了硬件成本，不如口令认证方便易行。智能卡认证是通过智能卡硬件的不可复制性来保证用户身份不会被仿冒的。然而，由于每次从智能卡中读取的数据是静态的，通过内存扫描或网络监听等技术仍然能够截取到用户的身份验证信息，所以该认证方式仍存在安全隐患。

3）基于密码技术的一次性口令认证

一次性口令（One-Time Password，OTP）也称作动态口令，即在认证过程中加入不确定因素，使每次认证的口令都不相同，以提高认证过程的安全性。

一次性口令认证技术通常基于密码技术来实现，通过在认证过程中加入不确定因子、认证数据传输过程加密等方式，使用户每次进行身份认证时的认证口令都不相同，而且每个认证口令只使用一次。攻击者即使获得了某次登录的认证口令也无法在下一次成功登录系统，因为攻击者获得的登录口令已经失效。

在身份认证过程中，为了产生一次性的动态口令，一般采用双运算因子的计算方式，也就是加密算法的输入包括两个数值：一个是用户密钥，通常代表用户身份的识别码，是固定不变的；另一个是变动因子，即非重复值(Non-Repeated Value，NRV)。正是因为变动因子的不断变化，才产生了不断变化的一次性动态口令。根据采用变动因子的不同形式，就形成了以下不同的一次性口令认证技术：口令序列(S/KEY)认证、挑战/应答(Challenge/Response)认证、基于时间同步(Time Synchronous)认证和基于事件同步(Event Synchronous)认证等。

(1) 口令序列认证

口令序列认证是一次性口令的首次实现，由贝尔通信研究中心于1991年推出，1995年成为国际标准RFC 1760——The S/KEY One-Time Password System。

口令序列认证的一次性口令是基于MD4或MD5生成的，是一个单向的前后相关的序列。系统只记录第N个口令。用户使用第$N-1$个口令登录时，系统用单向哈希算法算出第N个口令，并与自己保存的第N个口令比较，以判断用户的合法性。在初始化阶段，用户选取一个口令P和一个整数N，并根据单向哈希函数H(如MD5)计算$Y=H^N(P)$，把Y和N的值存到服务器上。用户第i次登录时，用户端计算$H^{N-i}(P)$并发送给服务器，服务器取出保存的$H^{N-i+1}(P)$并判断$H^{N-i+1}(P)$和$H(H^{N-i}(P))$的值是否相等，如果二者相等，则用户的身份合法，并用$H^{N-i}(P)$更新$H^{N-i+1}(P)$。这样就可以保证用户每次登录服务器端的口令都不相同。这种方案易于实现，且无须特殊硬件的支持，其安全性依赖于单向哈希函数，但是由于N是有限的，用户登录N次后就必须重新初始化口令序列。

(2) 挑战/应答认证

在挑战/应答认证方式中，通信各方需要持有相应的挑战/应答令牌，令牌内置种子密钥和加密算法。用户在访问系统时，服务器随机生成一个挑战(Challenge)值，并将挑战值发送给用户，用户将接收到的挑战值输入挑战/应答令牌中，挑战/应答令牌利用内置的种子密钥和加密算法计算出相应的应答(Response)值，用户再将应答值上传给服务器。服务器根据该用户存储的种子密钥和加密算法计算出相应的应答值，再与用户上传的应答值进行比对来进行认证。

挑战/应答认证方式可以保证很高的安全性，是目前最可靠、最有效的认证方式。但是将此方式直接应用在网络环境下还存在一些缺陷，例如：需要特殊硬件(挑战/应答令牌)的支持，这增加了认证的实现成本；用户需多次手动输入数据，易造成较多的输入失误，使用起来不方便；用户的ID直接在网络上明文传输，攻击者可以很容易地截获，形成安全隐患；没有实现用户和服务器间的相互认证，不能抵抗来自服务器端的假冒攻击；挑战值每次都由服务器随机生成，这使得服务器开销过大。

(3) 基于时间同步的认证

基于时间同步的认证以用户登录的时间作为变动因子，一般以60 s作为变化单位。用户与系统约定相同的口令生成算法，用户需要访问系统时，用户端根据当前时间和用户的秘密口令生成一次性动态口令，并传送给认证服务器。服务器基于当前时间使用同样的算法计算出所期望的值，如果该值与用户所生成的口令相匹配，则认证通过。

在基于时间同步的认证技术中，用户口令卡和认证服务器所产生的口令在时间上必须同步。这里的时间同步并不是"时间统一"，而是指使用"时间窗口"技术的同步。在某些时间同步产品中,对时间误差的容忍可达上下 1 min。

基于时间同步的认证方式的优点是操作简单,单向数据传输,即只需用户向服务器发送口令数据,而服务器无须向用户回传数据;缺点是用户端需要严格的时间同步电路,而且如果数据传输的时间延迟超过允许值时,则合法用户往往会因身份认证失败而无法成功登录。

(4) 基于事件同步的认证

基于事件同步的认证技术是把变动的数字序列(事件序列)作为口令产生器的一个运算因子,该因子与用户的私有密钥共同产生动态口令。这里的事件同步是指每次认证时,认证服务器与口令产生器保持相同的事件序列。如果在用户使用时,因操作失误而多产生了几组口令,导致出现不同步情况,则服务器会自动同步到目前使用的口令中。一旦某个口令被使用,则在口令序列中,在这个口令之前的所有口令都会失效。

4) 基于生物特征的认证

生物特征认证以人体具有的唯一的、可靠的、终身稳定的生理特征和(或)行为特征为依据,利用计算机图像处理和模式识别技术来实现身份认证。常见的用于认证的生物特征有指纹、虹膜、视网膜、人脸、掌纹、手形、静脉、语音、步态、签名等。

生物特征认证的核心在于如何获取这些生物特征,并将之转换为数字信息后存储于计算机中,利用可靠的匹配算法来完成验证与识别个人身份。生物特征认证一般都要经过图像采集、特征提取和特征匹配三个过程。图像采集是指通过设备获取生物信息并转化为数字图像的过程;特征提取则是从数字图像中提取生物特征;特征匹配一般是指将提取的生物特征与存储在数据库中的模板特征进行匹配,从而做出决策(拒绝或接受)。

(1) 指纹识别

指纹识别是利用手指指尖处皮肤上凹凸不平的脊线和谷线纹路的独特性对个人身份进行区分。研究结果表明,每个人的指纹都是独一无二的,即使双胞胎的指纹也不相同,而且同一个人不同手指的指纹也不相同。

在应用过程中,指纹样本便于获取,易于开发认证系统,实用性强。指纹认证技术是当前应用最为成熟的一种生物特征认证技术,目前市场上指纹认证设备的价格已经非常低廉。

指纹识别也存在着一些安全缺陷。例如,某些群体由于遗传、年龄、环境或者损伤等因素的影响,指纹特征少,难于成像;指纹成像受皮肤干湿情况的影响比较大;指纹印痕很容易残留在其他位置,可被复制用来制造假指纹等。

(2) 虹膜识别

虹膜是位于瞳孔和巩膜之间的环形可视部分,具有终生不变性和独特性。人在出生之前的胚胎发育过程中便形成了各自虹膜的差异,具有唯一性。这种唯一性是由胚胎发育环境的差异决定的。据推算,两个人的虹膜相同的概率是 1/1 078,因此,与其他生物特征相比,虹膜是一种较稳定、较可靠的生理特征。

虹膜识别的优点是:识别精度高;建库和识别速度快;对冒充者具有抵抗性;防伪性好。其缺点是:虹膜识别对于盲人或眼疾患者无能为力;虹膜识别易受睫毛和眼皮的遮挡,因此成像失败率高;对黑眼球的识别比较困难;与其他生物特征相比,虹膜识别错误拒绝率比较高。

(3) 视网膜识别

视网膜是一些位于眼球后部非常细小的神经,它是人眼感受光线并将信息通过视神经传给大脑的重要器官。视网膜识别利用的是分布在神经视网膜周围丰富的血管分布信息。视网膜血管分布具有唯一性,有人甚至认为视网膜是比虹膜更具唯一性的一种生物特征。视网膜中的血管能够比周围的薄膜更好地反射红外光，视网膜的图像获取设备可以采用红外光源照明。

视网膜识别的优点是：可靠性非常高，视网膜的结构形式在人的一生当中都相当稳定，且不会被磨损；安全级别非常高，防伪性好，视网膜不可见，难以被伪造；视网膜识别错误率低，视网膜中包含非常丰富的特征信息，因此识别通过率高。其缺点是：采集设备成本非常高；图像的获取需要用户注视透镜中的校准目标物，因此需要用户的主动配合；视网膜扫描需要借助医学设备；采集具有侵犯性，可能会对使用者的健康造成危害，易引起用户抵触。

（4）人脸识别

人脸是最具普适性的特征，由于其直观性和非侵犯性而使人脸识别成为接受度最高的生物特征认证技术。人脸识别依据面部器官（例如，眼睛、眉毛、鼻子、耳朵、嘴唇、下巴）的相对空间位置和形状以及对面部的全局分析进行身份识别。

人脸识别的优势在于人脸图像易于获取，成本低，普通相机即可获得人脸图像；人脸识别不需要用户主动配合，可远距离采集人脸图像，因此可用于隐蔽场所；静态场合和动态场合均适用；人们对人脸识别没有排斥心理，识别方式最为友好。但是，人脸识别也存在一些缺陷，例如：对于双胞胎来说，人脸识别技术无能为力；人脸特征的长期稳定性较差，受胖瘦变化、胡须、发型等因素的影响；人脸表情非常丰富，容易受表情变化的影响；易受环境光照变化、面部遮挡物（如眼镜、帽子等因素）影响。

（5）掌纹识别

掌纹识别与指纹识别类似，是利用手掌皮肤脊线纹路的独特性实现的身份认证。掌纹包括手掌上最为明显的三至五条掌纹主线、细小纹线以及手掌皮肤上的屈肌线和腕纹等。掌纹的脊线由遗传基因控制，掌纹一旦形成就会十分稳定，每个人的掌纹形态各不相同，即使纹路相似，其纹线数目和长度也不会相同。掌纹识别主要利用掌纹的几何特征、主线特征、褶皱特征、三角形区域特征以及一些细节特征进行。

用户对掌纹识别的可接受程度比较高，这种识别技术认证速度快，是一种很有发展潜力的身份认证方法。掌纹认证也有其不足之处：掌纹易受皮肤脱落、外伤以及受深层皮下组织溃坏疾病的影响而发生改变；掌纹中的褶皱纹易受工作环境、用手习惯等因素的影响；由于掌纹的复杂性、多样性，目前基于掌纹的生物特征认证技术研究和应用有限，掌纹认证中的一些关键问题还没有得到解决。

（6）手形识别

手形识别也是使用较早的一种生物特征认证技术。手形识别主要利用手的一些几何特征，包括手掌和手指的形状、大小、厚度以及它们的相对关系。手形识别的优点是，对图像获取设备的要求比较低，技术简单，处理算法易于实现，具有很快的认证速度，且手形认证不受环境因素、皮肤干湿状态的影响。其唯一不足之处是，特征量少，从而导致鉴别能力不足，因此不能作为主要特征进行身份认证。

（7）静脉识别

静脉识别利用静脉血管的分布信息进行身份认证，是一种新兴的生物特征认证技术。静脉图像可以通过利用人体静脉中的血红蛋白对于近红外线的吸收特性的近红外线成像或静脉血管的温度高于周围其他组织而形成的远红外线成像等方式获取。静脉认证包括掌静脉、指静脉和手背静脉认证。静脉图像数据体现了身体内部的血流信息，静脉血管的分布不会随着年龄的变化而改变，具有长期稳定性和高区分性。

静脉识别具有以下三个方面的特点:静脉认证属于活体认证,静脉认证获取的是静脉的图像特征,只有活体才存在此特征,伪造的非活体获取不到静脉特征,因而无法认证;静脉特征属于内部特征,静脉藏匿在皮肤内部,获取的是内部静脉分布特征而不是皮肤表面特征,其不受磨损、伤疤等问题的影响;采用非接触式测量,获取手背静脉图像时,人体无须与采集设备接触,不存在不卫生或设备表面被污染等问题。因此,静脉认证具有防伪性高、安全等级高、抗干扰性好等优势。不足之处是静脉认证易受成像条件的限制,对光照变化比较敏感。

(8) 语音识别

语音形成于声带的振动,语音识别综合了生理特征认证和行为特征认证,每个人都有自己的发音器官特征,如声道、嘴、鼻腔、唇以及特殊的说话语言习惯等,因此每个人的声音特征均不相同。目前,语音认证技术已经得到了广泛的研究,并且已有产品问世。语音识别的优点是:具有非侵犯性;对设备的要求低,认证系统可以只利用现有的声音录入设施或一个简单的话筒即可实现认证。其不足之处是:语音认证易受环境噪声的影响;其认证的准确率较低;语音易受年龄、疾病、饮食情况的影响,稳定性较差。

(9) 步态识别

步态是一个人行走的特定方式,属于行为特征的一种。认证时需要对复杂的时空关系进行分析。尽管步态不是每个人都完全不同,但也能够提供足够的信息进行身份认证。步态特征的独特性较差,一般应用于对安全级别要求不高的场所。

步态识别优点是:可在远距离使用低成本的相机获取步态信息;无须用户配合,用户友好性高,易用于系统监视;不易隐藏和伪造。其缺点是:步态不具有长期稳定性,随着年龄的增长,一个人的行走方式可能会改变;步态认证易受环境或用户状态的影响,如背景变化、体重变化、情感因素、饮酒、服用药物、伤病等;算法复杂度非常高。

(10) 签名识别

签名识别作为身份认证的手段已经有几百年的历史,并在政府部门、法律事务、商业活动等场合广泛使用。这种认证方式建立在签名时的动作上,包括笔的移动情况(如加速度、压力、方向等)以及签名字体的轮廓大小和笔画方向等。签名识别有两种形式:静态签名和动态签名。静态签名只分析字体几何特征;动态签名除了分析字体的几何特征外,还需要分析书写时体现在传感器板上的笔画顺序、速度、力度等特征。

签名识别具有非侵犯性,对于使用者来说有良好的心理基础,容易被公众接受。但其缺点在于:签名认证速度比较慢;随着经验、性情等因素的变化,签名字体会随之产生变化;签名字体容易被模仿伪造;签名认证所使用的设备比较昂贵。

生物特征认证系统在实际应用中,还要考虑普遍性、唯一性、稳定性、可采集性、认证性能、可接受度、防伪造性等方面的性能。常用的十种生物特征认证技术比较结果如表3.1所示。

表3.1 十种生物特征认证技术比较

生物特征	普遍性	唯一性	稳定性	可采集性	认证性能	可接受度	防伪造性
指纹	中	高	高	中	高	中	高
虹膜	高	高	高	中	高	低	高
视网膜	高	高	中	低	高	低	高
人脸	高	低	中	高	低	高	低
掌纹	高	中	高	高	高	高	中

续表

生物特征	普遍性	唯一性	稳定性	可采集性	认证性能	可接受度	防伪造性
手形	中	中	中	中	中	中	高
静脉	中	中	中	中	中	中	高
语音	中	低	低	中	低	高	低
步态	中	低	低	高	低	高	中
签名	低	低	低	高	低	高	低

从理论上说，生物特征几乎无法被伪造和冒用，因此，其具有其他认证技术无可比拟的安全性和可靠性。语音、虹膜、视网膜、人脸都以非接触方式进行识别，易于被用户接受。由于基于生物特征的身份认证方式比传统身份认证方式更具方便性、安全性和保密性，近年来已被广泛应用于信息安全、金融服务、医疗卫生、电子政务、电子商务、军事、出入境管理和刑侦鉴定等行业。

3.2.2　身份认证协议

基于密码的认证技术的基本原理是：密钥持有者通过密钥向验证方证明自己身份的真实性。这种认证技术既可以通过对称密码机制实现，也可以通过非对称密码机制来实现。下面分别介绍基于对称密码机制的 Kerberos 认证协议和基于公钥密码机制的 X.509 认证协议。

3.2.2.1　Kerberos 认证协议

Kerberos 是为 TCP/IP 网络设计的第三方认证协议，属于应用层安全协议。Kerberos 是 MIT(麻省理工学院)、DEC(数字设备公司)以及 IBM 的一个联合工程，历时八年。该工程意图建立一个计算机环境，容纳多达一万台工作站、应用服务器以及各种硬件，用户可以访问其中的工作站，存取文件、程序。现在最常用的版本是第 4 版和第 5 版，第 5 版主要是修补了第 4 版中的一些安全漏洞。Windows Server 域环境中的认证采用了 Kerberos 认证协议。

1) Kerberos 概述

在开放的分布式网络环境中，工作站用户要通过网络对分布在网络中的各种应用服务器提出请求，应用服务器应能够认证对服务的请求并限制非授权用户的访问。在这种环境下，工作站无法准确判断终端用户和请求的服务是否合法。特别是在存在以下三种威胁的情况下：

① 非授权用户可能通过某种途径进入工作站并假冒其他用户操作工作站；

② 非授权用户可能通过变更工作站的网络地址，从该机器上发送伪造的请求；

③ 非授权用户可能监听信息并使用重放攻击，以获得服务或破坏正常操作。

在上述任何一种情况下，非授权用户均可能获得未授权的服务或数据。针对上述情况，Kerberos 认证协议通过采用集中的认证服务器来负责用户对应用服务器的认证和应用服务器对用户的认证。第一个有关 Kerberos 认证协议的公开发表的报告列举了如下的 Kerberos 认证协议的需求：

① 安全性：网络窃听者不能获得必要信息以假冒其他用户，并且 Kerberos 认证协议应足够“强壮”，使潜在的攻击者无法找到它的弱点。

② 可靠性：Kerberos 认证协议应高度可靠，使用分布式服务器体系结构，并且能够进行系统备份。

③ 透明性：在理想的情况下，除了输入口令，用户无须关心认证过程。

④ 可伸缩性：系统应能够支持大量的客户机和服务器。

为了满足这些要求，Kerberos 认证协议的总体方案是基于可信第三方，以 Needham-Schroeder 协议为基础，采用对称加密机制（其中第 4 版要求使用 DES 算法）实现认证的。

2）Kerberos 认证协议的模型

在 Kerberos 认证协议的模型中，主要包括客户端（Client）、应用服务器（Application Server）、认证服务器（Authentication Server，AS）和票据许可服务器（Ticket Granting Server，TGS）等几个部分，其组成如图 3.3 所示。

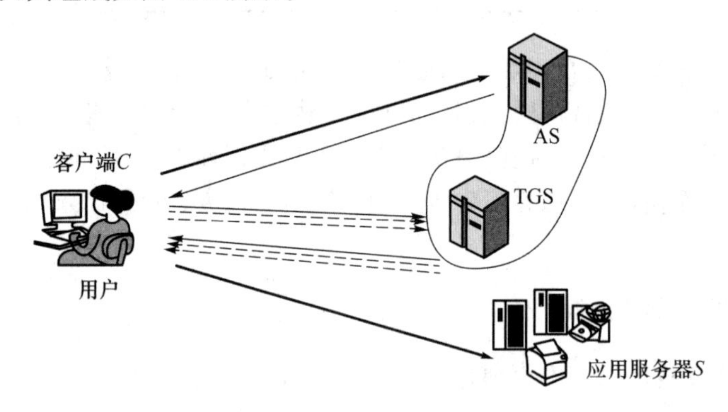

图 3.3　Kerberos 认证协议模型的组成

① 客户端可以是用户、服务进程（如下载文件、发送信息、访问数据库、访问打印机等进程），在本节中，C 表示客户端，ID_c 表示客户的标识，AD_c 表示客户端网络地址。

② 应用服务器包括文件服务器、打印服务器、电子邮件服务器等。在本节中，S 表示应用服务器，ID_s 表示应用服务器的标识。

③ 认证服务器知道所有用户的口令，与每一个应用服务器共有唯一的保密密钥，并将它们存储在一个中央数据库中。这些密钥以物理方式或更安全的手段分发到用户手中。

④ 票据许可服务器用于向用户分发服务器的访问票据。

在 Kerberos 系统中，认证服务器和票据许可服务器专门用于认证，其中认证服务器只有一个，票据许可服务器却可以有多个。由于协议中使用了时间戳，所以系统中应有一套同步机制。

Kerberos 协议的认证过程使用了两种凭证：票据（Ticket）和认证码（Authenticator Code），这两种凭证都是使用对称密钥加密的数据。Ticket 的作用是在认证服务器和用户请求的应用服务器之间安全地传递用户身份，同时传递附加信息，并保证使用 Ticket 的用户必须是 Ticket 指定的用户。Ticket 一旦生成，便可以在指定的生存时间内被客户用来多次申请同一个服务器的服务。Kerberos 认证协议中有以下两种票据：

① 服务许可票据（Service Granting Ticket）：由票据许可服务器发放，是客户请求服务时需要提供的票据，在下文中记为 $Ticket_S$。

② 票据许可票据（Ticket Granting Ticket，TGT）：由认证服务器发放，是客户访问票据许可服务器需要提供的票据，目的是申请某一个应用服务器的“服务许可票据”，在下文中记为 $Ticket_{TGS}$。

认证码用于提供与 Ticket 中的信息进行比较的信息，保证发出 Ticket 的用户就是 Ticket 指定的用户。认证码只能在一次服务请求中使用，每当用户向应用服务器申请服务时，必须重新生成认证码。用会话密钥加密认证码，表明发送者也知道密钥。加封的时间戳使得攻击者无法重放。

3）Kerberos认证过程

Kerberos协议依赖于共享密钥的认证技术，其基本概念很简单：如果一个密码只有双方知道，那么双方都能通过证实另一方是否知道该密码来验证对方的身份。但这种方式存在一个问题，就是通信双方如何获取这一共享的密码？如果通过网络传输密码，则很容易被网络监听器所截获和解密。这个问题可通过使用Kerberos协议的共享密钥的方法来解决。通信双方不再共享口令，而是共享一个密钥。通信双方根据这个密钥的有关信息互相证实身份，而密码本身不在网络中进行传输。

客户端（Client）访问应用服务器（Server）可以分为三个阶段，需要进行六次协议交换，Kerberos协议的认证过程如图3.4所示。具体认证过程如下。

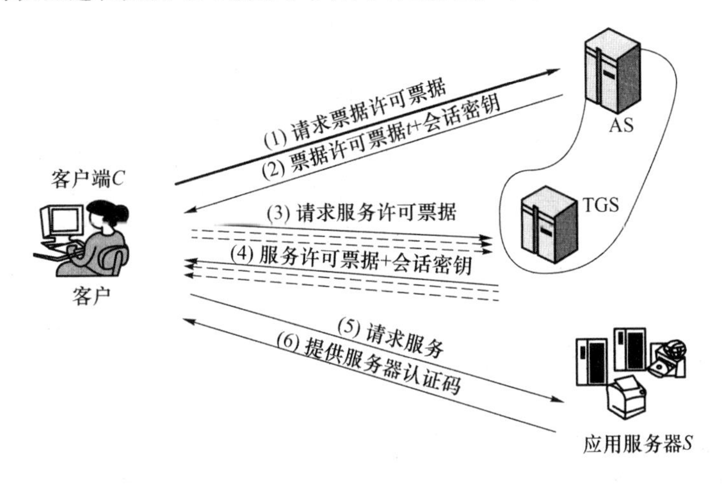

图3.4　Kerberos协议的认证过程

第一阶段（认证服务交换）：客户端从AS处获取票据许可票据$Ticket_{TGS}$。这一阶段有如下两个消息：

① $C \to AS: ID_C || ID_{TGS} || AD_C || TS_1$。

② $AS \to C: E_{K_C}[K_{C,TGS} || ID_{TGS} || TS_2 || Lifetime_2 || Ticket_{TGS}]$；

$Ticket_{TGS} = E_{K_{TGS}}[ID_C || AD_C || ID_{TGS} || TS_1 || Lifetime_1]$。

客户端向AS发出访问TGS的请求，请求消息中包括客户的名称、TGS的名称、客户端的IP地址以及时间戳。时间戳可用于防止重放攻击。请求报文以明文方式发送。

AS接收到客户请求消息后，在其数据库中查找客户的加密密钥K_c，并产生随机会话密钥$K_{C,TGS}$和TGS的票据$Ticket_{TGS}$作为应答报文。会话密钥$K_{C,TGS}$用于客户端与TGS的加密通信，传送时用K_C加密。$Ticket_{TGS}$的内容包括TGS的名称、客户名称、客户的IP地址、时间戳、有效生存期限以及会话密钥$K_{C,TGS}$，这些数据使用AS与TGS共享的密钥K_{TGS}进行加密，以保证只有TGS才能解密。

AS向客户端发出应答消息，应答内容用客户的密钥K_C加密，使得只有客户端才能解密该报文的内容。客户端收到AS返回的应答消息后，在本地输入口令生成密钥，对报文进行解密，得到TGS的票据$Ticket_{TGS}$。然后客户把$Ticket_{TGS}$发送给TGS来证明自己具有访问TGS的合法身份，客户端同时从AS处得到了与TGS的会话密钥$K_{C,TGS}$，并使用它与TGS进行加密通信。

第二阶段(授权服务交换):客户从 TGS 处获取访问应用服务器的票据 $T_{C,S}$,这一阶段有如下两个消息。

③ $C \rightarrow TGS$:$ID_S || Ticket_{TGS} || Authenticator_C$。

④ $TGS \rightarrow C$:$E_{K_{C,TGS}}[K_{C,S} || ID_S || TS_4 || Ticket_S]$;

$Ticket_{TGS} = E_{K_{TGS}}[K_{C,TGS} || ID_C || AD_C || ID_{TGS} || TS_2 || Lifetime_2]$;

$Ticket_S = E_{K_S}[K_{C,S} || ID_C || AD_C || ID_S || TS_4 || Lifetime_4]$;

$Authenticator_C = E_{K_{C,TGS}}[ID_C || AD_C || TS_3]$。

客户必须为自己想使用的每一项服务申请请求许可票据,TGS 负责给每个服务器分配票据。客户端向 TGS 发送访问应用服务器 S 的请求消息,消息内容包括要访问的应用服务器 S 的名称、TGS 的票据 $Ticket_{TGS}$以及认证码 $Authenticator_C$。$Ticket_{TGS}$的内容是用 TGS 的密钥 K_{TGS}加密的,只有 TGS 才能解密。认证码的内容包括客户的名称、客户的 IP 地址以及时间戳。认证码的内容通过客户和 TGS 的会话密钥进行加密,以保证只有 TGS 才能解密。票据 $Ticket_{TGS}$可以重复使用而且有效期较长,而认证码只能使用一次而且有效期很短。

TGS 接收到客户端发来的请求消息后,用自己的密钥 $K_{C,TGS}$对票据 $Ticket_{TGS}$进行解密处理,判断客户是否已经从 AS 处得到与自己会话的会话密钥 $K_{C,TGS}$,此处票据 $Ticket_{TGS}$的含义为“使用 $K_{C,TGS}$的客户是 C”。TGS 用 $K_{C,TGS}$解密认证码,并将认证码中的数据与 $Ticket_{TGS}$中的数据进行比对,从而可以判断出 $Ticket_{TGS}$的发送者 C 就是 $Ticket_{TGS}$的实际持有者。此处的票据 $Ticket_{TGS}$并不能证明任何人的身份,只是用来安全地分配密钥,而认证码则用来证明客户身份。因为认证码只能被使用一次而且有效期很短,所以可以防止他人对票据和认证码的盗用。

TGS 检验后若认为客户身份合法,则产生随机会话密钥 $K_{C,S}$,该密钥用于客户端 C 和应用服务器 S 之间的加密通信,同时产生用于访问应用服务器 S 的票据 $Ticket_S$。$Ticket_S$的内容包括应用服务器的名称、客户的名称、客户的 IP 地址、时间戳、有效生存期和会话密钥 $K_{C,S}$。$Ticket_S$的内容用应用服务器 S 的密钥 K_S加密,以保证只有应用服务器 S 才能解密。会话密钥 $K_{C,S}$和票据 $Tickct_S$组成 TGS 的应答消息,该应答消息用客户端 C 和 TGS 的会话密钥 $K_{C,TGS}$加密,以保证只有客户端 C 才能解密。

TGS 将该应答消息发送给客户端 C。客户端 C 接收到 TGS 的应答消息后,再用会话密钥 $T_{C,TGS}$对消息进行解密,就可以得到访问应用服务器 S 的票据 $Ticket_S$,以及与 S 进行加密通信的会话密钥 $K_{C,S}$。只有合法的用户才能对消息的内容进行解密。

第三阶段(客户端与应用服务器交换):客户端与应用服务器互相验证身份,客户端获得服务。这一阶段有以下两个消息:

⑤ $C \rightarrow V$:$ID_S || Ticket_S || Authenticator_C$。

⑥ $V \rightarrow C$:$E_{K_{C,S}}[TS_5 + 1]$(用于双向认证);

$Ticket_S = E_{K_S}[K_{C,S} || ID_C || AD_C || ID_S || TS_4 || Lifetime_4]$;

$Authenticator_C = E_{K_{C,S}}[ID_C || AD_C || TS_5]$。

客户端 C 向应用服务器 S 发送请求消息,消息的内容包括应用服务器的名称、用于访问应用服务器 S 的票据 $Ticket_S$以及认证码。$Ticket_S$的内容是用应用服务器 S 的密钥 K_S加密的,只有应用服务器 S 才能解密。认证码的内容包括客户的名称、客户的 IP 地址和时间戳,认证码的内容通过客户和应用服务器的会话密钥进行加密,以保证只有应用服务器 S 才能解密。票据 $Ticket_S$可以重复使用且有效期较长,而认证码只能使用一次且有效期很短。

应用服务器 S 在接收到客户端发来的请求消息后，就使用自己的密钥 K_S 对票据 $T_{C,S}$ 进行解密处理，获得客户端 C 已经从 TGS 处得到与自己交互的会话密钥 $K_{C,S}$，此处票据 $Ticket_S$ 的含义为"使用 $K_{C,S}$ 的客户端是 C"。S 用 $K_{C,S}$ 解密认证码 $Authenticator_C$，并将认证码中的数据与 $Ticket_S$ 中的数据进行比较，从而可以相信 $Ticket_S$ 的发送者 C 就是 $Ticket_S$ 的实际持有者，客户端 C 的身份得到验证。应用服务器 S 认证客户端 C 的身份合法后，对从认证码中得到的时间戳加 1，然后使用与客户端共享的会话密钥 $K_{C,S}$ 加密后作为应答消息发送给客户。该应答消息只有客户端 C 才能解密。客户端 C 接收到应用服务器 S 发送的应答消息后，用会话密钥 $K_{C,S}$ 进行解密，并对应答消息中增加的时间戳进行验证，通过比较时间戳的有效性以实现对应用服务器 S 的认证。

整个协议交换过程结束后，客户和应用服务器之间就拥有了共享的会话密钥，以后双方就可以使用该会话密钥进行加密通信。

4）Kerberos 协议的安全性

Kerberos 协议设计精巧，解决了线路窃听和用户身份认证问题，但是分析其认证过程，其局限性也是很明显的。

（1）口令猜测攻击问题

在 Ketheros 认证协议中，当客户端 C 向 AS 请求获取访问 TGS 的祟据 $Ticket_{TGS}$ 时，AS 发往客户端 C 的报文是使用从客户口令产生的密钥 K_c 加密的。而用户密钥 K_c 是采用哈希函数对用户口令进行单向加密后得到的，因此，攻击者就可以向 AS 频繁发起请求以获取访问 TGS 的票据，这样就可以收集大量的 $Ticket_{TGS}$，通过计算和密钥分析来进行口令猜测。当用户选择的口令保密性不够强时，就不能有效地防止口令猜测攻击。

（2）时钟同步攻击问题

在 Kerberos 协议中，为了防止重放攻击，在票据和认证码中都加入了时间戳，只有时间戳的差异在一个比较小的范围内时才认为数据是有效的。这就要求客户、AS、TGS 和应用服务器 S 的时间要大致保持一致，一旦时间差异过大，认证就会失败。这在分布式网络环境下其实是很难达到的。由于网络延迟的变化性和不可预见性，因此，不能期望分布式时钟保持精确同步。同时，时间戳也带来了重放攻击的隐患。假设系统接收到消息的时间在规定范围内（一般可以规定 5 min)，就认为消息是新的。而事实上，攻击者可以事先把伪造的消息准备好，一旦得到票据就马上发出，这在所规定的时间内是难以检查出来的。

（3）密钥存储问题

使用对称密码机制（DES）作为协议的基础，带来了密钥交换、密钥存储以及密钥管理等方面的困难。Kerberos 协议的认证中心要求保存大量的共享密钥，因此无论是管理还是更新都有很大的困难，需要实施特别细致的安全保护措施，这样一来，将付出极大的系统代价。

3.2.2.2　X.509 认证协议

1）X.509 协议认证标准

X.509 认证协议是由国际电信联盟电信标准分局（ITU-T）制定的，最早的版本于 1988 年发布，并于 1993 年和 1995 年又分别发布了它的第 2 版和第 3 版。X.500 是一套有关目录服务的协议（于 1988 年与 X.509 协议一同发布），X.509 是 ITU-T 的 X.500（目录服务）系列协议中的一部分，它定义了目录服务中向用户提供认证服务的框架。目录服务由一个或一组分布式的服务器来完成，目录中保存的是用户信息数据库，包括用户名、用户 ID、用户到网络地址的映射以及用户的其他属性等。X.509 中定义了数字证书结构和认证协议，它的实现基于公开密钥加密算法和数字签名技术，每一个证书都包含了用户的公开密钥以及可信的权威的证书颁发机构的数字签名。

2）X. 509 协议的认证过程

X. 509 协议支持单向认证、双向认证和三向认证这三种不同的认证过程，以适应不同的应用环境，X. 509 认证过程如图 3. 5 所示。X. 509 协议的认证过程使用公钥密码机制，它假定通信双方都知晓对方的公开密钥。

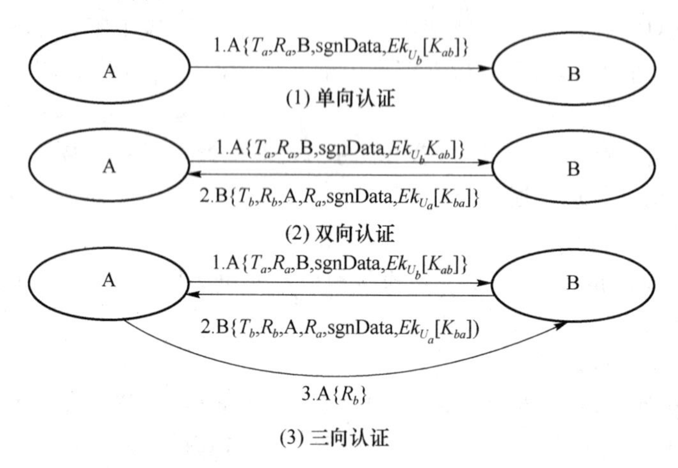

图 3. 5　X. 509 认证过程示意图

（1）单向认证

单向认证需将信息从一个用户 A 传送到另一个用户 B。这个认证过程需要使用 A 的身份标识，仅验证发起实体 A 的身份标识，而不验证响应实体 B 的标识。在 A 发送给 B 的报文中，报文至少要包括时间戳 T_a、随机数 R_a 以及 B 的身份标识，以上信息均使用 A 的私有密钥进行签名。时间戳 T_a 中可包含报文的生成时间和过期时间，用于防止报文的延迟；随机数 R_a 用于保证报文的时效性和检测重放攻击，它在报文有效期内必须是唯一的。如果只需进行单纯的认证，则报文只需简单地向 B 提交证书即可。报文也可以传递签名的附加信息，对报文进行签名时也会把该信息包含在内，保证其可信性和完整性。此外，还可以利用该报文向 B 传递一个会话密钥(密钥需使用 B 的公开密钥进行加密保护)。

（2）双向认证

双向认证需要 A、B 双方相互认证对方的身份。除了 A 的身份标识外，这个认证过程还需要使用 B 的身份标识。为了完成双向认证，B 需要对 A 发送的报文进行应答。在应答报文中，包括 A 发送的随机数 R_a、B 产生的时间戳 T_b 以及 B 产生的随机数 R_b。同样地，应答报文也可以包括签名的附加信息和会话密钥。

（3）三向认证

三向认证方式主要用于 A、B 之间没有时间同步的场合中。三向认证中需要一个最后从 A 发往 B 的报文，其中包含 A 对随机数 R_b 的签名。其目的是可在不用检查时间戳的情况下检测重放攻击。两个随机数 R_a 和 R_b 均被返回至原来的生成者，每一端都用它来进行重放检测。

3）X. 509 协议的安全性

X. 509 认证协议是利用非对称密码技术实现的，它的安全性从根本上取决于所使用私钥的安全性，这既包括 CA 私钥的安全性，也包括用户私钥的安全性。

所有由CA颁发的证书都使用其私钥进行签名,用以标识用户身份的合法性。一旦CA的私钥泄露,所有由其颁发的证书的安全性都将受到威胁。窃取CA私钥的黑客可伪造用户证书,冒充成合法用户,因此保证CA私钥的安全至关重要。通常,CA的私钥由加密设备生成并保存在加密设备中,并由加密设备提供的安全机制来保证私钥的安全。

用户私钥的安全同样重要。如果用户私钥被黑客窃取,黑客就可以伪造用户的签名,从而使X.509身份认证失败。私钥泄露的途径有两个:一是CA把私钥传送给用户的过程中被黑客截获;二是私钥在使用过程中被黑客窃取。因此,要保证私钥的安全,就必须保证私钥在上述两个过程中的安全。首先,私钥需保存在一种专门设备中,并且不能从设备中读出;其次,这种设备具有密码功能,使得利用私钥进行的签名、认证等操作可以在设备内部完成;最后,这种设备必须提供某种机制,用来绑定设备和设备的持有者,并且还要保证这种机制的安全性,从而使设备即使丢失也不能被非法者使用。

3.2.3 数字证书与公钥基础设施PKI

3.2.3.1 数字证书

1)数字证书的概念

X.509协议的核心内容是公开密钥证书,证书由可信的证书权威机构,即认证中心(Certificate Authority,CA)来创建,并由用户或者CA将证书存放在目录服务器中。数字证书是一个经证书认证中心数字签名的,包含公开密钥拥有者信息以及公开密钥的文件。数字证书如同我们日常生活中使用的身份证,是持有者在网络上证明自己身份的凭证。数字证书具有以下特点:

① 包含了身份信息,可以用来向系统中其他实体证明自己的身份;

② 携带着证书持有者的公钥,不但可用于数据加密,还可用于数据签名,以保证通信过程的安全和不可否认;

③ 由于是权威认证机构颁布的,因此,数字证书具有很高的公信度。

数字证书颁发过程一般为,首先,用户产生自己的密钥对,并将公钥及部分个人身份信息传送给认证中心;然后,认证中心在核实用户身份后,将执行一些必要的步骤,以确信请求确实由用户发送而来;最后,认证中心向用户发送一个数字证书,该证书包含该用户的个人信息和认证中心的公钥信息,同时还附有认证中心的签名信息。

数字证书可用于发送安全电子邮件、访问安全站点、网上证券交易、电子商务、网上办公、网上保险、网上税务、网上签约和网上银行等安全电子事务处理和安全电子交易活动。

2)数字证书的内容

X.509证书由三部分内容组成,分别是证书内容、签名算法和使用签名算法对证书内容所制作的签名,如表3.2所示。

表3.2 X.509证书的组成

证书内容
签名算法
签名

证书具体内容如图3.6所示。

如图 3.6 所示，X.509 证书的内容如下：

① 版本号：版本号用于标识证书，版本号可以是 V1、V2 和 V3，目前常用的版本是 V3。

② 序列号：由 CA 分配给证书的唯一数字型标识符。当证书被取消时，此证书的序列号将放入由 CA 签发的证书撤销列表(Certificate Revocate List，CRL)中。

③ 签名算法标识：用来标识对证书进行签名的算法和算法所需的参数。协议规定，这个算法必须与证书格式中出现的签名算法相同。签发者名称为 CA 的名称。

④ 有效期：起始时间和终止时间，证书在这段日期之内有效。

⑤ 主体：证书所有者名称。

⑥ 主体的公钥信息：包括算法名称，需要的参数和公开密钥。

⑦ 签发者唯一标识符：用于唯一标识证书的签发者。

⑧ 主体唯一标识符：用于唯一标识证书的所有者。

⑨ 扩展项：用户可以根据需要自定义该项。

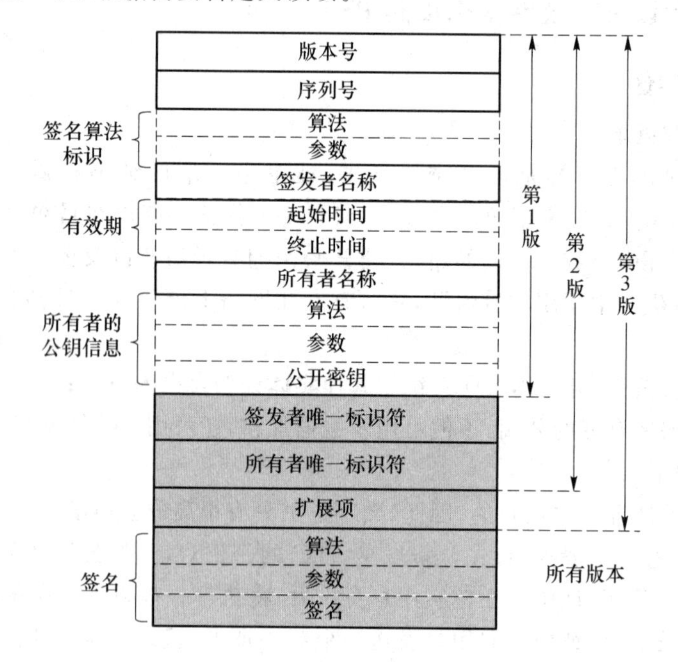

图 3.6 证书内容

签发者唯一标识符、主体唯一标识符和扩展项都是可选项，用户可根据具体需求进行选择。在 X.509 标准中，使用下列符号来定义证书：

CA《A》=CA{V，SN，AI，CA，TA，A，Ap}

其中，CA《A》表示 CA 给 A 发的证书，CA{I}表示 Y 对 I 的签名，I 是“V，SN，AI，CA，TA，A，Ap”的散列值，V 是证书版本号、SN 是证书序列号、AI 是签名算法标识、CA 是发证机构、TA 是证书有效期、A 是用户名、Ap 是用户公钥。

3) 在 IE 中查看数字证书

IE 具有数字证书管理器，通过这个管理器可以查看安装在计算机上的数字证书。首先打开 IE，在 IE 的菜单中，单击“工具”菜单中的“Internet 选项”，选取“内容”选项卡，单击“证书”按钮就可以查看所有安装在计算机上的证书，图 3.7 为在 IE 中查看一个证书的详细信息的过程。

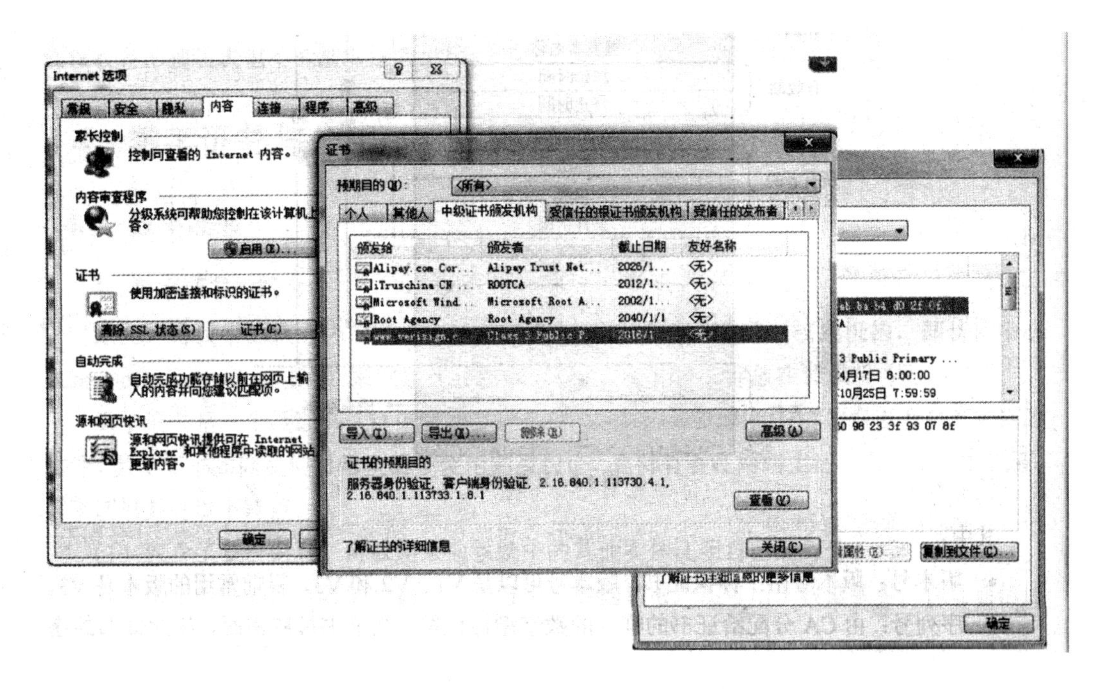

图 3.7 在 IE 中查看证书详细信息的过程

4）数字证书的分类

从用途来看，数字证书可分为签名证书和加密证书。签名证书主要用于对用户信息进行签名，以保证信息的不可否认性；加密证书主要用于对用户传送的信息进行加密，以保证信息的真实性和完整性。按照数字证书的应用分类，数字证书可以分为以下五种：

① 服务器证书：该证书中包含服务器信息和服务器的公钥，其安装于服务器中，用于证明服务器的身份和对通信进行加密。服务器证书可以用来防止假冒站点。

② 客户端个人证书：该证书中包含个人身份信息和个人的公钥，用于标识证书持有人的个人身份，客户端个人证书主要用于进行身份验证和数字签名。

③ 企业机构证书：该证书中包含企业信息和企业的公钥，用于标识证书持有企业的身份。可以用于企业在电子商务方面的对外活动，如合同签订、网上证券交易、交易支付信息等方面。

④ 电子邮件证书：该证书用于证明电子邮件发件人的真实性。它并不证明数字证书上的证书所有者姓名的真实性，它只证明邮件地址的真实性。

⑤ 代码签名证书：该证书是 CA 签发给软件提供商的数字证书，包含软件提供商的身份信息、公钥及 CA 的签名。软件提供商使用代码签名证书对软件进行签名，以保证软件的来源可靠性以及完整性。

5）数字证书的格式

以文件形式存在的证书可以在不同的设备间导入和导出，一般有以下几种格式。

(1) 二进制编码格式

二进制编码格式的证书中没有私钥，按 DER 编码格式进行编码，以.cer 作为证书文件后缀名。ITU-T Recommendation X.509 中定义的 ASN.1 DER（区别编码规则）提供了独立于平台的编码对象（如证书和消息）的方法，以便于其在设备和应用程序之间的传输。

在证书编码期间，多数应用程序使用 DER，因为证书的一部分（Certification Request 的 Certification Request Info 部分）必须使用 DER 编码，才能对证书进行签名。

(2) Base64 编码格式

Base64 编码格式的证书中没有私钥，按 Base64 编码格式编码，也是以.cer 作为证书文件后缀名。这种编码方式主要是为了使用“安全/多用途 Internet 邮件扩展”(S/MIME)而开发的。S/MIME 是一种通过 Internet 传输二进制附件的标准方法。Base64 将文件编码为 ASCII 文本格式，这样可以减少传送的文件在通过 Internet 网关时被损坏的概率。同时，S/MIME 可以为电子邮件发送应用程序提供一些加密安全服务，包括通过数字签名来证明原件，通过加密、身份验证和消息完整性来保证隐私和数据安全。

由于所有符合 MIME 标准的客户端都可以对 Base64 文件进行解码，所以这种格式支持证书在不同平台间传递。

(3) PFX 文件格式

由 PKCS＃12(Public Key Cryptography Standards ＃12)标准定义的个人信息交换格式，包含公钥和私钥的二进制格式的证书形式，以.pfx 作为证书文件后缀名。若要使用 PKCS＃12 格式，则加密服务提供程序(CSP)必须将证书和私钥识别为“可以导出”。因为导出私钥可能会使私钥泄露，所以 PKCS＃12 格式是 Windows Server 2003 家族中支持的导出证书及其相关私钥的唯一格式。

(4) P7B 文件格式

PKCS＃7 也称为加密消息语法标准(PKCS＃7)，允许将证书及证书路径中的所有证书从一台计算机传输到另一台计算机或可移动设备中。PKCS＃7 文件通常使用.p7b 扩展名，并且与 ITU－T X.509 标准兼容。PKCS＃7 允许一些属性(如反签名)与签名相关，还有一些属性(如签名时间)可与消息内容一起验证。

6) 数字证书的存储

数字证书和私钥存储的介质有多种，可以存储在计算机硬盘、软盘、智能卡或 USB Key 中。USB Key 是一种 USB 接口的硬件设备。它内置单片机或智能卡芯片，有一定的存储空间，可以存储用户的私钥以及数字证书，利用 USB Key 内置的公钥算法可实现对用户身份的认证。目前，在网上银行应用中，大多数国内银行便使用 USB Key 存放代表用户唯一身份数字证书和用户私钥。用户的私钥通常是在高安全度的 USB Key 内产生的，并且终身不可导出。另外，对交易数据的数字签名都是在 USB Key 内部完成的，并受到 USB Key 的 PIN 码保护。

7) 数字证书的撤销

当证书签发以后，一般地，期望在整个有效期内都有效。但是在有些情况下，用户必须在有效期届满之前停止对证书的信赖。这些情况包括用户的身份变化、用户的密钥遭到破坏或非法使用等，此时，认证机构就应撤销原有的证书。由于存在证书撤销的可能，所以证书的应用期限通常比预计的有效期限更短。

每个 CA 都维护一张列表——证书撤销列表(CRL)，这张列表中包含了由该 CA 发出的所有撤销但还没有过期的证书，其中包括发给用户和其他 CA 的证书。CRL 由发证者签名，包含发证者名称、列表创建日期、计划发布下一个 CRL 的日期和为每个撤销证书创建的项，每个项包含证书的序列号和该证书的撤销日期。因为在 CA 中，序列号是唯一的，所以可以使用序列号标识证书。

当用户在消息中接收到证书时，用户必须确定这个证书是否已经被撤销了。用户可以在线查看 CRL，也可以将 CRL 下载到本地再进行查询。

3.2.3.2　公钥基础设施 PKI

1）PKI 的概念

为解决信息化和网络化环境下的安全问题，人们提出了基于公开密钥密码理论和技术的公钥基础设施（Public Key Infrastructure，PKI）这一概念，并以此建立网络信任体系。

PKI 是一个利用公钥加密（非对称密码算法）理论和技术来实现信息安全服务的具有通用性的安全基础设施。具体地说，就是以公钥加密为基础，创建、管理、存储、分发和撤销证书所需要的一组硬件、软件、人力资源、相关政策和操作规范以及为 PKI 体系中的各成员提供全部的安全服务。

PKI 的主要目的是通过自动管理密钥和数字证书，为用户建立一个安全的网络运行环境，用户可以在多种应用环境下（如电子商务、电子政务等）方便地使用加密和数字签名技术，从而保证网上数据的机密性、完整性、可用性和不可否认性。在 PKI 中，通过 CA 把用户的公钥和用户的其他标识信息（如名称、身份证号码、E-mail 地址等）捆绑在一起，实现用户身份的认证；将公钥密码和对称密码结合起来，实现加密、数字签名，保证机密数据的保密性、完整性和不可否认性。一个有效的 PKI 系统必须是安全的和透明的，用户在获得加密和数字签名服务时，不需要详细地了解 PKI 是怎样管理证书和密钥的。

2）PKI 提供的安全服务

PKI 作为安全基础设施，能为不同的用户按不同安全需求提供多种安全服务。这些服务主要包括认证、数据完整性、数据机密性和不可否认性。

① 认证服务，即身份识别与认证，确认实体是自己所声明的实体，鉴别身份的真伪。PKI 认证服务主要采用数字签名技术来实现身份认证服务。

② 数据完整性服务，确认数据没有被修改，即数据无论是在传输还是在存储过程中，经过检查后确认没有被修改。在通常情况下，PKI 采用数字签名来实现数据完整性服务。

③ 数据机密性服务，即确保数据的机密性，除了指定的实体，其他未经授权的人不能读出或理解该数据。PKI 的数据机密性服务采用了“数据信封”机制，即发送方先产生一个对称密钥，并使用该对称密钥加密敏感数据。同时，发送方还使用接收方的公钥加密对称密钥，就像把它装入一个“数字信封”。然后，把被加密的对称密钥和被加密的敏感数据一起传送给接收方。接收方用自己的私钥拆开“数字信封”，并获取对称密钥，再使用对称密钥解开被加密的敏感数据。

④ 不可否认性服务，即指从技术上实现保证数据来源的不可否认性和接收的不可否认性以及用户行为的不可否认性。在 PKI 中，主要采用数字签名和时间戳的方法防止其对行为的否认。

3）PKI 的组成

一个典型的 PKI 系统主要由认证机构（CA）、注册机构（Registration Authority，RA）、密钥管理中心（Key Management Center，KMC）、应用程序接口（Application Program Interface，API）和 PKI 安全策略等部分组成。

（1）认证机构

CA 是 PKI 的核心组成部分，也称作认证中心，是权威的、可信任的、公正的第三方机构，但 CA 的权威性和公正性是有一定范围的，它只在特定的范围内有效。CA 签发数字证书，并管理数字证书的整个生命周期，包括证书颁发、证书更新、证书撤销、证书和 CRL 的公布、证书状态的在线查询、证书认证和制定政策等。

创建证书的时候,CA首先获取用户的请求信息,其中包括用户公钥(公钥一般由用户端产生,如电子邮件程序或浏览器等),CA将根据用户的请求信息产生证书,并用自己的私钥对证书进行签名。其他用户、应用程序或实体将使用CA的公钥对证书进行验证。如果该CA是可信的,则验证证书的用户可以确信的是,他所验证的证书中的公钥属于证书所代表的那个实体。CA还负责维护和发布CRL。根证书,是一种特殊的证书,是CA用自己的私钥对自己的信息和公钥进行签名后生成的证书。

(2) 注册机构

RA是用户和CA的接口,它所获得的用户标识的准确性是CA颁发证书的基础。RA主要负责面向使用证书的实体,提供证书申请、更新、注销、审核以及发放等功能。RA不仅要支持面对面的登记,还必须支持远程登记,如通过电子邮件、浏览器等方式登记。RA是CA功能的延伸,在理论上,RA和CA是一个有机的整体,因此某些PKI产品将CA服务器和RA服务器合二为一。

(3) 密钥管理中心

KMC具有密钥的生成、存储、归档、备份和灾难恢复等管理功能。

(4) 应用程序接口

PKI的价值在于能够使用户方便地使用加密、数字签名等安全服务,因此一个完整的PKI必须提供良好的API,使得各种各样的应用能够以安全、一致、可信的方式与PKI进行交互,确保安全网络环境的完整性和易用性。

(5) PKI安全策略

PKI安全策略建立和定义了一个组织信息安全方面的指导方针,同时也定义了密码系统使用的处理方法和原则。它包括一个组织应如何处理密钥和有价值的信息,以及根据风险的级别定义安全控制的级别。

在一般情况下,在PKI中需要制定两种安全策略:一种是证书策略(Certificate Policy,CP),即证书发放、适用场合、安全等级等政策规则的集合,根据不同的安全需求制定,其程序化是通过对实际的流程、信息等进行"数字化"建模等过程来描述和最终实现的,主要管理证书的使用;另一种是证书实施规范(Certification Practice Statement,CPS),是对相关操作过程及策略进行说明,这是一个被细化的文件,包括如何建立和运作CA,如何发行、接收和废除证书,如何产生、注册和存储密钥,以及用户如何得到证书等等。

4) 其他认证技术

(1) 单点登录与统一身份认证

目前大多数组织内部存在着大量的B/S、C/S模式的应用系统,例如,人事系统、财务系统、内网办公系统以及各种各样对内/对外的网站等。为了实现对这些系统所管理资源的访问控制,各应用系统都拥有独立的身份认证机制,在进入不同系统时都要重新提交自己的身份标识来通过系统的认证。这种情况容易引起以下一些问题:用户需要设置大量的用户名和密码,容易造成混淆;用户为了方便,往往会选择简单信息作为口令或者设置相同的口令,这样将会带来巨大的安全隐患;对管理者而言,需要创建多个用户数据库,管理烦琐;若要接管这些应用系统的控制权,就必须针对具体应用提供一套API函数,并对原有的应用系统的代码进行改动,这样一来,必然会影响原有系统的运行。

为了解决上述问题,人们提出了使用单点登录(Single Sign On,SSO)技术来实现统一身份认证。单点登录是指用户只需在网络中主动地进行一次登录,完成其身份认证,随后便可以访问其被授权的所有网络资源,而不需要再主动地参与其他的登录与身份认证过程。这里所指的网络资源可以是打印机或其他硬件设备,也可以是各种应用程序和文档数据等,这些资源可能处于不同的计算机环境中。

建立了统一身份认证系统后,就可以方便、有效地实现对用户的统一管理。若用户要登录网络,则必须先访问统一身份认证服务器认证身份,然后才可以访问资源。这样既可以实现基于用户的网络管理,也提高了用户的工作效率。获取了用户认证信息后,计费系统就可以实现基于用户的计费,网络管理人员就可以清楚地了解用户使用了哪些网络资源,在发生安全问题时,也可以很快地找到造成问题的用户,从源头上消除安全隐患,增强系统整体的安全性。

通常地,统一身份认证系统的设计采用层次式结构,主要分为数据层、认证通道层和认证接口层,同时分为多个功能模块,其中最主要的有身份认证模块和权限管理模块。身份认证模块管理用户身份和成员站点身份。该模块向用户提供在线注册功能,用户注册时必须提供相应的信息(如用户名、密码),该信息即为用户身份的唯一凭证,拥有该信息的用户就是统一身份认证系统的合法用户。身份认证模块还向成员站点提供在线注册功能,成员站点注册时需提供一些关于成员站点的基本信息,还包括为用户定义的角色种类(如普通用户、高级用户、管理员用户)。权限管理模块主要包括成员站点对用户的权限控制、用户对成员站点的权限控制、成员站点对成员站点的权限控制。用户向某成员站点申请分配权限时,需向该成员站点提供其某些信息,这些信息就是用户提供给成员站点的权限。而成员站点通过统一身份认证系统的身份认证后就可以查询用户信息,并给该用户分配相应的权限,获得权限的用户通过统一身份认证系统的身份认证后就可以以某种身份访问该成员站点。

(2) 拨号认证协议

在拨号环境中,要进行两部分的认证:第一个部分是用户在调制解调器和网络访问服务器(Network Access Server,NAS)之间使用点到点协议(Point-to-Point Protocol,PPP)进行认证,这类协议包括口令认证协议(Password Authentication Protocol,PAP)、询问握手认证协议(Challenge-Handshake Authentication Protocol,CHAP);第二个部分是 NAS 和认证服务器进行认证,这类协议包括终端访问控制器控制系统(Terminal Access Controller Access-Control System,TACACS)、远程用户拨号认证系统(Remote Authentication Dial In User Service,RADIUS)等。

① PPP

PPP 是一种数据链路层协议,它是为在同等单元之间传输数据包而设计的简单链路。这种链路提供全双工操作,并按照顺序传递数据包。PPP 为基于各种主机、网桥和路由器的简单连接提供了一种共通的解决方案。验证过程在 PPP 中为可选项。在连接建立后进行连接者身份认证的目的是防止有人在未经授权的情况下成功连接而导致泄密。PPP 支持两种认证协议:第一种是 PAP,PAP 的原理是由发起连接的一端反复地向认证端发送用户名/口令对,直到认证端返回以认证通过或者拒绝的响应为止;第二种是 CHAP:CHAP 用三次握手的方法周期性地检验目标端的节点。其原理是:认证端向目标端发送“挑战”信息,对方收到“挑战”信息后,用指定的算法计算出应答信息再发送给认证端,认证端检验应答信息是否正确从而判断验证的过程是否成功。如果使用 CHAP,认证端在连接的过程中每隔一段时间就会发出一个新的“挑战”信息,以确认对方连接是否经过授权。

② RADIUS

RADIUS 由 RFC 2865、RFC 2866 定义,是目前应用最广泛的 AAA 协议。AAA 协议是

指能够实现 Authentication(认证)、Authorization(授权)和 Accounting(计费)的协议。

RADIUS 是一种 C/S 结构的协议,它最初的客户端就是 NAS 服务器,现在任何运行 RADIUS 客户端软件的计算机都可以作为 RADIUS 的客户端。RADIUS 服务器和 NAS 服务器通过 UDP 进行通信,RADIUS 服务器的 1812 端口负责认证,1813 端口负责计费。

RADIUS 服务器对用户的认证过程通常需要利用 NAS 等设备的代理认证功能,RADIUS 客户端和 RADIUS 服务器之间通过共享密钥认证交互的消息,用户密码采用密文方式在网络上传输,增强了安全性。RADIUS 合并了认证和授权过程,即响应报文中携带了授权信息。基本交互步骤如下:

步骤 1 用户输入用户名和口令。

步骤 2 RADIUS 客户端根据获取的用户名和口令,向 RADIUS 服务器发送认证请求包(Access-Request)。

步骤 3 RADIUS 服务器将该用户信息与 users 数据库信息进行对比分析,如果认证成功,则将用户的权限信息以认证响应包(Aceess-Accept)的方式发送给 RADIUS 客户端;如果认证失败,则返回 Access-Reject 响应包。

步骤 4 RADIUS 客户端根据接收到的认证结果接入/拒绝用户。如果可以接入用户,则 RADIUS 客户端向 RADIUS 服务器发送计费开始请求包(Accounting-Request)。

步骤 5 RADIUS 服务器返回计费开始响应包(Accounting-Response)。

步骤 6 RADIUS 客户端向 RADIUS 服务器发送计费停止请求包(Accounting-Request)。

步骤 7 RADIUS 服务器返回计费结束响应包(Accounting-Response)。

由于 RADIUS 简单明确,具有良好的扩展性,因此得到了广泛应用,如普通电话拨号上网、ADSL 宽带上网、小区宽带接入、IP 电话服务、虚拟专用拨号网络(Virtual Private Dial-up Networks,VPDN)、移动电话预付费等业务。IEEE 提出的用于对无线网络的接入认证的 802.1x 标准,在认证时也采用 RADIUS。

3.3 访问控制技术

3.3.1 概述

身份认证技术解决了识别“用户是谁”的问题,那么认证通过的用户是不是可以无条件地使用所有资源呢?答案是否定的。访问控制(Access Control)技术就是用来管理用户对系统资源的访问。访问控制是国际标准 ISO 7498-2 中的五项安全服务之一,对提高信息系统的安全性起到至关重要的作用,访问控制示意图如图 3.8 所示。

对于访问控制的概念,我们一般可以理解为是针对越权使用资源的防御措施,让系统资源在合法范围内使用。为了能够更精确地描述访问控制,需要对访问控制的基本组成元素进行定义说明,访问控制的基本组成元素主要包括主体、客体和访问控制策略。

① 主体(Subject)是指提出访问请求的实体。主体是动作的发起者,但不一定是动作的执行者,可以是用户或其他代理用户行为的实体(如进程、作业和程序等)。

② 客体(Object)是指可以接受主体访问的被动实体。客体的含义很广泛,凡是可以被操作的信息、资源、对象都可以被认为是客体。

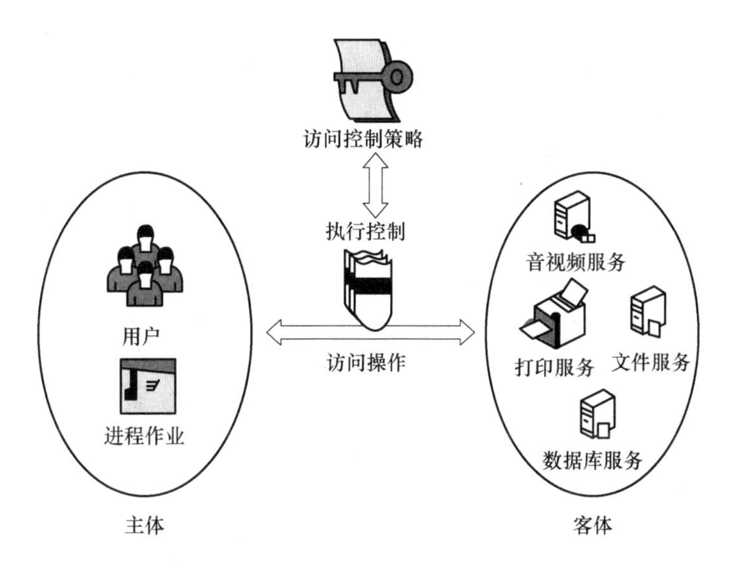

图 3.8　访问控制示意图

③ 访问控制策略(Access Control Policy)是指主体对客体的操作行为和约束条件的关联集合。简单地讲,访问控制策略是主体对客体的访问规则集合,这个规则集合可以直接决定主体是否可以对客体实施特定的操作。

如图 3.8 所示,主体对于客体的每一次访问,访问控制系统均要审核该次访问操作是否符合访问控制策略,且只允许符合访问控制策略的操作请求,拒绝那些违反控制策略的非法访问。访问控制可以解释为:依据一定的访问控制策略,实施对主体访问客体的控制。图 3.8 也给出了访问控制系统的两个主要工作:一个是当主体对客体发出访问请求时,查询相关的访问控制策略;另一个是依据访问控制策略执行访问控制。

通过上述分析可以看出影响访问控制系统实施效果的首要因素是访问控制策略,制定访问控制策略的过程实际上就是制定主体对客体的访问授权过程。如何较好地完成对主体的授权是访问控制成功的关键,同时也是访问控制必须研究的课题。

信息系统的访问控制技术最早产生于 20 世纪 60 年代,在 20 世纪 70 年代先后出现了多种访问控制模型。1985 年,美国军方提出可信计算机系统评估准则(TCSEC),其中描述了两种著名的访问控制模型,即自主访问控制(DAC)和强制访问控制(MAC),还有另外两个著名的访问控制模型,即基于角色的访问控制(RBAC)模型和基于属性的访问控制(ABAC)模型。

3.3.2　访问控制模型

访问控制模型是一种从访问控制的角度出发,描述安全系统以及安全机制的方法。简单地说,是对访问控制系统的控制策略、控制实施以及访问授权的形式化描述。自主访问控制、强制访问控制和基于角色的访问控制以及基于属性的访问控制因其各自特点在访问控制发展过程中占有重要地位,并得到广泛应用。

3.3.2.1　自主访问控制

自主访问控制模型是根据自主访问控制策略建立的一种模型,允许合法用户以用户或用户组的身份来访问系统控制策略许可的客体,同时阻止非授权用户访问客体,某些用户还可以自主地把自己所拥有的客体的访问权限授予其他用户。UNIX、Linux 以及 Windows NT 等操作系统都提供自主访问控制的功能。在实现上，首先要对用户的身份进行鉴别，然后就可以按照访问控制列表所赋予用户的权限允许或限制用户访问客体资源。主体控制权限的修改通常由特权用户或特权用户组实现。

在自主访问控制系统中，特权用户为普通用户分配的访问权限信息主要以访问控制表(Access Control Lists，ACL)、访问控制能力表(Access Control Capability Lists，ACCL)、访问控制矩阵(Access Control Matrix，ACM)三种形式来存储。

ACL是以客体为中心建立的访问权限表，其优点在于实现简单，系统为每个客体确定一个授权主体的列表，目前，大多数PC、服务器和主机都使用ACL作为访问控制的实现机制。图3.9为ACL示例，其中，R表示读操作，W表示写操作，Own表示管理操作。我们之所以将管理操作从读/写中分离出来，是因为管理员也许会对控制规则本身或是文件的属性等进行修改，也就是可以修改ACL。例如，对于客体Object 1来讲，Alice对其访问权限集合为{Own，R，W}，Bob只有读取权限{R}，John则拥有读/写操作的权限{R，W}。

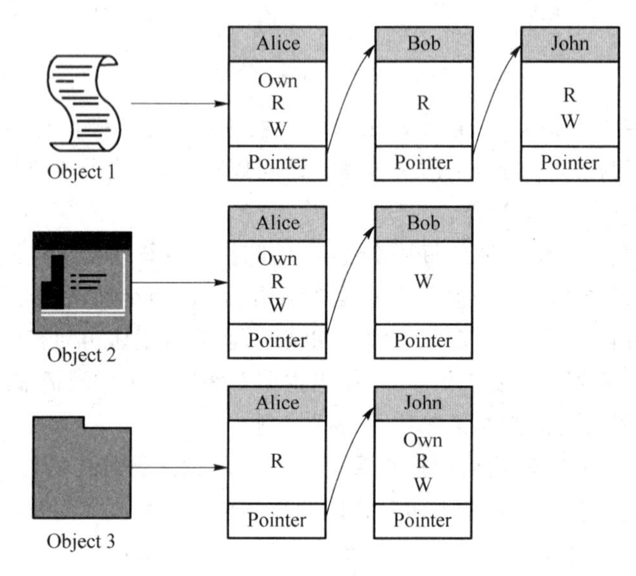

图3.9　ACL示例

图3.10为ACCL示例，ACCL是以主体为中心建立的访问权限表。在这里，“能力”这个概念可以解释为请求访问的发起者所拥有的一个授权标签，授权标签表明持有者可以按照某种访问方式访问特定的客体。也就是说，如果赋予某个主体一种能力，那么这个主体就具有与该能力对应的权限。在此示例中，Alice被赋予一定的访问控制能力，其具有的权限包括：对Object 1拥有的访问权限集合{Own，R，W}，对Object 2拥有只读权限{R}，对Object 3拥有读和写的权限{R，W}。

ACM是通过矩阵形式表示主体用户和客体资源之间的授权关系的方法。表3.3为ACM示例，采用二维表的形式来存储访问控制策略，每一行为一个主体的访问能力描述，每一列为一个客体的访问控制描述，整个矩阵可以清晰地体现出访问控制策略。与ACL和ACCL一样，ACM的内容同样需要特权用户或特权用户组来进行管理。另外，如果主体和客体很多，那么ACM将会呈几何级数增长，这样对于增长了的矩阵而言，会有大量的冗余空间，如主体John和客体Object 2之间没有访问关系，但也存在授权关系项。

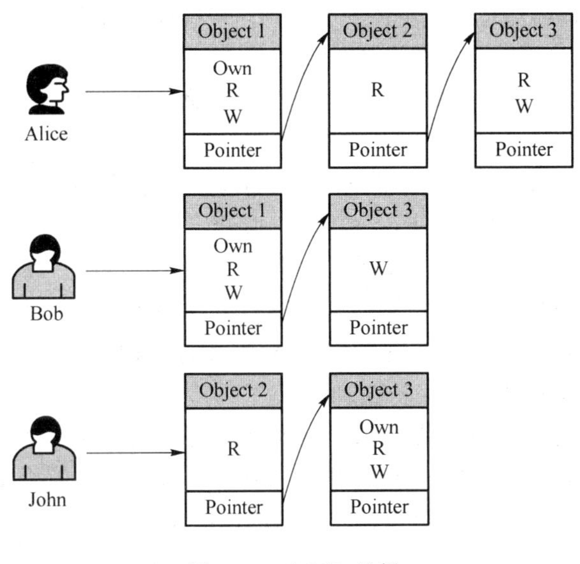

图 3.10　ACCL 示例

表 3.3　ACM 示例

主体	客体		
	Object 1	Object 2	Object 3
Alice	Own,R,W	R	R,W
Bob	R	Own,R,W	
John	R,W		Own,R,W

DAC 对用户提供了灵活的数据访问方式，授权主体（特权用户、特权用户组的成员以及对客体拥有 Own 权限的主体）均可以完成赋予和回收其他主体对客体资源的访问权限，使得 DAC 可以广泛应用在商业和工业环境中。但由于 DAC 允许用户任意传递权限，如没有访问文件 file 1 权限的用户 A 可能从有访问权限的用户 B 那里得到访问权限，因此，DAC 模型提供的安全防护还是比较低的，不能为系统提供充分的数据保护。

3.3.2.2　强制访问控制

强制访问控制开始是为了实现比 DAC 更为严格的访问控制策略而设计的，后来逐渐修改并完善形成了 MAC，并得到广泛的商业关注和应用。MAC 是一种多级访问控制策略，系统事先给访问主体和受控客体分配不同的安全级别属性。在实施访问控制时，系统先对访问主体和受控客体的安全级别属性进行比较，再决定访问主体能否访问该受控客体。

为了对 MAC 模型进行形式化描述，首先需要将访问控制系统中的实体对象分为主体集 S 和客体集 O，然后定义安全类 $\mathrm{SC}(x)=\langle L,C\rangle$，其中 x 为特定的主体或客体，L 为有层次的安全级别 Level，C 为无层次的安全范畴 Category。在安全类 SC 的两个基本属性 L 和 C 中，安全范畴 C 用来划分实体对象的归属，而同属于一个安全范畴的不同实体对象由于具有不同层次的安全级别 L，因而构成了一定的偏序关系。例如，TS（Top Secret）表示绝密级，S（Secret）表示秘密级，当主体 s 的安全类别为 TS，而客体 o 的安全类别为 S 时，s 与 o 的偏序关系可以表述为 $\mathrm{SC}(s)\geqslant\mathrm{SC}(o)$。依靠不同实体安全级别之间存在的偏序关系，主体对客体的访问可以分为以下四种形式。

① 向下读(Read Down,RD)。主体安全级别高于客体信息资源的安全级别时,即 $\mathrm{SC}(S)\geqslant\mathrm{SC}(o)$,允许读操作。

② 向上读(Read Up,RU)。主体安全级别低于客体信息资源的安全级别时,即 $\mathrm{SC}(s)\leqslant\mathrm{SC}(o)$,允许读操作。

③ 向下写(Write Down,WD)。$\mathrm{SC}(S)\geqslant\mathrm{SC}(o)$时,允许写操作。

④ 向上写(Write Up,WU)。$\mathrm{SC}(s)\leqslant\mathrm{SC}(o)$时,允许写操作。

由于 MAC 通过分级的安全标签实现了信息的单向流动,因此一直被军方采用,其中最著名的是 Bell-LaPadula 模型和 Biba 模型。Bell-LaPadula 模型具有只允许向下读、向上写的特点,可以有效地防止机密信息向下级泄露,保护机密性;Biba 模型则具有只允许向上读、向下写的特点,可以有效地保护数据的完整性。

表 3.4 为 MAC 信息流安全控制,可以看出机密层次的主体对于比它密级高的客体,它只有写操作权限;而对于比它级别低的客体,则拥有读操作权限。这符合 RD 和 WU,且与 Bell-LaPadula 模型的信息流控制一致,可以保证信息的机密性。

表 3.4　MAC 信息流安全控制

主体	客体				
	TS	C	S	U	
TS	R/W	R	R	R	High
C	W	R/W	R	R	↓
S	W	W	R/W	R	↓
U	W	W	W	R/W	Low

注:TS 为绝密(Top Secret);C 为机密(Confidential);S 为秘密(Secret);U 为无密(Unclassified)。

3.3.2.3　基于角色的访问控制

DAC 模型和 MAC 模型属于传统的访问控制模型,DAC 虽然支持用户自主地把自己所拥有的客体访问权限授予其他用户的这种做法,但当企业的组织结构或是系统的安全需求发生较大变化时,就需要进行大量烦琐的授权工作,系统管理员的工作势必非常繁重,更主要的是容易发生错误,造成一些意想不到的安全漏洞;MAC 虽然授权形式相对简单,工作量较小,但根据其特点可知其不适合访问控制规则比较复杂的系统。而基于角色的访问控制模型则较好地综合了 DAC 和 MAC 的特点,且基本上解决了上述问题。

首先了解一下组(Group)的概念,一般认为组是具有某些相同特质的用户集合,且这个概念在许多系统中都被使用。在 UNIX 操作系统中,组可以被看成拥有相同访问权限的用户集合,定义用户组时会为该组赋予相应的访问权限。如果一个用户加入了该组,则该用户即具有该用户组的访问权限,从这可以看出组内用户会继承组的权限。

下面讨论一下角色(Role)的概念,可以理解为一个角色是一个与特定工作活动相关联的行为与责任的集合。角色不是用户的集合,也就与组不同。但当将一个角色与一个组绑定时,则这个组就拥有了该角色拥有的特定工作的行为能力和责任。组和用户(User)都可以看成角色分配的单位和载体。而一个角色可以看成具有某种能力或某些属性的主体的一个抽象。

RBAC 模型如图 3.11 所示,引入了角色(Role)的概念,目的是隔离用户(Subject,动作主体)与权限(Privilege),其中权限指对客体的一个访问操作,即操作(Operation)+客体对象(Object)。角色作为一个用户与权限的代理层,所有的授权应该给予角色而不是直接给用户或组。RBAC模型的基本思想是将访问权限分配给一定的角色，用户通过饰演不同的角色获得角色所拥有的访问许可权。

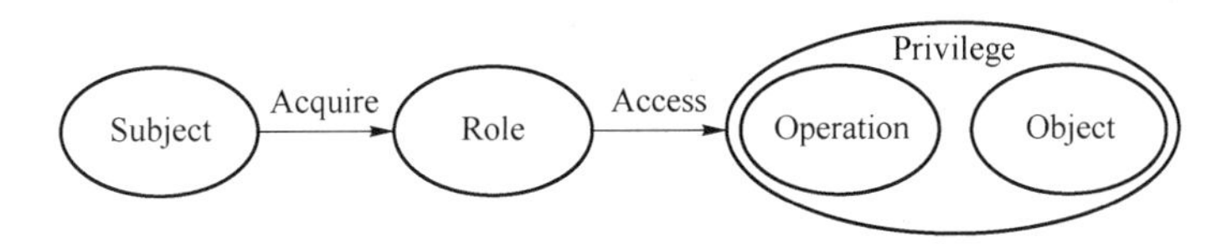

图3.11　基于角色的访问控制模型

在一个公司里，用户角色可以定义为经理、会计、出纳员和审计员，具体的权限如下：

① 经理：允许查询公司的经营状况和财务信息，但不允许修改具体财务信息，必要时可以根据财务凭证支付或收取现金，并编制银行账和现金账。

② 会计：允许根据实际情况编制各种财务凭证及账簿，但不包括银行账和现金账。

③ 出纳员：允许根据财务凭证支付或收取现金，并编制银行账和现金账。

④ 审计员：允许查询与审查公司的经营状况和财务信息，但不允许修改任何账目。

我们发现RBAC的策略陈述易于被非技术的组织策略者理解，既具有基于身份策略的特征，也具有基于规则策略的特征。在基于组或角色的访问控制中，一个用户可能不只是一个组或角色的成员，有时又可能有所限制，如经理可以充当出纳员的角色，但不能负责会计工作，即各角色之间存在相容和相斥的关系。

RBAC在体系结构上具有许多优势，使其变得更加灵活、方便和安全，目前在大型数据库系统的权限管理中已得到普遍应用。角色是由系统管理员定义的，角色成员的增减也只能由系统管理员来执行，即只有系统管理员才有权定义和分配角色。主体用户与客体对象没有直接联系，用户只有通过被赋予角色才能拥有该角色所对应的权限，从而访问相应的客体。因此，用户不能自主地将访问权限授予别的用户，这是RBAC与DAC的根本区别所在。RBAC与MAC的区别在于MAC是基于多级安全需求的，而RBAC则不是。

在各种访问控制系统中，访问控制策略的制定与实施都是围绕主体、客体和操作权限三者之间的关系展开。有三个基本原则是制定访问控制策略时必须遵守的。

1）最小特权原则

最小特权原则是指主体在执行操作时，按照主体所需权力的最小化原则分配给主体权力。最小特权原则的优点是最大限度地限制了主体实施授权行为，可以避免来自突发事件和错误操作带来的危险。

2）最小泄漏原则

最小泄漏原则是指主体在执行任务时，按照主体所需要知道信息的最小化原则分配给主体访问权限。

3）多级安全策略

多级安全策略是指主体和客体间的数据流方向必须受到安全等级的约束。多级安全策略的优点是可避免敏感信息的扩散。对于具有安全级别的信息资源，只有安全级别比它高的主体才能够对其访问。

3.3.2.4　基于属性的访问控制

基于属性的访问控制是以决策过程中涉及的相关实体的属性为基础进行授权的一种访问控制机制，它能够根据相关实体属性的动态变化，适时更新访问控制决策，从而提供一种细粒度、更灵活的访问控制方法。ABAC 模型如图 3.12 所示。

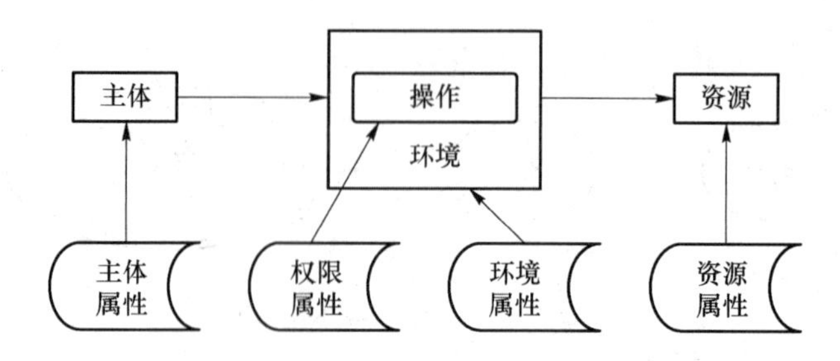

图 3.12　基于属性的访问控制模型

1）主体属性

主体是对资源采取某种行动的实体，即能够发出访问请求或对某些资源执行许可动作的所有实体的集合，如用户和进程。一个主体可能被另外的主体所访问，所以主体也可被看作资源。每个主体都有定义其身份或标识其特征的属性，这些属性包括主体的身份标识、名字、所属组织、工作等。主体的角色也可被看作其一个属性。

2）资源属性

资源是被主体采取行动的实体，如 Web 服务、数据结构或系统组件等。与主体一样，资源也拥有相应的属性用来进行访问控制决策，如 Word 文档的标题、创建日期、作者等。

3）环境属性

环境属性独立于访问主体和被访问资源，通常指访问控制过程发生时的一些环境信息，如当前时间、日期、当前的病毒活动或网络的安全级别。

4）权限属性

操作的权限可以是对文件、文档、图像、视频等资源的打开、读、写、删除等一系列动作。

ABAC 策略主要涉及主体、客体、环境、操作和授权标记五大元素。主体、客体和环境统一用属性加以表示；操作指用户请求的行为，通常与客体有关；授权标记标识策略类型。ABAC 策略的形式化定义如下。

① S、R 和 E 分别表示主体、资源和环境三种实体。

② $SA_k(1\leqslant k\leqslant K)$，$RA_m(1\leqslant m\leqslant M)$，$EA_n(1\leqslant n\leqslant N)$分别表示主体、资源、环境的预定义属性。

③ ATTR(s)、ATTR(r)、ATTR(e)分别表示主体、资源和环境的属性赋值关系。并且

$$ATTR(s)\subseteq SA_1\times SA_2\times\cdots\times SA_K$$

$$ATTR(r)\subseteq RA_1\times RA_2\times\cdots\times RA_M$$

$$ATTR(e)\subseteq EA_1\times EA_2\times\cdots\times EA_N$$

通常一条策略规则用于判断一个主体 s 能否在特定环境 e 下访问资源 r，它可以被表示为一个以 s、r、e 的属性为参数的函数，并返回一个布尔值。规则的定义如下：

$$Can\_Access(s,r,e)\leftarrow f(ATTR(s),ATTR(r),ATTR(e))$$

若 s、r、e 的所有属性的值已给定，如果函数的返回值为真，则允许对资源进行访问；否则访问被拒绝。一个策略库存储了多条策略，这些策略涉及在给定安全域中的许多主体和资源。访问控制决策的过程就是对某一访问请求在策略库中选出可用策略进行评估的过程。

本章小结

认证技术广泛应用在资源访问、网上支付、网上银行、电子商务、电子政务等领域。实际上,汽车开锁的核心过程也是一个身份认证的过程,开锁者向汽车电子锁证明他就是汽车的合法拥有者。如果这个认证过程过于简单或者存在漏洞,就容易让攻击者有机可乘。因此,认证系统应该具有抵抗重放攻击、冒充攻击、穷举攻击的能力。

若要把身份认证技术应用到网络安全中,则应该结合用户认证方式和实际需求进行综合考虑。在未来的身份认证技术发展中,首先要解决如何降低身份认证过程中的通信量、计算量、设备成本和计算时间等问题,同时还要能够提供比较高的安全性能,综合运用多因素认证方法,改变单一因素认证的弊端,改进识别方式并提高硬件水平,保证正确率。

身份认证技术解决了识别"用户是谁"的问题,那么认证通过的用户是不是可以无条件地使用所有资源呢?答案是否定的。访问控制(Access Control)技术就是用来管理用户对系统资源的访问。

访问控制模型是一种从访问控制的角度出发,描述安全系统以及安全机制的方法。简单地说,是对访问控制系统的控制策略、控制实施以及访问授权的形式化描述。自主访问控制、强制访问控制和基于角色的访问控制以及基于属性的访问控制因其各自特点在访问控制发展过程中占有重要地位,并得到广泛应用。

本章习题

一、选择题

1. 互联网中有一个著名的说法:"你永远不知道网络的对面是一个人还是一条狗!"这段话表明网络安全中(　　)。

A. 身份认证的重要性和迫切性

B. 网络上所有的活动都是不可见的

C. 网络应用中存在不严肃性

D. 计算机网络中不存在真实信息

2. "进不来""拿不走""看不懂""改不了""走不脱"是网络信息安全建设的目的。其中,"进不来"是指下列哪种安全服务。(　　)

A. 数据加密　　B. 身份认证　　C. 数据完整性　　D. 访问控制

3. A和B通信时,第三方C窃取了A过去发给B的消息M,然后冒充A将M发给B,希望能够以A的身份与B建立通信,并从中获得有用信息。这种攻击形式称为(　　)。

A. 拒绝服务攻击　　B. 口令猜测攻击　　C. 重放攻击　　D. 并行会话攻击

4. 攻击者处于通信双方A和B的中间,拦截双方正常的网络通信数据,并对数据进行篡改。这种攻击形式称为(　　)。

A. 拒绝服务攻击　　B. 中间人攻击　　C. 重放攻击　　D. 智能卡丢失攻击

5. 下列哪一项不属于一次性口令认证技术?(　　)

A. 口令序列(S/KEY)　　B. 挑战/应答

C. 基于时间同步　　D. 基于生物特征

6. 下列哪项不是 Kerberos 模型的组成部分?(　　)

A. 认证服务器　　B. 票据许可服务器　　C. 注册服务器　　D. 应用服务器

7. 下列哪一项信息不包含在 X.509 规定的数字证书中?(　　)

A. 证书有效期　　B. 证书所有者的公钥

C. 证书颁发机构的签名　　D. 证书颁发机构的私钥

8. 下列哪一种证书文件格式支持将证书及其路径中的所有证书全部导出。(　　)

A. 二进制编码格式　　B. Base64 编码格式

C. PFX 文件格式　　D. P7B 文件格式

9. (　　)是 PKI 的核心组成部分,是权威的、可信任的、公正的第三方机构,在特定范围内签发数字证书,并管理数字证书的整个生命周期。

A. CA　　B. RA　　C. 证书库　　D. 授权机构

10. PKI 作为安全基础设施能提供多种安全服务,但是(　　)服务不包括在内。

A. 数据可用性　　B. 数据完整性　　C. 数据机密性　　D. 不可否认性

二、填空题

1. 身份认证是最基本的安全服务,(　　)和(　　)服务的实现都要依赖于身份认证系统所识别的用户身份。

2. 进行身份认证时,可以使用一种或多种安全要素,根据所使用的安全因素数量,可将身份认证协议分为(　　)认证和(　　)认证两类。

3. 基于(　　)认证是身份认证最常用的方法,通常使用二元组信息来表示某用户的身份。用户进入系统时提供该二元组信息,服务器将其与自己所存储的信息进行比较,如果相符,则通过认证。这种身份认证方法虽然简单易用,但是存在严重的安全问题。

4. (　　)认证方式中,通信各方需要持有相应的令牌,令牌内置种子密钥和加密算法。用户在访问系统时,服务器随机生成一个值,并将该值发送给用户,用户将收到的值输入令牌中,令牌利用内置的种子密钥和加密算法计算出相应的回复值,用户再将回复值上传给服务器。

5. Windows Server 域环境中的认证通常应用基于对称密码的(　　)认证协议。

6. 在 Kerberos 认证过程中,用到两种凭证:(　　)和(　　),这两种凭证都是使用(　　)加密的数据。

7. 数字证书是一个经证书授权中心(　　)的包含(　　)信息的文件。

8. 作为文件形式存在的数字证书可以在不同的设备间导入和导出,一般有 PFX 文件格式、P7B 文件格式、(　　)编码证书和(　　)编码证书,其中后两者都以(　　)作为证书文件后缀名。

9. X.509 身份认证协议是利用(　　)密码技术实现的,它的安全性从根本上取决于所使用(　　)的安全性,包括 CA 的和用户的。

10. (　　)负责密钥的生成、存储、归档、备份和灾难恢复等管理功能。

三、简答题

1. 身份认证的目的是什么?

2. 什么是数字签名,它有什么特性?

3. 简述身份认证和访问控制的主要区别。

4. 列举你所知道的在现实生活中用到的身份认证方法，并比较和分析各种方法的优点和不足。

5. 在身份认证过程中，可能会遭遇重放攻击，应如何防范这种攻击？

6. 什么是一次性口令？说明其实现原理。

7. 什么是数字证书，证书中都包含哪些基本信息？

8. 简述 PKI 的概念与作用。

四、实践题

1. 登录淘宝主页并使用 Wireshark 对登录过程中的数据包进行捕获，分析其使用的口令认证方式中的安全措施及风险。

2. 安装 PGP 软件，尝试进行证书的申请并基于证书实现安全电子邮件传输应用。

3. 基于 Windows Server 或 Open SSL 搭建一套 CA 系统，实现证书的申请、颁发和应用。

4. 编程实现一个基于口令认证的简易通信程序。

5. 在第 4 题的基础上进行改进，使该认证方案能够抵抗窃听攻击和重放攻击。

第 4 章

物理安全

本章学习要点	• 了解物理安全的内涵及意义，重点了解设备安全防护的基本方法； • 了解电磁泄漏的原理，重点了解电磁泄漏防护知识； • 了解物理隔离的基本思想及方法； • 了解容错、容灾等概念，重点了解容错与容灾的基本原则及措施； • 了解物理安全管理的基本措施； • 了解信息安全风险管理的概念，重点掌握风险评估和风险控制的理论； • 了解有关信息安全的标准，重点了解 CC 及 BS 7799 标准； • 了解有关信息安全的法律法规和道德规范，重点了解我国相关的法律法规。

4.1 物理安全概述

物理安全(Physical Security)研究如何保护网络与信息系统的物理设备、设施和配套部件的安全性能、所处环境安全以及整个系统的可靠运行，使其避免自然灾害、环境事故、人为操作失误及计算机犯罪行为导致的破坏，是信息系统安全运行的基本保障。

物理安全的概念如图 4.1 所示，传统意义的物理安全包括设备安全、环境安全/设施安全以及介质安全，广义的物理安全还应包括由软件、硬件、操作人员组成的整体信息系统的物理安全，即包括系统物理安全。信息系统安全体现在信息系统的保密性、可用性、完整性三方面，从物理层面出发，系统物理安全技术应确保信息系统的保密性、可用性、完整性，例如：通过边界保护、配置管理、设备管理等措施确保信息系统的保密性；通过容错、故障恢复、系统灾难备份等措施确保信息系统的可用性；通过设备访问控制、边界保护、设备及网络资源管理等措施确保信息系统的完整性。

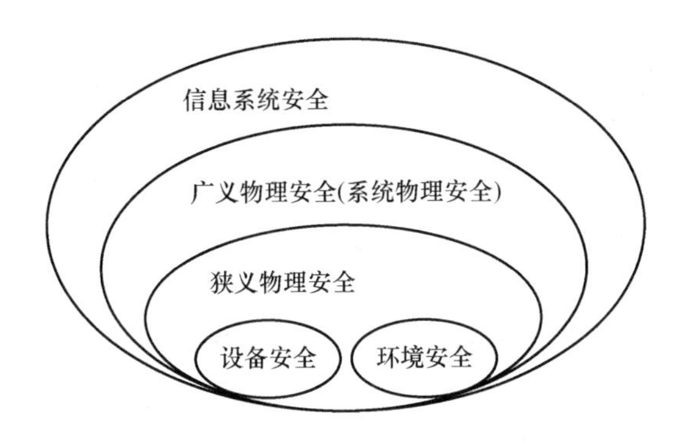

图4.1 物理安全概念

信息系统物理安全面临多种威胁，可能面临自然、环境和技术故障等非人为因素的威胁，也可能面临人员失误和恶意攻击等人为因素的威胁，这些威胁通过破坏信息系统的保密性(如电磁泄漏类威胁)、完整性(如各种自然灾难类威胁)、可用性(如技术故障类威胁)，进而威胁信息的安全。造成威胁的因素可分为人为因素和环境因素。根据威胁的动机，人为因素又可分为恶意和非恶意两种。环境因素包括自然界不可抗的因素和其他物理因素。表4.1对信息系统面临的物理安全威胁种类进行了描述。

表4.1 物理安全威胁分类表

种类	描述
自然灾害	地震、洪水、风暴、龙卷风等
物理环境影响	火灾、漏水、温湿度变化、有害气体等
电磁环境影响	通信中断、电力中断、电磁泄漏、静电等
软硬件故障	由于设备硬件故障、通信链路中断、系统本身或软件缺陷，对信息系统安全造成的影响
物理攻击	物理接触、物理破坏、盗窃、废物搜寻等
无作为或操作失误	由于应该执行而没有执行相应的操作，或无意执行了错误的操作，对信息系统造成的影响
管理不到位	物理安全管理无法落实或不到位，造成物理安全管理不规范或者管理混乱，从而导致信息系统无法正常运行
恶意代码和病毒	改变物理设备的配置，甚至破坏设备硬件电路，导致物理设备失效或损坏
网络攻击	利用工具和技术，如拒绝服务等，非法占用系统资源，降低系统可用性
越权或滥用	通过采用一些措施，超越自己的权限访问了本来无权访问的资源，或者滥用自己的职权做出破坏信息系统的行为，如非法设备接入、设备非法外联
设计、配置缺陷	设计阶段存在明显的系统可用性漏洞，系统未能正确且有效配置，系统扩容和调整引起错误

物理安全主要用来解决两个方面的问题：一方面是对信息系统实体的保护；另一方面是对可能造成的信息泄露的物理问题进行防范。其主要内容包括以下几点。

1. 环境安全

环境安全应具备消防报警、安全照明、不间断供电、温湿度控制系统等。环境安全技术主要包括以下四种。

① 安全保卫技术，主要的安全技术措施包括防盗报警、实时电子监控、安全门禁等，这是环境安全技术的重要一环。

② 计算机机房的温度、湿度等环境条件保持技术，可以通过配置通风设备、排烟设备、专

业空调设备来实现。

③ 计算机机房的用电安全技术，主要包括不同用途的电源分离技术、电源和设备有效接地技术、电源过载保护技术和防雷击技术等。

④ 计算机机房的安全管理技术，指制定严格的计算机机房工作管理制度，并要求所有进入机房的人员严格遵守管理制度，将制度落到实处。

2. 电源系统安全

电源系统安全主要包括电力能源供应、输电线路安全、保持电源的稳定性等。

3. 设备安全

要保证硬件设备随时处于良好的工作状态，建立健全使用管理规章制度，建立设备运行日志。同时要注意保证存储媒体的安全性，包括存储媒体自身和数据的安全。设备安全防护技术主要包括防盗技术（报警、追踪系统等）、防火、防静电、防雷击等。

4. 通信线路安全

包括防止电磁信息的泄漏、线路截获（窃听）、抗电磁干扰等安全技术。

此外，基于物理环境的容灾技术（灾难的预警、应急处理和恢复）和物理隔离技术也属于物理安全技术的范畴。物理安全涉及的主要技术标准包括：

①《信息安全技术　信息系统物理安全技术要求》(GB/T 21052—2007)，是根据信息系统的物理安全制定的，将物理安全技术等级分为五个不同等级，并对信息系统安全提出了物理安全技术方面的要求；

②《信息安全技术　信息系统安全通用技术要求》(GB/T 20271—2006)，在信息系统五个安全等级划分中，规定了对于物理安全技术的不同要求；

③《计算机场地安全要求》(GB/T 9361—2011)和《电子计算机场地通用规范》(GB/T 2887—2000)，是计算机机房建设应遵循的标准，满足防火、防磁、防水、防盗、防电击等要求，并配备相应的设备；

④《信息安全技术　信息系统安全等级保护基本要求》(GB/T 22239—2008)；

⑤《信息安全技术　电子信息系统机房设计规范》(GB 50174—2008)；

⑥《信息技术设备用不间断电源通用技术条件》(GB/T 14715—1993)。

物理安全是整个网络与信息系统安全的必要前提，如果物理安全得不到保证，那么其他一切安全措施都将无济于事。即使是在云计算环境下，用户从云端获取网络基础设施服务，这看起来用户像是不再需要考虑物理安全问题，但实际是对物理安全的控制转移到了云计算服务提供商的手中，云服务提供商需要更强大的物理安全控制技术及更严密的管理措施来保证云端的物理安全。

对于信息系统的威胁和攻击，依据受攻击对象可分为两类：一类是对信息系统实体的威胁和攻击；另一类是对信息资源的威胁和攻击。一般来说，对信息系统实体的威胁和攻击主要是指对计算机及其外部设备、场地环境和网络通信线路的威胁和攻击，致使场地环境遭受破坏、设备损坏、电磁场干扰或电磁泄漏、通信中断、各种媒体的被盗和失散等。

1985 年，一个荷兰人用一台改装的普通黑白电视机，在其 1 km 的范围内接收了计算机终端的辐射信息，并在电视机上复原出来，即可以在电视机上看到计算机屏幕上的内容。20 世纪 80 年代末，苏联曾经向西方国家采购了一批民用计算机，美国中央情报局获悉此批计算机的最终用户是苏联国际部和克格勃组织后，设法在计算机中安装了窃听器。当这些计算机运抵莫斯科后，多疑的克格勃情报官员对计算机进行了拆机检查，结果在其中 8 台计算机上发现了30多个不同的窃听器，有些窃听器是用来获取计算机存储的数据并将其转发给中央情报局和监听站的；有些窃听器则常常潜伏在计算机存储器中，并在美苏发生冲突时可由中央情报局给予激活，这些潜伏的窃听器一旦被激活便会破坏计算机主机数据库并毁坏与此主机相连的计算机。

如图4.2所示，物理安全包括实体安全和环境安全，它们都是研究如何保护网络与信息系统物理设备，主要涉及网络与信息系统的机密性、可用性、完整性等属性。物理安全技术则用来解决两个方面的问题，一方面是对信息系统实体的保护，另一方面是对可能造成信息泄露的物理问题进行防范。因此，物理安全技术应该包括防盗、防火、防静电、防雷击、防信息泄露以及物理隔离等安全技术。另外，基于物理环境的容灾技术和物理隔离技术也属于物理安全技术范畴。物理安全是信息安全的必要前提，如果不能保证信息系统的物理安全，那么其他一切安全内容均没有意义。

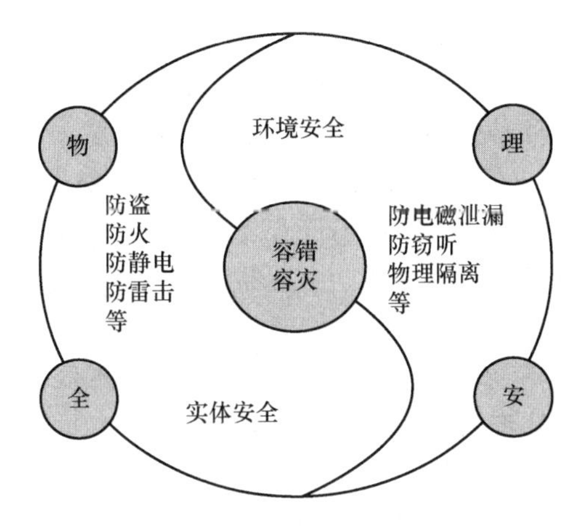

图4.2 物理安全的内涵

4.2 物理安全技术

4.2.1 设备安全防护

1. 防盗

和其他物品一样，计算机也是偷窃者的目标，如盗走硬盘、主板等。计算机偷窃行为所造成的损失可能远远超过计算机本身的价值，因此必须采取严格的防范措施，以确保计算机设备不会丢失。对于保密程度要求高的计算机系统及其外部设备，应安装防盗报警装置，制订安全保护方法并在夜间留人值守。

1）安全保护设备

计算机设备的保护装置有多种形式，主要包括有源红外报警器、无源红外报警器和微波报警器等。计算机系统是否安装报警系统，以及安装什么样的报警系统要根据系统的安全等级及计算机中心信息与设备的重要性来确定。

2）防盗技术

除了安装安全保护设备外还可以采用一些防盗技术，防止计算机及其外部设备被盗。例如:在计算机系统和外部设备上加无法去除的标识,这样被盗后可以方便查找赃物,也可防止有人更换部件;使用一种防盗接线板,一旦有人拔电源插头,就会报警;可以利用火灾报警系统,增加防盗报警功能;利用闭路电视系统对计算机中心的各部位进行监视保护等。

2. 防火

计算机机房发生火灾一般是由电气、人为因素或外部火灾蔓延引起的。电气设备和线路会因为短路、过载、接触不良、绝缘层破坏或静电等原因引起电打火而导致火灾。人为事故是指由于操作人员不慎,如吸烟、乱扔烟头等,使充满易燃物质(如纸片、磁带、胶片等)的机房起火,当然也不排除人为故意放火。外部火灾蔓延是指因外部房间或其他建筑物起火蔓延机房而引起火灾。

计算机机房的主要防火措施如下。

① 计算机中心应设置在远离散发有害气体及生产、储存腐蚀性物体和易燃易爆物品的地方,或设置在常年上风方向,也不宜设在落雷区、矿区以及填杂土、淤泥、流沙层、地层断裂、地震活动频繁区和低洼潮湿的地方,还要避开有强电磁场、强振动源和强噪声源的地方。同时,必须保证自然环境清洁、交通运输方便以及电力、水源充足。

② 建筑物的耐火等级不应低于二级,要害部位应达到一级。五层以上房间内、地下室以及上下层或邻近有易燃易爆危险的房间内不得安装计算机。机房与其他房间要用防火墙分隔封闭,装修、装饰材料要用不燃或阻燃材料。信息储存设备要安装在单独的房间内,资料架和资料柜应采用不燃材料制作。

③ 电缆竖井和管道竖井在穿过楼板时,必须用耐火极限不低于 1 h 的不燃烧体隔板分开。电缆管道在穿过机房的墙壁处也要设置耐火极限不低于 0.75 h 的不燃烧体隔板。穿墙电缆应套金属管,缝隙应用不燃材料封堵。

④ 要建立不间断供电系统或自备供电系统,并在靠近机房的部位设置紧急断电装置。计算机系统的电源线上不得接有负荷变化的空调系统、电动机等电气设备,并做好屏蔽接地。消防用电设备的配电线路明敷时应穿金属管,暗敷时应敷设在不燃结构内。电气设备的安装和检修、改线和临时用线等应符合电气防火的要求。

⑤ 机房外面应有良好的防雷设施。设施、设备的接地电阻应符合国家规定的有关标准。机房内宜选用具有防火性能的抗静电地板。

⑥ 可视情况设置火灾自动报警、自动灭火系统,并尽量避开可能招致电磁干扰的区域或设备,同时配套设置消防控制室。

⑦ 计算机中心应严禁存放腐蚀性物品和易燃易爆物品。检修时必须先关闭设备电源,再进行作业,并尽量避免使用易燃溶剂。

⑧ 所有工作场所应禁止吸烟和随意动火。工作人员应掌握必要的防火常识和灭火技能,值班人员每日要定时做好防火安全巡回检查,工作场所应配备轻便的气体灭火器。

3. 防静电

静电是一种客观的自然现象,其产生的方式有很多,如接触、摩擦、冲流等。其产生的基本过程可以归纳为接触—电荷—转移—偶电层形成—电荷分离。设备或人体上的静电最高可达数万伏甚至数十万伏,在正常操作条件下常达数百至数千伏。静电是正负电荷在局部范围内失去平衡的结果。它是一种电能,留存在物体内,具有高电位、低电量、小电流和作用时间短的特点。静电产生后,由于未能释放而保留在物体内,具有很高的电位(能量不大),导致静电放电产生火花,造成火灾,还能使大规模集成电路损坏,且这种损坏可能是不知不觉造成的。

静电防范主要指静电的泄漏和耗散、静电中和、静电屏蔽与接地、增湿等。防范静电的基本原则是：抑制或减少静电荷的产生，严格控制静电源。一般地，计算机机房的静电防护措施主要包括以下方面：

① 温湿度要求：温度18～28℃，湿度40％～65％。含尘粒子为非导电、非导磁性和非腐蚀性的。

② 空气含尘要求：每升直径大于0.5 μm的含尘浓度粒应小于3 500个，每升直径大于5 μm的含尘浓度粒应小于30个。

③ 地面要求：当采用地板下布线方式时，可铺设防静电活动地板；当采用架空布线方式时，应采用静电耗散材料作为铺垫材料。

④ 墙壁、顶棚、工作台和座椅的要求：墙壁和顶棚表面应光滑平整，减少积尘，避免眩光。允许采用具有防静电性能的墙纸及防静电涂料。可选用铝合金箔材做表面装饰材料。工作台、座椅、终端操作台应是防静电的。

⑤ 静电保护接地要求：静电保护接地电阻应不大于10 Ω，防静电活动地板金属支架、墙壁、顶棚的金属层都应接静电地，整个通信机房形成一个屏蔽罩。通信设备的静电地、终端操作台地线应分别接到总地线母体汇流排上。

⑥ 人员和操作要求：操作者必须进行静电防护培训后才能操作。

⑦ 其他防静电措施：必要时装设离子静电消除器，以消除绝缘材料上的静电和降低机房内的静电电压。机房内的空气过于干燥时，应使用加湿器或其他办法以满足机房对湿度的要求。

⑧ 设施维护：定期（如一周）对防静电设施进行维护和检修。

4. 防雷击

随着科学技术的发展和电子信息设备的广泛应用，人们对现代闪电保护技术提出了更高、更新的要求。传统的避雷针不但不能满足电子设备对安全的需求，而且还会带来很多弊端。利用引雷机理的传统避雷针防雷不但会增加雷击的概率，而且还可能会产生感应雷，而感应雷是破坏电子信息设备的主要杀手，也是易燃易爆品被引燃起爆的主要原因。

雷电防范的主要措施是：根据电气及微电子设备的不同功能及不同受保护程序和所属保护层来确定防护要点并进行分类保护。常见的防范措施主要包括以下方面。

① 接闪。接闪就是让在一定范围内出现的闪电能量按照人们设计的通道泄放到大地中。避雷针是一种主动式接闪装置，其英文原名是Lightning Conductor，即闪电引导器，其功能就是把闪电电流引入大地。避雷线和避雷带是在避雷针的基础上发展起来的。避雷针是最首要、最基本的防雷措施。

② 接地。接地就是让已经纳入防雷系统的闪电能量泄放到大地中，良好的接地才能有效地降低引下线上的电压，避免发生雷击事件。接地是防雷系统中最基础的环节，若接地不好，那么所有防雷措施的防雷效果都不能发挥出来。

③ 分流。分流就是在所有室外的导线（包括电力电源线、电话线、信号线、天线的馈线等）与接地线之间并联一种适当的避雷器，当直接雷或感应雷在线路上产生的过电压波沿着这些导线进入室内或设备时，避雷器的电阻会突然降到低值，接近短路状态，将闪电电流分流入地。由于雷电流在分流之后仍会有少部分沿导线进入设备，这对于不耐高压的微电子设备来说仍是很危险的，所以对于这类设备在导线进入机壳前应进行多级分流。

④ 屏蔽。屏蔽就是用金属网、箔、壳、管等导体把需要保护的对象包围起来，阻隔闪电的

脉冲电磁场从空间入侵的通道。屏蔽是防止雷电电磁脉冲辐射对电子设备产生影响的最有效方法。

4.2.2 防信息泄露

1. 电磁泄漏

电子计算机和其他电子设备一样,工作时要产生电磁发射,电磁发射包括辐射发射和传导发射。电磁发射可能产生的两个问题:一个是电磁干扰(Electro Magnetic Interference,EMI);另一个是信息泄露。电磁干扰指一切与有用信号无关的、不希望有的或对电器及电子设备产生不良影响的电磁发射。防止 EMI 要从两个方面来考虑:一方面要减少电子设备的电磁发射;另一方面要提高电子设备的电磁兼容性(Electro Magnetic Compatibility,EMC)。电磁兼容性是指电子设备在自己正常工作时产生的电磁环境,是与其他电子设备之间相互不影响的电磁特性。

电磁发射可能会被高灵敏的接收设备接收并进行分析、还原,造成计算机的信息泄露。针对这一现象,美国国家安全局开展了一项绝密项目,后来开发了计算机信息泄露安全防护(Transient Electro Magnetic Pulse Emanation Standard,TEMPEST)技术及相关产品。TEMPEST 技术是一项综合性的技术,包括泄露信息的分析、预测、接收、识别、复原、防护、测试、安全评估等项技术,涉及多个学科领域。常规的信息安全技术(如加密传输等)不能解决输入端和输出端的电磁信息泄露问题,因为人机界面不能使用密码,而是使用通用的信息表示方法,如 CRT 显示、打印机打印信息等,事实证明这些设备电磁泄漏造成的信息泄露十分严重。通常我们把输入、输出的信息数据信号及它们的变换称为核心红信号,那些可以造成核心红信号泄密的控制信号称为关键红信号,红信号的传输通道或单元电路称为红区。所谓的 TEMPEST 要解决的问题就是防止红信号发生电磁信息泄露。

防电磁信息泄露的基本思想主要包括三个层面:一是抑制电磁发射,采取各种措施减少"红区"电路电磁发射;二是屏蔽隔离,在其周围利用各种屏蔽材料使红信号电磁发射场衰减到足够小,使其不易被接收,甚至接收不到;三是相关干扰,采取各种措施使相关电磁发射泄漏后即使被接收到也无法识别。常用的防电磁信息泄露的方法有三种:屏蔽法、频域法、时域法。

1) 屏蔽法

屏蔽法,即空域法,主要用来屏蔽辐射及干扰信号。该方法采用各种屏蔽材料和结构,合理地将辐射电磁场与接收器隔离开,使辐射电磁场在到达接收器时强度降低到最低限度,从而达到控制辐射的目的。空域防护是对空间辐射电磁场控制的最有效和最基本的方法,机房屏蔽室就是这种方法的典型应用。

2) 频域法

频域法主要解决正常的电磁发射受干扰问题。不论是辐射电磁场,还是传导的干扰电压和电流,它们都具有一定的频谱,即由一定的频率成分组成。因此,可以通过频域控制的方法来减少电磁干扰辐射的影响,即利用系统的频率特性将需要的频率成分(信号、电源的工作交流频率)加以接收,而将干扰的频率加以剔除。总之,该方法是利用接收信号与干扰信号的频域不同来实现对频域控制进行的。

3) 时域法

与频域法相似,时域法也是用来回避干扰信号的。当干扰非常强,不易受抑制但又在一定时间内阵发存在时,通常采用时间回避方法,即调整信号的传输时间以避开干扰。

2. 窃听

窃听是指通过非法的手段获取未经授权的信息。窃听的原意是指偷听别人的谈话。随着科学技术的发展,窃听的含义早已超出隔墙偷听、截听电话的概念,它借助于技术设备、技术手段,不仅窃取声音信息,还能窃取文字、图像等信息。窃听的实现主要依赖各种窃听器,不同的窃听器针对的对象不同,主要包括会议谈话、有线电话、无线信号、电磁辐射以及计算机网络等。

窃听技术是指窃听行动所使用的窃听设备和窃听方法的总称。窃听技术日新月异,目前已经形成了有线、无线、激光、红外、卫星和遥感等种类齐全的庞大的"窃听家族",而且被窃听的对象的范围也已从军事机密扩大到商业活动,甚至是日常生活中。有线窃听主要指对他人之间的有线通信线路进行秘密侵入,以探知其通信内容,典型的是对固定电话的监听。无线窃听指的是通过相关设备侵入他人间的无线通信线路以探知其通信内容,典型的是对移动电话的监听。激光窃听就是将激光发生器产生的一束极细的红外激光发射到被窃听房间的玻璃上,当房间里有人谈话的时候,玻璃因受室内声音变化的影响而发生轻微的振动,从玻璃上反射回来的激光包含了室内声波振动信息,这些信息可以被还原为音频信息。辐射窃听主要利用的是各种电子设备存在的电磁泄漏,即收集电磁信号并将其还原,从而得到相应信息。计算机网络窃听主要是指通过在网络的特殊位置安装窃听软件,接收能够收到的一切信息,对其分析以还原为原始信息。

防窃听是指搜索发现窃听装置及对原始信息进行特殊处理,以达到消除窃听行为或使窃听者无法获得特定的原始信息的目的。防窃听技术一般可分为检测和防御两种:前者是主动检查是否存在窃听器,包括电缆加压技术、电磁辐射检测技术以及激光探测技术等;后者主要是采用基于密码编码技术对原始信息进行加密处理,确保信息即使被截获也无法还原出原始信息,另外,电磁信号屏蔽也属于窃听防御技术。

4.2.3 物理隔离

物理隔离的概念最早出现在美国、以色列等国家的军方,用以保护涉密网络与公共网络连接时的安全。在我国的政府涉密网络及军事涉密网络的建设中也涉及了物理隔离问题。首先是安全域的问题,国家的安全域一般以信息涉密程度划分为涉密域和非涉密域。涉密域就是涉及国家秘密的网络空间。非涉密域就是不涉及国家秘密,但是涉及本单位、本部门或者本系统的工作秘密的网络空间。公共服务域是指不涉及国家秘密也不涉及工作秘密,是一个向互联网络完全开放的公共信息交换空间。由国家保密局制定的,并于2000年1月1日实施的《计算机信息系统国际联网保密管理规定》的第二章第六条要求:"涉及国家秘密的计算机信息系统,不得直接或间接地与国际互联网或其他公共信息网络相连,必须实行物理隔离。"

1. 物理隔离的理解

到目前为止,物理隔离还没有一个十分严格的定义,较早时用于描述的英文为 Physical Disconnection,后来使用的是 Physical Separation 和 Physical Isolation。这些词共有的含义都是与公用网络彻底地断开连接,但这样背离了网络的初衷,同时给工作带来了不便。目前,很多人开始使用 Physical Gap 这个词,其直译为物理隔离,意为通过制造物理的豁口来达到物理隔离的目的。

最初的物理隔离是建立两套网络系统和计算机设备:一套用于内部办公;另一套用于与互联网连接。这样两套互不连接的系统不仅成本高,而且极为不便。这种情况促进了物理隔离设备的开发,也凸显了建立一套技术标准和方案的重要性。

如果将一个企业涉及的网络分为内网、外网和公网,其安全要求应该是:①在公网和外网之间实行逻辑隔离；②在内网和外网之间实行物理隔离。具体拓扑形式如图 4.3 所示。

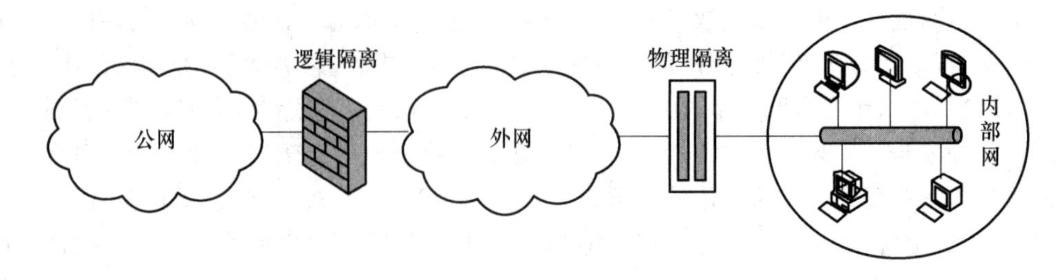

图 4.3　企业网络的拓扑形式

对物理隔离的理解表现为以下八个方面。

① 阻断网络的直接连接，即三个网络不会同时连在隔离设备上。

② 阻断网络的 Internet 逻辑连接，即 TCP/IP 协议必须被剥离，原始数据通过 PPP 协议而非 TCP/IP 协议透过隔离设备进行传输。

③ 隔离设备的传输机制具有不可编程的特性，因此不具有感染的特性。

④ 任何数据都是通过两级移动代理的方式来完成的，且两级移动代理之间是物理隔离的。

⑤ 隔离设备具有审查的功能。

⑥ 隔离设备传输的原始数据不具有攻击或对网络安全有害的特性，就如.txt 文本不会有病毒，也不会执行命令一样。

⑦ 强大的管理和控制功能。

⑧ 从隔离的内容上看，隔离分为网络隔离和数据隔离。数据隔离主要是指存储设备的隔离，即一个存储设备不能被几个网络共享。网络隔离就是把被保护的网络从公开的、无边界的、自由的环境中独立出来。只有实现了这两种隔离，才是真正意义上的物理隔离。

2. 物理隔离与逻辑隔离

物理隔离与逻辑隔离有很大的区别，物理隔离的原则是不安全就不联网，即要绝对保证安全。逻辑隔离的原则是在保证网络正常使用的情况下，尽可能安全。在技术上，实现逻辑隔离的方法有很多，但主要是防火墙。

中华人民共和国公安部于 2001 年 12 月 24 日发布(2002 年 5 月 1 日实施)的《端设备隔离部件安全技术要求》(GA 370—2001)中指出如下几点。

① 物理隔离部件的安全功能应保证被隔离的计算机资源不能被访问(至少应包括硬盘、软盘和光盘)，计算机数据不能被重用(至少应包括内存)。

② 逻辑隔离部件的安全功能应保证被隔离的计算机资源不能被访问，只能进行隔离器内外的原始应用数据交换。

③ 单向隔离部件的安全功能应保证被隔离的计算机资源不能被访问(至少应包括硬盘、硬盘分区、软盘和光盘)，计算机数据不能被重用(至少应包括内存)。

④ 逻辑隔离部件应保证其存在泄露网络资源的风险不得多于开发商的评估文档中所提及的内容。

⑤ 逻辑隔离部件的安全功能应保证在进行数据交换时数据的完整性。

⑥ 逻辑隔离部件的安全功能应保证隔离措施的可控性，隔离的安全策略应由用户进行控制，开发者必须提供可控方法。

⑦ 单向隔离部件使数据流无法从专网流向外网，数据流能在指定存储区域从公网流向专网。对专网而言，能使用外网的某些指定要导入的数据。

3. 网络物理隔离的基本形式

目前物理隔离技术主要包括以下四种形式。

① 内外网络无连接，内网与外网之间任何时刻均不存在连接，是最安全的物理隔离形式。

② 客户端物理隔离，采用隔离卡使一台计算机既连接内网又连接外网，且可以在不同网络上分时地工作，这在保证内外网络隔离的同时可节省资源、方便工作。

③ 网络设备端物理隔离，在网络设备处的物理隔离常常要与客户端的物理隔离相结合，可以使客户端通过一条网线由远端切换器连接双网，实现一台工作站连接两个网络的目的。

④ 服务器端物理隔离，它采用复杂的软硬件技术，实现在服务器端的数据过滤和传输，使内外网之间同一时刻没有连线，能快速且分时地传递数据。

4.2.4 容错与容灾

1. 容错

任何信息系统都具有脆弱性，其可靠性时刻在受到许多威胁。为了保证系统的可靠性，通过长期摸索，人们总结出了三条途径：避错、纠错、容错。避错是完善设计和制造，即试图构造一个不会发生故障的系统，但这是不太现实的，因为任何一个系统总会有纰漏，因此人们不得不用纠错来作为避错的补充。一旦出现故障，可以通过检测、排除等方法来解决故障，再进行系统的恢复。容错是第三条途径。其基本思想是即使出现了错误，系统也可以执行一组规定的程序，或者说，程序不会因为系统的故障而中断或被修改，并且故障也不会引起运行结果的差错。简单地说，容错就是让系统具有抵抗错误的能力。

容灾是针对灾害而言的，灾害对于系统来说危害性比错误更大、更严重。从保护系统的安全性出发，备份是容错、容灾以及数据恢复的重要保障。

根据容错系统的应用环境，可以将容错系统分为以下五种类型。

① 高可用度系统。可用度用系统在某时刻可以运行的概率衡量。高可用度系统面向通用计算机系统，用于执行各种无法预测的用户程序，主要面向商业市场。

② 长寿命系统。长寿命系统在其生命周期中不能进行人工维修，常用于航天系统。

③ 延迟维修系统。延迟维修系统也是一种容灾系统，用于航天、航空等领域，该系统在一定阶段内不进行维修仍可保持运行。

④ 高性能系统。高性能系统对故障(瞬间或永久)非常敏感，因此必须具有瞬间故障的自动恢复能力，并且延长系统的平均无故障时间。

⑤ 关键任务系统。关键任务系统出错可能将危及人的生命或造成重大经济损失，因此该系统必须操作正确无误，而且恢复故障时间要最短。

常用的数据容错技术主要有以下四种。

① 空闲设备。空闲设备也称双件设备，通俗地讲，就是备份两套相同的部件。在正常状态下，一个运行，另一个空闲。当正常运行的设备的部件出现故障时，另一台空闲的设备立即替补。

② 镜像。镜像是把一份工作交给两个相同的部件同时执行，这样在一个部件出现故障时，另一个部件继续工作。

③ 复现。复现也称延迟镜像，与镜像一样需要两个系统，但是复现的一个系统被称为原系统，另一个被称为辅助系统。辅助系统从原系统中接收数据，并与原系统的数据相比，辅助

系统接收数据存在一定延迟。当原系统出现故障时,辅助系统只能在接近故障点的地方开始工作。与镜像相比,复现同一时间只需管理一套设备。

④ 负载均衡。负载均衡是指将一个任务分解成多个子任务,并将其分配给不同的服务器执行。负载均衡通过减少每个部件的工作量来增加系统的稳定性。

2. 容灾

容灾的真正含义是对偶然事故的预防和恢复。任何一个信息系统都没有办法完全免受天灾或人祸的威胁,特别是诸如能够摧毁整个建筑物的地震、火灾、水灾等大规模的环境威胁以及暴乱恐怖活动等。在应对灾难时,除了采取所有必要的措施应对可能发生的破坏,容灾管理还需要有灾难恢复计划,以便当灾难真的发生时可以用来恢复。这是灾后恢复与安全失败之间的最后一条防线。

对付灾难的解决方案有两类:一是对服务的维护和恢复,二是保护或恢复丢失的、被破坏的或被删除的信息。虽然这两类方案中每一类都能够在一定程度上保护信息系统的资源,但只有两者结合起来才能提供完整的灾难恢复计划。

灾难恢复计划是指一个组织或机构的信息系统受到灾难性打击或破坏后,对信息系统进行恢复时必须采取何种措施的方案。因此,必须细致地考虑在这类灾难发生后,怎样才能以最快的速度对信息系统进行恢复,把灾难带来的损失尽可能地减少到最小。为达到此目的,采用的灾难恢复计划包括以下内容。

1) 做最坏的打算

灾难给信息系统所带来的破坏程度和破坏规模是无法估计的。在制订灾难恢复计划时,应该做最坏的打算,即把信息系统可能遭受破坏的情况尽量考虑周全,以便安排时间好充分利用现有的资源,制定一个内容广泛且切实可用的灾难恢复计划。

2) 充分利用现有资源

在现有的资源中,有些可以直接用于灾难恢复。例如,可以利用磁盘、磁带、光盘、磁光盘等存储介质备份系统信息、数据。还可以打印系统配置文件并妥善保存,用于灾难恢复时重建系统。

3) 既重视灾后恢复也注意灾前措施

灾难恢复计划除了要考虑灾难发生后如何尽快地恢复信息系统的服务和丢失的信息,还应包括抗灾部分。在灾难发生前,采取适当措施是非常必要的。例如:在适当的地方安装环境监视设备,可以提前发出灾难报警;应用不间断电源(UPS),在电源出故障的情况下能有序地关闭设备电源;确保水闸与灭火器是容易找到的,并将使用说明张贴在每种设施的旁边等。

数据和系统的备份和还原是一个部门在发生事故之后恢复操作能力的有机组成部分,数据备份越新、系统备份越完整的部门就越容易实现灾难恢复操作。系统备份应该有多种形式,如机器备份、磁带备份及光盘备份等,服务器系统的数据信息应该每天进行增量备份,每周进行一次完全备份。在确定备份是否成功而进行定期验证之前,所有备份者都应经常复制重要文件。对于那些重要的机构部门而言,异地备份是十分必要的,因为这是免受毁灭性打击的唯一手段。

4.3 物理安全管理

4.3.1 环境安全管理

计算机系统技术复杂,电磁干扰、振动、温度和湿度的变化都会影响计算机系统的可靠性、安全性。轻则造成工作不稳定,性能降低,或出现故障;重则会使零部件寿命缩短,甚至是损坏。为了使计算机能够长期、稳定、可靠、安全地工作,应该选择合适的场地环境。

1. 机房安全要求

计算机机房应尽量建立在远离生产或存储具有腐蚀性、易燃易爆物品的场所周围,尽量避开污染区,即容易产生粉尘、油烟和有毒气体的区域,以及雷区等。机房应选在专用的建筑物中,在建筑设计时考虑其结构的安全性。若机房设在办公大楼内,则最好不要安排在底层或顶层,这是因为底层一般较潮湿,而顶层有漏雨、雨水穿窗而入的危险。若机房设在较大的楼层内,则计算机机房应安排在靠近楼梯的一边。此外,如何减少无关人员进入机房的机会也是计算机机房设计时首要考虑的问题。

2. 机房防盗要求

视频监控系统是一种较为可靠的防盗设备,其能对计算机网络系统的外围环境、操作环境进行实时监控。对于重要的机房而言,还应采取特别的防盗措施,如安排值班守卫、出入口安装金属探测装置等。

3. 机房三度要求

温度、湿度和洁净度并称为三度,为保证计算机网络系统的正常运行,机房内的三度都有明确的要求。为使机房内的三度达到规定的要求,空调系统、去湿机、除尘器是必不可少的设备。重要的计算机系统安放处还应配备专用的空调系统,它比公用的空调系统在加湿、除尘等方面有更高的性能。

① 温度:机房温度一般应控制在18～22 ℃。

② 湿度:相对湿度一般控制在40%～60%为宜。

③ 洁净度:尘埃颗粒直径<0.5 μm,含尘量<1万颗/升。

4. 防水与防火要求

计算机机房的火灾一般是由电气原因(电路破损、短路、超负荷)、人为事故(吸烟、失火、接线错误)或外部火灾蔓延引起的。计算机机房的水灾一般是由机房内有渗水、漏水等现象引起的。为避免火灾、水灾,应采取如下具体措施。

① 隔离。

② 设置紧急断电装置。

③ 设置火灾报警系统。

④ 配备灭火设施。

⑤ 加强防水、防火管理和操作规范。例如,计算机中心应严禁存放腐蚀性物品和易燃易爆物品,禁止吸烟和随意动火,检修时必须先关闭设备电源再进行作业等。

4.3.2 设备安全管理

1. 设备的使用管理

要根据硬件设备的具体配置情况,制定切实可行的硬件设备操作规程,并严格按操作规程进行操作。建立设备使用情况日志,并严格登记使用过程的情况。建立硬件设备故障情况登记表,详细记录故障性质和修复情况。坚持对设备例行维护和保养,并指定专人负责。

2. 设备的维护与保养

定期检查供电系统的各种保护装置及地线是否正常。对设备的物理访问权限限制在最小范围内。

3. 防盗

在需要保护的重要设备、存储媒体和硬件上贴上特殊标签(如磁性标签),当有人非法携带这些重要设备或物品外出时,检测器就会发出报警信号。将每台重要的设备通过光纤电缆串接起来,并使光束沿光纤传输,如果光束传输受阻,则自动报警。

4. 供电系统安全

电源是计算机网络系统的命脉,电源系统的稳定可靠是计算机网络系统正常运行的先决条件。电源系统电压的波动、浪涌电流和突然断电等意外情况的发生将可能引起计算机系统存储信息的丢失、存储设备的损坏等情况,因此电源系统的安全是计算机系统物理安全的一个重要组成部分。GB/T 2887—2000 将供电方式分为三类:一类供电,需要建立不间断供电系统;二类供电,需要建立带备用的供电系统;三类供电,按一般用户供电考虑。

5. 防静电

不同物体间的相互摩擦、接触会产生能量不大但电压非常高的静电。如果静电不能及时被释放,就可能产生火花,容易损坏芯片或造成火灾等。计算机系统的 CPU、ROM、RAM 等关键部件大都采用 MOS 工艺的大规模集成电路,对静电极为敏感,因此容易因静电而损坏。机房的内装修材料应避免使用挂毯、地毯等容易吸尘、产生静电的材料,而应采用乙烯材料。为了防静电,机房一般要安装防静电地板。机房内应保持一定的湿度,特别是在干燥季节时应适当增加空气湿度,以免因干燥而产生静电。

6. 防雷击

接地与防雷是保护计算机网络系统和工作场所安全的重要措施。接地是指整个计算机系统中各处电位均以大地电位为零参考电位。接地可以为计算机系统的数字电路提供一个稳定的 0V 参考电位,从而保证设备和人身的安全,同时也是防止电磁信息泄露的有效手段。要求良好接地的设备有:各种计算机外围设备、多相位变压器的中性线、电缆外套管、电子报警系统、隔离变压器、电源和信号滤波器、通信设备等。

4.3.3 数据安全管理

计算机网络系统的数据要存储在某种媒体上,常用的存储媒体有:硬盘、磁盘、磁带、打印纸、光盘等。数据管理应采取如下具体措施。

① 存放有业务数据或程序的磁盘、磁带、光盘,必须注意防磁、防潮、防火、防盗。

② 硬盘上的数据要建立有效的级别、权限并严格管理,必要时要对数据进行加密,以确保硬盘数据的安全。

③ 存放业务数据或程序的磁盘、磁带、光盘,管理必须落实到人,并分类建立登记簿。

④ 对存放有重要信息的磁盘、磁带、光盘,要备份两份并分两处保管。

⑤ 打印有业务数据或程序的打印纸,要视同档案进行管理。

⑥ 凡超过数据保存期的磁盘、磁带、光盘,必须经过特殊的数据清除处理,视同空白磁盘、磁带、光盘。

⑦ 凡不能正常记录数据的磁盘、磁带、光盘,必须经过测试确认后再销毁。

⑧ 对需要长期保存的有效数据,应在磁盘、磁带、光盘的质量保证期内进行转储,转储时应确保内容正确。

4.3.4 人员安全管理

《信息安全技术　信息系统物理安全技术要求》(GB/T 21052—2007)将物理安全技术等

级分为五个不同级别。

第二级物理安全技术要求中设立了“人员要求”:“建立正式的安全管理组织机构,委任并授权安全管理机构负责人负责安全管理的权力,负责安全管理工作的组织和实施。”

第三级物理安全技术要求中规定了“人员与职责要求”:“在满足第二级要求的基础上,要求对信息系统物理安全风险控制、管理过程的安全事务明确分工责任。对系统物理安全风险分析与评估、安全策略的制定、安全技术和管理的实施、安全意识培养与教育、安全事件和事故响应等工作应制定管理负责人,制定明确的职责和权力范围。编制工作岗位和职责的正式文件,明确各个岗位的职责和技能要求。对不同岗位制定和实施不同的安全培训计划,并对安全培训计划进行定期修改。对信息系统的工作人员、资源实施等级标记管理制度。对安全区域实施分级标记管理,对出入安全区域的工作人员应验证标记,安全标记不相符的人员不得入内。对安全区域内的活动进行监视和记录,所有物理设施应设置安全标记。”

第四级物理安全技术要求中规定了“人员与职责要求”:“在满足第三级要求的基础上,要求安全管理渗透到计算机信息系统各级应用部门,对物理安全管理活动实施质量控制,建立质量管理体系文件。要求独立的评估机构对使用的安全管理职责体系、计算机信息系统物理安全风险控制、管理过程的有效性进行评审,保证安全管理工作的有效性。对不同安全区域实施隔离,建立出入审查、登记管理制度,保证出入得到明确授权。对标记安全区域内的活动进行不间断实时监视记录。建立出入安全检查制度,保证出入人员没有携带危及信息系统物理安全的物品。”

第五级物理安全技术要求在标准中未进行描述。

4.4　信息安全管理

4.4.1　概述

当今社会已经进入信息化,其信息安全是建立在信息社会的基础设施及信息服务系统之间的互连、互通、互操作意义上的安全需求上的,安全需求可以分为安全技术需求和安全管理需求两个方面。在信息安全领域的多年研究实践中,人们逐渐认识到管理在信息安全中的重要性高于安全技术层面,“三分技术,七分管理”的理念在业界已经达成共识。信息安全管理所包含的内容很多,除了对人和安全系统的管理,还涉及很多安全技术层面的内容。本节主要从管理的角度介绍安全系统的风险管理、标准以及法律法规等。

信息安全管理体系(Information Security Management System,ISMS)是从管理学惯用的过程模型PDCA(Plan、Do、Check、Act)发展演化而来。PDCA把相关的资源和活动抽象为过程进行管理,而不是对单独的管理要素开发单独的管理模式,这样的循环具有广泛的通用性。信息安全管理的PDCA模型如图4.4所示,信息安全管理是一个持续发展的过程,在其生命周期内遵循一般性的循环模式。为了实现ISMS,相关组织部门首先提出信息安全需求和期望,并据此进入信息安全管理的生命周期。在规划(Plan)阶段通过风险评估来了解安全需求,然后根据需求制订相关解决方案;在实施(Do)阶段将解决方案付诸实践;解决方案的有效性在检查(Check)阶段予以监视和评审;一旦发现问题,需要在处置(Act)阶段予以解决,同时依据新的需求再次进入规划阶段。通过这样的过程,相关组织部门就能将确切的信息安全需求和期望转换为可管理的信息安全体系。

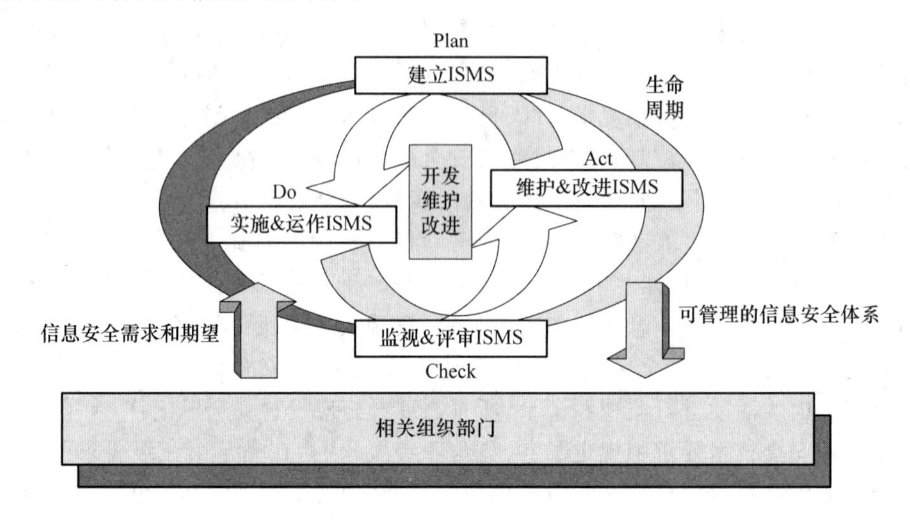

图 4.4 信息安全管理的 PDCA 模型

ISMS 是一个系统化、过程化的管理体系，体系的建立不可能一蹴而就，需要全面、系统、科学的风险评估、制度保证和有效监督机制。ISMS 应该体现以预防控制为主的思想，强调遵守国家有关信息安全的法律法规，强调全过程的动态调整，从而确保整个体系在有效管理控制下，不断地改进和完善以适应新的安全需求。在建立 ISMS 的各环节中，信息安全需求和期望的提出是 ISMS 的前提，实施运作、监视评审和维护改进是重要步骤，而可管理的信息安全体系是最终的目标。在各环节中，风险评估管理、标准规范管理以及制度法规管理这三项工作直接影响整个 ISMS 是否能够有效实行，因此，也具有非常重要的地位。

风险评估(Risk Assessment)是指对信息资产所面临的威胁、存在的弱点、可能导致的安全事件以及三者综合作用所带来的风险进行评估。作为风险管理的基础，风险评估是组织确定信息安全需求的一个重要手段。风险评估管理就是指在 ISMS 的各环节中，合理地利用风险评估技术对信息系统及资产进行安全性分析及风险管理，为规划与设计完善的信息安全解决方案提供基础资料，属于 ISMS 的规划环节。

标准规范管理可以理解为在规划实施信息安全解决方案时，各项工作遵循国际或国家相关标准规范，并有完善的检查机制。目前国际上已经制定了大量的有关信息安全的国际标准，可以分为互操作标准、技术与工程标准、信息安全管理与控制标准三类。互操作标准主要是非标准组织研发的算法和协议经过自发的选择过程后，成为所谓的“事实标准”，如 AES、RSA、SSL 以及通用脆弱性描述标准(CVE)等。技术与工程标准主要指由 ISO 制定的用于规范信息安全产品、技术和工程的标准，如信息产品通用评估准则(ISO/IEC 15408)、安全系统工程能力成熟度模型(SSE CMM)、美国信息安全橘皮书(TCSEC)等。信息安全管理与控制标准是指由 ISO 制定的，用于指导和管理信息安全解决方案实施过程的标准规范，如国际信息安全管理标准体系(BS 7799)、信息安全管理指南(ISO/IEC TR 13335)和信息及相关技术控制目标(COBIT)等。

制度法规管理是指宣传国家及各部门制定的相关制度法规，并监督有关人员是否遵守这些制度法规。一般来说，每个组织部门(如企事业单位、公司以及各种团体等)都有信息安全规章制度，有关人员严格遵守这些规章制度对于一个组织部门的信息安全来说十分重要，而完善的规章制度和健全的监管机制更是必不可少。除了有关的组织部门自己制定的相关规章制度,国家的有关信息安全法律法规更是需要有关人员遵守的。目前在计算机系统、互联网以及其他信息领域中,国家均制定了相关法律法规进行约束管理,如果触犯,势必受到相应的惩罚。

自从瑞典在1973年率先在世界上制定出第一部含有计算机犯罪处罚内容的《瑞典国家数据保护法》,迄今已有数十个国家相继制定、修改或补充了惩治计算机犯罪的法律,其中既包括已经迈入信息化社会的美欧日等,也包括正在迈向信息化社会的巴西、韩国、马来西亚等发展中国家。根据英国学者巴雷特的归纳,各国对计算机犯罪的立法主要采取了两种方案:一种是制定计算机犯罪的专项立法,如美国、英国等;另一种是通过修订法典,增加规定有关计算机犯罪的内容,如法国、俄罗斯等。我国的信息安全立法工作发展较快。目前,我国现行法律法规中,与信息安全有关的已有近百部,它们涉及网络与信息系统安全、信息内容安全、信息安全系统与产品、保密及密码管理、计算机病毒与危害性程序防治、金融等特定领域的信息安全、信息安全犯罪制裁等多个领域,初步形成了我国信息安全的法律体系。

除了有关信息安全法律法规及部门规章制度,道德规范也是信息领域从业人员及广大用户应该遵守的。当今社会关于信息的道德规范的内容很多,包括计算机从业人员道德规范、网络用户道德规范以及服务商道德规范等。信息安全道德规范的基本出发点是一切个人信息行为必须服从信息社会的整体利益,即个体利益服从整体利益。对于运营商来说,信息网络的规划和运行应以服务整个社会成员为目的,不应以经济、文化、政治和意识形态等方面的差异为借口,让信息系统建设成为满足社会中小部分人需求的工具,使这部分人成为信息网络的统治者和占有者。

信息安全管理是一个十分复杂的综合管理体系,规章制度、法律法规和道德规范是管理的基础,标准规范是信息系统实施和安全运行的保证,风险评估管理是建设ISMS的重要手段。

4.4.2 信息安全风险管理

信息安全风险管理是信息安全管理的重要部分,是规划、建设、实施及完善ISMS的基础和主要目标,其核心内容包括风险评估和风险控制两个部分。风险管理的概念来源于商业领域,主要指对商业行为或目的投资的风险进行分析、评估与管理,力求以最小的风险获得最大的收益。与商业风险管理相似,风险的观念及管理应自始至终贯穿在整个ISMS中,只有这样才能最大限度地减少风险,将可能的损失降到最低。

1. 风险评估

从ISMS的角度看,风险评估主要包括风险分析和风险评价两个过程,其中风险分析是指全面地识别风险来源及类型;风险评价是指依据风险标准估算风险水平,确定风险的严重性。一般认为,与信息安全风险有关的因素主要包括资产、威胁、脆弱性、安全控制等。

资产(Assets)是指对组织具有价值的信息资源,是安全策略保护的对象。根据资产的表现形式,可将资产分为数据、软件、硬件、文档、服务、人员等种类。资产能够以多种形式存在,可以是无形的或有形的。另外,服务、形象也可列入资产范畴等。威胁(Threat)主要指可能导致资产或组织受到损害的安全事件的潜在因素。安全事件可能是蓄意地对信息资产进行直接或间接攻击,也可能是偶发事件,如黑客攻击等。脆弱性(Vulnerability)一般指资产中存在可能被潜在威胁所利用的缺陷或薄弱点,如操作系统漏洞等。安全控制(Security Control)是指用于消除或降低安全风险所采取的某种安全行为,包括措施、程序及机制等。

信息安全风险因素及相互关系如图4.5所示,信息安全中存在的风险因素之间相互作用、相互影响。在信息安全管理过程中,安全风险随各因素的变化呈现动态调整,威胁、安全事件、脆弱性及资产等风险因素的增加均会增加安全风险，只有安全控制的实施才能有效地减少安全风险。

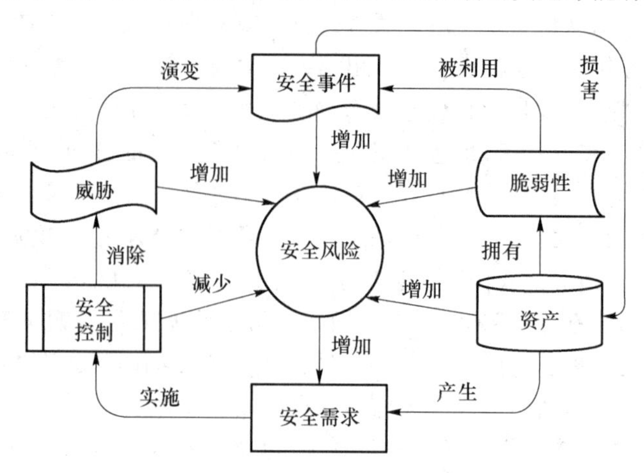

图 4.5　信息安全风险因素及相互关系

风险可以描述成关于威胁发生概率和发生时的破坏程度的函数，用数学符号描述如下：

$$R_i(A_i, T_i, V_i) = P(T_i)F(T_i)$$

式中：A_i表示资产；V_i表示A_i存在的脆弱性；T_i表示针对资产A_i的脆弱性V_i的威胁；$R_i(A_i, T_i, V_i)$表示因为存在威胁T_i而使资产A_i具有的风险；$P(T_i)$表示威胁T_i发生的概率；$F(T_i)$表示威胁T_i发生时的破坏程度。由于某组织部门可能存在很多资产和相应的脆弱性，故该组织资产总风险可以描述如下：

$$R_{总} = \sum_{i=1}^{n} R_i(A, T, V) = \sum_{i=1}^{n} P(T_i)F(T_i)$$

上述关于风险的数学表达式只是给出了风险评估的概念性描述，并不是具体的风险评估计算公式。由于对某个特定组织的信息资产进行的安全风险评估直接服务于安全需求，所以风险评估需要完成以下任务：

① 识别组织面临的各种风险，了解总体的安全状况；

② 分析计算风险概率，预估可能带来的负面影响；

③ 评价组织承受风险的能力，确定各项安全建设的优先等级；

④ 推荐风险控制策略，为安全需求提供依据。

风险评估的操作范围可以是整个组织，也可以是组织的某一部门，或者独立的信息系统、特定系统组件和服务等。针对不同的情况，选择适当的风险评估方法对有效地完成评估工作来说十分重要。目前，常见的风险评估方法有基线评估方法、详细评估方法和组合评估方法等。

1）基线评估

基线评估(Baseline Assessment)就是有关组织根据其实际情况(所在行业、业务环境与性质等)，对信息系统进行安全基线检查(将现有的安全措施与安全基线规定的措施进行比较，计算之间的差距)，得出基本安全需求，给出风险控制方案。所谓的基线就是在诸多标准规范中确定的一组安全控制措施或者惯例，这些措施和惯例可以满足特定环境下的信息系统的基本安全需求，使信息系统达到一定的安全防护水平。组织可以采用国际标准和国家标准(如 BS 7799-1 和 ISO/IEC 13335-4)、行业标准或推荐(如德国联邦安全局 IT 基线保护手册)以及来自其他具有相似商务目标和规模的组织的惯例作为安全基线。当然，如果环境和商务目标较为特殊，组织也可以自行建立基线。

基线评估的优点是需要的资源少、周期短、操作简单，对于某些安全需求相近的行业组织，采用基线评估方法统一管理显然是最经济有效的风险评估途径。当然，基线评估也有一些缺点，如基线水准的高低难以设定，如果过高，那么可能导致资源浪费和限制过度；如果过低，那么可能难以达到所需的安全要求。

2）详细评估

详细评估(Detailed Assessment)是指组织对信息资产进行详细识别和评价，对可能引起风险的威胁和脆弱性进行充分评估，并根据全面的、系统的风险评估结果来确定安全需求及控制方案。这种评估途径集中体现了风险管理的思想，全面且系统地评估资产风险，在充分了解信息安全具体情况下，力争将风险降低到可接受的水平。

详细评估的优点在于组织可以通过详细的风险评估对信息安全风险有较全面的认识，能够准确地确定目前的安全水平和安全需求。当然，详细的风险评估可能是一个非常耗费资源的过程，包括时间、精力和技术，因此，组织应该仔细设定待评估的信息资产范围，以减少工作量。

3）组合评估

组合评估要求首先对所有的系统进行一次初步的风险评估，依据各信息资产的实际价值和可能面临的风险，划分出不同的评估范围。对于具有较高重要性的资产部分采用详细风险评估，而其他部分采用基线风险评估。

组合评估将基线风险评估和详细风险评估的优势结合起来，既节省了评估所耗费的资源，又能确保获得一个全面、系统的评估结果，而且组织的资源和资金能够应用到最能发挥作用的地方，具有高风险的信息系统能够被优先关注。组合评估的缺点是，如果初步的风险评估不够准确，可能导致某些本需要详细评估的部分被忽略。

在进行具体的风险评估过程中，评估技术手段的选择也非常重要，不同的技术各有其优势及特点。常见的技术手段包括基于知识的分析方法、基于模型的分析方法、定性分析和定量分析等。无论何种技术，其共同的目标都是找出组织信息资产面临的风险及其影响，以及目前安全水平与组织安全需求之间的差距。

2. 风险控制

风险控制是信息安全风险管理在风险评估完成之后的另一项重要工作，它的主要任务是对风险评估结论及建议中的各项安全措施进行分析评估，确定优先级以及具体实施的步骤。风险控制的目标是将安全风险降低到一个可接受的范围内，因为消除所有风险往往是不切实际的，甚至也是近乎不可能的，所以高级安全管理人员有责任运用最小成本来实现最合适的控制，使潜在安全风险对该组织造成的负面影响最小化。

风险控制通常有三种手段，它们分别是风险承受、风险规避和风险转移。风险承受是指运行的信息系统具有良好的健壮性，可以接受潜在的风险并稳定运行，或采取简单的安全措施就可以把风险降低到一个可接受的范围内。风险规避是指通过消除风险出现的必要条件(如识别出风险后，放弃系统某项功能或关闭系统)来规避风险。风险转移是指通过采用其他措施来补偿损失，从而转移风险，如购买保险等。一般来说，风险控制的措施是以消除安全风险产生的条件、切断风险形成的路线为基本手段，最终阻止风险的发生或将风险降低到可接受的水平。

安全风险分析与判断的流程如图4.6所示，判断安全风险是否存在可以在系统的分析过程中得出。从图4.6中可以看出安全风险产生的必要条件主要包括存在可被利用的脆弱性、威胁源、攻击成本较小以及风险预期损失不可接受等。风险控制就是要消除或减少这些条件，具体的做法如下：

① 当存在系统脆弱性时，减少或修补系统脆弱性，降低脆弱性被攻击利用的可能性；

② 当系统脆弱性可利用时，运用层次化保护、结构化设计以及管理控制等手段，防止脆弱性被利用或降低被利用后的危害程度；

③ 当攻击成本小于攻击可能的获利时，运用保护措施，通过提高攻击者成本来降低攻击者的攻击动机，如加强访问控制，限制系统用户的访问对象和行为，降低攻击获利；

④ 当风险预期损失较大时，优化系统设计、加强容错与容灾以及运用非技术类保护措施来限制攻击的范围，从而将风险降低到可接受范围。

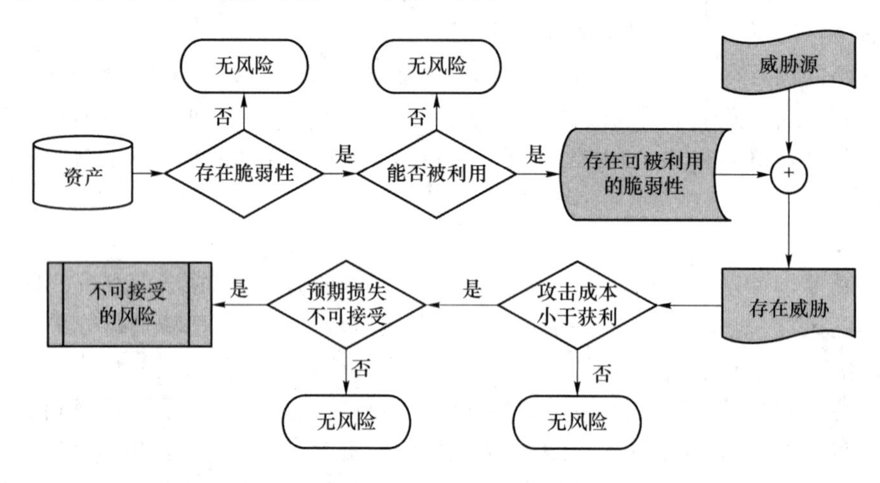

图 4.6 安全风险分析与判断的流程

具体的风险控制措施主要分为技术类、运营类、管理类，如表 4.2 所示。技术类控制措施是指以计算机及网络技术为基础，直接消除或降低安全风险水平的控制措施。运营类控制措施是指以设备管理、容灾、容侵和物理安全为核心的控制措施。管理类控制措施是指以人员管理为核心的控制措施。一般来说，风险控制方案多为这三类控制措施的有机组合，如组织计划降低因密码被暴力破解所带来的风险，可分别采用这三类措施来实现风险控制。其可采用安全密码软件等技术类控制措施，也可采用员工安全意识培训的管理类控制措施，同时执行定期备份数据等运营类控制措施。显然，这三类措施均可有效地降低风险水平。对于员工相对较少的小型组织，可采取强制要求员工遵循安全规范，辅以相应的奖惩等管理类控制措施来有效地实现对各种风险的控制。

总之，组织规模、信息安全管理的成熟度以及组织管理层的风险可接受水平等因素决定了组织选择风险控制措施的策略。

表 4.2 风险控制措施分类

类别	措施	属性
技术类	身份认证技术	预防性
	加密技术	预防性
	防火墙技术	预防性
	入侵检测技术	检查性
	系统审计	检查性
	蜜罐、蜜网技术	纠正性

续表

类别	措施	属性
运营类	物理访问控制，如重要设备使用授权等	预防性
	容灾、容侵，如系统备份、数据备份等	预防性
	物理安全检测技术，如防盗技术、防火技术等	检查性
管理类	责任分配	预防性
	权限管理	预防性
	安全培训	预防性
	人员控制	预防性
	定期安全审计	检查性

实施风险控制措施是一个系统化工程，NIST 制定的 NIST SP800 系列标准中给出了较详细的具体实施流程，具体的七个步骤如下：

步骤 1　对实施控制措施的优先级进行排序，分配资源时，对标有不可接受的高等级的风险项应该给予较高的优先级；

步骤 2　评估所建议的安全选项，风险评估结论中建议的控制措施对于具体的单位及其信息系统可能不是最适合或最可行的，因此，要对所建议的控制措施的可行性和有效性进行分析，选择出最适当的控制措施；

步骤 3　进行成本效益分析，为决策管理层提供风险控制措施的成本效益分析报告；

步骤 4　在成本效益分析的基础上，确定即将实施的成本有效性最好的安全措施；

步骤 5　遴选那些拥有合适的专长和技能，可实现所选控制措施的人员（内部人员或外部合同商），并赋予相应责任；

步骤 6　制订控制措施的实现计划，计划内容主要包括风险评估报告给出的风险、风险级别以及所建议的安全措施、实施控制的优先级队列、预期安全控制列表、实现预期安全控制时所需的资源、负责人员清单、开始日期、完成日期以及维护要求等；

步骤 7　分析计算出残余风险，风险控制可以降低风险级别，但不会完全消除风险，因此，安全措施实施后仍然存在残余风险。

在风险管理过程中，任何组织在完成风险评估后，实施具体的风险控制措施前需首先明确两个问题，即“要达到什么”和“要避免什么”。然后组织根据自身特点，运用成本效益分析方法来分析风险评估建议的各控制措施选项，同时综合考虑企业文化、时间、资金、技术、法律、环境等可能影响控制措施实施的限制条件，依据分析结果，选择可以将风险降低到组织可接受水平的控制措施。最后实施、监测、改进相关控制措施，确保信息安全管理的有效性和适宜性。

4.4.3　信息安全标准

随着信息产业的飞速发展以及信息安全问题日益突出，为了能够更好地解决信息安全产品的互操作性，许多标准化组织制定了有关信息安全的国际标准，这些标准的制定与推广极大地促进了信息安全技术的发展和信息安全产品市场的繁荣。

1. 信息安全标准概述

目前有关信息安全的国际标准很多，在前面提到的互操作、技术与工程、信息安全管理与控制三类标准中，技术与工程标准最多也最详细，它们有效地推动了信息安全产品的开发及国际化，如 CC、SSE-CMM 等标准。互操作标准多数为所谓的“事实标准”，这些标准对信息安全领域的发展同样做出了巨大的贡献，如 RSA、DES、CVE 等标准。信息安全管理与控制标准的意义在于其可以更具体、更有效地指导信息安全具体实践，其中，BS 7799 就是这类标准的代表，其卓越成绩也已得到业界共识。

通用准则(Common Criteria，CC)是在 TESEC、ITSEC、CTCPEC、FC 等信息安全标准的基础上演变形成的，由美国、加拿大、英国、法国、德国以及荷兰六个国家于 1996 年联合提出。1999 年 10 月，CC v2.0 版被国际标准化组织采纳为国际标准 ISO/IEC 1540：1999，是目前最全面的评价准则。CC 的主要思想和框架都取自 ITSEC 和 FC，并充分突出了“保护轮廓”的概念，侧重点放在系统和产品的技术指标评价上，是信息安全技术发展的一个重要里程碑。

1987 年，国际标准化组织(ISO)和国际电工委员会(IEC)联合成立了一个联合技术委员会 ISO/IEC JTC1，并于 1996 年推出了 ISO/IEC TR 13335，其目的是为有效实施 IT 安全管理提供建议和支持，是一个信息安全管理方面的指导性标准，早前被称作《IT 安全管理指南》(Guidelines for the Management of IT Security，GMITS)，新版称作《信息和通信技术安全管理》(Management of Information and Communications Technology Security，MICTS)。GMITS 由五个部分标准组成，它们分别是 ISO/IEC 13335-1：1996(《IT 安全的概念与模型》)、ISO/IEC 13335-2：1997(《IT 安全管理与策划》)、ISO/IEC 13335-3：1998(《IT 安全管理技术》)、ISO/IEC 13335-4：2000(《防护措施的选择》)以及 ISO/IEC 13335-5：2001(《网络安全管理指南》)。目前，ISO/IEC 13335-1：1996 已经被新的 ISO/IEC 13335-1：2004(《信息技术安全技术　信息和通信技术安全管理的概念和模型》)取代，ISO/IEC 13335-2：1997 也将被 ISO/IEC 13335-2(《信息安全风险管理》)取代。这份文件适用于各种类型的组织，第一部分明确指出适用于高级管理和信息管理经理，而其他部分则适用于那些对安全规则实施有责任的人，如信息技术经理和信息技术安全人员等。

IT 技术下的 SSE-CMM(Information Technology-Systems Security Engineering-Capability Maturity Model)是由美国国家安全局领导开发的、专注于系统安全工程的能力成熟度模型。1996 年 10 月发布了第一版，2002 年被 ISO 采纳成为国际标准，即 ISO/IEC 21827：2002(《信息技术　安全技术　系统安全工程能力成熟度模型》)。SSE-CMM 是 CMM 在系统安全工程领域的具体应用，适合作为评估工程实施组织能力与资质的标准。

CVE 的英文全称是 Common Vulnerabilities & Exposures，即通用漏洞及暴露，是 IDnA(Intrusion Detection and Assessment)的行业标准，它为每个信息安全漏洞或者已经暴露出来的弱点给出了一个通用的名称和标准化的描述，可以成为评价相应入侵检测和漏洞扫描等工具产品与数据库的基准。CVE 就好像是一个字典表，如果在一个漏洞报告中指明了一个漏洞有 CVE 名称，那么就可快速地在任何 CVE 兼容的数据库中找到相应修补的信息，解决安全问题。ISS 公司联合其他几个机构于 1999 年开始建立 CVE 系统，最初只有 321 个条目。在 2000 年 10 月 16 日，CVE 迎来了一个重要的里程碑，正式条目超过了 1 000 个，并且已经有超过 28 个漏洞库和工具声明与 CVE 兼容。CVE 的编辑部成员包括安全工具厂商、学术界、研究机构、政府机构以及一些优秀的安全专家，他们通过开放合作式的讨论，决定哪些漏洞和暴露要包含进 CVE，并且确定每个条目的公共名称和描述。CVE 这个标准的管理组织和形成机制可以说是国际先进技术标准制定的典范，CVE 标准对信息系统安全做出了很大的贡献。

BS 7799 是英国标准协会(British Standards Institution，BSI)针对信息安全管理而制定的一个标准，最早发布于 1995 年，后来几经改版，在 2000 年被 ISO 和 IEC 采纳并更名为 ISO/IEC

17799，目前其最新版本为2005版，也就是ISO/IEC 17799：2005。BS 7799标准采用层次结构化形式定义描述了安全策略、信息安全的组织结构、资产管理、人力资源安全等11个安全管理要素，另外还给出了39个主要执行目标和133个具体控制措施。BS 7799明确了组织机构信息安全管理建设的内容，为负责信息安全系统应用和开发的人员提供了较全面的参考规范。

COBIT是信息及相关技术控制目标的简称，英文全称为Control Objectives for Information and Related Technology，在1996年由国际信息系统审计与控制协会(ISACA)提出，是目前国际上通用的信息系统审计标准。在COBIT文档中，提出了七个控制目标，分别是机密性、完整性、可用性、有效性、高效性、可靠性和符合性；归纳了四个控制域，包括规划和组织(Plan and Organize)、获得和实施(Acquire and Implement)、交付与支持(Deliver and Support)以及监视与评价(Monitor and Evaluate)。在这四个控制域中，包括34个控制过程以及318个详细控制目标。COBIT在创建了一个IT管理框架的同时，还提供了支持工具集，用来帮助管理者弥补控制需求与技术问题、业务风险之间的差距。COBIT目前已在一百多个国家的重要组织或企业中运用，指导这些组织有效地利用信息资源以及管理与信息相关的风险。

2. 信息技术安全性评估通用准则(CC)

CC是The Common Criteria for Information Technology Security Evaluation的缩写，即《信息技术安全评估通用准则》的简称，是在美国和欧洲等各自推出的测评准则的基础上总结和融合发展起来的。CC的发展历程如图4.7所示，其中1983年美国国防部公布《可信计算机系统评估准则》(TCSEC，又称为“橘皮书”)被认为是CC的最初原型，但CC在多方面对TCSEC进行了改进。TCSEC主要是对操作系统进行评估，提出的是安全功能要求，而CC更全面地考虑了与信息技术安全性有关的所有因素，并以“安全功能要求”和“安全保证要求”的形式提出了这些因素。CC定义了作为评估信息技术产品和系统安全性的基础准则，提出了目前国际上公认的表述信息技术安全性的结构。

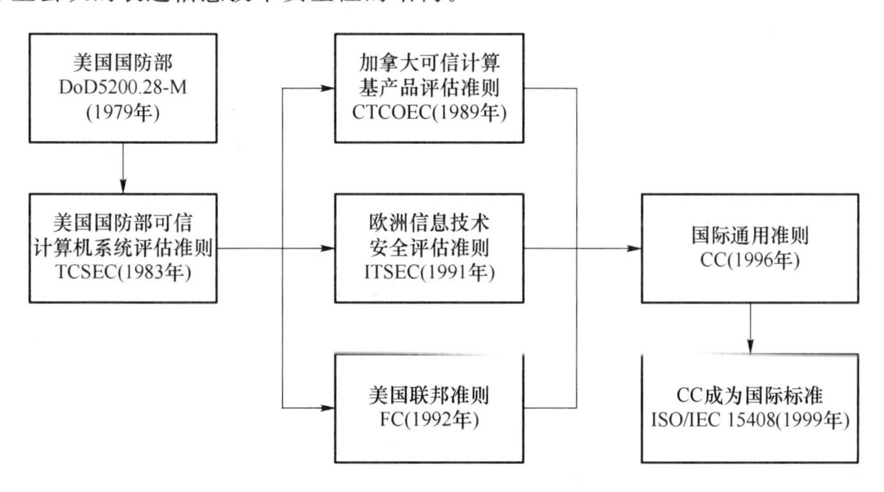

图4.7 CC的演进历程

CC提倡安全工程的思想，通过信息安全产品的开发、评价、使用全过程的各个环节的综合考虑来确保产品的安全性。CC文档在结构上分为三个部分，这三个部分相互依存、缺一不可，从不同层面描述了CC的结构模型。第1部分“简介和一般模型”，介绍了CC的有关术语、基本概念和一般模型以及与评估有关的一些框架，附录部分主要介绍保护轮廓和安全目标的基本内容；第2部分“安全功能要求”，这部分以“类、子类、组件”的方式提出安全功能要求，对每一个“类”的具体描述除正文之外，在提示性附录中还有进一步的解释；第3部分“安全保证要求”，定义了评估保证级别，介绍了保护轮廓和安全目标的评估，并同样以“类、子类、组件”的方式提出安全保证要求。

CC的内容主要包括安全需求的定义、需求定义的用法、安全可信度级别、安全产品的开发和产品安全性评价等几个方面。

1）安全需求的定义

和软件工程的开发过程一样，安全产品的开发也必须从安全需求分析开始。CC对安全需求的表示形式给出了一套定义方法，并将安全需求分成产品安全功能方面的需求和安全保证措施方面的需求两个独立的范畴来定义。产品安全功能方面的需求称为安全功能需求，在CC的第2部分中进行了详细的定义和说明，安全功能需求主要用于描述产品应该提供的安全功能。安全保证措施方面的需求又称为安全保证需求，在CC的第3部分给出了具体定义，安全保证需求主要用于描述产品的安全可信度以及为获取一定的可信度应该采取的措施。

在CC中，安全需求以类、族、组件的形式进行定义，这给出了对安全需求进行分组归类的方法。对全部安全需求进行分析，根据不同的侧重点，划分成若干大组，每个大组就称为一个类；对每个类的安全需求进行分析，根据不同的安全目标，又划分成若干族；对每个族的安全需求进行分析，根据不同的安全强度或能力进一步划分，并用组件来表示更小的组。这样，安全需求由类构成，类由族构成，族由组件构成。组件是CC中最小的可选安全需求集，是安全需求的具体表现形式。表4.3给出了安全需求类定义部分的安全功能需求类和安全保证需求类。

表4.3 安全需求类定义

<table>
<tr><td rowspan="11">安全功能需求类(共11项)</td><td>安全审计类</td></tr>
<tr><td>通信类</td></tr>
<tr><td>加密支持类</td></tr>
<tr><td>用户数据保护类</td></tr>
<tr><td>身份识别与认证类</td></tr>
<tr><td>安全管理类</td></tr>
<tr><td>隐私类</td></tr>
<tr><td>安全功能件保护类</td></tr>
<tr><td>资源使用类</td></tr>
<tr><td>安全产品访问类</td></tr>
<tr><td>可信路径/通道类</td></tr>
<tr><td rowspan="7">安全保证需求类(共7项)</td><td>构造管理类</td></tr>
<tr><td>发行与使用类</td></tr>
<tr><td>开发类</td></tr>
<tr><td>指南文档类</td></tr>
<tr><td>生命周期支持类</td></tr>
<tr><td>测试类</td></tr>
<tr><td>脆弱性评估类</td></tr>
</table>

2）需求定义的用法

安全需求定义中“类、族、组件”体现的是分类方法，具体的安全需求由组件体现，选择一个需求组件等同于选择一项安全需求。CC鼓励人们尽可能选用该标准中已定义的安全需求组件，也允许人们自行定义其他必要的安全需求组件。通常，一个安全产品多是多项安全需求的集合，需要用多个需求组件以一定的方式组合起来进行表示。

CC定义了三种类型的组织结构用于描述产品安全需求，它们分别是安全组件包、保护轮廓定义和安全对象定义。一个安全组件包就是把多个安全需求组件组合在一起后得到的组件集合。保护轮廓定义是一份安全需求说明书，是针对某一类安全环境确立相应的安全目标，进而定义为实现这些安全目标所需要的安全需求，保护轮廓定义的主要内容包括定义简述、产品说明、安全环境、安全目标、安全需求、应用注释和理论依据等。安全对象定义和保护轮廓定义相似，是一份安全需求与概要设计说明书，不同的是，安全对象定义的安全需求是为某一特定的安全产品而定义的，具体的安全需求可通过引用一个或多个保护轮廓定义来定义，也可从头定义，安全对象定义的组成部分主要包括定义简述、产品说明、安全环境、安全目标、安全需求、产品概要说明、保护轮廓定义的引用声明和理论依据等。

3）安全可信度级别

CC定义了一套评价保证级别，可记为EAL，作为描述产品的安全可信度的尺度。CC通过评价产品的设计方法、工程开发、生命周期、测试方案和脆弱性评估等方面所采取的措施来确定产品的安全可信度级别。如表4.4所示，CC按安全可信度由低到高依次定义了七个安全可信度级别，EAL的各个级别都涉及多个安全保证需求类的内容。EAL给出了产品获取不同级别安全可信度的可行性及所需要付出的相应代价之间的权衡关系。

表4.4 安全可信度级别

级别	定义	可信度级别描述
EAL1	职能式测试级	表示信息保护问题得到了适当的处理
EAL2	结构式测试级	表示评价时需要得到开发人员的配合，该级提供低中级的独立安全保证
EAL3	基于方法学的测试与检查级	要求在设计阶段实施积极的安全工程思想，提供中级的独立安全保证
EAL4	基于方法学的设计、测试与审查级	要求按照商业化开发惯例实施安全工程思想，提供中高级的独立安全保证
EAL5	半形式化的设计与测试级	要求按照严格的商业化开发惯例，应用专业安全工程技术及思想，提供高等级的独立安全保证
EAL6	半形式化验证的设计与测试级	通过在严格的开发环境中应用安全工程技术来获取高的安全保证，使产品能在高度危险的环境中使用
EAL7	形式化验证的设计与测试级	目标是使产品能在极端危险的环境中使用。目前只限于可进行形式化分析的安全产品

4）安全产品的开发

CC体现了软件工程与安全工程相结合的思想。信息安全产品必须按照软件工程和安全工程的方法进行开发才能较好地获得预期的安全可信度。安全产品从需求分析到产品的最终实现，整个开发过程可依次分为应用环境分析、明确产品安全环境、确立安全目标、形成产品安全需求、安全产品概要设计、安全产品实现等几个阶段。一般而言，各个阶段顺序进行，前一个阶段的工作结果是后一个阶段的工作基础。有时前面阶段的工作也需要根据后面阶段工作反馈的内容进行完善拓展，形成循环往复的过程。开发出来的产品经过安全性评价和可用性鉴定后，再投入实际使用。

5）产品安全性评价

CC在评价安全产品时，把待评价的安全产品及其相关指南文档资料作为评价对象。它定义了三种评价类型，分别为安全功能需求评价、安全保证需求评价和安全产品评价。第一项评价的目的是证明安全功能需求是完全的、一致的和技术良好的，能用作可评价的安全产品的需求表示；第二项评价的目的是证明安全保证需求是完全的、一致的和技术良好的，可作为相应安全产品评价的基础，如果安全保证需求中含有安全功能需求一致性的声明，还要证明安全保证需求能完全满足安全功能需求；最后一项评价的目的是要证明被评价的安全产品能够满足安全保证的安全需求。

CC的评价框架面向所有信息安全产品，提供安全性评价的基本尺度和指导思想。CC不限定哪类产品应该提供哪些安全功能，也不限定哪些安全功能应该具有哪个级别的安全可信度，它强调的是评价涉及的具体事项应在实际应用中根据实际情况需要来灵活确定。

3. 信息安全管理体系标准

BS 7799是BSI针对信息安全管理而制定的一个标准，共分为两个部分。第一部分BS 7799-1《信息安全管理实施细则》，也就是国际标准化组织的ISO/IEC 17799部分，主要提供给负责信息安全系统开发的人员参考使用，其中分11个标题，定义了133项安全控制措施（最佳惯例）；第二部分BS 7799-2《信息安全管理体系规范》（ISO/IEC 27001），其中详细说明了建立、实施和维护ISMS的要求，可用来指导相关人员应用ISO/IEC 17799，其最终目的是建立适合企业所需的ISMS。

BS 7799-1标准部分在正文之前设立了“前言”和“介绍”，在“介绍”中“对什么是信息安全、为什么需要信息安全、如何确定安全需要、评估安全风险、选择控制措施、信息安全起点、关键的成功因素、制定自己的准则”等内容作了说明。标准中给出了与信息安全有关概念的定义，如信息安全、保密性、完整性、可用性等。标准还明确地说明了信息、信息处理过程及对信息起支撑作用的信息系统和信息网络都是重要的商务资产。信息的保密性、完整性和可用性对保持竞争优势、资金流动、效益、法律符合性和商业形象都是至关重要的。组织对信息系统和信息服务的依赖意味着更易受到安全威胁的破坏，公共和私人网络的互连及信息资源的共享增大了实现访问控制的难度。由于许多信息系统本身就不是按照安全系统的要求来设计的，所以仅依靠技术手段来实现信息安全有其局限性，且信息安全的实现必须得到管理和程序控制的适当支持。

在BS 7799-1《信息安全管理实施细则》中，从11个方面定义了133项安全控制措施，这些安全控制措施用来识别在运作过程中对信息安全有影响的元素，并根据适当的法律法规和章程加以选择和使用，这些内容对ISMS实施者来说具有较高的参考价值。这11个方面分别是：

① 安全策略；

② 组织信息安全；

③ 资产管理；

④ 人力资源安全；

⑤ 物理和环境安全；
⑥ 通信和操作管理；
⑦ 访问控制；
⑧ 信息系统获取、开发和维护；
⑨ 信息安全事件管理；
⑩ 业务连续性管理；
⑪ 符合性。

除了通信和操作管理，访问控制，信息系统获取、开发和维护这几个方面跟技术关系紧密，其他方面更注重组织整体的管理和运营操作，这较好地体现出了信息安全所谓的“三分靠技术，七分靠管理”理念。

在BS 7799-2《信息安全管理体系规范》中详细说明了建立、实施和维护信息安全管理体系的要求，指出实施机构应该使用某一风险评估标准来鉴定最适宜的控制对象，对自己的需求采取适当的安全控制。建立ISMS需要六个基本步骤，具体如下。

步骤1 定义信息安全策略。信息安全策略是组织信息安全的最高方针，需要根据组织内各个部门的实际情况分别制定不同的信息安全策略。信息安全策略应该简单明了、通俗易懂，并形成书面文件，发给组织内的所有成员。同时对所有相关人员进行信息安全策略的培训，对信息安全负有特殊责任的人员要进行特殊的培训。

步骤2 定义ISMS的范围。ISMS的范围描述了需要进行信息安全管理的领域轮廓，组织根据自己的实际情况，在整个范围或个别部门构架ISMS。在此阶段，应将组织划分成不同的信息安全控制领域，以易于组织对有不同需求的领域进行适当的信息安全管理。

步骤3 进行信息安全风险评估。信息安全风险评估的复杂程度将取决于风险的复杂程度和受保护资产的敏感程度，所采用的评估措施应该与组织对信息资产风险的保护需求一致。风险评估主要对ISMS范围内的信息资产进行鉴定和估价，然后对信息资产面对的各种威胁和脆弱性进行评估，同时对已存在的或规划的安全管制措施进行鉴定。

步骤4 信息安全风险管理。根据风险评估的结果进行相应的风险管理。

步骤5 确定控制目标和选择控制措施。控制目标的确定和控制措施的选择原则是费用不超过风险所造成的损失。由于信息安全是一个动态的系统工程，组织应实时对选择的控制目标和控制措施加以校验和调整，以适应具体情况的变化。

步骤6 准备信息安全适用性声明。信息安全适用性声明记录了组织内相关的风险控制目标和针对每种风险所采取的各种控制措施。信息安全适用性声明一方面是为了向组织内的成员声明对信息安全面对的风险的态度，另一方面是为了向外界表明组织的态度和工作，即组织已经全面、系统地审视了组织的信息安全系统，并已将所有潜在的风险控制在能够被接受的范围内。

BS 7799提供的管理标准是由信息安全最佳控制措施组成的实施规范和管理准则，涵盖了几乎所有的安全议题，非常适合作为各种组织确定其信息系统的安全控制范围及措施的参考基准。

4. 中国的有关信息安全标准

信息安全标准是我国信息安全保障体系的重要组成部分，是政府进行宏观管理的重要依据，也是促进产业发展的重要手段。从20世纪80年代开始，在全国信息技术标准化技术委员会下属的信息安全分技术委员会和社会各界的努力下，吸收转化了一批国际信息安全基础技术标准，同时也积极制定了具有中国特色的信息安全标准。在1985年发布了第一个标准《信息技术设备的安全》(GB 4943)，并于1994年发布了第一批信息安全技术标准。截止2008年11月，国家共发布有关信息安全技术、产品、测评和管理的国家标准69项(不包括密码与保密标准)。同时，公安部、国家保密局、国家密码管理局等相继制定、颁布了一批信息安全的行业标准，为推动信息安全技术在各行业的应用和普及发挥了积极的作用。

如图4.8所示，我国的信息安全标准体系包括六个部分，分别是基础标准、技术与机制、管理标准、测评标准、密码技术和保密技术。基础标准主要定义或描述信息安全领域的安全术语、体系结构、模型、框架等内容。技术与机制标准主要包括标识与鉴别、授权与访问控制、实体管理、物理安全等内容。管理标准主要包括管理基础、管理要素、管理支撑技术、工程与服务等内容。测评标准主要分为基础标准、产品标准、系统标准三部分，每个部分均针对其对象提出了安全级别标准及相应的测试方法。密码技术标准主要包括基础标准、技术标准和管理标准三部分。基础标准描述了密码术语、密钥算法配用和密钥配用；技术标准涉及密码协议、密码管理、密码检测评估、密码算法、密码芯片、密码产品、密码管理应用接口以及密码应用服务系统等内容；管理标准涉及密码产品的开发、生产及使用等内容。保密技术标准主要分为技术标准和管理标准两部分，技术标准包括电磁泄漏发射防护与检测、涉密信息系统技术要求和测评、保密产品技术要求和测评、涉密信息消除和介质销毁以及其他技术标准等内容；管理标准包括电子文件管理、涉密信息系统管理和实验室要求三部分内容。

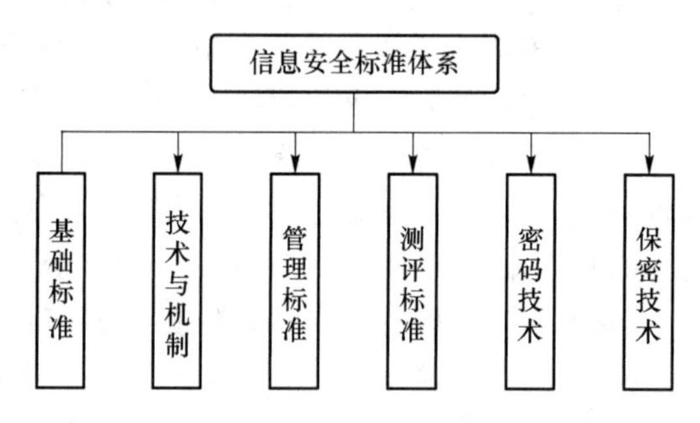

图4.8　国家信息安全标准体系

在我国众多的信息安全标准中，公安部主持制定、国家质量技术监督局发布的中华人民共和国国家标准GB 17895—1999《计算机信息系统安全保护等级划分准则》被认为是我国信息安全标准的奠基石。GB 17895—1999将信息系统安全分为五个等级：用户自主保护级、系统审计保护级、安全标记保护级、结构化保护级和访问验证保护级。主要的安全考核指标有身份认证、自主访问控制、数据完整性、审计等，这些指标涵盖了不同级别的安全要求。该准则给出了计算机信息系统、可信计算基、主体、客体、敏感标记、安全策略、信道、隐蔽信道、访问监控器等定义，其中计算机信息系统可信计算基(Trusted Computing Base of Computer Information System)的定义是计算机系统内保护装置的总体，包括硬件、固件、软件和负责执行安全策略的组合体。五个安全等级的描述如下。

第一级，用户自主保护级：本级的计算机信息系统可信计算基通过隔离用户与数据，使用户具备自主安全保护的能力。它具有多种形式的控制能力，可对用户实施访问控制，即为用户提供可行的手段，保护用户和用户组信息，避免其他用户对数据进行非法读写与破坏。

第二级，系统审计保护级：与用户自主保护级相比，本级的计算机信息系统可信计算基实施了粒度更细的自主访问控制。它通过登录规程、审计安全性相关事件和隔离资源,使用户对自己的行为负责。

第三级,安全标记保护级:本级的计算机信息系统可信计算基具有系统审计保护级所有功能。此外,还需提供有关安全策略模型、数据标记以及主体对客体强制访问控制的非形式化描述,具有准确地标记输出信息的能力,消除通过测试发现的任何错误。

第四级,结构化保护级:本级的计算机信息系统可信计算基建立于一个明确定义的形式化安全策略模型之上,它要求将第三级系统的自主访问控制和强制访问控制扩展到所有主体与客体。此外,还要考虑隐蔽通道。本级的计算机信息系统可信计算基必须结构化为关键保护元素和非关键保护元素。计算机信息系统可信计算基的接口也必须明确定义,使其设计与实现能经受更充分的测试和更完整的复审。此外,系统加强了鉴别机制,支持系统管理员和操作员的职能,提供可信设施管理,增强了配置管理控制。系统还具有一定的抗渗透能力。

第五级,访问验证保护级:本级的计算机信息系统可信计算基满足访问监控器需求。可访问监控器仲裁主体对客体的全部访问。访问监控器本身是防篡改的,而且它必须足够小以及能够分析和测试。为了满足访问监控器需求,计算机信息系统可信计算基在构造时,需排除那些对实施安全策略来说并非必要的代码;在设计和实现时,需从系统工程角度将其复杂性降到最低程度。系统支持安全管理员职能,扩充了审计机制,当发生与安全相关的事件时将发出信号,提供了系统恢复机制。系统还具有很高的抗渗透能力。

除了GB 17895—1999标准之外,我国制定的GB/T 18336:2001《信息技术 安全技术 信息技术安全性评估准则》和GB/T 20269—2006《信息安全技术 信息系统安全管理要求》等信息安全标准对指导我国信息安全领域的具体实践起到了重要的作用。

4.4.4 信息安全法律法规及道德规范

在高度信息化的今天,信息已深入到社会生活的各个方面,信息安全不仅是安全管理人员的责任,同时也需要全社会的共同维护。在享受信息化带给我们优质服务的同时,我们也要遵守相关的法律法规以及道德规范。

1. 信息犯罪

信息资源是当今社会的重要资产,围绕信息资源的犯罪已成为影响社会安定的重要因素。目前信息犯罪还没有权威的定义,总结各界对信息犯罪的理解,可以认为信息犯罪是以信息技术为犯罪手段,故意实施的有社会危害性的行为,依据法律规定,应当予以刑罚处罚的行为。

信息犯罪涵盖的范围很广,计算机犯罪和网络犯罪都属于信息犯罪的范畴,而且目前多数信息犯罪均属于计算机犯罪及网络犯罪。关于计算机犯罪,公安部给出的定义是:“所谓计算机犯罪,就是在信息活动领域中,以计算机信息系统或计算机信息知识作为手段,或者针对计算机信息系统,对国家、团体或个人造成危害,依据法律规定,应当予以刑罚处罚的行为。”由于受到计算机犯罪概念的影响,理论界有学者认为:“网络犯罪就是行为主体以计算机或计算机网络为犯罪工具或攻击对象,故意实施的危害计算机网络安全的,触犯有关法律规范的行为。”从对计算机犯罪和网络犯罪的概念解释可以看出它们之间存在很多相同之处,一般可以认为网络犯罪应包含计算机犯罪。

从犯罪的侵害对象上来看,信息犯罪一般可以分为两类:一类是以信息资源为侵害对象;另一类是以非信息资源的主体为侵害对象。在现代社会,信息资源占有极其重要的战略地位,有时甚至比物质和能源更为重要，可以说是重要的资产财富，因而很多犯罪分子将其视为重要的犯罪对象。以信息资源为犯罪对象的犯罪形式多种多样，常见的有以下几种。

① 信息破坏。犯罪主体出于某种动机，利用非法手段进入未授权的系统或对他人的信息资源进行非法控制，具体行为表现为故意利用损坏、删除、修改、增加、干扰等手段，对信息系统内部的硬件、软件以及传输的信息进行破坏，从而导致网络信息丢失、篡改、更换等，严重的可引起系统或网络的瘫痪。例如，黑客利用不正当的手段取得计算机网络系统的口令和密码，非法进入计算机信息系统，篡改用户数据、搜索和盗取私人文件，攻击整个信息系统等，此类犯罪对用户和社会可能造成极大的损失。

② 信息窃取。此类犯罪是指未经信息所有者同意，擅自秘密窃取或非法使用其信息的犯罪行为，如盗窃公司的商业秘密和个人隐私信息，擅自出版或印刷他人的文学作品、软件、音像制品等。

③ 信息滥用。这类犯罪是指使用者违规操作，在信息系统中输入或者传播非法数据信息，毁灭、篡改、取代、涂改数据库中储存的信息，给他人造成损害。

当今社会，信息科学和信息技术以造福人类为目标，代表了新技术革命的主流和方向，其成果有效地改善了人类的认知能力、计算能力和控制能力。然而，信息技术也被犯罪分子所关注，并将其作为重要的犯罪手段，对社会、国家、他人等非信息资源主体实施侵害行为。这类犯罪形式同样五花八门，其中，以下三种犯罪行为具有较大的危害性。

① 妨害国家安全和社会稳定的信息犯罪。犯罪主体利用网络信息造谣、诽谤或者发表、传播有害信息，煽动颠覆国家政权、推翻社会制度、分裂国家以及破坏国家统一等。例如，反动组织利用网络传播有害信息。

② 妨害社会秩序和市场秩序的信息犯罪。犯罪主体利用信息网络从事虚假宣传、非法经营以及其他非法活动，对社会秩序和正规的市场秩序造成恶劣影响。例如，一些犯罪分子利用网上购物的无纸化和实物不可见的特点，发布虚假商品出售信息，在骗取购物者钱财之后便销声匿迹，致使许多消费者受骗。此种行为严重破坏了市场经济秩序和社会秩序。

③ 妨害他人人身、财产权利的信息犯罪。犯罪主体利用信息网络侮辱诽谤他人或者骗取他人财产(包含信息财产)。例如，通过信息网络，以窃取及公布他人隐私、编造各种丑闻以及窃取他人信用卡信息等方法为手段，来达到损害他人的隐私权、名誉权和骗取他人财产的目的。

与其他犯罪形式不同，信息犯罪是以使用信息技术为基本特征，因此，其犯罪行为也具有信息技术的一些显著特点。

① 智能化。以计算机犯罪及网络犯罪为例，犯罪者大多是掌握计算机和网络技术的专业人才，洞悉信息网络的缺陷与漏洞，其运用熟练的信息技术，借助四通八达的信息网络，对信息系统及各种电子数据、资料等信息资源发动攻击。这种鲜明的信息技术特点是信息犯罪智能化的具体表现。

② 多样性。信息技术手段的多样性，罪形式多种多样，如金融投机、剽窃软件、网络钓鱼等，必然造就信息犯罪行为的多样性。例如，窃取秘密、发布虚假信息以及非法入侵等均属于信息犯罪行为，可见信息犯罪形式多种多样。

③ 隐蔽性强。信息犯罪时，犯罪分子可能只需要向计算机输入错误指令或简单篡改软件程序即可，其作案时间短，甚至可以设计犯罪程序在一段时间后才运行发作，致使一般人很难觉察到。

④ 侦查取证困难。以计算机犯罪为例，实施犯罪一般为异地作案，而且所有证据均为电子数据，犯罪分子可能在实施犯罪后，直接毁灭电子犯罪现场，致使侦查工作和罪证采集相当困难。

⑤ 犯罪后果严重。信息安全专家普遍认为，信息犯罪危害性的大小取决于信息资源的社会作用，信息资源的社会作用越大，信息犯罪的后果越严重。

信息犯罪是社会信息化的必然产物，除了采用信息安全技术手段来防范信息犯罪之外，还必须加强信息安全道德规范的宣传，必要时依靠相关法律予以制裁。

2. 信息安全道德规范

广义上讲，在信息化社会里，信息资源是整个国家乃至全世界的共同财富，信息安全也是世界各国需要共同面对的问题。信息安全技术并不能解决全部的信息安全问题，而更需要社会全体成员自觉遵守有关的法律法规和道德规范。从管理层面上讲，道德规范的约束对信息安全的意义更大。

信息安全道德规范涉及的范畴很多，不同的应用人群应遵守的道德规范存在区别。一般来说，信息安全道德规范应该基于三个原则，即整体原则、兼容原则和互惠原则。

① 整体原则是指一切信息活动必须服从社会、国家等团体的整体利益。个体利益服从整体利益，不得以损害团体整体利益为代价谋取个人利益。

② 兼容原则是指社会的各主体间的信息活动方式应符合某种公认的规范和标准，个人的具体行为应该被他人及整个社会所接受，最终实现信息活动的规范化和信息交流的无障碍化。

③ 互惠原则是指任何一个使用者必须认识到，每个个体均是信息资源使用者和享受者，也是信息资源的生产者和提供者，在拥有使用信息资源权利的同时，也应承担信息社会对使用者所要求的责任。信息交流是双向的，主体间的关系是交互式的，权利和义务是相辅相成的。

在信息安全道德规范中，计算机道德和网络道德是当今信息社会最重要的道德规范。计算机道德是用来约束计算机从业人员的言行，指导其思想的一整套道德规范，涉及思想认识、服务态度、业务钻研、安全意识、待遇得失及公共道德等方面。美国计算机伦理学会(Computer Ethics Institute)为计算机伦理学制定了十条戒律，也可以说是计算机行为规范，这些规范是一个计算机用户在任何环境中都“应该”遵循的最基本的行为准则，具体内容如下：

① 不应用计算机去伤害别人；

② 不应干扰别人的计算机工作；

③ 不应窥探别人的文件；

④ 不应用计算机进行偷窃；

⑤ 不应用计算机作伪证；

⑥ 不应使用或复制未购买的软件；

⑦ 不应未经许可而使用别人的计算机资源；

⑧ 不应盗用别人的智力成果；

⑨ 应该考虑所编程序的社会后果；

⑩ 应该以深思熟虑和慎重的方式来使用计算机。

美国计算机协会(Association of Computing Machinery)是一个全国性的组织，其希望该协会的成员自觉遵守伦理道德和职业规范，其提倡的行为规范如下：

① 为社会和人类做出贡献；

② 避免伤害他人；

③ 要诚实可靠；

④ 要公正并且不采取歧视性行为；

⑤ 尊重包括版权和专利在内的财产权；

⑥ 尊重知识产权；

⑦ 尊重他人的隐私；

⑧ 保守秘密。

另外，国外有些机构还明确界定了那些被禁止的网络违规行为，即从反面界定了违反网络规范的行为类型，如南加利福尼亚大学网络伦理声明了六种不道德网络行为，具体内容如下：

① 有意地造成网络交通混乱或擅自闯入网络及其相连的系统；

② 商业性地或欺骗性地利用大学计算机资源；

③ 偷窃资料、设备或智力成果；

④ 未经许可接近他人的文件；

⑤ 在公共用户场合做出引起混乱或造成破坏的行动；

⑥ 伪造电子函件信息。

在我国信息产业发展迅速，特别是互联网行业，目前我国已拥有世界上人数最多的网民群体，而有关互联网的道德规范的建立显得尤为重要。从 2002 年起，中国互联网协会先后颁布了一系列行业自律规范，目前累计 11 个。这些自律规范主要包括：

①《中国互联网行业自律公约》(2002 年发布)；

②《互联网新闻信息服务自律公约》(2003 年发布)；

③《互联网站禁止传播淫秽、色情等不良信息自律规范》(2004 年发布)；

④《中国互联网协会互联网公共电子邮件服务规范》(2004 年发布)；

⑤《搜索引擎服务商抵制违法和不良信息自律规范》(2004 年发布)；

⑥《中国互联网网络版权自律公约》(2005 年发布)；

⑦《文明上网自律公约》(2006 年发布)；

⑧《抵制恶意软件自律公约》(2006 年发布)；

⑨《博客服务自律公约》(2007 年发布)；

⑩《中国互联网协会反垃圾短信息自律公约》(2008 发布)；

⑪《中国互联网协会短信息服务规范(试行)》(2008 年发布)。

其中，2006 年 4 月 19 日发布的《文明上网自律公约》进一步明确了我国网民群体的行为规范，有力地促进了我国互联网的精神文明建设以及网络秩序的良性发展，该公约的自律条文如下：

自觉遵纪守法，倡导社会公德，促进绿色网络建设；
提倡先进文化，摒弃消极颓废，促进网络文明健康；
提倡自主创新，摒弃盗版剽窃，促进网络应用繁荣；
提倡互相尊重，摒弃造谣诽谤，促进网络和谐共处；
提倡诚实守信，摒弃弄虚作假，促进网络安全可信；
提倡社会关爱，摒弃低俗沉迷，促进少年健康成长；
提倡公平竞争，摒弃尔虞我诈，促进网络百花齐放；
提倡人人受益，消除数字鸿沟，促进信息资源共享。

信息安全道德规范的产生是人类全面进入信息社会的重要标志，自觉遵守信息安全道德规范是信息化教育的重要内容。道德规范不是法律法规，上述给出的一些公约条文只是信息安全道德规范的一些表现形式，与人类社会的其他道德规范一样，深入理解道德规范的基本原则是最为重要的。当人们对基本原则深思后，就会清晰地知道“应该做什么，不应该做什么”。

3. 信息安全法律法规

随着信息技术的发展，特别是社会信息化的不断深入，建立并不断完善信息安全法律体系已经成为当今社会的重要课题。一方面，法律法规是震慑和惩罚信息犯罪的重要工具，另一方面，法律法规也是合法实施各项信息安全技术的理论依据。从国家的层面上看，建立信息安全法律法规是保障国家完整、社会稳定的需要，是保障国家经济健康发展的需要，是保障公民权益不受侵犯的需要，是建设社会主义精神文明的需要，同时也是一个法制健全国家的重要标志。

国外的信息安全立法活动是从20世纪60年代开始的。1973年，瑞典颁布了《瑞典国家数据保护法》，这是世界上首部直接涉及计算机安全问题的法规。随后，丹麦等西欧国家先后颁布了数据法或数据保护法。美国的计算机犯罪立法最初是从州级开始的。1978年，佛罗里达州率先制定了计算机犯罪法，随后其他州也开始制定相关法律。目前世界多数国家均颁布了有关信息安全的法律法规。美国先后颁布了《信息自由法》《计算机欺诈和滥用法》《计算机安全法》《国家信息基础设施保护法》《通信净化法》《个人隐私法》《儿童网上保护法》《爱国者法案》《联邦信息安全管理法案》《关键基础设施标识、优先级和保护》《涉密国家安全信息》等法律法规。国外重要的信息安全法律法规还有德国的《信息和通信服务规范法》、法国的《互联网络宪章》、英国的《三R互联网络安全规则》、俄罗斯的《联邦信息、信息化和信息保护法》、日本的《电信事业法》等，欧洲理事会也出台了《网络犯罪公约》。

我国信息安全法律体系建设是从20世纪80年代开始的。1994年2月，国务院颁布的《中华人民共和国计算机信息系统安全保护条例》赋予公安机关行使对计算机信息系统的安全保护工作的监督管理职权。1995年2月，全国人大常委会颁布《中华人民共和国人民警察法》明确了公安机关具有监督管理计算机信息系统安全的职责。我国有关信息安全的立法原则是重点保护、预防为主、责任明确、严格管理和促进社会发展。

我国的信息安全法律法规从性质及适用范围上可分为以下四类。

1）通用性法律法规

通用性法律法规如宪法、国家安全法、国家秘密法等，这些法律法规并没有专门针对信息安全进行规定，但它所规范和约束的对象中包括了危害信息安全的行为。

《中华人民共和国宪法》第四十条规定：“中华人民共和国公民的通信自由和通信秘密受法律的保护。除因国家安全或者追查刑事犯罪的需要，由公安机关或者检察机关依照法律规定的程序对通信进行检查外，任何组织或者个人不得以任何理由侵犯公民的通信自由和通信秘密。”

《中华人民共和国国家安全法》第十条规定：“国家安全机关因侦察危害国家安全行为的需要，根据国家有关规定，经过严格的批准手续，可以采取技术侦察措施。”第十一条规定：“国家安全机关为维护国家安全的需要，可以查验组织和个人的电子通信工具、器材等设备、设施。”第二十一条规定：“任何个人和组织都不得非法持有、使用窃听、窃照等专用间谍器材。”

《中华人民共和国保守国家秘密法》第三条规定：“一切国家机关、武装力量、政党、社会团体、企业事业单位和公民都有保守国家秘密的义务。”

2）惩戒信息犯罪的法律

这类法律包括《中华人民共和国刑法》《全国人民代表大会常务委员会关于维护互联网安

全的决定》等。这类法律中的有关法律条文可以作为规范和惩罚网络犯罪的法律规定。

《中华人民共和国刑法》第二百一十九条规定:"有下列侵犯商业秘密行为之一,给商业秘密的权利人造成重大损失的,处三年以下有期徒刑或者拘役,并处或者单处罚金;造成特别严重后果的,处三年以上七年以下有期徒刑,并处罚金。"侵犯商业秘密行为包括:

① 以盗窃、利诱、胁迫或者其他不正当手段获取权利人的商业秘密的;

② 披露、使用或者允许他人使用以前项手段获取的权利人的商业秘密的;

③ 违反约定或者违反权利人有关保守商业秘密的要求,披露、使用或允许他人使用其所掌握的商业秘密的。

3)针对信息网络安全的特别规定

这类法律规定主要有《中华人民共和国计算机信息系统安全保护条例》《中华人民共和国计算机信息网络国际联网管理暂行规定》《中华人民共和国计算机软件保护条例》等。这些法律规定的立法目的是保护信息系统、网络以及软件等信息资源,从法律上明确哪些行为构成违反法律法规,并可能被追究相关民事或刑事责任。

4)规范信息安全技术及管理方面的规定

这类法律主要有《商用密码管理条例》《计算机信息系统安全专用产品检测和销售许可证管理办法》《计算机病毒防治管理办法》等。

《商用密码管理条例》第三条规定:"商用密码技术属于国家秘密。国家对商用密码产品的科研、生产、销售和使用实行专控管理。"第七条规定:"商用密码产品由国家密码管理机构指定的单位生产。未经指定,任何单位或者个人不得生产商用密码产品。"

目前,我国信息安全法律法规体系主要由六个部分组成,分别是法律、行政法规、部门规章和规范性文件、地方性法规、地方政府规章和司法解释,表 4.5 给出了部分内容。

表 4.5　我国信息安全法律法规体系

分类	具体法律法规
法律	《中华人民共和国宪法》
	《中华人民共和国保守国家秘密法》
	《中华人民共和国国家安全法》
	《中华人民共和国人民警察法》
	《中华人民共和国刑法》
	《全国人民代表大会常务委员会关于维护互联网安全的决定》
	《中华人民共和国电子签名法》
	《中华人民共和国治安管理处罚法》(节选)
行政法规	《中华人民共和国计算机信息系统安全保护条例》
	《中华人民共和国计算机信息网络国际联网管理暂行规定》
	《商用密码管理条例》
	《中华人民共和国电信条例》(节选)
	《互联网信息服务管理办法》
	《互联网上网服务营业场所管理条例》
	《信息网络传播权保护条例》

续表

分类		具体法律法规
部门规章和规范性文件	公安部	《计算机信息系统安全专用产品检测和销售许可证管理办法》
		《计算机信息网络国际联网安全保护管理办法》
		《金融机构计算机信息系统安全保护工作暂行规定》
		《计算机病毒防治管理办法互联网安全保护技术措施规定》
	工信部	《互联网电子公告服务管理规定》
		《电信业务经营许可证管理办法》
		《计算机信息系统集成资质管理办法(试行)》
		《信息系统工程监理暂行规定》
		《中国互联网络域名管理办法》
		《非经营性互联网信息服务备案管理办法》
		《互联网IP地址备案管理办法》
		《电子认证服务管理办法》
		《互联网电子邮件服务管理办法》
		《中国互联网络信息中心域名争议解决办法》
		《中国互联网络信息中心域名争议解决办法程序规则》
	国家保密局	《中华人民共和国保守国家秘密法实施条例》
		《科学技术保密规定》
		《计算机信息系统保密管理暂行规定》
		《计算机信息系统国际联网保密管理规定》
		《涉及国家秘密的通信、办公自动化和计算机信息系统审批暂行办法》
		《涉及国家秘密的计算机信息系统集成资质管理办法(试行)》
	其他部委	《互联网新闻信息服务管理规定》(国务院新闻办公室)
		《电子认证服务密码管理办法》(国家密码管理局)
		《商用密码科研管理规定》(国家密码管理局)
		其他略
地方性法规		《辽宁省计算机信息系统安全管理条例》
		《重庆市计算机信息系统安全保护条例》
		其他略
地方政府规章		《四川省计算机信息系统安全保护管理办法》
		《山西省计算机安全管理规定》
		《黑龙江省计算机信息系统安全管理规定》
		《山东省计算机信息系统安全管理办法》
		《深圳经济特区计算机信息系统公共安全管理规定》
		其他略

续表

分类	具体法律法规
司法解释	《最高人民法院关于审理扰乱电信市场管理秩序案件具体应用法律若干问题的解释》
	《最高人民法院关于审理涉及计算机网络域名民事纠纷案件适用法律若干问题的解释》
	《关于审理涉及计算机网络著作权纠纷案件适用法律若干问题的解释》
	《最高人民法院关于审理非法出版物刑事案件具体应用法律若干问题的解释》
	其他略

我国信息安全法律法规体系的建立，有效地促进了信息安全工作的有序开展。然而信息安全是一个多层面、极其复杂的问题，不仅涉及技术领域，也深入到社会的各个层面，安全技术、安全管理、法律法规以及伦理道德等均与信息安全息息相关。只有信息安全的各个领域和层面不断丰富、完善、发展，才能最大限度地满足人们对信息安全的需求。

本章小结

物理安全在整个计算机网络信息系统安全体系中占有重要地位。物理安全涉及计算机设备、设施、环境、人员等在整个系统应当采取的安全措施，以确保信息系统安全可靠运行，防止人为或自然因素的危害而使信息丢失、泄露或破坏。

本章首先对物理安全的内涵、主要威胁、主要技术及相关标准进行了概述；然后对设备安全防护、防信息泄露、物理隔离、容错与容灾等进行了详细介绍；最后对物理安全管理所涉及的环境安全管理、设备安全管理、数据安全管理、人员安全管理等内容进行了阐述。

信息安全是建立在信息社会的基础设施及信息服务系统之间的互连、互通、互操作意义上的安全需求上的，安全需求可以分为安全技术需求和安全管理需求两个方面。在信息安全领域的多年研究实践中，人们逐渐认识到管理在信息安全中的重要性高于安全技术层面，"三分技术，七分管理"的理念在业界已经达成共识。信息安全管理所包含的内容很多，除了对人和安全系统的管理，还涉及很多安全技术层面的内容。

本章习题

一、名词解释

物理安全　电磁泄漏　红信号　物理隔离　逻辑隔离　容错　容灾

PDCA　风险评估　风险控制　CVE　CC 标准 BS7799　信息犯罪

二、简答题

1. 物理安全主要包括哪些内容？
2. 电磁泄漏的危害有哪些？
3. 如何预防电磁泄漏？
4. 物理隔离与逻辑隔离的区别是什么？
5. 如何做好容错、容灾工作？

6. 如何理解信息安全管理的内涵?

7. 各信息安全风险因素之间的关系是怎样的?

8. 风险评估的主要任务有哪些?

9. 实施风险控制主要包括哪些步骤?

10. CC与BS 7799标准有什么区别?

11. 我国有关信息安全的法律法规有什么特点?

三、辨析题

1. 有人说,电磁泄漏只是影响电子设备的使用,与信息安全无关。你认为这种说法正确与否,为什么?

2. 有人说,涉密网络采用逻辑隔离方法就能保证不泄密。你认为这种说法正确与否,为什么?

3. 有人说,信息安全风险评估就是对信息系统的安全性进行检查。你认为这种说法正确与否,为什么?

4. 有人说,保守国家秘密是那些涉密人员的事情,与我无关。你认为这种说法正确与否,为什么?

四、思考题

1. 物理安全在计算机信息系统安全中的意义是什么?

2. 物理安全主要包含哪些方面的内容?

3. 生物识别系统常见的实现方式和实现过程是怎样的?

4. 物理安全在计算机信息系统安全中的意义是什么?

5. 防止电磁泄漏的主要途径有哪些?

第 5 章

网络安全

本章学习要点	• 了解网络所面临的安全威胁； • 掌握防止网络攻击的控制措施； • 了解入侵检测系统的功能及类型。

网络安全从本质上来讲就是网络上的信息安全，其涉及的领域相当广泛，这是因为在目前的公用通信网络中存在着各种各样的安全漏洞和威胁。凡是涉及网络信息的保密性、完整性、可用性、真实性和可控性的相关技术和理论，都是网络安全所要研究的领域。严格地说，网络安全是指网络系统的硬件、软件及其系统中的数据受到保护，不受偶然的或者恶意的原因而遭到破坏、更改、泄露，系统连续、可靠、正常地运行，网络服务不中断。

5.1 网络安全威胁与控制

1. 网络安全威胁

1）威胁分类

网络所面临的安全威胁大体可分为两种：一是对网络本身的威胁；二是对网络中信息的威胁。对网络本身的威胁包括对网络设备和网络软件系统平台的威胁；对网络中信息的威胁除了包括对网络中数据的威胁外，还包括对处理这些数据的信息系统应用软件的威胁。这些威胁主要来自人为的无意失误、人为的恶意攻击、网络软件系统的漏洞和"后门"三个方面。

① 人为的无意失误是造成网络不安全的重要原因。网络管理员在这方面不但肩负重任，还面临越来越大的压力，因为其稍有考虑不周，安全配置不当，就会造成安全漏洞。另外，用户安全意识不强，不按照安全规定进行操作，如口令选择不慎，将自己的账户随意转借他人或与别人共享，这同样会对网络安全带来威胁。

② 人为的恶意攻击是目前计算机网络所面临的最大威胁。人为攻击又可以分为两类：一类是主动攻击，它以各种方式有选择地破坏系统和数据的有效性和完整性；另一类是被动攻击，它是在不影响网络和应用系统正常运行的情况下，进行截获、窃取、破译，以获得重要机密信息。这两种人为攻击均可对计算机网络造成极大的危害，导致网络瘫痪或机密泄露。

③ 网络软件系统不可能百分之百无缺陷和无漏洞。另外，许多软件都存在设计编程人员为了方便而设置的"后门"。这些漏洞和"后门"恰恰是黑客进行攻击的首选目标。

多数安全威胁都具有相同的特征，即威胁的目标都是破坏机密性、完整性或者可用性；威胁的对象包括数据、软件和硬件;实施者包括自然现象、偶然事件、无恶意的用户和恶意攻击者。

2) 对网络本身的威胁

随着计算机、网络和技术的进步,世界变得越来越紧密相连。互联网连接着数以百万计的计算机和世界上大部分地区。Internet 是一个网络的网络,由跨越私人、公共、大学和政府网络的数十亿用户组成,他们在网络上共享信息。Internet 使用 TCP/IP 协议,底层物理媒体可以使用有线、光学或无线技术。Internet 服务于广泛的应用程序,并始于电子邮件、万维网(www)和社交网络。每个应用程序可以使用一个或多个协议。有大量的个人、商业、政府和军事信息在互联网上共享,数以亿计,其中被称为黑客和其他怀有恶意的攻击者是互联网要面对的问题。

网络上有如此多的计算机、网络设备、协议和应用程序,且已经成为信息安全的严重威胁对象。任何应用程序、网络设备或协议等都可能受到攻击。互联网上的人来自世界各地,他们试图不断地测试各种系统和网络的安全性。其中有些测试只是为了好玩,有些则是带有偷盗或报复的险恶动机。威胁利用的是因网络中存在的任一漏洞而发生的事件。所有关于网络安全的讨论都将包括以下三个常用术语:

① 漏洞:网络和网络设备的固有弱点。可能是硬件,也可能是软件,或者两者都是。可能的漏洞包括路由器、交换机、服务器和安全设备本身。

② 威胁:威胁是由于漏洞的利用或对资产的攻击而可能出现的问题,例如,数据盗窃或未经授权的数据修改。

③ 攻击:攻击是一种未经授权的行为,其目的是阻碍或破坏网络的安全。攻击是由入侵者发起的,目的是对网络和网络资源(如终端设备、服务器或桌面)的薄弱环节进行破坏。

网络安全对个人计算机用户、组织和军队来说已经变得越来越重要。随着互联网的出现,安全成为一个主要问题。系统和网络技术是广泛应用的关键技术。尽管安全是新兴网络的一个关键需求,但仍然明显缺乏容易实现安全的方法。网络设计是一个基于开放系统互连(OSI)模型的成熟的过程。OSI 模型在网络设计中有许多优点,它提供了协议的模块化、灵活性、易用性和标准化,不同层的协议可以很容易地组合起来创建栈,从而允许模块化开发。

在考虑网络安全时,必须强调整个网络是安全的。网络安全不涉及通信链两端的计算机安全。在传输数据时,通信通道应具备安全性,不应该容易受到攻击。一个可使用的黑客攻击可以用目标通信通道获取数据,解密并重新插入一个错误的消息。因此,保护网络与计算机安全和信息加密一样重要。开发安全的网络模型时需要考虑以下问题:

① 访问:与特定网络通信的方法只提供给有授权的用户。

② 保密:网络中传输的信息仍然是私有的。

③ 认证:确保网络用户是他们所声称的。

④ 完整性:确保信息在传输中没有被修改。

⑤ 不可抵赖性:确保用户不拒绝使用网络。

一个有效的网络安全计划是通过识别安全问题、评估潜在攻击、确定需要的安全水平和分析使网络容易攻击的因素而制订的。目前,网络和计算机系统所面临的安全威胁主要有以下几种。

① 病毒。其特点是具有传染性、非授权可执行性、潜伏性、可触发性和破坏性,造成的危害主要有:占用系统资源、影响系统效率、阻塞网络、删除或更改数据、破坏计算机硬件设备等。

② 木马。木马是一种黑客软件，通常有两个可执行程序，一个是控制端程序，或称为客户端程序，另一个是被控制端程序，或称为服务端程序，通过控制端程序控制服务器主机，它的特点是高度隐蔽性和自我保护性。

③ 缓冲区溢出攻击。这是一种利用地址空间错误的漏洞进行的攻击，一般是由于向一个有限的缓冲区空间复制了过长的字符串而造成的，其后果是程序瘫痪，或者允许攻击者利用该漏洞运行恶意代码，从而提升权限并执行恶意命令。

④ 拒绝服务攻击(DoS)。它通过对资源发送大大超过正常数量的请求而导致服务超载，使得服务性能降低或完全中断，常用的 DoS 手段包括 ping、finger、smurf、teardrop、neptune 等，其主要危害是使目标系统无法正常工作，或造成网络堵塞。按攻击方式，DoS 可以分为：资源消耗型、修改配置型、物理破坏型和服务利用型。

⑤ 扫描。它不会对目标本身造成危害，而是通过扫描，窥探网络资源，为进一步入侵提供可用的信息，并作为下一步攻击的前奏。扫描主要包括地址扫描、端口扫描、反向映射和慢扫描。

⑥ 嗅探。其指从网络设备上捕获网络报文并进行分析的行为。一台主机的嗅探行为可以捕获其所在网络的所有数据包，也可以捕获口令、敏感信息等。

⑦ Web 欺骗。通过 URL 重写技术和信息掩盖技术，将 URL 重定向到攻击者的主机，从而监视、记录访问者的信息，同时掩盖这种行为。

⑧ IP 欺骗。这种攻击是通过技术手段并利用 TCP/IP 协议的缺陷，首先使真正的源主机暂时瘫痪，然后使用该主机的源地址与目标主机对话。一旦冒充成功，攻击者就可以在目标主机并不知情的情况下实施欺骗行为。

⑨ 口令破解。黑客非法获取用户口令的行为称为口令破解，当账户和口令以明文传输时，黑客可以通过网络监听得到用户的口令。

3）对网络中信息的威胁

(1) 传输中的威胁——偷听与窃听

实施攻击最简便的方法就是偷听(Eavesdrop)。攻击者无须额外努力就可以毫无阻碍地获取正在传送的通信内容。例如，一名攻击者(或者一名系统管理员)正在通过监视流经某个节点的所有流量进行偷听。系统管理者可能出于一种合法的目的，比如查看是否有员工不正确地使用资源(例如，通过公司内部网络访问与工作不相干的网站)，或者与不合适的对象进行通信(例如，在一台军用计算机上向敌人传递一些文件)。

窃听(Wiretap)，即通过一些努力窃取通信信息。被动窃听(Passive Wiretapping)只是“听”，与偷听非常相近，而主动窃听(Active Wiretapping)则意味着还要在通信信息中注入某些东西。例如，A 可以用自己的通信内容来取代 B 的通信内容，或者以 B 的名义创建一次通信。窃听源于电报和电话通信中的偷听，常常需要进行某种物理活动，并在这种活动中使用某种设备从通信线路上获取信息。事实上，由于与通信线路进行实际的接触不是必需的条件，所以有时即使实施窃听，通信的发送者和接收者也都不会发现通信的内容已经被窃取了。

窃听是否成功与通信媒介有关。下面将仔细介绍针对不同通信媒介的可能攻击方法。

① 电缆。对大多数局部网络而言，在一个以太网或者其他 LAN 中，任何人都可以截取电缆中传送的所有信号。每一个 LAN 连接器(如计算机网卡)都有唯一的地址，每一块网卡及其驱动程序都预先设计好了程序，用它的唯一地址(作为发送者的“返回地址”)来标识它发出的所有数据包，并只从网络中接收以其主机为目的地址的数据包。但是，仅仅删除发往某个给

定主机地址的数据包是不可能的，并且我们也没有办法阻止一个程序去检查经过的每一个数据包，但使用一种称为嗅包器(Packet Sniffer)的软件可以获取一个LAN上的所有数据包。另外，还可以对一个网卡重新编程，使它与LAN上另一块已经存在的网卡具有相同的地址。这样，这两个不同的网卡都可以获取发往该地址的数据包了(为避免被其他人察觉，伪造的网卡必须将它所截取的数据包复制后转发回网络)。就目前而言，LAN通常仅仅用在相当友好的环境中，因此，这种攻击很少发生。

一些高明的攻击者利用了电缆线的特性，不需要进行任何物理操作就可以读取其中传递的数据包。由于电缆线(以及其他电子元件)会发射无线电波，通过自感应(Self-inductance)过程，入侵者可以从电缆线上读取辐射出的信号，而无须与电缆进行物理接触。电缆信号只能传输一段较短的距离，而且可能会受到其他导电材料的影响。由于这种用来获取信号的设备并不昂贵而且很容易得到，因此，对采用电缆作为传输介质的网络应高度重视自感应威胁。为了使攻击能起作用，入侵者必须相当接近电缆，因此，这种攻击形式通常只能在攻击者有合理的理由接触到电缆的环境中实施。

如果与电缆的距离不能靠得足够近，导致攻击者无法实施自感应技术时，那么攻击者就可能采取一些更极端的措施——直接切断电缆，这是窃听电缆信号最容易的形式。如果这条电缆已经投入使用，切断它将会导致所有服务都停止。在进行修复的时候，攻击者可以很容易地分接出另外一根电缆，然后通过这根电缆来获取在原来电缆线上传输的所有信号。

网络中传输的信号是多路复用(Multiplexed)的，这意味着在某个特定的时刻不止一个信号在传输。例如：两个模拟(声音)信号可以合成起来，就像一种音乐和弦中的两个声调一样；同样，两个数字信号也可以通过交叉合成起来，就像玩扑克牌时洗牌一样。LAN传输的是截然不同的数据包，而在WAN上传输的数据在离开发送它们的主机以后会经过复杂的多路复用处理。这样，在WAN上的窃听者不仅需要截取自己想要的通信信号，而且需要将这些信号从同时经过多路复用处理的信号中区分开来。因此，只有能够同时做到这两件事情时，这种攻击方式才值得一试。

② 微波。微波信号不是沿着电线传输的，而是通过空气传播的，这使得该信号更容易被局外人接触到。发送者的信号通常都是正对着接收者发送的。信号路径必须足够宽，才能确保接收者收到信号。但从安全的角度来说，信号路径越宽，就越容易招引攻击。微波信号不仅可以在发送者与接收者连线的中间被截取，而且即使在与目标焦点有稍许偏差的地方，也可以通过架设一根天线来获取完整的传输信号。

微波信号通常都不采取屏蔽或者隔离措施以防止截取。因此，微波是一种很不安全的传输介质。然而，由于微波链路中携带着巨大的流量，因此，几乎不可能(但不是完全不能够)将某一个特定的通信信号从进行了多路复用处理的众多传输信号中分离出来。然而对于一条专有的微波链路而言，由于它只传输某一个组织机构的通信信息，因此不会因流量大而获得额外的保护。

③ 卫星通信。卫星通信也存在与微波通信相似的问题，因为发射的信号散布在一个比预定接收点更广泛的范围内。尽管不同的卫星具有不同的特点，但有一点是相同的：在一个几百公里宽、上千公里长的区域内都可以截取信号。因此，卫星信号潜在的被截取的可能性比微波信号更大。然而，由于卫星通信通常都经过了复杂的多路复用处理，因而被截取的危险性相对于任何只传输一种通信信号的介质要小得多。

④ 光纤。光纤相对于其他通信介质而言，其提供了两种特有的安全优势。第一，在每次

进行一个新的连接时，都必须对整个光纤网络进行仔细调整。因此，没有人能够在不被系统察觉的情况下分接光纤系统。且只要剪断一束光纤中的一根就会打破整个网络的平衡。第二，光纤中传输的是光能，而不是电能。电会发射电磁场，而光不会。因此，不可能在光纤上使用自感应技术。然而，即使是使用光纤也不是绝对安全可靠的，为保证安全传输，还需要使用加密技术。此外，从通信线路中间安装的一些(如中继器、连接器和分接器等)设备处获取数据会比从光纤本身获取数据更容易得多。同时，从计算设备到光纤的连接处也可能是一些渗透点。

⑤ 无线通信。无线通信是通过无线电波进行传输的。在美国，无线计算机连接与车库开门器、本地无线电(包括婴儿监控器)、一些无绳电话以及其他短距离的应用设备共享相同的频率。尽管这些会让频率带宽显得很拥挤，但是对某一个用户而言，由于其很少同时使用相同带宽上的多个设备，因此一般不会遇到争夺带宽或干扰的问题。然而，无线通信主要的威胁并不是干扰，而是截取。无线通信信号的强度能够达到100～200英尺，可以很容易地接收到强信号。而且，使用便宜的调谐天线就可以在几公里外的地方接收到无线信号。换句话说，某些人如果想要接收你发出的信号，那么在几条街的范围内都做这件事情。在停在路边的一辆卡车或者有篷货车上，拦截者就可以在相当长的一段时间内监视你的通信，而且不会引起任何怀疑。在无线通信中，通常不使用加密技术，而且在一名执着的攻击者面前，某些无线通信设备中内置的加密也往往显得并不健壮。

无线网络还存在一个问题：存在骗取网络连接的可能性。很多主机中都运行了动态主机配置协议(Dynamic Host Configuration Protocol，DHCP)，通过该协议，客户可以从主机中获得临时的IP地址和连接。这些地址一般储存在一个缓冲池中，且随时可以分配使用。当新客户通过DHCP向主机请求一个连接和一个IP地址时，服务器会从缓冲池中取出一个IP地址，并分配给发出请求的主机。这种分配机制在身份鉴别上存在一个很大的问题，即除非主机在分配连接之前对用户的身份进行鉴别，否则，任何发出请求的客户都可以分配到一个IP地址，并以此对网络进行访问(分配通常发生在客户工作站上的用户真正到服务器上进行身份确认之前，因此，在分配的时候，DHCP服务器不可能要求客户工作站提供一个已鉴别的用户身份)。这种情况可能产生非常严重的安全隐患，因为通过一些城区的连接示意图，攻击者就可以找到很多可用的无线连接。

从网络安全的观点来看，应该假设在网络结点之间所有的通信链路都存在被突破的可能。因此，商业网络用户普遍采取加密的方法来保护通信的机密性。尽管出于对性能的考虑，商业网络更倾向于通过加强物理上和管理上的安全来保护本地连接，但还是可以选择对局部的网络通信进行加密。

(2) 假冒

在很多情况下，有一种比采用窃听技术获取网络信息更简单的方法：假冒另一个人或者另外一个进程。如果你可以直接获取相同的数据，为何还要冒险从一根电缆线上去感应信息，或者从很多通信信号中费力地分离出其中的一个通信信号呢？

在广域网中采用假冒技术比在局域网中具有更大的威胁。在局域网中，攻击者有更好的方法获取对其他用户的访问，例如，他们可以直接坐到一台无人注意的工作站上，开始对其他用户的访问。然而，即使是在局域网环境中，假冒攻击也是不容忽视的。这是因为局域网有时会在未充分考虑安全措施的情况下就被连接到一个范围更大的网络中去。

在假冒攻击中，攻击者有以下五种方式可供选择：

① 猜测目标的身份和鉴别细节；

② 从以前的通信中或者通过窃听技术来获取目标的身份和鉴别细节；

③ 绕过目标计算机上的鉴别机制或使其失效；

④ 使用一个不需要鉴别的目标；

⑤ 使用一个采用了众所周知的鉴别方法的目标。

下面来对每一种选择方式进行详细介绍。

① 通过猜测突破鉴别。之所以会采用口令猜测，是因为很多用户选择了默认口令或容易被猜出的口令。在一个值得信赖的环境中，例如，在办公室 LAN 中，口令可能仅仅是一个象征性的信号，表明该用户不想让其他人使用这台工作站或者这个账户。有时，受到口令保护的工作站上含有一些敏感的数据，比如员工的薪水清单或者关于一些新产品的信息。一些用户可能认为只要有了口令就可以阻止有好奇心的同事进一步访问，但他们似乎没有想到需要防范一心要搞破坏的攻击者。因此，一旦这种值得信赖的环境连接到了一个不能信赖的较大范围的网络中时，所有采用简单口令的用户就很容易成为被攻击的目标。实际上，一些系统原本没有连接到较大的网络中，因此，这些系统的用户在开始阶段就处在一个暴露较少的环境中。但系统一旦进行了连接，这种状况就将被明显地改变。

② 以偷听或者窃听突破鉴别。随着分布式和客户/服务器计算环境的不断增加，一些用户常常需要对几台联网的计算机都有访问权限。为了禁止所有外人使用这些访问权限，就必须在主机之间进行鉴别。这些访问可能直接由用户输入，也可能通过主机对主机的鉴别协议来代表用户自动完成这些事情。不论是在哪种情况下，都要求将账户和鉴别细节传送到目标主机。当这些内容在网络上传输时，它们就可能暴露了在网络上任何一个正在监视该通信的人面前，一旦被截获，这些同样的鉴别细节就可以被假冒者反复使用，直到它们被改变为止。

由于显式地传输一个口令是一个明显的弱点，所以后来开发出了一些新的协议，这些协议可以使口令不离开用户的工作站，但是保管和使用等细节是非常重要的。

微软公司的 LAN Manager 是一种早期用于实现连网的方法，它采用了一种口令交换机制，使得口令自身不会显式地传输出去。当需要传输口令时，所传送的也只是一个加密的哈希代码。其传输的口令可以最多由 14 个字符组成，其中可以包含大小写字母、数字或者一些特殊字符，即口令的每个位置有 67 种可能的选择，因此，一共有 67^{14} 种可能——这是一个令人生畏的工作因数(Work Factor)。然而，这 14 个字符并不是分布在整个哈希表中的，它们被分成子串并分两次发送出去，分别代表字符 1～7 和 8～14。如果口令中只有 7 个或者不到 7 个字符，则第二个子串全用 Null 替代，从而可以立即被识别。若一个口令包含 8 个字符，那么在第二个子串中有 1 个字符和 6 个 Null，因此，只需进行 67 次猜测就可以找出这个字符。即使在字符个数最多情况下，对一个包含 14 个字符的口令，工作因数从 67^{14} 下降到了 $67^7+67^7-2\times67^7$，这些工作因数也相当于一个 100 亿的不同因数。LAN Manager 鉴别仍保留在很多后来出现的系统之中(包括 Windows NT)，不过只是作为一种可选项使用，以支持向下兼容像 Windows 95/98 这样的系统。以上内容说明了为什么安全和加密都是很重要的，而且必须从设计和实现的概念阶段就开始由专家对其进行严密监控。

③ 避开鉴别。很显然，鉴别只有在它运行的时候才有效。对于一个有弱点或者有缺陷的鉴别机制来说，任何系统或者个人都可以绕开该鉴别过程而访问该系统。在一个典型的操作系统缺陷中，用于接收输入口令的缓冲区大小是固定的，且系统会对所有输入的字符进行计数，包括用于更正错误的退格符。如果输入的字符数量超过了缓冲区的容纳能力，那么就会出现溢出，从而导致操作系统省略对口令的比较，并把它当作鉴别正确的口令一样对待。这些缺

陷或者弱点可以被任何寻求访问的人所利用。

许多网络主机，尤其是连接到广域网上的主机，其运行的操作系统很多都是 UNIX System V 或者 BSD UNIX。在局部网络环境中，很多用户可能都不知道正在使用的是哪一种操作系统，当然，也有少数几个人知道，或有能力知道这些信息，另外也有少数人对利用操作系统的缺陷很感兴趣。然而，在广域网中，一些黑客会定期扫描网络，以搜寻正在运行的有弱点或者缺陷的操作系统的主机。因此，连接到广域网（尤其是 Internet）上会将这些缺陷暴露给更多企图利用它们的人。

④ 不存在的鉴别。如果有两台计算机提供的是一些相同的用户存储数据和运行程序，并且每一台计算机在每一个用户第一次访问时都要对用户进行鉴别，那么可能会认为计算机对计算机（Computer-to-Computer）或者本地用户对远程进程（Local User-to-Remote Process）的鉴别是没有必要的。因为由于这两台计算机及其用户同处于一个值得信赖的环境中，重复鉴别将增加不必要的复杂性。然而，这种假设是不正确的。为了说明这个问题，来看看 UNIX 系统的处理方法。在 UNIX 系统中，. rhosts 文件列出了所有可信任主机，. rlogin 文件列出了所有可信任用户，它们都被允许不经过鉴别就可以访问系统。使用这些文件的目的是支持已经经过其所在域的主机鉴别过的用户进行计算机对计算机的连接。这些“可信任主机”也可以被局外人所利用：他们可以通过一个鉴别弱点（如一个猜出来的口令）来获取对一个系统的访问，然后就可以实现对另外一个系统的访问，前提是这个系统接受来自其可信任列表中的真实用户。

攻击者也可能知道某个系统是不需要经过身份鉴别的。一些系统设有 Guest 或者 Anonymous 账户，以便允许其他用户访问系统对所有人发布的信息。例如，一家银行可能发布目前的外币汇率列表，所有在线图书馆可能想把其目录提供给任何人进行搜索，一家公司可能允许所有人访问它的一些报告。用户可以用 Guest 登录系统，并获取一些公开的有用信息。通常，这些系统不会对这些账号要求输入口令，或者是系统会向用户显示一条消息，提示他们在要求输入口令的地方输入 GUEST（或者名字，实际上只需要任何一个看起来像人名的字符串就行）。这些系统都允许未经鉴别的用户进行访问。

⑤ 众所周知的鉴别。鉴别数据应该是唯一的，而且很难被猜出来。然而，遗憾的是，采用简单的鉴别数据和众所周知的鉴别方案有时会使得这种保护形同虚设。例如，一家计算机制造商计划使用统一的口令，以便远程维护人员可以访问世界各地的任何一个客户的计算机。幸运的是，在该计划付诸实施之前，安全专家们指出了其中潜在的危险。

简单网络管理协议（SNMP）广泛应用于网络设备（例如，路由器和交换机）的远程管理，且不支持普通的用户。SNMP 使用了一个公用字符串（Community String），这是一个重要的口令，用于公用设备彼此之间的交互。然而，网络设备被设计成可以进行带有最小配置的快速安装，并且很多网络管理员并不改变安装在一个路由器或者交换机中默认的公用字符串。这种疏忽使得这些在网络周围边界上的设备很容易受到多种 SNMP 的攻击。同样，一些销售商仍然喜欢在出售计算机时预安装一个系统管理员账号和默认口令，并且有些系统管理员忘记了要改变默认的口令或者删除这些账号。

（3）欺骗

通过猜测或者获取一个实体（用户、账户、进程、结点、设备等）的网络鉴别证书后，攻击者可以用该实体的身份进行完整的通信。在假冒方式中，攻击者扮演了一个合法的实体。与此密切相关的是欺骗（Spoofing），即攻击者在网络的另一端以不真实的身份进行交互。欺骗方式包括伪装、会话劫持和中间人攻击。

① 伪装。伪装(Masquerade)是指一台主机假装成另一台主机。伪装的常见例子是混淆URL。域名很容易被混淆,域名的类型也很容易被人们搞混。例如,xyz. com、xyz. org 和 xyz. net 可能是三个不同的组织机构,也可能只有一个(假设 xyz. com)是某个真正存在的组织机构的域名,而其他两个是由某个具有伪装企图的人注册的相似域名。名称中的连字符(coca-cola. com 对应 cocacola. com)以及容易混淆的名称(I0pht. com 对应 lopht. com,或者 citibank. com 对应 citybank. com)都是实施伪装的候选名称。

假设你想要攻击一家银行——芝加哥 First Blue Bank。该银行的域名是 BlueBank. com,因此,你首先注册一个域名 Blue-Bank. com。然后用 Blue-Bank. com 建立一个网站,并从真正的 BlueBank. com 上下载的首页作为这个网站的首页,以及使用真正的银行图标等,以使这个网站看起来尽可能地像 First Blue Bank 的网站。最后你邀请人们使用他们的姓名、账号以及口令或者 PIN 登录这个网站(这种访问重定向可以采用很多种方法来完成。例如:可以在某些有影响的网站上花钱申请一个横幅广告,使它链接到这个网站,而不是真正的银行网站;或者发邮件给一些芝加哥居民,邀请他们访问这个网站)。在从几个真正的银行用户处收集了一些个人信息之后,你可以删除这个链接,并将这个链接传递给真正的 First Blue Bank,或者继续收集更多的信息。你甚至可以不留痕迹地将这个链接转换成一个真正的 First Blue Bank 的已鉴别访问,这样,这些用户就永远不会意识到背后发生的故事。

这种攻击的另一种变化形式是"钓鱼欺诈"(Phishing)。用户接收的 E-mail 中包含了真实的 First Blue Bank 的标志,诱使用户点击该链接,然后将受害者带到 First Blue Bank 网站。这种诱使方法是为了获得受害者的账户,或者通过金钱奖励让受害者回答调查问卷(从而需要账号与 PIN 来返还金钱),或达到其他好像合法的目的。E-mail 中的链接可能是你注册的域 Blue-Bank. com,该链接可能写着"点击这里"可访问你的账户("点击这里"链接到假冒的网站),或者可能针对 URL 使用其他方式来欺骗受害者,如 www. redirect. com/bluebank. com。

② 会话劫持。会话劫持(Session Hijacking)是指截取并维持一个由其他实体开始的会话。即,假设有两个实体已经进入了会话,然后第三个实体截取了它们的通信并以其中某一方的名义与另一方进行会话。我们以 Books-R-Us 书店为例来说明这项技术。如果 Books Depot 书店采用窃听技术窃听了你和 Books-R-Us 之间传递的数据包,Books Depot 书店最初只需要监视这些信息流,让 Books-R-Us 去完成那些不容易完成的工作,如显示售货清单以及说服用户购买等。然后,当用户填完了订单,并发出订购信息的时候,Books Depot 书店截取内容是"我要付账"的数据包,然后与用户进行接下来的工作:获取邮购地址和信用卡号等。对 Books-R-Us 书店而言,这次交易看起来像是一次没有完成的交易,即用户仅仅是进来逛了圈,但由于某些原因,在购买之前决定到其他地方再去看看。这样,Books Depot 书店就劫持了这次会话。另一种与此不同的例子则涉及交互式会话,如使用 Telnet。当一名系统管理员以特权账户的身份进行远程登录时,攻击者可以使用会话劫持工具介入该通信并向系统发出命令,而这些命令就好像是由系统管理员发出的一样。

③ 中间人攻击。在会话劫持中要求在两个实体之间进行的会话有第三方介入,而中间人攻击(Man-in-the-Middle)是一种与此相似的攻击形式,也要求有一个实体介入两个会话的实体之间。与会话劫持的区别在于,中间人攻击通常在会话开始的时候就参与进来了,而会话劫持发生在一个会话建立之后。其实它们之间的区别仅仅是一种语义上的区别,这在实际上没有多大的意义。中间人攻击常常通过协议来描述,如图 5.1 所示。

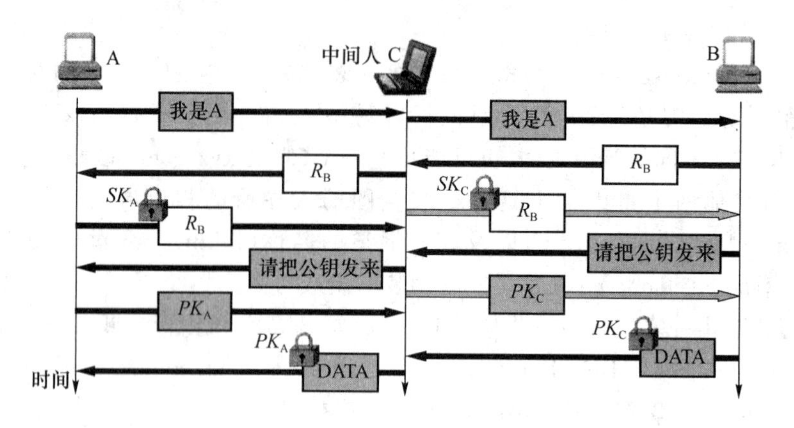

图 5.1　中间人攻击

中间人攻击的步骤如下。

步骤 1　A 向 B 发送“我是 A”的报文，并给出了自己的身份。此报文被中间人 C 截获，C 把此报文原封不动地转发给 B。B 选择一个不重复的数 R_B发送给 A，但同样被 C 截获后转发给 A。

步骤 2　中间人 C 用自己的私钥 SK_C对 R_B加密后发回给 B，使 B 误以为是 A 发来的。A 收到 R_B后用自己的私钥 SK_A对 R_B加密后发回给 B，中途被 C 截获并丢弃。B 向 A 索取其公钥，此报文被 C 截获后转发给 A。

步骤 3　C 将自己的公钥 PK_C冒充是 A 的并发送给 B，而 C 也截获到 A 发送给 B 的公钥 PK_A。

步骤 4　B 用收到的公钥 PK_C(以为是 A 的)后对数据加密并发送给 A。C 截获后用自己的私钥 SK_C解密，并复制一份留下，再用 A 的公钥 PK_A对数据加密后发送给 A。A 收到数据后，用自己的私钥 SK_A解密，以为和 B 进行了保密通信。其实，B 发送给 A 的加密数据已被中间人 C 截获并解密了一份，但 A 和 B 却都不知道。

(4) 消息机密性面临的威胁

由于使用了公共网络，攻击者可以很容易破坏消息的机密性(也可能是消息的完整性)。采用前面所讲过的窃听和假冒攻击可以让消息失去机密性和完整性。下面讨论可能影响消息机密性的其他五种威胁。

① 误传。因为网络硬件或者软件中存在一些缺陷，因此有时可能会导致消息被误传。其中，经常出现的情况是整个消息丢失了，而这是一个完整性或者可用性问题。当然，偶尔也会出现目的地址被修改或者由于某些处理单元失效，从而导致消息被错误地传给了其他人。然而，所有这些“随机”事件都是相当罕见的。与网络缺陷相比，人为的错误出现得更为频繁。例如，将一个地址 100064,30652 输成了 10064,30652 或 100065,30642，或者将 David Ian Walker 的缩写 diw 输成了 idw 或 iw 等，类似的事情简直数不胜数。计算机网络管理员通过无意义的长串数字或“神秘的”首字符缩写去识别不同的人，这难免会出现错误，而使用有意义的一些词，如 iwalker，则犯错误的可能性会小些。

② 暴露。为了保护消息的机密性，必须对从它被创建到被释放的整个过程进行跟踪。在整个过程中，消息的内容将暴露在临时缓冲区中，遍及整个网络的交换器、路由器、网关和中间主机以及建立、格式化和表示消息的进程工作区中。被动窃听是一种暴露消息的方式，同时也是对传统网络结构的破坏，因为在传统网络结构中，消息只会传送到它的目的地。最后要指出

的是，在消息的出发点、目的地或者任何一个中间结点都可以通过截取的方式暴露消息。

③ 流量分析。有时，不仅消息自身是需要保密的，而且连存在这条消息的这个事情都是需要保密的。例如：在战争时期，如果敌人发现了我们的指挥部与一个特别行动小组之间有大量的网络流量，他们就可能怀疑我们正在策划一项与该小组有关的重大行动计划；在商业环境中，如果发现一家公司的总经理向另一家竞争公司的总经理发送消息，就可能让人怀疑他们企图垄断或共谋定价；在政治环境中，如果一个国家与另一个国家的外交关系处于停顿状态，那么一旦发现首相间有通信活动，就能让人推测出两国关系有缓和的可能。在这些情况下，我们既需要保护消息的内容，也需要保护标识发送者和接收者的报头信息。

(5) 消息完整性面临的威胁

在许多情况下，通信的完整性或者正确性与其机密性至少是同等重要的。事实上，在很多情况下完整性其实是极为重要的，如传递鉴别数据。人们依赖于电子消息来作为司法证据及行动指导，且这种情况越来越多了。例如，如果你收到了一位好朋友的消息，让你在下星期二的晚上到某家酒馆喝两杯，那么你很可能会在约定时间准时到达那里。与此类似，假如你的上司给你发了一条消息，要求你立即停止当前项目A中的所有工作，转而将所有精力投入项目B中，你也可能会遵从命令。只要这些消息的内容是符合情理的，我们就会像是收到了一封签名信件、一个电话或者进行了一次面对面的交谈一样，采取相应的行动。然而，攻击者可能会利用我们对电子消息的信任来误导我们。特别是，攻击者们可能会：

① 改变部分甚至全部的消息内容；

② 完整地替换一条消息，包括日期、时间以及发送者/接收者的身份；

③ 重用一条以前的消息；

④ 摘录不同的消息片段来组合成一条消息；

⑤ 改变消息的来源；

⑥ 改变消息的目标；

⑦ 毁坏或者删除消息。

2. 网络安全控制

1）数据加密

加密是一种强有力的手段，能为数据提供保密性、真实性、完整性和限制性访问。由于网络常常面临着更大的威胁，因此，人们常常使用加密来保证数据的安全，有时可能还会结合其他控制手段。

在研究加密如何应用于网络安全威胁前，我们应先考虑如下几点。首先，加密不是灵丹妙药。一个有缺陷的系统设计即使加密了，也仍然是一个有缺陷的系统设计。其次，加密只保护被加密的内容(这似乎是显然的，其实并不尽然)。在数据被发送前，即在用户的“指尖”到加密处理之间数据就已经被泄露了，而这些数据在远程被收到并解码后，可能被再次泄露。即使是最好的加密也不能避免特洛伊木马攻击，因为特洛伊木马在加密前就拦截了数据。最后，加密带来的安全性不会超过密钥管理的安全性。如果攻击者能猜测或推导出一个弱加密密钥，那么攻击者的目的就达到了。

在网络应用软件中，加密可以应用于两台主机之间(称为链路加密)，也可以应用于两个应用软件之间(称为端到端加密)，下面将分别介绍这两种形式。但不管采用哪一种加密形式，密钥的分发都是一个待解决的问题。考虑用于加密的密钥必须以一种安全的方式传递给发送者和接收者,因此,本节也将研究用于实现网络中安全的密钥分发技术。此外,本节还将研究一种用于网络计算环境的密码工具。

(1) 链路加密

在链路加密技术中,系统在将数据输入物理通信链路之前对其进行加密。在这种情况下,加密发生在 OSI 模型中的第一层或第二层(在 TCP/IP 协议中是这样)。同样,解密发生在到达并输入接收的计算机系统的时候。链路加密模型如图 5.2 所示。

加密保护了在两台计算机之间传输的消息,但存在于主机上的消息是明文(明文意味着"未经加密")。需要注意的是,因为加密是在底层协议中进行的,因而消息在发送者和接收者的其他所有层上都是暴露的。如果主机有很好的物理安全隔离措施,那么可能不会太在意由这种暴露构成的威胁(例如,这种暴露发生在发送者或者接收者的主机或工作站上时,可以使用安装了警报器或者加了重锁的门保护起来)。然而,应该注意到的是,在消息传输路径上的所有中间主机中,消息在协议的上面两层是暴露的。而暴露之所以发生,是因为路由和寻址信息不是由底层读取的,而是在更高层上进行处理的。消息在所有中间主机上都是未经加密的,而且不能保证这些主机都是值得信赖的。

链路加密对用户来说是透明的。这代表着,加密实际上变成了由低级网络协议层完成的传输服务,就像消息寻址或者传输错误检测一样。图 5.3 展示的是一条典型的经过链路加密后的消息,其中,阴影部分代表被加密过的。因为数据链路的头部和尾部的一些部分是在数据块被加密之前添加上去的,所以每一个数据块都有一部分是用阴影来表示的,即加密的。由于消息 M 在每一层中都要进行处理,因而头部和控制信息在发送端处会被加到消息上去,并在接收端处被删除。硬件加密设备运行速度快而且可靠。在这种情况下,链路加密对操作系统和操作者来说都是透明的。

当传输线路成为整个网络的最大弱点时,链路加密就特别适用。但如果网络上的所有主机都相当安全而通信介质是与其他用户共享或者不够安全的,则链路加密就是一种简便易用的方法。

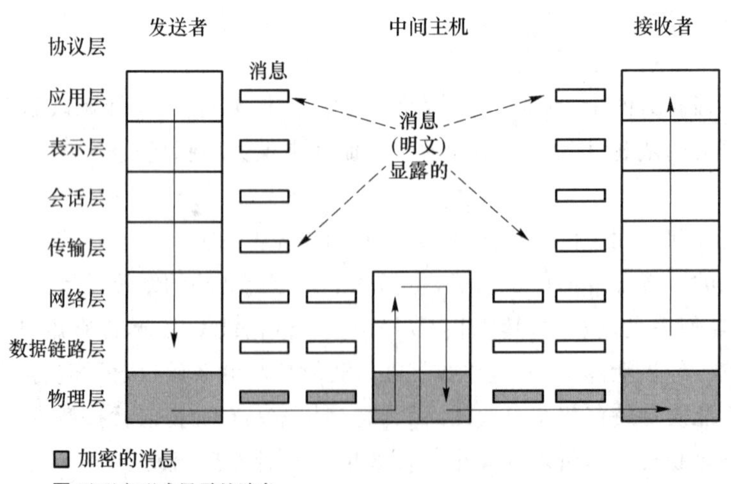

图 5.2　链路加密模型

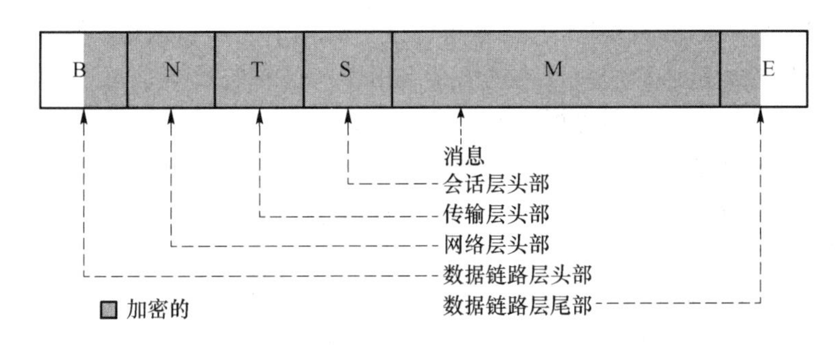

图 5.3 链路加密后的消息

(2) 端到端加密

顾名思义,端到端加密从传输的一端到另一端都提供了安全保障。加密可以由用户和主机之间的硬件设备来执行,也可以由运行在主机上的软件来执行。在这两种情况下,加密都是在 OSI 模型的最高层(第七层,应用层;也可能是第六层,表示层)上完成的。端到端加密模型如图 5.4 所示。由于加密是在所有的寻址和传输处理前完成的,所以消息以加密的数据形式在整个网络上进行传输。这种加密方式可以解决在传输模型的较低层上存在的潜在弱点的问题,即使一个较低层不能保证消息安全,导致其收到的消息泄密了,数据的机密性也不会受到威胁。图 5.5 展示的是一条典型的经过端到端加密后的消息,其中加密的部分用阴影表示。

端到端加密后的消息即使经过了多台主机也能够保证机密性,因为消息的数据内容仍然是加密的,而且消息在传输的时候也是加密的(这可以防止在传输过程中泄密)。因此,即使消息必须经过 A 和 B 之间路径上潜在的不安全结点,也能够防止消息在传输中泄密。

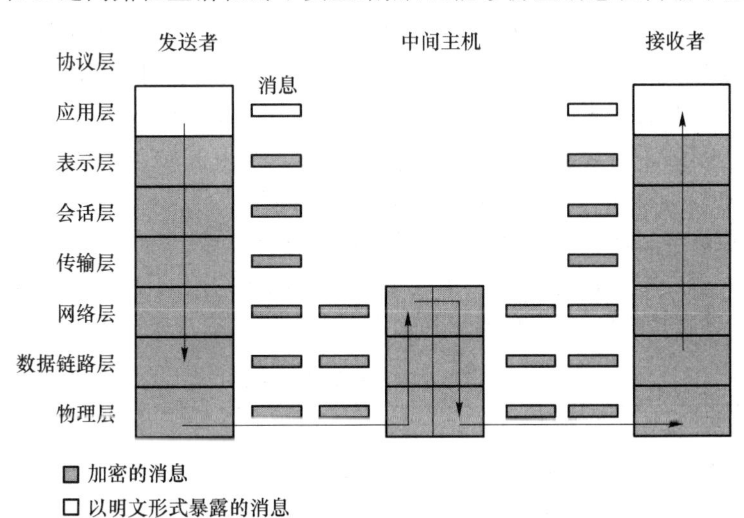

图 5.4 端到端加密模型

(3) 链路加密与端到端加密的比较

对消息进行简单加密不能绝对保证在传输过程中或者在传输之后消息不会被泄密。然而,在很多情况下,考虑窃听者破译密码的可能性和消息的时效性,加密技术已经足够强大了。因为安全包含很多方面的内容,所以必须在攻击的可能性与保护措施上求得均衡,而不是强调绝对的安全保证。

在链路加密方式中,经过一条特定链路的所有传输数据都要经过加密过程。通常,一台特定的主机与网络只有一条链路相连，这就意味着该主机发出的所有通信都会被加密。这种加密方案要求接收这些加密通信的每台主机都必须用相应的密码设备来对这些消息解密，而且所有主机必须共享密钥。一条消息可能会经过一台或者多台中间主机的传递，最终到达接收端。如果该消息在网络中的某些链路上经过了加密处理，而在其他链路上没有经过加密处理，那么加密就失去了部分优势。因此，如果一个网络最终决定采用链路加密，那么该网络中的所有链路通常都进行加密处理。

与此相反，端到端加密应用于"逻辑链路"，是两个进程之间的通道，位于物理路径以上的一层。由于在传输路径上的中间主机不需要对信息进行加密或解密，所以它们不需要任何密码设备。因此，加密仅仅用于需要进行加密处理的消息和应用软件。此外，也可以使用软件来进行加密，这样可以有选择地进行加密，即有时可以对一个应用进行加密，有时甚至可以对特定应用中的某一条消息进行加密。

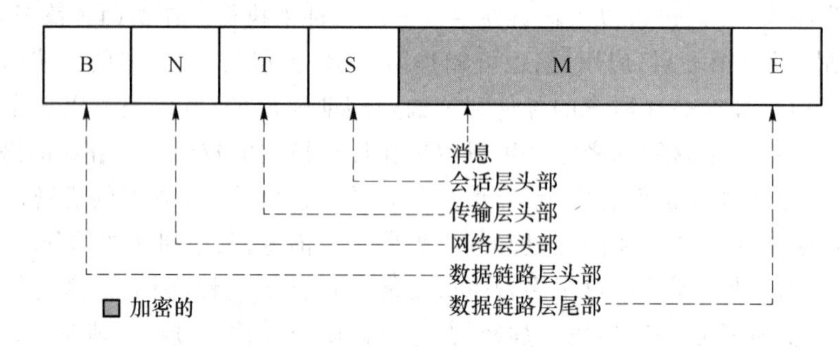

图 5.5　端到端加密后的消息

当考虑加密密钥时，端到端加密的可选择性将变成一个缺点。在端到端加密中，每一对用户之间有一条虚拟的加密信道。为了提供适当的安全性，每一对用户应该共享唯一的密码密钥，因此密钥的数量要求与用户对的数量相等，即 n 个用户需要 $n\times(n-1)/2$ 个密钥。随着用户数量的增加，需要的密钥数量会迅速上升，且这是假设使用单密钥加密的情况下计算出来的数量。在使用公钥的系统中，每名接收者仅需要一对密钥。

如表 5.1 所示，链路加密对用户而言，速度更快、更容易实施，而且使用的密钥更少。端到端加密则更灵活，用户可以有选择地使用，这种加密是在用户层次上完成的，并且可以集成到应用软件之中。要说明的是，没有任何一种加密形式是能够适用于所有情况的。

表 5.1　链路加密与端到端加密的比较

	链路加密	端到端加密
主机内部安全	数据在发送主机上是暴露的	数据在发送主机上是加密的
	数据在中间结点上是暴露的	数据在中间结点上是加密的
用户的任务	由发送主机使用	由发送进程使用
	对用户不可见	用户使用加密
	由主机维护加密	用户必须寻找相应算法
	一套设施提供给所有用户使用	用户选择加密
	加密通常采用硬件完成	软硬件均可实现
	数据要么都加密，要么都不加密	用户可以选择是否加密，也可以选择针对每个数据项加密
实现时考虑的问题	要求每一对主机一个密钥	要求每一对用户一个密钥
	提供结点鉴别	提供用户鉴别

在某些情况下，两种加密方式都可以使用。如果用户不信任系统提供的链路加密质量，则可以使用端到端加密。同样，如果系统管理员担心某个应用程序中使用的端到端加密方案的安全性，那么也可以安装一台链路加密设备。如果两种加密方式都相当快，重复采用两种安全措施也几乎没有什么负面影响。

(4) SSH 加密

安全外壳(Secure Shell,SSH)协议是一对协议(包括版本1和版本2)，最初是为UNIX设计的，但也可用于Windows 2000系统，为Shell或者操作系统命令行解释器提供了一个鉴别和加密方法。为实现远程访问，SSH协议的两个版本都取代了UNIX的系统工具(如Telnet、rlogin和rsh等)。SSH协议能有效防止欺骗攻击和修改通信数据。SSH协议还包括在本地与远程站点之间协商加密算法(例如，DES、IDEA和AES算法)以及鉴别(包含公钥和Kerberos)。

(5) SSL 加密

安全套接层(Secure Socket Layer,SSL)协议最初是由Netscape公司设计来保护浏览器与服务器之间的通信的，也称传输层安全(Transport Layer Security,TLS)。SSL实现了应用软件(如浏览器)与TCP/IP协议之间的接口，在客户与服务器之间提供了服务器鉴别、可选客户鉴别和加密通信通道。其中，客户与服务器为会话加密协商了一组相互支持的加密方式，该方式可能使用三重DES算法和SHA-1，或者128位密钥的RC4以及MD5。要使用SSL协议，客户首先要请求一个SSL会话。服务器用其公钥证书响应，以便客户可以确认服务器的真实性。客户返回用服务器公钥加密的对称会话密钥部分。服务器与客户都要计算会话密钥，然后使用共享的会话密钥进行加密通信。

该协议虽然简单，但是很有效，并且已经成为Internet上使用最广泛的安全通信协议。但是，需要注意的是，SSL协议只保护从客户端浏览器到服务器解密点这一范围(服务器解密点通常是指服务器的防火墙，或者稍微强一点，是到运行Web应用的计算机)，即，从用户键盘输入到浏览器，以及穿过接收者公司网络的这段路，数据都将面临被泄露的风险。

(6) IPSec

32位Internet地址结构正在逐步被用尽，而一种称为IPv6(IP协议组的第六个版本)的新结构解决了寻址问题。作为IPv6协议组的一个部分，IETF采用了IP安全协议组(IP Security Protocol Suite,IPSec)。针对一些基本的缺陷(例如，容易遭受欺骗、窃听和会话劫持等攻击)，IPSec定义了一种标准方法来处理加密的数据。由于IPSec是在IP层上实现的，所以它会影响到上面各层，特别是TCP和UDP。因此，IPSec要求不改变已经大量存在的TCP和UDP。

IPSeC在某些方面与SSL协议有些相似，它们都在某种程度上都支持鉴别和机密性，也不会对其上的层(在应用层)或者其下的层进行重大改变。像SSL协议一样，IPSec被设计成与具体的加密协议无关，并允许通信双方就一组相互支持的协议达成一致即可。

(7) 签名代码

一些人可以将活动代码放置在网站上，等着毫无戒心的用户下载。活动代码将使用下载它的用户的特权进行运行，这样将会造成很严重的破坏，包括删除文件、发送垃圾邮件，甚至通过特洛伊木马造成轻微而难以察觉的损害等。如今，网站的发展趋势是允许从中心站点下载应用软件和进行软件升级的，因此，下载到一些恶意软件的危险性也正在增加。

签名代码(Signed Code)是减少这种危险性的一种方法，即让一个值得信赖的第三方对一段代码追加一个数字签名,言外之意就是使代码更值得信赖。PKI 中有一个签名结构有助于实现签名。那么谁可以担当可信赖的第三方呢?一个众所周知的软件生产商可能是公认的代码签名者。那生产设备驱动程序或者代码插件的不知名小公司是不是也值得信赖呢?如果代码的销售商不知名,则他的签名是没有用处的,因为无赖也可以发布自己的签名代码。然而,在 2001 年 3 月,VeriSign 表示它以微软公司的名义错误地发布了两个代码签名证书给一个声称是(但实际上不是)微软公司的职员。在错误被检查出来之前,这些证书已经流通了将近两个月的时间。虽然后来 VeriSign 检查出了这个错误并取消了这些证书,而且只需要检查 VeriSign 的列表就可以知道该证书已被撤销,但绝大多数人都不会对带有微软公司签名的代码产生怀疑。

(8) 加密的 E-mail

一封 E-mail 可以比作一张明信片的背面,邮件投递员以及在邮政系统中经手明信片的任何人都可以阅读其中的地址和消息部分的任何内容。为了保护消息和寻址信息的私有权,可以使用加密来保护消息的机密性及其完整性。

正如在其他几种应用中看到的一样,加密其实是一个相对比较容易的部分,密钥管理才是一个更困难的问题。密钥管理通常有两种方法,分别是使用分层的、基于证书的 PKI 方案来交换密钥以及使用单一的、个人对个人的交换方式。分层方法称为 S/MIME,已经广泛用于商业邮件处理程序,比如 Microsoft Exchange 或者 Eudora。个人方法称为 PGP,是一种商业附加软件。

2) 虚拟专有网络

链路加密可为网络用户提供一种环境,在这种环境中,让他们感觉仿佛处在一个专有网络中,因此这种方法被称为虚拟专有网络(Virtual Private Network,VPN)。一般情况下,物理安全性和管理安全性已经足够保护网络边界内的传输了。因此,对于用户而言,用户的工作站(或者客户机)与主机网络(或者服务器的边界)之间就是最大的暴露之处。

防火墙是一种访问控制设备,常常部署在两个网络或者两个网络段之间,它过滤了在受保护的(即"内部")网络与不可信的(即"外部")网络或网络段之间的所有流量。许多防火墙都可用于实现 VPN。当用户第一次与防火墙建立通信时,用户可以向防火墙请求一个 VPN 会话。随后用户的客户机与防火墙通过协商获得一个会话加密密钥,并使用该密钥对它们之间的所有通信进行加密。通过这种方法,一个较大的网络将被限制为只允许进行由 VPN 所指定的特殊访问。换句话说,用户就像是使用的网络是专有的。有了 VPN,通信就通过一个加密隧道或者隧道进行传输。VPN 的建立如图 5.6 所示。

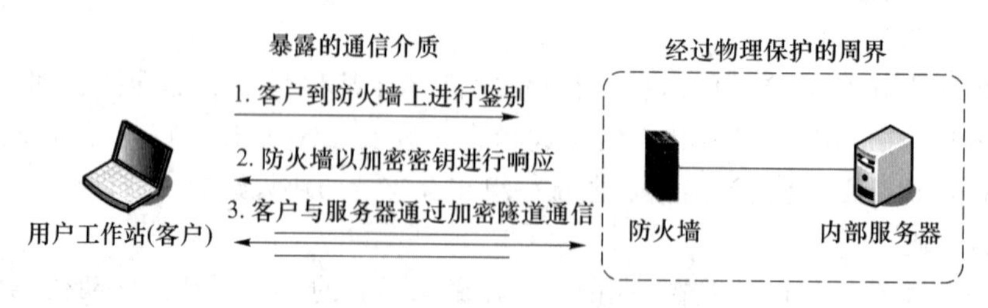

图 5.6　建立 VPN 的过程

在防火墙与网络边界内的鉴别服务器进行交互时,建立 VPN。防火墙会将用户的鉴别数据传递给鉴别服务器,在确认了用户的身份以后,防火墙将给用户提供相应的安全特权。例如,一位被鉴别为可信赖之人(例如,雇员或者系统管理员)可能会被允许访问普通用户不能访问的资源。通过这种方式，防火墙在 VPN 的基础上就实现了访问控制。

3) PKI 与证书

公钥基础设施(PKI)是一个为实现公钥加密而建立的进程，常常用于一些大型和分布式应用环境中。PKI 为每一个用户提供了一套与身份鉴别和访问控制相关的服务，包括：

① 使用(公开的)加密密钥建立与用户身份相关的证书；

② 从数据库中分发证书；

③ 对证书签名，以增加证书真实性的可信度；

④ 确认(或者否认)一个证书是有效的；

⑤ 无效证书意味着持有该证书的用户不再被允许访问，或者他们的私钥已经泄密。

PKI 常常被当作一种标准，但事实上它定义了一套包括策略、产品和规程的框架。该框架中，首先，策略定义了加密系统的操作规则，尤其指出了怎样处理密钥和易受攻击的信息，以及如何使控制级别与危险级别相匹配。其次，规程规定了怎样生成、管理和使用密钥。最后，产品实际上实现了这些策略，并负责生成、存储和管理密钥。

PKI 建立的一些实体，称为证书管理中心(Certificate Authority)，以实现 PKI 证书管理规则。通常情况下，证书管理中心被认为是可信赖的，因此，用户可以将证书的解释、发放、接收和回收工作委托给证书管理中心来做。证书管理中心的活动概括如下：

① 对公钥证书的整个生命周期进行管理；

② 通过将一个用户或者系统的身份绑定到一个带有数字签名的公钥来发放证书；

③ 为证书安排终止日期；

④ 通过发布证书撤销列表来确保证书在需要的时候被撤销。

证书管理中心的功能可以在管理中心的内部或一个商业服务或可信任的第三方实现。

PKI 还包含一个注册管理中心，充当用户和证书管理中心之间的接口。注册管理中心获取并鉴别用户的身份，然后向相应的证书管理中心提交一个证书请求。从这个意义上来看，注册管理中心非常像美国邮政管理局，而邮政管理局扮演的角色是美国政府部门的代理，允许美国公民获取护照(美国官方证书)。当然，公民在获得护照之前必须提供一些表格、身份证明，并向护照发行办公室(证书管理中心)提出真实护照(与证书类似)申请。与护照类似，注册管理中心的性质决定了发放证书的信任级别。

许多国家正在为实现 PKI 而努力，目的是使公司和政府代理实现 PKI 的部署和互操作性。绝大多数 PKI 进程使用证书将身份与一个密钥绑定在一起。但是，目前的研究正在将证书的概念扩展为一些更广的信任特征。例如，信用卡公司可能对验证客户的经济状况比对验证客户的身份更感兴趣，此时，他们可能会使用一个证书将客户的经济状况和一个密钥绑定在一起的 PKI 方案。简单分布式安全基础设施(Simple Distributed Security Infrastructure，SDSI)便采用了这种方案，它包含身份证书、组成员关系证书和名称绑定证书。

目前已经出现了两个相关标准的草案：ANSI 标准 X9.45 和基础设施(Simple Public Key Infrastructure，SPKI)。PKI 还是一个不成熟的处理方案，仍有很多问题需要解决，尤其是 PKI 还没有在大规模的应用环境中实现过。表 5.2 列出了在学习 PKI 的更多有关内容时应该注意的几个问题。首先，证书管理中心应该经过独立实体的批准和验证。此外，证书管理中心的私钥应该存储在一个抗篡改的安全模块中。其次，对证书管理中心和注册管理中心的访问应该进行严格控制，这可通过一些强用户鉴别方式(如智能卡)加以实现。

在对证书进行保护时涉及的安全问题还包括管理过程。例如，应该要求有多个操作者同时授权证书请求，设置一些控制措施来检测黑客并阻止他们发布伪造的证书请求，这些控制措施可能包括数字签名和强加密技术。最后，还必须进行安全审计跟踪，以便在系统出现故障时能够重建证书信息，以及在鉴别过程受到攻击被破坏时能够恢复。

表 5.2　与 PKI 相关的应注意的问题

特性	问题
灵活性	应该如何实现互操作性及如何与其他 PKI 的实现保持一致 ① 开放的、标准的接口 ② 兼容的安全策略
	应该如何注册证书 ① 面对面注册、电子邮件注册、Web 注册还是通过网络注册 ② 单个注册还是成批注册（比如身份证、银行卡）
易用性	应该如何训练人们设计、使用和维护 PKI
	应该如何配置和集成 PKI
	应该如何与新用户合作
	应该如何进行备份及故障恢复
对安全策略的支持	PKI 如何实现一个组织机构的安全策略
	谁有责任，有什么样的责任
可伸缩性	应该如何加入更多的用户
	应该如何加入更多的应用软件
	应该如何加入更多的证书授权
	应该如何加入更多的注册授权
	应该如何扩展证书的类型
	应该如何扩展注册机制

4）身份鉴别

在网络中，想要安全地实现身份鉴别可能会很困难，因为在网络环境中很可能会出现窃听和偷听。通信双方可能需要相互身份鉴别：在通过网络发送口令之前，用户需要确定是否在和所期望的主机进行通信。下面深入探讨适用于网络环境中的身份鉴别方法。

（1）一次性口令

偷听意味着在一个不安全的网络中传输的用户口令很容易被窃听。采用一次性口令（One-Time Password）可以预防远程主机的偷听和欺骗。顾名思义，一次性口令只能使用一次。要想知道它是怎样工作的，需要先考虑最早出现的情况。在早期的实现中，用户和主机都能访问同样的口令列表。用户在第一次登录时使用第一个口令，第二次登录时使用第二个口令，依次类推。由于口令列表是保密的，而且没有人能根据一个口令猜测出另一个口令，因此，即使通过偷听获得了一个口令也是毫无用处的。然而，正如一次一密乱码本一样，人们在维护这张口令列表时会遇到麻烦。

为了解决这个问题，可以使用一个口令令牌（Password Token），这是一种专门的设备，用于产生一个不能预测但可以在接收端通过验证的口令。最简单的口令令牌形式是同步口令令牌，如 RSA Security 公司的 SecurID 设备。这种设备能显示出一个随机数，而且每分钟会产生一个新的随机数。每个用户拥有的设备都不相同（以保证产生不同的密钥序列），用户读取设备显示的数据，并将其作为一次性口令输入。接收端的计算机执行算法产生适合于当前时刻的口令。如果用户的口令与远程计算得出的口令相符，则该用户就能通过鉴别。由于设备之间可能会出现偏差(例如，一台设备的时钟走得比另一台设备的时钟稍快一点)，所以这些设备还需要使用相应的规则来解决时间的漂移问题。这种方法有什么优缺点呢？首先，它容易使用，并且杜绝了通过偷听重用口令的现象。另外，由于它采用了一种强口令生成算法，所以也能避免被欺骗。然而，如果丢失了口令生成器，或者遇到更糟糕的情况，口令生成器落入了攻击者的手中，那么系统就会面临危险。此外，由于仅仅每隔 1 min 就会产生一个新口令，所以只有一个很小(1 min)的脆弱性窗口留给窃听者来重用一个窃听到的口令。

(2) 质询——响应系统

为了避免丢失和重用问题，一种更为成熟的一次一密方案是使用质询和响应方案。质询和响应设备看起来就像一个简单的计算器。用户首先在设备上进行身份鉴别(通常使用 PIN)，随后远程系统就会发送一个称为"质询"的随机数，用户将其输入设备之中。然后设备使用另一个数字进行响应，而后用户将其传递给系统。

系统在用户每一次使用时都会用一个新的"质询"来提示用户，因此，使用这种设备将消除用户重用一个时间敏感的鉴别符的弱点。如果没有 PIN，响应生成器即使落入其他人的手中也是毫无用处的。然而，用户也必须使用响应生成器来登录，因此设备丢失或遭到破坏也会造成用户得不到服务。另外，这些设备不能排除远程主机是无赖的可能性。

(3) Digital 分布式鉴别

早在 20 世纪 80 年代，Digital 公司就已经意识到需要在一个计算系统中鉴别除人之外的其他实体。例如，一个进程接收了用户查询，然后重构它的格式或者进行限制，最后提交给一个数据库管理器。数据库管理器和查询处理器都希望能确保它们之间的通信信道是可信任的。这些服务器既不在人的直接控制下运行，也没有人对其进行监控(尽管每一个进程都是由人来启动的)。因此，适用于人的访问控制用在这里是不合适的。Digital 公司为这种需求建立了一种简单的结构，该结构能有效防御以下威胁：

① 一个无赖进程假冒其中一台服务器，因为该结构中的两台服务器都涉及鉴别；

② 窃听或者修改服务器之间交换的数据；

③ 重放一个以前的鉴别。

在这种结构中，假设每一台服务器都有自己的私钥，而且需要建立一个鉴别信道的进程来获得相应的公钥或已持有该公钥。为了在服务器 A 和服务器 B 之间开始一次鉴别通信，服务器 A 向服务器 B 发送了一个经过服务器 B 的公钥加密的请求。服务器 B 将该请求解密，并使用一条经过服务器 A 的公钥加密的消息作为响应。为了避免重放，服务器 A 和服务器 B 可以附加一个随机数到加密的消息中。只要服务器 A 和服务器 B 的任一方选择一个加密密钥(用于保密密钥算法)，并在鉴别消息中将密钥发送给对方，就可以由此建立一个私有信道。一旦鉴别完成，所有基于该保密密钥的通信都可以被认为是安全的。为了保证信道的保密性，Gasser 推荐了一种分离的加密处理器(比如智能卡)，可以使私钥永远不会暴露在处理器之外。然而，这种鉴别机制在实现的时候仍然需要解决两个难题：怎样才能发布大量的公钥？怎样发布这些公钥才能安全地将一个进程与该密钥进行绑定？Digital 公司意识到需要一台密钥服务器(也许有若干个类似的服务器)来分发密钥，而第二个难题可以采用证书和证明等级来解决。这种鉴别机制的其余部分在某种程度上暗示了这两种设计结果。另外一种不同的方法是由 Kerberos 提出的，接下来对其进行介绍。

(4) Kerberos

Kerberos 是一个系统,支持在分布式系统中实现鉴别。在最初设计时,采用的是保密密钥加密的工作方式。在最近的版本中,使用的是公钥技术支持密钥交换。Kerberos 系统是由麻省理工学院设计出来的,用于智能进程之间的鉴别,例如,客户对服务器或者用户工作站对其他主机的鉴别。Kerberos 的思想基础是:中心服务器提供一种称为票据(Ticket)的已鉴别令牌,向应用软件提出请求。其中,票据是一种不能伪造、不能重放和鉴别的对象,也就是说,它是一种用户可以获得的用于命名一个用户或者一种服务的加密数据结构,其中也包含一个时间值和一些控制信息。

Kerberos 通过以下设计来抵御分布式环境中的各种攻击:

① 网络中的无口令通信;

② 加密保护可以防止欺骗;

③ 有限的有效期;

④ 时间戳阻止重放攻击;

⑤ 相互鉴别。

Kerberos 并不是解决分布式系统安全问题的完美答案,其存在以下问题:

① Kerberos 要求一台可信任的票据授权服务器连续可用;

② 服务器的真实性要求在票据授权服务器与每一台服务器之间保持一种信任关系;

③ Kerberos 要求实时传输;

④ 一个被暗中破坏的工作站可以存储用户口令并在稍后重放该口令;

⑤ 口令猜测仍能奏效;

⑥ Kerberos 不具有可伸缩性;

⑦ Kerberos 是一整套解决方案,不能与其他方案结合使用。

(5) WEP

IEEE 802.11 无线标准依赖的加密协议称为有线等效保密(Wired Equivalent Privacy, WEP)协议。WEP 提供的用户保密性等效于有线专用的保密性,可防止偷听和假冒攻击。WEP 在客户端与无线访问点间使用共享密钥。为了鉴别用户,无线访问点发送一个随机的数字给客户端,客户端使用共享密钥加密,再返回给无线访问点。从这时起,客户端与无线访问点已完成鉴别,之后便可使用共享密钥进行通信。

WEP 标准使用的是 64 位或 128 位密钥。用户以任何方便的方式输入密钥,通常是十六进制数字,也可转换为数字的包含文字和数字的字符串。输入 64 位或 128 位的十六进制数要求客户端和访问点选择并正确地输入 16 个或 32 个符号。常见的十六进制字符串如 C0DE C0DE……("C"和"D"之间是数字"0")。然而,在字典攻击面前,口令是脆弱的。即使密钥设计是强壮的,但是在算法中的使用方式还是决定了密钥的有效长度只有 40 位或 104 位。对于 40 位密钥,采用暴力攻击的话就很容易成功。甚至对于 104 位密钥,由于 RC4 算法中的缺陷及其使用方式也将导致 WEP 安全失效。从 WEPCrack 和 Airsnort 开始,若有几个工具帮助攻击者,那么攻击者通常能在几分钟内破解 WEP 加密。在 2005 年的一次会议上,FBI 展示了破解 WEP 安全的无线会话是多么容易。

基于这些原因,在 2001 年,IEEE 开始对无线会话进行设计新鉴别和加密方案。遗憾的是,一些在市场流通的无线设备仍在使用 WEP 的假安全。

(6) WPA和WPA2

替代WEP的一项安全技术是2003年通过的Wi-Fi保护访问(Wi-Fi Protected Access, WPA)。2004年通过了WPA2,它是基于IEEE标准802.11i,是WPA的扩展版。那么WPA是如何改进WEP的呢?

首先,直到用户在客户端和无线访问点输入新的密钥之前,WEP使用的密钥是不能改变的。而一个固定的密钥将给攻击者提供大量的密文来进行破解,并有充足的时间来分析它,所以加密学家讨厌不改变密钥。对此,WPA有一种密钥改变方法,称为暂时密钥集成程序(Temporal Key Integrity Program,TKIP),TKIP可针对每个包自动改变密钥。其次,尽管固定的密钥是不安全的,但WEP仍然使用密钥作为鉴别器。对此,WPA使用可扩展认证协议(Extensible Authentication Protocol,EAP),在这种协议中,口令、令牌、数字证书或其他机制均可用于鉴别。小型网络(家用网络)用户可能仍然共享密钥,但这还是不理想的做法。由于用户易于选择弱密钥,如短数字或口令,从而遭受字典攻击。

WEP的加密算法是RC4,这种算法在密钥长度和设计上是有加密缺陷的。在WEP中,针对RC4算法的初始化向量只有24位,由于太短,以至于经常发生碰撞。此外,WEP还存在不经检查就重用初始化向量的问题。为此,WPA2增加了AES作为可能使用的加密算法(基于兼容性考虑,仍然支持RC4)。

WEP中包含与数据分开的32位完整性检查。但因为WEP加密易于遭受密码分析破译法攻击,完整性检查也将遭受攻击,这样,攻击者就可能直接修改内容和相应的检查数据,而不需要知道关联的密钥。为此,WPA包括了64位加密的完整性检查。

WPA和WPA2建立的协议比WEP的更健壮。WPA协议的建立涉及三个步骤:鉴别、4次握手(确保客户端可生成加密密钥,在通信的两端,为加密与完整性生成并安装密钥)和可选的组密钥握手(针对组播通信)。WPA和WPA2解决了WEP缺乏安全性的问题。

5) 访问控制

鉴别解决的是安全策略中谁实施访问的问题,而访问控制解决的是安全策略中如何实施访问及允许访问什么内容的问题。

(1) ACL和路由器

路由器的主要任务是定向网络流量,它们将流量发送到自己所控制的子网中,或者发送给其他路由器,以便随后传递到其他子网中。路由器将外部IP地址转换成本地子网中对应主机的内部MAC地址。

假设有一台主机被一台恶意的无赖主机发来的数据包塞满了(被淹没了)。此时可以配置路由器的访问控制列表(Access Control List,ACL),使其拒绝某些特定主机对另一些特定主机的访问。这样,路由器就可以删除源地址是某台无赖主机的数据包,以及目的地址是某台目标主机的数据包。

然而,这种方法存在三个问题。首先,一个大型网络中的路由器要完成大量工作,它们必须处理流入和流出网络的每一个包。在路由器中增加一些ACL就要求路由器将每一个包与这些ACL进行比较,而增加一个ACL就会降低路由器的性能,因此增加的ACL太多,就会使路由器的性能变得使人不能接受。其次,是一个效率问题。因为路由器要做大量的工作,所以它们被设计成仅需要提供一些必需的服务。日志记录工作通常不会在路由器上进行处理,因为路由器需要处理的通信量非常大,如果再记录日志的话就会降低性能。然而,对ACL而言,日志却是很有用的,因为从日志中就可以知道有多少包被删除了,以及可以知道一个特定的 ACL 是否可以被删除(以此来提高性能)。但是,由于路由器不提供日志记录服务,所以不可能知道一个 ACL 是否被使用了。以上两个问题共同暗示了路由器上的 ACL 是最有效地防止已知威胁的方法,但却不能不加选择地使用它们。最后,在路由器上设置 ACL 的最后一个限制是出于对攻击本身的考虑。因为路由器仅仅查看源地址和目的地址,而攻击者通常不会暴露实际的源地址,暴露真实的源地址无异于劫匪在抢劫银行时留下了家庭住址和计划存放赃款的地点。

由于在 UDP 数据报中可以很容易地伪造任何源地址,所以许多攻击者都使用有伪造源地址的 UDP 来实施攻击,以便攻击不会轻易地被一个有 ACL 的路由器所阻止,这是因为路由器的 ACL 仅在攻击者发送了很多相同的伪造源地址的数据报时才会有用。

从总体上来说,路由器是一个出色的访问控制点,因为它处理了子网中每一个流入和流出的包。在某些特定环境下(主要是指内部子网),路由器可以有效地使用 ACL 来限制某些通信流,例如,只允许某些主机(地址)访问一个内部网络的管理子网。但是如果在大型网络中要过滤普通流量,那么路由器不如防火墙管用。

(2) 防火墙

防火墙被设计用来完成不适合路由器做的过滤工作。这样,路由器的主要功能就是寻址,而防火墙的主要功能就是过滤。当然,防火墙也可以做一些审计工作。而且更重要的是,防火墙甚至可以检查一个包的全部内容,包括数据部分,而路由器仅仅关心源和目的 MAC 地址与 IP 地址。

5.2 网络攻击与防御技术

随着越来越多的计算机通过各种方式接入互联网,这些主机及其构成的网络系统面临的安全威胁也越来越严峻。本节将在讨论网络攻防概念的基础上,系统地介绍网络攻击、入侵检测等相关技术。

1. 网络攻防概述

1) 基本概念

随着计算机网络应用于社会的各个领域,如政治、经济、文化、教育与科研等,人类对网络信息系统的依赖性越来越大。目前,计算机网络已成为不可缺少的基础设施,网络安全问题逐渐受到越来越多的重视。随着互联网技术的快速发展与广泛应用,越来越多的计算机网络接入互联网中,这极大地扩展了网络信息系统的应用范围。但是,互联网的开放性同时为网络信息系统带来了更多的安全威胁。在互联网环境中时刻充斥着各种安全威胁,包括网络攻击、计算机病毒、垃圾邮件与恶意软件等。

(1) 安全威胁

根据计算机网络中受到威胁的对象,网络安全威胁主要涉及四个方面:网络拓扑、网络协议、网络软件与网络设备。其中:网络拓扑主要包括总线型、星型、环型、网状等,每种拓扑都有自己固有的安全缺陷;网络协议主要是在操作系统中实现的 TCP/IP 协议集,各层主要协议的软件实现存在各种漏洞;网络软件主要包括操作系统、数据库系统、应用软件等,相应软件在设计与实现上存在各种缺陷;网络设备主要包括路由器、交换机、网桥等组网设备,它们在硬件与软件方面存在各种隐患。

根据威胁的严重程度，安全威胁可以分为三个层次：最低层次是对网络应用的威胁，针对的是某种网络应用服务器，如Web服务器、FTP服务器等；中间层次是对TCP/IP的威胁，针对的是网络设备中运行的TCP/IP，如IP、TCP、ICMP等；最高层次是对主干网的威胁，针对的是支撑主干网运行的核心设备，如主干路由器、DNS服务器等。在2002年8月，黑客利用主干网的ASN No.1信令系统的安全漏洞，攻击了主干路由器、交换机等基础设施，造成美国互联网局部瘫痪。在2002年10月，黑客对13台根DNS服务器发动大规模的DDoS攻击，导致其中9台根DNS服务器无法正常工作。

(2) 黑客的定义

黑客的出现是信息社会的独特现象。黑客曾被认为是计算机狂热者的代名词，他们通常是对计算机有狂热爱好的学生。如当麻省理工学院购买了第一台计算机供学生使用时，这些学生通宵达旦编写程序并将成果与别人共享。如今的黑客是指通过网络非法进入其他用户的计算机，窃取、修改或删除其中存储的各种信息，并且其行为会危害信息安全的入侵者或攻击者。互联网环境为黑客提供了滋生的土壤，黑客站点随处可见，黑客工具可任意下载，甚至附有简便易学的黑客教程，这些都使得黑客活动日益猖獗。当前，黑客攻击已经对网络安全构成了极大的威胁。

黑客攻击可能造成某个网络设备无法正常工作，也可能导致某个网站或网络信息系统长时间瘫痪。黑客攻击所带来的经济损失无疑是巨大的。根据攻击的规模大小，黑客攻击可以分为三个层次：①最低层次是来自个人的黑客攻击，如消遣性黑客、破坏公共财产者；②中间层次是有组织的黑客攻击，如黑客机构、有组织犯罪、工业间谍等；③最高层次是国家层面的黑客攻击，如敌对国家、恐怖组织发起的信息战等。近年来，黑客攻击正演变成国家之间军事与政治斗争的工具。黑客攻击对网络发达国家的影响尤为严重，其中美国每年因黑客攻击造成的损失超过100亿美元。

目前，黑客攻击呈现出以下三种发展趋势。

① 攻击事件迅速增长。随着网络规模扩大、结构日趋复杂和应用领域扩展，攻击事件的数量与所造成的经济损失均呈现快速增长的趋势。

② 攻击手段的多样化。随着攻击手段的增多和攻击工具的完善，攻击人群从技术人员向非技术人员、从单独攻击向有组织攻击的方向转变。

③ 攻击行为的智能化。攻击者通过集成多种攻击手段的工具来实现自动攻击，甚至将计算机病毒的复制、传播与自动运行等特征引入网络攻击。

2) 网络攻击

在十几年前，网络攻击还仅限于几种方法，如破解口令与利用操作系统漏洞。随着网络应用规模的扩大与技术的发展，互联网上的黑客站点随处可见，黑客工具可任意下载，这些因素导致网络攻击日益猖獗。从法律的角度来看，网络攻击只能发生在入侵行为已完成，并且入侵者已在目标网络中时。对于网络管理员来说，一切可能使网络系统受到破坏的行为都应视为攻击。综上所述，网络攻击的定义是网络用户未经授权的访问尝试或使用尝试，攻击的目标主要是破坏网络服务的可用性与网络运行的可控性，以及网络信息的保密性、完整性与不可否认性。

(1) 攻击类型

从不同的角度来看，网络攻击有不同的分类方法。根据攻击手段的不同，网络攻击可分为两种类型：主动攻击与被动攻击。其中，主动攻击通常是指攻击者的故意攻击行为，又可以分为三种类型:破坏网络系统的可用性,包括破坏网络硬件、软件与数据等;破坏网络信息的完整性,如替换合法程序、篡改文件或消息等;破坏网络信息的真实性,如伪造文件或消息等。被动攻击通常是指攻击者的信息收集行为,又可以分为两种类型:获取网络信息的内容,如复制文件、窃听消息等;分析网络流量的相关信息,如获取消息格式与长度、确定通信位置与次数等。

根据攻击对象的不同,网络攻击可分为两种类型:服务攻击与非服务攻击。图 5.7 为网络攻击的例子。其中,服务攻击通常是针对某种具体的网络应用。攻击者可能使用各种方法攻击网络应用服务器,如 Web 服务器、FTP 服务器、DNS 服务器、邮件服务器等,以使得该服务器无法正常工作,甚至瘫痪。非服务攻击不针对某种具体的网络应用,而是针对网络层及底层协议进行的攻击。攻击者可能使用各种方法攻击网络通信设备,如路由器、交换机、网桥等,导致该网络设备通信拥塞,甚至瘫痪。

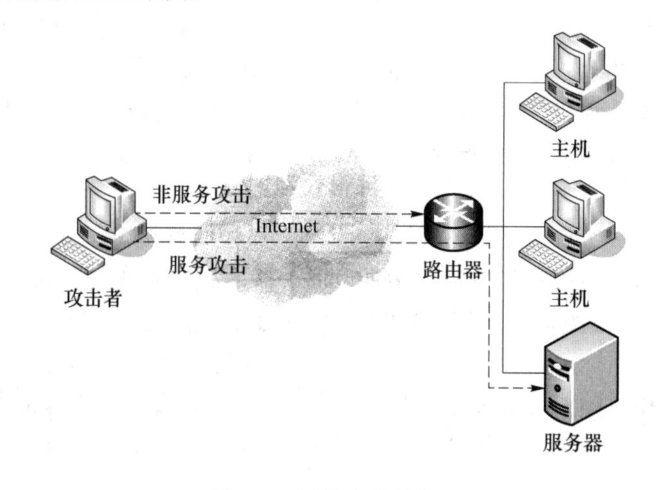

图 5.7　网络攻击的例子

网络攻击的手段众多,并且一直在不断变化。从不同的角度来看,网络攻击手段有不同的分类。图 5.8 展示了网络攻击的一种分类。从攻击目标的角度,网络攻击可分为拒绝服务类的攻击、获取系统权限的攻击、获取敏感信息的攻击等;从攻击切入点的角度,网络攻击可分为缓冲区溢出类的攻击、系统设置漏洞的攻击等;从攻击实施过程的角度,网络攻击可分为获取初级权限攻击、提升最高权限攻击、后门攻击、跳板攻击等。实际上,攻击者在实施网络攻击的整个过程中,通常会根据攻击目的采用多种攻击手段,并在不同攻击阶段使用不同的攻击方法。

(2) 攻击过程

网络攻击通常会经过四个步骤。

① 收集信息。攻击者在确定攻击目标之后,通常需要收集目标网络的相关信息。收集信息的方法主要有以下三种:第一种,通过操作系统提供的命令获取信息,如 ping、finger、netstat、nslookup、tracert、whois 等,通过它们可获得主机信息、网络状态、路由信息等;第二种通过网络嗅探器来窃听信息,如 Wirshark、Tcpdump 等,通过它们可以捕获在网络中传输的数据包;第三种通过其他手段来获取信息,如植入木马程序、虚假签名邮件、钓鱼网站、密码破解程序等,通过它们可获得用户账号、系统口令等。

② 发现弱点。攻击者在收集目标信息之后,通常需要发现目标网络的弱点或漏洞。这些弱点主要表现在系统平台(如操作系统、数据库等)、应用软件弱点(如应用程序、运行流程等)、

网络用户(如系统用户、信任关系等)、系统管理(如安全制度、安全策略等)、网络通信(如通信协议、网络服务等)。攻击者可通过扫描的方法发现安全弱点,如 ping 扫描、端口扫描、漏洞扫描等,来获得目标主机的开放端口、提供的服务、系统漏洞等。

③ 实施攻击。不同的攻击者通常有不同的攻击目的,例如,获得保密文件的访问权,破坏系统数据,获取整个系统的控制权等。在上述准备工作的基础上,攻击者通常根据需要制订一个攻击方案,并等待时机进行蓄谋已久的攻击。攻击者在实施攻击之前,通常需要获取目标系统的使用权限,并尽量对攻击行为加以隐蔽。隐蔽行踪的方法主要包括以下四种:第一种,通过冒充其他用户、修改环境变量等方法,隐蔽攻击时使用的连接;第二种,通过木马程序、重定向等方法,隐蔽攻击时开启的进程;第三种,通过字符串相似性、修改文件属性等方法,隐蔽攻击时打开的文件;第四种,利用操作系统可加载模块特性,隐蔽攻击时产生的信息。

④ 清除痕迹。攻击者为了避免入侵检测系统的跟踪,在攻击时和攻击后都要设法清除攻击留下的痕迹,尽量删除攻击过程中产生的相关文件或记录,同时预留"后门",为后续的攻击做好准备工作。清除痕迹的基本原则是切断取证链,尽量将痕迹清除至远离真实攻击源的地方,常用的方法主要包括篡改日志文件中的审计信息、改变系统时间造成日志数据紊乱、删除或停止审计服务进程、干扰入侵检测系统的正常运行、修改完整性检测标签等。

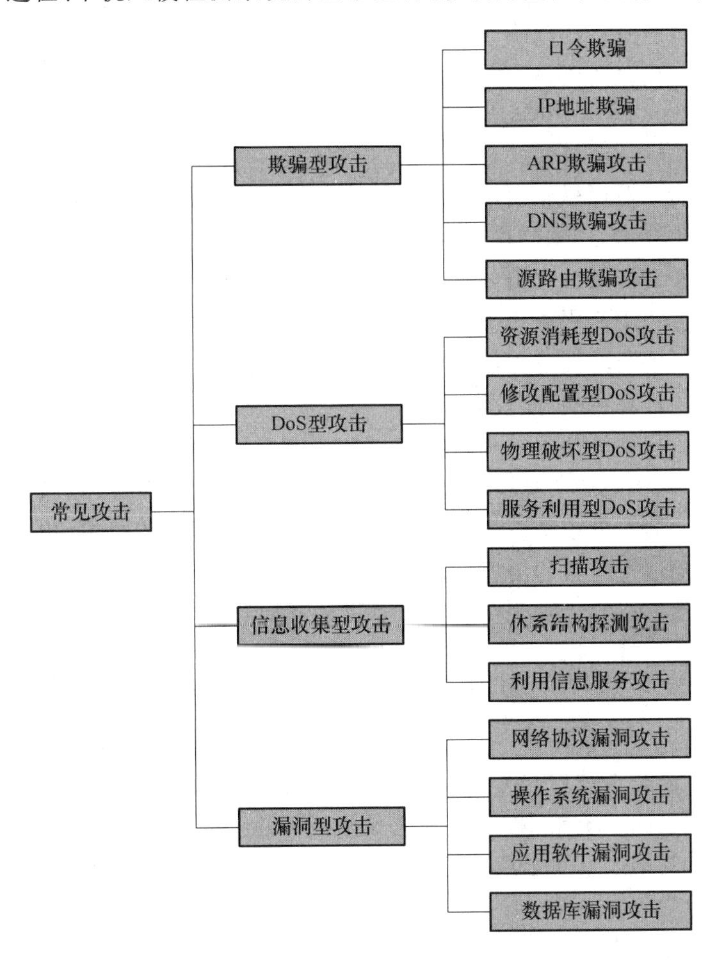

图 5.8 网络攻击的一种分类

(3) 攻击工具

网络攻击可使用的工具主要包括。

① 扫描器(Scanner):自动检测远程或本地主机安全弱点的程序。扫描器向目标主机发送特定格式的数据包,然后分析目标主机反馈回来的数据包,以获得对方的操作系统类型、开放的端口、提供的服务等信息。在互联网中可找到各种类型的扫描工具,如端口扫描器(Nmap、X-Scan、Superscan 等)、漏洞扫描器(Nessus、Satan、SSS 等)。

② 嗅探器(Sniffer):窃听与分析网络中传输的数据包的程序。嗅探器通常在共享介质类型的以太网或无线局域网中工作,通过将主机网卡设置为混杂模式来截获数据包,然后分析数据包来获得协议类型、用户名与密码等敏感信息。在互联网中可找到各个级别的嗅探工具,如开发库(Winpcap、Libpcap 等)、嗅探器(Sniffit、Sniffer Pro、Net Xray、ADMsniff 等)。

③ 木马(Trojan):具有隐藏的、用户不知情功能的程序。表面上木马程序看是无害的程序,但是通常会有一些隐蔽功能,可用于获取系统信息或控制系统。网络用户难以发现木马程序,即使被发现了,也可能已潜伏很长时间,此时攻击者已具备管理权限,并在系统中已预留"后门"。木马程序及其变种的数量繁多,如 BackOrifice、Netspy、Picture、Netbus、Asylum 等。

④ 密码分析工具:破解密码或屏蔽密码保护的程序。常用的密码分析方法是穷举法、统计分析法与解密变换法。另外,很多网络服务器在运行 UNIX 操作系统时,用户名与密码等都存放在 etc/passwd 中,因此获得该文件将有利于破解密码。在互联网中可找到各种密码分析工具,如 Cupp、Pipal、Bletchley 等。

3) 网络防御

目前,网络攻击已对网络安全构成极大的威胁。网络攻击大致可分为四种类型:系统入侵类攻击、缓冲区溢出攻击、欺骗类攻击与拒绝服务攻击。其中:系统入侵类攻击的最终目的是获得系统控制权;缓冲区溢出攻击的对象是那些以特权身份运行的程序;欺骗类攻击主要涉及各类敏感信息的伪造;拒绝服务攻击的目的是导致网络服务瘫痪。

实际上,只有了解与掌握各种网络攻击技术,才可能有针对性地开展防御网络攻击。近年来,网络攻击通常与计算机病毒、垃圾邮件等相融合。因此,研究网络攻击方法已成为制定网络安全策略、研究入侵检测技术的基础。

早期最常用的网络防御工具是防火墙。防火墙使用起来简单方便,只需通过基本的设置就能过滤、阻断一些简单的攻击。近年来,随着网络攻击种类的不断增多、攻击隐蔽性的不断增强,以及各种自动攻击工具的出现,防火墙越来越难以满足用户的安全需要。防火墙的缺点主要表现在:防火墙难以检测隐藏在数据包中的恶意代码;防火墙难以检测比较复杂的网络攻击行为,并保存与攻击特征相关的信息;防火墙只能设置在网络的边界上,无法拦截网络内部发生的攻击行为。

有经验的网络安全人员都有一个共识:知道自己被攻击时就已经赢了一半。但是,问题的关键是怎么知道自己是否被攻击了。入侵检测技术是检测入侵行为的技术,是抵御网络攻击的主要手段。入侵检测系统能够有效弥补防火墙的缺点,它通过监听在网络中传输的数据包,经过各种处理后检测出违反安全策略的行为,并对这类行为进行实时的攻击告警。但是,入侵检测系统的旁路通常部署在网络中,在检测出攻击行为后只能告警,不能积极响应攻击行为,也就无法阻断与拦截攻击。

入侵防御系统是一种抢先进行网络安全检测和防御系统,它能够检测出网络攻击并快速做出响应。入侵防御系统是在入侵检测的基础上发展起来的,它结合了防火墙与入侵检测系统的优点，既具有入侵检测系统检测攻击的能力，又具有防火墙拦截、阻断攻击的能力。但是，入侵防御系统并不是防火墙与入侵检测系统的简单结合，它在攻击响应上采取主动、全面、深层次的防御策略。根据数据来源、检测方法、部署方式与响应方式的不同，入侵防御系统也可以分为不同的类型。

近年来，计算机操作系统、网络安全协议被频频曝出漏洞。实际上，每个网络系统都不可避免地存在各种安全缺陷，如各种安全漏洞、不必开放的端口、管理制度上的疏忽等。安全漏洞可能存在不同的层面上，如操作系统、网络协议与应用软件等。

UNIX 系统是应用广泛的网络操作系统，不同版本的 UNIX 系统都存在漏洞。TCP/IP 是最常用的通信协议，其协议栈的各层中都存在各种漏洞。大量在网络中运行的应用软件都有漏洞，这些漏洞并不影响软件的运行，但可以为攻击者提供很多机会。前面介绍的扫描器既可成为网络攻击的工具，也可用于检测网络系统的安全。

安全审计是网络防御中的重要技术之一，它对于评价网络系统的安全状态，分析攻击来源、攻击类型与攻击危害，收集网络犯罪证据都是至关重要的。TCSEC 定义了网络系统的安全等级与评价方法，并提出了对安全审计的基本要求。TCSEC 对 C 级系统提出的要求包括：审计信息必须被有选择地保留与保护，与安全相关的活动能够追溯到责任方，系统能够选择记录哪些与安全相关的信息。安全审计的基本功能包括安全审计的自动响应及审计事件的生成、分析、存储与预览等。网络系统是否具备完善的审计功能，是评价系统安全性的重要指标之一。

计算机取证也是网络防御中的重要技术之一，它对于构建有威慑力的网络防御体系、遏制日益猖獗的计算机犯罪具有重要作用。通过对计算机犯罪的行为进行分析，计算机取证可以确定罪犯并获得相关的犯罪证据。计算机取证的主要任务是获取电子证据，而电子证据是法官判定犯罪嫌疑人是否有罪的标准。在相对开放的互联网环境中，各种涉及计算机与网络犯罪的行为层出不穷，如信息窃取、金融诈骗、计算机病毒传播与网络攻击等。由于计算机犯罪的证据具有难以获得、容易修改的特点，对计算机取证技术的进一步研究与相关法律法规的制定已成为网络安全方面亟待解决的问题。

2. 网络攻击技术

1）网络信息收集

网络信息收集通常是网络攻击的第一步，目的是收集与目标网络相关的各种信息，包括网络构成与拓扑结构、网络设备类型与管理信息，以及主机的操作系统、IP 地址与开启的端口等，这些信息对后续实施攻击至关重要。网络信息收集的手段主要包括网络嗅探、IP 地址扫描、端口扫描、操作系统扫描、电磁泄漏等。

（1）网络嗅探

网络嗅探是指对网络中传输数据包的窃听与分析，又称为网络监听。图 5.9 展示了网络嗅探的例子。在共享介质类型的以太网中，数据包会在称为总线的共享介质中进行传输，连接在总线上的所有主机都能接收数据包，但非目的节点的主机将会丢弃数据包。在无线局域网中，数据包会在共享的无线信道中进行传输，且相同频率上、有效范围内的主机都能接收数据包，但非目的节点的主机同样会丢弃数据包。如果将主机中的网卡设置为混杂模式，则允许网卡保留接收到的所有数据包。各种网络嗅探工具就是基于这种原理。在交换式的以太网中，利用 ARP 欺骗可在某种程度上实现网络嗅探。

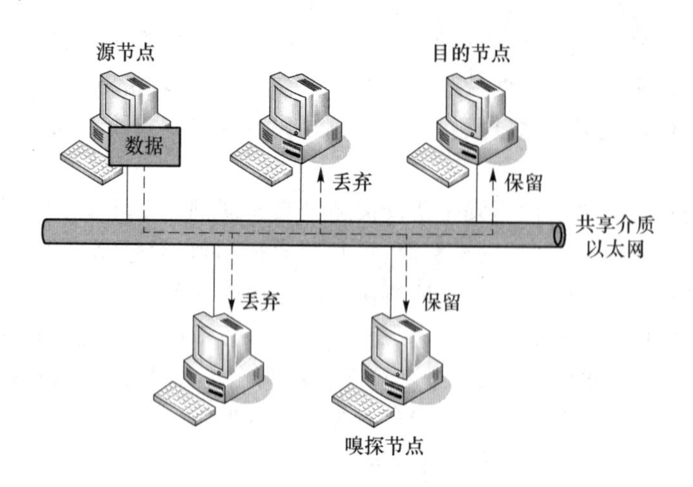

图 5.9　网络嗅探的例子

(2) IP 地址扫描

IP 地址扫描是指发现目标网络中使用的 IP 地址的过程。ping 是 Windows 操作系统自带的可执行命令,通过向目的主机发送一个 ICMP 回送请求,然后接收来自该主机的 ICMP 回送响应,以判断目的主机是否处于连通状态。网络管理员通常使用它来测试网络的连通性,在该命令中需要提供目的主机的 IP 地址,也就是说,该命令可用于 IP 地址扫描。目前,在互联网中很容易找到各种 IP 地址扫描工具,其基本原理就是利用 ICMP 回送请求与回送响应,依次 ping 目标所在子网中的所有 IP 地址,以判断目标网络中 IP 地址的使用状况,以便进一步分析网络构成与拓扑结构等信息。

(3) 端口扫描

端口扫描是指发现目标主机中处于开启状态的传输层端口的过程。在发现主机中的开启端口的基础上,攻击者可以确定该主机提供的应用层服务,进而找到该服务可能存在的问题或缺陷。端口是 TCP/IP 协议集中传输层的服务访问点,其指向的某个端口的数据包会被相关的服务进程所接收。由于传输层的主要协议是 TCP 与 UDP,而这两种协议提供的服务差异较大,因此,在端口扫描的实现上有很大区别。根据扫描的传输层端口类型,端口扫描主要分为两种类型:TCP 端口扫描与 UDP 端口扫描。

TCP 端口扫描是指针对传输层的 TCP 端口的发现过程。由于 TCP 提供面向连接、可靠的传输层服务,在传输数据之前需要预先建立 TCP 连接,目的主机对接收到的数据包需要返回确认,对出错的数据包需要返回错误提示,并且在传输结束之后需要拆除 TCP 连接,因此 TCP 端口扫描的实现方式更灵活,获得的扫描结果的准确性也相对较高。TCP 端口扫描通常可采用以下几种方式。

① TCP 连接扫描:扫描程序调用 Connect()尝试连接目的主机的指定端口。如果 TCP 连接成功建立,则说明该端口处于开启状态;否则,该端口处于关闭状态。这种方式的优点是无须手工构造 TCP 数据包。由于 TCP 不会一次连接尝试失败就放弃,而是会经过多次尝试之后才放弃,因此,该方式的缺点是工作效率较低。

② TCP SYN 扫描:扫描程序向目的主机的指定端口发送 SYN=1 的 TCP 数据包。如果接收到 SYN=1、ACK=1 的 TCP 数据包,则说明该端口处于开启状态;如果接收到 RST=1 的 TCP 数据包,则说明该端口处于关闭状态;如果没有接收到任何数据包,并且确定目的主机处于开启状态,则说明该端口被防火墙过滤了。由于 SYN 扫描无须完成 TCP 连接过程,因此

该方式被称为半开放扫描。TCP SYN 扫描是当前使用广泛的扫描方式，它的优点是工作效率较高，缺点是容易被入侵检测系统发现。

③ TCP FIN 扫描：扫描程序向目的主机的指定端口发送 FIN=1 的 TCP 数据包。如果没有接收到任何数据包，并且确定目的主机处于开启状态，则说明该端口处于开启状态；如果接收到 RST=1 的 TCP 数据包，则说明该端口处于关闭状态。由于不同系统的 TCP/IP 协议集的实现细节不同，因此，TCP FIN 扫描的应用有很大的局限性。该方式是一种比较隐蔽的 TCP 扫描方式，通常适用于 Linux 或 UNIX 系统。如果目的主机使用 Windows 系统，那么无论端口是否开启都会返回 RST=1 的 TCP 数据包。

UDP 端口扫描是指针对传输层的 UDP 端口的发现过程。UDP 端口扫描的常用方法是 ICMP 端口不可达扫描，即向目的主机发送一个到特定端口的 UDP 数据包。由于 UDP 提供无连接、不可靠的传输层服务，目的主机不必对接收到的数据包返回确认，也不需要对出错的数据包返回错误提示，因此，UDP 端口扫描相对 TCP 来说更困难。但是，在接收到一个指向关闭端口的 UDP 数据包时，大多数主机会返回一个 ICMP 端口不可达消息。实际上，UDP 端口扫描的准确性面临着一定的考验。

(4) 操作系统扫描

操作系统扫描是指识别目标主机使用的操作系统类型的过程。由于不同操作系统存在不同的问题与缺陷，如果攻击者能预先获得操作系统的类型，那么对于后续实施的攻击效果将会有很大影响。由于不同操作系统的 TCP/IP 协议集的实现细节不同，且在针对不同网络操作的响应上有很大区别，因此响应行为可作为识别操作系统的主要依据。

针对不同操作系统在处理网络数据包上的差异，如果能够将发现的多种差异相结合，将有利于提高操作系统识别的准确性。这些差异主要表现在以下九个方面：

① TCP 连接数据包中的序列号处理；

② TCP 确认数据包中的序列号处理；

③ 对接收的 SYN 置位的 TCP 数据包的响应；

④ 对接收的 FIN 置位的 TCP 数据包的响应；

⑤ 对接收的不正常 TCP 数据包的响应；

⑥ 对 IP 头部中 DF 位的优化处理；

⑦ 对 IP 分组的分片处理；

⑧ 对 ICMP 端口不可达消息的大小限制；

⑨ 对 ICMP 回送消息的校验和处理。

(5) 电磁泄漏

电磁泄漏是指电子设备的寄生电磁信号通过导线或空间向外扩散的现象。任何处于工作状态的电子设备(如计算机、路由器、交换机等)都存在不同程度的电磁泄漏。如果泄漏的电磁信号中包含相应设备所处理的信息，那么这些信息就可能随着电磁信号被截获而导致泄漏。目前，电磁泄漏已成为攻击者窃取机密的一种重要手段。但是，只有当电磁信号的强度与信噪比满足一定条件时，攻击者才可能将截获的电磁信号还原成相应的信息。因此，采取必要措施来弱化电磁信号的强度与信噪比可以达到电磁防护的目的。常见的电磁防护措施主要包括屏蔽、滤波、隔离与干扰等。

2) 网络弱点发现

网络弱点发现通常是网络攻击的第二步，目的是发现目标网络的弱点或存在的问题，包括网络协议设计上的缺陷、网络系统中存在的漏洞等。这些弱点或漏洞可能在后续实施攻击时被利用。利用网络弱点的相关手段主要包括网络协议缺陷、网络漏洞检测、缓冲区溢出与注入式攻击等。

(1) 网络协议缺陷

在当前日益复杂的互联网环境中,TCP/IP是支持网络互联的基本协议。然而,在TCP/IP设计与实现的初期,当时的网络规模不大、应用范围不广,设计人员普遍认为安全问题与底层协议关系不大,因此在TCP/IP安全方面的考虑不多。但是,随着网络规模与应用范围的不断扩大,TCP/IP设计上的缺陷逐步暴露出来。在TCP/IP协议集的各个层次中,每种协议都或多或少存在着固有的缺陷。在数据链路层中,用于拨号连接的SLIP、PPP就存在一定的安全问题。

网络层协议主要包括IP、ICMP、IGMP与ARP等,其中IP协议是TCP/IP协议集的核心,其他协议都需要通过IP协议进行封装。IP协议的缺陷主要表现在以下三个方面:

① IP地址没有像MAC地址那样绑定网卡,也没有提供验证IP地址来自特定主机的机制,目的节点无法验证IP头部中源地址的真实性;

② IP源路由选项允许IP数据包自己选择途经的路由器,防火墙通常会允许这种测试包从外部网络进入内部网络,如果攻击者在IP数据包的源路由选项中写入防火墙地址,那么防火墙有可能将它转发给内部网络中的目的主机;

③ IP分片与重组机制可能被攻击者利用,执行碎片攻击。

传输层协议主要包括TCP与UDP。TCP是有连接、可靠的传输层协议,需要预先在通信双方之间建立连接,并提供差错控制、流量与拥塞控制等机制,这些机制的设计缺陷为攻击者提供了机会。针对TCP的网络攻击主要包括SYN攻击、RST攻击、FIN攻击、序列号攻击、会话劫持等。TCP连接建立要经过3次握手:

① 源主机向目的主机发送SYN数据包;

② 目的主机向源主机发送SYN/ACK数据包;

③ 源主机向目的主机发送ACK数据包。

TCP SYN攻击通过向目的主机发送伪造的SYN/ACK数据包,导致目的主机处理队列拥塞而无法建立连接。UDP是无连接、不可靠的传输层协议,更容易遭受UDP欺骗类的网络攻击。

应用层提供了各种类型的网络服务,每种服务依赖于特定的应用层协议。远程登录服务使用Telnet协议,可通过虚拟终端登录远程主机,其明文传输的登录信息容易被窃听。Web服务使用HTTP,提供基于URL与超链接的网页浏览,容易出现缓冲区溢出或遭到注入式攻击。电子邮件服务使用SMTP与POP等协议,提供电子邮件的发送与接收功能,容易成为蠕虫传播途径与遭到邮件炸弹攻击。网络管理服务使用SNMP,可收集或设置网络设备的相关信息,其明文传输的设备信息容易被窃听。域名解析服务使用DNS协议,提供IP地址与域名之间的相互转换,通过DNS欺骗可将用户导向非法服务器。

(2) 网络漏洞检测

网络漏洞是指网络系统中存在的任何错误或缺陷,它可能存在于操作系统、网络协议栈、应用软件与数据库系统中。2014年4月8日,Microsoft公司全面停止对Windows XP操作系统的服务,因此今后对Windows XP操作系统的安全修补、升级都会停止,针对Windows XP操作系统的计算机病毒会更加猖獗,Windows XP操作系统会更加不安全。目前,我国运行 Windows XP 操作系统的计算机估计有 2 亿台，这些计算机的信息安全面临严峻的挑战。2014 年 4 月 10 日，OpenSSL 被曝出存在重大的漏洞，可能危及全世界所有以 https 开头的站点，并导致用户登录电商、网银的账户和密码等关键信息泄露，学术界将该漏洞命名为“心脏出血”。

网络漏洞可能来源于网络系统的硬件、软件与网络协议的实现，也可能是因为网络系统的管理、人员等方面的疏漏。攻击者可利用这些漏洞在未授权的情况下访问系统。网络漏洞的形成原因主要包括网络协议设计上的漏洞、应用软件系统实现上的漏洞、系统配置不当引起的漏洞。根据对系统的危害程度，网络漏洞可分为不同级别，具体包括 A 级、B 级、C 级与 D 级。其中：A 级漏洞允许远程用户未经授权访问；B 级漏洞允许本地用户未经授权访问；C 级漏洞可能会导致拒绝服务；D 级漏洞可能会导致远程用户获取敏感信息。

漏洞检测技术使系统管理员能及时了解系统中存在的安全漏洞，并采取相应的防范措施来降低系统的安全风险。系统管理员可检测局域网、Web 站点、主机操作系统、系统服务以及防火墙系统等，来检查网络系统中是否存在不安全的网络服务，操作系统中是否存在可能导致缓冲区溢出或拒绝服务的缺陷，主机系统中是否被安装窃听程序，以及防火墙系统是否存在安全漏洞与配置错误。漏洞检测技术是一把双刃剑：攻击者可利用它发现目标系统的弱点，进而进行攻击；管理员可利用它发现自身系统的缺陷，进而采取补救措施。因此，漏洞检测是保证网络系统安全的重要手段。

漏洞检测技术通常采用两种检测策略：被动检测与主动检测。其中，被动检测是指基于主机的漏洞检测，从内部用户的角度来检测操作系统的漏洞，主要检测注册表与用户配置方面的漏洞。被动检测的优点是能获得操作系统的细节，如特殊服务与配置信息等；缺点是只能检测特定的目的主机，并且需要在主机中安装检测工具。主动检测是指基于网络的漏洞检测，从外部攻击者的角度来检测网络系统的漏洞，主要检测网络服务和协议中的漏洞。主动检测通常模拟网络攻击并记录系统反应，可发现被动检测无法发现的网络设备（如路由器、交换器、防火墙等）漏洞。

漏洞检测工具通常采用两种检测方法：扫描方法与模拟攻击。其中，扫描方法通过与目的主机的某些端口进行通信，请求目的主机提供某种网络服务，并记录目的主机对该请求的响应，从而记录目的主机中存在的安全漏洞。扫描方法主要针对某种特定的网络协议，如传输层协议（如 TCP、UDP 等）、网络层协议（如 ICMP、ARP 等）、应用层协议（如 HTTP、FTP 等）。模拟攻击使用扫描方法获得的主机信息，通过模拟攻击来逐项检测目的主机的漏洞，主要方法包括 IP 欺骗、缓冲区溢出、DDoS 攻击、口令破解等。目前，漏洞检测工具已从最初为 UNIX 系统编写的简单程序发展为可运行在多种操作系统上的商业软件。

（3）缓冲区溢出

缓冲区溢出是一种形式隐秘、危害严重的网络安全威胁，广泛存在于各种操作系统或应用软件中。目前，多数的网络攻击在不同程度上与缓冲区溢出相关。缓冲区溢出的原理是向有限的缓冲区中复制了超出预留长度的字符串，由于该程序自身没有执行有效的校验，因此，造成程序运行失败、系统死机或重启，甚至执行非授权代码、获得系统特权等后果。缓冲区溢出的根本原因是某些编程语言（如 C、C＋＋、C＃等）自身没有提供边界来限制数组与指针的引用，并在其标准库中提供了很多不安全的字符串操作，如 strcpy()、strcat()、sprintf()、ets()、scanf()等。

缓冲区溢出的原因是程序中没有仔细检查用户输入的参数。程序的缓冲区是预留的多个内存单元，每个单元需要存储预定的内容(命令或数据)。如果输入数据长度超过预留单元的长度，输入数据将会占据后续的预留单元，从而导致这些后续单元中的内容丢失，这时就会出现缓冲区溢出的现象。例如，strcpy(buffer，str)语句将 str 的内容复制到 buffer 中，当 str 的长度大于 buffer 的长度时，将会因缓冲区溢出而导致程序执行出错。如果只是随便输入数据而导致缓冲区溢出，那么这时程序通常仅会出现分段错误，但这个问题可能将为攻击者提供攻击系统的机会。

实现缓冲区溢出攻击的常见手段是通过造成缓冲区溢出，程序执行一个 Shell，然后通过该 Shell 进一步执行其他命令。攻击者可通过控制缓冲区溢出时的跳转地址，将程序流程引向某个预定的地址，然后执行一段特定的代码以生成一个 Shell，而该 Shell 将继承被溢出程序的系统权限。如果该程序具有 root 或 suid 权限，攻击者将获得一个有 root 权限的 Shell，这时就可对系统进行任意操作。缓冲区溢出漏洞给予攻击者所需的一切：植入并执行攻击代码。

缓冲区溢出攻击的方法主要有两种，包括在地址空间中安排攻击代码和控制程序跳转到攻击代码。其中，在地址空间中安排攻击代码的方法主要有两种。攻击者向被攻击程序中输入一个字符串，该字符串中包含可执行的攻击代码，则被攻击程序会将该字符串放入自己的缓冲区中。若攻击代码已在被攻击程序中，那么攻击者要做的只是对代码传递一些参数。例如，攻击代码要执行 exec(/bin/sh)，而在 libc 库中的代码执行 exec(arg)，其中 arg 是指向某个字符串的指针参数，则攻击者只需将传入的指针指向/bin/sh。

控制程序跳转到攻击代码的方法主要有三种：修改活动记录、修改函数指针、利用长跳转缓冲区。

① 修改活动记录：当一个函数调用发生时，调用者在堆栈中将留下一个活动记录，该活动记录包含了函数结束时的返回地址，攻击者通过溢出堆栈中的自动变量，使返回地址指向攻击代码。

② 修改函数指针：函数指针可以用来定位任何地址空间，攻击者只需在任一空间中的函数指针附近找到一个能溢出的缓冲区，就能通过溢出该缓冲区来改变函数指针。

③ 利用长跳转缓冲区：C 语言中包含了一个检验/恢复系统(setjmp/longjmp)，其中 longjmp 缓冲区可指向任何地方，如果攻击者能进入缓冲区的空间，则 longjmp(buffer)将跳转到攻击者的代码。

(4) 注入式攻击

注入式攻击是一种比较常见、危害严重的网络攻击，它主要针对 Web 服务器端的特定数据库系统。注入式攻击的基本特征表现：从一个数据库获得未授权访问与直接检索。注入式攻击的手段是在 Web 访问请求中插入 SQL 语句，针对的是 Web 服务器程序开发过程中的漏洞，例如，是否判断输入数据的合法性。由于注入式攻击利用的是 SQL 语法，因此，这种攻击具有广泛性的特征。从理论上来说，对于所有的基于 SQL 语言的数据库软件，如 Access、SQL Server、Oracle、DB2、MySQL 等，注入式攻击都是有效的攻击方法。当然，各种数据库软件的特点各不相同，最终的攻击代码也会有一定的区别。

由于多数网站使用的是 SQL Server 等数据库软件，并且很多程序员在编写 ASP 程序时没有判断输入数据的合法性，因此注入式攻击成为针对网站的常见攻击手段。由于注入式攻击是在 Web 页面的输入区中提交 SQL 语句，其访问行为与正常的 Web 页面访问没有区别，所以多数防火墙系统无法有效地检测出注入式攻击。但是，注入的代码会导致网站出现一些可疑现象，如 Web 页面混乱、数据内容丢失、访问速度降低等，这些现象都有助于发现注入式攻击。针对注入式攻击的防范措施主要包括：在编写代码时堵住注入漏洞；增强数据库软件的安全设置；启用 Web 服务器的审计日志等。

3）网络欺骗攻击

网络欺骗攻击是指通过伪造某种协议数据包，达到某种攻击目标的网络攻击行为。TCP/IP 是一个具有开放性特征的协议集，协议设计时对安全方面的问题考虑较少，这导致很多协议对数据真实性缺乏鉴别能力。网络欺骗攻击主要涉及的层次：局域网欺骗、网络层欺骗、传输层欺骗、应用层欺骗、网络钓鱼等。

（1）局域网欺骗

局域网主要涉及数据链路层与物理层，以太网通信协议是主流的局域网协议。局域网欺骗主要涉及两种类型，包括 MAC 欺骗与 ARP 欺骗。其中，MAC 欺骗是通过伪造以太网帧的手段来实施的网络攻击。由于网络设备（如交换机、集线器等）不认证以太网帧的 MAC 地址，因此任何人都可伪造以太网帧的源 MAC 地址，这样就为攻击者实施 MAC 欺骗提供了机会。由于目的主机仅会向伪造的 MAC 地址做出响应，攻击者难以接收到目的主机发送的响应信息，所以 MAC 欺骗通常仅能增加局域网中的流量。但是，如果将它与其他攻击技术相结合，那么 MAC 欺骗有可能导致产生更大程度的危害。

ARP 用于实现 IP 地址到 MAC 地址的转换，这种映射关系被存储在本地的 ARP 缓存表中。ARP 欺骗是通过伪造 ARP 帧的手段来实施的网络攻击。ARP 是一种无状态的转换协议，当某台主机接收到一个 ARP 响应帧时，立即用其中的 IP 地址与 MAC 地址更新 ARP 缓存表，而不要求主机先发送 ARP 请求、后接收对应的 ARP 响应。当攻击者向目的主机发送包含伪造的 IP 地址与 MAC 地址的 ARP 响应帧时，目的主机就会用伪造的信息来更新自己的 ARP 缓存。如果攻击者定期向目的主机发送 ARP 响应帧，并且时间间隔比 ARP 缓存表的有效期更短，那么目的主机将会维持这个错误的 ARP 缓存表。

ARP 会话劫持是一种常见的 ARP 欺骗攻击。攻击者通过将自己插入两台通信主机之间，从而获得通信双方之间的交互信息。为了防止通信中断，攻击者需要不断转发通信双方的信息。图 5.10 展示了 ARP 会话劫持的例子。在已知通信双方 IP 地址的条件下，攻击者可通过收集 ARP 帧获得通信双方的 MAC 地址。攻击者将伪造的 ARP 响应发送给主机 A，其中的源 IP 地址为主机 B 的 IP 地址，而源 MAC 地址为自己的 MAC 地址。同时，攻击者将伪造的 ARP 响应发送给主机 B，其中的源 IP 地址为主机 A 的 IP 地址，而源 MAC 地址为自己的 MAC 地址。这样，攻击者将阻止主机 A 与主机 B 之间的直接通信。

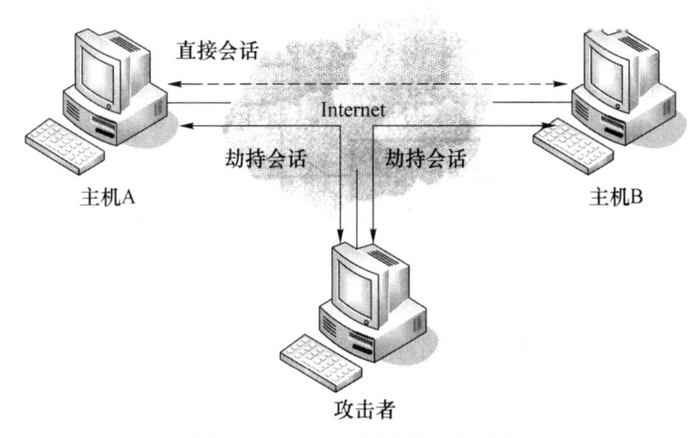

图 5.10　ARP 会话劫持的例子

(2) 网络层欺骗

互联网环境中的网络层核心协议是 IP 协议,辅助性协议主要包括 ICMP 与各种路由协议。网络层欺骗主要涉及三种类型:IP 欺骗、ICMP 欺骗、路由欺骗。

IP 欺骗是通过伪造 IP 数据包的手段来实施的网络攻击。由于路由设备与目的主机不认证数据包的 IP 地址,所以任何人都可伪造数据包的源 IP 地址,这样就为攻击者实施 IP 欺骗提供了机会。由于目的主机仅会向伪造的 IP 地址做出响应,攻击者难以接收到目的主机发送的响应信息,所以 IP 欺骗通常仅能增加网络中的流量。但是,如果将它与其他攻击技术相结合,那么 IP 欺骗有可能造成更大程度的危害。

ICMP 协议用于实现 IP 数据包传输过程中的错误报告,主要包括目的地不可达、超时、路由重定向等。ICMP 欺骗是通过伪造 ICMP 数据包的手段来实施的网络攻击。在 IP 数据包的传输过程中,如果发现目的主机不可达或 TTL 值为 0,路由器向源主机发送 ICMP 目的地不可达或 ICMP 超时消息,那么这时源主机将重新发送 IP 数据包。攻击者可通过伪造这些 ICMP 消息来干扰网络正常通信。IP 数据包的传输路径由路由器或主机的路由表决定,主机路由表的初始信息来自其默认的路由器,在后续运行中通过 ICMP 路由重定向消息来更新。攻击者可通过伪造这种 ICMP 消息来诱使主机更改路由表。

路由协议用于实现 IP 数据包传输过程中的路径选择,主要包括内部路由协议(如 RIP、OSPF 等)与外部路由协议(如 BGP)。路由欺骗是通过伪造路由协议数据包的手段来实施的网络攻击。路由攻击主要包括 RIP 路由攻击、OSPF 路由攻击与 BGP 路由攻击等。其中,RIP 是在自治域内部传播路由信息的协议。由于路由器不认证 RIP 数据包的 IP 地址,所以任何人都可伪造 RIP 数据包的源 IP 地址,这样就为攻击者实施路由欺骗提供了机会。攻击者可声称自己控制的路由器能更快地到达目的主机,从而诱使其他路由器将发送给目的主机的 IP 数据包转发到该路由器。

(3) 传输层欺骗

互联网环境中的传输层协议主要包括 UDP 与 TCP,它们分别支持不同类型的传输层服务。传输层欺骗主要涉及两种类型,包括 UDP 欺骗与 TCP 欺骗。

UDP 欺骗是通过伪造 UDP 数据来实施的网络攻击。UDP 是支持无连接服务的传输层协议,为了提高通信效率而牺牲了可靠性。由于 UDP 没有提供保证可靠性的手段,因此目的主机的协议栈不会认证 UDP 数据的真伪。若攻击者伪造来自某个端口的 UDP 数据,或截获 UDP 数据并篡改其内容,则接收方会因认为数据有效而受到欺骗。

TCP 是支持有连接服务的传输层协议,其连接建立过程需要经过 3 次握手,并通过校验、确认与重传机制来保证可靠性。TCP 欺骗是通过伪造 TCP 数据来实施的网络攻击。TCP 会话劫持是一种典型的 TCP 欺骗攻击,其利用了 TCP 在设计方面的弱点。TCP 并不对数据进行加密与认证,确认数据的主要依据是序列号。如果接收数据的序列号不在本地接收窗口内,则接收方会丢弃数据包,这种状态称为非同步状态。当通信双方进入非同步状态后,若攻击者伪造序列号在接收窗口内的 TCP 数据,或截获 TCP 数据、篡改其内容并修改序列号,则接收方会因认为数据有效而受到欺骗。

(4) 应用层欺骗

互联网环境中提供了各种类型的网络应用,如域名服务、电子邮件、Web 服务等。每种网络应用由特定的应用层协议支持,如域名服务的 DNS、电子邮件的 SMTP 与 POP、Web 服务的 HTTP。应用层欺骗的种类繁多,主要涉及以下几种类型:DNS 欺骗、电子邮件欺骗、网络钓鱼等。其中,DNS 欺骗是通过伪造 DNS 数据来实施的网络攻击。主机通过 DNS 完成主机名与 IP 地址之间的转换。对于自己无法解析出来的域名,主机的 DNS 解析器会向 DNS 服务器发送解析请求。为了提高域名解析的工作效率,主机的 DNS 解析器会将解析结果保存在本地缓存中。DNS 欺骗利用的便是上述工作流程中的漏洞。电子邮件欺骗是通过伪造电子邮件来实施的网络攻击。在电子邮件服务中,负责发送电子邮件的应用层协议是 SMTP,发件人通过 SMTP 代理将电子邮件发送到自己的 SMTP 服务器,并通过 SMTP 服务器之间的转发到达收件人的 SMTP 服务器。由于 SMTP 不提供对发件人的认证,因此,任何人都可以伪造电子邮件的发件人地址,这样就为攻击者实施电子邮件欺骗提供了机会。电子邮件欺骗通常与恶意软件(如病毒、木马等)或网络钓鱼相结合,诱骗收件人打开电子邮件中的恶意软件或网址链接,从而窃取主机中保存的各种敏感信息(如用户名、密码、身份证号、信用卡号码等)。

(5) 网络钓鱼

网络钓鱼是通过伪造 Web 站点或页面的手段来实施的网络攻击。网络钓鱼的基本原理是利用社会工程学知识或其他手段,引导用户访问攻击者做过手脚(如放置木马)的恶意网站,从而导致用户信息泄露的攻击过程。网络钓鱼主要分为两种类型,包括基于 URL 欺骗的网络钓鱼与基于通信劫持的网络钓鱼。其中,基于 URL 欺骗的网络钓鱼主要涉及:利用电子邮件中的虚假信息引诱用户;利用伪造的网上银行网站获取用户信息;利用虚假的电子商务信息进行诈骗;利用木马或黑客技术等手段窃取信息;利用弱口令等弱点猜测用户密码等行为。基于通信劫持的网络钓鱼主要通过 DNS 篡改来引导用户访问恶意网站。

4) 拒绝服务攻击

拒绝服务攻击是攻击者经常采用的攻击方式,可能导致被攻击目标(主机或网络)无法正常工作,甚至是完全瘫痪。从发生频率与危害程度上来看,拒绝服务攻击是非常严重的网络安全威胁之一。

(1) DoS 攻击

拒绝服务(Denial of Service,DoS)攻击主要是通过消耗网络系统中有限的、不可恢复的各种资源,造成合法用户应获得的服务质量下降,例如,网络应用的等待时间延长,甚至导致合法用户的服务请求遭到拒绝。DoS 攻击的目的不是闯入某个系统或更改数据,而是使该系统无法为合法用户提供服务。随着越来越多的用户对网络的依赖程度增大,网络的瘫痪对用户的影响也越来越大。目前,DoS 攻击已成为黑客攻击的主要手段之一。图 5.11 展示了 DoS 攻击的分类。根据攻击手段的不同,DoS 攻击可分为以下四种类型。

① 资源消耗型 DoS 攻击。资源消耗型 DoS 攻击通过消耗网络带宽、增加 CPU 利用率、占用内存和磁盘空间,使网络系统不能正常工作。常见的攻击方法包括:制造大量广播包或传输大量文件,占用网络链路与路由器带宽;制造大量垃圾电子邮件或错误日志,占用主机磁盘资源;制造大量无用信息或进程交互信息,占用主机 CPU 和内存资源。

② 修改配置型 DoS 攻击。修改配置型 DoS 攻击通过修改系统运行配置,使网络系统不能正常工作。常见的攻击方法包括:修改主机或路由器的路由信息;修改操作系统的注册表;修改操作系统的其他配置文件。

③ 物理破坏型 DoS 攻击。物理破坏型 DoS 攻击通过破坏网络、主机或物理支持环境,使网络系统不能正常工作。常见的攻击方法包括:破坏主机系统;破坏路由器和通信线路;破坏机房的供电或空调系统。

④ 服务利用型 DoS 攻击。服务利用型 DoS 攻击通常利用网络系统或协议漏洞,使网络

系统不能正常工作。常见的攻击方法包括:Land 攻击、Ping of Death 攻击、Smurf 攻击、IP 碎片攻击、UDP 洪泛攻击等。

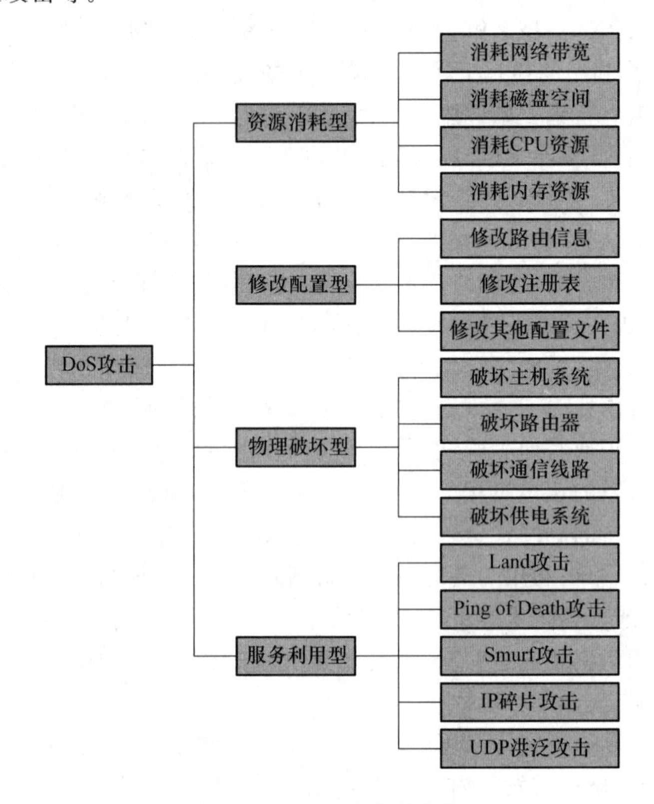

图 5.11　DoS 攻击的分类

(2) DDoS 攻击

分布式拒绝服务(Distributed Denial of Service,DDoS)攻击是在 DoS 攻击的基础上产生的。DDoS 攻击采用一种特殊的体系结构,攻击者利用分布在不同位置的多台主机同时发动攻击,从而导致被攻击主机瘫痪。图 5.12 给出了 DDoS 攻击的体系结构。

DDoS 攻击通常采用三层结构:攻击控制层、攻击服务层与攻击执行层。其中,攻击控制台负责向攻击服务器发布攻击命令,攻击服务器负责将命令分散到攻击执行器,攻击执行器负责对目标进行攻击。攻击服务器与攻击执行器都已被入侵,并预先安装了某种攻击软件。常见的 DDos 攻击软件包括 Trinoo、Tribe Flood Network(TFN)、Shaft、Stream Flood 等。

DDoS 攻击的基本步骤如下。

步骤 1　攻击者选择一些防护能力弱的主机,通过寻找系统漏洞或配置错误,来入侵这些主机并安装后门程序。有时攻击者需要通过网络监听,以进一步增加入侵主机的数量。

步骤 2　攻击者在主机中安装攻击服务器或攻击执行器。攻击服务器数量通常为几台至几十台。攻击服务器的目的是隔离网络联系,防止攻击者被追踪。攻击执行器安装相对简单的攻击软件,向目标主机连续发送大量连接请求或数据包。

步骤 3　攻击者通过攻击控制台向攻击服务器发布攻击命令,再由多个攻击服务器向攻击执行器发布攻击命令,攻击执行器同时向目标主机发起攻击。在向攻击服务器发出攻击命令后,攻击控制台可立即撤离网络,这使得追踪难以实现。

DDoS 攻击的主要特征包括:

① 被攻击主机上有大量在等待的TCP连接；

② 网络中充斥着大量的无用数据包，并且数据包的源地址是伪造的；

③ 大量无用数据包造成网络拥塞，使被攻击主机无法正常与外界通信；

④ 被攻击主机无法正常回复合法用户的服务请求；

⑤ 攻击严重时会导致主机系统瘫痪。

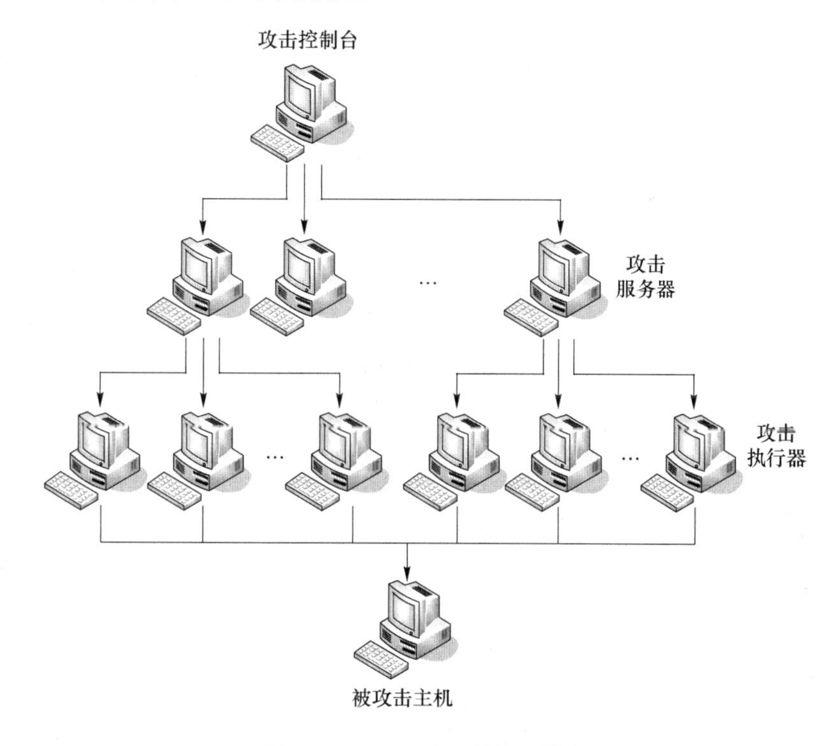

图5.12　DDoS攻击的体系结构

5.3　入侵检测技术

入侵检测系统(Intrusion Detection System，IDS)是一种对网络传输进行即时监视，在发现可疑传输时发出警报或者采取主动反应措施的网络安全系统。一般认为防火墙属于静态防范措施，而IDS为动态防范措施，是对防火墙的有效补充。假如防火墙是一幢大楼的门禁，那么IDS就是这幢大楼的监视系统。

1. 入侵检测概述

1980年，James P. Anderson为美国空军做了一份题目为"Computer Security Threat Monitoring and Surveillance"的技术分析报告，并在报告中第一次详细阐述了入侵检测的概念，此报告被公认为是入侵检测的开山之作。1984—1986年，乔治敦大学的Dorothy Denning和SRI公司的Peter Neumann研究出了一个实时入侵检测系统模型，称为入侵检测专家系统(Intrusion Detection Expert System，IDES)。IDES模型定义了六个基本组成元素，具体包括以下这些方面：

① 主体(Subjects)：系统上活动的实体，如用户。

② 对象(Objects):系统资源,如文件、设备、命令等。

③ 审计记录(Audit Records):是指由{主体,活动,对象,异常条件,资源使用情况,时间戳}构成的六元组。活动(Action)是主体对对象的操作,对操作系统而言,这些操作包括读、写、登录、退出等;异常条件(Exception-Condition)是指系统对主体在该活动中的异常报告,如违反系统读/写权限;资源使用状况(Resource-Usage)是系统的资源消耗情况,如CPU、内存使用率等;时间戳(Time-Stamp)是活动发生时间。

④ 活动轮廓(Activity Profiles):主体正常活动的有关特征信息,具体实现依赖于检测方法。

⑤ 异常记录(Anomaly Records):由事件(Event)、时间戳、轮廓(Profile)组成,用以表示异常事件的发生情况。

⑥ 活动规则:活动规则是组成策略规则集的具体数据项,用以检测审计记录中是否存在违反规则的行为记录。

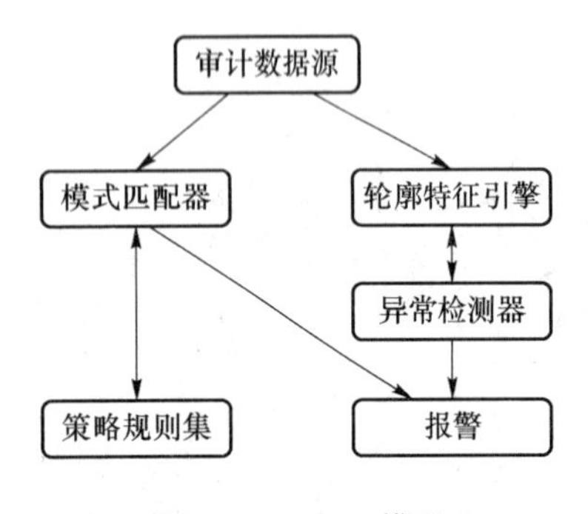

图 5.13 IDES 模型

IDES模型如图5.13所示,其工作原理是首先定义好活动规则,形成策略规则集,统计分析系统主体的活动记录,形成活动轮廓。将需要检测的数据分别传送给模式匹配器和轮廓特征引擎。模式匹配器依据策略规则集的内容检测数据源,如发现有违反安全策略规则的活动则报警。轮廓特征引擎分析抽取数据源中主体活动轮廓,并与异常检测器一起判断是否发生了异常现象,如发生则报警。在IDES模型中显然已经给出了研究和设计IDS的基本方向。

1990年,加利福尼亚大学戴维斯分校的L. T. Heberlein等开发出了第一个可以直接将网络流作为审计数据来源的网络安全监控系统(Network Security Monitor,NSM)。从20世纪90年代到现在,入侵检测系统的研发呈现出百家争鸣的繁荣局面,并在智能化和分布式两个方向取得了长足的进展。

目前IDWG(Intrusion Detection Working Group,IETF下属的研究机构)和CIDF(Common Intrusion Detection Framework,一个美国国防部赞助的开放组织)负责组织开展IDS的标准化及研究工作。CIDF阐述了一个入侵检测系统的通用模型,如图5.14所示,它将一个入侵检测系统分为以下组件:事件产生器(Event Generators),用E盒表示;事件分析器(Event Analyzers),用A盒表示;响应单元(Response Units),用R盒表示;事件数据库(Event Databases),用D盒表示。CIDF模型的工作流程:E盒通过传感器收集事件数据,并将信息传送给A盒和D盒;A盒检测误用模式;D盒存储来自A、E盒的数据,并为额外的分析提供信息;R盒从A、E盒中提取数据,D盒启动适当的响应。A、E、D及R盒之间的通信都基于通用入侵检测对象(Generalized Intrusion Detection Objects,GIDO)和通用入侵规范语言(Common Intrusion

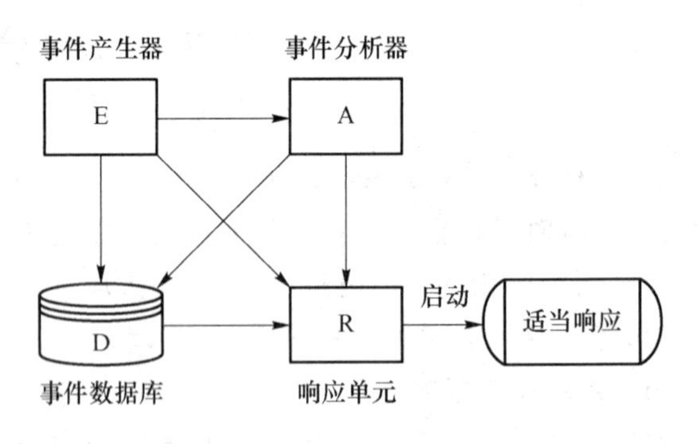

图 5.14 CIDF 模型

Specification Language,CISL)。

CIDF将IDS所需要分析的数据统称为事件,它可以是网络中的数据包,也可以是从系统日志等其他途径得到的信息。事件产生器的目的是从整个计算环境中获得事件,并向系统的其他部分提供此事件,因此事件产生器所提供数据(事件)的准确性、全面性和代表性极其重要。没有准确、全面、有代表性的数据输入,IDS也就失去了价值。事件分析器则是CIDF中另一个重要的核心组件,如果不能对事件进行有效的分析,那么就不可能得到正确的结论,IDS同样也就没有意义。实际上,CIDF已经为入侵检测系统定义了基本组成结构和工作流程,为IDS的发展奠定了良好的基础。

下面介绍入侵检测经常用到的七个重要概念。

① 事件:当网络或主机遭到入侵或出现较重大变化时,称为发生安全事件,简称事件。IDS最主要的功能就是及时检测到事件的发生,特别是那些可能对网络或主机带来安全威胁的事件。

② 报警:当发生事件时,IDS通过某种方式及时通知网络管理员事件的情况称为报警。

③ 响应:当IDS报警后,网络管理员对事件及时做出处理称为响应。IDS可以和其他安全设备一起,依据报警信息自动采取安全措施来阻断入侵行为,被称为联动响应。这也是IDS响应的常见形式。

④ 误用:误用是指不正当使用计算机或网络,并对计算机安全或网络安全构成威胁的一类行为。

⑤ 异常:对网络或主机的正常行为进行采样、分析,描述出正常的行为轮廓,建立行为模型,当网络或主机上出现偏离行为模型的事件时称为异常。

⑥ 入侵特征:也称为攻击签名(Attack Signatures)或攻击模式(Attack Patterns),一般指对网络或主机的某种入侵攻击行为(误用行为)的事件过程进行分析与提炼,形成可以分辨出该入侵攻击事件的特征关键字,这些特征关键字被称为入侵特征。

⑦ 感应器:布置在网络或主机中用于收集网络信息或用户行为信息的软硬件称为感应器。感应器应该布置在可以及时取得全面数据的关键点上,其性能直接决定IDS检测的准确率。

由于入侵检测系统的数据源具有准确性、全面性和代表性等特点,因此,它不仅可以有效发现入侵行为,而且还能够帮助管理员了解网络系统的状况及出现的任何变动,为网络安全策略的制定提供帮助。一般来说,入侵检测系统的工作过程主要分为三个部分:信息收集、信息分析和结果处理。

① 信息收集:入侵检测的第一步是信息收集,收集内容包括系统和网络的数据及用户活动的状态和行为。一般由放置在不同网段的感应器来收集网络中的数据信息(主要是数据包),主机内感应器来收集该主机的信息。

② 信息分析:将收集到的有关系统和网络的数据及用户活动的状态和行为等信息送到检测引擎,检测引擎一般通过三种技术手段进行分析,即模式匹配、统计分析和完整性分析。当检测到某种入侵特征时,会通知控制台出现了安全事件。

③ 结果处理:当控制台接到发生安全事件的通知时,将产生报警,也可依据预先定义的相应措施进行联动响应。例如,可以重新配置路由器或防火墙、终止进程、切断连接、改变文件属性等。

入侵检测系统作为网络或主机系统的重要安全措施,其功能是多方面的。具体来说,入侵检测系统的主要功能包括以下六个方面：

① 监测并分析用户、系统和网络的活动变化；

② 核查系统配置和漏洞；

③ 评估系统关键资源和数据文件的完整性；

④ 识别已知的攻击行为；

⑤ 统计分析异常行为；

⑥ 操作系统日志管理，并识别违反安全策略的用户活动。

2. 入侵检测系统分类

随着互联网技术的发展，网络入侵手段也变得更加复杂，如果只采用单一的方法进行检测，则无法保证网络和主机的安全。目前入侵检测系统有许多类型，片面地谈论哪种 IDS 更好是没有价值的，因为对于不同类型特点的网络实体，采用不同类型的 IDS 加以保护才是解决之道。目前关于 IDS 分类有很多种，本节将给出常见的两种分类方法。

1）以数据源为分类标准

以数据源为分类标准，一般可分为两类：主机型入侵检测系统（Host-based Intrusion Detection System，HIDS）和网络型入侵检测系统（Network-based Intrusion Detection System，NIDS）。

（1）HIDS

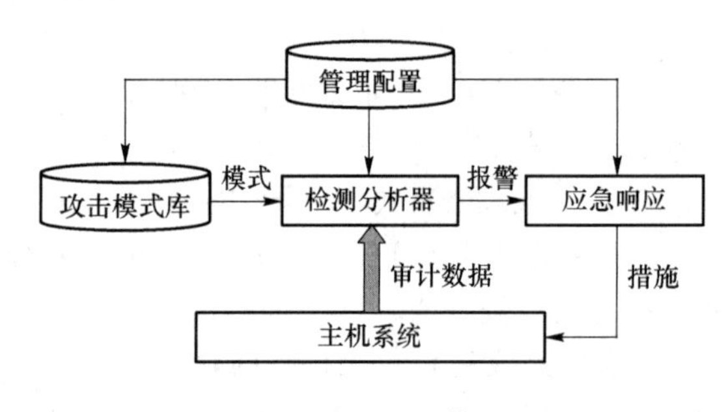

图 5.15　HIDS 模型

HIDS 主要通过分析系统的审计数据来发现可疑的活动，其模型如图 5.15 所示，数据来源主要是操作系统的事件日志、应用程序的事件日志、系统调用、端口调用和安全审计记录等。顾名思义，HIDS 只能用来检测主机上发生的入侵行为，主要检测内部授权人员的误用以及因成功避开传统的系统保护方法而渗透到网络内部的入侵活动，检测准确性较高。在检测到入侵行为后可及时与操作系统协同，以阻止入侵行为。

随着针对应用层的攻击手段增多以及加密环境应用的普及，HIDS 的优点逐渐明显。其优点主要包括：性价比较高，不需要增加专门的硬件平台，当主机数量较少时性价比尤其突出；准确率高，HIDS 主要监测用户在系统中的行为活动，如对敏感文件、目录、程序或端口的访问，这些行为能够准确地反映系统的实时状态，便于区分正常的行为和非法的行为；对网络流量不敏感，不会因为网络流量的增加而停止对网络行为的监视；适合加密环境下的入侵检测。

HIDS 的缺点也十分明显，主要包括：与操作系统平台相关，可移植性差；需要在每个被检测主机上安装入侵检测系统，维护较复杂；难以检测针对网络的攻击，如消耗网络资源的 DoS 攻击、端口扫描等。

（2）NIDS

NIDS 模型如图 5.16 所示，NIDS 主要通过部署在网络关键位置上的感应器（多数为计算机）捕获网上的数据包，并分析其是否具有已知的入侵特征模式，来判别是否为入侵行为。当 NIDS 发现某些可疑的现象时，将向一个中心管理站点发出报警信息。

NIDS 的优点主要包括：对用户透明，隐蔽性好，使用简便，不容易遭受来自网络上的攻击；与被检测的系统平台无关；利用独立的计算机完成检测工作，不会给运行关键业务的主机增加负载；攻击者不易转移证据。

NIDS的缺点主要包括：无法检测到来自网络内部的攻击及内部合法用户的误用行为；无法分析所传输的加密数据报文；需要对所有的网络报文进行采集分析，主机的负荷较大，且易受DoS攻击。

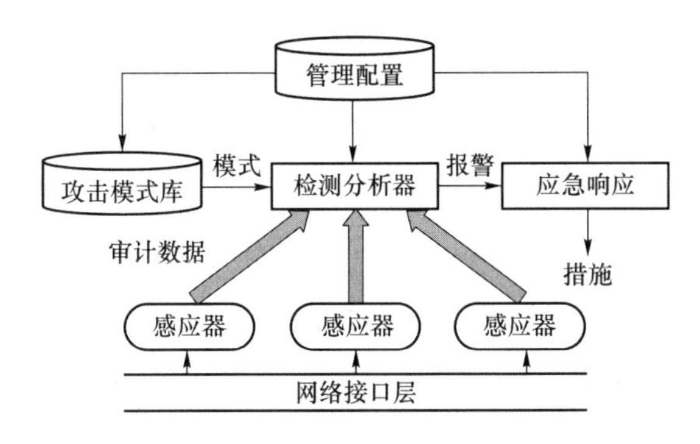

图5.16 NIDS模型

HIDS和NIDS具有互补性：HIDS能够更加精确地监视主机中的各种活动，适应特殊环境，如加密环境；NIDS能够客观地反映网络活动，特别是能够监视到主机系统审计的盲区。因此，一些入侵检测系统采用了NIDS和HIDS的混合形式，以提高对内部网络的保护力度。

2）以检测技术为分类标准

以检测技术为分类标准，一般可分为两类：基于误用检测（Misuse Detection）的IDS和基于异常检测（Anomaly Detection）的IDS。

（1）基于误用检测的IDS

基于误用检测的IDS模型如图5.17所示，误用检测是事先定义出已知的入侵行为的入侵特征，将实际环境的数据与之匹配，根据匹配程度来判断是否发生了误用攻击，即入侵攻击行为。

大部分入侵行为都是利用已知的系统脆弱性，因此通过分析入侵过程的特征、条件、顺序以及事件间的关系，可以具体描述入侵行为的特征信息。误用检测有时也被称为特征分析（Signature Analysis）或基于知识的检测（Knowledge-based Detection）。这种方法由于依据具体特征库进行判断，所以检测准确度很高。误用检测的主要缺陷在于检测范围受已有知识局限，无法检测未知的攻击类型，此外，将具体入侵手段抽象成知识也具有一定困难，而且建立的入侵特征库需要不断更新维护。

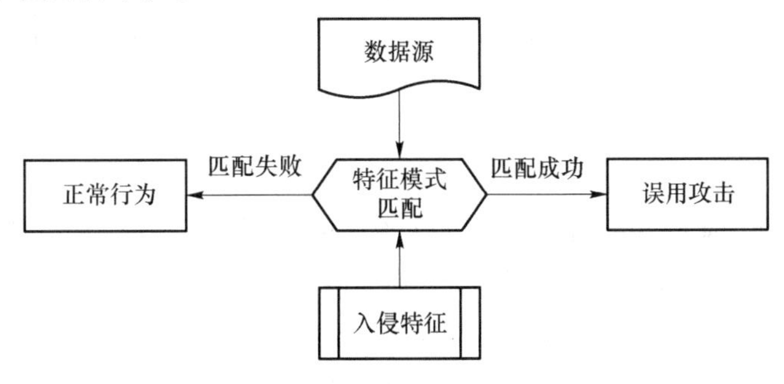

图5.17 基于误用检测的IDS模型

(2) 基于异常检测的 IDS

基于异常检测的IDS模型如图5.18所示，异常检测是根据使用者的行为或资源使用状况的程度与正常状态下的标准特征(活动轮廓)之间的偏差来判断是否遭到入侵，如果偏差高于阈值则发生异常。

异常检测不依赖于某个具体行为是否出观，通用性较强。但是对于基于异常检测的IDS来说，得到正常行为或状态的标准特征以及确定阈值具有较大的难度。第一，不可能对整个系统的所有用户行为进行全面的描述，而且每个用户的行为是经常改变的，如某人因为工作紧急，在一段时间内频繁夜间上网；第二，资源使用情况也可能由于某种特定因素发生较大的变化，如世界杯期间视频点播流量剧增。因此，基于异常检测的IDS漏报率低，而误报率高。

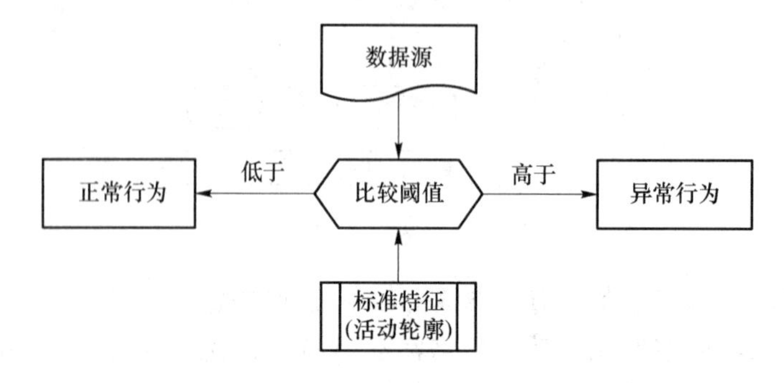

图5.18 基于异常检测的IDS模型

误用检测技术和异常检测技术各有优势，又都有不足之处。在实际系统中，考虑两者的互补性，往往将它们结合在一起使用，以达到更好的检测效果。

3. 入侵检测技术

入侵检测技术研究具有综合性、多领域性的特点，技术种类繁多，且涉及许多学科。下面从误用检测、异常检测、入侵诱骗和响应四个方面分析一下入侵检测的主要技术。

1) 误用检测技术

误用检测是一种比较成熟的入侵检测技术，目前大多数入侵检测系统都是基于误用检测的思想来设计实现的。实现误用检测的方法主要包括专家系统、特征分析、状态转换分析、模型推理和完整性分析等方法。

(1) 专家系统

这里的专家主要指具有丰富经验和知识的安全专家。需要总结安全专家的关于入侵检测方面的知识，并以规则结构的形式表示出来，形成专家知识库。规则结构一般采用条件判断形式，即if-then结构，if部分是构成入侵所要求的条件，then部分是发现入侵后采取的相应措施。专家系统存在的主要问题是全面性问题和效率问题。全面性问题是指难以取得专家的全部知识，同时少数专家的知识也不具有全面性；效率问题是指所需处理的数据量可能很大，逐一判断效率低。

(2) 特征分析

特征分析是目前商业软件中主要采用的方法，也称为模式匹配。模式匹配就是将收集到的信息与已知的误用模式数据库进行比较，从而发现违背安全策略的行为。该过程可以很简单(如通过字符串匹配以寻找一个简单的条目)，也可以很复杂(如利用正规的数学表达式来表示安全状态的变化)。该方法的一大优点是只需收集相关的数据集合，可显著减少系统负担，且该技术已相当成熟。它与病毒防火墙采用的方法一样，检测准确率和效率都相当高。但是，该方法存在的弱点是需要不断地升级以对付不断出现的黑客攻击手段，且不能检测到从未出现过的黑客攻击手段。

(3) 状态转换分析

将入侵过程看作一个行为序列，该行为序列将导致系统从初始状态转入被入侵状态。分析时，需要针对每一种入侵方法确定系统的初始状态和被入侵状态，以及导致状态转换的转换条件(导致系统进入被入侵状态必须执行的操作/特征事件)；然后用状态转换图来表示每一个状态和特征事件。该方法主要存在的问题是难以分析过分复杂的事件，也不能检测与系统状态无关的入侵。

(4) 模型推理

模型推理是通过建立误用脚本模型，根据样本来推理并判断是否发生了误用行为。Gravy 和 Lint 首先提出了这种方法。该方法的核心是建立误用脚本数据库、分析器和决策器。首先收集入侵攻击样本信息，如攻击行为目的、攻击行为可能的步骤、对系统的特殊操作等，并根据这些信息将每个入侵攻击描述成一个入侵行为序列，加入误用脚本数据库。检测时先将这些误用脚本的子集看作系统面临的攻击，然后分析器根据当前的系统态势信息产生一个需要验证的攻击脚本子集，并提交给决策器。最后由决策器匹配误用脚本数据库。每个误用脚本项包含一个误用行为概率，概率的高低是判断是否发生误用攻击的重要依据。随着误用脚本被确认的次数变化，其概率将不断被刷新。这种方法的优点是以数学不确定性推理理论作为基础，对于专家系统方法不容易处理的未确定的中间结论，可以用脚本模型来推理解决。然而，其不足之处是，创建每一种误用脚本模型的开销较大，并且还需思考决策器应如何有效地进行误用行为判断。

(5) 完整性分析

完整性分析主要关注某些特定对象是否被更改，这些对象主要包括重要的日志、文件及目录等内容。完整性分析利用强有力的加密机制，如消息摘要函数等，识别特定对象极其微小的变化。其优点是不管模式匹配方法和统计分析方法能否发现入侵，只要是攻击导致了文件或其他对象发生任何改变，它都能够发现。这种方式主要应用于 HIDS，缺点在于完整性分析一般以定时批处理形式来实现，很少用于实时处理。

2) 异常检测技术

异常检测是一种与系统相对无关、通用性较强的入侵检测技术。异常检测的思想最早由 Denning 提出，即可以通过监视系统审计记录上系统使用的异常情况，检测出违反安全的事件。异常检测通常与一些数学分析方法相结合，但存在误报率较高的问题。异常检测主要针对用户行为数据、系统资源使用情况进行分析判断。常见的异常检测方法包括统计分析、预测模型、系统调用监测以及基于人工智能的异常检测技术等。

(1) 统计分析

统计分析是最早出现的异常检测技术，IDES 中所包含的异常检测模块就属于这个类别。IDES 所使用的统计分析技术支持对每一个系统用户和系统主体建立历史统计模式，所建立的模式被定期更新，这样可以及时反映出用户行为随时间推移而产生的变化。检测系统维护一个由行为模式组成的规则知识库，每个模式采用一系列系统度量来表示特定用户的正常行为。Denning 模型定义了三种度量，即事件计数器、间隔定时器和资源测量器，并提出了五种统计模型，即可操作模型、均值和标准差模型、多变量模型、马尔可夫过程模型和时间序列模型。

基于统计的异常检测方法在检测盗用者和外部入侵者时都有非常好的效果，但是也存在一些缺点。首先，该方法未考虑事件的发生顺序，因此，对利用事件顺序关系的攻击难以检测；其次，当攻击者意识到被监控后，可能会利用统计轮廓的动态自适应性，通过缓慢改变其行为来训练正常特征轮廓，最终使检测系统将其异常活动识别为正常；最后，难以确定评判为正常和异常的阈值，阈值太低或太高都易出现误报或漏报的情况。

（2）预测模型

为了克服Denning模型未考虑事件发生顺序的缺点，在1990年，Henry提出了预测模型。预测模型使用动态规则集合来检测入侵，这些规则根据所观察事件的序列关系和局部特性归纳产生序列模式。归纳机制利用基于时间的推理，可以从对一个过程的观察中发现瞬态模式（瞬间状态模式）。这种瞬态模式一般存在可重复性，可用于精确预测。瞬态模式用规则来表示，并加入规则库，规则库中的规则会随观察的数据动态地修改，最终只有高质量的规则可留在规则库中，而低质量的规则最终会从系统中消失。

通过识别过去所观察的事件序列的规律，预测模型能够推理出在下一时刻输入数据流中某些特定事件比其他事件发生的概率更大。这种方法的优点：第一，适合检测基于时间关系的入侵，这类入侵用其他方法较难检测到；第二，高质量的规则能使用归纳的方法自动产生，低质量的规则最终从系统中消失，这有助于建立高度自适应的安全审计系统。该方法的缺点：规则产生若不充分，容易导致较高的误报率；计算量比较大。

（3）系统调用检测

系统调用检测方法是采用监视由特权程序进行系统调用的方法来进行异常检测的。一般认为储存在磁盘上的程序代码不运行就不会对系统造成损害，而系统的损害主要是由执行了系统调用的特权程序所引起的。一个程序的正常行为可由其执行轨迹的局部特征来表示，若与这些特征发生偏离则可认为是发生了安全事件。程序执行时有两个重要的特点：一个是程序正常执行时，轨迹的局部特征具有一致性；另一个是当入侵者利用程序的安全漏洞时，会产生一些异常的局部特征。这种方法适用于基于主机的异常检测系统。

（4）基于人工智能的异常检测技术

近几年来，在异常检测技术中大量地引入了人工智能技术，这些技术有效地提高了异常检测的性能。这些人工智能技术主要包括数据挖掘、神经网络、模糊证据理论等，且并不只局限于异常检测，同时也大量应用在误用检测系统中。数据挖掘主要用来在大量的数据集合中确定具有代表性的特征模式。该技术在异常检测中主要是用于寻找可以代表异常行为的特征模式，而传统的异常检测方法则是简单地列举出所有的正常模式。数据挖掘的关键在于只有使用一组完备的异常类例子去训练系统，才能有效地挖掘出异常特征模式。神经网络具有自学习自适应能力，并用代表正常用户行为的样本点来训练神经网络。通过反复学习，神经网络能从数据中提取正常的用户或系统活动的模式，并编码到网络结构中。检测时将待审计数据输入学习好的神经网络进行处理。由于入侵检测的评判标准具有一定的模糊性，所以可以将模糊证据理论引入入侵检测中，以建立一种基于模糊专家系统的入侵检测模型。该模型吸收了误用检测和异常检测的优点，能较好地降低漏报率和误报率。

3）入侵诱骗技术

入侵诱骗是指用通过伪装成具有吸引力的网络主机来吸引攻击者，同时对攻击者的各种攻击行为进行分析，进而找到有效的应对方法。同时，也具有通过吸引攻击者从而保护重要的网络服务系统的目的。常见的入侵诱骗技术主要有蜜罐（Honey Pot）技术和蜜网（Honey

Net)技术等。

(1) 蜜罐技术

“蜜罐”这一概念最初出现在1990年出版的一本小说*The Cuckoo's Egg*中，这本小说描述了作者作为一个公司的网络管理员，如何追踪并发现一起商业间谍案的故事。蜜网项目组(The Honeynet Project)的创始人Lance Spitzner给出了对蜜罐的权威定义：蜜罐是一种安全资源，其价值在于被扫描、攻击和攻陷。这个定义表明蜜罐并无其他实际作用，因此，所有流入或流出蜜罐的网络流量都可能预示了扫描、攻击和攻陷。而蜜罐的核心价值就在于对这些攻击活动进行监视、检测和分析。

蜜罐有两种形式，一种是真实系统蜜罐，实际上就是一个真实运行的系统，并带有可入侵的漏洞，它所记录的入侵信息往往是最真实的。另一种是伪装系统蜜罐，它是运行于真实系统基础上的仿真程序，可以伪造各种“系统漏洞”，若攻击者入侵了这样的“漏洞”，那么只能是在一个程序框架里“打转”，即使成功“渗透”，对系统本身也没有损害。利用蜜罐技术可以迷惑入侵者，从而保护真实的服务器，同时也可以诱捕网络罪犯。

(2) 蜜网技术

蜜网是在蜜罐技术上逐步发展起来的一个新的概念，又称为诱捕网络。蜜网技术实质上还是一类高交互蜜罐技术，其主要目的是收集黑客的攻击信息。但与传统蜜罐技术的差异在于，蜜网构成了一个黑客诱捕网络体系架构，在这个架构中，可以包含一个或多个蜜罐，同时可以保证网络的高度可控性，并提供多种工具来完成对攻击信息的采集和分析。此外，蜜网可以通过采用虚拟操作系统软件来实现，如VMWare和User Mode Linux等，这样可以在单一的主机上实现蜜网的体系架构，即虚拟蜜网。虚拟蜜网的引入使得架设蜜网的代价大幅降低，且较容易部署和管理，但同时也带来了更大的风险，黑客有可能识别出虚拟操作系统软件，并可能攻破虚拟操作系统，从而获得对整个虚拟蜜网，甚至是对真实主机的控制权。

4) 响应技术

入侵检测系统的响应技术可以分为主动响应和被动响应。主动响应是系统自动阻断攻击过程或以其他方式影响攻击过程；而被动响应只是报告和记录发生的事件。

(1) 主动响应

主动响应的一种表现形式就是采取反击行动，但一直以来没有成为常用的响应形式，主要原因是存在一些客观方面的顾虑。因为入侵者的常用攻击方法是利用一个被黑掉的系统作为攻击的平台，另外，反击行动也可能会涉及法律法规等问题，所以当检测到入侵时，一般是利用防火墙和网关阻止来自入侵IP地址的数据包，也可以采取网络对话的方式阻断网络连接，即向入侵者的计算机发送TCP的RESET包，或发送ICMP的目标不可达(Destination Unreachable)数据包，或发送邮件给入侵主机所在网络的管理员请求协助处理。

修正系统环境也是主动响应的一种手段，主要是通过提高分析引擎对特定模式的敏感度，增加监视范围，以便更好地收集信息，堵住导致入侵发生的漏洞。目前该方法被广泛应用。

(2) 被动响应

被动响应主要指当IDS检测到入侵时就会向系统管理员发出警报和通知。被动响应无法阻止入侵行为，只起到缩短系统管理人员反应时间的作用。

4. Snort系统

Snort系统是一个开放源代码的轻量级网络入侵检测系统。该系统高效稳定，在全世界范围内被广泛安装和使用。Snort系统遵循CIDF模型，使用误用检测的方法来识别发现违反系统和网络安全策略的网络行为。图 5.19 为 Snort 系统的体系结构，从图 5.19 中可以看出，Snort 系统包括数据包捕获模块、预处理模块、检测引擎和输出模块四个部分，每个模块对于入侵检测来说都很关键。第一个是数据包捕获模块，将数据包从网络适配器中以原始状态捕获，并送交给预处理模块；预处理模块对数据包进行解码、检查及相关处理后交给检测引擎；检测引擎对每个数据包进行检验以判断是否存在入侵；最后一个模块是输出模块，它根据检测引擎的结果给出相应的输出，即写日志或报警。

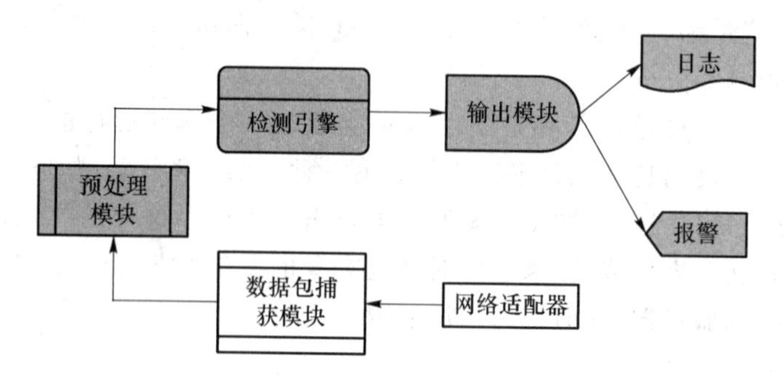

图 5.19 Snort 系统的体系结构

1）数据包捕获模块

数据包捕获模块实际上是借用系统提供的工具来进行捕包操作，经常使用的捕包工具包括 libpcap 或 winpcap(Windows 环境)，这些工具能够在数据链路层上捕获原始数据包。原始数据包是在网络上由客户端到服务器传输时未被修改的、最初形式的数据包。原始数据包所有的协议头信息都保持完整，未被操作系统更改。典型的网络应用程序不会处理原始数据包，它们依靠操作系统为其读取协议信息。Snort 系统则相反，它需要数据保持原始状态，因为它要利用未被操作系统剥去的协议头信息来检测某些形式的攻击。

2）预处理模块

预处理模块是由若干个预处理器构成的。预处理器以插件的形式存在于数据包捕获模块和检测引擎之间。预处理器可以分为两类：一类预处理负责对流量进行解码和标准化，处理后的数据包以特定的数据结构形式保存在数据堆栈内，以便检测引擎准确匹配特征；另一类预处理是对非基于特征的攻击进行检测，这也是十分必要的。

Snort 系统的预处理插件都是在检测引擎处理数据之前对数据包进行处理的，源文件名是以 spp-开头的主要包括三类插件：①模拟 TCP/IP 堆栈功能的插件，如 IP 碎片重组、TCP 流重组插件；②各种解码插件，如 HTTP 解码插件、Unicode 解码插件等；③规则匹配无法进行攻击检测时所用的插件，如端口扫描插件、ARP 欺骗检测插件等。一般可以根据各预处理插件文件名判断此插件的功能。预处理流程可以通过配置文件 snort.conf 进行调整，并根据需要添加或删除预处理程序。

3）检测引擎

检测引擎是 Snort 系统的核心部件，主要功能是规则分析和特征检测。当数据包从预处理器送过来后，检测引擎依据预先设置的规则检查数据包，一旦发现数据包的内容和某条规则相匹配，就通知输出模块进行报警。

Snort 系统将所有已知的入侵行为以规则的形式存放在规则库中，并以三维规则链表结构进行组织。Snort 系统的三维规则链表结构如图 5.20 所示，每一条规则由规则头和规则选项两部分组成。规则头对应于规则树节点(Rule Tree Node，RTN)，包含规则动作选项、数据包类型、源地址、源端口、目的地址、目的端口、数据流动方向等内容。规则选项对应于规则选项节点(Optional Tree Node,OTN),包含报警信息和匹配内容等选项。为了便于进行规则检查,Snort系统首先将规则按照规则动作选项分为Alert、Log、Pass、Activate和Dynamic五类,对应五个规则链表节点(Rule List Node,RLN),每个RLN指向一个规则列表头(Rule List Head,RLH)节点。每个RLH包含有四个指针,分别指向IP、TCP、UDP和ICMP四个规则协议树。RLH具有可扩展性,可根据需要添加规则协议树。每个规则协议树包含一个RTN链表,每个RTN又连接一个OTN链表。实际上,每条规则是由RTN和一个OTN链表组成,即若干具有相同RTN信息的规则聚合成共享一个RTN的OTN链表。图5.20中的right和next是同级指针,而down和Iplist等为从属指针。

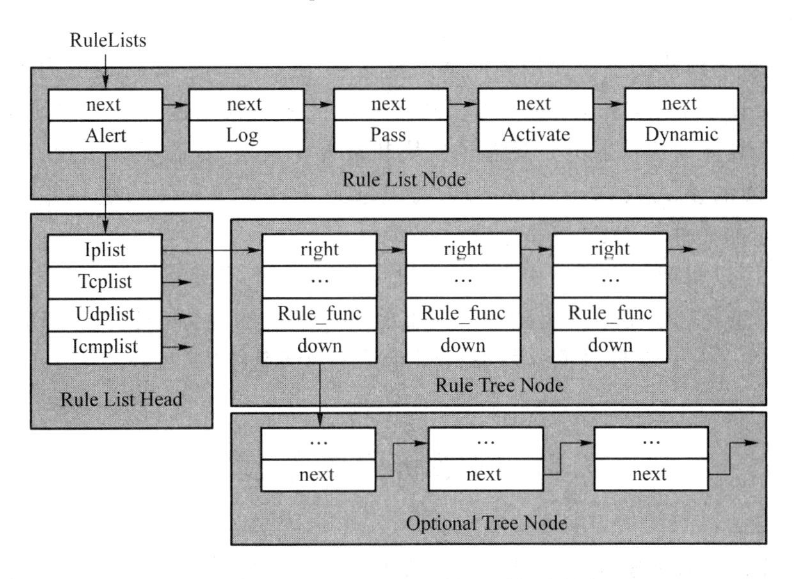

图5.20 Snort系统的三维规则链表结构

Snort系统启动时,首先建立三维规则链表,当数据包到达检测引擎时,Snort系统将从左至右遍历三维规则链表,进行规则匹配,若匹配成功则执行规则动作,并停止遍历。当进入RLH时,Snort系统根据数据包协议选择RLH指针,即选择规则树进入RTN链表。如果在RTN链表中找到了相匹配的RTN,则向下与OTN进行匹配。每个OTN包含一组用来实现匹配操作的函数指针。当数据包与某个OTN匹配时,即判断此数据包为攻击数据包。下面是一个简单的规则:

```
Alert tcp any any ->10,1.1.0/24 80(content:"/cgi-bin/phf";msg:"PHF probe!";)
```

在这个规则中,括号左边的部分为规则头,括号中间的部分为规则选项,规则选项中冒号前的部分为选项关键字(Option Keyword)。规则头由规则行为、协议字段、地址和端口信息三个部分组成。Snort系统定义了五种可选的行为,即Alert、Log、Pass、Activate、Dynamic,其语义如下:

① Alert:使用设定的警告方法生成警告信息,并记录这个数据报文。

② Log:使用设定的记录方法来记录这个数据报文。

③ Pass:忽略这个数据报文。

④ Activate:进行Alert,然后激活另一个Dynamic规则。

⑤ Dynamic:等待被一个Activate规则激活,被激活后就作为一条Log规则执行。

当前 Snort 系统支持的协议字段主要有 IP、TCP、UDP 和 ICMP 等，将来可能会支持更多的协议。地址和端口信息的格式为 IP 地址/网络掩码＋端口号。规则选项由选项关键字组成，中间用冒号分隔。选项关键字 msg 表示打印一条警告信息到警告或日志中；content 是在数据包负载中搜索的模式，这个字段是 Snort 系统的一个重要特征。这条规则的含义是：当在任何发往 10.1.1.0/24 子网主机 80 端口的 TCP 数据包负载中，如果发现子串"/cgi-bin/phf"，则代表此数据包为攻击数据包，Snort 系统将报警并输出"PHF probe!"，表示此数据包为对本地网络 Web 服务器的 PHF 服务的探测攻击。phf 是一个早期 NCSA 和 Apache HTTP 服务器附带的示例脚本，某些早期版本的 phf 脚本存在输入验证漏洞，远程攻击者可以利用此漏洞以 httpd 进程的权限在主机上执行任意系统命令。

4）输出模块

Snort 系统输出模块的主要作用是能够以更灵活、更直观的方式将输出内容呈现给用户，其组成包含多个输出插件，Snort 系统可以对每个被检测的数据包进行三种处理方式：Alert、Log 和 Pass。其具体完成依靠的是日志子模块和报警子模块，日志子模块允许将收集到的数据包信息以可读的格式或以 tcpdump 格式记录下来，报警子系统是将报警信息发送到 syslog、用户指定的文件、UNIX 套接字或数据库中。

Snort 系统可以实现一个轻量级网络入侵检测系统的所有要求。Snort 系统小巧灵活，能力强。在一些不想花高额费用来组建一个完整的商业系统的地方，该系统可以完全取代商业入侵检测系统，且尤其适合校园网这样非营利性质的网络系统。

5.4 网络防御的新技术

网络防御应该具有多层次、纵深型的特点，也可以理解为网络防御的理念应该贯穿整个网络设计与实现当中，每一个环节的疏漏都可能带来安全隐患。防火墙和入侵检测系统是重要的网络防范技术，但它们不可能解决所有安全问题。随着网络入侵技术的不断发展，入侵攻击也不再只是外部对内部的攻击，入侵形式也变得更加隐蔽且多种多样，因此，网络防御技术必须不断发展以适应纷繁复杂的安全形势。

1. VLAN 技术

VLAN(Virtual Local Area Network，虚拟局域网)，目前已逐步成为网络防御的重要技术之一。在 1999 年，IEEE 颁布了用以实现 VLAN 标准化的 802.1q 协议标准草案，其中对 VLAN 的定义为：VLAN 是由一些局域网网段构成的与物理位置无关的逻辑组，而每个逻辑组的成员具有某些相同的需求。通过 VLAN 的定义可知，VLAN 是用户和网络资源的逻辑组合，是局域网为用户提供的一种服务，而并不是一种新型局域网。

VLAN 技术的出现，使得管理员可以根据实际应用需求，把同一物理局域网内的不同用户从逻辑上划分成不同的广播域，每一个 VLAN 都包含一组有着相同需求的计算机工作站。每一个 VLAN 的帧都有一个明确的标识符，指明发送这个帧的工作站是属于哪一个 VLAN。由于 VLAN 是从逻辑上划分的，所以同一个 VLAN 内的各个工作站可以在不同物理 LAN 网段上。由 VLAN 的特点可知，一个 VLAN 内部的广播和单播流量都不会转发到其他 VLAN 中，即使是两台计算机有着同样的网段，但由于它们没有相同的 VLAN 号，所以它们各自的广播流也不会相互转发，这有助于控制流量、简化网络管理、提高网络的安全性。

1) VLAN 的划分方式

从技术角度讲,VLAN 的划分可依据不同的原则,常见的划分方式包括基于端口、基于MAC 地址和基于 IP 子网等几种方法。

(1) 基于端口的 VLAN 划分

这种划分是把一个或多个交换机上的几个端口划分为一个逻辑组,这是最简单、最有效的划分方法。该方法只需网络管理员对网络设备的交换端口进行重新分配即可,不用考虑该端口所连接的设备。分配到同一 VLAN 的各网段上的所有节点都在同一个广播域中,可以直接通信,不同 VLAN 节点间的通信则需要通过路由器或三层交换机(就是支持三层路由协议的交换机)进行。

基于端口的 VLAN 划分简单、有效,但其缺点是当用户从一个端口移动到另一个端口时,网络管理员必须对 VLAN 成员进行重新配置。

(2) 基于 MAC 地址的 VLAN 划分

MAC 地址其实就是网卡的标识符,每一块网卡的 MAC 地址都是唯一且固化在网卡上的。MAC 地址可以使用 12 位十六进制数表示,前 6 位为网卡的厂商标识(OUI),后 6 位为网卡标识(NIC)。网络管理员可按 MAC 地址把一些节点划分为一个逻辑子网,使得网络节点不会因为地理位置的变化而改变其所属的网络,从而解决了网络节点的变更问题。对于连接于交换机的工作站来说,在它们初始化时,相应的交换机要在 VLAN 的管理信息库(MIB)中检查 MAC 地址,从而动态地将该端口配置到相应的 VLAN 中。

这种方式存在的问题是当用户更换网卡时,需要重新设置。另外,随着网络规模的扩大,网络设备、用户的增加,网络管理的难度也将随之加大。

(3) 基于 IP 子网的 VLAN 划分

基于 IP 子网的 VLAN 划分则是通过所连计算机的 IP 地址,来决定其所属的 VLAN。与基于 MAC 地址的 VLAN 不同,即使计算机因为更换了网卡或其他原因导致 MAC 地址改变,只要它的 IP 地址不变,就仍可以加入原先设定的 VLAN。因此,与基于 MAC 地址的 VLAN 划分相比,基于 IP 子网的 VLAN 划分方法能够更为简便地改变网络结构,但这种 VLAN 划分方式可能受到 IP 地址盗用攻击。

2) VLAN 的安全性

VLAN 的安全性主要体现在应对广播风暴、信息隔离以及 IP 地址盗用等方面。

(1) 广播风暴

当网络上的设备越来越多时,广播信息所占用的时间也会越来越多。当广播信息所占用的时间多到一定程度时,就会对网络上的正常信息传递产生影响,轻则导致传送信息延时,重则导致网络设备从网络上断开,甚至导致整个网络堵塞、瘫痪,这就是广播风暴,它也是影响网络安全性能的一个重要原因。

对网络广播风暴的控制主要有物理网络分段和 VLAN 的逻辑分段两种方式,后者更灵活,效率更高。同一 VLAN 处于相同的广播域,通过 VLAN 的划分可以有效地阻隔网络广播,缩小广播域,从而控制广播风暴。处于不同 VLAN 的计算机将有不同的子网掩码和网关,因此,不同 VLAN 之间的通信要经过路由的控制。可见,规划且设计好各个 VLAN 的成员,将网络内频繁通信的用户尽可能地集中于同一 VLAN 内,就可以减少网间流量,这既有效节约了网络带宽,又提高了网络效率。

(2) 信息隔离

VLAN 建立后,同一个 VLAN 内的计算机之间便可以直接通信,不同 VLAN 间的通信则要通过路由器进行路由选择、转发,从而能够有效地隔离基于广播的信息(如机器名、DHCP 信息等),防止非法访问,大幅提高网络系统的整体安全性。此外,通过路由访问控制列表、MAC 地址分配、屏蔽 VLAN 路由信息等技术,可以有效控制用户的访问权限和逻辑网段大小,将不同需求的用户群划分在不同 VLAN 中,从而提高网络的整体性能和安全性。

(3) IP 地址盗用

企业、校园等局域网具有终端用户节点数量多的特点,用户数量的增多使得网络 IP 地址的盗用也相应增加,这严重影响了网络的正常使用。建立 VLAN 后,该 VLAN 内任何一台计算机的 IP 地址都必须在分配给该 VLAN 的 IP 地址范围内,否则将无法通过路由器的审核,也就不能进行通信。因此,使用 VLAN 能有效地将 IP 地址的盗用控制在本 VLAN 之内。

3) VLAN 存在的问题

使用 VLAN 技术可以提升网络的安全性,但其本身也存在一些固有的问题,这些问题主要包括容易遭受欺骗攻击和硬件依赖性问题。欺骗攻击主要包括 MAC 地址欺骗、ARP 欺骗以及 IP 盗用转网等问题;硬件依赖性是指 VLAN 的组建要使用交换机,并且不同主机之间的信息交换要经过交换机,因此,VLAN 的安全性在很大程度上依赖于所使用的交换机以及对交换机的配置。

虽然 VLAN 并非完美的网络技术,但这种用于网络节点逻辑分段的方法正越来越多地为企业所使用。VLAN 的出现打破了传统网络的许多固有观念,使网络结构变得更加灵活、方便,增加了网络维护的便利性。同时,还因为根据需要对不同 VLAN 设定了不同的访问权限,而增加了网络的整体安全性。

2. IPS 与 IMS

随着网络攻击技术的不断提高,传统的防火墙加 IDS 的解决方案已表现得出力不从心。在这种情况下,入侵防御系统(Intrusion Prevention System,IPS)和入侵管理系统(Intrusion Management System,IMS)应运而生。这些新技术目前虽然还不够成熟,但它们都具有良好的发展前景。

1) IPS

IPS 一般认为是从防火墙和 IDS 基础上发展起来的,但不是 IDS 的升级产品。目前网络安全界对 IPS 的理解不尽相同,但有一个观点是一致的,即 IPS 采用串联的方式将部署在内外网络之间的关键路径上,其工作方式是采用基于包过滤的存储转发机制。IPS 可以深度感知并检测流经的网络流量,对恶意数据包进行丢弃以阻断攻击,保护网络带宽资源。

如图 5.21 所示,IPS 的构成应该包括流量分析器、检测引擎、响应模块、流量调整器等主要部件。各主要部件完成的功能如下。

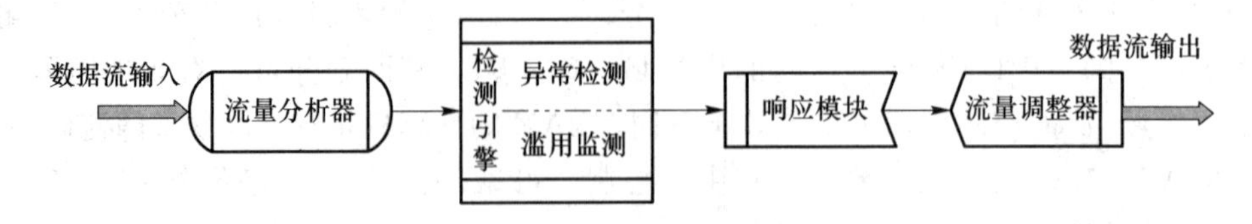

图 5.21 IPS 结构示意图

(1) 流量分析器

首先,流量分析器具有截获网络数据包并处理异常情况的作用,异常数据包不一定是恶意攻击,但通过合适的方式处理掉,就可以为检测引擎省去一些不必要的处理工作;其次,流量分析器还需要完成剔除那些基于数据包异常的规避攻击,例如,流量分析器可以根据它对目标系统的了解,进行数据包的分片重组,还可以处理协议分析或校正异常等,从而识别并排除规避攻击;最后,流量分析器还要执行类似防火墙的访问控制,根据端口号 IP 地址阻断非法数据流。

(2)检测引擎

检测引擎是 IPS 中最有价值的部分,一般都基于异常检测模型和误用检测模型,识别不同属性的攻击。IPS 存在的最大隐患有可能引发误操作,这种"主动性"误操作会阻断合法的网络连接,造成数据丢失。为避免发生这种情况,IPS 应采用多种检测方法,最大限度地正确判断各种已知的和未知的攻击。IPS 的检测引擎还可能细化到针对缓冲区溢出、DDoS/DoS、网络蠕虫的检测。

(3) 响应模块

响应模块需要根据不同的攻击类型制定不同的响应策略,如丢弃数据包、中止会话、修改防火墙规则、报警、日志等。

(4) 流量调整器

流量调整器主要完成两个功能:流量分类和流量优化。IPS 可以根据协议进行数据包分类,未来也许可以提供根据用户或应用程序进行数据包分类的功能,并通过对数据包设置不同的优先级,优化数据流的处理。

从设计角度来看,IPS 比 IDS 具有更多先天优势。

① IPS 同时具备检测和防御功能。IDS 只是检测和报警,而 IPS 则可以做到检测和防御兼顾,而且是在入口处就开始检测,能及时阻挡可疑数据包,内部网络的安全性也将大幅提高。

② IPS 可检测到 IDS 检测不到的攻击行为。IPS 是在应用层的内容检测基础上加上主动响应和过滤功能的,填补了网络安全产品线的基于内容的安全检查的空白。

③ 黑客较难破坏入侵攻击数据。由于 IPS 在检测攻击行为时具有实时性,因此,可在入侵发生时予以检测防御,避免入侵攻击行为记录被破坏。

④ IPS 具有双向检测防御功能。IPS 可以对内网与外网之间的两个方向的攻击入侵行为做到检测和防御。

虽然 IPS 具有上述优势,但作为串联接入网络的 IPS 也有待解决的问题,其中面临的最大问题是处理速度必须与数千兆或者更大容量的网络流量保持同步,否则将成为网络传输瓶颈。可见 IPS 必须同时具有高性能、高可靠性和高安全性。

2) IMS

一般认为 IMS 是一个针对整个入侵过程进行统一管理的安全服务系统。在入侵行为未发生前,IMS 要考虑网络中存在什么漏洞,以判断可能出现的攻击行为和面临的入侵危险;在入侵行为发生时或即将发生时,IMS 不仅要检测出入侵攻击行为,还要进行阻断处理,以终止入侵行为;在入侵行为发生后,IMS 要进行深层次的入侵行为分析,通过关联分析,来判断是否还存在下一次入侵攻击的可能。

实际上,IMS 应该是一个融合了多种安全防御技术的管理系统,其模型如图 5.22 所示,可以依据入侵事件的时间点把 IMS 运行分为入侵前、入侵、入侵后三个阶段,这三个阶段互相衔接。各阶段的目标分别为预防攻击、检测/阻断攻击和分析事件/加固系统。可见IMS应该具有自我学习、自我完善的功能——这是一个较为理想的网络防御体系。IMS概念的提出与相应产品及服务的出现,可以帮助用户建立一个动态的纵深防御体系,从整体上把握网络安全。

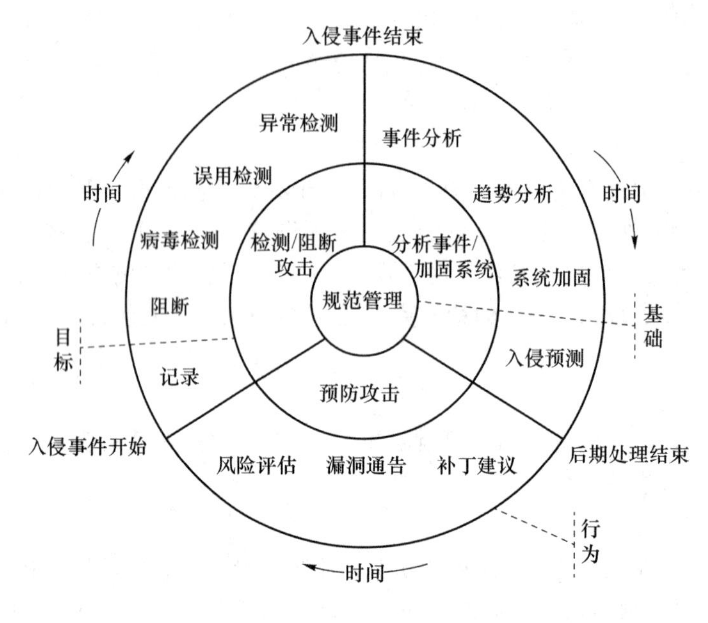

图 5.22 IMS模型

实现IMS的关键在于能否有效地整合各种安全系统,首要问题是建立统一的规范,主要包括通信协议、接口以及事件描述等。在具体实施过程中,IMS还应该具有规模部署、入侵预警、精确定位以及监管结合四大典型特征,这些特征本身就具有一个明确的层次关系。首先是规模部署,它是实施入侵管理的基础,一个经过有组织规模部署的完整系统的作用要远远大于多个单一功能系统的叠加。IMS对网络安全的监控可以实现从宏观的安全趋势分析到微观的事件控制。其次是入侵预警,这要求IMS必须具有全面的检测途径,并以先进的检测技术来实现高准确性和高性能,入侵预警是IMS的核心。再次是精确定位,入侵预警之后就需要进行精确定位,这是能否圆满地解决问题的关键,也可以帮助系统阻断入侵攻击的继续。IMS要求做到对外定位到边界,对内定位到设备。最后是监管结合,即把检测提升到管理级别,形成自我完善的全面保障体系。监管结合最重要的是落实到对资产安全管理,通过IMS可以实现对资产风险的评估和管理。监管结合是在系统中加入人的因素,需要有良好的管理手段来保证人员能够有效地完成工作,以及保证应急体系的高效执行。

网络安全防护技术发展到IMS阶段,已经不再局限于某类简单的产品,它是一个网络整体动态防御的体系。对于入侵行为的管理体现在检测、防御、协调、管理等各个方面,通过技术整合,可以实现“可视+可控+可管”,全方位保护网络安全。

3. 云安全

“云”是近几年来出现的概念,云计算(Cloud Computing)、云存储(Cloud Storage)以及云安全(Cloud Security)也相继产生。按业界公认的理解,最早受IBM、微软、谷歌等巨头公司追捧的“云计算”模式是将计算资源放置在网络中,供许多终端设备来使用,其关键是分布处理、并行处理以及网格计算。“云”可以理解为网络中所有可计算、可共享的资源,这是个共享资源的概念。

云计算的概念由谷歌公司提出，名副其实，这是一个“美丽的”网络应用模式。在云计算时代，用户可以抛弃U盘等移动设备，只需要进入 Google Docs 页面，新建文档，编辑内容，然后便可以直接将文档的URL分享给你的朋友或者领导，他们可以直接打开浏览器访问URL。用户再也不用担心因PC硬盘损坏而发生资料丢失事件了。推而广之，“云服务”已经走入网络应用中，传统的服务器在这里变成了“云”，用户能够接触到并使用的PC和手机等设备成为云服务的客户端。“云安全”的概念脱胎于云计算，可以理解为基于云计算的安全服务，即让服务器端(即“云”端)承担与安全相关的计算，而让客户端承担扫描和防护任务。

目前各安全厂商对于云安全的理解并不相同，比较流行的一种观点是可疑信息上传与解决方案共享。云安全示意图如图5.23所示，云安全是通过网状的大量客户端对网络中软件行为的异常监测，来获取互联网中木马等恶意程序的最新信息，并传送到服务端进行自动分析和处理，再把病毒和木马的解决方案分发到每一个客户端。实际上，目前云安全主要针对的是木马和病毒的防治问题，有时也被称为“云杀毒”。

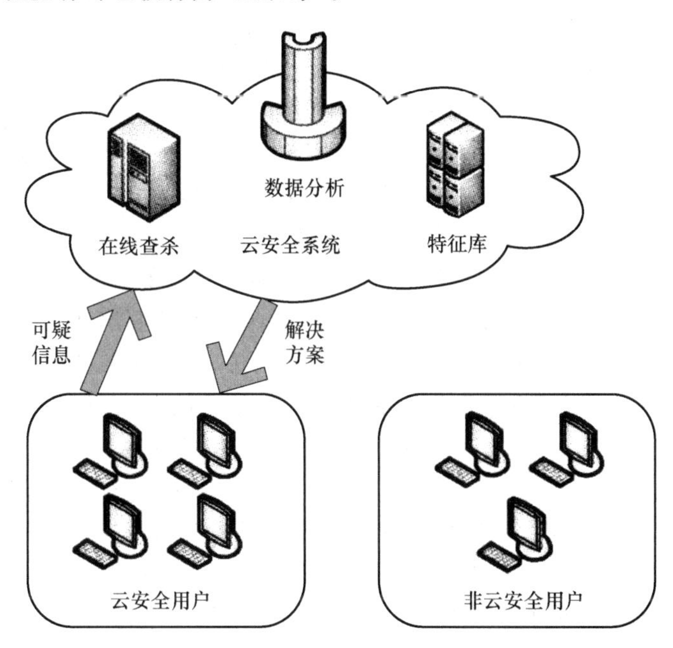

图5.23　云安全示意图

与传统信息安全模式不同的是，云安全更加强调主动和实时，将互联网打造成为一个巨大的“杀毒软件”，参与者越多，则每个参与者就越安全，整个互联网就会越安全。与传统信息安全模式相比，云安全具有如下特点。

① 快速感知，捕获新的威胁。与传统信息安全模式的“一个人战斗”相比，云安全的客户数据中心凝聚了互联网的力量，整合了所有可能的参与者，效率也大幅提高。

② 云安全的客户端具有专业的感知能力。

若想建立云安全系统并使之能够有效运行，需要解决以下四个问题。

① 海量的客户端。只有拥有海量的客户端，云安全系统才能对互联网上出现的病毒、木马、挂马网页有最灵敏的感知能力，并在第一时间作出反应。

② 专业的反病毒技术和经验。如果没有反病毒技术和经验的积累，那么云安全系统就无

法及时处理海量的上报信息,并将处理结果共享给云安全系统的每个成员。

③ 大量的资金和技术投入。建立庞大的云安全系统,需要大量的服务器和网络带宽等硬件条件,这需要大量的资金和技术投入。

④ 开放的系统。真正的云安全系统应该满足"云"的原始定义,即资源共享。因此,云安全系统必须是一个具有开放性的系统,其获得的信息应该最大程度地被广大用户所使用。

云服务也存在一些隐忧。在云计算模式下,所有的业务处理都将在服务器端完成,服务器一旦出现问题,就将导致所有用户的应用无法运行,数据无法访问。一般来说,云服务的规模十分庞大,在出现问题之后,很容易导致用户对云服务产生怀疑,动摇用户对云服务的信心。由此可见,可靠性和安全性是云服务的软肋,如果不能很好地解决的话,那么云服务的普及还会有很长的路要走。

本章小结

网络安全从本质上来讲就是网络上的信息安全,其涉及的领域相当广泛,这是因为在目前的公用通信网络中存在着各种各样的安全漏洞和威胁。凡是涉及网络信息的保密性、完整性、可用性、真实性和可控性的相关技术和理论,都是网络安全所要研究的领域。

网络所面临的安全威胁大体可分为两种:一是对网络本身的威胁,二是对网络中信息的威胁。对网络本身的威胁包括对网络设备和网络软件系统平台的威胁;对网络中信息的威胁除了包括对网络中数据的威胁外,还包括对处理这些数据的信息系统应用软件的威胁。这些威胁主要来自人为的无意失误、人为的恶意攻击、网络软件系统的漏洞和"后门"三个方面。

入侵检测系统(Intrusion Detection System,IDS)是一种对网络传输进行即时监视,在发现可疑传输时发出警报或者采取主动反应措施的网络安全系统。一般认为防火墙属于静态防范措施,而IDS为动态防范措施,是对防火墙的有效补充。假如防火墙是一幢大楼的门禁,那么IDS就是这幢大楼的监视系统。

网络防御应该具有多层次、纵深型的特点,也可以理解为网络防御的理念应该贯穿整个网络设计与实现当中,每一个环节的疏漏都可能带来安全隐患。防火墙和入侵检测系统是重要的网络防范技术,但它们不可能解决所有安全问题。随着网络入侵技术的不断发展,入侵攻击也不再只是外部对内部的攻击,入侵形式也变得更加隐蔽且多种多样,因此,网络防御技术必须不断发展以适应纷繁复杂的安全形势。

本章习题

一、名词解释

IDS　蜜罐　NAT　IPS　IMS　云安全

二、选择题

1. 在以下几种攻击行为中,属于被动攻击的是(　　)。

A. 篡改文件　　B. 窃听消息　　C. 破坏硬件　　D. 拒绝服务

2. 下列关于DDoS攻击的描述中,正确的是(　　)。

A. 攻击控制台直接发起攻击　　B. 仅利用UDP弱点
C. 多台攻击执行器同时攻击　　D. 属于被动攻击的范畴

3. 在以下几种网络欺骗中,属于应用层欺骗的攻击类型是(　　)。
A. ARP会话劫持　　B. 网络钓鱼
C. TCP会话劫持　　D. 路由欺骗

4. 下列关于IDS的描述中,正确的是(　　)。
A. 不采用异常检测技术　　B. 不采用误用检测技术
C. 常用于网络数据备份　　D. 可用于检测网络攻击

5. 下列关于安全漏洞的描述中,错误的是(　　)。
A. 操作系统通常没有漏洞　　B. 网络协议通常存在漏洞
C. 应用软件通常存在漏洞　　D. 漏洞可能被攻击者利用

三、简答题

1. 请说明网络攻击的基本步骤,以及每个步骤涉及的主要技术。
2. 请说明DDoS攻击的体系结构与工作原理。
3. 请说明入侵检测系统与入侵防御系统的主要区别。
4. Netfilter/IPtable是如何工作的?
5. 误用检测与异常检测有什么区别?
6. 什么是CIDF模型,包含哪些内容?
7. Snort系统是如何工作的?

四、辨析题

1. 有人说,防火墙的包过滤技术发展到应用层,就可以取代入侵检测系统。你认为这种说法正确与否,为什么?

2. 有人说,异常检测存在误报率较高问题,没有实际意义,不应该再进行研究。你认为这种说法正确与否,为什么?

第 6 章

Web 应用安全

本章学习要点	• 了解 Web 安全; • 掌握 Web 安全攻防技术。

Web 是典型的浏览器/服务器(Browser/Server)架构,利用 HTTP 和 HTTPS 协议进行通信,其中 HTTP 是 TCP/IP 体系结构中的应用层协议,因其具有无状态、明文、简单、流行等特点,所以基于 HTTP 的 Web 通信比较容易受到攻击。随着 Web 的应用越来越广泛,Web 应用的安全问题也引起了人们越来越多的关注,已经成为近年安全研究的一大热点。

本章首先对 Web 安全进行概述,然后分别对客户端浏览器、服务器、Web 应用遇到的安全问题及相应的防御措施进行详细阐述。通过对本章内容的学习,读者可以掌握 Web 的体系结构、Web 安全以及 Web 安全攻防技术。

6.1 Web 安全概述

现在互联网进入了“应用为王”的时代,随着 Web 2.0、社交网络、云计算托管服务等新型互联网应用和 Web 技术的发展,基于 Web 环境的互联网应用也越来越广泛,企业在信息化的过程中将很多应用都架设在 Web 平台上。同时,Web 业务的迅速发展也引起了攻击者的密切关注,接踵而至的就是 Web 安全威胁。攻击者利用网站操作系统的漏洞和 Web 服务程序的 SQL 注入等获取 Web 服务器的控制权限,轻则篡改网页内容,重则窃取重要内部数据,甚至在网页中植入恶意代码,使得网站访问者受到侵害。

6.1.1 Web 体系结构

Web 应用程序(Application)属于应用程序范畴,与用标准的程序语言 C、C++等编写的程序没有什么本质上的区别。但是 Web 应用程序又有自己独特的地方,即它是典型的浏览器/服务器架构的产物,且它的运行一般要借助 Chrome、Firefox、Internet Explorer(IE)等浏览器。Web 应用程序一般用于实现网络中的交互功能,如聊天室、留言板、电子商务等。Web 应用程序的核心功能是对数据库进行操作以及管理信息系统。

Web 应用程序成为越来越多企业的选择,相对于其他应用程序来说,其有如下三个方面的特点。

① 采用 Internet 上标准的通信协议(通常是 HTTP)作为客户端与服务器通信的协议。这样可以使位于 Internet 任意位置的应用都能够正常访问服务器。对于服务器来说,通过相应的 Web 服务和数据库服务可以对数据进行处理。另外,采用标准的通信协议,便于共享数据。

② 在服务器上对数据进行处理,将处理的结果生成网页,便于客户端用户直接浏览阅读。

③ 浏览器作为客户端的应用程序,简化了客户端上数据的处理过程。即将浏览器应用在客户端,用户浏览数据无须再单独编写和安装其他类型的应用程序。Web 部署结构如图 6.1 所示。

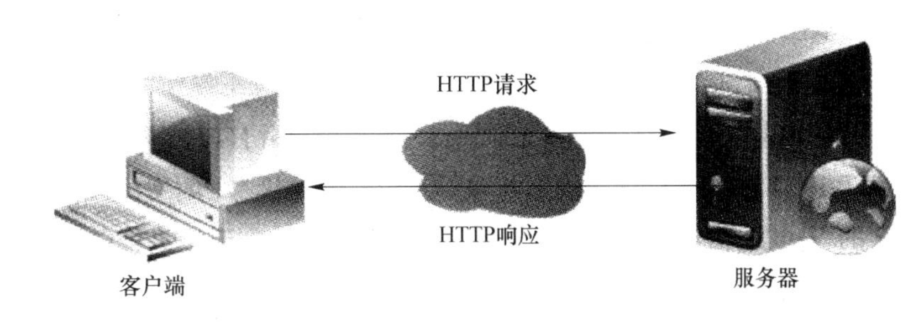

图 6.1　Web 部署结构

Web 应用的要素包括浏览器、服务器、HTTP/HTTPS、前端技术、Web 应用程序和数据库等。

1. 浏览器

浏览器是可以显示网页服务器或者文件系统中的 HTML 文件内容,并可让用户与这些文件交互的一种软件。常见的网页浏览器包括 Chrome、Firefox、IE、Safari、Opera 等。浏览器主要通过 HTTP 与服务器交互并获取网页,这些网页由统一资源定位符(Uniform Resource Locator,URL)指定,文件格式通常为 HTML。网页中可以包含多个文档。大部分的浏览器除本身支持包括 HTML 格式在内的文件格式(如 JPEG、PNG、GIF 等图像格式)外,还能够通过扩展支持众多的插件(如 Plug-ins)。另外,许多浏览器还支持其他的 URL 类型及其相应的协议,如 FTP、Gopher、HTTPS(HTTP 的加密版本)。HTTP 和 URL 协议规范允许网页设计者在网页中嵌入图像、动画、视频、音频、流媒体等。

由于浏览器和 Web 应用的普遍性,浏览器中有不少攻击点引起了攻击者的关注,并让浏览器和 Web 安全攻防技术成为近来的研究热点。

2. 服务器

Web 服务器是驻留于 Internet 上的计算机程序,一般是守护进程。当 Web 浏览器(客户端)连接到服务器上并请求文件时,服务器将处理该请求并将文件反馈到该浏览器上,附带的信息会告诉浏览器该如何查看该文件(即文件类型)。现在的服务器引入了对各种动态编程语言的支持,如 ASP、JSP、PHP、Ruby、Python、Peri 等。

服务器作为一个程序,不可避免地存在一些漏洞和攻击点,而服务器一旦被攻破,将造成极大的危害,因此,一定要重视服务器的安全问题。

3. HTTP/HTTPS

服务器使用超文本传送协议(Hyper Text Transfer Protocol,HTTP)与客户端(浏览器)进行信息交流。HTTP 是一个应用层协议,由请求和响应构成,是一个标准的客户端/服务器模型。HTTP 默认使用 TCP 80 端口。HTTP 是无状态的,也就是说,服务器不保存客户端的信息。在很多时候，Web 需要进行状态管理，而 Cookie 就是状态维护的常见手段，它用于存储用户的会话信息。Cookie 是在 HTTP 下，服务器或脚本可以维护客户端信息的一种方式。Cookie 是 Web 服务器保存在用户浏览器（客户端）上的小文本文件，可以包含与用户有关的信息。如果攻击者获取了用户的 Cookie，则类似获得在目标网站上的权限。

有多种方法可以提高 HTTP 的安全性，如使用基于 SSL/TLS 隧道技术的 HTTPS，使用基于 Cookie 技术的 HTTP 会话管理，使用各种身份认证技术实现对用户身份的认证与控制等。

4. 前端技术——HTML、CSS、JavaScript

万维网联盟（Worid Wide Web Consortium，W3C）制定了很多标准，这些标准可以提高各个 Web 应用的兼容性。有了统一的 Web 标准后，用户就无须掌握大量由于浏览器实现的差异导致不兼容的 Hack 技术。前端技术和 Web 标准如图 6.2 所示。

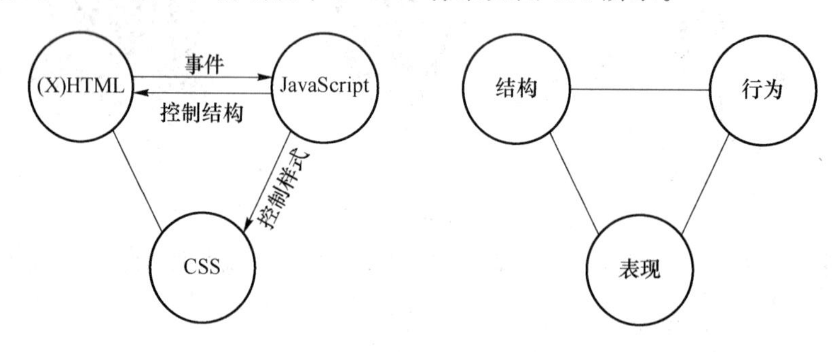

图 6.2　前端技术和 Web 标准

Web 标准指出网页主要由三个部分组成：结构（Structure）、表现（Presentation）和行为（Behavior）。其中，结构决定了网页是什么，表现决定了网页看起来是什么样子，而行为决定了网页做什么。结构、表现和行为分别对应于三种常用的技术：HTML（或 XHTML）、CSS 和 JavaScript。

1） HTML

超文本标记语言（Hyper Text Markup Language，HTML）是用于描述网页文档的一种标记语言。在 HTML 的基础上，结合其他的 Web 技术（如脚本语言、公共网关接口、组件等），就可以创造出功能强大的网页。因此，HTML 是 Web 编程的基础，也就是说，Web 是建立在 HTML 基础之上的。

HTML 由标签组成，标签有对应的各种属性。下面介绍一个简单的 HTML 实例，该实例基于最新的 HTML 5.0 标准，用记事本输入下面的代码另存为 hello. html：

```
<! --声明文档内容为 html-->
<! DOCTYPE html>
<! --设置语言为英语-->
<html lang = "en">
<head>
  <title>first  html<title>
</head>
<body>
  <p>Hello  HTML! </P>
```

```
</body>
<html>
```

用 IE 浏览器打开 hello. html 文件，其运行结果如图 6.3 所示，注意代码中 title 标签和 body 标签所包含的内容在浏览器中的位置。

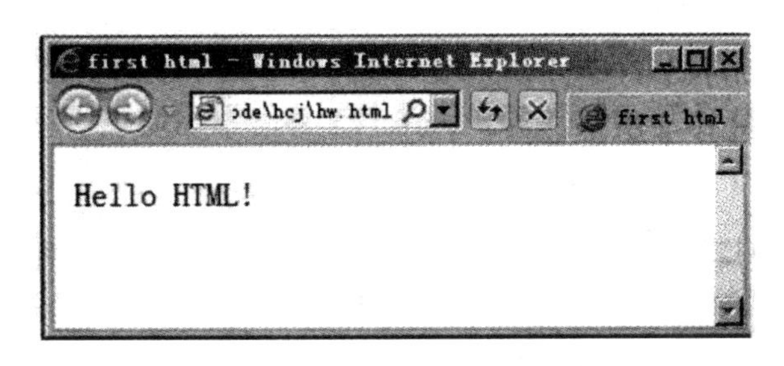

图 6.3　hello. html 运行结果

HTML 的语言结构比较松散，标签不区分大小写，甚至可以不闭合；属性值可以用单引号、双引号或不使用引号引起来；插入空格等不影响 HTML 的解析；可以嵌入 CSS、JavaScript 等脚本。上述特征导致 HTML 容易出现很多意外的问题，因此，也容易受到攻击者的攻击。

HTML 决定了网页的结构，这个结构以 DOM(Document Object Model，文档对象模型）树的形式表现。通过 JavaScript 编程遍历 DOM 树就可以获取不少隐私信息，例如，Cookie 信息、HTML 的内容、URL 的内容等。

HTML 中的 iframe 标签会创建包含另外一个文档的内联框架，很多网站通过 iframe 标签嵌入第三方内容，如广告、第三方游戏、第三方应用等。iframe 标签在带来了便利的同时也带来了风险，一旦网站被攻陷，攻击者就可以用 iframe 标签进行网页挂马(利用漏洞向用户传播木马病毒下载器)，给所有访问这个网站的用户带来网络安全威胁。

2) CSS

层叠样式表(Cascading Style Sheet，CSS)是一种用于表现 HTML 或 XML 等文件样式的语言。CSS 目前最新版本为 CSS3，是能够完成网页表现与内容分离的一种样式设计语言。相对于传统 HTML 的表现而言，CSS 能够对网页中对象的位置排版进行像素级的精确控制，支持几乎所有的字体、字号、样式，拥有编辑网页对象和模型样式的能力，并能够进行初步交互设计。CSS 能够根据不同使用者的理解能力，简化或者优化写法，有较强的易读性。

下面介绍一个使用 CSS 的简单实例，用记事本在 hello. html 文件的 head 标签中输入下面的代码并另存为 hcllo1. html.

```
<style  type="text/css">
p{                  /*标记选择器，对 p 标签起作用*/
  color:red;         /*字体颜色为红色*/
  font-size:28px;    /*字体大小为 28px*/
}
</style>
```

用 IE 浏览器打开 hello1. html 文件，其运行结果如图 6.4 所示，注意网页中字体的颜色和大小。通过运用 CSS 技巧，攻击者可以伪装出期望的网页效果，从而进行钓鱼攻击。后面介绍的点击劫持(Clickjacking)攻击、基于 XSS 的钓鱼攻击都会用到 CSS 技术。

图 6.4　hello1. html 运行结果

3）JavaScript

JavaScript 是一种基于对象和事件驱动的客户端脚本语言，也是一种广泛应用于 Web 客户端开发的脚本语言，常用于为 HTML 网页添加动态功能，如响应用户的各种操作。通过 JavaScript 操作，DOM 可以从 HTML 文档中获取用户信息。在大多数情况下，若网页存在 XSS 漏洞，那么就意味着可以注入任意的 JavaScript，被攻击者的几乎所有操作都可以被模拟，且几乎所有隐私信息都可以被攻击者获取。使用 JavaScript 还可以模拟用户发送请求，进行 Cookie 盗取、发起蠕虫病毒攻击等，此外，还可以进行 CSRF（跨站请求伪造）攻击。在实践中，攻击者可以在目标函数触发之前进行 JavaScrpt 函数劫持。

下面介绍一个使用 JavaScript 的简单实例，用记事本在 hello. html 文件的 head 标签中输入下面的代码并另存为 hello2. html：

```
< script type = "text/Javascript">
  alert("Hello Javascript!");
</script >
```

用 IE 浏览器打开 hello2. html 文件，其运行结果如图 6.5 所示，该文件运行后会弹出一个对话框。

图 6.5　hello2. html 运行结果

5. Web 应用程序

Web 应用程序是 Web 服务器端的业务逻辑。随着 Web 技术的发展，现在的 Web 应用程序都采用多层的分层模型，最普遍的应用是采用三层模型（3-Tier Architecture）：表示层、业务逻辑层和数据访问层。三层模型通常采用 MVC 模式进行设计。MVC 是一个框架模式，它强制性地使应用程序的输入、处理和输出分开。使用 MVC 模式设计的 Web 应用程序被分成三个核心部件，包括模型、视图、控制器，它们各自处理相应的任务。最典型的 MVC 就是 JSP＋Servlet＋JavaBean 的模式。

当然，Web 应用程序也不可避免地存在缺陷和漏洞。从数据的流入来看，用户提交的数据先后流经了 View 层、Controller 层、Model 层，数据的流出则相反。在设计安全方案时，要牢牢把握住数据这个关键因素。另外，在 MVC 框架中，通过切片、过滤器等方式，往往能对数据进行全局处理，这为设计安全方案提供了极大的便利。

Web 应用的设计中会采用各种框架，Web 应用框架（Web Application Framework）是一种软件框架，用于支持动态网站、网络应用程序及网络服务的开发。这种框架有助于减轻 Web 开发时通用活动的工作负荷，且许多框架提供的数据库访问接口、标准样板以及会话管理等，可提高代码的复用性。常见的框架有 PHP 中的 Zend Framework、CakePHP 等，JavaScript 中的 jQuery、Prototype、Dojo 等，Python 中的 Django 等，Ruby 中的 Ruby On Rails 等，Java 中的 Struts、Spring、Hibernate 等。这些框架存在的安全问题也对 Web 应用带来了威胁。

6. 数据库

数据库是 Web 应用存储数据的位置。Web 应用中常用的数据库有 MySQL、MS SQL Server、Oracle 等。数据库安全包含以下两层含义。

第一层是系统运行安全。系统运行安全通常受到的威胁有：一些不法分子通过网络、局域网等途径入侵计算机，使系统无法正常启动，或让主机超负荷地进行大量运算，并关闭 CPU 风扇，使 CPU 过热导致烧坏。

第二层是系统信息安全。系统信息安全受到的威胁通常是攻击者入侵数据库，并盗取其中的资料。

数据库系统的安全特性主要是针对数据而言的，包括数据独立性、数据安全性、数据完整性、并发控制、故障恢复等几个方面。

目前的数据库大多是用 SQL 进行管理的，处理不当容易引起 SQL 注入攻击。SQL 注入攻击指通过构建特殊的输入作为参数传入 Web 应用程序，而这些输入大都是 SQL 语法的一些组合，即通过执行 SQL 语句进而执行攻击者所希望的操作。

6.1.2　Web 安全威胁

了解了 Web 体系结构后，我们可以总结 Web 应用中面临的安全威胁。Web 的体系结构如图 6.6 所示，目前，整个 Web 体系都面临安全威胁。

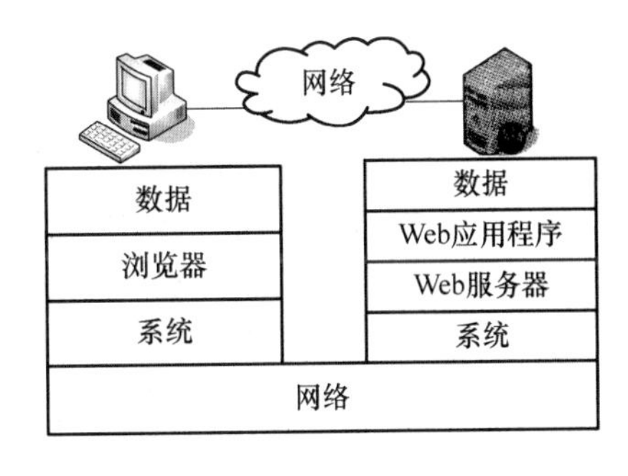

图 6.6　Web 体系结构

① 前端安全威胁：包括浏览器渗透攻击，前端技术 HTML、CSS、JavaScript 的攻击，网页木马病毒攻击、网站钓鱼攻击等。

② 网络安全威胁：针对 HTTP（明文传输协议）的信息监听，在网络层、传输层、应用层的身份假冒攻击、DoS 攻击等。

③ 系统安全威胁：Web 站点的宿主操作系统，如 Windows Server、Linux 等，存在远程和本地渗透攻击威胁等。

④ Web 服务器软件安全威胁：Web 服务器，如 IIS、Apache 作为一类软件，本身会存在安全漏洞，攻击者可以利用这些漏洞进行攻击。Web 服务器部署、配置不当也会造成安全威胁。

⑤ Web 应用程序安全威胁：在编写 Web 应用程序时，如果程序员没有很好的安全意识或者技术水平不高，就可能导致程序出现缓冲区溢出、SQL 注入、XSS 跨站脚本攻击等问题。

⑥ Web 数据安全威胁：Web 站点中的数据存在被窃取、篡改等威胁，近年来不断出现大

型网站被拖库的事件。根据资料显示,部分网民习惯为邮箱、微博、游戏、网上支付等账号设置相同的密码,一旦其中一个数据库被泄露,所有的用户资料都将被公之于众。这样一来,攻击者就可以使用这些密码到各个网站去尝试登录(这也称作撞库),对普通用户可能造成个人财产的损失、个人隐私的泄露。

6.1.3 Web 安全防范

1. Web 安全中的重要原则

实现 Web 安全应该遵循以下几个原则。

1）最小特权原则

最小特权原则一方面给予主体“必不可少”的特权,保证所有的主体都能在所赋予的特权之下完成所需要完成的任务或操作;另一方面,它只给予主体“必不可少”的特权,这就限制了每个主体所能进行的操作。最小特权在很多时候涉及的问题是配置问题,在数据库、操作系统中有着广泛的应用。

2）纵深防御原则

纵深防御原则是指通过设置多层重叠的安全防护系统来构成多道防线,使得即使某一道防线失效也能被其他防线弥补或纠正,即通过增加系统的防御屏障或将各层之间的漏洞错开的方式进行安全防范。例如,银行在防御抢劫上就是纵深防御原则应用的典型实例,通过设置保安、柜台、保险箱等形成多道防线。纵深防御包含两层含义:第一,要在各个不同层面、不同方面实施安全方案,避免出现疏漏,不同安全方案之间需要相互配合,构成一个整体;第二,要在正确的地方做正确的事情,即在解决根本问题的地方实施针对性的安全方案。在安全领域有一个著名的“木桶原理”,又称“短板理论”,纵深防御原则能很好地防止出现安全防护中的“短板”,增强防护的安全性。

Web 攻击大多是利用 Web 应用的漏洞,攻击者先获得一个低权限的 Webshell,然后通过低权限的 Webshell 上传更多的文件,并尝试执行更高权限的系统命令,以及尝试在服务器上提升权限为 root。接下来,攻击者再进一步尝试渗透内网,如数据库服务器所在的网段。在这类入侵案例中,如果在攻击过程中的任何一个环节设置有效的防御措施,都有可能成功地防御入侵攻击。我们可以从网络、操作系统、数据库、浏览器、Web 服务器、Web 应用程序等多个层面进行纵深防御,以保证 Web 应用的安全。

3）数据代码分离原则

在 Web 应用中有很多数据:服务端存储的数据库、内存、文件系统等;客户端存储的本地 Cookies、FlashCookies 等;传输过程中产生的 JSON 数据、XML 数据等;HTML、JavaScript、CSS 等文本数据;Flash、MP3 等多媒体数据。我们要编写代码处理(如存储、输入、呈现等操作)这些数据,并将数据作为代码的输入和输出。Web 代码可能是 Java 代码、JavaScript 代码、SQL 代码等。

代码和数据没有分离是诸多注入类攻击产生的原因。当正常的数据内容被注入恶意代码,在解释的过程中,如果注入的恶意代码能够被独立执行,那么就会发生攻击。SQL 注入攻击、XSS 攻击等都是利用这个原理发起攻击的。

4）不可预测原则

不可预测原则的宗旨是让可预测的东西变得不可预测,以有效地对抗基于篡改、伪造的攻击。不可预测性的实现往往需要用到加密算法、随机数算法、哈希算法。利用好这条原则,在进行防御时就可以事半功倍。

5）浏览器同源策略

浏览器同源策略是由 Netscape 提出的一个著名的安全策略。同源策略规定：不同域的客户端脚本在没有明确授权的情况下，不能读写对方的资源。同源是指域名、协议、端口相同。现在所有支持 JavaScript 的浏览器都会使用这个策略。

2. Web 安全攻防技术概述

与一般网络攻击类似，进行 Web 攻击时也需要寻找目标，收集目标的相关信息，例如，服务器域名、开放服务、IP 地址、Web 服务器类型与版本、Web 应用信息、Web 框架信息、相关漏洞信息等。

1）Web 应用信息收集

Web 应用呈现给我们最为直接的内容就是网页，通过查看网页源代码可以获取 Web 应用程序结构并从代码中获取可用的攻击信息。只需使用简单的查看方式就可以通过浏览器查看源代码，例如，在 IE 浏览器中，可以通过"查看"—"源文件"菜单查看当前网页的源代码。但对于 Web 攻击而言，这种查询方式烦琐而低效，一般做法是镜像复制目标 Web 站点，完成该操作可以使用 Lynx、wget、TelePort、Offline Exlorer 等工具。

获得站点源代码后，就可以使用 Google Hacking 对 Web 应用程序进行代码审查与漏洞探测。Google Hacking 原来指利用 Google 搜索引擎搜索信息来进行入侵的技术和行为，现指利用各种搜索引擎搜索信息来进行入侵的技术和行为。通过利用搜索引擎中的高级功能选项（如 intext、intitle、cache、filetype、def、inurl 等）来定位特定目标的位置，寻找漏洞和敏感信息，如搜索指定的字符是否存在 URL 中。例如，输入"inurl：admin"，将返回 *N* 个类似于 http://www. *** . com/ *** /admin 的链接，可以用于查找管理员登录的 URL。国外有黑客推出 GHDB(Google Hacking Database，Google 黑客数据库），GHDB 是 HTML/JavaScript 的封装应用，其使用客户端 JavaScript 脚本搜索攻击者所需的信息，而无须借助于服务器端脚本。

通过查看 Web 源代码，可以得到有价值的隐藏信息、注释信息，例如，用户口令、用户标识、脚本类型、访问参数等。根据访问路径可以推测 Web 应用的目录结构。从 HTML 表单中可以获取数据提交协议、数据处理行为、数据限制等，并将其作为实施注入攻击、字典攻击的基础。

2）Web 服务器攻击

Web 服务器攻击包括服务器软件的漏洞挖掘与攻击、SQL 注入攻击、文件上传漏洞攻击、认证与会话攻击、Web 应用框架攻击等内容。我们将在本章后面的内容中详细分析这些攻击技术及其防范方法。

3）Web 客户端攻击

Web 客户端的攻击包含浏览器安全、XSS（跨站脚本）攻击、CSRF（跨站请求伪造）攻击、Clickjacking 攻击等内容。我们将在本章后面的内容中详细分析这些攻击技术及其防范方法。

6.2 Web 安全

6.2.1 浏览器及安全

现代浏览器大都基于 XML 中的 DOM 规范来建立，而且 DOM 规范提供了对

ECMAScript 的绑定，可以方便地实现 JavaScript。图 6.7 所示为 WinRiver 公司采用 Java 开发的 ICEStorm 的 RenderEngine 的框架图，这个模型基本上也是所有现代浏览器通用的一个模型。

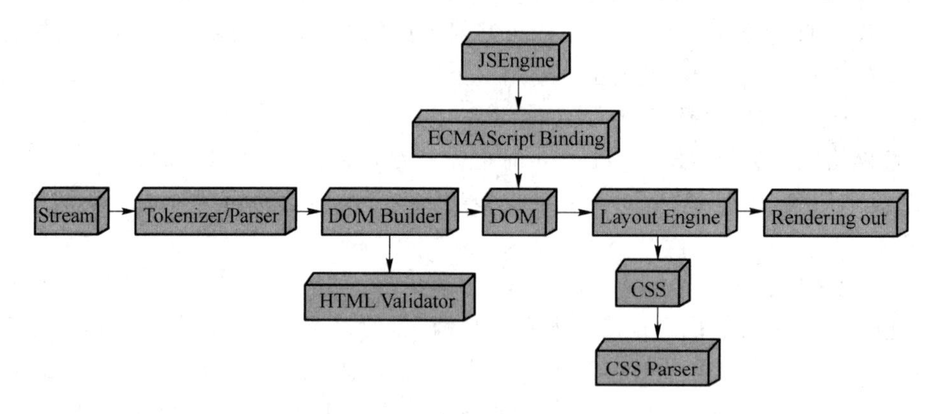

图 6.7　浏览器通用模型

浏览器的开发者需要实现 DOM API、DOM ECMAScript Binding、JSEngine、Layout Engine。现代浏览器普遍支持第三方开发一些插件来提供多种功能。此外，现代浏览器还通过各种客户端脚本、沙箱机制、虚拟机等机制来支持富 Internet 应用（Rich Internet Application，RIA），其中 Flash/Flex、Java 和 Silverlight 是应用广泛的 RIA 平台技术。浏览器的复杂性、可扩展性和连通性使其面临很多安全问题和挑战。浏览器遇到的安全威胁有网络协议的问题，浏览器依存的操作系统的问题，浏览器软件和插件带来的问题，还有针对使用浏览器的用户的社会工程学攻击问题。网页木马病毒与网络钓鱼是常见的浏览器攻击方式。

1. 网页木马病毒及其防范

网页木马病毒就是表面上伪装成普通的网页文件，或是将恶意代码直接插入正常的网页文件中。当有人访问时，网页木马病毒就会利用对方系统或者浏览器的漏洞，自动将配置好的木马病毒的服务器端下载到访问者的主机上并自动执行。网页挂马的实质是利用漏洞向用户传播木马病毒下载器，针对浏览器中存在的漏洞进行攻击。

网页木马病毒并不是木马病毒程序，而应该称为网页木马病毒“种植器”，即一种通过攻击浏览器或浏览器外挂程序（目标通常是 IE 和 ActiveX 程序）的漏洞，向目标用户计算机植入木马病毒、密码盗取工具等恶意程序的手段。也就是说，网页能下载木马病毒到本地并运行（安装）下载到本地的木马病毒，整个过程都在后台运行，用户一旦打开这个网页，下载过程和运行（安装）过程就自动开始了。一个网站如果包含网页木马病毒，则会具有如下典型症状：网站的页面显示乱码，页面超链接被修改，浏览器无故崩溃，系统运行缓慢。

2. 网络钓鱼及其防范

网络钓鱼（Phishing）一词，是 Fishing 和 Phone 的综合体。网络钓鱼本身并不能说是一种独立的攻击手段，因为它更像现实社会中的诈骗手段。攻击者利用欺骗性的电子邮件和伪造的 Web 站点来进行诈骗活动，诱骗访问者提供一些个人信息，如信用卡号、账户名和口令、社保编号等内容（通常是与财务、账号有关的信息，以获取不正当利益），受骗者往往会泄露自己的财务数据。

现在网络钓鱼的技术手段越来越复杂，甚至出现了隐藏在图片中的恶意代码、键盘记录程序，以及与合法网站外观完全一样的虚假网站，这些虚假网站甚至连浏览器下方的锁形安全标记都能仿造出来。网络钓鱼通常包含以下五个阶段：

① 攻击者入侵初级服务器，窃取用户名和邮件地址；

② 攻击者发送有针对性的假冒网址的邮件；

③ 受害用户访问假冒网址；

④ 受害用户的隐私信息被攻击者取得；

⑤ 攻击者使用受害用户的身份进入其他网络服务器。

6.2.2 服务器软件及安全

Web服务器软件作为Web应用的容器，是Web攻击者重要的攻击目标。Web攻击者可使用各种工具和方法对Web服务器软件的漏洞和不安全的配置进行攻击。目前，针对Windows/IIS/MS SQL Server/ASP和LAMP两种常见架构已经出现了很多成熟的攻击技术和方法。

6.2.3 Web框架安全

Web开发中使用了大量的框架，Web框架的安全问题常常引起人们的关注，尤其是在诸如Java Web开发框架Struts2出现重大问题时。例如，2013年7月13日，广泛应用在国内大型网站系统的Struts2框架遭到攻击者的猛烈攻击。利用Struts2命令执行的漏洞，攻击者可轻易地获得网站服务器root权限，执行恶意指令，从而窃取重要数据或篡改网页。据乌云漏洞平台数据显示，国内至少有3 500家网站存在该高危漏洞，各大运营商及金融等领域的大批网站，甚至包括政府网站均受Struts2漏洞影响。据悉，Struts2"命令执行漏洞"在2010年就已经被曝光，但当时没有公开的漏洞利用工具，因此并未造成过多危害。直到Apache官方在漏洞公告中直接把漏洞利用代码公开后（这是一个不寻常的做法，因为在公布之前还有很多网站没有及时打上补丁），该漏洞疯狂传播，并出现了直接利用该漏洞进行入侵的傻瓜式工具，导致一些未及时更新补丁的网站被入侵，应用了Struts2框架的网站因此面临严重风险。这次事件给我们带来一个重要启示：在注重纵深防御的同时还要评估Web框架自身安全问题。下面介绍一下常用的Web框架及其安全问题。

1. Struts框架

Struts和WebWork同为服务于Web的一种Java MVC框架，Struts2是Struts的下一代产品，是在Struts1和WebWork的技术基础上进行了合并的全新框架。Struts2的体系结构与Struts1的体系结构差别巨大。Struts2以WebWork为核心，采用拦截器的机制来处理用户的请求，这样的设计也使得业务逻辑控制器能够与Servlet API完全分离开。

Struts2核心控制器使用的是拦截器机制，具有更高的灵活性和可复用性。Struts2业务逻辑控制器Action可自定义，也可不直接与任何的Servlet耦合，这增加了代码的可复用性且更易于测试。Struts2视图层提供了丰富的标签库，而且还支持除JSP以外的其他表现层技术。此外，Struts2还提供了非常灵活的扩展方式——插件。理论上，Struts2可通过插件与任何框架整合，这极大地提高了Struts2的可扩展性。

Struts2是一个应用广泛的框架。Struts2漏洞对Web安全造成的影响巨大，因此使用Struts2时要及时更新版本。

2. Spring框架

Spring是一个轻量级控制反转（IoC）和面向切面（AOP）的容器框架，是为了解决企业应用开发的复杂性问题而创建的。Spring 框架使用基本的 JavaBean 来完成以前只能由 EJB(Enterprise JavaBean,企业组 JavaBean)完成的任务。另外,Spring 框架的用途不仅仅局限于服务器端的开发。从简单性、可测试性和松耦合性的角度而言,任何 Java 应用都可以从 Spring 框架中受益。

借助于 Spring 框架,开发者能够快速构建结构良好的 Web 应用,但现有的 Spring 框架本身没有提供安全相关的解决方案。同样来自开源社区的 Acegi 安全框架为实现基于 Spring 框架的 Web 应用的安全控制提供了一个很好的解决方案。Acegi 安全框架是利用 Spring 框架提供的 IoC 和 AOP 机制实现的一个安全框架,它将安全性服务作为 J2EE 平台中的系统级服务,并以 AOP Aspect 形式发布。因此,借助 Acegi 安全框架,开发者能够在 Spring 应用中采用声明方式来实现安全控制。

Acegi 安全框架主要由安全管理对象、拦截器以及安全控制管理组件组成。安全管理对象是系统可以进行安全控制的实体,Acegi 安全框架主要支持方法和 URL 请求两类安全管理对象;拦截器是 Acegi 安全框架中的重要部件,用于实现安全控制请求的拦截,并针对不同的安全管理对象的安全控制请求使用不同的拦截器进行拦截;安全控制管理组件是实际实现各种安全控制的组件,对被拦截器拦截的请求进行安全管理与控制,主要组件包括实现用户身份认证的 AuthenticationManager、实现用户授权的 AccessDecisionManager 以及实现角色转换的 RunAsManager。

Acegi 安全框架的最新版本是 Spring Security。提供了以下功能:

① 继承 OpenID,标准单点登录;

② 支持 Windows NTLM,在 Windows 合作网络上实现单点登录;

③ 支持 JSR250("EJB3")的安全注解;

④ 支持 AspectJ 切点表达式语言;

⑤ 全面支持 REST Web 请求授权;

⑥ 通过 Spring Web Flow 2.0 对 Web 状态和流转授权进行新的支持;

⑦ 通过 Spring Web Services 1.5 加强对 WSS(原来的 WS-Security)的支持。

3. Hibernate 框架

Hibernate 框架是一个开放源代码的对象关系映射框架,它对 JDBC(Java Database Connectivity,Java 语言连接数据库)进行了非常轻量级的对象封装,使得 Java 程序员可以方便地使用面向对象思维来操控数据库。Hibernate 框架可以应用在任何使用 JDBC 的场合,既可以在 Java 的客户端程序中使用,也可以在 Servlet/JSP 的 Web 应用中使用。最具革命意义的是,Hibernate 框架可以在应用 EJB 的 J2EE 架构中取代 CMP,完成数据持久化的重任。但是,Hibernate 框架也存在安全漏洞,其容易受到 SQL 注入等攻击,因此在使用时需要及时更新版本。

4. Django 框架

Django 是一个开放源代码的 Web 应用框架,使用 Python 语言实现,采用了 MVC 的软件设计模式。该框架最初是被开发来用于管理劳伦斯出版集团旗下的一些以新闻内容为主的网站,后演化为一个开源的 Web 应用框架,并于 2005 年 7 月在 BSD 许可证下发布。Django 框架也存在安全漏洞,其容易遭受 CSRF、Clickjacking 等攻击,因此在使用时需要及时更新版本。

5. Rails 框架

Rails 框架使用 Ruby 语言实现。不同于已有的复杂 Web 开发框架，Rails 是一个更符合实际需要且更高效的 Web 开发框架。Rails 框架结合了 PHP 体系的优点（快速开发）和 Java 体系的优点（程序规整），因此，Rails 框架在其提出后就受到了业内广泛的关注。

Rails 框架是一个用于开发数据库驱动的网络应用程序的完整框架，其基于 MVC 模式。从视图中的 AJAX 应用到控制器中的访问请求和反馈，再到封装数据库的模型，Rails 框架为开发者提供了一个纯 Ruby 的开发环境。发布网站时，只需要配置一个数据库和一个网络服务器，不需要再安装 Ruby 开发环境。

Rails 框架也存在安全漏洞，其容易受到 CSRF、Clickjacking 等攻击，因此在使用时需要及时更新版本。

6. jQuery 框架

jQuery 框架是一个兼容多浏览器的 JavaScript 框架，核心理念是"Write less，do more"（写得更少，做得更多）。jQuery 框架在 2006 年 1 月由美国的 John Resig 在纽约的 BarCamp 发布，吸引了来自世界各地的众多 JavaScript 开发者使用，并由 Dave Methvin 率领团队进行开发。如今，jQuery 已经成为最流行的 JavaScript 框架，在世界前 10 000 个访问最多的网站中，有超过 55％的网站都在使用 jQuery 框架。

jQuery 框架是免费、开源的，使用 MIT 许可协议。jQuery 框架的语法设计可以使开发者更加便捷地进行开发工作，例如，操作文档对象、选择 DOM 元素、制作动画效果、事件处理、使用 AJAX 以及实现其他功能。除此之外，jQuery 框架还提供 API 供开发者编写插件。同时，其模块化的使用方式使开发者可以很轻松地开发出功能强大的静态或动态网页。

6.3 Web 安全攻防技术

随着 Internet 技术的飞速发展，Web 技术得到了广泛应用。而安全问题一直都是 Internet 的一个薄弱环节，任何连接到 Internet 或者其他网络的计算机都有可能受到攻击者的攻击。其中，Web 服务器是最容易受到攻击的地方，而且针对 Web 服务器的攻击有愈演愈烈之势。

6.3.1 XSS 攻击及其防御

1. XSS 攻击的技术原理

XSS（Cross-Site Scripting，跨站脚本）是一种通常存在于 Web 应用程序中的安全漏洞，使得攻击者可以将恶意代码注入网页，从而危害其他 Web 访问者。近年来，XSS 攻击造成的损失甚至超过了缓冲区溢出攻击，成为非常严重的安全威胁，包括 Facebook、Twitter、百度、人人、搜狐、新浪、腾讯等众多著名网站都被曝出过存在 XSS 漏洞。

XSS 攻击是 Web 应用程序违反数据与代码分离的原则，不能很好地过滤和验证用户的输入，从而导致网页受到注入式的攻击。例如，Web 2.0 网站允许用户进行交互，若用户提交的内容是精心构造的 HTML、JavaScript 等恶意脚本代码，而 Web 应用没有进行很好的安全验证和过滤，那么恶意代码就会被包含在服务器动态网页中。

XSS 攻击可以窃取用户 Cookie。攻击者制作一个动态网页，并用 JavaScript 把

Document. cookie 当成参数置于链接地址中，被攻击者点击链接后，其 Cookie 就会被记录保存。

2. XSS 攻击的类型

XSS 攻击并没有统一、标准的分类方法，传统上可以将其分为非持久性 XSS 攻击和持久性 XSS 攻击。非持久性 XSS 攻击也被称为反射型 XSS 攻击，持久性 XSS 攻击也被称为存储型 XSS 攻击。后来，安全人员又开发了一种名为 DOM XSS 攻击的客户端技术。下面分别介绍这三种 XSS 攻击。

1）反射型 XSS 攻击

该类型攻击利用用户输入产生 XSS 反馈给该用户，是需结合社会工程学进行的攻击。该攻击需要通过欺骗用户去点击形如 http://xxx. com/maps. cfm? departure＝lax％22％3Cimg％20src＝k. png％20onerror＝alert(％22XSSed％20by％20sH％22)％20/％3E 的链接才能被触发，如在论坛发帖处的 XSS 攻击就是反射型 XSS 攻击。反射型 XSS 攻击是最常用，使用最广泛的一种 XSS 攻击方式。它通过给别人发送带有恶意脚本代码参数的 URL 进行攻击，当 URL 地址被打开时，服务器对请求进行解析、响应，在响应时包含的 XSS 代码在客户端被解析、执行。其过程如同进行了一次反射，特点是非持久化，且必须在用户点击带有特定参数的链接时才能引发。

2）存储型 XSS 攻击

存储型 XSS 攻击造成的影响比较大。恶意脚本代码被存储到被攻击的数据库，当其他用户正常浏览网页时，站点从数据库中读取非法用户存入的非法数据，恶意脚本代码将被执行。这种攻击类型通常在电子留言板等地方出现。

3）DOM XSS 攻击

DOM XSS 攻击是基于 DOM 的一种 XSS 攻击。DOM 允许程序或脚本动态地访问和更新文档内容、结构和样式，处理后的结果能够成为显示页面的一部分。DOM 中有很多对象，其中一些是用户可以操作的，如 URI、location 等。客户端的脚本程序可以通过 DOM 动态地检查和修改页面内容。它不依赖于提交数据到服务器端，而是从客户端获得 DOM 中的数据并在本地执行。如果 DOM 中的数据没有经过严格确认，那么就容易受到 DOM XSS 攻击。

3. XSS 攻击的防御

XSS 攻击与 Web 应用和浏览器都有关系，XSS 攻击的防范必须从服务器端和客户端两方面进行考虑。

1）服务器端防范措施

服务器端防范措施包括对用户输入内容的过滤和验证、在服务器端输出接口进行策略检查以及在服务器端输出接口执行基于浏览器的策略检查。防范措施可以简化为“限制、拒绝、净化”。

目前流行的一些服务器端语言(如 PHP)都提供了标准的过滤函数，如 htmlspecialchars()。这些函数主要通过拒绝已知的不良输入(黑名单)，接受已知的正常输入(白名单)，对特殊字符进行编码或转义等方法来对用户的输入进行过滤和验证。这种机制往往应用在第一道防线中，而对于目前层出不穷的 XSS 攻击就显得束手无策。因此，实施这种措施的难点在于检查代码的合法性逻辑集中在服务器端的输入接口，并且分布在不安全数据所嵌入的上下文中，这会给网络开发人员带来极大的负担。

我们也可以在服务器端输出接口进行策略检查，主要是在服务器端进行污点跟踪，利用污点元数据在输出接口集中过滤检查。由于不安全数据被嵌入在任意的上下文中，因此策略检查就变得复杂起来，特别是在处理动态改变文档结构攻击的时候。其主要原因是在策略检查引擎中缺少客户端行为的语义。换言之，该措施的策略检查不是针对客户端浏览器的，因此，可能会使得服务器端和客户端对同一个文档中的相同语句的解析不一致，从而会引发浏览器—服务器解析不一致的漏洞。

2）客户端防范措施

防御 XSS 攻击比较彻底的一种方法是在客户端浏览器中关闭 JavaScript 支持。若浏览器不支持脚本，跨站脚本也就无法运行了。但是，禁止 JavaScript 也将带来很多问题。现在很多网页中带有表单验证，一些交互功能的实现也都离不开 JavaScript，因此，简单的禁止浏览器 JavaScript 功能会给用户带来很大程度的不便。另一种方法是提高浏览器访问非受信网站时的安全等级。例如，关闭 Cookie 功能，或设置 Cookie 只读安全意识和浏览习惯。客户端通过输出函数对输出字符进行匹配，可以限制敏感字符的输出，但是降低了 Web 应用程序的灵活性。此外，可以综合客户端、服务器端技术进行 XSS 攻击的防御。例如，在服务器端给出白名单安全策略，在客户端修改浏览器以支持执行安全策略的服务器端和客户端合作的方法来防御 XSS 攻击。

6.3.2　CSRF 攻击及其防御

1. CSRF 攻击的技术原理

CSRF(Cross-Site Request Forgery，跨站请求伪造)攻击，也被称为 One Click Attack 或 Session Riding，是一种对网站的恶意利用行为。可以这样理解 CSRF 攻击：攻击者盗用了受害者的身份，并以受害者的名义发送恶意请求。CSRF 攻击能够做的事情包括以受害者的名义发送邮件、发消息、盗取账号、购买商品、虚拟货币转账等，这将造成个人隐私泄露以及财产损失等后果。CSRF 攻击的原理如图 6.8 所示。

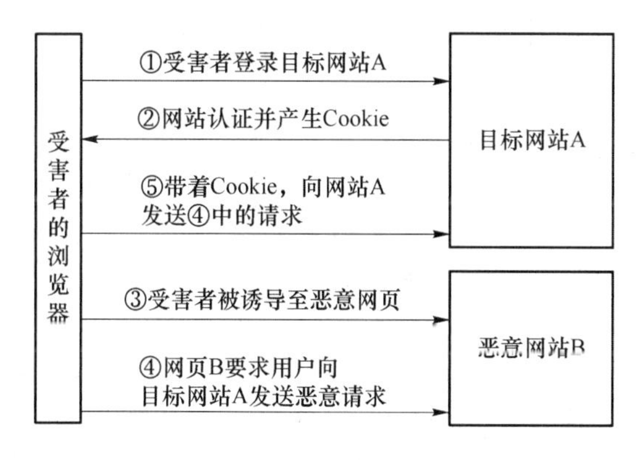

图 6.8　CSRF 攻击的原理

一次成功的 CSRF 攻击具有以下特点：

① 被攻击站点的操作依赖于用户的身份；

② 攻击的原理就是利用站点对用户身份的信赖；

③ 诱使用户的浏览器对攻击站点发出 HTTP 请求；

④ HTTP 请求会在站点的后台执行敏感操作。

CSRF 攻击与 XSS 攻击的不同之处在于：XSS 攻击利用的是用户对网站的信赖，因为用户认为对特定站点的访问总是安全的；而 CRSF 攻击利用的是网站对用户浏览器(所发出的 HTTP 请求)的信赖，而网站没有足够强的校验手段。因此，CSRF 攻击本质上是利用 Web 应用开发过程中的安全漏洞。

2. CSRF 实例

银行网站 A 通过 GET 请求来完成银行转账的操作，如：http://www.mybank.com/Transfer.phP? toBankld=11&money=1000。

恶意网站 B 中有一段如下的 HTML 代码：

```
< img src = http://www.mybank.com/Transfer.phP? toBankld = 11&money = 1000 >
```

若用户登录了银行网站 A 再访问恶意网站 B，则会发现银行账户少了 1 000 元，这是为什么呢？原因是银行网站 A 违反了 HTTP 规范，使用 GET 请求更新资源。在访问恶意网站 B 之前，用户已经登录了银行网站 A，而恶意网站 B 中的<img>以 GET 的方式请求第三方资源(原本这是一个合法的请求，但被不法分子利用了)，因此，用户的浏览器会带上用户在银行网站 A 的 Cookie 发出 Get 请求，去获取资源 http://www.mybank.com/Transfer.phP? toBankld=11&money=1000，结果银行网站 A 的服务器接收到请求后，认为这是一个更新资源操作(转账操作)，就立刻进行转账操作。

为了杜绝上述情况，银行决定改用 POST 请求完成转账操作。

银行网站 A 的 Web 表单如下：

```
< form action = "Transfer.php" method = "POST">
  < P > ToBankld:< input type = "text" name = "toBankld"/></p >
  < p > Money:< input type = "text" name = "money"/> </p >
  < p > < input type = "submit" value = "Transfer"/> </p >
```

后台处理页面 Transfer.php 如下：

```
<? php
    Session_start();
    if(isset( $ _REQUEST['toBankld']&& isset( $ _REQUEST['money'])
    {
      buy_stocks( $ _REQUEST['toBankId'], $ _REQUEST['money']);
      }
? >
```

恶意网站 B 仍然只是包含如下 HTML 代码：

```
< img src = http://www.mybank.com/Transfer.phP? toBankld = 11&money = 1000 >
```

与上面示例中的操作一样，用户首先登录银行网站 A，然后访问恶意网站 B，结果仍与之前的示例一样，用户再次损失了 1 000 元。出现这种状况的原因是：银存后台使用了 $_REQUEST 去获取请求的数据，而 $_REQUEST 既可以获取 GET 请求的数据，也可以获取 POST 请求的数据，这就导致后台处理程序无法区分这到底是 GET 请求的数据还是 POST 请求的数据。在 PHP 中，可以使用 $_GET 和 $_POST 分别获取 GET 请求和 POST 请求的数据；在 Java 中，用于获取请求数据的 request 同样存在不能区分 GET 请求和 POST 请求的数据的问题。

经过前面两个惨痛的教训，银行决定把获取请求数据的方法改为 $_POST，只获取 POST 请求的数据。从上述示例中可以看到，CSRF 攻击是源于 Web 的隐式身份验证机制，因为 Web 的身份验证机制虽然可以保证一个请求是来自某个用户的浏览器，但无法保证该请求是用户批准发送的。

3. CSRF攻击的防御

为了防范CSRF攻击，理论上可以要求对每个发送至该站点的请求都使用显式的认证来消除威胁，并重新输入用户名和口令，但在实际上会出现严重的易用性问题。因此，提出的防范措施既要易于实行，又不能改变现有的程序模式和用户习惯，以及不能显著降低用户体验感。

一个有XSS漏洞的网站很难保证它对CSRF攻击是安全的。对网站所有接受用户输入的内容进行严格的过滤以防范XSS攻击，这一措施是其他安全措施的基础。在编程时，GET方法只用于从服务器端读取数据，POST方法用于向服务器端提交或者修改数据。因此，仅使用POST方法提交和修改数据不能彻底地防范CSRF攻击，但可以增加CSRF攻击的难度。

对CSRF攻击的防御方法较多，基本思路是增加验证码和伪随机数。增加验证码是最简单的防御手段，可以在用户执行一些相对危险的操作时要求用户输入验证，但是这样会降低用户的体验感。相比之下，增加伪随机数的方法使用得较为广泛，例如，在POST提交页面产生一个伪随机数，提交时将其一起发送给服务端，从而验证身份。这样一来，用户就不会因为频繁地输入验证码而降低体验感。另外，客户端要及时更新浏览器的版本，并在访问银行等敏感网站后要主动清理历史记录、Cookie信息、表单信息、密码信息。同时，推荐使用具有隐私功能的浏览器。

6.3.3　Clickjacking攻击及其防御

1. Clickjacking攻击的技术原理

2008年，网络安全专家Robert Hansen和Jeremiah Grossman在OWASP（开放Web软件安全项目）会议上第一次提出了点击劫持（Clickjacking）漏洞，并且现场演示实例说明了该漏洞的危害性。从此，网络安全研究人员开始对这种全新的攻击方法进行分析和研究。在2010年的第14届Black Hat大会上，安全专家Paul Stone讲解了下一代Clickjacking的拖拽（Drag-and-Drop）技术。利用这种技术，攻击者的攻击手法更加灵活多变，且能够突破许多传统的安全防御措施，获取更多的用户信息，增加了Clickjacking漏洞造成的危害。

在许多大型网站中，如Facebook，曾经发生多次被攻击者利用Clickjacking漏洞进行蠕虫病毒攻击的案例。因此，各大互联网公司和网络安全公司纷纷提出各种防御方法。微软公司在IE8中设置了一种专门针对Clickjacking漏洞的X-Frame-Options机制；Mozilla基金会针对Firefox开发了扩展工具NoScript，在防御XSS漏洞的基础上增加了防御此漏洞的功能模块——ClearClick；Google、Meta和Twitter等公司都在各自的网页中添加了FrameBusting代码。

目前，国内互联网公司也开始防范利用此类漏洞的攻击，如百度、人人网、豆瓣网等都添加了FrameBusting代码，以防御Clickjacking攻击。Clickjacking攻击的数量增长迅速，已经超过了利用XSS漏洞和CSRF漏洞的攻击。因此，Clickjacking漏洞吸引了越来越多的网络安全研究人员的关注。

Clickjacking攻击又称为界面伪装攻击（UI Redress Attack），是一种视觉上的欺骗手段。其最重要的攻击思想是利用用户缺乏安全技术知识，在用户不知情的情况下诱骗用户点击恶意链接。OWASP对Clickjacking攻击的定义：攻击者通过iframe并利用多层不透明或者透明层欺骗用户，当用户点击顶层页面的一个按钮或者链接时，就会在不知情的情况下被劫持到其他页面的恶意按钮或链接,而此时用户已经被劫持到底层的页面链接上。在通常情况下,顶层页面和底层页面是不同的 Web 应用程序,有不同的域名。

比较重要的 Clickjacking 漏洞利用的技术包括目标网页隐藏、点击操作劫持、Web 元素定位、页面登录检测、拖拽技术以及结合 XSS 漏洞和 CSRF 漏洞的技术。如果结合其他漏洞进行 Clickjacking 攻击,攻击者就可以突破更多、更严密的安全措施,实现更大范围的攻击。

① Clickjacking 攻击与 CSRF 漏洞结合,可突破传统防御 CSRF 漏洞的安全措施。CSRF 漏洞通过发出跨站请求实现攻击,而很多网站使用 Token 作为验证用户身份的依据,为了方便,很多开发人员将这些信息保存到网页源代码中。通过拖拽技术,攻击者可以将目标网页源代码解析出来,构造恶意攻击向量,即可实现 CSRF 攻击。

② Clickjacking 攻击与反射型 XSS 攻击结合,Clickjacking 攻击将转变为存储型 XSS 攻击。反射型 XSS 漏洞最重要的特征是难以利用。通过 Clickjacking 漏洞,反射型 XSS 漏洞可以转化为存储型 XSS 漏洞。只要用户点击触发此漏洞,攻击者就可以在用户浏览器上执行任意的 Javaservlet 代码,因此具有极大的危害性。

Clickjacking 漏洞被广泛关注的原因有以下几个方面:

① 漏洞影响范围广:由于 Clickjacking 漏洞最终需要用户点击触发,因此可以在大部分浏览器中触发执行。如果此类漏洞引发了蠕虫病毒攻击,那么将会以指数的增长方式进行传播,后果不堪设想。

② 漏洞危害大:通过欺骗用户点击,攻击者就可以获得用户权限,并执行用户在浏览器上可以执行的操作,包括获取用户的 ID、密码,以及传播虚假消息,危害相当大。

③ 触发其他漏洞:Clickjacking 攻击可以突破很多传统的安全防御措施。因此,Clickjacking 攻击结合其他攻击,可将一些危害性较低的漏洞转变为高危漏洞,从而具有很高的危害性。

2. Clickjacking 攻击的防御

对于 Clickjacking 漏洞的检测,可以使用 Paul Stone 设计开发的 Clickjacking Tool 检测工具和 Marco Balduzzi 等设计开发的“自动化检测 Clickjacking 漏洞工具”。

Clickjacking 攻击是一种视觉上的欺骗,服务器端防御 Clickjacking 攻击的思想是结合浏览器的安全机制进行防御,一般通过禁止跨域的 iframe 来防范传统的 Clickjacking 攻击。

6.3.4 SQL 注入攻击及其防御

1. SQL 注入攻击的技术原理

基于 B/S 模式(浏览器/服务器模式)的网络应用越来越普及,并为网络用户提供了大量的数据信息,而由 Web 站点提供的数据信息通常存储在数据库中。然而,在一般情况下,用户看不到位于后端的强大的数据库服务器,他们看到的都是 Web 站点提供的各种丰富多彩的前端界面,而数据库服务器却为用户默默地管理着库存、用户登录、E-mail 和其他与数据相关的功能。因而,Web 站点与数据库的交互至关重要。

Web 服务器只能理解 HTTP,数据库只能理解一种特殊的语言——SQL。当一个用户要登录 Web 站点时,Web 应用程序就要收集用户的用户名和口令信息进行身份认证。Web 应用程序收集到这两个参数并创建一个 SQL 语句连接到数据库,同时从数据库中获得用户所需要的信息,实现 Web 服务器与数据库的交互。但也只有 Web 服务器通过登录页面才能将用户信息表示成为 SQL 语句传递给数据库。数据库接收语句并执行语句,为用户返回相应的信息或“用户名或口令出错”的提示信息。因此，可以说SQL是连接Web服务器与数据库的桥梁，SQL语句使用的正确与否显然变得至关重要。因此，攻击者就开发了一种针对SQL语句的攻击——SQL注入(SQL Injection)攻击。

SQL注入攻击利用的是合法的SQL语句，使得这种攻击无法被防火墙检测出来，因而也具有难捕获的特性。另外，从理论上说，SQL注入攻击对所有基于SQL标准的数据库都适用，例如，MS SQL Server、Oracle等。这就使得SQL注入攻击成为目前网上较流行、较热门的攻击方法之一。

SQL注入攻击是攻击者利用一些疏于防范的Web应用程序论坛、留言板、文章发布系统中用户可以提交或修改数据的页面，通过精心构造SQL语句，并把特殊的SQL语句插入系统实际SQL语句中并加以执行，以获取用户密码等敏感信息，以及主机控制权限的攻击方法。其本质是把数据构造成指令。例如，Web应用有一个登录页面，这个登录页面控制着用户是否有权访问应用，要求用户输入一个名称和密码。攻击者在用户名字和密码输入框中输入1' or'1'='1之类的内容。该内容被提交给服务器之后，服务器运行上述代码构造出查询用户的SQL命令，但由于攻击者输入的内容非常特殊，所以最后得到的SQL命令变成：

```
select * fromuserswhereusersname = 1'or'1' = 'landpassword = 1'or'1' = '1
```

服务器执行查询或存储过程中，将用户输入的身份信息与服务器中保存的身份信息进行比对。由于SQL命令实际上已被注入式攻击修改，不能真正地验证用户身份，所以系统会错误地授权给攻击者。当Web服务器以操作员的身份访问数据库时，攻击者利用SQL注入攻击就可能删除所有表格，创建新表格。而当管理员以超级用户的身份访问数据库时，攻击者利用SQL注入攻击就可能控制整个SQL服务器，在某些配置下攻击者甚至可以自行创建用户账号以完全控制数据库所在的服务器。

SQL注入攻击是目前网络攻击的主要手段之一，其安全风险在一定程度上高于缓冲区溢出攻击，目前防火墙不能对SQL注入攻击进行有效的防范。SQL注入攻击具有以下特点。

1) 广泛性

SQL注入攻击利用的是SQL语句，因此，只要是利用SQL语句并且对输入的SQL语句不做任何严格处理的Web应用程序都会存在SQL注入漏洞。目前，与SQL Server、Oracle、MySQL等数据库相结合的Web应用程序均被发现存在SQL注入漏洞。

2) 技术难度低

SQL注入技术公布后，网络上先后出现了多种SQL注入工具，如HDSI、NBSI、明小子Domain等。攻击者利用这些工具软件就可以轻易地对存在SQL注入漏洞的网站或者Web应用程序实施攻击，并最终获取其主机的控制权。

3) 危害性大

攻击者成功实施SQL注入攻击后，轻则更改网站首页等数据，重则通过网络渗透等攻击技术，获取公司或企业机密数据，对公司造成重大经济损失。

2. SQL注入攻击的检测与防御

SQL注入攻击检测分为入侵前的检测和入侵后的检测。入侵前的检测可以通过手工方式进行，也可以使用SQL注入工具软件，检测的目的是预防SQL注入攻击；而对于SQL注入攻击后的检测，主要是针对日志，因为SQL注入攻击成功后，会在IIS日志和数据库中留下痕迹。

① 数据库检查：使用HDSI、NBSI等SQL注入攻击软件工具，利用SQL注入攻击后在数

据库中生成的一些临时表进行检查。通过查看数据库中最近新建的表的结构和内容，可以判断是否发生过 SQL 注入攻击。

② IIS 日志检查：在 Web 服务器中，如果启用了日志记录，则 IIS 日志会记录访问者的 IP 地址、访问文件等信息。SQL 注入攻击者往往会大量访问某一个页面文件（存在 SQL 注入点的动态网页），日志文件会急剧增加。通过查看日志文件的大小以及日志文件的内容，就可以判断是否发生过 SQL 注入攻击。

③ 其他相关信息判断：SQL 注入攻击成功后，入侵者往往会添加用户、开放 3389 远程终端服务以及安装木马病毒或后门软件等，因此，可以通过查看系统管理员账号、远程终端服务器开启情况、系统最近产生的一些文件等信息来判断是否发生过 SQL 注入攻击。

防范 SQL 注入攻击的方法概括起来有以下六个。

① 开发人员要在服务端处理之前，对客户端提交的变量参数进行数据的合法性检查。

② 开发人员要对用户口令进行 Hash 运算，这样一来，即使攻击者得到经 Hash 运算后存在数据库里像乱码一样的口令，也无法知道原始口令。

③ 不要使用字符串连接建立 SQL 查询，而应使用 SQL 变量，因为变量不是可以执行的脚本。

④ 修改或者去掉 Web 服务器上默认的一些危险命令，例如 FTP、CMD、WScript 等，需要时再复制到相应的目录中。

⑤ 目录最小化权限设置，分别为静态网页目录和动态网页目录设置不同权限，尽量不设置写目录权限。

⑥ 在系统开发后期需要进行 SQL 注入攻击测试。

SQL 注入攻击的前提是存在不安全的脚本编码以及服务器、数据库等设置存在疏漏，SQL 注入攻击将从现有人工寻找漏洞、手动输入数据、只针对单个网站的方式向自动化、智能化、跨站攻击的方式转变，攻击程序简单化但却会造成更大的危害。因此，在架设 Web 服务器时要全盘考虑主机和系统的安全性，设置好服务器和数据库的安全选项，做好程序代码的安全性检查工作。只有这样才能做到防患于未然，最大限度地保证 Web 服务器的安全。

本章小结

本章围绕 Web 应用安全展开。首先介绍了基本的 Web 体系结构，并指出其中可能受到攻击的维度；然后从 Web 客户端安全和服务器端（包括 Web 应用）安全两大类型阐述了常见攻击的原理，并给出了具体案例。读者至少需要具备编写一个最基本的前端网页，能编写相应的后台交互代码，并在后台进行数据库读写的能力，然后才能更好地理解本章内容。

随着 Internet 技术的飞速发展，Web 技术得到了广泛应用。而安全问题一直都是 Internet 的一个薄弱环节，任何连接到 Internet 或者其他网络的计算机都有可能受到攻击者的攻击。本章主要介绍了 XSS 攻击、CSRF 攻击、Clickjacking 和 SQL 注入攻击及其防御技术。

本章习题

一、选择题

1. 对于Web的体系结构描述正确的有（　　）。

A. 浏览器作为用户接口，负责解析展示网页

B. HTTP/HTTPS作为通信协议负责连接Web前端浏览器与后端服务器

C. Web服务器即后端，负责对前端请求做出响应

D. HTTP和HTTPS使用相同的端口

2. WWW（World Wide Web）是由许多互相链接的超文本组成的系统，可通过互联网进行访问。WWW服务对应的网络端口号是（　　）。

A. 22　　B. 21　　C. 79　　D. 80

3. 浏览器同源策略中的同源是指以下哪些内容相同？（　　）

A. 域名　　B. 浏览器版本　　C. 协议　　D. 端口

4. 一个网站如果包含网页木马，会有哪些典型特征？（　　）

A. 网站的页面显示乱码　　B. 页面超链接被修改

C. IE浏览器无故崩溃　　D. 系统运行缓慢

5. 以下描述正确的是（　　）。

A. XSS攻击是利用用户对网站的信任

B. CSRF攻击是利用用户对网站的信任

C. XSS攻击是利用网站对客户请求的信任

D. CSRF攻击是利用网站对客户请求的信任

6. 防范CSRF攻击的措施有（　　）。

A. 进行显式认证，即每次提交都要用户输入用户名与密码进行认证

B. 在关键访问前增加人机交互环节

C. 在POST提交时增加伪随机数进行身份验证

D. 对输入数据进行特殊字符过滤

7. 以下哪一项是在兼顾可用性的基础上，防范SQL注入攻击最有效的手段？（　　）

A. 删除存在注入点的网页

B. 对数据库系统加强管理

C. 对Web用户输入的数据进行严格的过滤

D. 通过网络防火墙严格限制Internet用户对Web服务器的访问

8. Web安全威胁可能来自（　　）。

A. 浏览器攻击渗透　　B. 传输协议监听与劫持

C. Web服务器宿主机攻击威胁　　D. Web应用攻击威胁

9. Web安全防范的重要原则有（　　）。

A. 最小特权原则　　B. 纵深防御原则

C. 数据代码分离原则　　D. 浏览器同源原则

10. Web攻击的基本方法有（　　）。

A. 针对 Web 应用进行如镜像复制站点等信息收集操作

B. 攻击 Web 服务器

C. 攻击 Web 客户端软件

D. 对网站运营者进行社会工程学攻击

二、填空题

1. Web 网页的结构、表现和行为这三个组成部分对应的三种常用技术分别是(　　)、(　　)和(　　)。

2. 可以使用(　　)工具将 Web 网站镜像复制到本地。

3. XSS 攻击的出现是因为 Web 应用程序违反了(　　)原则。

4. XSS 攻击的基本类型有(　　)、(　　)和(　　)。

5. Clickjacking 攻击又称为(　　),是一种(　　)的欺骗手段。

6. 写出 HTML 网页的"首部"的标签对(　　)。

7. 编写一段 CSS,将 HTML 中的段落<P></p>标签设置显示字体大小为 32 px(　　)。

8. 编写一个弹出消息框的 JavaScript 脚本(　　)。

9. 如果你在邮件中收到形如如下链接的内容,其中包括的攻击方法是(　　)。

http://xxX.com/maps.cfm? departure=lax%22%3Cimg%20src=k.png%20onerror=alert(%22XSSed%20by%20sH%22)%20/%3E

10. 针对数据库最常见的攻击是(　　)。

三、简答题

1. Web 应用中什么是前端,什么是后端,它们各存在什么安全漏洞?

2. XSS 攻击和 SQL 注入攻击有什么共同点,前面章节中介绍的哪种攻击也有这个特点?

3. 举例说明纵深防御原则和最小特权原则是如何应用的。

四、实践题

1. 编写一个只有用户名、密码输入框和一个提交按钮的 HTML 页面,单击提交按钮可将输入框中的内容显示在一个弹出的消息框架中。提示:该实验使用一个写字板编写一个文本文件即可,修改后缀名为.html,并用任意浏览器打开即可看到效果。

2. 将第 1 题中的页面改写为一个后台 PHP 页面,并部署在后台服务器上,且能将前台提交的用户名和口令与数据库中的用户名和口令进行比对。

3. 使用 WebGoat 进行 XSS、CSRF、SQL 注入的系列攻击与防御实践。

4. 尝试对某个你熟悉的服务器软件(IIS、Apache、Tomcat……)进行安全攻防实践。

第 7 章

网络安全协议

本章学习要点	• 了解 IPSec 协议规范，重点掌握其工作方式； • 了解 TLS/SSL 协议规范，重点掌握 SSL 握手协议； • 了解 SSH 协议规范，重点掌握 SSH 的工作过程； • 了解 SET 协议规范，重点掌握其安全机制。

许多网络攻击都是由网络协议（如 TCP/IP）的固有漏洞引起的，因此，为了保证网络传输和应用的安全，各种类型的网络安全协议不断涌现。安全协议是以密码学为基础的消息交换协议，也称作密码协议，其目的是在网络环境中提供各种安全服务。安全协议是网络安全的一个重要组成部分，通过安全协议可以实现实体认证、数据完整性校验、密钥分配、收发确认以及不可否认性验证等安全功能。

国际互联网依赖的 TCP/IP 协议族存在明显的安全脆弱性，因此，一些安全厂商和有关机构针对这些安全问题推出了许多网络安全协议，表 7.1 为常用的一些网络安全协议。这些网络安全协议的推出有效地补充了 TCP/IP 存在的问题。

表 7.1　网络安全协议

网络层次	安全协议	内容
应用层	SET	Secure Electronic Transaction，涵盖了信用卡在电子商务交易中的交易协定、信息保密、资料完整及数据认证、数据签名等
	S-HTTP	Secure-Hyper Text Transfer Protocol，为保证 WWW 的安全，由 EIT(Enterprise Integration Technology Corp.)开发的协议。该协议利用 MIME，基于文本进行加密、报文认证和密钥分发等
	SSH	Secure Shell，对 UNIX 系统 rsh/rlogin 等的 r 命令加密而采用的安全技术
	SSL-Telnet SSL-SMTP SSL-POP3	以 SSL 为基础，分别对 Telnet、SMTP 和 POP3 等的应用进行加密
	PET	Privacy Enhanced Telnet，使 TELNET 具有加密功能。在远程登录时，对连接本身进行加密的方式
	PEM	Privacy Enhanced Mail，由 IEEE 标化的具有加密签名功能的邮件系统（RFC 1421～1424）

续表

网络层次	安全协议	内容
应用层	S/MIME	Secure/Multipurpose Internet Mail Extensions，利用RSA Data Security公司提出的PKCS(Public-Key Cryptography Standards)加密技术实现MIME的安全功能(RFC 2311～2315)
	PGP	Pretty Good Privacy，Philip Zimmermann开发的带加密及签名功能的邮件系统(RFC 1991)
传输层	SSL	Secure Sockets Layer，在Web服务器和浏览器之间进行加密，报文认证及签名校验、密钥分发的加密协议
	TLS	Transport Layer Security(IEEE标准)，是将SSL通用化的协议(RFC 2216)
	SOCKS v5	防火墙及VPN使用的数据加密及认证协议(IEEE RFC 1928)
网络层	IPSec	Internet Protocol Security(IETF标准)，提供机密性和完整性等
数据链路层	PPTP	Point to Point Tunneling Protocol
	L2F	Layer2 Forwarding
	L2TP	Layer2 Tunneling Protocol，为综合了PPTP及L2F的协议

网络安全协议的设计是为了保证网络中不同层次的安全，基本上与TCP/IP协议族相似，也分为四层，即网络接口层、网络层、传输层和应用层。针对网络接口层(数据链路层)的安全协议常见的包括L2TP、L2F、PPTP。L2TP协议由IETF起草且由Microsoft、Ascend、Cisco、3COM等公司参与制定；L2F协议由Cisco、Nortel等公司设计，PPTP协议是由Microsoft、Ascend、3COM等公司支持的，L2F协议由Cisco、Nortel等公司设计；PPTP协议是由Microsof、Ascend、3COM等公司支持的，Windows NT4.0以上版本支持此协议。这三种协议主要用于构建Access VPN，即企业员工或企业的小分支机构通过公网远程拨号的方式进入企业网络，其本质是使用隧道技术构建VPN。针对网络层的安全协议主要是IPSec协议，它是因特网工程任务组(Internet Engineering Task Force，IETF)为IP安全推荐的一个协议。IPSec是一种开放标准的框架结构，通过使用加密等安全服务，确保在IP网络上进行保密且安全的通信。针对传输层的安全协议主要包括SSL、TLS和SOCKS v5等。SSL是由Netscape研发的，用以保障在Internet上数据传输过程的安全。SSL利用数据加密(Encryption)技术，可确保数据在网络传输过程中不会被截取及窃听。目前SSL已被广泛用于Web浏览器与服务器之间的身份认证和加密数据传输。TLS是SSL的通用化版，是IEEE的标准。SOCKS v5是一个需要认证的防火墙协议，当SOCKS v5同SSL协议配合使用时，可用来建立高度安全的VPN。

SSH是IETF的网络工作组所制定的协议，其目的是在非安全网络上提供安全的远程登录和其他安全网络服务。SSH协议是以远程联机的服务方式操作服务器时较为安全的解决方案。用户通过SSH协议可以把所有传输的数据进行加密，不仅可以抵御中间人攻击，而且能防止DNS和IP欺骗。另外，使用SSH协议传输的数据是经过压缩的，因此可以加快传输的速度。SSH协议的作用广泛，既可以代替Telnet，又可以为FTP、POP以及PPP提供安全通道。针对网络应用层的安全协议目标是保护各种特定环境下的数据传输，由于目的不同，因此协议种类繁多。PGP协议和SET就是特色鲜明的两个应用层安全协议。PGP的创始人是美国的Phil Zimmermann，该协议的创造性在于其把RSA公匙体系的方便和传统加密体系的高速度结合起来,并且在数字签名和密匙认证管理机制上有巧妙的设计。使用 PGP 协议可将邮件保密,从而达到防止非授权者阅读邮件的目的,此外,还能在邮件加上数字签名从而使收信人可以确认邮件的发送者,以及邮件是否被篡改。PGP 协议可以提供一种安全的通信方式,而事先并不需要任何保密的渠道用来传递密匙。PGP 协议的功能强大,有很快的速度,而且它的源代码是免费的。安全电子交易协议(SET)是 IBM、Visa 和 MasterCard 等公司于 1997 年 5 月 31 日共同推出的用于电子商务的行业规范,其实质是一种应用在 Internet 上,以信用卡为基础的电子付款系统规范,目的是保证网络交易的安全。SET 协议妥善地解决了信用卡在电子商务交易中的交易协议、信息保密、资料完整以及身份认证等问题。目前 SET 协议已获得 IETF 标准的认可,是电子商务的发展方向。

网络安全协议都是建立在密码机制基础上的,并运用密码算法和协议逻辑来实现加密和认证。密钥管理是网络安全协议的核心技术之一,主要分为人工管理和协商管理两种形式。人工管理是指由管理员直接设置用户的密钥;协商管理则是指采用公开密钥机制,通信双方通过会话协商产生密钥。由于密钥管理需要进行协商、计算和存储,因此,无论哪种方式,密钥管理都需要通过应用层服务来实现。

由于各种网络安全协议所处的网络层次不同,因此存在包含关系。如网络层使用了 IPSec,传输层再使用 SSL 加密,则实际意义不大,因为二次加密数据虽然安全强度更高,但同样会造成资源的浪费。当然某些特殊应用的情况除外,如使用了 IPSec,但仍无法代替 SET 中的某些功能。

7.1　IPSec

1994 年,互联网体系机构理事会(Internet Architecture Board,IAB)发表了一篇题为《互联网体系结构中的安全问题》的报告。该报告陈述了人们对安全的渴望并阐述了安全机制的关键技术,其中主要包括保护网络架构免受非法监视及控制,以及保证终端用户之间使用认证和加密技术进行安全通信等。同年,IETF 专门成立 IP 安全协议工作组,来制定和推动一套称为 IPSec 的 IP 安全协议标准。1995 年,IPSec 细则在互联网标准草案中颁布,在 1998 年 11 月被提议为 IP 安全标准。

IPSec 是一个标准的第三层安全协议,但它不是独立的安全协议,而是一个协议族。IETF 为 IPSec 一共定义了 12 个标准文档 RFC(Request For Comments),这些 RFC 对 IPSec 的各个方面都进行了定义,包括体系、密钥管理、基本协议以及实现这些基本协议需要进行的相关操作。

IPSec 对于 IPv4 而言是可选的,但对于 IPv6 而言是强制性的。IPSec 提供了一种标准的、健壮的以及包容广泛的机制,使用 IPSec 可为 IP 及上层协议(如 UDP 和 TCP)提供安全保证。目前,IPSec 安全协议是 VPN 中安全协议的标准,并得到了广泛应用。IPSec 协议具有以下优点:

① IPSec 在传输层之下,对于应用程序而言是透明的;

② IPSec 对终端用户是透明的,因此不必对用户进行安全机制的培训;

③ IPSec 可以为个体用户提供安全保障,也可以保护企业内部的敏感信息。

1. IPSec 协议族的体系结构

IPSec 是一个复杂的安全协议体系,其中 RFC 2401 定义了 IPSec 的基本结构,所有具体的实施方案均建立在它的基础之上。IPSec 的体系结构如图 7.1 所示，其主要包括两个基本协议，分别为封装安全有效负荷（Encapsulating Security Payload，ESP）协议和认证头（Authentication Header，AH）协议。这两个协议的有效工作依赖于四个要件，这些要件也在 RFC 2401 中做了较详细的描述解释，分别为加密算法、认证算法、解释域（Domain of Interpretation，DOI）以及密钥管理。

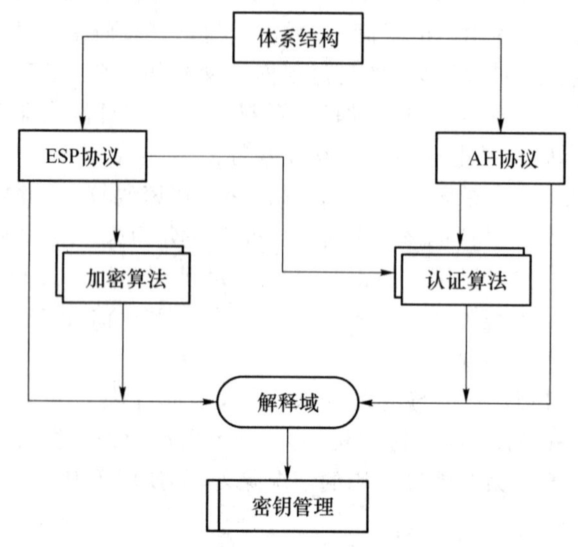

图 7.1　IPSec 的体系结构

1）基本协议

IPSec 使用两种安全协议来加强 IP 协议的安全性。其中，ESP 协议被 RFC 2406 定义为对 IP 数据报文实施加密和可选认证双重服务，它提供了数据保密性、有限的数据流保密性、数据源认证、无连接的完整性以及抗重放攻击等服务。ESP 协议通过对 IP 数据包实施加密，可以在数据包传输过程中保证其内容的机密性，ESP 协议还可以通过验证算法选项来确保数据的完整性。

AH 协议被 RFC 2402 定义为对 IP 数据报文实施认证服务，主要提供数据源认证、无连接的完整性以及一个可选的抗重放服务。AH 协议通过对 IP 数据包进行签名确保其完整性，虽然数据包的内容没有加密，但是可以向接收者保证数据包的内容未被更改，还可以向接收者保证包是由发送者发送的。

AH 协议和 ESP 协议都支持认证功能，但二者的保护范围存在着一定的差异。AH 协议的作用域是整个 IP 数据包，包括 IP 头和承载数据。而 ESP 认证功能的作用域只是承载数据，不包括 IP 头。因此，从理论上讲，AH 协议所提供认证的安全性要高于 ESP 协议的认证服务。

2）基本要件

IPSec 的两个基本协议 ESP 和 AH 是依靠四个基本要件的支持来提供安全服务的。在真实的 IPSec 应用中，这些基本要件均以程序或程序包的形式出现，对 IPSec 提供加密、认证、密钥管理以及机制策略等方面的支持。

（1）加密算法

描述各种能用于 ESP 协议的加密算法，IPSec 要求任何实现都必须支持 DES（数据加密标准），也可使用 3DES、IDEA（国际加密算法）、AES（高级加密算法）等其他算法。

（2）认证算法

用于 AH 和 ESP 协议，以保证数据完整性及进行数据源身份认证。IPSec 用 HMAC-

MD5 和 HMAC-SHA-1 作为默认认证算法，同时也支持其他认证算法，以提高安全强度。

(3) 解释域

DOI 是一个描述 IPSec 所涉及的各种安全参数及相关信息的集合。通过对它进行访问可以得到相关协议中各字段含义的解释，被与 IPSec 服务相关的系统参考调用。

(4) 密钥管理

密钥管理主要负责确定和分配 AH 和 ESP 协议中加密与认证使用的密钥，有手工和自动两种方式。IPSec 默认的自动密钥管理协议是 IKE(Internet Key Exchange)。

3) 安全关联

安全关联(Security Association，SA)是一个 IPSec 单项连接所涉及的安全参数和策略的集合，它决定了保护什么、如何保护以及谁来保护通信数据，以及规定了用来保护数据包安全的 IPSec 协议类型、协议的操作模式、加密算法、认证方式、加密和认证密钥、密钥的有效存在时间以及防重放攻击的序列号等，是 IPSec 的基础。AH 和 ESP 协议均使用 SA，而且 IKE 协议的一个主要功能就是建立和维护 SA。一个 SA 定义了两个应用实体(主机或网关)间的一个单向连接，如果需要双向通信，则需要建立两个 SA。

(1) SA 的工作原理

在 SA 对 IP 数据包处理过程中有两个重要的数据库起到了关键作用，分别是安全策略数据库(Security Policy Database，SPD)和安全关联数据库(Security Association Database，SAD)。SPD 保存着定义的处理策略，每条策略指出应以何种方式对 IP 数据报文提供何种服务；SAD 则保存应用实体中所有的 SA。

图 7.2 为 SA 的工作原理示意图，IPSec 对数据包进行处理时，要查询 SPD 和 SAD。为了提高速度，SPD 的每一条记录都有指向 SAD 中相应记录的指针，反之亦然。对即将发送的 IP 数据包处理时，先查询 SPD，确定为数据包应使用的安全策略，如果检索到的数据策略是应用 IPSec，则获得指向 SAD 中相关的 SA 指针。若 SA 有效，则可取得处理所需的参数，实施 AH 或 ESP 协议；若 SA 未建立或无效，则将数据包丢弃，并记录出错信息。

对于接收到的 IP 数据包，先查询 SAD。如得到的 SA 有效，则对数据包进行还原，然后取得指针指向的 SPD 中的安全策略(SP)，验证为该数据包提供的安全保护是否与策略配置的相符。如相符，则将还原后的数据包交给 TCP 层或转发；如不相符，要求应用 IPSec 但未建立 SA 或 SA 无效，则将数据包丢弃，并记录出错信息。

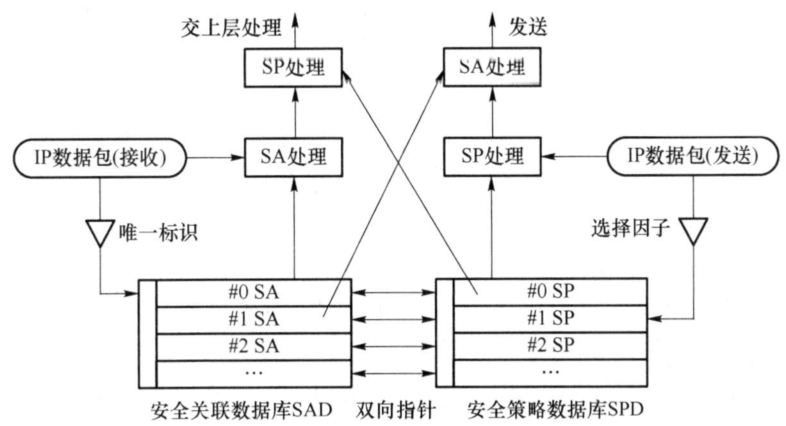

图 7.2　SA 的工作原理示意图

SAD中的每个SA是通过三元组(安全参数索引、IP目的地址、安全协议标识)来唯一标识并检索的。这个三元组的含义如下:

① 安全参数索引(Security Parameter Index,SPI):它是一个与SA相关联的位串。一般在IKE协议确立一个SA时,产生一个伪随机导数作为该SA的SPI。SPI也可以人为设定。

② IP目的地址:目前IPSec仅支持使用单播地址来表示SA的目的地址。

③ 安全协议标识:标识该SA是一个AH或ESP协议的SA。

SPD中的SP是通过选择因子来确定的,选择因子是从网络层和传送头内提取出来的,主要包括目的地址、源地址、名字、协议、上层端口等。

(2) SPD

SPD是SA处理的核心之一,每个IPSec实现必须具有管理接口,允许用户或系统管理员管理SPD。SPD有一个排序的策略列表,针对接收数据和发Discard,Bypass IPSec, Apply IPSec。

① Discard(丢弃):是指IP数据包不被处理,只是简单地丢弃。

② Bypass IPSec(绕过IPSec):是指IP数据包不需要IPSec保护,而在载荷内增添IP头,然后分发IP包。

③ Apply IPSec(应用IPSec):是指对IP数据包提供IPSec保护。

(3) SAD

SAD中的任意SA都被定义了以下参数(即SAD的字段):

① 目的IP地址:即SA的目的地址,例如,终端用户系统、防火墙和路由器等网络系统。目前的SA管理机制只支持单播地址的SA。

② IPSec协议:标识SA用的是AH还是ESP协议。

③ SPI:32位的安全参数索引,可以标识同一个目的地的不同的SA。

④ 序号计数器:32位,用于产生AH或ESP头的序号,仅用于发送数据包。

⑤ 序号计数器溢出标志:标识序号计数器是否溢出。若溢出,则产生一个审计事件,并禁止用SA继续发送数据包。

⑥ 抗重放窗口:32位计数器,用于决定进入的AH或ESP数据包是否为重发,仅用于接收数据包。

⑦ AH信息:指明认证算法、密钥、密钥生存期等与AH相关的参数。

⑧ ESP信息:指明加密和认证算法、密钥、初始值、密钥生存期等与ESP相关的参数。

⑨ SA的生存期:一个特定的时间间隔或字节计数。超过这一间隔后,必须终止此次连接或建立一个新的SA来代替原来的SA。

⑩ IPSec协议模式:指明是隧道、传输或混合方式(通配符),这些内容将在后面讨论。

⑪ Path MTU(路径最大传输单元):指明预计经过路径的MTU及延迟变量。

2. IPSec协议的工作方式

1) IPv4与IPv6数据包结构

IP协议作为Internet的核心协议,目前采用的是1975年推出的IPv4协议标准(RFC 791),IPv4协议存在地址短缺和安全性较差等问题。IETF于1997年制定了IPv6协议。IPv6协议并不是推翻了IPv4协议的所有思路和结构,而是继承了IPv4协议运行的主要优点,并根据IPv4协议的问题进行了很大幅度的修改和功能扩充,一般认为IPv6协议是用来取代IPv4协议的下一代网络协议。IPSec协议在IPv6协议中被定义为必选项,是IPv6安全标准，当然也可以实施在 IPv4 协议中，保护 IPv4 协议传输过程中的安全性。

在实施 IPSec 协议时，IPv4 和 IPv6 协议存在一些区别，主要集中在对两种协议数据包的封装上。IPv4 和 IPv6 数据包结构如图 7.3 所示，IPv4 数据包包括协议头和数据负载，而 IPv6 数据包包括 IPv6 基本头、扩展头和数据负载。包头结构如图 7.4 所示，这里不再详述。

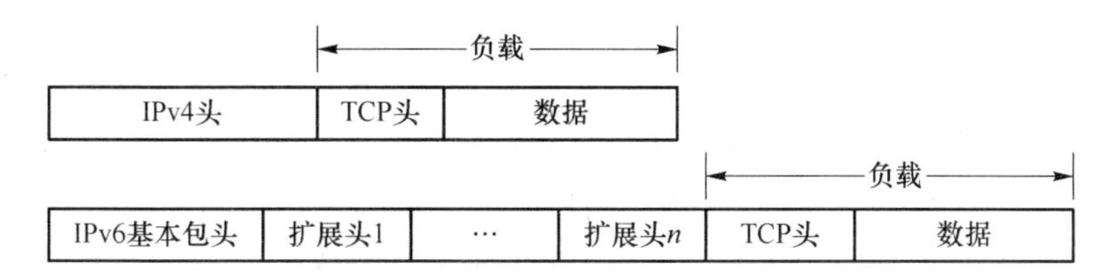

图 7.3　IPv4 与 IPv6 数据包结构

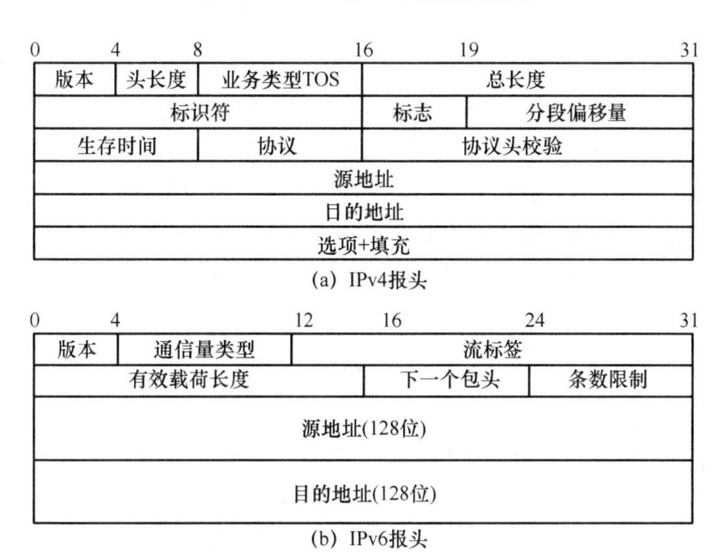

图 7.4　IPv4 与 IPv6 的报头结构

IPv6 协议增加了扩展头，其原理为：大多数 IP 包只需要简单的处理，因此，有基本报头的信息就足够了，当网络层存在需要额外信息的信息包时，就可以把这些信息编码到扩展报头上。IPv6 协议头的设计原则是力图将协议头的开销降到最低，将一些非关键字段和可选字段移出协议头，置于 IPv6 协议头之后的扩展头中，因此，尽管 IPv6 协议的地址长度是 IPv4 协议的四倍，但协议头却仅为 IPv4 协议的两倍，改进后 IPv6 协议头在中转路由器中处理效率更高。

2）IPSec 的工作模式

IPSec 标准定义了 IPSec 操作两种不同的模式，即传输模式（Transport Mode）和隧道模式（Tunnel Mode），安全协议 AH 和 ESP 都可以在这两种模式下工作。在传输模式下，AH 和 ESP 协议主要对上一层的协议提供保护；在隧道模式下，AH 和 ESP 协议则用于封装整个 IP 数据报文。

两种模式结构如图 7.5 所示，两种工作模式可以这样理解：传输模式是只对 IP 数据包的有效负载进行加密或认证，此时继续使用以前的 IP 头部，只对 IP 头部的部分域进行修改，而 IPSec 协议头部插入 IP 头部和传输层头部之间；隧道模式是对整个 IP 数据包进行加密或认证，此时需要新产生一个 IP 头部，IPSec 头部被放在新产生的 IP 头部和以前的 IP 数据包之间，从而组成一个新的 IP 头部。

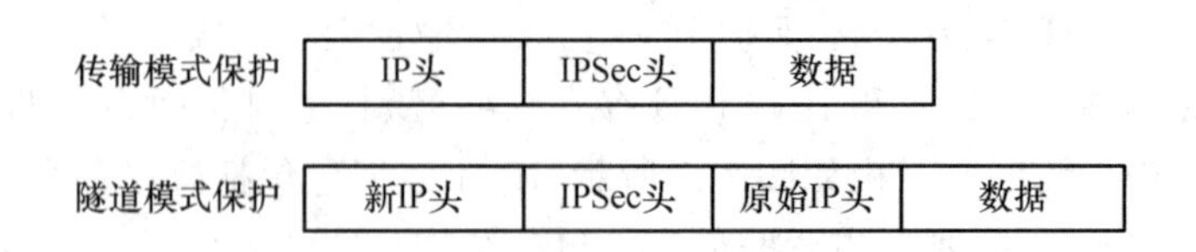

图 7.5　传输模式与隧道模式

3）认证头（AH）

AH 协议用于提供 IP 数据包的数据完整性、数据包源地址认证和一些有限的抗重放攻击服务。AH 不仅对 IP 包的包头进行认证，而且还要对 IP 包的内容进行认证，但由于 IP 包的部分域（如生存周期，IPv6 中称为“跳数”，即 IPv4 的 TTL）、AH 校验值等是可变化的，因此，AH 只对在传输过程中不变的内容或可以预测变化的内容进行认证。

（1）AH 的工作原理

AH 认证结构如图 7.6 所示，AH 对 IP 数据包的封装分为传输模式和隧道模式。在传输模式下，AH 首先对整个 IP 数据包（可变内容一般被填充“0”后参与计算）进行认证计算，然后生成 AH 头，插入 IPv4 数据包的 IP 包头后，或以扩展头的形式加入 IPv6 数据包内。在隧道模式下，新的 IP 包头产生以后，AH 对整个 IP 数据包（含新的 IP 包头，可变内容填充“0”）进行认证计算，然后生成 AH 头，插入新的 IPv4 包头后，或以扩展头的形式加入新的 IPv6 包头中。目前计算认证数据的算法主要有 MDS 算法和 SHA-1 算法等。

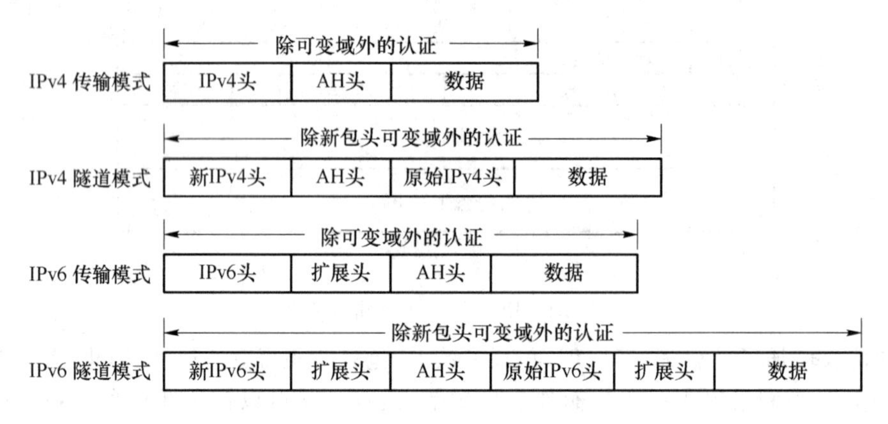

图 7.6　AH 认证结构

（2）AH 头格式

如图 7.7 所示，AH 头部主要包括以下六个部分：

① 下一个头（8 位）：用来标记下一个扩展头的类型。在传输模式下，指明上一层协议的类型，UDP 的协议值为 17，TCP 的协议值为 6。在隧道模式下，值为 4 表示 IPv4，值为 41 表示 IPv6。

② 载荷长度（8 位）：表示认证头数据的长度减 2，以字（字长为 32 位）来计。例如，AH 的固定长度部分为 3 个字，认证数据长度为 3 个字，则认证头总长度为 6，载荷长度为 4。

③ 保留（16 位）：备用。

④ SPI（32 位）：用来标识安全关联。

⑤ 序列号（32 位）：用来防止 IP 包的重发攻击，收发双方同时保留一个序列号计数器，每收发一个 IP 包，序列号将递增 1，当递增到 2^{32} 后复位。

⑥ 认证数据（32N 位）：认证数据域的长度可变，但必须是 32 的整数倍，默认为 3 个字（96 位）。

图7.7 AH头格式

认证数据也称为完整性校验值(Integrity Check Value,ICV),是一种报文认证编码(MAC)或MAC算法生成的截断码。计算主要使用基于密钥的Hash算法的认证协议(Hash Message Authentication Code,HMAC)算法,常用的包括HMAC-MD5-96和HMAC-SHA-1-96。这两种算法均是先进行散列计算,然后截取前96位作为ICV。参与散列计算的数据包括IP包头(可变部分被置。)、AH头(认证数据被置为0)和整个上层协议数据。

4) ESP

ESP协议主要提供IP数据包的数据加密服务,此外也提供数据包完整性校验、防重放攻击以及支持VPN等服务。ESP提供的数据包完整性与AH提供的数据包完整性有所区别,AH提供对整个IP包,包括包头和包内容的完整性认证,而ESP提供的完整性则只关心IP包的内容部分。

(1) ESP的工作原理

ESP的工作方式与AH一样,也分为传输模式和隧道模式。ESP加密及认证结构如图7.8所示,在传输模式下,ESP首先对IP数据包的负载部分进行有效填充,并添加ESP尾,ESP封装格式如图7.9所示,构造成长度为字长整数倍的规整数据块,然后对其进行加密,并在密文数据块之前插入ESP头;如果选择ESP的认证服务,则对ESP头和密文数据块一起进行认证计算,然后将认证数据添加在数据包尾部。ESP针对IPv4包和IPv6包的具体操作基本一致,如图7.8(a)和图7.8(c)所示。在隧道模式下,ESP首先对整个原始IP数据包进行有效填充,并添加ESP尾,构造成长度为字长整数倍的规整数据块,然后对其进行加密,并在密文数据块之前插入ESP头;如果选择ESP的认证服务,则对ESP头和密文数据块一起进行认证计算,然后将认证数据添加在数据包尾部,最后在前面添加新IP包头。ESP针对IPv4包和IPv6包的具体操作如图7.8(b)和图7.8(d)所示。

ESP标准规定任何兼容ESP的具体实现必须支持DES算法,并按CBC(Cipher Block Chaining,密码分组链接)加密。DOI文档定义了其他加密算法,包括3DES、RCS、IDEA等。另外,ESP规定如果需要初始向量(IV),则必须从载荷数据域头部提取,IV通常作为密文的开头,并且不会被加密。与AH相同,ESP使用的MAC算法主要包括HMAC-MD5-96和HMAC-SHA-1-96。

(2) ESP的封装格式

ESP的封装格式如图7.9所示,ESP封装包主要包括以下七个部分:

① 安全关联索引:用来标识安全关联。

② 序列号:与AH相同,用来防范IP包的重发攻击。

③ 载荷数据:被加密的传输层数据(传输模式)或整个原始IP包(隧道模式)。

④ 填充域:提供规整化载荷数据,并隐藏载荷数据的实际长度。

⑤ 填充长度:填充数据的长度。

⑥ 下一个头:用来标记载荷中第一个包头的类型,具体值与AH相同。

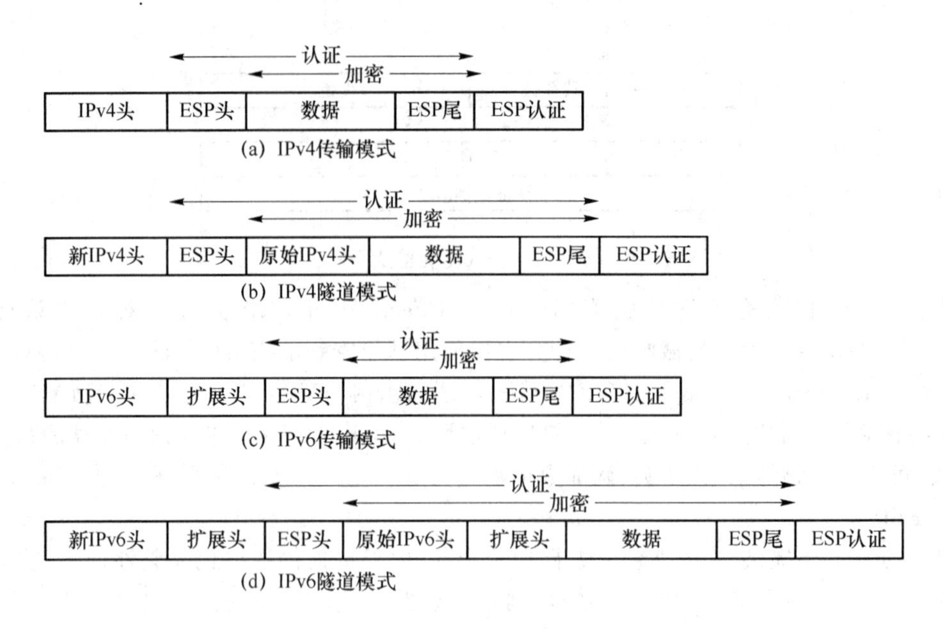

图 7.8 ESP 加密及认证结构

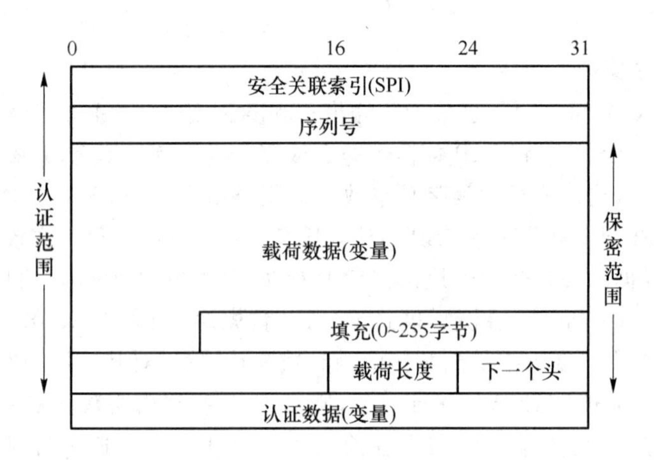

图 7.9 ESP 封装格式

⑦ 认证数据：针对 ESP 包中除认证数据域外的内容进行完整性计算，得到完整性校验值，具体计算方法与 AH 相同。

5）反重放攻击服务

在 IPSec 安全机制中，除了提供加密和认证服务，还考虑了反重放攻击问题。重放攻击是指攻击者发送一个目的主机已接收过的包，对目标系统进行欺骗，主要用于身份认证过程。重放攻击主要分为以下两种：

① 简单重放攻击：攻击者简单地复制一条消息，以后再重新发送它。

② 反向重放攻击：攻击者复制一条消息，只修改源/目的地址，然后反向发送给消息源（消息发送者）。

抵御重放攻击主要方法如下：

① 序列号：使用一个序列号给每一个消息报文编号，仅当收到的消息序列数顺序合法时才接收。

② 时间戳（Timestamp）：A 接收一个消息，仅当该消息包含一个时间戳，该时间戳在 A 看

来是足够接近 A 所知道的当前时间时才接受。

③ 盘问/应答(Chanenge/Response)方式:A 期望从 B 获得一个新消息,首先发给 B 一个临时值(Challenge),并要求后续从 B 收到的消息(Response)中包含正确的临时值或对其正确的变换值。

由于 IP 是无连接、不可靠的服务,协议本身不能保证数据包按顺序传输,也不能保证所有数据包均被传输,因此这就为重放攻击提供了条件。IPSec 为了抵御重放攻击,在安全关联(SA)中定义了序号计数器和抗重放窗口。序号计数器可设置 IPSec 包中序列号域的值,当新的 SA 建立后,发送方将序号计数器的初值置为 0,每发送一个包,序号计数器的值加 1 并置于序列号域中,直至 $2^{32}-1$。如需提供抗重放服务,则发送方不允许重复计数,当序列号达到 2^{32} 时,原 SA 必须终止并产生新的 SA 才可继续工作。

抗重放窗口的大小 W 实际上就是某个特定时间接收到的数据包序号是否为合法的上下界,同时窗口具有滑动功能。如图 7.10 所示,当目的主机接收到一个 IPSec 数据包时,如果其序列号 sn 在窗口左侧,即 sn<$N-W+1$,则为重放攻击,丢弃此数据包。如果其序列号 sn 在窗口 W 内,即 $N-W$<sn<$N+1$,则检查该序列号的相应位置是否被标记(即之前是否已接收过此序列号的数据包),如未被标记,则接收此数据包,并在该序列号的相应位置进行标记;如已被标记,则为重放攻击,丢弃此数据包。如果其序列号 sn 在窗口右侧,即 sn>N,且数据包通过 MAC 验证,则窗口需向右滑动,sn 为窗口右边界,并标记此序列号的位置。

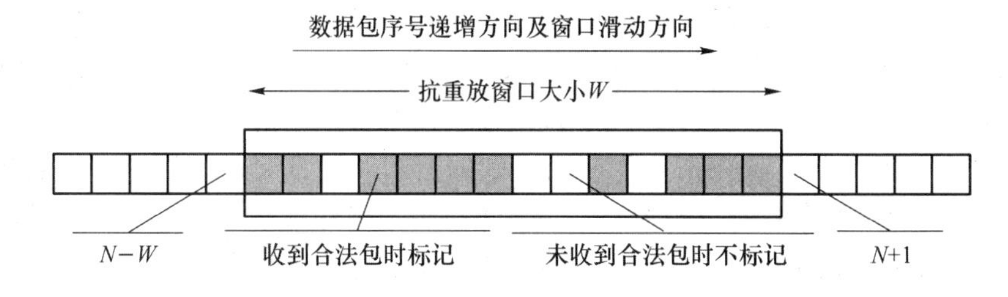

图 7.10 抗重放窗口

3. Internet 密钥交换协议

IPsec 在提供认证或加密服务之前,必须针对安全协议、加密算法和密钥等内容进行协商,并建立 SA,这个过程可以手工进行或自动完成。当应用局限于小规模、相对静止的环境时,管理员可以为每个系统配置自己的密钥和其他安全参数;在大型分布式系统中,则需要使用自动系统来完成各个节点的密钥等安全参数的配置。IPSec 默认的自动密钥管理协议是 Internet 密钥交换(IKE)协议。

IKE 是一个多用途的安全信息交换管理协议,被定义为应用层协议,主要用于安全策略协商以及加密认证基础材料的确定,SNMPv3、OSPFv2 及 IPSec 等都采用 IKE 协议进行密钥交换。实际上,IKE 是三个协议的混合体,这三个协议分别是 ISAKMP、Oakley 和 SKEME。

ISAKMP(Internet Security Association and Key Management Protocol,Internet 安全关联和密钥管理协议)设计了一个用于通信双方完成认证和密钥交换的通用框架,在此框架下可以协商和确定各种安全属性、密码算法、安全参数、认证机制等,这些协商的结果统称为 SA。Oakley 算法是由亚利桑那大学的 Hilarie Orman 开发出的一种协议,它是一种以 Diffie-Hellman 算法为基础的自由形态的协议,允许他人依据本身的需要来改进协议状态。IKE 在 Oakley 基础上进行有效的规范化,形成了可供用户选择的多种密钥交换模式。安全密钥交换机制(Secure Key Exchange Mechanism,SKEME)是由密码专家 Hugo Krawczyk 设计的另一种密钥交换协议,它采用公开密钥加密的手段来实现匿名性、防抵赖性和密钥更新等服务,也可以提供密码生成材料技术和协商共享策略。

IKE 对 IPSec 的支持就是在通信双方之间,建立共享安全参数及密钥(即 SA)。IKE 建立 SA 的过程分为两个阶段:第一个阶段,协商创建一个通信信道(IKE SA),并对该信道进行验证,为双方进一步的 IKE 通信提供机密性、消息完整性以及消息源验证服务;第二个阶段,使用已建立的 IKE SA 建立 IPSec SA。

在第一个阶段中,IKE 定义了两种信息交换模式,即对身份进行保护的"主模式"(Main Mode)和根据 ISAKMP 文档制订的"野蛮模式"(Aggressive Mode)。主模式协商过程如图 7.11 所示,基于主模式的信息交换过程分为三步,共需要传递六个消息。

第一步策略协商,即确定 IKE SA 中所必需的有关算法和参数,包括加密算法、散列算法、认证方法以及 DH(Diffie-Hellman)组的选择。IKE 基于密钥材料长度定义了五个 DH 组,每组包含两个全局参数和算法标识,前三组分别是 768 位、1 024 位和 1 536 位的模取幂运算,后两组为 2^{155} 和 2^{185} 的模拟 DH 的椭圆曲线运算,各 DH 组的密钥安全强度随组号递增。策略协商的第一个消息是发起方传送给响应方的策略方案选项,包括发起方支持的加密算法列表、散列算法列表、认证方法列表及 DH 组选择列表;第二个消息为响应方从发起方的各列表中确定的选择信息。策略协商的两个消息以明文形式传输,没有消息认证。

第二步密钥交换,即双方交换 DH 算法所需要的密钥生成基本材料,即 DH 公开值 g^x,还有用于防范重放攻击的一次性随机数 Nonce,随后各自计算主密钥。各消息均明文传输。

第三步认证交换,通信双方需要构造"认证者",并发送给对方,若验证通过,则 IKESA 成功建立。认证者是通信双方使用前两步协商得到的密钥对双方交换的信息进行散列计算得到的散列值(或经过数字签名),双方交换的信息包括 DH 公开值、Nonce、SA 内容以及身份标识符(ID)等信息,通过验证认证者的完整性,可以表明通信传输过程是完整的。

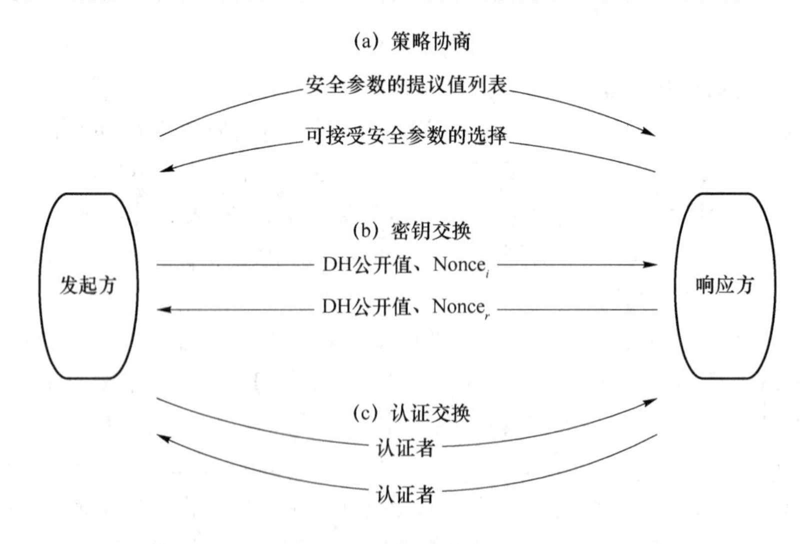

图 7.11 主模式协商过程

"野蛮模式"经常被使用在第一阶段中,因为其协商相对简单。野蛮模式协商过程如图 7.12 所示,野蛮模式只交换三条消息,第一条为发起方传送给响应方的安全参数提议列表,包括加密算法、散列算法、认证方法、DH 组等信息,同时也传递 DH 公开值以及身份信息。第二条消息为响应方发送给发起方的可接收安全参数的选择、DH 公开值、身份信息以及验证载荷。验证载荷是对协商得到的安全参数及密钥对接收到的所有信息进行加密散列计算，得到的数据结果即为可验证信息，可作为发起方现场操作的证据。第三条消息为发起方传送给响应方的验证载荷，同时 IKE SA 成功建立。

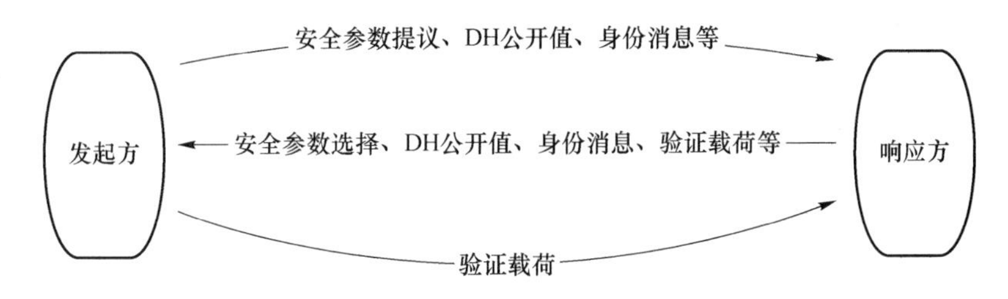

图 7.12　野蛮模式协商过程

在第二个阶段，IKE 已经拥有了第一阶段建立的 IKE SA，故通信双方进一步协商采用 SA 保护，任何没有 SA 保护的消息将被拒收。通常在第二阶段至少要建立两条 SA，一条用于发送数据，另一条用于接收数据。此阶段 IKE 使用三种信息交换，分别是快速模式（Quick Mode）、新组模式（New Group Mode）和 ISAKMP 信息交换（ISAKMP Info Exchange）。

快速模式协商过程如图 7.13 所示，快速模式主要用于交换 IPSec SA 信息，共分为三步实现：第一步，发起方向响应方传送自己的认证者信息、建议的 SA 参数列表、$Nonce_i$、DH 公开值等；第二步，响应方回传自己的认证者信息、SA 的选择、$Nonce_r$、DH 公开值等；第三步，发起方计算生成一个认证者信息，传送给响应方，使响应方通过验证确信发起方已经正确地计算出会话密钥等 SA 信息，此时 IPSec SA 成功建立。

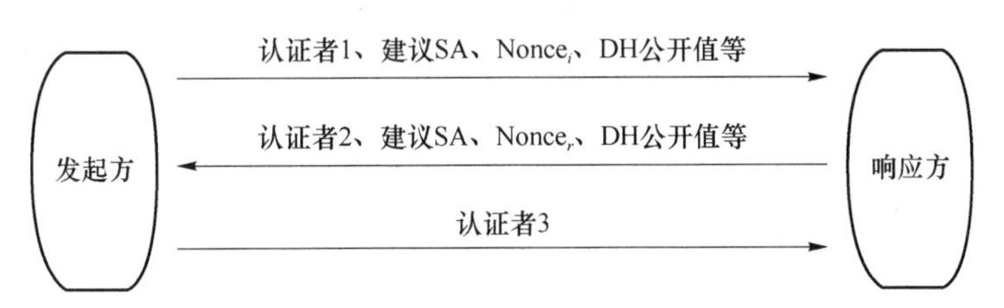

图 7.13　快速模式协商过程

新组模式主要用于实现通信双方交换协商新的 DH 组，属于一种请求/响应交换。发起方发送提议的 DH 组的标识符及其特征，如果响应方能够接收提议，那么就用完全一样的消息应答。ISAKMP 信息交换主要的功能是实现通信一方向对方发送错误及状态提示消息，这并非真正意义上的交换，而只是发送单独一条消息，不需要确认。

当两个实体进行 IPSec 连接时，如果已经创建了 IKESA，那么就可以直接通过第二个阶段，交换创建新的 IPSec SA；如果还没有创建 IKESA，那么就要通过两个阶段交换创建新的 IKE SA 及 IPSec SA。IKE 规定系统实现必须支持主模式和快速模式，并以此来实现各系统之间的兼容性。

7.2　TLS/SSL

最早安全套接层（SSL）协议是由 Netscape 公司提出的，之后 IETF 对 SSL 进行了标准化，即 RFC 2246，并将其称为传输层安全（TLS）协议。从技术上讲，TLS v1.0 和 SSL v3.0 的差别非常微小，文献中常将 TLS/SSL 作为它们的总称。本节均用 SSL 代表它们。

SSL 是 Netscape 公司于 1994 年提出的一种用于保护客户端与服务器之间数据传输安全的加密协议，其目的是确保数据在网络传输过程中不被窃听及泄密。最初发布的 SSL v1.0 很不成熟，到了 SSL v2.0 的时候，才基本上可以解决 Web 通信的安全问题。在 1996 年，发布了 SSL v3.0，该版本在技术上更加成熟和稳定，成为事实上的工业标准，也得到了多数浏览器和 Web 服务器的支持。1997 年，IETF 基于 SSL v3.0 发布了 TLS v1.0，也可以看作是 SSL v3.1。

SSL 协议提供的服务主要有：

① 认证用户和服务器，确保数据发送到正确的客户机和服务器；

② 加密数据以防止数据中途被窃取；

③ 维护数据的完整性，确保数据在传输过程中不被改变。

1. SSL 协议的体系结构

SSL 协议位于 TCP/IP 协议与应用层协议之间，实际上就是被分装在 TCP 数据包内。SSL 协议结构如图 7.14 所示，SSL 协议族是由四个协议组成的，分别是 SSL 记录协议（SSL Record Protocol）、SSL 握手协议（SSL Handshake Protocol）、SSL 转换密码规范协议（SSL Change Cipher Spec Protocol）和 SSL 报警协议（SSL Alert Protocol）。其中，SSL 记录协议被定义为在传输层与应用层之间，其他三个协议则为应用层协议。

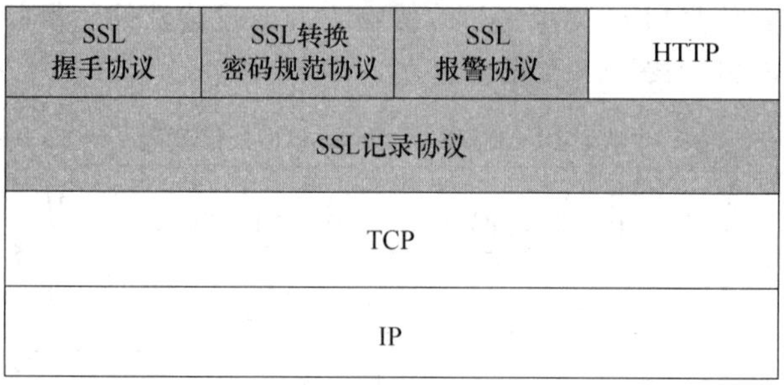

<table>
<tr><td>SSL
握手协议</td><td>SSL转换
密码规范协议</td><td>SSL
报警协议</td><td>HTTP</td></tr>
<tr><td colspan="4">SSL记录协议</td></tr>
<tr><td colspan="4">TCP</td></tr>
<tr><td colspan="4">IP</td></tr>
</table>

图 7.14　SSL 协议结构

SSL 协议的双层协议（传输层与应用层之间的 SSL 记录协议、应用层的三个协议）构建了一个完整的通信结构，应用层的三个协议用于构建安全环境，而下层的 SSL 记录协议则用于完成数据的安全封装。构建安全环境涉及两个重要的概念，即 SSL 连接和 SSL 会话。

在 OSI 层次模型中，连接被定义为提供合适服务类型的一种传输。SSL 连接与 SSL 会话如图 7.15 所示，SSL 连接表示的是对等网络关系，即发起方（客户端）与接收方（服务器）之间的一条位于传输层之上的逻辑链路关系，具体的传输依靠其下层协议实现。连接是暂时的，使用结束之后即刻释放。连接依赖于一定的规范，而这些规范会在一个会话中被描述，即每个连接都与一个会话有关。SSL 会话是发起方和接收方之间的安全关联，它描述了一个（或多个）连接共享的安全参数集合。会话是通过 SSL 握手协议创建的，一个会话可以为多个连接共享。由于会话协商需要很高的谈判代价，因此，多个 SSL 连接共享一个 SSL 会话能够有效地减少 SSL 会话的协商代价。

SSL 会话与多种状态相关，状态可以理解为描述特定过程的特征信息集合。SSL 协议中较为重要的两个状态是会话状态和连接状态。会话状态包含标识会话特征的信息和握手协议的协商结果，用来描述一个 SSL 会话的特征参数。表 7.2 为 SSL 会话状态主要参数的定义。客户端和服务器都需要保存已建立的所有会话状态，为各 SSL 连接提供数据服务。

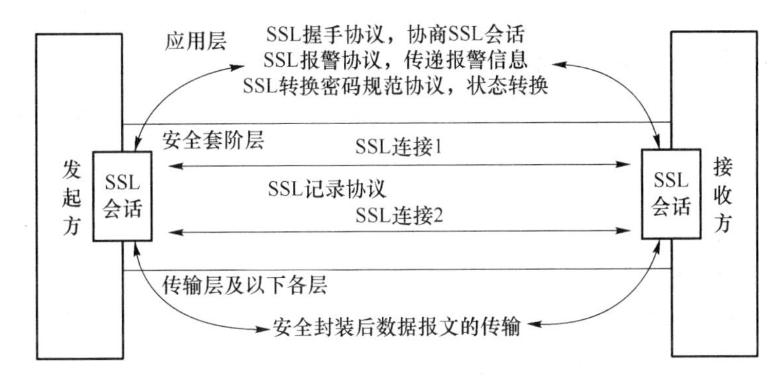

图 7.15 SSL 连接与 SSL 会话

表 7.2 SSL 会话状态主要参数的定义

字段名	定义
会话标识(Session Identifier)	服务器任意选择的一个字节序列，用以标识一个活动的或可激活的会话
对等证书(Peer Certificate)	用于鉴别实体身份的一个 X.509 v3 的证书，可为空
压缩算法(Compression Method)	加密前进行数据压缩的算法
密码规范(Cipher Spec)	指明数据加密的算法(无，或 DES 等)以及计算 MAC 的散列算法(如 MD5 或 SHA-1)，还包括其他参数，如散列长度
主密钥(Master Secret)	48 位密钥，在客户端与服务器之间共享
可恢复性(Is Resumable)	指明该会话是否可被用于初始化一个新连接

连接状态包含客户端和服务器在数据传输过程中使用的加密密钥、MAC 密钥、初始化位移量、一些客户端和服务器选择的随机数，主要用来描述与一个 SSL 连接相关联的特征参数。客户端和服务器只需在一个连接存在时记录该连接的状态，连接状态提供的参数被 SSL 记录协议层使用。表 7.3 为 SSL 连接状态主要参数的定义。

表 7.3 SSL 连接状态主要参数的定义

字段名	定义
服务器和客户端随机数(Server and Client Random)	服务器和客户端为每一个连接所选择的字节序列
服务器写 MAC 密码(Server Write MAC Secret)	一个密钥，用于对服务器送出的数据进行 MAC 操作
客户端写 MAC 密码(Client Write MAC Secret)	一个密钥，用于对客户端送出的数据进行 MAC 操作
服务器写密钥(Server Write Key)	用于服务器进行数据加密、客户端进行数据解密的对称密钥
客户端写密钥(Client Write Key)	用于客户端进行数据加密、服务器进行数据解密的对称密钥
初始化位移量(Initialization Vector，IV)	当数据加密采用 CBC 方式时，每一个密钥保持一个 IV。该字段首先由 SSL 握手协议初始化，以后保留每次最后的密文数据块作为 IV
序列号(Sequence Number)	每一方为每一个连接的数据发送与接收维护单独的顺序号。当一方发送或接收一个改变的 Cipher Spec Message 时，序号置为 0，然后递增，最大为 $2^{64}-1$

SSL会话还定义了待用状态和当前操作状态。当SSL握手协议建立SSL会话后，会话就进入了当前操作状态，当前操作状态包含了当前SSL记录协议正在使用的压缩算法、加密算法和MAC算法以及加解密的密钥等参数。当一个连接结束时，SSL会话又从当前操作状态进入待用状态，待用状态包含了之前SSL握手协议协商好的压缩算法、加密算法和MAC算法，以及用于加解密的密钥等参数。可见，SSL会话从建立开始便不断地在当前操作状态和待用状态之间切换，直到该会话结束。

2. SSL协议规范

1）SSL记录协议

SSL记录协议为SSL连接提供了以下两种服务：

① 保密性：SSL握手协议定义了共享的、可用于对SSL有效载荷进行常规加密的密钥。

② 消息完整性：SSL握手协议还定义了共享的、可用来形成报文的鉴别码（MAC）的密钥。

SSL记录协议的功能是根据当前会话状态指定的压缩算法、密码规范制订对称加密算法、MAC算法、密钥长度、散列长度、IV长度等参数，以及连接状态中指定的客户端和服务器的随机数、加密密钥、MAC密钥、位移量以及消息序列号等内容，对当前的连接中要传送的高层数据实施压缩与解压缩、加密与解密、计算与校验MAC等操作。

SSL记录协议的操作如图7.16所示，SSL记录协议对应用层数据文件的处理过程分为如下五个步骤：

步骤1 将数据文件分割成一系列的数据分段，对每个分段单独进行保护和传输，这样，当某些数据分段准备好就可以立即发送，并且接收方接收后可以马上处理；

步骤2 选择适当的压缩算法，对数据分段进行压缩，从而减少传输的数据量；

步骤3 对压缩数据分段，进行MAC计算，产生MAC认证数据并级联到分段尾部；

步骤4 采用适当的加密算法，对压缩的数据分段和MAC认证数据一同进行加密处理，形成密文负载；

步骤5 在密文负载前添加记录头信息，形成完整的SSL记录。

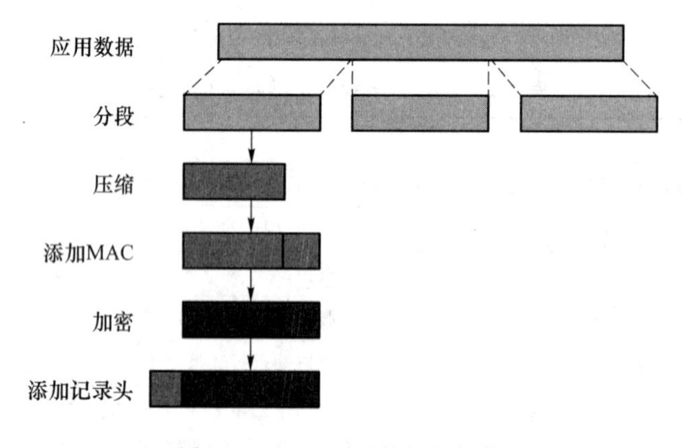

图7.16 SSL记录协议的操作

记录头主要包括内容类型、长度以及SSL版本等信息，主要提供了接收方处理负载的必要信息。完整的SSL记录协议格式如图7.17(a)所示，共包括以下六个部分：

① 内容类型(8位)：用来指明封装数据的类型，已定义的类型包括SSL转换密码规范协议、SSL报警协议、SSL握手协议和应用数据四类。

② 主版本(8位)：指明SSL使用的主版本，如SSL v3.0的值为3。

③ 从版本(8位)：指明SSL使用的从版本，如SSL v3.0的值为0。

④ 压缩长度(16位)：明文负载(如压缩，则为压缩后负载)的字节长度。

⑤ 负载(可变)：指待处理的明文数据经过压缩(可选)、加密后形成的密文数据。

⑥ MAC(16字节或20字节)：针对压缩后的明文数据进行计算得到的消息认证码，例如，基于SHA-1进行计算时，MAC的长度为20字节，基于MD5进行计算时，MAC的长度为16字节。

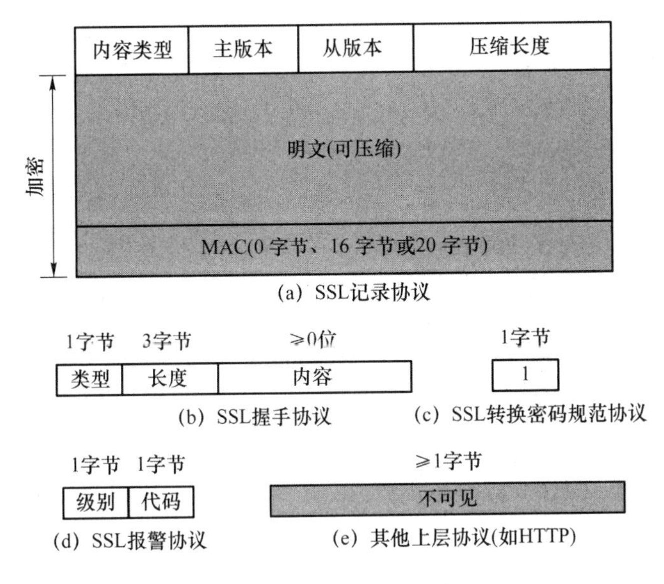

图7.17　SSL协议格式

2) SSL握手协议

SSL协议中最复杂、最重要的部分是SSL握手协议。这个协议用于建立会话、协商加密方法、鉴别方法、压缩方法和初始化操作，使服务器和客户能够相互鉴别对方的身份、协商加密和MAC算法，也可以用来保护在SSL记录中发送数据的加密密钥。

SSL握手协议的内容作为SSL记录协议的负载被包含于SSL记录中，其报文格式如图7.17(b)所示，主要包括以下三个字段：

① 类型(1字节)：为10种报文类型中的一种，具体报文类型如表7.4所示。

② 长度(3字节)：以字节为单位的报文长度。

③ 内容(大于或等于1字节)：与报文类型相关的参数，具体内容如表7.4所示。

表7.4　SSL握手协议报文类型表

报文类型	报文内容
Hello_request	空
Client_hello	版本、随机数、会话ID、密码规范、压缩方法
Server_hello	版本、随机数、会话ID、密码规范、压缩方法
Certificate	X.509 v3证书链
Server_key_exchange	参数、签名
Certificate_request	类型、授权

续表

报文类型	报文内容
Server_done	空
Certificate_verify	签名
Client_key_exchange	参数、签名
Finished	散列值

SSL 握手协议通过在客户端和服务器之间传递消息报文，完成会话协商谈判。SSL 握手协议的处理过程如图 7.18 所示，整个操作过程分为四个阶段，下面进行介绍。

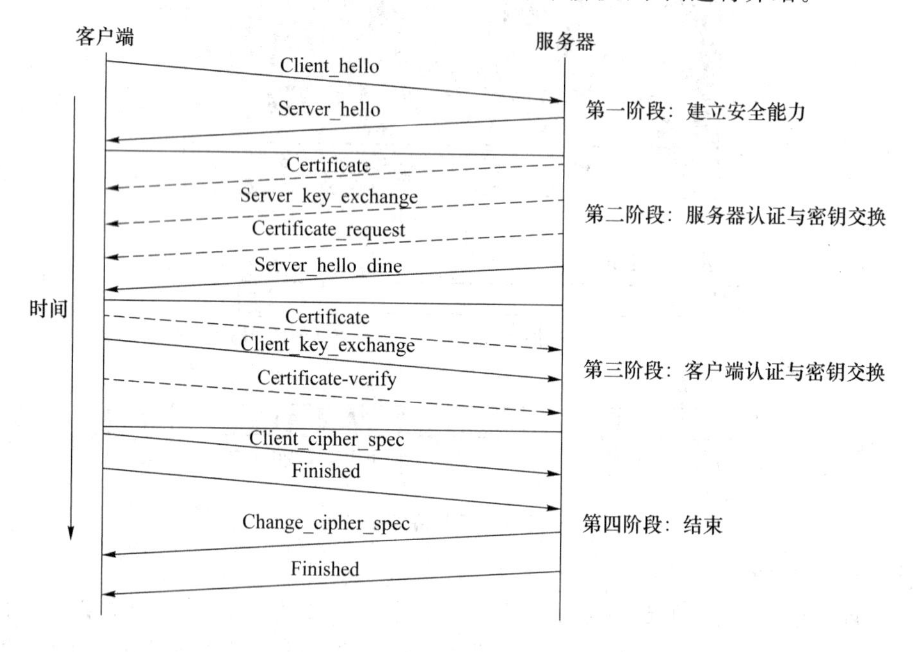

图 7.18 SSL 握手协议的处理过程

第一阶段：建立安全能力。

① 客户端向服务器发送一个 Client_hello 消息，主要参数包括版本、随机数(32 位时间戳+28 字节随机序列)、会话 ID、客户支持的密码算法列表(Cipher Suite)、客户支持的压缩方法列表，然后客户等待服务器的 Server_hello 消息。

② 服务器发送 Server_hello 消息，主要参数包括客户端建议的低版本以及服务器支持的最高版本，服务器产生的随机数，会话 ID，服务器从客户建议的密码算法中挑出的一套算法、服务器从客户建议的压缩方法中挑出的一个方法。

第二阶段：服务器认证与密钥交换。

① 服务器发送自己的 Certificate，消息包含一个 X.509 证书或者一条证书链。注意，此消息报文为可选，除了匿名 DH 的密钥交换方法都需要此消息。

② 服务器发送 Server_key_exchange 消息，消息包含一个签名，被签名的内容包括两个随机数以及服务器参数。注意，此消息报文为可选，只有当服务器的证书没有包含必需的数据时，才发送此消息。

③ 服务器发送 Certificate_request 消息。注意，此消息报文为可选，非匿名服务器可以向

客户端请求一个证书。

④ 服务器发送 Server_hello_done，然后等待应答。

第三阶段：客户端认证与密钥交换。

① 如果服务器请求证书的话，则客户端发送一个 certificate 消息。若客户端没有证书，则发送一个 No_certificate 警告（使用 SSL 报警协议）。注意，此消息报文为可选。

② 客户端发送 Client_key_exchange 消息，消息的内容取决于密钥交换的类型。

③ 客户端发送一个 Certificate_verify 消息，其中包含一个用 Master_secret 计算的签名，签名的内容包括第一条消息及之后所有握手消息的 HMAC 值。注意，此消息报文为可选。

第四阶段：结束。

④ 客户端发送一个 Change_cipher_spec 消息，并且把协商得到的密码规范复制到当前连接的状态之中，通知服务器已开始使用协商好的密码规范。

⑤ 客户端用新的算法、密钥参数生成并发送一个 Finished 消息，这条消息可以检查密钥交换和鉴别过程是否已经成功。

⑥ 服务器同样发送 Change_cipher_spec 消息，通知客户端已开始使用协商好的密码规范。

⑦ 客户端用新的算法、密钥参数生成并发送一个 Finished 消息。握手过程完成，客户端和服务器可以交换应用层数据。

3）SSL 转换密码规范协议

SSL 转换密码规范协议是 SSL 协议族中最简单的一个协议。其目的就是通知对方已将挂起（或新协商）的状态复制到当前状态中，用于更新当前连接使用的密码规范。协议报文包含 1 字节的信息，如图 7.17(c)所示，当值为 1 时，表示更新使用的密码规范。

4）SSL 报警协议

SSL 报警协议是用来将 SSL 传输过程中的警报信息传送给对方。SSL 报警协议内容作为 SSL 记录协议的负载被包含在 SSL 记录中，并按照会话的当前操作状态指定的方式进行压缩和加密。该协议的每个报文由两个字节组成，如图 7.17(d)所示，第一个字节的值是警报级别，分为致命错误和警告两级，如果级别是致命错误，那么 SSL 将立刻中止该连接；第二个字节给出特定警报的代码信息。

主要的致命错误包括如下五种类型：

① 意外消息：接收到不正确的信息。

② MAC 记录出错：接收到不正确的 MAC。

③ 解压失败：解压函数接收到不正确的输入。

④ 握手失败：双方无法在给定的选项中协商出可以接收的安全参数集。

⑤ 非法参数：握手消息中的某个域超出范围或与其他域出现不一致性。

主要的警告包括如下七种类型：

① 结束通知：通知对方将不再使用此连接发送任何信息。

② 无证书：如果无适当证书可用，此消息可作为对方证书请求的响应发送。

③ 证书出错：接收的证书被破坏，签名无法通过验证。

④ 不支持的证书：不支持接收到的证书类型。

⑤ 证书撤销：该证书被其签名者撤销。

⑥ 证书过期：证书超过使用期限。

⑦ 未知证书:处理证书时,出现其他错误,证书无法被接收。

3. HTTPS

从互联网诞生之日起,Web 服务就是互联网上较为重要、较为广泛的应用之一,HTTP 作为 Web 服务数据的主要传输规范,也成为互联网上较为重要且较为常见的应用层协议之一。但随着网络交易、网上银行等电子商务的兴起,Web 服务的安全性问题也日益突出。为了增强 Web 服务的安全性,Netscape 公司提出了 HTTPS 协议,用来解决 HTTP 中的安全性问题。

HTTPS(Hypertext Transfer Protocol Secure)是以安全为目标的 HTTP 通道,简单地讲是 HTTP 的安全版,即在 HTTP 下加入了 SSL 协议。SSL 协议一般以两种形式出现:一是将 SSL 协议嵌入操作系统内核,其安全机制对所有上层应用软件透明;二是在应用层以函数库的形式出现,应用程序的通信部分源码需要按照 SSL 通信协议格式规范来编写,并连接 SSL 函数库,编译生成可执行代码。第一种形式实现的 SSL 具有层无关特性,较为实用,HTTPS 也是基于此方式实现的。

HTTPS 的思想非常简单,就是客户端向服务器发送一个连接请求,然后双方协商一个 SSL 会话,并启动 SSL 连接,接着就可以在 SSL 的应用通道上传送 HTTPS 数据。需要注意的是,HTTPS 使用与传统 HTTP 不同的端口,IANA(Internet Assigned Numbers Authority)将 HTTPS 端口定为 443,以此来区分非安全 HTTP 的 80 端口,同时采用 HTTPS 来标识协议类型。

HTTPS 的主要作用可以分为两个:一个是建立一个信息安全通道,用来保证数据传输的安全;另一个就是确认网站服务器和客户端的真实性,这就需要 CA 证书及认证服务。HTTPS 的身份认证可以分为单向身份认证和双向身份认证。基于单向身份认证的 HTTPS 过程相对简单、认证时间短,主要通过验证服务器的 CA 证书来核实其身份,为多数非电子商务交易服务所采纳;而基于双向身份认证的 HTTPS 则更多应用于电子商务交易中。HTTPS 协议的处理过程如图 7.19 所示,其身份认证部分是通过 SSL 握手协议实现的。

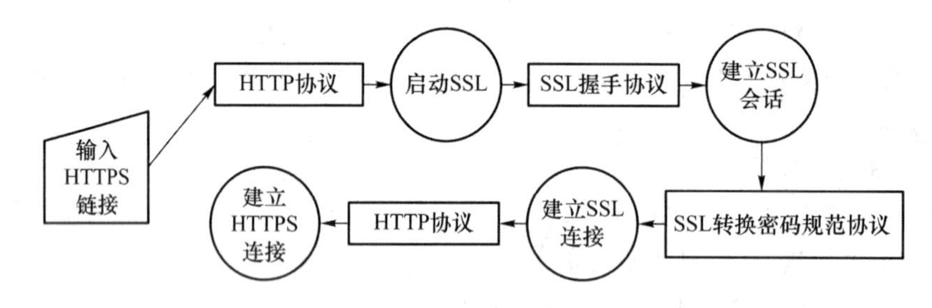

图 7.19 HTTPS 协议处理过程

在 HTTPS 服务中,CA 证书的认证非常重要,主要体现在两个方面,即服务器的信任问题和客户端的信任问题。服务器的信任必须依靠 CA 证书解决,采用 HTTPS 的服务器必须从 CA 申请得到一个用于证明服务器身份的证书,只有服务器能够提供该证书,客户端完成对 CA 证书的验证时,才能信任此服务器。因此,目前几乎所有的银行系统网站的关键部分应用都是采用 HTTPS 协议实现的。客户通过验证 CA 证书,实现对银行网站主机的信任。虽然这样做效率会很低,但是银行得更注重安全。

在一些电子商务交易过程中,有时也会要求客户端提供其有效的 CA 证书,以保证电子交易的有效性。目前,多数用户的 CA 证书都是备份在 U 盘(即 U 盾)中,并经过特殊的强加密处理及相应的密码身份验证来确保其安全性。

7.3　SSH 协议

SSH(Secure Shell,安全外壳)协议是 IETF 的网络工作组所制定的协议,其目的是在非安全网络上提供安全的远程登录和其他安全网络服务。

1. SSH 协议简介

SSH 协议最初由芬兰的一家公司开发,但由于受版权和加密算法的限制,很多人转而使用免费的开源软件 OpenSSH(OpenSSH 是实现 SSH 协议的开源软件项目,适用于各类 UNIX 或 Linux 系统平台)。SSH 协议采用对称加密算法对通信数据进行加密传输。

SSH 协议是以远程联机的服务方式操作服务器时较为安全的解决方案。用户通过 SSH 协议可以把所有传输的数据进行加密,不仅可以抵御中间人攻击,而且也能防止 DNS 和 IP 欺骗。另外,使用 SSH 协议传输的数据是经过压缩的,因此可以加快传输的速度。SSH 协议的作用广泛,既可以代替 Telnet,又可以为 FTP、POP 以及 PPP 提供安全的通道。

2. SSH 协议的结构

SSH 协议框架中最主要的部分是三个协议:传输层协议(Transport Layer Protocol)、用户认证协议(User Authentication Protocol)和连接协议(Connection Protocol)。同时,SSH 协议框架中还为许多高层的网络安全应用协议提供扩展的支持。它们之间的层次关系可以如图 7.20 所示。

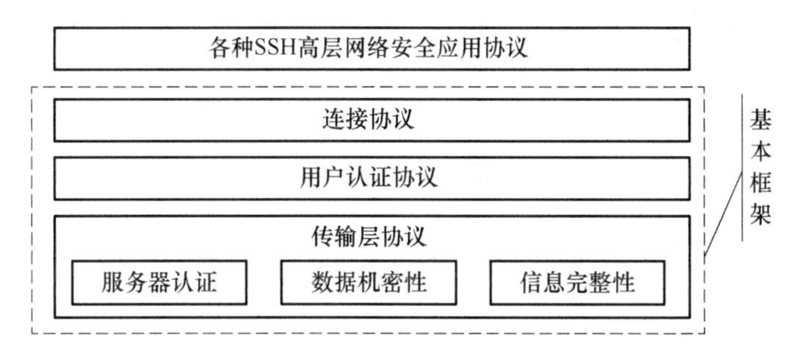

图 7.20　SSH 协议框架的层次结构

① 在 SSH 协议框架中,传输层协议除了提供服务器认证、保密性及完整性安全服务,还可以提供压缩功能。SSH 的传输层协议通常运行在 TCP/IP 连接上,使用加密、密码主机认证及完整性保护等技术实现安全服务,协议中的认证基于主机,并且不执行对用户的认证。

② 用户认证协议运行在传输层协议之上,用于向服务器提供客户机用户认证功能。当用户认证协议开始后,从底层协议接收会话标识符。会话标识符唯一标识此会话,并证明私钥的所有权。用户认证协议需要知晓底层协议是否提供保密性保护。

③ 连接协议运行在用户认证协议之上,将加密隧道分成若干个逻辑通道,提供给更高层的应用协议使用。连接协议提供了交互式登录、远程命令执行、转发 TCP/IP 连接和转发 X11 连接等功能。

④ 各种 SSH 高层网络安全应用协议可以相对地独立于 SSH 基本体系之外,并依靠这个基本框架,通过连接协议使用 SSH 的安全机制。

3. SSH 协议的工作过程

在整个通信过程中，为实现 SSH 协议的安全连接，服务器端与客户端要经过如下五个阶段：

① 版本号协商阶段；

② 密钥和算法协商阶段；

③ 认证阶段；

④ 会话请求阶段；

⑤ 交互会话阶段。

第一阶段：版本号协商阶段，具体步骤如下。

① 服务器端打开端口 22，等待客户端连接。

② 客户端向服务器端发起 TCP 初始连接请求。TCP 连接建立后，服务器端向客户端发送第一个报文，包括版本标志字符串，格式为“SSH-主协议版本号.次协议版本号-软件版本号”。协议版本号由主版本号和次版本号组成，软件版本号主要是为了调试。

③ 客户端接收到报文后，解析该数据包。如果服务器端的协议版本号比客户端的低，且客户端能支持服务器端的低版本，就使用服务器端的低版本的协议版本号；否则使用客户端的协议版本号。

④ 客户端回应服务器端一个报文，其中包含了客户端决定使用的协议版本号。服务器端比较客户端发送过来的协议版本号，如果服务器端支持该版本，则版本协商结果为使用该版本的协议版本号；否则，版本协商失败。

⑤ 如果协商成功，则进入密钥和算法协商阶段，否则服务器端断开 TCP 连接。

上述报文都是采用明文方式传输的。

第二阶段：密钥和算法协商阶段，具体步骤如下。

① 服务器端和客户端分别发送算法协商报文给对端，报文中包含本端各自支持的公钥算法列表、加密算法列表、MAC 算法列表、压缩算法列表等。

② 服务器端和客户端根据对端和本端支持的算法列表协商出最终使用的算法。任何一种算法协商失败，都会导致服务器端与客户端的算法协商过程失败，服务器端将断开与客户端的连接。

③ 服务器端与客户端利用 DH 交换（Diffie-Hellman Exchange）算法、主机密钥对等参数，生成会话密钥和会话 ID，并完成客户端对服务器端身份的验证。

通过以上步骤，服务器端和客户端就取得了相同的会话密钥和会话 ID。对于后续传输的数据，两端都会使用会话密钥进行加密和解密，保证数据传输的安全。会话 ID 用于标识一个 SSH 连接，在认证阶段，会话 ID 还会用于两端的认证过程。在协商阶段之前，服务器端需要生成 DSA 或 RSA 密钥对，它们不仅用于生成会话 ID，还用于客户端验证服务器端的身份。

第三阶段：认证阶段。

SSH 提供如下两种认证方法。

① 口令（Password）认证：利用 AAA（Authentication、Anthorization、Accounting，认证、授权、记账）对用户进行认证。客户端向服务器端发出 Password 认证请求，将用户名和密码加密后发送给服务器端；服务器端将该信息解密后得到用户名和密码的明文，通过本地认证或远程认证验证用户名和密码的合法性，并返回认证成功或失败的消息。

② 公钥（Public Key）认证：采用数字签名的方法来认证客户端。目前，大多数设备可以利

用DSA和RSA两种公共密钥算法实现数字签名。客户端发送包含用户名、公共密钥和公共密钥算法的Public Key认证请求到服务器端。服务器端对公钥进行合法性检查，如果不合法，则直接发送失败的消息；否则，服务器端利用数字签名对客户端进行认证，并返回认证成功或失败的消息。

认证阶段的具体步骤如下。

① 客户端向服务器端发送认证请求，认证请求中包含用户名、认证方法(Password认证或Public Key认证)、与该认证方法相关的内容(如进行Password认证时，内容为密码)。

② 服务器端对客户端进行认证，如果认证失败，则向客户端发送认证失败的消息，其中包含可以再次认证的方法列表。

③ 客户端从认证方法列表中选取一种认证方法再次进行认证。

④ 该过程反复进行，直到认证成功或者认证次数达到上限，服务器端关闭连接为止。

除了Password认证和Public Key认证，SSH 2.0还提供了Password-Public Key认证和Any认证。

① Password-Public Key认证：指定客户端版本为SSH 2.0的用户认证方式为必须同时进行Password和Public Key两种认证；客户端版本为SSH 1.0的用户认证方式为只要进行其中一种认证即可。

② Any认证：不指定用户的认证方式，用户既可以采用Password认证，也可以采用Public Key认证。

第四阶段：会话请求阶段。

认证通过后，客户端向服务器端发送会话请求。服务器端等待并处理客户端的请求。请求被成功处理后，服务器端会向客户端回应SSH_SMSG_SUCCESS包，SSH进入交互会话阶段；否则，回应SSH_SMSG_FAILURE包，表示服务器端处理请求失败或者不能识别请求。

第五阶段：交互会话阶段。

会话请求成功后，连接进入交互会话阶段。在这个阶段，数据被双向传输。客户端将需要执行的命令加密后传输到服务器端，服务器端接收到报文并在解密后执行该命令，将执行的结果加密后发送给客户端，客户端将接收到的结果解密后显示在终端上。

7.4 安全电子交易协议

安全电子交易(SET)协议是美国Visa和MasterCard两大信用卡组织发起，联合IBM、Microsoft、Netscape、GTE等公司于1997年6月1日推出的用于电子商务的行业规范。其实质是一种应用在Internet上以信用卡为基础的电子付款系统规范，目的是保证网络交易的安全。SET协议妥善地解决了信用卡在电子商务交易中的交易协议、信息保密、资料完整以及身份认证等问题。SET协议已获得IETF标准的认可，是电子商务的发展方向。

1. 电子商务安全

电子商务(Electronic Commerce)是指以网络技术为手段，以商务为核心，把传统的销售、购物渠道移到互联网上，打破国家与地区有形无形的壁垒，使销售达到全球化、网络化、无形化。电子商务是互联网应用的重要趋势之一，也是国际金融贸易中越来越重要的经营模式之一。电子商务可提供网上交易和管理等全过程的服务，因此，它具有广告宣传、咨询洽谈、网上订购、网上支付、电子账户、服务传递、意见征询、交易管理等各项功能。其中,服务传递是指对于已付款的客户,应将其订购的货物尽快地传递到他们的手中。交易管理涉及商务活动全过程的管理,包括人、财、物、企业和企业、企业和客户及企业内部等各方面的协调和管理。网上支付是电子商务的重要环节,一般客户和商家之间可采用信用卡账号进行支付,采用电子支付手段将省去部分交易中的人员开销。

电子商务的功能如图 7.21 所示,可以把电子商务过程分为三个部分,分别是广告洽谈、网上交易和服务传递,其中网上交易是电子商务的核心。然而,作为核心的网上交易面临的最大挑战是安全性问题,如果安全性问题得不到妥善解决,那么电子商务应用就只能是纸上谈兵。从网上交易的角度来看,电子商务面临的安全问题综合起来包括以下四个方面。

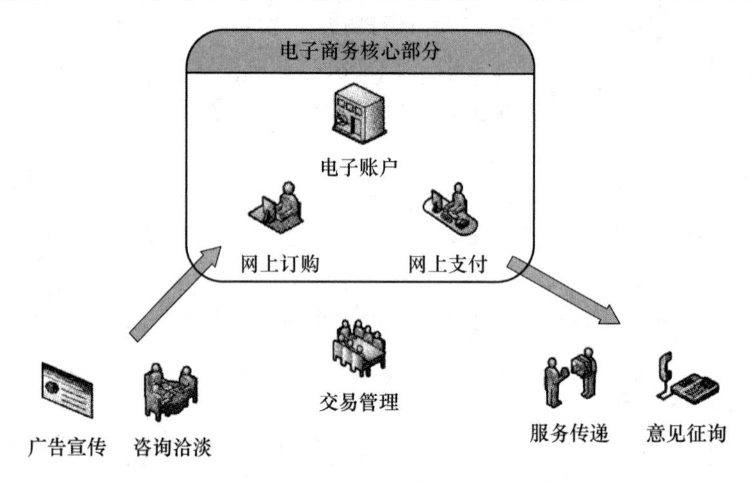

图 7.21　电子商务功能

1) 有效性

电子商务以电子媒介交易的形式进行,取代了传统以纸张交易的形式,那么保证信息的有效性就成为开展电子商务的前提。因此,要对网络故障、操作错误、应用程序错误、硬件故障、系统软件错误及计算机病毒所产生的潜在威胁加以控制和预防,以保证交易数据是有效的。

2) 真实性

由于在电子商务中,买卖双方的所有交易活动都通过网络联系,无法直接核实对方身份,所以若要交易成功,则首先必须确认对方的身份。对于商家而言,要考虑客户不能是骗子,而客户也会担心网上商店是否会进行欺诈,因此,核实交易主体的真实身份十分必要。

3) 机密性

在电子商务中,许多信息直接代表着个人、企业或国家的商业机密。例如:若信用卡的账号和用户名被人获悉,就可能被盗用而蒙受经济损失;若订货和付款信息被竞争对手获悉,就可能丧失商机。因此,在开放的网络环境下进行的电子商务活动,必须预防重要信息被非法窃取。

4) 不可否认性

在电子交易过程中,各个重要环节都必须是不可否认的,即交易一旦达成,发送方不能否认他发送过有关的交易信息,接收方则不能否认他接收过有关的交易信息。

针对上述四个方面电子商务安全问题,目前采用的主要安全技术包括网络安全技术、加密技术、认证技术以及安全协议等。

1）网络安全技术

一个安全可靠的电子商务系统平台应该建立在安全的网络环境中，网络环境的安全可靠是成功进行电子商务的基础。常用的网络安全技术主要包括防火墙技术、入侵检测技术、防病毒技术以及 VPN 技术等。

2）加密技术

加密技术是基于密码学基础的，采用加密算法对重要的电子商务数据信息进行加密处理，确保只有被授权的合法用户才能得到并理解信息的真实内容。加密技术是保证电子商务安全的重要手段。

3）认证技术

认证技术是电子商务安全的主要实现技术之一，使用数字签名、数字摘要、数字证书、CA 安全认证体系以及其他身份认证和消息认证等技术，确保电子商务中的身份认证、消息完整性、不可否认以及防伪造等安全。

4）安全协议

安全协议实际上是综合了加密及认证等技术设计出的具有规范信息交换功能的网络协议，是电子商务活动的核心内容。目前用于电子商务安全的安全协议主要有 SSL 协议和 SET 协议。

2. SET 协议概述

SSL 协议是国际上最早应用于电子商务的一种网络协议，直到今天，还有很多网上商务平台在使用该协议。然而，SSL 协议的设计目的只是保证网络节点之间的安全性，并没有考虑电子交易过程中的各环节的实际需求。因此，采用 SSL 协议来实施电子商务安全存在许多问题。而 SET 协议则是依据网络电子交易的特点，专门用于解决交易的安全问题的协议，因此 SET 被国际公认为是最安全的电子商务协议。

1）SET 协议的设计目标

SET 协议是以信用卡支付为基础的网络电子交易规范，试图解决交易各环节中的安全问题，满足交易各方的安全需求。SET 协议要达到的目标主要有以下五个：

① 保证交易信息在互联网上安全传输，防止数据被黑客或被内部人员窃取；

② 保证电子商务参与者信息相互隔离，客户的资料加密或打包后通过商家到达银行，但是商家不能看到客户的账户和密码信息；

③ 持卡人和商家相互认证，以确定通信双方的身份，一般由第三方机构负责为在线通信双方提供信用担保；

④ 保证网上交易的实时性，使所有的支付过程都是在线的；

⑤ 要求软件遵循相同协议和报文格式，使不同厂家开发的软件具有兼容性和互操作功能，并且可以运行在不同的硬件和操作系统平台上。

2）SET 协议的组件结构

为了达到上述目标，SET 协议采用了基于认证的六组件结构。安全电子商务的组件结构如图 7.22 所示，SET 的六组件分别是持卡人、商家、发卡机构、清算机构、支付网关和认证中心。

① 持卡人：指持有发卡机构发行并授权使用的支付卡（如 Mastercard、Visa）的持有者。

② 商家：指为持卡人提供所需商品或服务并接受支付卡消费的个人或组织。商家要求具有网络交易能力，并委托清算机构进行支付卡认证和收款。

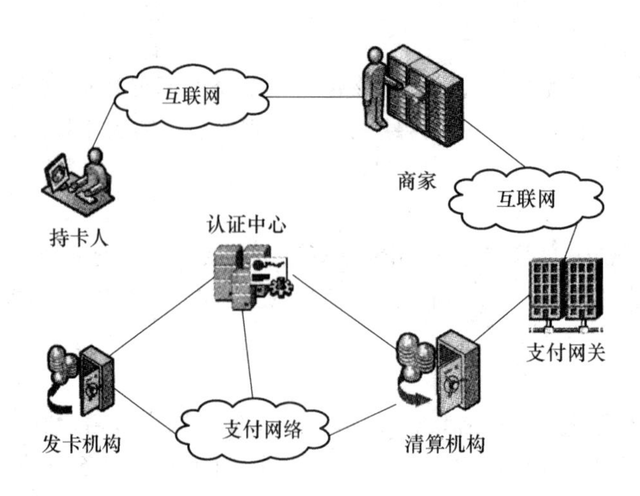

图 7.22　安全电子商务的组件结构

③ 发卡机构:指负责发放支付卡并为持卡人提供支付账务担保的金融机构,如银行。

④ 清算机构:指为商家建立账户并为商家处理各种支付卡的认证和收款业务的金融机构,如银行。主要提供与各发卡机构(为持卡人提供支付卡业务)之间的账务清算业务。

⑤ 支付网关:为 SET 和各支付卡业务机构的支付网络接口,一般由清算机构或第三方提供该功能。

⑥ 认证中心:为持卡人、商家和支付网关提供信任,并为它们提供 CA 证书及认证服务的权威机构。SET 的成功依赖于认证中心的 CA 认证服务。

3）基于 SET 的网络交易流程

电子商务的工作流程与现实购物的流程相似,用户不需要掌握特殊的知识就可以进行网络交易。在进行网上交易前,顾客需要在一个支持电子支付和 SET 的金融机构开通一个支付卡账户,从而获得支付卡账号以及金融机构签发的数字证书。商家则要在清算机构建立账户,同时还需要从认证中心取得 CA 证书,并保存支付网关的公钥证书的备份。在进行网络交易时,流程一般包含以下八个步骤。

步骤 1　顾客(持卡人)通过 Internet 选定所要购买的物品,填写并提交订货单。订货单需包括在线商家、购买物品名称及数量、交货时间及地点等相关信息。

步骤 2　商家作出应答,与顾客确认所填订货单的货物单价、应付金额、交货方式等信息是否准确,是否有变化。

步骤 3　消费者选择付款方式,核定订单。此时 SET 开始介入。

步骤 4　顾客在验证商家的 CA 证书后,发送给商家一个包含完整订购信息和支付信息的订单。在 SET 中,订购信息和支付信息由顾客进行数字签名,利用双重签名技术保证商家看不到顾客的账号信息。

步骤 5　商家接收订单后,验证顾客的身份,并向其支付卡所在金融机构(一般为银行)请求支付授权。有关信息通过支付网关到清算机构,再到发卡机构进行确认。批准交易后,返回确认信息给商家。

步骤 6　商家发送订单确认信息给顾客。

步骤 7　商家发送货物或提供服务,到此,一个网上交易结束。

步骤 8　商家通知清算机构请求支付货款。清算机构在经过一定时间间隔后将钱从顾客账号转移到商家账号。

前两步与SET协议无关，从步骤3开始SET协议起作用，一直到步骤8。在处理过程中，SET协议对通信协议、请求信息的格式以及数据类型的定义等内容进行了明确规范。交易过程的每一步，顾客、商家、支付网关都通过认证中心来验证通信主体的身份，以确保通信的对方不是冒名顶替，所以也可以简单地认为SET协议充分发挥了认证中心的作用，以维护在任何开放网络上的电子商务参与者所提供信息的真实性和保密性。

3. SET的安全机制

SET协议安全性主要依靠其采用的多种安全机制，包括对称密钥密码、公开密钥密码、数字签名、消息摘要、CA证书、电子信封以及双重签名等。这些安全机制使SET协议解决了一直困扰电子商务发展的安全问题，包括机密性、完整性、身份认证和不可否认性，为电子交易环节提供了更高的信任度和可靠性。

1）CA证书

为了确保交易过程的合法性与可靠性，SET协议引入了CA证书机制。CA证书就是一份文档，它记录了用户的公开密钥和其他身份信息。在SET协议中，最重要的证书是持卡人（顾客）证书和商家证书。此外，还包括支付网关证书、清算机构（银行）证书、发卡机构（银行）证书。这些证书均由一个权威的CA签发，如某金融机构的认证中心。

顾客证书是由CA（或金融机构）以数字签名形式签发的X.509证书。顾客证书中包括顾客的公钥和一些自然属性，另外，还包括使用散列算法计算得到的顾客账号和账号有效期信息的摘要消息。与顾客的证书相似，商家证书是由CA（或金融机构）以数字签名形式签发的X.509证书。商家证书中除了包括商家的公钥和一些自然属性，还包括表示可接受何种支付卡进行商业结算的信息。

在整个交易过程中，SET各实体可以通过数字证书来证实自己的真实身份，同时可以提供自己的公钥给对方，以便交换重要的保密信息，如电子信封应用。

2）电子信封

电子商务交易过程中所使用的密钥必须经常更换，而SET协议使用电子信封来传递更新的密钥。电子信封涉及两个密钥：一个是接收方的公开密钥；另一个是发送方生成的临时密钥（对称密钥）。发送方使用接收方的公钥加密临时密钥，一般将这个被加密的密钥称为电子信封，接收方可以使用其私钥解密还原出临时密钥。

电子信封的具体使用过程如图7.23所示，由发送数据者生成专用对称密钥K_S，用它将原文加密成密文，同时使用接收方的公钥加密专用密钥K_S，将两部分密文连接在一起传送给接收方。接收方先解密得到K_S，再用K_S将密文解密成原文。

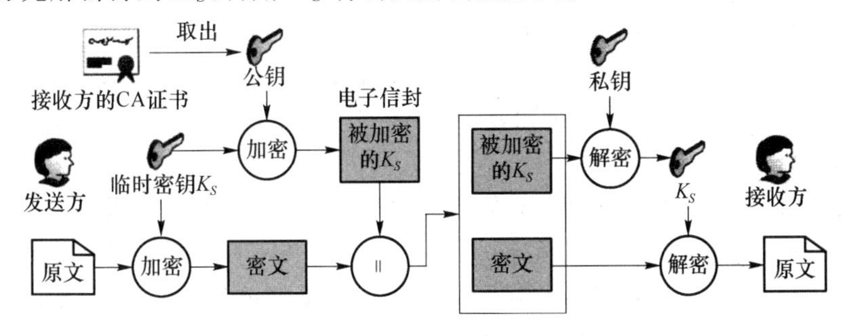

图7.23　电子信封的使用过程

3）双重签名

在 SET 协议的订购及支付过程中，需要在顾客、商家和银行（发卡机构）之间进行安全通信，交易过程中的核心内容是订购信息（Order Information，OI）和支付信息（Payment Information，PI）。顾客需要将 OI 和 PI 发送给商家，并由商家将 PI 转发给银行。然而也可能出现某种伪造欺骗情况，即顾客发给商家两个经过签名的信息 OI_1 和 PI_1，商家又设法得到顾客发来的另一个订购信息 OI_2，然后将 PI_1 和 OI_2 转发给银行，伪称其是一对交易信息，则顾客的利益可能受到侵犯。另外，顾客也可以否认 OI_1 和 PI_1 之间的关联，给商家带来麻烦。为了杜绝此类欺诈情况，SET 采用双重签名（Dual Signature，DS）技术，将 OI 和 PI 这两部分的摘要信息绑定在一起，以确保电子交易的有效性和公正性，同时分离 PI 与 OI，确保商家不知道顾客的支付卡信息，以及银行不知道顾客的订购细节。

DS 的实现原理是首先生成 OI 和 PI 两条信息的摘要，并将两个摘要连接起来，生成一个新的摘要，然后用顾客的私有密钥加密，即双重签名。DS 的构造具体实现过程如图 7.24 所示，顾客首先对 PI 进行散列计算，生成 PI 的消息摘要（PIMD），对 OI 进行散列计算，生成 OI 的消息摘要（OIMD）；然后将 PIMD 和 OIMD 连接起来形成 PO（支付订购信息），经散列计算得到 PO 消息摘要（POMD）；最后顾客使用其私钥 KR_c 对 POMD 加密生成 DS。这个过程可用公式表示为 $DS=E_{KR_c}[H(H(PI)||H(OI))]$。

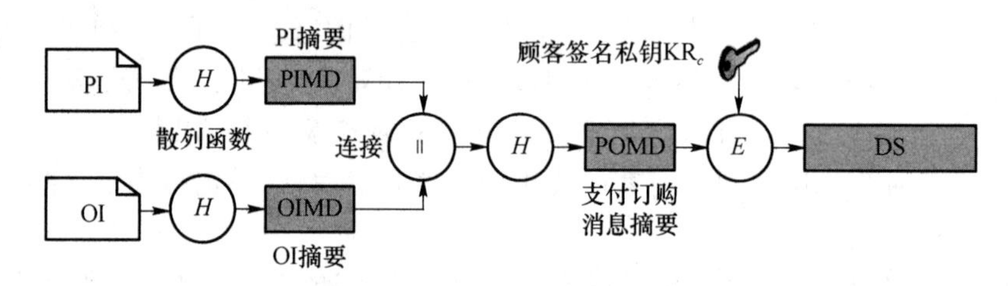

图 7.24 双重签名的构造过程

DS 的使用过程：第一，顾客针对 PI 和 OI 生成 DS，将 DS、OI 和 PIMD 发送给商家，商家从顾客的证书中得到其公开密钥。这样商家虽然无法得到顾客的支付信息，但可通过计算来验证 DS 的真伪，即计算得到 $POMD=H(PIMD||H(OI))$，$POMD'=D_{KU_c}[DS]$，其中，KU_c 为顾客的公开密钥。如果 POMD=POMD'，则商家可以认为该 DS 正确，批准实施进一步交易。第二，顾客需要生成一个对称密钥 K_S，使用银行的公钥加密 K_S，使用 K_S 加密 DS、PI 和 OIMD，并通过商家将 $E_{KU_b}[K_S]||E_{K_s}[DS||PI||OIMD]$ 转发给银行，其中，KU_b 为银行的公开密钥。这样银行无法得到顾客与商家之间的订购信息，但同样可验证 DS 的真伪，即解密得到相关信息，计算 $POMD=H(H(PI)||OIMD)$ 和 $POMD'=D_{KU_c}[DS]$。如果 POMD=POMD'，则银行可以认为该 DS 正确，批准实施交易。

可见 SET 协议采用 DS 和加密技术，在保证顾客传递给商家和银行的信息互相隔离的同时，又确保了信息的一致性，杜绝了被顾客、商家和银行其中任意一方随意伪造。

4. 交易处理

SET 协议为电子商务交易设计了多种类型的交易处理，如表 7.5 所示，这些交易处理可以各自完成相应的功能，并相互衔接配合，共同构建了一个完整的电子商务交易业务平台。在这些交易处理中，持卡人注册和商家注册是进行安全交易的前提，购买请求、支付授权和支付获取是进行交易的核心，SET 的安全性也主要体现在这三部分。

表7.5　SET交易处理类型

类型	说明
持卡人注册	持卡人在交易之前必须到CA注册
商家注册	商家在交易之前必须到CA注册
购买请求	顾客发给商家的消息，包括给商家的OI和给银行的PI
支付授权	商家和支付网关间交换的信息，验证顾客的支付卡能否支持本次购买
支付获取	商家向支付网关申请支付
证书询问和状态	持卡人或商家发送给CA，查询CA证书的请求状态，如请求通过，则收到证书
交易状态询问	顾客向商家查询目前交易进程的处理状态
撤销认可	商家在交易完成前，更改或部分更改认可请求
撤销获取	商家更正支付获取请求中的错误，如店员输入了不正确的交易数据
信用	商家在交易失败（如退货、商品破损等）时，向顾客的账号中退还已支付的费用
撤销信用	商家修正前一次向顾客的退还请求
支付网关证书请求	商家向支付网关发送请求，以获取支付网关的密钥交换和签名证书
批管理	商家根据批处理命令与支付网关交换信息
出错信息	在交易中，由于规范不兼容或内容验证问题，接收者拒绝请求并发送出错消息

1）购买请求

顾客在购买请求之前，需要完成浏览选择商品、提交采购内容，商家才可发给顾客一份完整的订购单。接下来顾客和商家之间开始购买请求，购买请求处理包含四条消息：初始请求、初始应答、购买请求和购买应答。

初始请求是顾客为了建立与商家之间的基本信任关系而发出的第一个消息，包括顾客的支付卡品牌、对应此次请求/应答的标识ID和用于保证时限的临时值Nonce。

初始应答是商家回应顾客初始请求的应答消息，包括从顾客的初始请求中得到的Nonce，以及要求在下一条消息中包含的新Nonce和交易标识ID，这部分消息中，商家需要使用其私钥签名。此外，应答还包括商家和支付网关的CA证书。

购买请求是顾客发送给商家具体的交易信息，主要内容包括OI和PI。顾客先通过CA验证商家和支付网关的证书，再生成购买请求消息发送给商家。具体的购买请求消息如下：

$$E_{K_s}[\mathrm{PI}||\mathrm{DS}||\mathrm{OIMD}]||E_{\mathrm{KU}_b}[K_S]||\mathrm{PIMD}||\mathrm{OI}||\mathrm{DS}||\mathrm{CA}\text{证书}_{\text{顾客}}$$

其中，K_S为顾客生成的用于与支付网关安全通信的临时对称密钥，KU_b为从支付网关的CA证书中得到的公开密钥。

购买应答是商家针对顾客的购买请求消息进行的相关响应处理。当商家收到购买消息后，要验证顾客的CA证书，并用顾客的公钥验证DS，这样可以确保订单信息的完整性，处理订购业务，并将$E_{K_s}[\mathrm{PI}||\mathrm{DS}||\mathrm{OIMD}]||E_{\mathrm{KU}_b}[K_S]$转发给支付网关请求验证及支付授权，构造购买应答消息回应顾客。购买应答消息主要包括购买确认的应答分组、相对应的交易号索引以及商家的CA证书，前两个部分将使用商家的私钥签名。

2）支付授权

在顾客与商家的订购交易过程中，商家需要向支付网关申请支付授权，支付网关与发卡机构进行支付信息的确认，确保商家在完成交易后，可以收到有关付款。支付授权包括两个消息：授权请求和授权应答。

授权请求是商家发送给支付网关的支付授权请求消息，包括以下三部分：

① 顾客生成的购买信息：包括 PI、DS、OIMD 和顾客与支付网关之间的电子信封。

② 商家生成的授权信息：使用商家私钥签名并用商家生成的临时密钥 K_S 加密的交易标识 ID(称为认证分组)和商家生成的电子信封(使用支付网关公钥加密的临时密钥 K_S)。

③ 证书：顾客的 CA 证书、商家的 CA 证书。

收到商家发送的授权请求后，支付网关需要验证所有 CA 证书；解密商家生成的电子信封，解密认证分组并验证商家签名；解密顾客的电子信封，验证顾客生成的 DS；比较从商家得到的交易标识 ID 和从顾客得到 PI 的交易标识 ID，最后请求并接收发卡机构的认证。

授权应答是支付网关从发卡机构获得授权后，返回给商家的支付授权应答消息，包括以下三部分：

① 支付网关生成的授权相关信息：包括使用支付网关私钥签名，并用支付网关生成的临时密钥 K_S 加密的授权标识(也称为授权认证分组)和支付网关生成的电子信封(使用商家公钥加密的临时密钥 K_S)。

② 授权获取标记信息：该信息用来保证以后的支付有效。

③ 证书：支付网关的 CA 证书。

在商家得到支付网关的支付授权后，即可向顾客提供商品或服务。此时与顾客相关的交易环节全部结束，余下的工作就是商家向支付网关申请获得商品的支付款。

3) 支付获取

商家为了获得交易货款，需要与支付网关之间进行支付获取消息交换，包括获取请求和获取应答两部分。

获取请求是商家发给支付网关的请求消息，告知支付网关已向顾客提供了商品或服务，并向支付网关申请让顾客付款。获取请求消息包括被签名加密的付款金额、交易标识部分以及在之前支付授权的消息中包含的授权获取标记信息和商家的证书。

当支付网关接收到获取请求消息后，验证相关信息，通过支付网络将结算信息发送给发卡机构，请求将顾客消费的资金款项转到商家在清算机构(银行)的账户上。在得到发卡机构的资金转账应答后，支付网关生成获取应答消息并发送给商家，以便核对其在清算机构账户中的收款情况。支付获取应答消息包括被签名加密的获取应答报文以及支付网关的证书。商家将此获取应答保存下来，用于匹配商家在清算机构上的账户的付款信息。

5. SET 协议与 SSL 协议的比较

SSL 协议与 SET 协议都可以提供电子商务交易的安全机制，但是运作方式存在明显的区别。不同点主要表现在以下五个方面。

1) 认证机制

在认证要求方面，早期的 SSL 协议并没有提供商家身份认证机制，虽然在 SSL v3.0 中可以通过数字签名和数字证书的方式实现浏览器和 Web 服务器双方的身份验证，但仍不能实现多方认证。相比之下，SET 协议的安全要求更高，所有参与 SET 交易的成员(持卡人、商家、发卡机构、清算机构和支付网关)都必须提供数字证书才能进行身份识别。

2) 安全性

SET 协议规范了整个商务活动的流程，在持卡人、商家、支付网关、认证中心和支付卡结算中心之间的信息流方向，以及必须采用的加密方法和认证方法都受到严密的 SET 标准规范，从而最大限度地保证了交易活动的商务性、服务性、协调性和集成性。而 SSL 协议只对持卡人与商家的信息交换进行加密保护，可以看作用于传输的那部分的技术规范。从电子商务特性来看，它并不具备商务性、服务性、协调性和集成性，因此，SET协议的安全性比SSL协议高。

3）网络协议体系

在网络协议体系中，SSL是基于传输层的通用安全协议，而SET协议位于应用层，对网络上其他各层协议都有涉及。

4）应用领域

在应用领域方面，SSL协议主要是和Web应用一起工作，而SET协议是为信用卡交易提供安全，因此，如果电子商务应用只是通过Web或电子邮件，则可以不要SET协议。但如果电子商务应用是一个涉及多方交易的平台，则使用SET协议将更安全、更通用。

5）应用代价

SET协议提供了在B2C平台上信用卡在线支付的方法，不过由于其实现起来非常复杂，商家和银行都需要通过改造系统来实现相互操作，因此，SET协议实现的代价远大于SSL协议实现的代价。

从上述分析中可以看到，SET和SSL协议各有其优点，同时也各存在一定的倾向性。因此，无论是考虑电子交易的安全性，还是应用的广泛性，都需要对SET或SSL协议进行进一步的完善。可见，在未来的电子商务应用中，SET和SSL协议势必优势互补、共同发展，在不同层面上保护电子商务的安全。

本章小结

许多网络攻击都是由网络协议（如TCP/IP）的固有漏洞引起的，因此，为了保证网络传输和应用的安全，各种类型的网络安全协议不断涌现。安全协议是网络安全的一个重要组成部分，通过安全协议可以实现实体认证、数据完整性校验、密钥分配、收发确认以及不可否认性验证等安全功能。本章主要介绍了IPSec协议、TLS/SSL协议、SSH协议和安全电子交易协议。

IPSec是一个标准的第三层安全协议，但它不是独立的安全协议，而是一个协议族。IETF为IPSec一共定义了12个标准文档RFC（Request For Comments），这些RFC对IPSec的各个方面都进行了定义，包括体系、密钥管理、基本协议以及实现这些基本协议需要进行的相关操作。IPScc对于IPv4而言是可选的，但对于IPv6而言是强制性的。IPSec提供了一种标准的、健壮的以及包容广泛的机制，使用IPSec可为IP及上层协议（如UDP和TCP）提供安全保证。目前，IPSec安全协议是VPN中安全协议的标准，得到了广泛应用。

SSL是Netscape公司于1994年提出的一种用于保护客户端与服务器之间数据传输安全的加密协议，其目的是确保数据在网络传输过程中不被窃听及泄密。最初发布的SSL v1.0很不成熟，到了SSL v2.0的时候，才基本上可以解决Web通信的安全问题。在1996年，发布了SSL v3.0，该版本技术上更加成熟和稳定，成为事实上的工业标准，也得到了多数浏览器和WEB服务器的支持。1997年，IETF基于SSL v3.0发布了TLS v1.0，也可以看作SSL v3.1。

SSH协议是以远程联机的服务方式操作服务器时较为安全的解决方案。用户通过SSH协议可以把所有传输的数据进行加密，不仅可以抵御中间人攻击，而且也能防止DNS和IP欺骗。另外，使用SSH协议传输的数据是经过压缩的，因此可以加快传输的速度。SSH协议的作用广泛，既可以代替 Telnet，又可以为 FTP、POP 以及 PPP 提供安全的通道。

安全电子交易协议是美国 Visa 和 MasterCard 两大信用卡组织发起，联合 IBM、Microsoft、Netscape、GTE 等公司于 1997 年 6 月 1 日推出的用于电子商务的行业规范。其实质是一种应用在 Internet 上，以信用卡为基础的电子付款系统规范，目的是保证网络交易的安全。SET 妥善地解决了信用卡在电子商务交易中的交易协议、信息保密、资料完整以及身份认证等问题。SET 已获得 IETF 标准的认可，是电子商务的发展方向。

本章习题

一、选择题

1. TLS 协议属于(　　)安全协议。

A. 应用层　　B. 传输层　　C. 网络层　　D. 数据链路层

2. SSH 协议主要应用于对(　　)进行保护。

A. 电子邮件通信　　B. Web 通信　　C. 远程登录　　D. 电子商务

3. TLS 协议与 HTTP 协议结合使用进行 HTTPS 安全访问通常使用的端口是(　　)。

A. 80　　B. 25　　C. 439　　D. 443

4. TLS 协议不能提供下列哪种安全服务？(　　)

A. 机密性　　B. 完整性　　C. 认证　　D. 访问控制

5. 在 SSL 子协议中，(　　)用于封装应用层协议。

A. SSL 握手协议　　B. SSL 记录协议

C. SSL 转换密码规范协议　　D. SSL 报警协议

6. 在 SSL 子协议中，(　　)负责验证实体身份，协商密钥交换算法、压缩算法和加密算法，完成密钥交换及生成主密钥等功能。

A. SSL 握手协议　　B. SSL 记录协议

C. SSL 转换密码规范协议　　D. SSL 报警协议

7. SSL 握手协议中完成协商协议版本、加密算法、压缩算法以及随机数的两条消息是(　　)。

A. Client_hello 和 Server_hello

B. Client_key_exchange 和 Server_key_exchange

C. Certificate_request 和 Certificate

D. Hello_request 和 Server_hello

8. 在 SSL 协议握手过程中，通知对方随后的数据将由刚协商好的加密方法和密钥来保护的消息是(　　)。

A. Server_key_exchange　　B. Client_key_exchange

C. Change_cipher_spec　　D. Finished

9. TLS 协议是基于 CA 和数字证书的，在设计上需要遵照下列哪个协议？(　　)

A. Kerberos　　B. X.509　　C. SET　　D. X.500

10. IPSec 协议工作在(　　)。

A. 物理层　　B. 传输层　　C. 网络层　　D. 应用层

二、简答题

1. IPSec的两个主要协议是什么，分别提供什么安全服务？
2. IPsec的两种工作模式是什么，分别适用于什么场景？
3. IPSec是如何防范重放攻击的？
4. SSL是由哪些协议构成的？
5. 说明安全关联的作用和意义。
6. 简述SSH协议工作过程。
7. SET协议需要解决的主要问题有哪些？
8. SET协议是如何保证商家、顾客和银行之间数据隐私的安全性的？

三、辨析题

1. 有人说，IPSec协议目前应用相对较少，是因为SSL协议可以完全替代IPSec协议。你认为这种说法正确与否，为什么？

2. 有人说，SSL协议可以解决网络交易的安全性问题，因此过于复杂的SET协议没有发展前景。你认为这种说法正确与否，为什么？

第 8 章 防火墙技术

本章学习要点	
	• 掌握防火墙的基本概念； • 了解防火墙的类型； • 了解防火墙的体系结构； • 掌握 VPN 技术。

一个网络接入 Internet，该网络的用户就可以访问外部世界并与外部世界通信，同时，外部世界也可以访问该网络并与该网络交互。为安全起见，可以在该网络和 Internet 之间插入一个中间系统，竖起一道安全屏障。这道屏障的作用是阻断外部网络对本地网络的威胁和入侵，构建保护本地网络安全和审计的关卡，其作用与防火砖墙有相似之处，因此，这个屏障被称为防火墙。

8.1 防火墙的基本概念

防火墙是在内部网与外部网之间实施安全防范的系统，其结构如图 8.1 所示。防火墙可被认为是一种访问控制机制，用于确定哪些内部服务允许外部访问，以及哪些外部服务允许内部访问。内部网与 Internet 之间常用防火墙隔开。

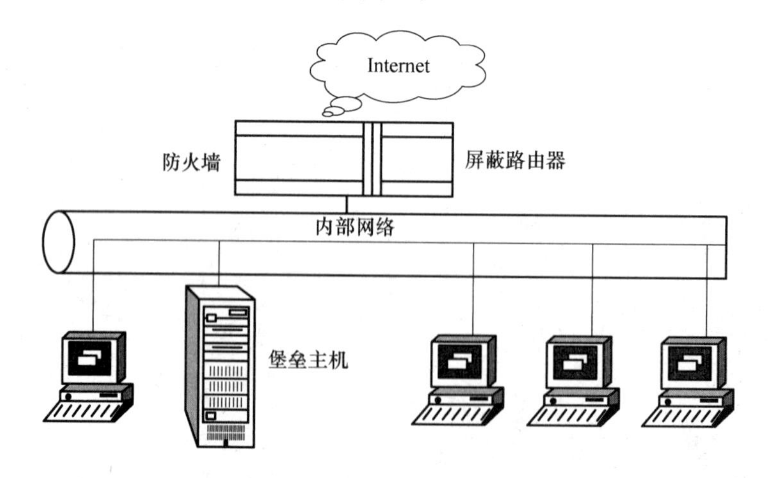

图 8.1 防火墙结构示意图

防火墙是一种有效的网络安全机制。在建筑上,防火墙被设计用来防止火势从建筑物的一部分蔓延到另一部分。网络防火墙防止了因互联网的损坏而波及内部网络事件的发生,它就像护城河。但必须指出的是,防火墙并不能防止站点内部问题的发生。防火墙能起的作用如下：

① 它限制人们进入一个被严格控制的站点；

② 它防止攻击者更接近其他防御设备；

③ 它限制人们离开一个被严格控制的站点。

一个网络防火墙通常安装在被保护的内部网与互联网的连接点上。从互联网或从内部网上产生的任何活动都必须经过防火墙,这样防火墙就能够确定这种活动是否可以接受。所谓可以接受是指,它们(电子邮件、文件传输、远程登录或其他特定活动)是否符合站点的安全规定。

从逻辑上讲,防火墙是一个分离器,是一个限制器,是一个分析器。各站点的防火墙构造是不同的,通常一道防火墙由一套硬件(一个路由器或路由器的组合、一台主机)和适当的软件组成。组成的方式有很多种,这取决于站点的安全要求、经费以及其他综合因素。

8.1.1　与防火墙相关的定义

概括地说,防火墙是位于两个(或多个)网络间用于实施网络间访问控制的组件集合。

① 防火墙。限制被保护的网络与互联网之间,或者与其他网络之间相互进行信息存取、传递操作的部件或部件集。

② 主机。与网络系统相连的计算机系统。

③ 堡垒主机。堡垒主机是一个计算机系统,它对外部网络(互联网)暴露,又是内部网络用户的主要连接点,因此非常容易被侵入,需要严加保护。

④ 双宿主主机。双宿主主机是具有至少两个网络接口的通用计算机系统。

⑤ 包。包是在互联网络上进行通信时的基本信息单位。

⑥ 路由。路由是为转发的包分组选择正确的接口和下一个路径片段的过程。

⑦ 包过滤。设备对进出网络的数据流进行有选择的控制与操作,包过滤操作通常指在选择路由的同时对数据包进行的过滤操作(通常是对从互联网络到内部网络的包进行过滤)。用户可以设定一系列的规则,指定允许哪些类型的数据包可以流入或流出内部网络(例如,只允许来自某些指定 IP 地址的数据包或者内部网络的数据包流向某些指定的端口),哪些类型数据包的传输应该被阻断。包过滤操作可以在路由器上进行,也可以在网桥,甚至一个单独的主机上进行。

⑧ 参数网络。参数网络是指为了增加一层安全控制,而在外部网络与内部网络之间增加的一个网络。参数网络有时也被称为停火带。

⑨ 代理服务器。代理服务器是代表内部网络用户与外部网络服务器进行信息交换的程序。它将内部用户的请求送达外部服务器,同时将外部服务器的响应送回用户。

8.1.2　防火墙的功能

① 隔离不同的网络,限制安全问题的扩散。防火墙作为一个中心遏制点,它将局域网的安全进行集中化管理,简化了安全管理的复杂程度。

② 防火墙可以很方便地记录网络上的各种非法活动,监视网络的安全性,遇到紧急情况

时立即报警。

③ 防火墙可以作为部署 NAT(Network Address Translation,网络地址变换)的地点,利用 NAT 技术,将有限的 IP 地址动态或静态地与内部的 IP 地址对应起来,用来缓解地址空间短缺的问题或者隐藏内部网络的结构。

④ 防火墙是审计和记录 Internet 使用量的一个最佳地点。网络管理员可以在此向管理部门提供 Internet 连接的费用情况,查出潜在的带宽瓶颈位置,并依据本机构的核算模式提供部门级的计费。

⑤ 防火墙可以作为 IPSec 的平台。

⑥ 防火墙可以连接到一个单独的网段上,从物理上和内部网段隔开,并在此部署 WWW 服务器和 FTP 服务器,将其作为向外部发布内部信息的地点。从技术角度来讲,就是所谓的停火协议区(DMZ)。

8.1.3 防火墙的不足之处

尽管防火墙一般具有非常丰富的功能,但其仍有很多方面需要改进和完善。防火墙的不足之处主要有:

① 网络上的有些攻击可以绕过防火墙,而防火墙却不能对绕过它的攻击提供阻挡;

② 防火墙管理控制的是内部网络与外部网络之间的数据流,它不能防范来自内部网络的攻击;

③ 防火墙不能对被病毒感染的程序和文件的传输提供保护;

④ 防火墙不能防范全新的网络威胁;

⑤ 当使用端到端的加密时,防火墙的作用会受到很大的限制;

⑥ 防火墙对用户不完全透明,可能带来传输延迟、瓶颈以及单点失效等问题。

8.2 防火墙的类型

随着 Internet 和内联网(Intranet)的发展,防火墙的技术也在不断发展,其分类和功能不断细化,但总的来说,可以分为三类:分组过滤路由器、应用级网关、电路级网关。

8.2.1 分组过滤路由器

分组过滤路由器也称包过滤防火墙,因为它工作在网络层,所以又称网络级防火墙。它一般通过检查单个包的地址、协议、端口等信息来决定是否允许此数据包通过,且有静态和动态两种过滤方式。路由器就是一个网络级防火墙。

这种防火墙可以提供内部信息来说明所通过的连接状态和一些数据流的内容,把判断的信息同规则表进行比较,规则表中定义了各种规则来表明是否同意包的通过,包过滤防火墙检查每一条规则直至发现包中的信息与某规则相符。如果没有一条规则与之相符,那么防火墙就会使用默认规则。一般情况下,默认规则要求防火墙丢弃该包。另外,通过定义基于 TCP 或 UDP 数据包的端口号,防火墙能够判断是否允许建立特定的连接,如 Telnet、FTP 连接。

一些专门的防火墙系统在此基础上又对其功能进行了扩展,如状态检测等。状态检测又称动态包过滤,是传统包过滤的功能扩展,最早由 Checkpoint 提出。传统包过滤在遇到利用动态端口的协议时会发生困难，如FTP。防火墙事先无法知道哪些端口需要打开，因此如果采用原始的静态包过滤，又希望用到此服务，就需要实现将所有可能用到的端口打开，而这往往是个非常大的范围，会带来不必要的安全隐患。状态检测通过检查应用程序信息（如FTP的PORT和PASV命令），来判断此端口是否允许临时打开，而当传输结束时，端口又马上恢复为关闭状态。

网络级防火墙的优点是简洁、速度快、费用低，并且对用户透明。但它也有很多缺点：定义复杂，容易因配置不当而带来问题；只检查地址和端口，允许数据包直接通过，容易造成数据驱动式攻击；不能理解特定服务的上下文环境，相应控制只能在高层由代理服务和应用层网关完成。

8.2.2　应用级网关

应用级网关主要工作在应用层。应用级网关又称应用级防火墙。应用级网关检查进出的数据包，通过自身（网关）复制传递数据，防止在受信主机与非受信主机间直接建立联系。应用级网关能够理解应用层上的协议，能够做一些复杂的访问控制以及精细的注册和审核。其基本工作过程：当客户机需要使用服务器上的数据时，首先将数据请求发给代理服务器，其次代理服务器根据这一请求向服务器索取数据，最后由代理服务器将数据传输给客户机。由于外部系统与内部服务器之间没有直接的数据通道，因此外部的恶意侵害很难伤害到内部网络。

常用的应用级网关已有相应的代理服务软件，如HTTP、SMTP、FTP、Telnet等，但是对于新开发的应用而言，尚没有相应的代理服务软件，它们通过的是网络级防火墙和一般的代理服务（如Socks代理）软件。

应用级网关有较好的访问控制能力，是目前最安全的防火墙技术，但其实现起来麻烦，而且有的应用级网关缺乏“透明度”。在实际使用中，用户在受信网络上通过防火墙访问互联网时，经常会出现延迟和多次登录才能访问外部网络的问题。此外，应用级网关的每一种协议都需要相应的代理软件，且使用时工作量大，效率明显不如网络级防火墙。

8.2.3　电路级网关

电路级网关是防火墙的第三种类型，它不允许端到端的TCP连接，但允许网关本身和内部主机上一个TCP用户之间的TCP连接，以及网关和外部主机上一个TCP用户之间的TCP连接。一旦这两个TCP连接建立，网关一般从一个连接向转发TCP报文段给另一个连接，而不检查其内容。电路级网关的安全功能体现在其可决定哪些连接是允许的。电路级网关的典型应用是系统管理员信任内部用户的情况。电路级网关可以配置成在进入连接上支持应用级或代理服务，为输出连接支持电路级功能。在这种配置中，电路级网关可能为了禁止功能而导致检查进入的应用数据的处理开支，但不会导致输出数据上的处理开支。电路级网关实现的一个例子是Socks软件包，Socks5在RFC 1928中被定义。此外，有时把混合型防火墙（Hybrid Firewall）看作一种防火墙类型。混合型防火墙把过滤和代理服务等功能结合起来，形成新的防火墙，所用主机称为堡垒主机，负责代理服务。

各种类型的防火墙各有其优缺点。当前的防火墙已不是单一的包过滤型或代理服务器型防火墙，而是将各种防火墙技术结合起来，形成的一个混合多级防火墙，以提高防火墙的灵活性和安全性；一般采用以下几种技术：动态包过滤、内核透明技术、用户认证机制、内容和策略感知能力、内部信息隐藏、智能日志、审计检测和实时报警、防火墙的交互操作性等。

8.3 防火墙的体系结构

防火墙主要有三种常见的体系结构：

① 双宿主/多宿主主机(Dual-homed/Multi-homed)模式；

② 屏蔽主机(Screened Host)模式；

③ 屏蔽子网(Screened Subnet)模式。

8.3.1 双宿主/多宿主主机模式

双宿主主机模式是最简单的一种防火墙体系结构，是由至少具有两个网络接口的双宿主主机而构成的。双宿主主机内外的网络均可与双宿主主机实施通信，但内外网络之间不可直接通信，内外网络之间的 IP 数据流被双宿主主机完全切断。双宿主主机可以通过代理或让用户直接到其上注册来提供较高程度的网络控制。由于双宿主主机是内部网和外部互联网之间的唯一屏障，如果入侵者得到了双宿主主机的访问权，则内部网络就会被入侵，因此为了保证内部网的安全，双宿主主机除了要禁止网络层的路由功能，还应具有强大的身份认证系统，尽量减少防火墙上用户的数量。典型的双宿主主机模式如图 8.2 所示。

图 8.2 典型的双宿主主机模式

8.3.2 屏蔽主机模式

屏蔽主机模式中的过滤路由器为保护堡垒主机的安全建立了一道屏障。它将所有进入的信息先送往堡垒主机，并且只将来自堡垒主机的数据作为发出的数据。这种结构依赖于过滤路由器和堡垒主机，因此只要其中一个失败，整个网络的安全就将受到威胁。过滤路由器是否正确配置是这种防火墙安全与否的关键，过滤路由器的路由表应当受到严格的保护，否则如果遭到破坏，数据包就不会被转发到堡垒主机上。该防火墙系统的安全等级比包过滤防火墙系统高。典型的屏蔽主机模式如图 8.3 所示。

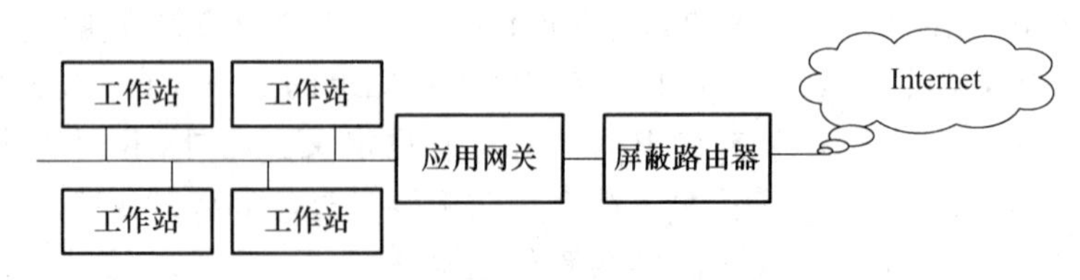

图 8.3 典型的屏蔽主机模式

8.3.3 屏蔽子网模式

屏蔽子网模式增加了一个把内部网与互联网隔离的周边网络(也称非军事区 DMZ)，从而进一步保障堡垒主机的安全性，通过周边网络隔离，堡垒主机能够削弱外部网络对堡垒主机的攻击。典型的屏蔽子网模式如图 8.4 所示，其包括两个屏蔽路由器，分别位于周边网络与内部网络之间、周边网络与外部网络之间，攻击者要想攻入这种结构的内部网络，必须通过两个屏蔽路由器，因而不存在危害内部网络的单一入口点。这种结构安全性好，只有在两个屏蔽路由器被破坏后，网络才会被暴露。但是，这种模式的成本较高。

在实际应用中，还存在一些由以上三种模式组合而成的体系结构。例如，使用多堡垒主机、合并内部路由器与外部路由器、合并堡垒主机与外部路由器、合并堡垒主机与内部路由器、使用多台内部路由器、使用多台外部路由器，使用多个周边网络、使用双重宿主主机与屏蔽子网等。

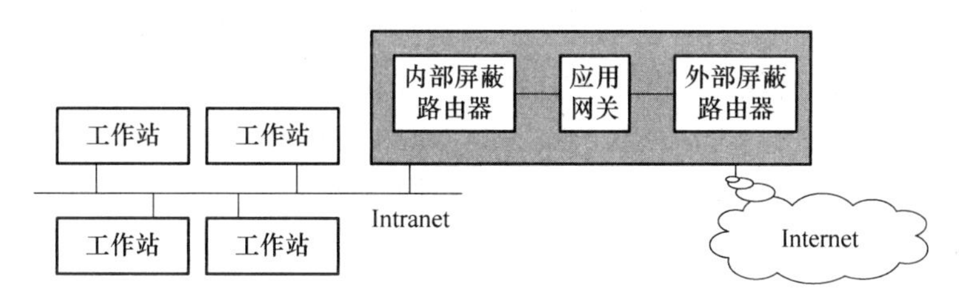

图 8.4　典型的屏蔽子网模式

8.4　VPN 技术

虚拟专用网(Virtual Private Network，VPN)是网络安全中的一个重要技术，通过多种安全机制，提供了数据链路层和网络层上的一些安全服务，是数据链路层和网络层上数据安全的有力保障。VPN 中的重点技术是 L2TP 和 IPSec。

8.4.1　VPN 原理

1. VPN 的产生与分类

如果局域网是一个孤岛，就不会涉及 VPN。随着经济的发展，跨国公司、有众多分支机构的集团公司大量涌现，使得公司分支机构与总部之间、分支机构与分支机构之间的网络互联需求猛增，推动了 VPN 的发展。

1) VPN 的产生

简单地说，VPN 是指构建在公共网络上，能够实现自我管理的专用网络。有时候，用户为了实现与远程分支机构的连接，在电信部门租用了帧中继(Frame Relay)或 ATM 来进行永久虚电路(Permanent Virtual Circuit，PVC)的连接。这种情况不属于 VPN 的范畴，因为用户对这类网络互联是无法控制、无法管理的。

归纳起来，VPN 需求大致包括以下四种情形：

① 分支机构、办公点或需要联网的远程客户多且分散；

② 互连多在广域网范围内进行；

③ 对线路的安全保密性有需求；

④ 带宽和实时性要求不高。

VPN 除了能满足以上需求，还应具有以下一些特点：

① 降低成本：租用电信的帧中继或 ATM 实现跨地区的专网也能满足以上需求，但费用非常昂贵，尤其当分支点比较多时，VPN 应具有较低的成本。

② 实现网络安全服务：通过加密、访问控制、认证等安全机制可实现网络安全服务。

③ 自主控制：对用户认证、访问控制等安全性的控制权应该属于企业，这样更容易被企业接受。

2）VPN 的分类

根据建立 VPN 的目的，可以将 VPN 分为三类，下面进行介绍。

（1）内联网 VPN

内联网 VPN（Intranet VPN）企业内部 VPN 与企业内部的内联网相对应。

在 VPN 技术出现以前，公司两个异地机构的局域网想要互联，一般采用租用专线的方式（含隧道技术等），在一端将数据封装后通过专线传输到目的地，再解封装。该方式也能提供传输的透明性，但是它与 VPN 技术在安全性上有本质的差异。当分公司很多时，该方式费用昂贵。利用 VPN 技术可以在 Internet 上组建世界范围内的内联网 VPN。

（2）外联网 VPN

外联网 VPN（Extranet VPN）与企业网和相关合作伙伴的企业网所构成的外联网相对应。

这种类型的 VPN 与内联网 VPN 没有本质的区别，只是因为在不同公司之间通信，所以需要更多地考虑安全策略的协商等问题。外联网 VPN 的设计目标是，既可以向客户、合作伙伴提供有效的信息服务，又可以保证内部网络的安全。

（3）远程接入 VPN

远程接入 VPN（Access VPN）与传统的远程访问网络相对应。

在该方式下，远端用户不再像传统的远程网络访问那样，通过长途干线到公司远程接入端口，而是接入用户本地的 ISP，利用 VPN 系统在公用网上建立一个从客户端到网关的安全传输通道。

根据 VPN 在 IP 网络中的层次，可将 VPN 分为以下两类：

① 二层 VPN：二层 VPN 主要包括 PPTP 和 L2TP。

② 三层 VPN：三层 VPN 主要包括 IPSec。

有时候，也把更高层的 SSL 看作 VPN，称为 SSL VPN。

2. VPN 原理

1）VPN 的关键安全技术

目前，VPN 主要采用五项技术来保证安全，这五项技术分别是隧道（Tunneling）技术、加解密（Encryption & decryption）技术、密钥管理（Key Management）技术、使用者与设备身份认证（Authentication）技术和访问控制（Access Control）技术。

隧道技术按其拓扑结构分为点对点隧道和点对多点隧道。点对多点隧道，如距离-向量组播路由协议（Distance-Vector Multicast Routing Protocol），为提高组播时的带宽利用率，适当扩充了点对点隧道的功能。而 VPN 中更多的是点对点通信。

隧道由隧道两端的源地址和目的地址定义，叠加于 IP 主干网之上运行，为两端的通信设备（物理上不毗连）提供所需的虚拟连接。VPN 用户根据自身远程通信分布的特点，选择合适的隧道和结点组成 VPN，通过隧道传送的数据分组被封装（封装信息包括隧道的目的地址，可能也包括隧道的源地址，这取决于所采用的隧道技术），从而确保数据传输的安全。隧道技术不仅屏蔽了VPN所采用的分组格式和特殊地址，支持多协议业务传送（也可视为一种隧道技术，但需要适当扩展，以支持多协议业务），解决了CRL的VPN地址冲突问题，而且可以很方便地支持IP流量管理，如多协议标记交换（Multi-Protocol Label Switching，MPLS）等中基于策略的标记交换路径能够很好地实现流量工程（Traffic Engineering）。

目前存在多种隧道技术，包括IP封装（IP Encapsulation）、一般路由封装（Generic Routing Encapsulation，GRE）、二层隧道协议（Layer 2 Tunneling Protocol，L2TP）、点对点隧道协议（Point to Point Tunneling Protocol，PPTP）、IPSec（IPSec存在两种传输模式和隧道模式工作模式，这里仅指隧道模式）和MPLS等。

（1）L2TP

L2TP定义了利用分组交换方式的公共网络基础设施（如IP网络、ATM和帧中继网络）封装数据链路层点到点协议（Point to Point Protocol，PPP）帧的方法。承载协议首选网络层的IP协议，也可以采用数据链路层的ATM或帧中继协议。L2TP支持多种拨号用户协议，如IP、IPX和AppleTalk，还可以使用保留的IP地址。目前，L2TP及其相关标准（如认证与计费）已经比较成熟，并且用户和运营商都已经可以运用L2TP组建基于VPN的远程接入网，因此，国内外已经有不少运营商开展了此项业务。

（2）IPSec

IPSec是一组开放的网络安全协议的总称，其在IP层提供访问控制、无连接的完整性、数据来源验证、防回放攻击、加密以及数据流分类加密等服务。IPSec包括报文认证头（Authentication Header，AH）和报文安全封装（Encapsulating Security Payload，ESP）两个安全协议。AH主要提供数据来源验证、数据完整性验证和防报文回放攻击功能；ESP提供对IP报文的加密功能。和L2TP、GRE等其他隧道技术相比，IPSec具有内在的安全机制——加解密，而且可以和其他隧道协议结合使用，为用户的远程通信提供更强大的安全支持。

IPSec支持主机之间、主机与网关之间以及网关之间的组网。此外，IPSec还提供对远程访问用户的支持。虽然IPSec和与之相关的协议已基本完成标准化工作，但测试表明，不同厂家的IPSec设备还存在互操作性等问题，因此，大规模部署基于IPSec的VPN还存在困难。

（3）MPLS

MPLS源于突破IP路由瓶颈的需要，它融合IP Switching和Tag Switching等技术，跨越多种数据链路层技术，为无连接的IP层提供面向连接的服务。面向连接的特性，使MPLS自然支持VPN隧道，将不同的标记交换路径组成不同的VPN隧道，有效隔离不同用户的业务。用户分组进入MPLS网络时，由特定入口路由器根据该分组所属的VPN，标记（封装）并转发该分组；经一系列标记交换，该分组到达对应出口路由器，被剔除标记、恢复分组并传送至目的子网。和其他隧道技术相比，MPLS的封装开销很小，因此，大大提高了带宽利用率。然而，基于MPLS的VPN仅限于MPLS网络内部，尚未充分发挥IP的广泛互连性，有待实现与其他隧道技术的良好互通。

一项好的隧道技术不仅要提供数据传输通道，还应满足一些应用方面的要求。首先，隧道应能支持复用，结点设备的处理能力限制了该结点能支持的最大隧道数，复用，相当于ATM中的VC（Virtual Channel）/VP（Virtual Path）汇聚，不仅能够提高结点的可扩展性（可支持更多的隧道），部分场合下还能减少建立隧道的开销和延迟。其次，隧道应采用一定的信令机制，好的信令不仅能在隧道建立时协调有关参数，而且能显著降低管理负担。L2TP、IPsec和MPLS分别通过L2TP控制协议、互联网密钥交换（Internet Key Exchange，IKE）协议和基于策略路由标记分发协议与针对标记交换路径隧道的资源保留协议扩展。最后，隧道应支持帧排序和拥塞控制，并尽力减少隧道开销等。

2）隧道技术

对于构建 VPN 来说，隧道是关键的技术。隧道技术是一种通过使用互联网的基础设施在网络之间传递数据的方式。使用隧道传递的数据(或负载)可以是不同协议的数据包。隧道协议将其他协议的数据包封装在新的包头中发送。新的包头提供了路由信息，从而使封装的负载或数据能够通过互联网络传递。被封装的数据包在隧道的两个端点之间通过公共互联网进行路由。被封装的数据包在公共互联网上传递时所经过的逻辑路径称为隧道。一旦到达网络终点，数据将被解包并转发到目的地。

为了解释封装的概念，这里以早期的通用路由封装协议 GRE 为例进行说明。

(1) IP 协议

IP 包的格式如图 8.5 所示。如果不含选项域，一般的 IP 头长为 20 B。

<table>
<tr><td>版本</td><td>首部长度</td><td>服务类型</td><td>总长度/B</td></tr>
<tr><td colspan="2">标识</td><td>标志</td><td>片偏移</td></tr>
<tr><td>TTL</td><td>协议</td><td colspan="2">首部校验和</td></tr>
<tr><td colspan="4">源IP地址</td></tr>
<tr><td colspan="4">目的IP地址</td></tr>
<tr><td colspan="4">选项(可选)</td></tr>
<tr><td colspan="4">数据</td></tr>
</table>

图 8.5　IP 包的格式

对于 IPv4 来说，协议版本是 4。服务类型(TOS)域包括一个 3 位的优先权子域、一个 4 位的 TOS 域和一个 1 位的未用位(必须置 0)。总长度域是指整个 IP 数据包的长度，以 B 为单位。根据首部长度域和总长度域，就可以知道 IP 数据包中数据内容的起始位置和长度。标识域唯一地标识主机发送的每一份 IP 包，通常每发送一份报文，它的值就会加 1。生存时间(TTL)域设置了数据包可以经过的最多路由器数，它指定了数据包的生存时间。TTL 的初始值由源主机设置，一旦经过一个处理它的路由器，它的值就减去 1。当该域的值为 0 时，数据包就被丢弃，并发送 ICMP 报文通知源主机。

(2) GRE

GRE 是一种第三层隧道协议，通过对某些网络层协议(如 IP 和 IPX)的数据包进行封装，使这些被封装的数据包能够在另一个网络层协议(如 IP)中传输①。数据包要在隧道中传输，必须经过封装与解封装两个过程。不妨假设隧道传输采用 IP 协议，被封装数据包采用 IPX 协议，以下是封装和解封装过程的具体操作。

① 封装过程。

连接 Novell Groupl 的接口收到 IPX 数据包后，首先进行 IPX 协议处理，即 IPX 协议检查 IPX 报头中目的地址域，从而确定如何路由此包。当发现当前的 IPX 数据包是要发送给 Novell Group2 时，立即进行封装。封装好的隧道包格式如图 8.6 所示。IP 协议头是数据前面的部分，GRE 协议头和 IPX 载荷相当于 IP 协议的数据部分。

① 有关 CRE 的详细说明可参考 RFC 1701 和 RFC 1702 文档。

IP协议头 (隧道传输协议)	GRE协议头 (封装协议)	IPX载荷 (被封装协议)

图 8.6 封装好的隧道包格式

② 解封装过程。

解封装过程和封装过程相反。从隧道接口收到隧道包后，通过检查目的地址，发现目的地址正是该路由器后，剥掉 IP 协议头，交给 GRE 协议处理(检查校验和序列号等)。GRE 协议处理后，剥掉 GRE 协议头，再交给 IPX 协议，IPX 协议像对待一般数据包一样对此数据包进行处理。

系统收到的一个需要封装和路由的数据包，称为净荷(Payload)，这个净荷首先被加上 GRE 封装，成为 GRE 数据包，然后被封装在 IP 包中，这样就可完全由 IP 层负责此数据包的传输和转发了。这个负责传输和转发的协议称为隧道传输协议，隧道传输协议一般仍采用 IP 协议。

GRE 的隧道由两端的源 IP 地址和目的 IP 地址来定义，它允许用户使用 IP 封装 IP、IPX、AppleTalk，并支持全部的路由协议，如 RIP、OSPF、IGRP、EIGRP 等。通过 GRE，用户可以利用公共 IP 网络连接 IPX 网络、AppleTalk 网络，还可以使用保留地址进行网络互联，或者对公网隐藏企业网的内部 IP 地址。GRE 在包头中包含了协议类型，标明被封装协议的类型；校验和包括了 GRE 的包头和完整的乘客协议与数据；序列号用于接收端数据包的排序和差错控制；路由用于本数据包的路由。GRE 只提供了数据包的封装，并没有通过加密功能来防止网络侦听和攻击，这是 GRE 协议的局限性。另外，需手工配置也限制了 GRE 的应用。

通过上述 GRE 协议的例子，可以看到隧道技术应包含三个部分：网络隧道协议、隧道协议下面的承载协议和隧道协议所承载的被承载协议。

3）自愿隧道和强制隧道

隧道可分为自愿隧道和强制隧道。

(1) 自愿隧道

自愿隧道(Voluntary Tunnel)是使用最普遍的隧道类型。客户端可以通过发送 VPN 请求配置和创建一条自愿隧道。为建立自愿隧道，客户端计算机必须安装适当的隧道协议，并需要一条 IP 连接(可通过局域网或拨号线路)。如果使用拨号方式，客户端必须在建立隧道之前创建与公共互联网的一个拨号连接。

(2) 强制隧道

强制隧道(Compulsory Tunnel)由支持 VPN 的拨号接入服务器配置和创建。这种情况下，用户计算机不作为隧道端点，而是由位于用户计算机和隧道服务器之间的远程接入服务器作为隧道客户端，成为隧道的一个端点。

一些厂家提供能够创建隧道的拨号接入服务器，包括支持 PPTP 的前端处理器(FEP)、支持 L2TP 的 L2TP 接入集线器(LAC)或支持 IPSec 的安全 IP 网关。其中，FEP 和隧道服务器之间建立的隧道可以被多个拨号客户共享，而不必为每个客户建立各自的隧道。因此，一条强制隧道中可能会传递多个客户的数据信息，只有在最后一个隧道用户断开连接之后才能终止这条隧道。

8.4.2 PPTP 分析

1. PPP

点到点协议(Point to Point Protocol,PPP)最初的目的是通过拨号或专线方式建立点对点连接来交换数据,使其成为各种主机、网桥和路由器之间简单连接的通用解决方案。PPP 提供了解决链路建立、维护、拆除、上层协议协商、认证等问题的完整方案,并支持全双工方式,可按照顺序传递数据包。PPP 包含以下三个部分:

① 链路控制协议(Link Control Protocol,LCP):LCP 负责创建、维护或终止一次物理连接。

② 网络控制协议(Network Control Protocol,NCP):NCP 是一组协议,主要负责确定物理连接上运行哪种网络协议,并解决上层网络协议发生的问题。

③ 认证协议:最常用的认证协议是口令验证协议和挑战握手验证协议。

一个典型的链路建立过程分为四个步骤。

(1) 创建 PPP 链路

LCP 负责创建链路,对基本的通信方式进行选择。具体做法是,链路两端设备通过 LCP 向对方发送配置信息报文(Configure Packet)。一旦一个配置成功的信息包(Configure ACK Packet)被发送且被接收,就完成了交换,进入 LCP 开启状态。

在 PPP 链路创建阶段,只需对验证协议进行选择,用户验证将在下一阶段实现。

(2) 用户验证

在这个阶段,客户端将自己的身份发送给远端的接入服务器。该阶段使用一种安全验证方式,避免第三方窃取数据或冒充远程客户接管与客户端的连接。在认证完成之前,禁止从认证阶段直接进入网络层协议阶段。如果认证失败,则进入链路终止阶段。在这一阶段中,只有 LCP、认证协议和链路质量监视协议的协议数据是被允许的,其他数据将被默认丢弃。

(3) PPP 回呼控制

微软设计的 PPP 还包括一个可选的回呼控制协议(Call Back Control Protocal,CBCP)。如果配置使用回呼控制,那么在验证之后,远程客户和网络接入服务器(Network Access Server,NAS)之间的连接将被断开,然后由 NAS 使用特定的电话号码回呼远程客户。通过这种方法,可以进一步保证拨号网络的安全性。

(4) 调用网络层协议

认证完成之后,PPP 将调用在链路创建阶段选定的各种网络控制协议(NCP)。选定的 NCP 用于解决 PPP 链路上的高层协议问题。例如,在该阶段,IP 控制协议可以向拨入用户分配动态地址。

经过以上几个阶段,一条完整的 PPP 链路就建立起来了。

在用户验证过程中,PPP 支持下列三种认证方式。

(1) 口令验证协议

口令验证协议(Password Authentication Protocol,PAP)是一种简单的明文验证方式。NAS 要求用户提供用户名和密码,而 PAP 以明文方式返回用户信息。很明显,这种验证方式的安全性较差,第三方可以很容易地获取被传送的用户名和密码,并利用这些信息与 NAS 建立连接,获取 NAS 提供的所有资源。一旦用户密码被第三方窃取,PAP 将无法提供避免被第三方攻击的保障措施。

(2) 挑战/握手验证协议

挑战/握手验证协议(Challenge Handshake Authentication Protocol,CHAP)是一种加密的验证方式,它能够在建立连接时避免传送用户密码的明文。NAS向远程用户发送一个挑战口令,其中包括会话ID和一个任意生成的挑战字串。远程客户必须使用MD5算法返回用户名和加密的挑战口令、会话ID以及用户口令,其中用户名以非加密的方式发送。CHAP为每一次验证随机生成一个挑战字串来防止受到攻击(Replay Attack)。另外,在整个连接过程中,CHAP将不定时地向客户端重复发送挑战口令,从而避免第三方冒充远程客户进行攻击。

(3) 微软挑战/握手验证协议(MS-CHAP)

MS-CHAP的特点是,在调用网络层协议时,支持对数据的压缩和加密。

2. PPTP

点对点隧道协议是由3Com公司和Microsoft公司合作开发的第一个用于VPN的协议,它是PPP的扩展,Microsoft在Windows NT中全面支持该协议。前面介绍过的PPP、PAP、CHAP和GRE协议构成了PPTP的基础。PPTP的隧道通信包括以下三个过程:

① PPP连接和通信。

② PPTP控制连接。它是建立到PPTP服务器上的连接,并形成一个虚拟隧道。

③ PPTP数据隧道。在隧道中,PPTP建立包含加密的PPP包的IP数据包,这些数据包通过PPTP隧道进行收发。

后面过程的成功与否取决于前面过程的成功与否。如果有一个过程失败了,那么整个过程必须重来。

PPTP在一个已存在的IP连接上封装PPP会话,而不管IP连接是如何建立的。也就是说,只要网络层是连通的,就可以运行PPTP。

PPTP将控制包与数据包分开,控制包采用TCP控制,用于严格的状态查询以及信令信息;数据包部分先封装在PPP中,然后封装到GRE协议中,如图8.7所示。

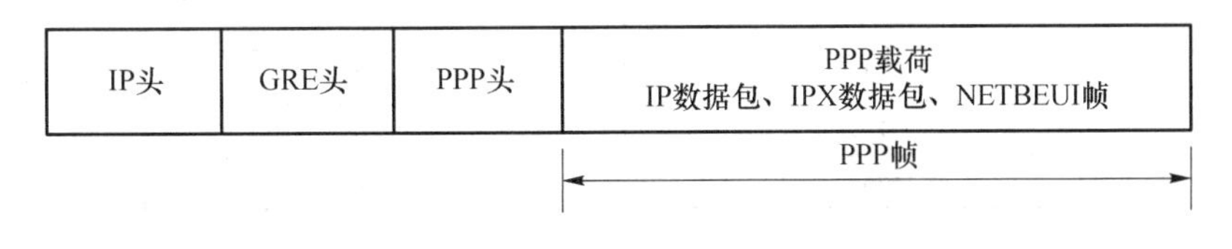

图8.7　PPTP

在PPTP中,GRE协议用于在标准IP包中封装协议数据包,因此,PPTP支持多种协议,包括IP、IPX、NETBEUI等。除了搭建隧道,PPTP本身并没有定义加密机制,但PPTP继承了PPP的认证和加密机制,如认证机制PAP和CHAP。

PPTP是一个面向中小型企业的VPN解决方案,它的安全性不太好,在有些场合甚至比PPP还弱,因此,不适合安全性要求高的场合。有一种说法是,PPTP将逐步被另一个二层隧道协议取代,即L2TP。

3. L2TP协议分析

二层隧道协议(L2TP)将网络层数据包封装在PPP帧中,然后通过IP、X.25、FR和ATM网络中的任何一种点到点串行链路进行传送。

1) 通过IP传送L2TP数据

图8.8是通过IP传送L2TP数据的示意图。L2TP消息有控制消息与数据消息两种类

型。控制消息用来建立、保持、清除隧道,数据消息用来封装在隧道中传送的 PPP 帧。

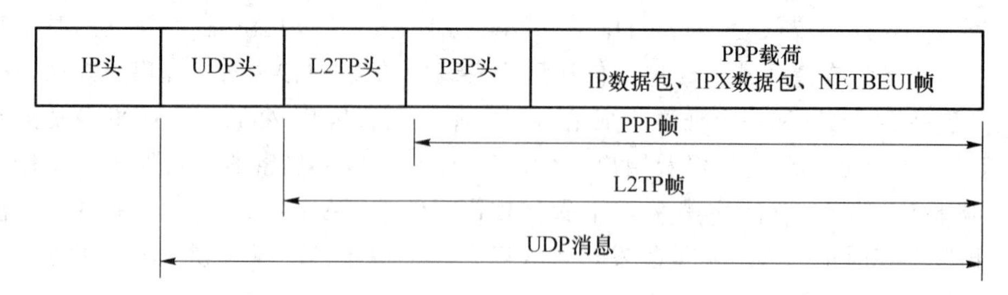

图 8.8　通过 IP 传送 L2TP 数据的示意图

2) L2TP 协议的结构和头格式

图 8.9 是 L2TP 协议的结构,图 8.10 是 L2TP 协议的头格式。L2TP 控制信道与数据信道的包具有相同的头格式,长度、Ns、Nr 对数据消息来说是可选的,但对控制消息来说则是必需的。在图 8.10 中,T 表示消息类型,T 等于 0 时表示数据消息,T 等于 1 时表示控制消息;L 表示长度域的存在,L 等于 0 时表示不存在,L 等于 1 时表示存在;x 为保留;S 表示 Ns 与 Nr 域的存在,S 等于 0 时表示不存在,S 等于 1 时表示存在;O 表示偏移量域的存在,O 等于 0 时表示不存在,O 等于 1 时表示存在;P 表示数据的处理方式;Ver 为 2 时表示 L2TP。

有关各个域的详细描述可参考 RFC 2661。

PPP帧	
L2TP数据消息	L2TP控制消息
L2TP数据信道(不可靠)	L2TP控制信道(可靠)
包传输(UDP、FR、ATM等)	

图 8.9　L2TP 协议的结构

T|L|x|x|S|x|O|P|x|x|x|x Ver	长度(可选)
隧道ID	会话ID
Ns(可选)	Nr(可选)
偏移量(可选)	偏移填充(可选)

图 8.10　L2TP 协议的头格式

3) L2TP 定义的控制消息

L2TP 定义了以下四类控制消息。

(1) 控制连接管理消息

```
0(保留值)
1(SCCRQ) Start-Control-Connection-Request
2(SCCRP) Start-Control-Connection-Reply
3(SCCCN) Start-Control-Connection-Connected
4(StopCCN) Stop-Control-Connection-Notification
5(保留值)
6(HELL) Hello
```

（2）调用管理消息

```
7(OCRQ) Outgoing-Call-Request
8(OCRP) Outgoing-Call-Reply
9(OCCN) Outgoing-Call-Connected
10(ICRQ) Incoming-Call-Request
11(ICRP) Incoming-Call-Reply
12(ICCN) Incoming-Call-Connected
13(保留值)
14(CDN) Call-Disconnect-Notify
```

（3）错误报告消息

```
15(WEN) WAN-Error-Notify
```

（4）PPP 会话控制信息

```
16(SLI) Set-Link-Info
```

L2TP 的控制连接协议对隧道的建立、保持、认证和清除进行了详细规定，可参考 RFC 2661。

4）L2TP 与 PPTP 的差别

尽管 PPTP 和 L2TP 都使用 PPP 对数据进行封装，并附加包头用于数据在互联网上的传输，但实质上它们之间有很大的差别。

① PPTP 要求传输网络为 IP 网络，而 L2TP 对传输网络的要求不高，可以在 IP（使用 UDP）、帧中继永久虚拟电路（PVCS）、X. 25 虚电路上使用，也就是说，L2TP 只要求提供面向数据包的点对点连接。

② PPTP 只能在两点之间建立单一隧道，而 L2TP 允许在两点之间建立多个隧道。使用 L2TP 时，用户可以针对不同的服务质量创建不同的隧道，这是很有用的功能，而 PPTP 不具备这一功能。

③ L2TP 可以提供包头压缩，当包头压缩时，系统开销仅占用 4 B，而使用 PPTP 时，系统开销必须占用 6 B。

④ L2TP 可以提供隧道验证，而 PPTP 则不支持隧道验证。

4. IPSec 协议分析

L2TP 只能从隧道起始端到隧道终止端通过认证和加密实现一定的安全，而隧道并不能保证 IP 公网的传输过程足够安全。IPSec 技术则在隧道外面再进行封装，从而保证隧道在传输过程中的安全，IPSec 封装示意图如图 8.11 所示。

图 8.11　IPSec 封装示意图

IPSec 是一种三层隧道协议，为 IP 层提供安全服务。IPSec 提供的安全服务包括：①访问控制；②无连接完整性；③数据源认证；④防重放保护；⑤保密性；⑥有限的通信业务流保密性。

采用的安全机制包括：数据源验证、无连接数据的完整性验证、数据内容的保密性保护和防重放保护等。IPSec 协议已经在 7.1 节做了详细介绍，这里不再赘述。

本章小结

一个网络接入互联网,它的用户就可以访问外部世界并与外部世界通信,但同时,外部世界也可以访问该网络并与该网络交互。为安全起见,可以在该网络和互联网之间插入一个中间系统,竖起一道安全屏障。这道屏障的作用是阻断来自外部网络的威胁和入侵,构建保护本地网络安全和审计的关卡,其作用与防火砖墙有类似之处,因此,把这个屏障称为防火墙。

随着互联网和内联网的发展,防火墙的技术也在不断发展,其分类和功能不断细化,但总的来说,可以分为三类:①分组过滤路由器;②应用级网关;③电路级网关。

防火墙主要有三种常见的体系结构:①双宿主/多宿主主机模式;②屏蔽主机模式;③屏蔽子网模式。

虚拟专用网是网络安全中的一个重要技术,通过多种安全机制提供了链路层和网络层上的一些安全服务,是链路层和网络层上数据安全的有力保障。虚拟专用网中的重点是 L2TP 和 IPSec。目前,虚拟专用网主要采用五项技术来保证安全,这五项技术分别是隧道技术、加解密技术、密钥管理技术、使用者与设备身份认证技术和访问控制技术。

本章习题

1. 与 PPP 相比,L2TP 有哪些改进?

2. 传输模式和隧道模式的本质区别是什么?

3. IPSec 中的安全关联起什么作用?

4. 我们身边存在许多 VPN 的运用,试着了解这些机构所采用的具体 VPN 技术,结合其实际通信需求分析各技术的优劣。

5. 随着万维网技术的发展,基于 SSL 协议的 VPN 技术得到越来越多的关注。试比较基于 SSL 协议的 VPN 技术和基于 IPSec 协议的 VPN 技术的优劣(提示:可从应用范围、功能和成本等方面做比较)。

6. 某大学在其甲校区和乙校区之间建立 VPN 连接,老师在任一校区授课时,另一校区的学生可通过视频点播的方式同步学习。结果发现:在正常工作时间段,视频点播的音频和视频质量均较差,而其他时间段则没有这样的问题。试分析其原因。(注:两个校区均自构 VPN,并由同一 IP 网络运营商分别为这两个校区提供 100 M 带宽的端口。同时,通过这个 100 M 带宽的端口为对应校区的师生提供如 Web 访问等网络服务。)

7. 结合题 6,研究如何在 VPN 环境下保证服务质量(Quality of Service,QoS)。

8. 结合题 6,研究加解密对 VPN 网络性能的影响。

第 2 部分

软件和数据安全

第9章 软件安全和恶意代码

本章学习要点	• 理解软件安全的概念以及当前软件安全威胁的主要来源； • 了解恶意代码的概念和分类； • 了解病毒、蠕虫、木马和僵尸的机理与防治技术； • 掌握恶意代码的动态分析、静态分析方法和工具； • 掌握恶意代码的检测方法。

9.1 软件安全概述

软件安全(Software Security)是指：采取工程的方法使得软件在敌对攻击的情况下仍然继续正常工作。即采用系统化、规范化、数量化的方法来指导构建安全的软件。

软件安全是一个相对较新的领域，直到2001年才有了关于软件安全方面的研究成果，这说明开发人员、软件架构师等开始系统地思考如何构建安全软件。然而，这方面的实践准则还没有得到广泛推广和采用。

从风险分析的角度出发，软件安全是关于如何理解软件所引起的安全风险以及如何管理这些风险的学科。McGraw博士提出的“使安全成为软件开发的必需部分(Build Security In, BSI)”观点，已经得到业界和政府机构的认同，美国国土安全部下属的国家网络安全处专门建立了BSI网站(http://buildsecurityin.us-cert.gov/protal)，并与美国国家标准与技术研究所(NIST)、国际标准化组织(ISO)以及电气电子工程师协会(IEEE)一起共同维护这个网站。

McGraw博士提出软件安全工程化的三个支柱：风险管理、软件安全切入点以及安全知识。软件安全切入点是在软件开发生命周期中保障软件安全的一套最佳实际操作方法，其中包括代码审核、体系结构风险分析、渗透测试、基于风险的安全测试、滥用案例、安全需求和安全操作。

软件安全是计算机安全问题中的关键问题。软件的缺陷已经存在很久了，包括实现中的错误(如缓冲区溢出)，以及设计中的错误(如不周全的错误处理)。同时，黑客常常通过利用软件漏洞入侵系统。因此，近年来基于互联网的应用软件往往会成为风险最高的软件。此外，随着软件系统日益复杂和软件系统数量不断增加，安全隐患也不断增多。据统计，软件中的安全漏洞数量逐年增长。

2015年1月，360互联网安全中心发布了《2014年中国个人电脑上网安全报告》，该报告指出，在2014年，360互联网安全中心共截获新增恶意程序样本3.24亿个，平均每天截获新增恶意程序样本88.8万个。恶意程序在个人电脑上较为主要的4个传播途径分别是聊天工具、流氓推广、外挂程序和色情网站。在通过QQ传输的可执行文件中，14%为恶意程序；而在通过旺旺传输的可执行文件中，10%为恶意程序。在所有采用流氓推广方式的恶意程序中，播放器占到了52.7%，其次是各种安装包(20.7%)、外挂程序(8.1%)。此外，17%的游戏外挂为带毒外挂。其中，QQ游戏系列的外挂的带毒率约为32%，跑跑卡丁车外挂带毒率约为50%。这些带毒外挂的恶意行为包括盗号、感染文件、流氓推广、篡改首页等。2014年，360互联网安全中心共截获新增挂马网站1 468个，平均每天截获新增挂马网站4个。360互联网安全中心共截获新增钓鱼网站262.1万个，平均每天截获新增钓鱼网站约7 080个。与此同时，由于Windows XP的停止服务可能直接影响国内3亿用户的电脑安全，所以Windows XP系统的安全防护成为国内安全产业所面临的严峻挑战。

表9.1给出了2014年攻击次数排名前10的恶意程序名称和具体的恶意行为。

表9.1 2014年攻击次数排名前10的个人电脑恶意程序

恶意程序名称	攻击次数	恶意行为
ADWare. Win32. Clicker	2 421 545 599	运行后以隐藏弹窗形式，在后台恶意刷流量，如果用户电脑补丁不全就很可能会感染网页上的木马
Virus. Win32. FakeLPK	1 011 808 088	LPK感染，通过系统优先加载程序自身目录DLL的特性启动自身，并不断复制自身感染用户电脑
Rootkit. Win32. Rwm	374 539 336	可被利用的驱动，恶意软件可利用该驱动达到隐藏自身目的，因其代码运行在特权模式下，可造成意想不到的伤害
ADWare. Win32. Acad(NotPe)	361 942 877	恶意修改用户浏览器默认主页，弹出恶意、虚假广告页面等
Trojan. Win32. DDOS	292 049 365	DDoS木马，中招后电脑会马上变成被黑客控制的僵尸电脑。黑客可以利用僵尸电脑来发起DDoS攻击，在攻击过程中，用户电脑会出现卡、网络慢、掉线等现象
ADWare. Win32. MultiDL	214 904 138	广告软件，安装该类型软件后通常会默认添加自启动，随着系统运行常驻进程，并在后台根据云端下发各种类型的广告
Virus. Win32. Fakelinkinfo	172 978 834	Linkinfo感染，通过系统优先加载程序自身目录DLL的特性启动自身，并不断复制自身感染用户电脑
Trojan. Win32. GameHacker	115 951 992	游戏木马，盗取用户游戏信息后发送到黑客事先搭建好的收信地址，黑客会通过洗掉用户号里的金币装备来获取利润
Virus. Win32. FakeFolder	114 521 827	假冒文件夹图标迷惑用户，运行后会启动感染模式，不断复制自身到各个文件夹下
Trojan. Win32. Inject	91 454 529	远程注入系统正常进程，修改EIP来执行自身事先准备的恶意代码，这种特性使得用户在任务管理器下是无法结束该病毒的

1. 软件安全技术概述

1）软件及其安全的基本概念

(1) 软件的定义和分类

计算机系统分为硬件系统和软件系统两部分，通常简称为硬件和软件。硬件是看得见摸得着的物理实体，如显示器、主机、打印机、键盘、鼠标、扫描仪等，它们是计算机进行工作的物质基础。软件是支配硬件进行工作的“灵魂”，通常包含计算机程序及其相关文档数据。根据计算机程序所起的作用，软件可分为固件、系统软件、中间件和应用软件四种类型，下面进行介绍。

① 固件是指一些与硬件结合较为紧密的小型软件，通常与硬件“固化”在一起。

② 系统软件主要是指操作系统、数据库系统和编译器软件，它们负责管理和优化计算机软硬件资源的使用。

③ 中间件是指在计算机系统平台与计算机软件之间起桥梁作用的一组软件，如API、ODBC、ADO和Web服务器等。

④ 应用软件是用于解决某领域的专门问题的软件，其种类繁多。

对于软件的一般要求是适用范围广、可靠性高、安全保密性强、价格适当，而对于有特殊安全保护要求的软件则一般应具备防复制、防静态分析、防动态跟踪等技术性能。

(2) 软件的本质和特征

软件具有两重性，即软件具有巨大的使用价值和潜在的破坏性能量。软件的本质和特征可以描述如下：

① 软件是用户使用计算机的工具；

② 软件是将特定装置转换成逻辑装置的手段；

③ 软件是计算机系统的一种资源；

④ 软件是信息传输和交流的工具；

⑤ 软件是知识产品，奠定了知识产业的基础，已成为现代社会的一种商品形式；

⑥ 软件是人类社会的财富，是现代社会进步和发展的一种标志；

⑦ 软件是具有巨大威慑力量的武器，是将人类智慧转换成破坏性力量的放大器；

⑧ 软件可以存储，可以存入并可运行多种媒体；

⑨ 软件可以移植，包括在相同和不相同的计算机上的软件移植；

⑩ 软件可以非法入侵载体；

⑪ 软件可以非法入侵计算机系统；

⑫ 软件具有寄生性，可以潜伏在载体或计算机系统中，从而构成在合法操作或文件名义下的非授权；

⑬ 软件具有再生性，在信息传输过程中或共享系统资源的环境下存在非线性增长模式；

⑭ 软件具有可激发性，是可接受一定(外部的或内部的)条件刺激的逻辑炸弹；

⑮ 软件具有破坏性，一个人为设计的特定软件可以破坏指定的程序或数据文件，甚至导致计算机系统的瘫痪；

⑯ 软件具有攻击性，一个软件在运行过程中可以搜索并消灭对方的计算机程序，并取而代之。

可见，软件不但是工具、手段、知识产品，同时也是一种武器，存在着潜在的不安全因素及破坏性，因此，学习与掌握相应的软件安全技术是十分必要的。

(3) 软件安全的含义

软件安全泛指计算机软件与数据不受自然和人为有害因素的威胁和危害，具体来说，可以理解为软件与数据不会被有意或无意地被跟踪、破坏、更改、显露、盗版、非法复制，软件系统能正常连续地运行。

(4) 软件安全保护的指导思想

软件安全保护的指导思想是采用加密、反跟踪、防非法复制等技术,在软件系统或固件上产生一种信息,这种信息既是软件系统中各可执行文件在运行中必须引用的,又是各种文件复制命令或软盘复制软件所无法正确复制、无法正确安装或无法正确运行的。

2) 软件安全的主要威胁

(1) 软件盗版

软件盗版是指任何未经软件著作权人许可,擅自对软件进行复制、传播,或以其他方式超出许可范围进行传播、销售和使用的行为。

(2) 软件跟踪

计算机软件在开发出来以后,总有人利用各种程序调试分析工具对程序进行跟踪和逐条运行、窃取软件源码、取消防复制和加密功能,从而实现对软件的动态破译。破解软件的主要手段就是动态跟踪。

软件跟踪包括静态跟踪和动态跟踪,静态跟踪是指将可执行文件反汇编为汇编语言文件,然后对其进行分析。而动态跟踪是利用软件工具一步一步地,即单步执行软件。软件跟踪本身也是软件分析的主要技术,但如若被不法分子利用,用于对软件进行非法破译,那么将会带来很大的安全威胁。

(3) 软件漏洞

由于种种原因,软件开发商所提供的软件不可避免地存在这样或那样的缺陷,通常把软件中存在的这些缺陷称为漏洞,漏洞的存在严重威胁了软件系统的安全。

在发现软件的安全漏洞以后,软件开发商采取的办法多数是发布“补丁”程序,以修正软件中所出现的问题。虽然“补丁”的数量越来越多,但安全性却没有很大的提高,主要原因如下:

① 对于软件开发商来讲,目前还缺乏探知软件漏洞的工具,等发现漏洞之后可能危害就已经发生了,“补丁”程序也只能起到亡羊补牢的作用;

② 有些软件“补丁”是很难补上去的,且即使能补上了,也不一定能补得天衣无缝;

③ 有些用户不能及时得知软件存在漏洞和已有“补丁”的信息,且即使知道了,也可能因种种原因而根本无暇安装“补丁”程序。

3) 保护软件安全的技术

软件安全技术是指为保护软件与数据的安全而采取的方法、手段和管理措施。本书将介绍三种软件安全技术。

(1) 软件加密技术

因为软件极易复制,所以加密是保护软件的一种必要手段。软件加密的目的就是保护软件开发商的利益,防止软件被盗版。

目前软件加密技术大致可分为两类:软加密与硬加密。软加密是用纯软件的方式来实现软件的加密,主要包括密码方式、软件的校验方式和钥匙盘方式。硬加密则是利用硬件与软件相结合来实现软件的加密,其典型产品包括加密卡、软件狗等。

(2) 软件分析技术

软件分析主要作用是保障软件质量,通过分析某个软件,查找出其中包含的软件漏洞,以便开发人员修改软件的漏洞,提高软件质量。软件分析也应用在软件的破解、解密以及计算机病毒分析工作中。

因为软件都是机器代码程序,对于它们的分析必须使用静态或动态调试工具,分析跟踪其汇编代码。常见的软件分析技术主要包括直接阅读文档、反汇编和各种跟踪技术等。

(3) 软件防盗版技术

软件防盗版技术通过某种技术或采取某种加密措施,使得一般用户利用正常的复制命令甚至于各种复制软件都无法将软件进行完整的复制,或者是使得复制得到的软件不能正常运行。软件防盗版技术包括防止软件的非法复制和防止软件的非法安装运行两方面。

针对软件防盗版技术的具体实现细节可以使用纯硬件方式、纯软件方式或软硬件结合的方式,这些方式即采用了对应的加密技术原理。从软件的发行载体(软磁盘、光盘以及计算机网络)入手,软件防盗版技术又包括磁盘防复制技术和光盘防复制技术。

2. 软件加密技术

软件加密是软件商为了保护软件产品而采取的一种保护方式。软件加密主要有两种形式:不依赖硬件的加密(软加密)方案;依赖特定硬件的加密(硬加密)方案。

1) 软件硬加密

硬加密的原理是将加密信息固化在某个硬件电路中,然后将它作为一个软件的附加设备一起交给用户。当用户运行该软件的时候,将该固化的电路设备接到计算机连接端口,软件将根据是否检测到对应的密钥来决定运行该软件还是屏蔽某些功能。这类硬加密常见的有软盘加密、加密狗、BIOS序列号等。

(1) 软盘加密

钥匙盘方式是最常见的软盘加密方式。所谓钥匙盘方式就是通过BIOS序列号的INT 13中断对软盘格式化一些特殊的磁道,有的还在特殊磁道里写入一定的信息,软件在运行时要校验这些信息。这种软盘就好像一把“钥匙”一样,因此称为钥匙盘。如KV3000等杀毒盘和早期的计算机等级考试安装盘就采用了这种加密方式,它们的主要特点是在软磁盘的特殊位置做标记,在软件运行中计算机要读取这些特殊标记,以验证软件的合法性。由于记录这种特殊标记的位置不能被平常的复制命令或复制软件所读取,所以钥匙盘类的软件不能被轻易复制,加在软件中的“锁”就变得安全有效了。

(2) 加密狗

加密狗是插在计算机并行接口上的软硬件结合的软件硬加密产品,包括加密代码程序和密钥(亦称加密盒)两部分。密钥中存放了密码,加密代码程序检查密钥是否存在以及是否正确,其仅在检查无误的情况下才去执行正常功能的应用程序。

(3) BIOS序列号

在计算机的升级之中,主板是面临淘汰的可能性最小的硬件,因此,主板序列号是主板唯一的标志,可以被运用到软件的加密中。主板序列号其实就是BIOS序列号,因为每台计算机的主板都有唯一的标志——BIOS序列号,所以可以将这个序列号作为软件的认证信息。

2) 软件软加密

软加密是一种低成本的加密方式。它的特点是不需要辅助的硬件,可以直接在软件中进行加密或设立密码。相关的方法有序列号法、密码表加密法和许可证法。

(1) 序列号法

序列号法是用户在购买正版软件的时候供应商提供给他们正确的密码,从而使用户可以顺利安装和使用购买的软件的方法。但是,由于计算机软件的易复制性,盗版者只需复制软件及安装序列号,就能够完成安装并顺利运行,且在软件功能上没有任何缺损。因此,这种类型的“钥匙”其实成了一种象征性的摆设,其加密强度不够。

(2) 密码表加密法

密码表加密法是程序在运行时弹出一些提示问题,用户需要按提示问题回答,如果回答错误则程序停止运行。正常情况下,只有输入正确的答案,软件才认为该用户是合法使用者。这种加密方法运行简单,使用广泛。但是,因为密码表的特征字串很容易被复制,盗版者可以把整个密码表输入计算机中,存成一个文件,同盗版软件一同公布出来,所以这种方法很容易被盗版者利用。

(3) 许可证法

从某种角度上说,这种方式是序列号加密法的一个变种。用户从网上下载的或购买的软件并不能直接使用,软件在安装时或运行时会对计算机进行一番检测,并根据检测结果生成一个计算机的特定指纹,这个指纹可以是一个小文件,也可以是一串谁也看不懂的数。用户需要把这个指纹数据通过 Internet、电子邮件、电话或传真等方式发送到软件开发商那里,软件开发商再根据这个指纹给用户一个注册码或注册文件,一般称其为许可证。用户得到包含注册码或注册文件的许可证后,按软件开发商要求的步骤在计算机上完成注册后方能使用。

带有许可证的软件交易可以完全通过网络来进行,用户购买的软件将只能在自己的计算机上运行,若用户更换计算机,其注册码或注册文件可能不再有效,因此,用户更换某些硬件设备也可能造成注册码的失效,而且用户得到软件后,在完成注册工作前会有一段时间无法使用软件。许可证法对于软件开发商来说服务与管理的工作量无疑是非常巨大的。

3. 软件漏洞

近年来,随着软件和网络的发展,软件缺陷和软件漏洞已严重威胁到了网络及信息系统安全。通常,软件漏洞与恶意软件关系密切,黑客可以利用软件漏洞直接控制远程目标,或通过制造和传播蠕虫、病毒等恶意软件实现对目标主机或网络的控制,进而实施各种恶意活动。接下来将首先介绍软件漏洞的基本概念,然后剖析黑客利用软件漏洞的方式以及其对系统造成的威胁等,最后介绍三种典型的软件漏洞。

1) 软件漏洞的概念

漏洞,通常也称为脆弱性(Vulnerability),RFC 2828 将漏洞定义为“系统设计、实现或操作和管理中存在的缺陷或弱点,能被利用而违背系统的安全策略”。可见,漏洞是计算机系统在硬件、软件、协议的具体实现或系统安全策略上存在的缺陷和不足。漏洞一旦被发现,攻击者就可利用这个漏洞获得计算机系统的额外权限,并在未授权的情况下访问或破坏系统,从而危害计算机系统安全。

软件漏洞的产生是与时间紧密相关的,一个系统从发布的那天起,随着用户的深入使用,系统中存在的软件漏洞便会不断地被发现。较早被发现的软件漏洞会不断地被系统供应商发布的补丁所修补,或在新版本中得到纠正。而在新版本纠正了旧版本中软件漏洞的同时,也会引入一些新的软件漏洞和错误。因而随着时间的推移,旧的软件漏洞会不断消失,新的软件漏洞又会不断出现。

2) 漏洞分类及其标准

(1) 漏洞分类

20 世纪 70 年代,国外已开始对漏洞分类进行研究,主要有 Aslam 和 Krsul 漏洞分类法、Bishop 的六轴分类法、Knight 的四类型分类法,但是这些方法都普遍存在量化模糊问题,用户无法清晰地了解漏洞造成的危害及漏洞被利用的程度。综合目前计算机安全漏洞的特点,业界又提出了一种新的分类方法,这种分类方法是从以下四个方面对漏洞进行分类的。

① 按漏洞可能对系统造成的直接威胁，可以将漏洞分为获取访问权限漏洞、权限提升漏洞、拒绝服务攻击漏洞、恶意软件植入漏洞、数据丢失或泄露漏洞等。

② 按漏洞的成因，可以将漏洞分为输入验证错误、访问验证错误、竞争条件错误、意外情况处理错误、设计错误、配置错误及环境错误。

③ 按漏洞的严重性分级，可以将漏洞分成高、中、低三个级别。远程和本地管理员权限大致对应为高级，普通用户权限、权限提升、读取受限文件，以及远程和本地拒绝服务大致对应中级，远程非授权文件存取、口令恢复、欺骗，以及服务器信息泄露大致对应低级。但这只是通常的情况，很多时候需要具体情况具体分析，如一个涉及针对流行系统本身的远程拒绝服务漏洞，就应该是高级。同样一个被广泛使用的软件如果存在弱口令问题，或存在口令恢复漏洞，也应该归为中级或高级。

④ 按对漏洞被利用方式的分类，可以将漏洞分为本地攻击、远程主动攻击以及远程被动攻击等。

(2) CVE 标准

在网络安全发展的早期，为了应对不同厂商对漏洞的披露没有一个广泛的边界用来提供参考，漏洞的定义多而杂，安全厂商之间对漏洞的边界划分比较模糊并趋于混乱的情况，MITRE 公司于 1999 年建立了通用漏洞披露(Common Vulnerabilities and Exposures，CVE)。CVE 就好像是一个字典表，给广泛认同的信息安全漏洞或已经暴露处理的弱点一个公共的名称。通过使用一个公共的名称，可以使得用户在各自独立的漏洞数据库中和漏洞评估工具中共享数据。这提供了评价漏洞评估工具的一个标准，也可以准确地知道每个漏洞评估工具的安全覆盖程度，从而可以判断其有效性和适应性。兼容 CVE 的工具和数据库可以提供更好的覆盖，也更容易互动和强化其安全性。

CVE 标准的优点是将众所周知的安全漏洞的名称标准化，使不同的漏洞库和安全工具更容易共享数据，更容易在其他数据库中搜索信息。由于 CVE 已经基本成为漏洞库标准，所以不论是公司还是科研机构，在建立基于自己产品漏洞库的时候，都会有意识地去兼容 CVE 标准。另外，Microsoft 对于自身的产品漏洞，每月会定期(第二个星期二)发布安全公告，其命名规则 MSxx-xxx(如 MS08-067)，其中每个安全公告可能对应一个或多个安全漏洞。

(3) CNVD

国家信息安全漏洞共享平台(CNND)是由国家计算机网络应急技术处理协调中心(国家互联应急中心，CNCERT)联合国内重要信息系统单位、基础电信运营商、网络安全厂商、软件厂商和互联网企业建立的信息安全漏洞信息共享知识库。

建立 CNVD 的主要目标是与国家政府部门、重要信息系统用户、运营商、主要安全厂商、软件厂商、科研机构、公共互联网用户等共同建立软件安全漏洞统一收集验证、预警发布及应急处置体系，切实提升我国在安全漏洞方面的整体研究水平和及时预防能力，进而提高我国信息系统及国产软件的安全性，带动国内相关安全产品的发展。

(4) CNNVD

中国国家信息安全漏洞库(China National Vulnerability Database of Information Security，CNNVD)，漏洞编号规则为 CNNVD-xxxxxx-xxx，是中国信息安全测评中心为切实履行漏洞分析和风险评估的职能，负责建设运维的国家信息安全漏洞库，为我国信息安全保障提供基础服务。

3) 软件漏洞对系统的威胁

软件漏洞能影响到软硬件设备和服务器软件、网络路由器和安全防火墙等，包括操作系统本身及其支撑软件、网络客户端。下面逐一分析其可能对系统造成的典型威胁。

（1）非法获取访问权限

访问控制（Access Control）在ITU-T推荐标准X.800中被定义为：防止未经授权使用资源，包括防止以非授权方式使用资源。当一个用户试图访问系统资源时，系统必须先对其进行验证，决定是否允许用户访问该系统，进而，访问控制功能决定是否允许该用户具体的访问请求。假设你是一家知名公司的员工，在你进入该公司大门时，保安会先让你出示出入证明，也就是进行认证，确定你是否有进入公司领域的资格。进入公司后，你来到资料室，想获取某个涉密资料时，资料管理员就会验证你的身份级别，确定你是否有访问这个资料的权限，这就是访问控制。

访问权限是访问控制的访问规则，用来区别不同访问者对不同资源的访问权限。在各类操作系统中，系统通常会创建不同级别的用户，不同级别的用户拥有不同的访问权限。譬如，在Windows系统中，通常有System、Administrators、Power Users、Users、Guests等用户组权限划分，不同用户组的用户拥有的权限不同，同时，系统中的各类程序也是运行在特定的用户上下文环境下，具备与用户权限对应的权限。

（2）权限提升

权限提升是指攻击者通过攻击某些有缺陷的系统程序，把当前较低级别的用户权限提升到更高级别的用户权限。由于管理员权限较大，因此通常将获得管理员权限看作一种特殊的权限提升。

（3）拒绝服务

拒绝服务（Denial of Service，DoS）攻击的目的是使计算机软件或系统无法正常工作，以及无法提供正常的服务。根据存在漏洞的应用程序的应用场景，可简单地将其划分为本地DoS漏洞和远程DoS漏洞。本地DoS漏洞可导致运行在本地系统中的应用程序无法正常工作或异常退出，甚至可使得操作系统蓝屏。攻击者通过远程DoS漏洞，发送特定的网络数据给应用程序，使得提供服务的程序异常或退出，从而使服务器无法提供正常的服务。

与一般意义上网络层面的DoS攻击不同，本节所述的DoS攻击更加侧重于由软件或系统组件漏洞引发的DoS攻击。例如，微软的IIS曾多次出现远程DoS漏洞，这些漏洞是由于其未能妥善处理某些畸形的HTTP请求而导致的，最后使得服务进程崩溃退出。

（4）恶意软件植入

当恶意软件明确攻击目标之后，需要通过特定方式将攻击代码植入目标中。目前的植入方式可以分为两类：主动植入与被动植入。

主动植入是指由程序自身利用系统的正常功能或者缺陷漏洞将攻击代码植入目标中，而不需要人的任何干预。譬如，计算机病毒对当前系统中的文件进行感染，向可移动存储介质中写入Autorun.inf实现自动运行可执行程序等。而蠕虫则通常利用系统缺陷和漏洞来植入恶意软件，譬如冲击波蠕虫利用MS03-026公告中的RPCSS服务漏洞，将攻击代码植入远程目标系统。

被动植入则是指恶意软件将攻击代码植入目标主机时需要借助于用户的操作。例如，攻击者物理接触目标并植入、攻击者入侵之后手工植入、用户自己下载、用户访问被挂马的网站、定向传播含有漏洞利用代码的文档文件等。这种植入方式通常和社会工程学的攻击方法相结合，诱使用户触发漏洞。

(5) 数据丢失或泄露

数据丢失或泄露是指数据被破坏、删除或者被非法读取。根据不同的漏洞类型,可以将数据丢失或泄露分为三种:第一类漏洞是由于对文件的访问权限设置错误而导致受限文件被非法读取;第二类漏洞常见于 Web 应用程序,是由于没有充分验证用户的输入而导致文件被非法读取;第三类漏洞主要是系统漏洞导致服务器信息泄露。

4) 软件漏洞产生的原因

软件漏洞从其成因来看,主要由技术因素和非技术因素两方面造成。

(1) 技术因素

第一,受开发人员的技术、能力和经验等限制,应用程序不可避免地会存在各种不足和错误。第二,开发人员很难考虑程序运行可能出现的所有情况,而这些疏忽自然就会增加相应的错误和漏洞。第三,开发人员由于不了解或是不重视程序的内部操作关系,在设计程序时总是假定程序能够在任何情况下正常运行,而这种假设一旦不能满足,程序内部的操作就会与安全策略矛盾,便由此形成了安全漏洞,尤其是各种逻辑错误。第四,安全漏洞的形成会受到其周围系统环境的影响。在不同类型的软件系统中,同种软件的不同版本之间,以及同种软件在不同的配置环境下,都会存在各种不同的安全漏洞问题。

总的来说,从漏洞产生的技术原因上来说,大致可以分成以下七类:输入验证错误、访问验证错误、竞争条件错误、意外情况处置错误、逻辑设计错误、配置错误、环境错误。

① 输入验证错误

缺少输入验证或输入验证存在缺陷是造成许多严重漏洞的主要原因。这些漏洞包括缓冲区溢出、SQL 注入以及跨站点执行脚本,常见于 Web 上的动态交互页面,比如 ASP 页面等。产生输入验证错误漏洞的原因是未对用户提供的输入数据的合法性做充分的检查。导致输入验证错误的原因主要有以下三个方面。

第一,没有在安全的上下文环境中进行验证。如果只在客户端验证而在服务器端没有进行验证。许多客户端服务器应用程序都在客户端执行输入验证,以提高性能。如果用户输入了错误的数据,客户端验证就可以较快地对数据进行验证,而不需要将数据通过网络发送给服务器来完成验证工作。但是,如果仅在客户端进行验证的话,那么攻击者通过禁用客户端验证所在的代码部分(如 JavaScript)或修改网络数据包,就可以很容易地绕过这个验证步骤。例如,使用一个自定义的 Web 客户端或者使用 Web 代理服务器,就可以操控客户端的数据而无须进行客户端验证。

第二,验证代码不集中。验证代码若散乱地分布在程序内而不成体系,会给验证代码本身的正确性审查带来困难。输入验证应该尽可能地在靠近用户输入的位置执行,并且要集中执行,这样才能核实所有的数据是否都能通过验证代码,并且能够确保输入验证机制本身的正确性。

第三,不安全的组件边界。现在大部分软件都使用多个组件来构建,组件边界是指程序的位置点,各组件在这个位置点上进行通信。典型的情况下,组件间的通信通过 TCP/IP 套接字、命名管道、文件、共享内存或者远程过程调用完成。如果不对这种通信通道进行身份鉴别,所有在组件间交换的数据都将成为潜在的敌意数据,这是因为通信通道很有可能存在注入的敌意数据。许多组件接口都假定组件间通信的数据经过了验证,这就使得组件边界漏洞随时可能发生。组件边界越多,输入验证错误出现的概率也就越大。

② 访问验证错误

访问验证错误漏洞的产生是由于程序的访问验证部分存在某些可利用的逻辑错误,或用于验证的条件不足以确定用户的身份而造成的。此类漏洞使得非法用户可以绕过访问控制,直接进行未经授权的访问。访问验证错误可以分为以下三种类型。

第一,会话管理薄弱或缺失。为用户创建会话后,必须对其进行安全管理。典型的情况就是 Web 应用程序通过为会话分配一个不可猜测、不可预知的会话标识符,并将其存储在 Cookie 中,进行会话的管理。但是,若会话标识符仅仅使用简单的增量数字或者时间戳的话,那么攻击者可能会猜出有效的会话标识符,并使用其他用户已经认证的会话。

第二,身份鉴别薄弱或缺失。由于授权依赖于身份鉴别,故身份鉴别本身必须是安全的。用户发送到系统的密码必须通过类似 SSL 这样的安全连接来传送,防止密码被中途截取。身份鉴别步骤若存在被绕过的可能性,则可能导致存在访问验证错误。此外,若应用程序允许用户多次输入,甚至无限次地输入验证信息,那么将存在被暴力破解的安全威胁。

第三,授权薄弱或缺失。对于大多数的应用程序来说,正确地实现授权并非易事。应用程序中应当存在让攻击者绕过授权步骤并通过系统来执行未授权事务的可能性。

③ 竞争条件错误

竞争条件(Race Condition)攻击是一种异常行为,是对事件相对紧凑的依赖关系的破坏后而引发的。当程序中涉及先检查某些资源的状态,例如,“文件 A 是否存在”——再根据其结果确定下一步行动时,就有可能产生竞争条件攻击。因为一般来说,进程不是以原子方式运行的,内核可能在这两个阶段的间隙将 CPU 时间片分派给其他进程,攻击者就有机会更改系统状态,而使检查结果无效。

攻击者可以在两个阶段的间隙期间改变系统状态,比如创建任意符号链接,从而使该程序覆盖一些系统关键文件,如/etc/passwd。为了加宽可能造成竞争条件的机会时间窗口,如将创建文件之后与打开文件之前的时间间隔变长,攻击者可以想方设法加重系统负载,如让 CPU 更加频繁地切换进程,从而减慢目标程序的运行速度。

竞争条件错误的发生要具备两个条件。第一,有两个或两个以上事件发生。两个事件间有一定的时间间隔并且有一定的依赖关系。第二,攻击者能够改变两个事件间的依赖条件。竞争条件错误相比起缓冲区溢出漏洞更加难以解决,一个程序可能已经正常运行了若干年,但可能因为竞争条件错误突然间就出现异常,而这种异常通常又是不确定的,因为并不是每次运行时都会出现问题。因此,即使发现存在竞争条件错误,想要修正它也是很困难的。

④ 意外情况处置错误

意外情况处置错误漏洞的产生是由于程序在它的实现逻辑中没有考虑一些本应该考虑的意外情况。此类错误比较常见,如在没有检查文件是否存在的情况下就直接打开文件而导致拒绝服务等。

⑤ 逻辑设计错误

逻辑设计错误是一个比较大的概念,包含了系统设计和系统实现上的错误。系统实现上的错误包含了上面讲过的各种漏洞类型。软件编程过程中出现逻辑设计错误是很普遍的现象,这些错误绝大多数是由不正确的系统设计或错误逻辑造成的。在所有的漏洞类型中,逻辑设计错误所占的比例最高,而其中绝大多数是由于开发人员的疏忽而造成的。另外,数据处理(例如,对变量赋值)比数值计算更容易出现逻辑设计错误,过大的程序模块比中等程序模块更容易出现逻辑设计错误。

⑥ 配置错误

配置错误漏洞的产生是由于系统和应用的配置有错误，或者是软件安装在错误的位置，或是参数配置错误，或是访问权限配置错误等。例如，开发人员往往会假定软件所使用的文件和注册表键值只会由这个软件修改，而放弃有效性验证的代码。文件和注册表的访问控制机制需要进行恰当的设置，以保护配置文件和注册表不会被篡改。但经常会出现文件和注册表键值被设置为完全可写，这就意味着该系统上的所有用户都可以对其进行更改。如果攻击者发现了这个许可权限的薄弱性，就可以利用这个配置文件引入错误地处理。

配置方面的另一个主要问题就是在软件安装时获得了过高权限的情况。许多开发人员在构建软件时为图方便，直接让软件以 UNIX 上的 root 用户或者 Windows 上的 Local System 用户的身份来运行。攻击者就可以利用这个软件的漏洞来获取对整个系统的完全控制权。即使开发人员能够确保软件能够以最低权限的用户身份来执行，但很多配置脚本仍然将软件的运行身份配置成了 root，或者安装软件的用户以 root 用户身份运行该软件，而没有考虑其中隐含的安全问题。如 FTP 服务器的 Serv-U 服务器，如果用户将它配置成 System 权限，并且可以执行系统指令，那么可以访问这个 FTP 服务的用户就等于拥有了对整个 FTP 服务器的控制权，其安全威胁十分严重。

⑦ 环境错误

环境配置错误是一些由于环境变量的错误或恶意设置而造成的漏洞，如攻击者可以通过重置 shell 的内部分界符 IFS、shell 的转义字符或其他环境变量，导致有问题的特权程序去执行攻击者指定的程序。

(2) 非技术因素

许多软件安全专家都指出这样的事实：现今软件之所以有这么多的漏洞，是因为没有在整个开发周期中始终考虑安全性问题。但除此之外，软件安全薄弱的原因还在于软件的安全与否并不影响大多数软件在短期（实现市场、性能和功能目标所需要的时间）内的成功。一些只追求软件功能和短期利益的软件开发商往往会忽视软件的安全性问题。因此，从另一个角度来说，漏洞产生的原因还包括缺乏软件开发规范、缺乏进度控制、缺乏安全测试、缺乏安全维护和开发团队不稳定等非技术因素。

① 缺乏软件开发规范

不少软件公司尚未形成适合自己公司特点的软件开发规范，虽然有些公司根据软件工程理论建立了一些软件开发规范，但并没有从根本上解决软件开发的质量控制问题。这样容易导致软件产品存在漏洞，软件后期的维护、升级出现麻烦，最终损害用户的利益。此外，随着软件开发规模及开发队伍的逐渐增大，软件开发不再是像过去那样由一两个开发人员即可解决的事情。因此，迫切需要开发一种规范来规范每个开发人员、测试人员与管理人员的工作，每个项目组成员按约定的规则准时完成自己的工作。同时，采用规范化的管理，专业化的分工也可以降低对开发人员的要求，让他们集中精力于程序的安全编程，从而降低产品的研发成本和维护成本。

② 缺乏进度控制

在软件开发初期，软件开发机构会为软件开发中各个阶段所需要的工作量制作一个项目进度安排表，但是项目的管理不是仅凭一个进度安排表就可万事大吉的。软件开发是一个随时间展开的过程，而且各阶段具有顺序性、连续性，任何一个环节出了问题都会影响整个项目的进度。软件开发中进度推迟甚至严重推迟的情况常有发生，究其原因，一方面是软件开发的正常进度本来就难以估计，许多因素难以量化，同时影响开发进度的因素往往又是随机且难以预测的。另一方面,也可能是由于开发人员对进度的重要性缺乏认识,对控制进度缺乏经验和方法。

进度与质量是有矛盾的,当质量要求高时,进度就得放慢。而质量不能量化,也难以由以前的项目推算出本项目的进度。若没有做好进度控制,当用户催促项目进度时,开发人员往往容易为了追求进度而忽略软件的安全性,进而导致软件漏洞的产生。因此,要提高软件的安全性,就需要控制软件开发的进度,对计划执行情况进行监督、调整和修改。作为项目管理者,应随时掌握项目的进度情况,并在实际工作中不断进行调整。

③ 缺乏安全测试

安全测试用来验证集成在系统内的保护机制是否能够在实际中保护系统不受非法的侵入,是在攻击者之前发现软件安全缺陷,并及时修补软件安全漏洞的重要环节。传统的软件测试关注的是软件的功能需求,而对于安全需求的关注很少,甚至直接忽略,这就导致原本可以在安全测试中发现的漏洞没能够及时被发现,造成软件漏洞数量进一步增加的情况。

④ 缺乏安全维护

软件的安全维护一直是软件生存期中容易被人们忽视的阶段。软件安全维护就是软件产品交付使用之后,维护交付的软件产品到一个正常运行状态,或者为纠正软件产品的错误和满足新的需要而修改软件的过程。

当然,维护过程中也可能引入新的问题。大多数软件在开发设计时并未考虑将来进行软件修改的可能性,这不仅会给修改工作带来麻烦,也会增加修改过程中引入新威胁的可能性。对于那些没有采用恰当的架构而设计和编写的程序,任何一个小小的修改都可能含有很高的危险性,因为对程序结构、功能和接口性能的任何误解或不周全的考虑,都有可能修复不了原有错误或缺陷,甚至会引发更多的漏洞,从而被攻击者利用。

⑤ 开发团队不稳定

开发人员的流动可能导致软件研制过程的不连续,而对设计和实现的理解偏差会降低软件的稳定性、安全性。同时,开发人员之间不同的思维方式、编程风格,也可能造成程序模块接口出现漏洞。因此,不稳定的开发团队也是软件漏洞产生的重要因素之一。建立稳定的开发团队是软件开发的有效保证,也是减少软件漏洞的必要条件。

5) 软件漏洞攻击方式

漏洞的存在和不可规避性是客观事实,但漏洞只有在特定的方式下才能被利用,并且每个漏洞都要求攻击处于网络空间中的一个特定位置。软件漏洞可能的攻击方式可分为以下三类:本地攻击模式、远程主动攻击模式、远程被动攻击模式。

(1) 本地攻击模式

本地攻击模式的攻击者是系统本地的合法用户或已经通过其他攻击方法获得了本地权限的非法用户,它要求攻击者必须在本机拥有访问权限时,才能发起攻击,本地攻击模式如图 9.1 所示。例如,利用对目标系统的直接操作机会或利用目标网络与 Internet 的物理连接实施远程攻击。能够用来实施本地攻击模式的典型漏洞是本地权限提升漏洞,这类漏洞在 UNIX 系统中广泛存在,能让普通用户获得最高管理员权限。本地权限提升漏洞通常是一种“辅助”性质的漏洞,当黑客已经通过某种手段进入了目标机器后,可以利用它来获得更高的权限。

内核提权漏洞是权限提升漏洞中威胁较大的一类漏洞,这类漏洞可以让一个应用程序直接从用户态穿透到内核态。用户态和内核态是 Windows 操作系统利用硬件屏障为自己建立起来的安全防御门槛,内核态的程序拥有一切权限,在 Windows 操作系统上,没有其他软件可以限制内核态程序的行为。因此,一旦内核提权漏洞被触发,攻击者就可以完全控制系统。

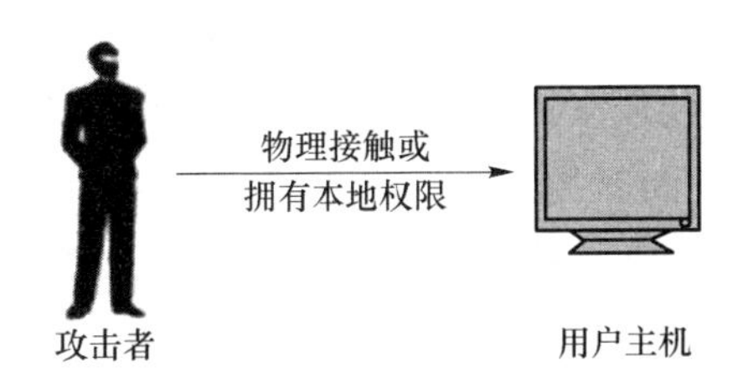

图9.1 本地攻击模式

(2) 远程主动攻击模式

一个典型远程主动攻击模式如图9.2所示。若目标主机上的某个网络程序存在漏洞,则攻击者可能通过利用该漏洞获得目标主机的额外访问权或控制权。

MS08-067漏洞就是一个臭名昭著的符合远程主动攻击模式的漏洞。根据Microsoft的安全公告,如果用户在受影响的系统上收到特制的RPC请求,则该漏洞可能允许远程执行代码,导致用户系统被完全入侵,且能够以System权限执行任意指令并获取数据,从而丧失对系统的控制权。该漏洞当时影响了几乎所有的Windows操作系统(Microsoft Windows 2000、Windows XP、Windows Server 2003、Windows Vista、Windows Server 2008、Windows 7 Beta)。此外,利用该漏洞可以很容易地进行蠕虫攻击,如2005年11月发现的Conficker蠕虫、2010年6月发现的Stuxnet蠕虫都用了该漏洞来实施攻击和传播。

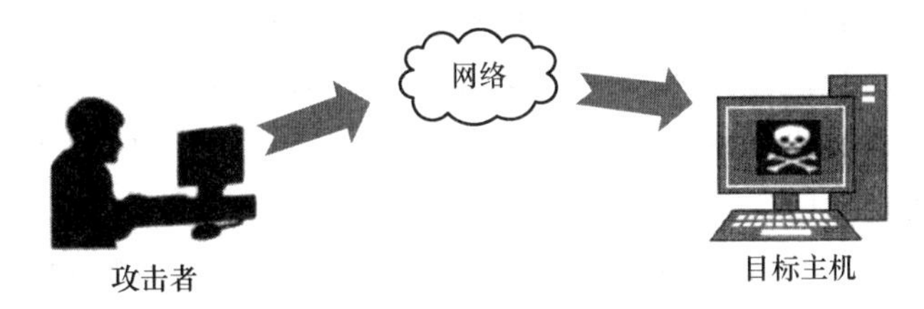

图9.2 远程主动攻击模式

(3) 远程被动攻击模式

当一个用户访问网络上的一台恶意主机(如Web服务器)时,该用户就可能遭到目标主机发动的针对自己的恶意攻击。远程被动攻击模式如图9.3所示,用户使用存在漏洞的浏览器去浏览被攻击者挂马的网站,则可能导致本地主机浏览器或相关组件的漏洞被触发,从而使得本地主机被攻击者控制。

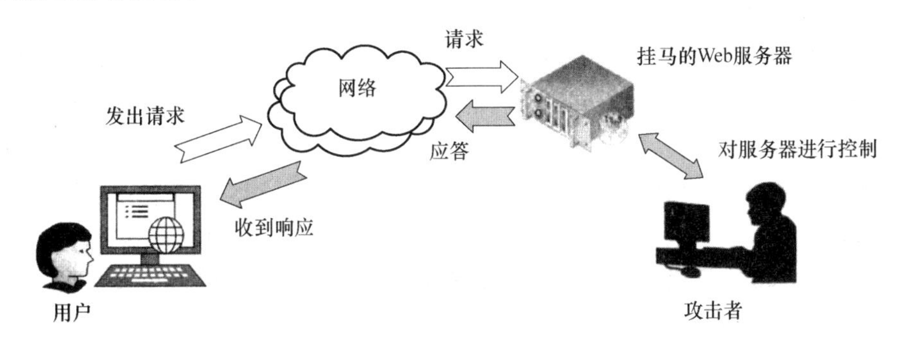

图9.3 远程被动攻击模式

网页挂马是结合浏览器或浏览组件的相关漏洞来触发第三方恶意程序下载执行的，也是目前危害最大的一种远程被动攻击模式。攻击者通过在正常的页面中插入一段漏洞利用代码，浏览者在打开该页面的时候，漏洞被触发，恶意代码被执行，然后下载并运行某木马的服务器端程序，进而导致浏览者的主机被控制。目前，很多文档捆绑型漏洞攻击，也类似于这种攻击方式，如 PDF、Office 系列特制文档攻击。

6）典型的软件漏洞

（1）缓冲区溢出

缓冲区溢出（Buffer Overflow）漏洞是一类很经典的漏洞，在 CERT/CC（Computer Emergency Response Team/Coordination Center，计算机应急响应小组协调中心）的报告中所占比重很大，著名的震荡波、冲击波等蠕虫均利用了缓冲区溢出漏洞来进行攻击和传播。

缓冲区通常是指大小事先确定的、容量有限的存储区域。缓冲区溢出是指当计算机向缓冲区特定数据结构（如数组）内填充数据超过了该数据结构申请的容量时，溢出的数据则覆盖到相邻的正常数据上。缓冲区就如一个水杯，若向其中加入过多的水，水就难免会溢出到杯外。在程序试图将过量数据放到机器内存中的某一块区域时，就会发生缓冲区溢出。当缓冲区发生溢出时候，多余的数据就会溢出到相邻的内存地址中，此时将重写已分配在该存储空间的原有数据，甚至有可能改变程序执行路径和指令。程序员应时刻注意检查在缓冲区内存储数据的大小，数据长度并禁止输入超过缓冲区长度的数据，但是很多程序都会假设数据长度总是小于数据结构所分配的存储空间而不做检查，这就为缓冲区溢出埋下隐患。

当发生缓冲区溢出时，就可能会产生各种异常情况，如系统崩溃、数据泄露，甚至使攻击者获取控制权。由于攻击者传输的数据分组并无异常特征，因此，许多安全防护产品对这种攻击方式起不到很好的防御作用。另外，多样化字符串的利用，使得有效区分正常数据与缓冲区溢出攻击的数据更加困难。因而，缓冲区溢出漏洞一直被列为非常危险的漏洞之一。

（2）注入类漏洞

注入类漏洞涉及的内容较为广泛，根据具体注入的代码类型、被注入程序的类型等，其涉及多种不同类型的攻击方式。这类攻击都具备一个共同的特点——来自外部的输入数据被当作代码或非预期的指令、数据被执行，从而将威胁引入软件或系统。

根据应用程序的工作方式，将代码注入分为两大类：①针对桌面软件、系统程序的二进制代码注入；②针对 Web 应用和其他具备脚本代码解释执行功能的应用或服务。前者是将计算机可以直接执行的二进制代码注入其他应用程序的执行代码中，由于程序中的某些缺陷导致程序的控制权被劫持，使得外部代码获得执行机会，从而实现特定的攻击目的；后者则是通过向特定的脚本解释类程序提交可被解释执行的数据，由于应用在输入的过滤上存在缺陷导致数据被执行。脚本类代码注入漏洞相对普遍，造成的威胁更加严重。下面将介绍四种常见的 Web 应用场景中的代码注入漏洞。

① SQL 注入

几乎每一个 Web 应用程序都使用数据库来保存各种操作所需的信息。数据库中的信息通过 SQL（Structured Query Language，结构化查询语言）访问。SQL 可用于读取、更新、增加或删除数据库中保存的信息。

SQL 是一种解释型语言，Web 应用程序经常创建合并了用户提交数据的 SQL 语句。因此，如果创建SQL语句的方法不安全，那么应用程序可能易于受到SQL注入攻击。这种缺陷是困扰Web应用程序的十分严重的漏洞之一。在最严重的情形中，匿名攻击者可利用SQL注入读取并修改数据库中保存的所有数据，甚至完全控制运行数据库的服务器。

② 操作系统命令注入

大多数Web服务器平台发展迅速，现在已能够使用内置的API与服务器的操作系统进行几乎所有必需的交互。如果正确使用API，那么这些API可帮助开发者访问文件系统、连接其他进程、进行安全的网络通信。许多时候，开发者选择使用更高级的技术直接向服务器发送操作系统命令。由于这些技术功能强大、操作简单，并且通常能够立即解决特定的问题，因而具有很强的吸引力。但是，如果应用程序向操作系统命令程序传送用户提交的输入，那么就很可能会受到命令注入攻击，使得攻击者能够提交专门设计的输入，修改开发者想要执行的命令。

常用于发出操作系统命令的函数，如PHP中的exec( )和ASP中WScript类函数，通常并不限制命令的可执行范围。即使开发者准备使用API执行一个相对善意的任务，如列出一个目录的内容，攻击者还是可以对其进行暗中破坏，从而写入任意文件或启动其他程序。通常，所有的注入命令都可在Web服务器的进程中成功运行，它具有足够强大的功能，使得攻击者能够完全控制整个服务器。

许多非定制和定制Web应用程序中都存在操作系统命令注入缺陷。在为企业服务器或防火墙、打印机和路由器之类的设备提供管理界面的应用程序中，这类缺陷尤其普遍。通常，因为操作系统交互运行开发者使用的，合并了用户提交的数据的直接命令，所以这些应用程序都对交互过程提出了特殊的要求。

③ Web脚本语言注入

大多数Web应用程序的核心逻辑由PHP、VBScript和JavaScript之类的解释型脚本语言编写。除注入其他后端组件使用的语言以外，注入应用程序核心代码也是一类主要的漏洞。Web脚本语言注入漏洞主要来自两方面。

第一，合并了用户提交数据的代码的动态执行。许多Web脚本语言支持动态执行，即在运行时生成代码。如果用户的输入合并到可动态执行的代码中，那么攻击者就可以提交经过精心设计的输入，破坏原有的代码，并指定服务器执行攻击者构造的命令。例如，ASP中的Execute方法可用于动态执行在运行时传送给函数的代码，攻击者可提交经过精心设计的输入来注入任意的ASP命令。

第二，根据用户提交的数据指定的代码文件的动态包含。许多脚本语言支持使用包含文件(Include File)。这种功能允许开发者把可重复使用的代码插入单个文件中，在需要时再将它们包含在特殊功能的代码文件中。例如，PHP的包含函数可接受一个远程文件路径，如果攻击者能够修改这个文件中的代码，那么就可以让受此攻击的应用程序执行攻击者的代码。

④ SOAP注入

SOAP(Simple Object Access Protocol，简单对象访问协议)是一种使用XML格式封装数据、基于消息的通信技术。各种不同操作系统和架构上运行的系统也使用SOAP来共享信息和传递消息。SOAP主要用在Web服务中，通过浏览器访问的Web应用程序常常使用SOAP在后端应用程序组件之间进行通信。

由于 XML 也是一种解释型语言，所以 SOAP 也易于受到代码注入攻击。XML 元素通过元字符< >和/以语法形式表示。如果用户提交的数据中包含这些字符，并被直接插入 SOAP 消息中，攻击者就能够破坏消息的结构，进而破坏应用程序的逻辑或造成其他不利影响。

此外还有 XPath(XML 路径语言)注入、SMTP 注入、LDAP 注入等注入类漏洞，在此不详细说明，感兴趣的读者可以查阅相关资料。

(3) 权限类漏洞

绝大多数系统都具备基于用户角色的访问控制功能，并根据不同用户对其权限加以区分。但攻击者为了访问受限资源或使用额外功能，往往会利用系统存在的缺陷或漏洞，进行自身角色的权限提升或权限扩展。权限类漏洞广泛存在于各类管理系统中，甚至操作系统也会存在权限提升类漏洞。权限类漏洞会导致不具备权限的用户获得额外权限，从而进行一些不可控的操作。如果这类用户属于攻击者，则将对系统带来不可预期的危害。譬如，在一个典型的攻击场景下，攻击者通过利用某基于 Discuz! 的论坛中存在的权限类漏洞实现了从普通会员到版主的权限提升，从而利用版主的权限进行删帖等操作。此外，如果借助其他漏洞，该攻击者可能会获得该论坛所在站点的 Webshell，在此基础上借助操作系统漏洞或软件漏洞，再一次进行权限提升，最终获得服务器管理员权限，此时所造成的威胁已无法估计。

4. 软件加壳与脱壳技术

软件逆向工程(Software Reverse Engineering)又称软件反向工程，指通过可运行的程序，运用解密、反汇编、系统分析等手段，对软件的结构、流程、算法、代码等进行逆向分析和拆解，从而推导出软件产品的源代码、设计原理、结构、算法、处理过程、运行方法等。通常人们把对软件进行反向分析的整个过程统称为软件逆向工程，把在这个过程中所采用的技术统称为软件逆向分析技术。

随着软件逆向分析技术的发展，软件安全受到的威胁也越来越大。通过软件逆向分析技术，破解者可以获取二进制程序的反汇编代码，进行静态的程序控制流程分析和动态的程序跟踪调试，可以做到挖掘程序漏洞、获取关键代码的算法、绕过身份验证、做出注册机、去除版权信息、篡改程序功能等。

针对软件逆向分析技术带来的威胁，目前出现了用来防止软件被逆向分析的软件加壳技术，它可以防止软件信息被披露、篡改及盗版。恶意软件和病毒为了避免被杀毒软件分析和识别也会使用软件加壳技术，只是动机不良。为了保护合法软件的安全，在掌握软件加壳技术的同时有必要学习软件脱壳的技巧，来识别恶意软件和病毒。

1) 软件加壳原理

(1) 壳的定义

在自然界中，植物用壳来保护种子，动物用壳来保护身体等。根据其原理，在一些计算机软件里也设计了一段专门负责保护软件不被非法修改或反编译的程序。它们一般都是先于程序运行，拿到控制权，然后完成它们保护软件的任务。由于这段程序和自然界的壳有相似的功能，基于命名的规则，这样的程序称为“壳”(Shell)。

(2) 壳的作用

通俗而言，壳的作用就是对待保护的程序进行压缩或加密。在加壳后的程序里，壳先于原程序拿到运行的控制权，对原程序进行解压或解密之后，再运行原程序，这样就可以有效防止程序被反编译或非法修改。从本质上讲，壳是一种专门针对 EXE、COM、DLL 等文件进行的压缩或加密的工具，使原程序文件代码失去本来的面目，达到程序不被反编译和非法修改的目的，软件加壳原理如图 9.4 所示。

(3) 壳的加载过程

壳的加载过程由以下步骤组成。

① 解密程序块的数据

壳在加密时候，对程序的“块”做了加密，PE（Portable Execute，可移植的执行体）文件的块表示了程序的代码段、数据段、资源段等，在加载壳程序后，壳首先便会对这些块进行解密。常见的 EXE、DLL、OCX、SYS、COM 都是 PE 文件，PE 文件是 Windows 操作系统上的程序文件，可以被间接执行，如 DLL，也可以直接执行，如 EXE。

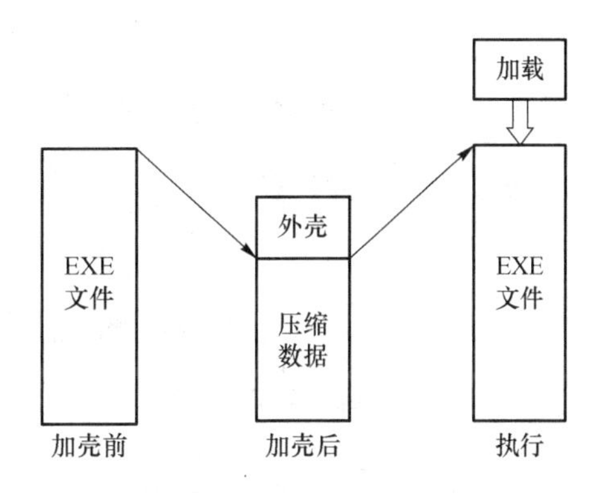

图 9.4　软件加壳原理

② 获取壳的 API 地址

壳在解密的过程中，难免要用到一些 API 函数，而壳并非调用了原程序的 IAT 表（Import Address Table，导入地址表）内相关的 API 函数，而是由自身模拟 PE 文件的组装方式，建立了属于自己的 IAT 表。

③ 壳软件重定位

程序运行的时候，系统需要将程序加载到系统指定的内存中，这个初始内存地址称为基地址（Image Base）。可以在 PE 文件头中预先申明需要加载在内存中的哪个地方，但是系统不一定能够保证程序运行时就一定能够加载在基地址。但对于扩展名为.exe 的程序文件来说，Windows 系统会尽量满足其基地址。

④ 还原 IAT 表

IAT 表在加密与解密中是非常重要的。对于压缩型的壳软件来说，可能通过解密原程序就完成了对 IAT 表的修复。而对于加密型的壳软件来说，并不一定就会完全还原原程序的 IAT 表，其可能会采用一些特殊处理方式。

⑤ 跳转到程序原入口点

无论壳如何操作，到最后还是要把程序控制权限交给原程序的，通常称之为 OEF（Original Entry Point，程序原入口点）。

2) 软件加壳工具

按照软件加壳的目的和方法，壳可分为压缩壳（Packers）与保护壳（Protectors）两类。

压缩壳的主要目的是减小程序体积，如 ASPack、UPX 和 PECompact 等。压缩壳的实现相对简单，在传统的压缩壳中，并没有过多地引入反跟踪、反破解技术，因此其脱壳相对容易，不同的压缩壳一般都有相应的脱壳机。

保护壳更加注重加壳软件的安全性，因此，保护壳中采用了各种反调试、反分析等先进技术，保证程序不被调试、脱壳，其加壳后的体积大小不是其考虑的主要因素，如 ASProtect、Armadillo、Themida 等。

随着加壳技术的发展，这两类软件之间的界线越来越模糊，很多加壳软件除具有较强的压缩性能之外，同时也有了较强的保护性能。

下面介绍四种最常用的加壳工具。

(1) ASPack

ASPack是专门针对Win32下PE文件的压缩软件,其压缩和保护性能非常好,其运行界面如图9.5所示,从中不难看出其使用方便、操作简单的特点。通常意义上的压缩工具是将计算机中的资料或文档进行压缩,主要用来缩小储存空间或将多个文件压缩成一个文件,以便文件的传播和存储。但是经通常意义上的压缩工具压缩后的文件就不能运行了,如果想运行该文件则必须先解压缩。另外,当系统中无压缩软件时,压缩包将无法解开。而ASPack是专门对Win32可执行程序进行压缩的工具,压缩后的文件能正常运行,不会受到任何影响,且即使已经将ASPack从系统中卸载,曾经压缩过的文件仍可正常使用。ASPack内置多种语言,包括简体中文。

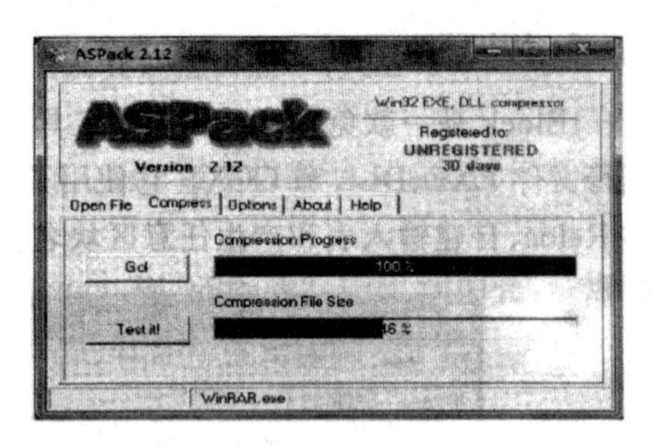

图9.5 ASPack运行界面

(2) UPX

UPX(Ultimate Packer for Executables)是一款先进的可执行程序文件压缩器,压缩过的可执行文件体积缩小50%~70%,可大幅减少磁盘占用空间,网络上传下载的时间和其他分布以及存储费用。通过UPX压缩过的程序和程序库完全没有功能损失,和压缩之前一样,可正常地运行,且UPX支持的大多数格式都没有运行时间或内存的不利后果。UPX有很多版本,支持许多不同的可执行文件格式,包含Windows 95/98/ME/NT/2000/XP/CE程序和动态链接库、DOS程序、Linux可执行文件。UPX运行界面如图9.6所示。

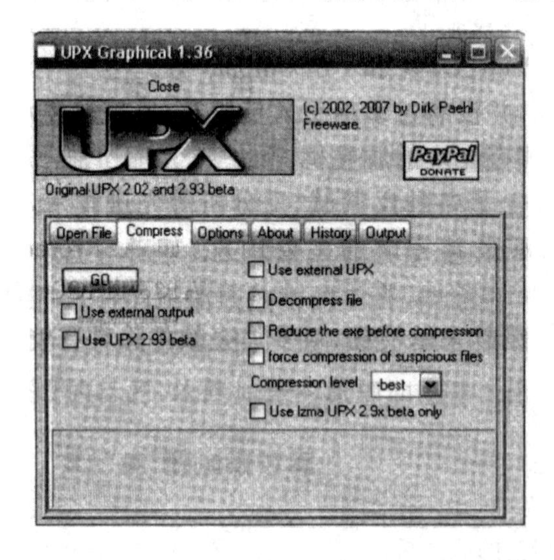

图9.6 UPX运行界面

(3) ASProtect

ASProtect是一款具有高效保护性、功能非常完善的加壳工具。该加壳工具具有压缩和强劲的保护功能,加壳后的软件不内置解压缩,壳保护机制较好,ASProtect能够在对软件加壳的同时进行各种保护,如反调试、自校验及密钥加密保护等。ASProtect还有多种使用限制措施,如使用天数限制、次数限制及对应的注册提示信息。另外,该加壳工具还具有密钥生成功能,其运行界面如图 9.7 所示。

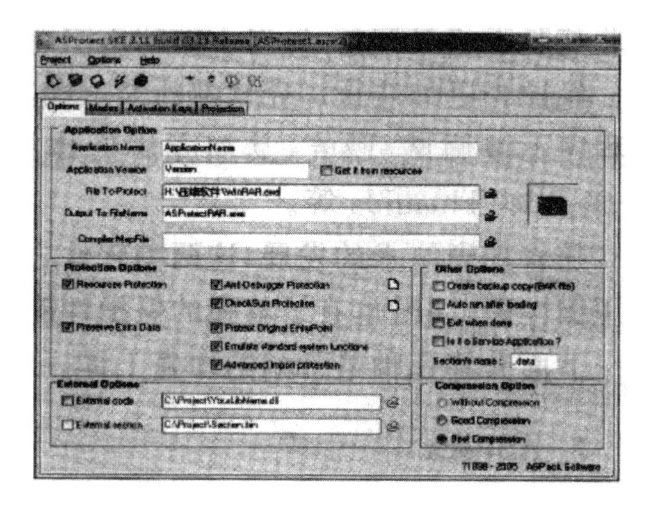

图 9.7　ASProtect 运行界面

（4）tElock

tElock 是一款免费的外壳保护工具,其压缩引擎使用 UPX 内核,可压缩保护 32 位 EXE、DLL 和 OCX。tElock 使用了各种 Anti-Debug 技术、SMC 技术、重整覆盖、重整 Reloc、自建输入表和产生任意区块名等保护技术,其运行界面如图 9.8 所示。

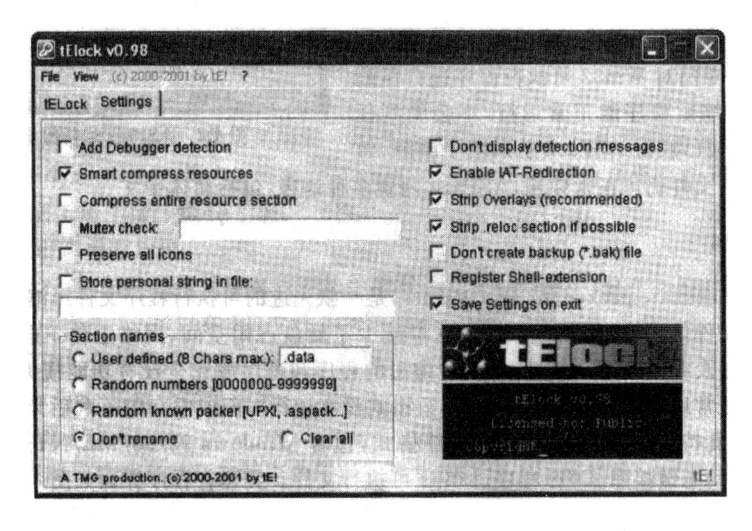

图 9.8　tElock 运行界面

3）软件脱壳工具

有加壳就必有脱壳,软件脱壳就是软件加壳的逆操作,即把软件中存在的壳去掉,删除其中的干扰信息和保护限制,还原软件的本来真实面目。如果脱壳后的软件能正常运行,并且没有功能损耗和其他的限制,则说明脱壳成功。

按照脱壳方式的不同,可以分为工具脱壳和手动脱壳。工具脱壳是指在脱壳过程中,采用专业的脱壳软件,对已加壳的 EXE、DLL 文件进行破解;手动脱壳是指在脱壳过程中,主要依靠破解者的专业知识,并用相应的软件加以辅助,对已加壳的 EXE、DLL 文件进行破解,这对破解者的专业知识要求很高。一般的压缩壳,如 ASPack、UPX 等都有专用的脱壳机;而保护壳,如 ASProtect、Armadillo 等,一般很少有脱壳机,必须手动脱壳。

脱壳软件主要分为专用脱壳软件和通用脱壳软件。专用脱壳软件只能脱掉特定的一种或两种加壳软件所加的壳,因为它是专门针对某种加壳软件的某个版本而制作的。通用脱壳软件具有通用性,可以脱掉多种不同的壳。

专用脱壳软件按照其针对加壳软件的流行程度大致分为四种:脱 ASPack 壳软件、脱 UPX 壳软件、脱 PECompact 软件和通用脱壳软件。

(1) 脱 ASPack 壳软件

针对 ASPack 壳的脱壳软件主要有 UnASPack、CASPR 和 ASPackDie。

① UnASPack 采用图形界面,操作简单,UnASPack 运行后选取待脱壳的文件即可,脱壳后的文件特别“干净”,但目前只能脱 ASPack 2.1 及其以前的版本,其运行界面如图 9.9 所示。

图 9.9　UnASPack 运行界面

② CASPR 的优点是可以脱去 ASPack 2.1.2 版本以前任何版本 ASPack 的壳,脱壳能力极强,其缺点是采用的是 DOS 界面。

③ ASPackDie 的优点是支持从 ASPack 2000 到 ASPack 2.1.2b 版的壳,缺点是不支持旧版的壳。使用方法为运行软件后选取待脱壳的文件即可完成脱壳工作。

(2) 脱 UPX 壳软件

脱 UPX 壳最好使用与加壳软件所用版本相同的 UPX 脱壳软件 UPXShen,它是最好的脱 UPX 壳的软件,并且此软件和 UPX 一样,都是免费软件。UPXShell 支持最新版的 UPX 主文件,其运行界面如图 9.10 所示。

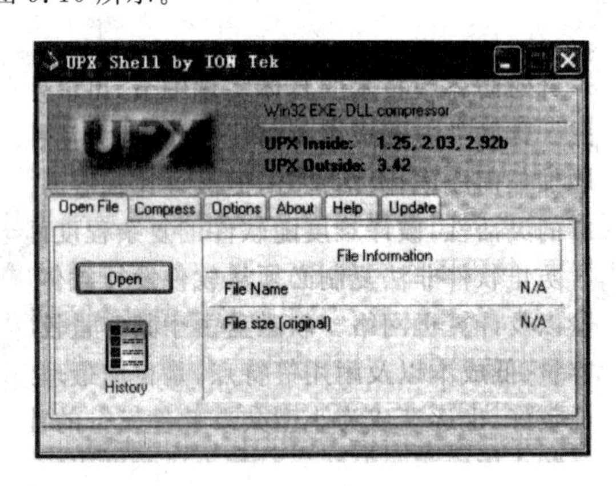

图 9.10　UPXShell 运行界面

(3) 脱 PECompact 软件

UnPECompact 是专门用来脱 PECompact 加密的脱壳工具。

(4) 通用脱壳软件

较常见的通用脱壳软件有 ProcDump、UN-PACK 等。ProcDump 是一款功能强大的脱壳工具,它有一个 script.ini 的脚本文件,可以编写新的脚本存入 script.ini 文件来对付新的加壳软件,这个特点是别的脱壳软件所不具备的。ProcDump 1.6.2 为最终版本,尽管早已停止升级，但它却具有持久的生命力，是进行脱壳的必备解密工具。UN-PACK(Pile Analyzer and Unpacker)是著名的脱壳软件破解组织 Ug2001 推出的一款脱壳工具集合。UN-PACK 通过统一的界面，可以自动侦测目标软件究竟是被何种加壳软件加的壳，并提示相关的文件信息，最后提示用户可以用何种工具脱壳。该软件集类型分析与自动脱壳功能于一身。

5. 常用的软件保护方法

1) 软件防盗版技术

通过某种技术，使得操作系统的复制方法，甚至磁盘复制软件不能将软件完整复制，或者复制后不能安装运行使用，这种技术被称为软件防盗版技术。

盗版软件主要是通过非法复制和非法安装运行来实现的。非法复制是盗版软件能得以传播的根源，而非法安装运行才是盗版软件最终的目的。如果从技术上能防止非法复制，那么就切断了盗版软件的盗版之源。然而，非法用户可以“借”合法用户的软件产品安装使用，显然仅防止非法复制达不到软件保护的目的。因此，防止软件非法安装运行才是防止软件盗版的最终解决方案。

针对软件防盗版技术的具体实现细节，可以使用纯硬件方式、纯软件方式或软硬件结合的方式。纯硬件方式成本相对比较高，但灵活性差，破译相对难一些；纯软件方式几乎不需要增加任何成本，灵活性好，但破译比较容易；软硬件结合方式是前两种方式的结合，具有较好的灵活性，破译难度随软件的复杂程度而变。

防止软件非法复制必须从软件发行载体入手。目前软件发行载体主要有软磁盘、光盘以及计算机网络。由于软磁盘容量较小，因此仅用于小型软件或软件密钥盘；光盘具有大容量、低成本以及耐用等特点，是目前最理想的软件发行载体；而计算机网络由于其灵活性较好，也逐渐成为小型共享软件发行的首选载体之一。

防止软件非法安装运行技术通常采用的是本章已介绍过的加密技术的原理，即使用密钥将软件加密。用户可以随意复制，但是在安装运行之前需要使用密钥解密，才能正确运行软件。

下面将从软件发行载体这一角度入手，重点介绍磁盘防复制技术和光盘防复制技术。

(1) 磁盘防复制技术

磁盘防复制技术是前几年使用最广泛的技术，KV 系列杀毒软件、瑞星密钥盘等都使用这种技术防复制。磁盘防复制技术比较通用的做法是对软磁盘进行非标准处理，使得普通的软磁盘读写方法无法对它实现正常读写。常见的方法有：①在软磁盘上制作一个永久性的无法复制的硬标志，然后在被保护软件中加入一段对此硬标志的识别程序。激光打孔加密法、电磁加密法、掩膜加密法等磁盘防复制技术就是采用的这种方法；②对软磁盘的某些磁道或扇区进行特殊格式化，把密钥放在经过特殊格式化的磁道和扇区中。额外扇区法、超级扇区法、未格式化扇区法、额外磁道法、异常 ID 法、磁道接缝指纹法等磁盘防复制技术就是采用的这种方法。

下面介绍六种常用的磁盘防复制技术。

① 使用异常的 ID 参数

当磁盘被格式化后，每个扇区都有一个识别标志(ID)字段，它记录着该扇区(360 KB 软磁盘)的磁道号 C(0～39)、磁头号 H(0～1)、扇区号 R(1～9)和长度 N(2)。ID 字段是磁盘在格式化时被写入的，在写入时不做正确性检查，因此，可以在格式化磁盘时任意修改 ID 字段中的内容。当要读写磁盘时，就要求将被读取扇区的 ID 字段与相应的读写参数(是标准 DOS 格式时，由系统默认的 INT 1E 提供该标准格式参数)进行比较。只有当两者相同时，读写操作才能成功。如果使用了异常的 ID 参数格式化出了一个磁道或扇区，那么在读写该磁道或扇区时，就必须给出格式化时所用的 ID 参数才能读写成功，这个磁道或扇区就被称为指纹。这种异常的 ID 参数加密法能成功地防止各类 DOS 标准格式复制程序，因此，在 1983—1985 年间得到了广泛采用，但是它最终没有逃脱 COPY II PC 和 COPYWRIT 的威慑。于 1986 年之后，单纯使用异常的 ID 参数防复制技术已经销声匿迹了。

② 弱位技术

磁盘是一种通过不同的磁化单元来记录信息的磁记录设备，它记录的信息有两种可能性，即"1"或"0"，但如果在写盘时采用了特殊技术，使得所记录的信息比 1 信号弱些，但比 0 信号强些，那么就形成了防复制技术中的弱位技术。这种技术具有较强的防复制能力，这是因为当磁盘机从原盘上读取数据时，读出的数据非 1 即 0，对弱位也不例外，可是弱位中存放的是一种非 1 非 0 的数据，所以具有多次读取的结果不一致的特点。如果复制程序只按某一次读取的数据进行复制的话，必然使复制盘中不含弱位。弱位技术是一种构思比较巧妙的防复制技术，但是很少公开关于它的制作方法，不过可以利用工具软件 EXPLORER 来制作，有兴趣的读者可以研究一下。

③ 宽磁道技术

磁盘机的磁头由读写磁头和消磁磁头组合而成，其中的读写磁头用来读写磁道，而在读写磁头外侧的消磁磁头主要用于消除读写磁头所产生的多余磁场，以减少磁道间的数据干扰。宽磁道技术则是针对磁盘机磁头的这种组合方式来设计的，它的具体实现是利用一种能同时在两个或更多的磁道上写数据的宽磁头，在两个相邻的磁道上写相同的数据，甚至可在这两个磁道之间的间隙中写相同的数据(这是相对比较窄而且具有消磁磁头的普通磁头无论如何也做不到的)，以此建立一个较普通磁道至少宽一倍的宽磁道。在用普通磁头读取该磁道时可以使磁头在这个宽磁道上(实际是两个磁道)来回步进，从而读取磁道及磁道间隙上的所有数据。但如果用普通磁头复制这类宽磁道时，由于消磁磁头的存在始终会造成一个间隙，所以根本无法构造宽磁道。

④ CRC 错误法

循环冗余校验(CRC)码是软盘控制器(FDC)在向磁盘写入数据时自动生成的。CRC 码位于 ID 字段和数据字段之后，占有两个字节。在正常时，软盘控制器所产生的 CRC 码都是正确的，只有在软磁盘有物理性损伤或缺陷时才会产生错误的 CRC 码。针对这个特点，人们又发明了一种新颖的防复制技术——人为生成错误的 CRC 码，就是在写入数据时，人为地在某一个扇区或几个扇区产生 ID 字段或数据字段的错误 CRC 码。在复制有错误 CRC 码的扇区时，由于软盘控制器在正常的情况下绝对不会产生错误的 CRC 码(除非软磁盘有缺陷)，所以肯定也不可能复制人为生成的错误的 CRC 码。在加密系统运行时，可以对软磁盘的特定扇区进行检查，如果发现该扇区中有错误的 CRC 码，则正常运行，反之，则退出。生成错误的 CRC 码的方法是，当正在向某一磁道的某一个扇区写入数据的时候(注意没有结束)，人为地复位软盘控制器，打断磁盘的数据写入过程，使软磁盘正常的数据写入混乱，从而人为地生成了错误的 CRC 码(正常的 CRC 码是在软盘控制器写完某扇区的最后一个字节的同时生成并写入软磁盘的)。这类方法是一种运用范围较广泛的防复制技术，早期的中英文 dBASEIII 及 Lotus 1-2-3 等几种常见的应用软件皆采用了这类防复制技术。如果对其稍加修改，则可以防止 COPYWRIT 等高级复制工具的复制。

⑤ 针孔防复制技术

软盘加密在经过一段时间的发展后，人们提出了针孔防复制技术。早在20世纪80年代末期，就有人开始尝试用针孔来代替造价昂贵的激光孔了。在20世纪90年代初期，甚至有人提出用针孔来复制激光加密孔，以达到复制软盘控制器根本无法生成的激光孔的目的。从它发展的过程来看，针孔防复制技术的确有着吸引人的一面，如生成的损伤区域小，造价十分低廉等，所以针孔防复制技术有着“仿激光加密技术”的美称。但是它还是有些致命弱点的，如损坏磁头、制作效率不高等。因此，说它要取代激光加密技术是不切合实际的。

⑥ 掩膜防复制技术

激光与针孔防复制技术都是损坏了磁盘的磁性介质，破坏了磁盘的光洁度，对软磁盘驱动器的磁头有一定程度的磨损。为了弥补这个不足，掩膜防复制技术应运而生。掩膜防复制技术是在磁介质的某一块区域上镀上一层膜，从而使该区域不能正常记录信息，也使复制工具无法识别，最后导致复制失败。掩膜防复制技术与激光打孔加密技术一样，有极高的可靠性，而且是一种很有前途的指纹制作技术。

(2) 光盘防复制技术

光盘是商业软件较常用的传播载体之一，绝大多数的商业软件最终都以光盘的形式发放到用户手中。目前计算机软件市场上光盘盗版的现象非常严重，光盘保护是软件版权保护非常重要的一个方面。光盘保护主要是防止光盘复制和防止硬盘复制。

① 防止光盘复制

防止光盘复制是指防止对光盘中的数据进行复制，阻碍盗版光盘的生产。一般可以通过修改光盘的ISO结构，使文件目录隐藏，或者使文件大小异常，或者将目录以文件方式显示，阻碍光盘复制的行为。需要更为可靠的保护可以在修改光盘ISO结构的同时为光盘添加开锁程序和不可复制的开锁信息。开锁程序中包含一串密文，开锁程序对开锁信息进行加密运算后与内部密文进行比较，两者相符时才跳转至正确的入口启动软件。要实现开锁信息的不可复制性，可以采用的手段有：利用指纹或数字签名作为开锁信息（将一串代码刻录至光盘上的特殊位置，这些位置上的数据无法直接读出，只有开锁程序才能检测到此指纹的存在，并在验证其有效后才能读出，如采用激光加密技术将特殊刻录的激光孔硬标志作为“指纹信息”）；利用光盘的固有物理属性作为开锁信息。

② 防止硬盘复制

防止硬盘复制是指防止将光盘程序复制到硬盘中运行。可以在软件运行过程中，判断光驱中是否存在特定文件，或者在运行中加载光盘中的部分代码或数据，这样用户即使将光盘数据复制到了硬盘，没有相应的光盘，软件也不能正常运行。

2) 常用的软件保护方法

(1) 序列号保护方法

当用户从网络上下载某个Shareware（共享软件）后，一般都有使用时间上的限制，当过了共享软件的试用期后，用户必须在注册后才能继续使用。注册过程一般需要用户把自己的私人信息（主要是姓名）连同信用卡号码告诉给软件公司，软件公司根据用户的信息计算出一个序列码，在用户得到这个序列码后，按照注册步骤在软件中输入注册信息和注册码，其注册信息的合法性由软件验证，验证通过后，软件就会取消各种限制。序列号保护方法实现起来比较简单，不需要额外的成本，用户购买也非常方便，互联网上大部分的软件都是以这种方式来保护的。

软件验证序列号合法性的过程，其实就是验证用户名和序列号之间的换算关系是否正确的过程。最基本的验证方式有下面两种。

① 由姓名生成注册码

按用户输入的姓名来生成注册码，再同用户输入的注册码比较，公式如下：

$$序列号=F(用户名)$$

这种方法等于在用户软件中再现了软件公司生成注册码的过程，存在不安全性，因为不论换算过程多么复杂，解密者只需把换算过程从程序中提取出来就可以编写一个通用的注册程序。

② 由注册码生成姓名

通过输入注册码来验证用户名的正确性，公式表示如下：

$$用户名=F^{-1}(序列号)(如\ ACDSEE)$$

这是软件公司注册码计算过程的反向算法，如果正向算法与反向算法不是对称算法的话，对于解密者来说，的确更加困难，但这种算法相当不好设计。于是有人考虑以下的算法：

$$F1(用户名)=F2(序列号)$$

F1、F2 是两种完全不同的算法，但要满足用户名通过 F1 算法计算出的特征字等于序列号通过 F2 算法计算出的特征字，这种算法在设计上比较简单，保密性相对以上两种算法也要好得多。如果能够把 F1、F2 算法设计成不可逆算法的话，保密性相当好。可一旦解密者找到其中之一的反算法的话，这种算法就不安全了。

一元算法的设计看来再如何努力也很难有太大的突破，于是有人考虑使用二元算法：

$$特定值=F(用户名,序列号)$$

二元算法看上去相当不错，但用户名与序列号之间的关系不再那么清晰了，同时失去了用户名与序列号的一一对应关系，软件开发者必须自己维护用户名与序列号之间的唯一性，这可以通过数据库解决。当然，也可以根据这一思路把用户名和序列号分为几个部分来构造多元的算法：

$$特定值=F(用户名1,用户名2,\cdots,序列号1,序列号2,\cdots)$$

现有的序列号加密算法大多是软件开发者自行设计的，相对简单，而且有些算法的开发人员虽然下了很大的功夫，但往往得不到所希望的加密效果。

(2) 注册文件保护(KeyFile 保护)

① KeyFile 保护的思路

KeyFile(注册文件)是一种利用文件来保护软件的方式。KeyFile 一般是一个小文件，可以是纯文本文件，也可以是包含不可显示字符的二进制文件，其内容是一些已加密或未加密的数据，其中可能有用户名、注册码等信息。文件格式由软件开发者定义。试用版软件没有 KeyFile，当用户向软件开发者付费注册之后，会收到软件开发者寄来的 KeyFile，其中可能包含用户的个人信息。用户只要将该文件放在指定的目录下，就可以让软件成为正式版。该文件一般是放在软件的安装目录中或系统目录下。软件每次启动时，从该文件中读取数据，然后利用某种算法进行处理，根据处理的结果判断是否为正确的 KeyFile，如果为正确的 KeyFile 则以注册版模式来运行。

为增加破解难度，可以在 KeyFile 中加入一些垃圾信息，对于 KeyFile 的合法性检查可分散在软件的不同模块中进行判断，对 KeyFile 内的数据处理也尽可能采用复杂的算法。

② KeyFile 破解的思路

为了更好地利用KeyFile保护，不仅要了解KeyFile保护方式的原理，还要了解破解KeyFile保护的方法。KeyFile保护方式之一是创建假的KeyFile。一般来讲，KeyFile都是"*.key"格式。因此可以在假的KeyFile中输入一些特别的语句，作为识别的标志，然后通过动态调试工具在一些特殊的API函数上设置断点，进行断点拦截，找出KeyFile正误的判断函数，从而破解KeyFile。具体步骤如下。

步骤1 借助FileMon等监视工具对文件进行操作，找到KeyFile的文件名。当软件读取KeyFile时，FileMon会显示对应的KeyFile名。这样就可以知道KeyFile的文件名了。

步骤2 创建一个假的KeyFile。编辑和修改KeyFile的最好工具是十六进制，如W32Dasm、Hex Workshop，普通的文本编辑工具不太适合。

步骤3 在Windows操作系统下，用一些特殊的API函数设置断点。这些API函数包括ReadFile()、CreateFileA()、_lopen()和FindFirstFileA()等文件操作函数，跟踪分析程序是如何操作KeyFile的，构造一个正确的KeyFile，或者写出自动生成KeyFile的程序，或者修改程序指令跳过对KeyFile的检查，从而得到一个注册版本的软件。

(3) 软件限制技术

目前，许多应用程序都有在一定限制条件内免费使用的功能，利用该功能可以有效限制非法用户的使用，同时还可以使合法用户在充分了解软件优缺点的基础上，决定是否购买。实现这种功能的技术为软件限制技术。软件限制技术的利用在保护正版软件的基础上，既有效地扩大了软件的使用范围，又给用户提供了进行充分选择的机会。

软件限制技术有很多种，例如：利用注册表限制程序使用的天数(如限制使用30天)；利用注册表限制程序使用的次数(如限制使用45次)；设定程序使用的截止日期(如设截止日期为2013年6月30日)；限制每次使用程序的时间(如每次允许使用50分钟)；限制使用程序的部分功能(如菜单中选项是灰色的则表示该功能无法使用)。这些软件限制技术既可以单独使用，也可以几个同时使用实现对软件的综合保护。下面介绍两种具体的限制技术。

① 时间限制技术

一般使用这类保护的软件都有时间上的限制，如使用期30天，当过了共享软件的使用期后，就不予运行，只有向软件开发者付费注册后才能得到一个无时间限制的注册版本。以这种保护方式的程序在安装时，需在系统中做标记，例如，将系统的安装时间存放在一个文件中，每次运行时用系统的当前时间和安装时间做比较，判断用户能否继续使用。

为了更好地理解软件限制技术的保护原理，需要了解破除软件限制技术的方法。针对不同的时间限制技术，有不同的去除时间限制的方法。例如，最典型的限制使用30天的情况下，用W32Dasm将其源程序反汇编后的代码为

```
mov  ecx,1E;              //把1E(30天十进制)放入ecx
mov  eax,[esp+10];        //把用过的天数放到eax
cmp  eax,ecx;             //在此比较用过的天数和30的大小关系
jl …                      //跳转到相应的代码继续执行
```

此时只需把"mov eax,[esp+10]"改成"mov eax,1"即可解除限制。

② 功能限制技术

这种程序一般是Demo版或程序菜单中部分选项是灰色的。有些Demo版的部分功能根本就没有，而有些程序功能全有，只有在注册后程序功能才会正常。使用这些Demo程序部分

被禁止的功能时，会跳出提示框，提示用户这是 Demo 版等。Demo 程序一般都是调用 MessageBox[A]或 DialogBox[A]等函数来弹出提示框。

保护与破解过程常用的 API 函数有 EnableMenuItem()和 EnableWindow()等。因此可以用 W32Dasm 反汇编目标程序，然后在代码中查找字符串 Function Not Avaible in Demo 或 Command Not Avaible 或 Can't Save in Shareware/Demo 等，截获这次 CALL 调用，从而破解目标软件 Demo 版的限制功能。另外，如果菜单中部分选项是灰色的不能用，一般通过 EnableMenuItem()和 EnableWindow()两种函数实现。

函数 EnableMenuItem()主要用来允许、禁止或变灰指定的菜单条目，例如：

```
BOOL EnableMenuItem{
HMENU hMenu,                            //菜单句柄
UINT uIDEnableItem,                     //菜单工 D,形式为:允许,禁止,或变灰
UINT  uEnable                           //菜单项目
};
Returns
```

在 ASM 代码形式如下：

```
PUSH  uEnable                          //uEnable=0 则菜单选项允许
PUSH  uIDEnableItem
PUSH  hWnd
CALL[KERNEL32! EnableMenuItem]
```

函数 EnableWindow()主要用来允许或禁止鼠标和键盘控制指定窗口和条目(禁止时菜单变灰)，例如：

```
BOOL EnableWindow{
HWND  hWnd,                             //窗口句柄
BOOL  bEnable                           //允许/禁止输入
};
Returns
```

如果窗口以前被禁止则返回 TRUE，否则返回 FALSE。

(4) 加密狗

① 加密狗的构成

加密狗是插在计算机并行口上的软硬件结合的软件加密产品。加密狗一般都有几十或几百字节的非易失性存储空间可供读写，有的内部还增加了一个单片机。软件运行时通过向并行口写入一定的数据，判断从并行口返回密码数据正确与否来检查加密狗是否存在。加密狗包括加密代码程序和密钥(亦称加密盒)两部分。加密代码程序检查密钥是否存在以及是否正确，并在无误的情况下执行正常功能的应用程序。密钥中存放了密码，并用硬件电路实现加密。

② 加密狗的工作原理

为了防止程序被非法复制，加密狗所做的加密保护措施一般包括两部分。第一是要有保存密码数据的载体，即密钥；第二是夹杂在应用程序中的主机检查程序，即加密代码。密钥应该能保证不易被解密、复制。如一般用磁盘做加密时，加密部分无法用一般的工具复制。另外，当检查程序用特殊方法去读密码时，密码应该能很容易地被读出，而不致影响应用程序的正常执行。当发现密码不对或密钥不存在时，操作系统就让主机挂起、重新启动或采用其他的措施。

(5) 反动态跟踪技术

软件的反动态跟踪技术就是防止解密者利用程序调试工具跟踪软件的运行,窃取软件源码,取消防复制和加密功能实现对软件的动态破译。

随着计算机加密技术的发展,它的对立面——解密技术,也应运而生并发展着。因此,除了对程序进行可靠的加密,还要有较好的反跟踪措施来防止非法复制者对所研发的软件进行解密。

① 有效的反动态跟踪加密软件的特性

一个有效的反动态跟踪的加密软件应该具备以下三个特性:第一,识别程序是不可跳跃的,不执行识别程序,程序就无法执行;第二,识别程序是不可动态跟踪执行的,并且是复杂和隐蔽的,如果强行跟踪,程序就无法执行;第三,若不通过识别程序的译码算法,则密码是不可破译的。

实现第一个特性可以通过某种信息加密算法,将被保护程序本身进行加密处理,全部转换成密码。只有当识别程序将保护程序的代码从密码形式转换为明码形式后,被保护程序才能正常运行。于是,解密者就无法越过识别程序来观察和运行被保护程序了。实现第二个特性可以采用一种识别程序的译码算法,它的运行必然造成解密者动态跟踪环境的破坏。于是,解密者若不执行识别程序的译码算法,就无法观察和运行被保护的程序。此外,识别程序还可以对运行的状态做进一步的判断,若判定加密程序是在调试程序控制下运行的,则立即停止对程序的运行,或将跟踪引入歧途。

② 反动态跟踪技术的实现途径

反动态跟踪技术总的来说有两种途径来破坏跟踪:第一种,通过暂时破坏软件调试和动态跟踪软件的某些功能和运行环境,使跟踪者跟踪几步就死机、机器自启动或者屏幕混乱;第二种,利用反穷举法、程序流动态控制措施、逆指令流技术等,在程序中安排大量的陷阱,使跟踪者在“筋疲力尽”前不能进行实质而有效的跟踪,例如,在程序中故意安排大量的循环、多出口程序,这些程序不完成任何有用的功能,只是进行多次循环。

(6) 软件水印

软件水印是嵌入程序当中的秘密消息,这些消息应能方便且可靠地提取出来,以证明软件的所有权,并且具有在保证程序功能的情况下不能或难以去除该消息的功能。该技术可提供所有者鉴别、所有权验证、操作跟踪、复制控制等服务,是密码学、软件工程、算法设计、图论等学科的交叉研究领域。简单地说,软件水印是用水印的思想实施软件保护。

从软件水印的用途来看,其具有以下一些应用:

① 软件版权申明(Authorship):通过软件水印申明软件的版权,软件中的水印信息可以被任何合法的用户(公开水印密钥)提取。软件用户可以通过该水印判断所使用的软件是否为正版软件。

② 软件版权证明(Authentication):通过软件水印证明软件的版权,软件中的水印信息仅能被软件开发者(拥有水印密钥)提取,该水印信息可以证明软件的所有权。当两个公司都称某软件是自己公司开发的软件时,软件版权证明水印就可以证明软件的所有权,从而揭穿盗版者的谎言。

③ 盗版源的跟踪:在分发给不同使用者的软件中嵌入的水印信息各不相同(不同的信息指软件的指纹),当盗版行为发生时,可以根据软件的指纹知道盗版软件是从哪个使用者流传出去的,从而定位盗版源。

④ 非法复用软件模块的发现：如果整个软件被盗用，则常常是容易被发现的，但当仅有某个模块被非法复用时，常常是难以被发现的，软件水印可以用于检测与发现这种情况下的盗版行为。

⑤ 盗版自报告：Easter Egg 软件水印利用了软件可运行的特点，把水印检测器嵌入软件中，当检测器运行时，可以通过检查软件的生存环境（例如，主机 IP 等），来判断该软件的生存环境是否会构成盗版行为，进而在可能的情况下，通过网络主动报告盗版行为。

⑥ 盗版自发现：随着计算机网络的迅速发展，通过网络分发软件成为软件分发的一种重要手段，这就给软件盗版的自发现提供了可能。合法用户可以利用网络爬虫技术搜索 Internet 上的软件，并检测这些软件当中的水印信息，从而自动地发现盗版行为。

9.2 恶意代码分析

随着计算机网络的快速发展，从早期以炫耀技术、破坏数据和影响操作等为主的传统计算机病毒，到今天趋利性越来越强的勒索软件以及威胁性更大的 APT 攻击，恶意代码呈现出更加组织化、规模化、产业化的特征。恶意代码对信息安全的威胁日益严重，如何防范恶意代码的攻击和破坏是信息安全技术的重要方面之一。本节介绍恶意代码的基本概念、常见恶意代码的原理及防御方法、恶意代码分析技术与检测方法等。

9.2.1 恶意代码概述

1. 恶意代码的概念及发展

恶意代码（Malicious Code，或 MalCode、Malware）是指故意编制或设置对网络或系统会产生威胁或潜在威胁的计算机代码。

恶意代码的表现形式多种多样，有的是修改合法程序，使之包含并执行某种破坏功能；有的是利用合法程序的功能和权限，非法获取或篡改系统资源和敏感数据。总之，恶意代码的设计目的通常是用来实现某些恶意功能。这与传统意义上的计算机病毒非常类似。我国在 1994 年发布的《中华人民共和国计算机信息系统安全保护条例》中将计算机病毒定义为："计算机病毒，是指编制或者在计算机程序中插入的破坏计算机功能或者毁坏数据，影响计算机使用，并能自我复制的一组计算机指令或者程序代码。"由于技术发展的原因，这一定义现在已经无法涵盖各种恶意代码的特征和内涵（如很多木马病毒并不进行自我复制）。因此，本章采用"恶意代码"这个概念来表示计算机病毒和其他各种形式的恶意程序。

恶意代码已经蔓延几十年了，在这几十年的历程中，其发展的主要阶段如下。

① 理论上的病毒。1949 年，约翰·冯·诺依曼（John von Neumann）在他的一篇名为《复杂自动机组织论》的论文里，勾勒出了病毒程序的蓝图—— 一种能够实现复制自身的自动机。

② DOS 时代的病毒。20 世纪 80 年代末，一对巴基斯坦兄弟——巴斯特（Basit）和阿姆捷特（Amjad），编写了计算机病毒 C-BRAIN，这是业界公认的真正具备完整特征的计算机病毒始祖。这对兄弟在当地经营一家贩卖个人计算机的商店，由于当地盗拷软件的行为靡然成风，因此，他们编写 C-BRAIN 的目的主要是防止软件被任意地非法复制。只要有人非法复制他们的软件，C-BRAIN 就会"发作"，将非法复制者的硬盘剩余空间给"吃掉"。在这之后陆续出现了各种各样的 DOS 病毒，典型代表有"小球""石头"（Stone）"耶路撒冷""黑色星期五""塑料

炸弹”(Plastique)“幽灵王”(Natas)等。这些病毒的共同特点是通过感染系统的引导扇区或者扩展名为.com和.exe可执行文件进行破坏,因此也相应地分别称为引导型病毒和文件型病毒,将一些二者都会感染的病毒称为混合型病毒。由于这个时期病毒的自身代码大多不隐藏、不加密,所以查杀都很容易。到20世纪90年代,相继出现了多态病毒和使用多级加密、解密和反跟踪技术的病毒,同时还出现了可以用于开发病毒的“病毒生产机”以及相应的“病毒家族”。

③ Windows早期病毒。随着Windows的日益普及,Windows病毒开始流行。1998年,第一个破坏计算机硬件设备的CIH病毒被发现。1999年,利用电子邮件进行传播的病毒大行其道,如Melissa、FunLove等病毒。从2001年开始,蠕虫病毒大规模爆发,相继出现了Code Red病毒、Code Red Ⅱ病毒、Nimda病毒、冲击波病毒、震荡波病毒以及SQL Slammer病毒等蠕虫病毒。蠕虫病毒打破了以往病毒的各种传播途径,它们可利用应用程序或者软件的漏洞,或通过电子邮件大肆传播,并衍生了无数变种的计算机蠕虫,导致Internet上的大部分服务器被阻断或访问速度下降,在世界范围内造成了巨大的经济损失。

④ 趋利型病毒。从2005年开始,病毒更多以经济利益为目的被开发和传播,即时通信工具成为病毒传播的途径之一,灰鸽子病毒、盗号木马病毒等数量剧增。2008年,木马病毒数量爆炸式增长,僵尸网络日益增多,网络钓鱼问题也日趋凸显,病毒制造模块化、专业化以及病毒“运营”模式互联网化。同期,移动终端病毒数量激增,危害巨大。2013年,出现勒索病毒,其数量逐年增长。2017年,蠕虫勒索病毒WannaCry在全球范围内爆发。2017年一年新增勒索软件近4万个,呈现快速增长趋势。到2017年下半年,随着比特币、以太币、门罗币等数字货币的价值暴涨,针对数字货币交易平台的网络攻击越发频繁,利用勒索软件向用户勒索数字货币的网络攻击事件也越来越多,同时用于“挖矿”的恶意程序的数量大幅增加。

⑤ APT型病毒。2011年以来,火焰病毒、Stuxnet病毒、高斯病毒、红色十月病毒等带有APT攻击色彩的病毒日渐增多,对国家和企业的数据安全造成严重威胁,工业控制系统安全事件呈现增长态势。2011年,美国伊利诺伊州一家水厂的工业控制系统遭受黑客入侵,导致其水泵被烧毁并停止运作。2011年11月,Stuxnet病毒转变为专门窃取工业控制系统信息的Duqu木马病毒。同时,手机恶意程序呈现多发态势,木马病毒和僵尸网络活动越发猖獗。到目前为止,APT攻击仍然呈不断增多的态势,并且不断渗透到各重要行业领域。

据国家互联网应急中心在2019年4月发布的《2018年我国互联网网络安全态势综述》披露,2018年间勒索软件攻击事件频发,变种数量不断增加,给个人用户和企业用户带来严重损失。特别是在2018年下半年,伴随“勒索软件即服务”的兴起,活跃勒索软件数量呈现快速增长势头,且更新频率和威胁广度都大幅度增加,重要行业关键信息基础设施逐渐成为勒索软件的重点攻击目标,其中,政府、医疗、教育、研究机构、制造业等受到的勒索软件攻击较多。此外,据FreeBuf这一互联网安全媒体公布,在2018年,除了不断有新兴的勒索软件出现,“挖矿”攻击迭起,且花样不断翻新。“挖矿”攻击出现频率越来越高,对受害者造成的危害也日益严重,而且目前已经转向企业目标。

通过对恶意代码的追踪分析,预计未来的物联网和家庭设备将成为新的僵尸网络DDoS的攻击目标,勒索病毒还将进一步增加和传播,移动终端病毒和APT攻击都将持续“进化”。在恶意代码的防御方面,专家认为,人工智能技术将引领反病毒技术的发展,随着人工智能(Artificial Intelligence,AI)技术的发展,防病毒技术已从第一代病毒库特征码比对阶段、第二代云扫描引擎或沙盒分析技术(行为比对阶段),发展为第三代以机器学习模型为主的人工智能防病毒技术。基于机器学习模型的人工智能技术，可以根据未知病毒的行为和特征迅速识别以抵御风险。

2. 恶意代码的分类

恶意代码种类很多，根据不同的分类标准可以得到不同的分类结果，以恶意代码特点进行分类，可以将恶意代码分为感染型病毒（Virus）、蠕虫病毒（Worm）、特洛伊木马病毒（Trojan）、僵尸网络（Botnet）、后门软件（Backdoor Software）、Rootkit、间谍软件（Spyware）、广告软件（Adware）和下载器（Dropper）等。

1）感染型病毒

感染型病毒是指插入 PE 文件寄生，即将自己的病毒代码添加到 PE 文件中，使得病毒代码和该正常 PE 文件同时在计算机系统中运行。

2）蠕虫病毒

蠕虫病毒是具有自我繁殖能力、无须外力干预便可自动在网络环境中传播的恶意代码。蠕虫病毒一般不采用插入 PE 格式文件的方法，而是通过复制自身在网络环境下进行传播。蠕虫病毒的目标是感染互联网内尽可能多的计算机。局域网条件下的共享文件夹、电子邮件、网络中的网页以及存在大量漏洞的服务器都是蠕虫传播的重要目标与途径。

3）特洛伊木马病毒

特洛伊木马病毒简称木马病毒，是通过伪装成合法程序，欺骗用户执行，从而可以未经授权地收集、伪造或销毁用户数据的一类恶意代码。同时，攻击者也可以利用木马病毒实现远程控制。

4）僵尸网络

僵尸网络是攻击者出于恶意目的，传播僵尸程序（bot 程序），控制大量主机，并通过一对多的命令与控制信道所组成的网络。僵尸程序是具有恶意控制功能的程序代码，它能够自动执行预定义的功能，也可以被预定义的命令控制。

5）后门软件

后门软件是一类运行在目标系统中，用以提供对目标系统未经授权的远程控制服务的恶意代码。此类恶意代码能够绕过安全控制机制而获取对程序或系统的访问权。后门起初是程序员为将来可以修改程序中的缺陷而在软件的开发阶段在程序代码内创建的，后来被恶意代码制作者用来获取程序或系统的控制权。

6）Rootkit

Rootkit 源自 UNIX 操作系统中一组用于获取并维持 Root 权限的工具集。现在被定义为恶意代码的 Rootkit 通常是指用于帮助入侵者在获取目标主机管理员权限后，维持拥有管理员权限的程序。Rootkit 可以工作在内核模式（作为操作系统内核的一部分）或用户模式下（容易创建和安装，但也容易被发现）。最著名的 Rootkit 当属索尼 BMG 产品，刻录在 CD 唱片上的 BMG 能够自动安装 Rootkit 到用户的计算机上，收集用户的唱片版权信息。

7）间谍软件

间谍软件是在未经用户许可的情况下搜集用户个人信息并将此类信息通过网络发送给入侵者的计算机程序。间谍软件通常作为蠕虫病毒、木马病毒两类恶意代码的一部分，并随着蠕虫病毒、木马病毒的执行而被释放执行。有些间谍软件也会直接在利用系统漏洞获取对目标系统的远程控制权后，将间谍软件通过网络传输到目标主机上运行。

8）广告软件

广告软件是指未经用户允许下载并安装或与其他软件捆绑安装，并通过弹出式广告或其他形式进行商业广告宣传的计算机程序。安装广告软件，往往会导致系统运行缓慢或系统异常。最常见的广告软件是 IE 广告软件插件，通过频繁弹出广告信息窗口，对用户计算机的正常使用带来极大的困扰。因此，广告软件也通常被称为流氓软件。

9）下载器

下载器是用来下载和安装其他恶意代码的恶意软件，通常是在攻击者获得系统的访问权限时首先进行安装的。

3. 恶意代码的基本特点

尽管恶意代码的种类有很多，但是大部分都有一些共同的特征，如传染性、破坏性、隐蔽性、寄生性、潜伏性等。

1）传染性

传染性是大多数恶意代码都具有的一大特性。通过传染其他计算机，恶意代码就可以扩散。恶意代码实现传染和扩散的方法之一是通过修改磁盘扇区信息或文件内容，并把自身嵌入其中，被嵌入的程序称为宿主程序。这种传染也可能并不需要宿主程序，而是通过直接驻留在目标主机的文件系统中的形式实现。

恶意代码传染的途径主要有以下四种。

① 移动存储介质（软盘、光盘、U 盘等）传播。人们使用移动存储介质进行数据和文件的交换时，藏匿于其中的恶意代码就会趁机进行传染。

② 网络传播。目前，网络传播是恶意代码传播最常用也是最快的途径，如许多电子邮件的正文或附件、下载软件、Word 文档也可嵌入恶意代码。此外，许多恶意代码编写者利用 Java Applets 和 ActiveX 控件编写网页恶意代码，用户一旦浏览该网页，恶意代码便有可能被植入计算机中。

③ 无线通信系统传播。目前，无线通信系统发展迅速，许多恶意代码可以通过这种途径进行传播。例如，手机恶意代码可以通过收发短信的方式进行传播，这种方式会影响手机的正常使用。

④ 系统漏洞传播。恶意代码能通过系统的漏洞乘虚而入。Nimda 病毒就是利用微软 IIS 的 Unicode 漏洞由电子邮件进行传播的，而 SQL Slammer 病毒则是利用 SQL 数据库的漏洞来进行传播的。

2）破坏性

大多数恶意代码在发作时都具有不同程度的破坏性，包括干扰计算机系统的正常工作，占用系统资源，修改和删除磁盘数据或文件内容，以及窃取系统数据等。

3）隐蔽性

恶意代码的隐蔽性表现在两个方面：一是传染的隐蔽性，大多数恶意代码在进行传染时一般不具有外部表现，因此不易被人发现；二是恶意代码存在的隐蔽性，一般的恶意代码藏身于正常程序之中，很难被发现，有些甚至采用了各种隐蔽技术进行隐藏。

4）寄生性

寄生性是指恶意代码嵌入宿主程序中，依赖于宿主程序的执行而生存。恶意代码侵入宿主程序后，一般会对宿主程序进行一定的修改，使得宿主程序一旦被执行，恶意代码就会被激活，从而可以进行自我复制。

5）潜伏性

恶意代码侵入系统后，一般不会立即进行干扰和破坏活动，而是具有一定的潜伏期。不同的恶意代码的潜伏期长短不同,有的潜伏期为几个星期,有的潜伏期为几年。在潜伏期中,恶意代码只要在条件满足时就可能不断地进行自我复制和传染。一旦条件成熟,恶意代码就开始发作,发作的条件依编写的程序不同而不同。

4. 恶意代码的基本作用机制

虽然恶意代码的行为表现各异,破坏程度千差万别,但其基本作用机制大体相同,其整个过程主要包括以下四个部分。

1) 侵入系统

侵入系统是恶意代码实现其恶意目的的必要条件。恶意代码入侵系统的方式很多,如前述的通过移动存储介质、网络、无线通信系统、系统漏洞等。

2) 维持或提升现有特权

恶意代码的传播与破坏必须获取用户或者进程的合法权限才能完成。

3) 隐蔽与潜伏

为了不让系统发现恶意代码已经侵入系统,恶意代码可能会通过改名、删除源文件或者修改系统的安全策略来隐藏自己,等待条件成熟,并具有足够的权限时,就进行传播或破坏等活动。

4) 传播与破坏

恶意代码被触发后,根据编写者目的的不同,可以完成不同的功能,最主要的功能有进行复制传播、窃取数据或者破坏系统等。

5. 恶意代码的防范

Internet 的飞速发展为计算机之间的信息共享提供了极其便利的条件,但同时也为恶意代码的传播提供了极为有利的条件。恶意代码通过网络连接、软件与数据下载操作,从一个系统传播到另一个系统,从一个网络传播到另一个网络,传播的速度之快、范围之广令人难以想象。对付恶意代码最理想的方法是预防,即一开始就不让其进入系统。恶意代码的防范可以从以下三个方面进行全面考虑:

① 预防:在系统中安装杀毒软件,一旦有病毒入侵,系统立刻就能察觉出来。我们应增强自我防范意识,对于来源不明的数据、文件和程序等保持警惕。

② 检测:一旦觉察到感染病毒,就立即使用最新版的杀毒软件对文件进行扫描,或者利用恶意代码分析技术进行手动分析,从而确定有哪些文件被什么样的病毒所感染。

③ 消除:一旦识别出特定的病毒,就要立即消除已感染文件中的所有病毒,使文件恢复到最初的状态。如果成功地检测到了病毒,但既无法识别也无法消除,那么一种替代方法是删除已感染的程序,重新安装该程序的副本。

9.2.2 常见的恶意代码

9.2.2.1 病毒

1) 病毒的概述

(1) 计算机病毒的定义

在《中华人民共和国计算机信息系统安全保护条例》中,计算机病毒(Computer Virus)被明确定义为“编制者在计算机程序中插入的破坏计算机功能或者破坏数据,影响计算机使用并且能够自我复制的一组计算机指令或者程序代码”。通俗地讲,计算机病毒就是利用计算机软件与硬件的缺陷或操作系统的漏洞,由被感染机内部发出的破坏计算机数据并影响计算机正常工作的一组指令集或程序代码。

计算机病毒与生物病毒一样，由自身病毒体（病毒程序）和寄生体（宿主 HOST）组成。所谓感染或寄生，就是病毒将其自身嵌入宿主指令序列中。寄生体为病毒提供一种生存环境，是一种合法程序。当病毒程序寄生于合法程序之后，病毒就成为程序的一部分，并在程序中占有合法地位，随后就会随着合法程序在计算机中运行。为了增强活力，病毒程序通常寄生于一个或多个被频繁调用的程序中。

(2) 计算机病毒的危害

① 计算机病毒激发对计算机数据信息造成直接破坏

大部分计算机病毒的破坏手段有格式化磁盘、改写文件分配表和目录区、删除重要文件或者用无意义的“垃圾”数据改写文件、破坏 CMOS 设置等。

② 占用磁盘空间，对信息进行破坏

寄生在磁盘上的病毒总要非法占用一部分磁盘空间。引导型病毒的一般侵占方式是，由病毒本身占据磁盘引导扇区，并把原来的引导区转移到其他扇区，也就是引导型病毒要覆盖一个磁盘扇区。被覆盖的磁盘扇区的数据将永久性丢失，无法恢复。文件型病毒利用一些 DOS 功能进行传染，这些 DOS 功能可以检测出磁盘的未用空间，把病毒的传染部分写入磁盘的未用部位，所以在传染过程中一般不破坏磁盘上的原有数据，但非法侵占了磁盘空间。

③ 抢占系统资源

大多数病毒在动态下是常驻于内存的，这就必然抢占一部分系统资源。除占用内存以外，病毒还抢占中断，干扰系统运行。

④ 影响计算机运行速度

病毒影响计算机运行速度主要表现在：首先，病毒为了判断传染激发条件，总要对计算机的工作状态进行监视；其次，有些病毒为了保护自己，不但对磁盘上的静态病毒加密，而且进驻内存后的动态病毒也处在加密状态，CPU 每次寻址到病毒处时要运行一段解密程序把加密的病毒解密成合法的 CPU 指令再执行，而病毒运行结束时会再用一段程序对病毒重新加密，因此，CPU 要额外执行数千条以至上万条指令；最后，病毒在进行传染时同样要插入非法的额外操作，特别是传染软盘时，不但计算机速度明显变慢，而且软盘正常的读写顺序会被打乱，发出刺耳的噪声。

⑤ 不可预见的危害

计算机病毒与其他软件的一大差别是病毒的无责任性，很多计算机病毒都是编写者在一台计算机上匆匆编写调试后就向外抛出。反病毒专家在分析大量病毒后发现绝大部分病毒都存在不同程度的错误。错误病毒的另一个主要来源是变种病毒。有些初学计算机者尚不具备独立编写软件的能力，出于好奇或其他原因修改别人的病毒，造成错误。大量含有未知错误的病毒扩散传播，其后果是难以预料的。

⑥ 兼容性对系统运行的影响

病毒的编写者一般不会在各种计算机环境下对病毒进行测试，因此病毒的兼容性较差，常常导致计算机死机。

⑦ 给用户造成严重的心理压力

据有关计算机销售部门统计，计算机用户怀疑“计算机有病毒”而提出咨询约占售后服务工作量的 60%以上。经检测确实存在病毒的约占其中的 70%，余下的情况只是用户怀疑，而实际上计算机并没有病毒。

(3) 计算机病毒的起源

计算机病毒是紧随着计算机而诞生的。1949年,冯·诺依曼在《复杂自动机组织论》(*Complex Automation Machine Theory of Organization*)一书提出了计算机病毒的基本概念——"一部事实上足够复杂的机器能够复制自身"。这种说法在当时让人感到比较离谱,但一些黑客却对此异常敏感,并开始悄悄对程序"自我复制"进行研究,计算机病毒发展史也在此时揭开了序幕。

对于计算机病毒最初的来源,计算机病毒学界有三种重要的"起源说",即"恶作剧论""加密陷阱论""游戏程序起源说"。

① 恶作剧论

持这种观点的人认为:计算机病毒源于一些计算机爱好者的恶作剧。在1988年,还是美国奈尔大学研究生的罗伯特·莫里斯(Robert Morris)因编写蠕虫病毒程序而声名狼藉,后来却被人们称为软件奇才,一些公司出高薪争相聘用他。蠕虫受害者在分析报告中客观地指出:当蠕虫程序混入网络骗取口令之后,蠕虫程序就已经获取了系统用户的特权,可以读取被保护的数据,蠕虫因此而具备了进行严重破坏活动的能力,但是蠕虫现在还没有做这些,它造成的伤害仅仅是使计算机运转变缓慢。罗伯特·莫里斯在编写蠕虫程序时,"单枪匹马"地破译了采用DES对称密码的口令。而IBM公司曾组织一些密码专家,花费了几周时间都未能破译DES密码。罗伯特·莫里斯的技术能力令人震惊。罗伯特·莫里斯成了最有名的攻击者,其超人能力引起广泛关注,哈佛大学就专门授予他超级用户的特权。人们曾普遍认为这些编写病毒的年轻人是一群"可畏的恶作剧制作者",不可小觑。

② 加密陷阱论

加密陷阱论的观点认为计算机病毒起源于软件加密技术。软件产品是一种知识密集的高科技产品。软件产品的研制耗资巨大,而且生产效率很低,但复制软件却异常的简单。由于各种原因,社会未能对软件产品提供有力的保护,存在大量非法复制和非法使用的情况,因而严重地损害了软件产业的利益。为了保护软件产品,防止非法复制和非法使用,软件产业发展了软件加密技术,使软件产品只能使用,不能复制。

早期的加密技术是自卫的,它可以使程序锁死,使非法用户无法使用,或使磁盘"自杀",防止非法用户重复破译。后来随着加密技术与破译技术的激烈对抗,软件加密由自卫性转化为攻击性,于是就产生了计算机病毒。计算机病毒始祖C-BRAIN是世界上唯一给出病毒制造者姓名和地址的病毒,其目的就是跟踪软件的非法用户。

③ 游戏程序起源说

持这种观点的人认为:计算机病毒起源于游戏程序。20世纪60年代初,美国麻省理工学院的一些青年研究人员在做完工作后,利用业余时间玩一种由他们自己创造的计算机游戏。该游戏先由某个人编写一段小程序,然后输入计算机中运行,并销毁对方的游戏小程序。这个小程序就是著名的"磁芯大战",而这也可能就是计算机病毒的雏形。

(4) 计算机病毒制造者的目的

从计算机病毒制造者的角度来看,他们编写病毒的主要目的有以下五个:

① 报复某个人或某个集体甚至整个社会;

② 炫耀技术;

③ 盗取账号以获得非法收益;

④ 为其他流氓网站服务,强制修改他人的网站首页以获得佣金;

⑤ 将病毒直接在网上挂卖给其他有兴趣的人，以获得收益。

(5) 计算机病毒的发展

在计算机病毒的发展史上，病毒的出现是有规律的，一般情况下，在一种新的病毒技术出现后，病毒将迅速发展，接着反病毒技术的发展会抑制其流传。操作系统升级后，病毒也会调整为新的方式，产生新的病毒技术。目前计算机病毒发展可以分为十个阶段。

① DOS引导阶段

1987年，计算机病毒主要是引导型病毒，具有代表性的是“小球”和“石头”病毒。当时的计算机硬件较少，功能简单，一般需要通过软盘启动后使用。引导型病毒利用软盘的启动原理工作，修改系统启动扇区，在计算机启动时首先取得控制权，减少系统内存，修改磁盘读写中断，影响系统工作效率，在系统存取磁盘时进行传播。1989年，引导型病毒发展为可以感染硬盘，典型的代表有“石头2”病毒。

② DOS可执行阶段

1989年，可执行文件型病毒出现，它们利用DOS系统加载执行文件的机制工作，代表病毒为“耶路撒冷”“星期天”。病毒代码在系统执行文件时取得控制权，修改DOS中断，在系统调用时进行传染，并将自己附加在可执行文件中，使文件长度增加。1990年，发展为复合型病毒，可感染扩展名为.com和.exe文件。

③ 伴随型阶段

1992年，伴随型病毒出现，它们利用DOS加载文件的优先顺序进行工作，具有代表性的是“金蝉”病毒。伴随型病毒感染扩展名为.exe文件时将根据算法产生.exe文件的伴随体，即具有同样的名字和不同的扩展名(.com)，例如，XCOPY.exe的伴随体是XCOPY.com。病毒把自身写入.com文件并不改变.exe文件，当DOS加载文件时，若伴随体优先被执行，则病毒就取得控制权。这类病毒的特点是不改变原来的文件内容、日期及属性，解除病毒时只要将其伴随体删除即可。

④ 幽灵、多形阶段

1994年，随着汇编语言的发展，实现同一功能可以用不同的方式，这些方式的组合可以使一段看似随机的代码产生相同的运算结果。幽灵病毒就是利用这个特点，每感染一次就产生不同的代码。例如，“一半”病毒就是产生一段有上亿种可能的解码运算程序，病毒体被隐藏在解码前的数据中，查解这类病毒就必须能先对这段数据进行解码，因而加大了查毒的难度。多形型病毒是一种综合性病毒，它既能感染引导区又能感染程序区，多数具有解码算法，一种病毒往往要两段以上的子程序方能解除。

⑤ 生成器、变体机阶段

1995年，在汇编语言中，一些数据的运算放在不同的通用寄存器中，可运算出同样的结果，随机地插入一些空操作和无关指令也不影响运算的结果。这样，一段解码算法就可以由生成器生成，当生成器的生成结果为病毒时，就产生了这种复杂的“病毒生成器”，而变体机就是增加解码复杂程度的指令生成机制。这一阶段的典型代表是“病毒制造机”VCL，它可以瞬间制造出成千上万种不同的病毒，查解时就不能使用传统的特征识别法，需要在宏观上分析指令，解码后查解病毒。

⑥ 网络蠕虫阶段

1995年，随着网络的普及，病毒开始利用网络进行传播，且它们只是以上几代病毒的改进。在非DOS操作系统中，“蠕虫”是典型的代表，它不占用除内存以外的任何资源，也不修改磁盘文件，只利用网络功能搜索网络地址，将自身向下一地址进行传播，有时也在网络服务器和启动文件中存在。

⑦ 视窗阶段

1996 年，随着 Windows 操作系统，尤其是 Windows 95 的日益普及，利用 Windows 进行传播的病毒开始发展，它们修改(NE 或 PE)文件，典型的病毒代表是 DS.3873。这类病毒的机制更为复杂，它们利用保护模式和 API 调用接口工作，解除方法也比较复杂。

⑧ 宏病毒阶段

1996 年，随着 Windows Word 功能的增强，使用 Word 宏语言编写的病毒迅速传播，这种病毒使用类 Basic 语言，编写容易，感染 Word 文档等文件，在 Excel 和 AmiPro 出现的相同工作机制的病毒也归为此类。由于 Word 文档格式没有公开，这类病毒查解比较困难。

⑨ 互联网阶段

1997 年，随着互联网的发展，各种病毒也开始利用互联网进行传播，一些携带病毒的数据包和邮件越来越多，如果不小心打开了这些邮件，计算机就有可能中毒。

⑩ 邮件炸弹阶段

1997 年，随着万维网上 Java 的普及，利用 Java 语言进行传播和资料获取的病毒开始出现，典型的代表是 Javasnake 病毒。还有一些利用邮件服务器进行传播和破坏的病毒，例如，Mail-Bomb 病毒，它会严重影响 Internet 的效率。

(6) 新一代计算机病毒的特点

随着互联网的发展与计算机技术的进步，计算机病毒形式及传播途径日趋多样化，主要有以下特点。

① 病毒技术日趋复杂化

病毒制造者充分利用计算机软件的脆弱性和互联网的开放性，不断发展计算机病毒技术，朝着能对抗反病毒手段、有目的的发展，使得病毒的种类不断更新，编程手段越来越高，防不胜防。例如，利用生物工程学的遗传基因原理编写的“病毒生产机”软件，该软件无须病毒编写者绞尽脑汁地编写程序，便可以轻易地自动生产出大量的主体构造和原理基本相同的“同族”新病毒。利用军事领域的集束炸弹原理编写的“子母弹”病毒，该病毒被激活后就会像“子母弹”一样，分裂出多种类型的病毒来分别攻击并感染计算机内不同类型的文件。

② 互联网成为计算机病毒的主要传播途径

计算机病毒最早只通过文件复制传播，当时最常见的传播媒介是软盘和盗版光碟。随着计算机网络的发展，目前计算机病毒可通过计算机网络利用多种方式(电子邮件、网页、即时通信软件等)进行传播。计算机网络的发展使得计算机病毒的传播速度大大提高，感染的范围也越来越广。可以说，网络化造就计算机病毒传染的高效率。

③ 计算机病毒变形的速度极快

“震荡波”病毒大规模爆发不久，它的变形病毒就出现了，并且不断更新，从变种 A 到变种 F 的出现，时间不超过一个月。在人们忙于扑杀“震荡波”的同时，一个新的计算机病毒应运而生——“震荡波杀手”，它会关闭“震荡波”等计算机病毒的进程，但它带来的危害与“震荡波”类似：堵塞网络、耗尽计算机资源、随机倒计时关机和定时对某些服务器进行攻击。

④ 隐蔽性越来越强

2007 年 9 月 14 日，微软安全中心发布了 9 月漏洞安全公告。其中 MS04-028 安全公告所提及的 GDI+漏洞的危害等级被定为“严重”。瑞星安全专家认为，该漏洞涉及 GDI+组件，在用户浏览特定点.jpg 图片的时候，会导致缓冲区溢出，进而执行病毒攻击代码。该漏洞可能发生在所有的 Windows 操作系统上，针对所有基于 IE 浏览器内核的软件、Office 系列软件、微软.NET 开发工具，以及微软其他的图形相关软件等，是有史以来威胁用户数量最广的高危漏洞。基于该漏洞的“图片病毒”有可能通过以下形式发作：第一，群发邮件，附带有病毒的.jpg 图片文件；第二，采用恶意网页形式，浏览网页中的.jpg 文件，甚至网页上自带的图片即可被病毒感染；第三，通过即时通信软件 QQ、MSN 等的自带头像等图片或者发送图片文件进行传播。在被计算机病毒感染的计算机中，可能只看到一些常见的正常进程，如 Svchost.exe、taskmon.exe 等，但其实它是计算机病毒进程。“蓝盒子”(Worm.Lehs)病毒、“V 宝贝”(Win32.Worm.BabyV)病毒和“斯文”(Worm.Swen)病毒都是将自己伪装成微软公司的补丁程序来进行传播的。

⑤ 利用操作系统漏洞传播

操作系统是联系计算机用户和计算机系统的桥梁，也是计算机系统的核心，目前应用最为广泛的是 Windows 系列的操作系统。“蠕虫王”“冲击波”“震荡波”“图片病毒”都是利用 Windows 操作系统的漏洞，在短短的几天内就对整个互联网造成了巨大的危害。

(7) 计算机病毒的特性

虽然计算机病毒种类繁多、特征各异，但一般都具有以下特性。

① 可执行性。计算机病毒是一个完整的可执行程序，寄生在其他可执行程序上，因此，它享有一切程序所能得到的权力。在计算机病毒运行时，会与合法程序争夺系统的控制权。计算机病毒只有当它在计算机内得以运行时，才具有破坏能力。

② 传染性。计算机病毒会通过各种渠道从已被感染的计算机扩散到未被感染的计算机上，在某些情况下会导致被感染的计算机工作失常甚至瘫痪。

③ 破坏性。所有的计算机病毒都存在一个共同的危害，即降低计算机系统的工作效率，占用系统资源，具体情况取决于计算机病毒设计者的目的，但并非所有的计算机病毒都会对系统产生极其恶劣的破坏作用。有时几种本没有多大破坏作用的计算机病毒交叉感染，也会导致系统崩溃等严重后果。

④ 潜伏性。潜伏性的第一种表现是若不用专用检测程序是检查不出来病毒程序的，因此，计算机病毒可以静静地躲在磁盘里待上很长时间，一旦得到运行机会，就四处繁殖、扩散。潜伏性的第二种表现是计算机病毒的内部往往有一种触发机制，触发条件一旦得到满足，就会对系统造成各种破坏。

⑤ 隐蔽性。由于隐蔽性，计算机病毒得以在用户没有察觉的情况下很快扩散。大部分的计算机病毒代码之所以设计得非常短小，就是为了隐藏。计算机病毒一般只有几百或 1 KB，所以计算机病毒在转瞬之间便可将这短短的几百字节附着到正常程序之中，用户是非常不易察觉的。

⑥ 针对性。计算机病毒一般都是针对特定的操作系统，例如，微软的 Windows XP、Vista 和 Win7。还有针对特定的应用程序，例如，微软的 Office、IE 等，这种计算机病毒是通过感染数据库服务器进行传播的，一旦攻击成功，便会发作。

⑦ 可触发性。计算机病毒因某个事件或数值的出现，诱使计算机病毒实施感染或进行攻击的特性称为可触发性。计算机病毒既要隐蔽又要维持杀伤力，就必须具有可触发性。计算机病毒的触发机制就是用来控制感染和破坏动作的频率的。计算机病毒具有预定的触发条件，这些条件可能是时间、日期、文件类型或某些特定数据等。

(8) 计算机病毒的结构

一个计算机病毒包括引导模块、感染模块、触发模块和破坏模块四个模块。

① 引导模块。引导模块负责将计算机病毒由外存引入内存,使传染模块和发作模块处于活动状态。目前出现的各种计算机病毒的寄生对象有两种:磁盘引导扇区和特定文件(如.exe、.com、.doc、.html 等)。

寄生在磁盘引导扇区的病毒引导模块将占有原系统引导程序位置,并把原系统引导程序搬移到一个特定的地方。这样系统一启动,病毒引导模块就会自动地装入内存并获得执行权。然后该引导程序负责将病毒程序的感染模块和触发模块装入内存的适当位置,并采取常驻内存技术以保证这两个模块不会被覆盖。接着对这两个模块设定某种激活方式,使之在适当的时候获得执行权。完成这些工作后,病毒引导模块将系统引导模块装入内存,使系统在带病毒的状态下依然可以继续进行。

寄生在可被感染的文件中的病毒引导模块通过修改原有文件,使对该文件的操作转入病毒程序引导模块,引导模块将完成病毒程序的感染模块和触发模块驻留内存及初始化工作,然后把执行权交给原文件,使系统及文件在带毒状态下继续运行。

② 感染模块。感染模块负责实现病毒的感染。感染模块主要功能是:首先,寻找感染目标;其次,检查目标中是否存在感染标志或设定的感染条件是否满足;最后,如果没有感染标志或条件满足,则进行感染,将病毒代码放入宿主程序。

③ 触发模块。触发模块负责判断计算机病毒触发条件。计算机病毒在传染和发作之前,往往要判断某些特定条件是否满足,若满足则传染和发作,否则不传染或不发作,这些特定条件就是计算机病毒的触发条件。

④ 破坏模块。破坏模块负责在触发条件满足的情况下,实现计算机病毒对系统或磁盘上的文件进行破坏。计算机病毒破坏目标和攻击部位主要有系统数据区、文件、内存、系统运行速度、磁盘、CMOS、主板和网络等。这种破坏可能是显示一串无用的提示信息,也可能用来干扰系统或用户的正常工作。有的计算机病毒会导致系统死机或删除磁盘文件,新型计算机病毒还会导致网络拥塞与瘫痪。

计算机病毒的工作流程如图 9.11 所示。

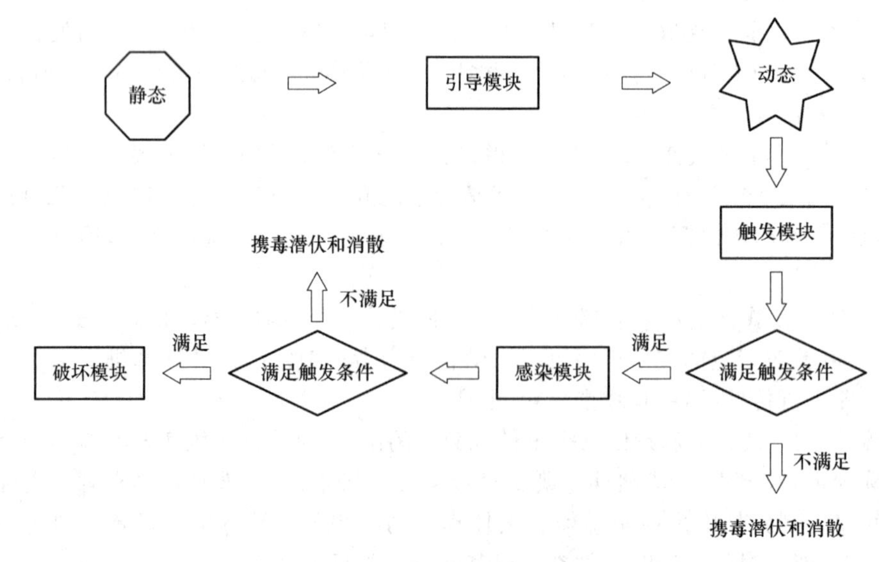

图 9.11 计算机病毒的工作流程

(9) 计算机病毒的命名规则

若要有效灭杀病毒,就必须从正常文件中区分出病毒,因此,需要对病毒的名称有所了解。

病毒的命名并没有统一的规定,每个反病毒公司的命名规则都不太一样,但基本是采用前后缀法来进行命名的,可以是多个前缀、后缀组合,中间以小数点分隔,一般格式为

〔前缀〕.〔病毒名〕.〔后缀〕

病毒前缀是指一个病毒的种类,常见的木马病毒的前缀是 Trojan,蠕虫病毒的前缀是 Worm,其他前缀还有 Macro、Backdoor、Script 等。病毒名是指一个病毒名称,如以前很有名的 CIH 病毒,它和它的一些变种的病毒名都是统一的 CIH;震荡波蠕虫病毒的病毒名是 Sasser。病毒后缀是指一个病毒的变种特征,一般是采用英文中 26 个字母来表示的,如 Worm. Sasser 一是指震荡波蠕虫病毒的变种。如果病毒的变种太多了,也可以采用数字和字母混合组合的方法来表示病毒的变种。

(10) 计算机病毒的分类

计算机病毒按不同的分类标准,可以有许多不同的分类。

① 按病毒寄生的媒体

按寄生的媒体,病毒可以划分为网络病毒、文件病毒和引导型病毒。网络病毒通过计算机网络传播感染网络中的可执行文件;文件病毒感染计算机中的文件(如. com,. exe,. doc 等);引导型病毒感染启动扇区(Boot)和硬盘的系统引导扇区(MBR)。还有这三种情况的混合型,例如,多型病毒(文件和引导型)感染文件和系统引导扇区两种目标,这样的病毒通常都具有复杂的算法,使用非常规的办法侵入系统,同时使用了加密和变形算法。

② 按病毒传染的方法

按传染的方法,病毒可分为驻留型病毒和非驻留型病毒。驻留型病毒感染计算机后,把自身的内存驻留部分放在内存中,这一部分程序挂接系统调用并合并到操作系统中,且处于激活状态,一直到系统关机或重新启动;非驻留型病毒在得到机会激活时并不感染计算机内存,一些病毒在内存中会留有一小部分,但是并不通过这一小部分进行传染。

③ 按病毒破坏的能力

按破坏的能力,病毒可分为无害型、无危险型、危险型、非常危险型。无害型病毒除了传染时会减少磁盘的可用空间,对系统没有其他影响;无危险型病毒仅仅是减少内存、显示图像、发出声音及同类音响;危险型病毒在计算机系统操作中将导致严重的错误;非常危险型病毒会删除程序、破坏数据、清除系统内存区和操作系统中重要的信息。现在的一些无害型病毒也可能会对新版的 DOS、Windows 和其他操作系统造成破坏。例如,早期的 Denzuk 病毒在 360 KB 磁盘上不会造成任何破坏,但是在后来的高密度软盘上却会导致大量的数据丢失。

④ 按病毒的算法

按算法,病毒可分为伴随型、蠕虫型、寄生型。伴随型病毒并不改变文件本身,它们根据算法产生. exe 文件的伴随体。蠕虫型病毒不改变文件和信息,仅利用网络从一台计算机的内存传播到其他计算机内存中。寄生型病毒是除伴随型和蠕虫型病毒以外的其他病毒,它们依附在系统引导扇区或文件中,通过系统的功能进行传播,按其算法不同又可分为三种。第一种,练习型病毒,病毒自身包含错误,不能进行很好的传播,例如,一些在调试阶段的病毒。第二种,诡秘型病毒,它们一般不直接修改 DOS 中断和扇区数据,而是通过设备技术和文件缓冲区等 DOS 内部修改,不易看到资源,使用的是比较高级的技术,利用 DOS 空闲的数据区进行工作。第三种,变型病毒(又称幽灵病毒),这一类病毒使用的是复杂算法,使自己每次传播都具

有不同的内容和长度。变型病毒一般是由一段混有无关指令的解码算法和被变化过的病毒体组成。

⑤ 按病毒的特性

按病毒的特性可分为系统病毒、蠕虫病毒、木马病毒、黑客病毒、脚本病毒等。常见的病毒类型与特性如表 9.2 所示。

表 9.2 常见的病毒类型与特性

病毒类型	病毒前缀	共有特性	典型病毒
系统病毒	Win32、PE、Win95、W32、W95	可以感染 Windows 操作系统的 *.exe 和 *.dll 文件	CIH 病毒
蠕虫病毒	Worm	通过网络或者系统漏洞进行传播，很大部分的蠕虫病毒都有向外发送带毒邮件，阻塞网络的特性	冲击波(阻塞网络)、小邮差(发带毒邮件)
木马病毒	Trojan	通过网络或者系统漏洞进入用户的系统并隐藏，然后向外界泄露用户的信息	QQ 消息尾巴木马(Trojan.QQ3344)、网络游戏木马病毒(Trojan.LMir.PSW.60)
黑客病毒	Hack	有一个可视的界面，能对用户的计算机进行远程控制。木马病毒、黑客病毒往往是成对出现的，即木马病毒负责侵入用户的计算机，而黑客病毒则会通过该木马病毒来进行控制	网络枭雄(Hack.Nether.Client)
脚本病毒	Script、VBS、JS	使用脚本语言编写，通过网页进行传播的病毒	红色代码(Script.Redlof)、欢乐时光(VBS.Happytime)、十四日(Js.Fortnight.c.s)
宏病毒	Macro，第二前缀是 Word、Excel	感染 Office 系列文档，然后通过 Office 通用模板进行传播	梅丽莎(Macro.Melissa)
后门病毒	Backdoor	通过网络传播，给系统开后门	IRC 后门(Backdoor.IRCBot)
病毒种植程序病毒	Dropper	运行时会从体内释放出一个或几个新的病毒到系统目录，由释放出来的病毒进行破坏	冰河播种者(Dropper.BingHe2.2C)、MSN 射手(Dropper.Worm.Smibag)
破坏性程序病毒	Harm	本身具有好看的图标来诱惑用户点击，当用户点击后，便会产生破坏	格式化 C 盘(Harm.formatC.f)、杀手命令(Harm.Command.Killer)
捆绑机病毒	Binder	使用特定的程序将病毒与应用程序捆绑起来	捆绑 QQ(Binder.QQPass.QQbin)、系统杀手(Binder.Killsys)

(11) 计算机病毒的传播途径

目前计算机病毒有以下传播途径。

① 通过计算机硬件

通过含有固化病毒程序的硬件，计算机会受到病毒入侵。例如，海湾战争爆发一年前，美国就派间谍到法国计算机公司，在伊拉克将要进口的一批打印机装上带病毒的芯片，使病毒得以传播。

② 通过存储介质

一些存储介质如光盘、移动硬盘等都是病毒藏身之地。光盘因为容量较大，存储了大量可执行文件，大量的病毒就有可能藏身在光盘中。以牟利为目的的盗版软件的制作过程中不可能为病毒防护承担责任，也不会有真正可靠、可行的技术保障避免病毒的传入、传染、流行和扩散。现在，盗版光盘的泛滥给病毒的传播带来了极大的便利，甚至有些光盘上的杀毒软件本身也带有病毒。另外，由于复制大容量文件的需要，一些移动硬盘和U盘也成为现在人们的必备之物，在不断使用中就可能会成为病毒传播的媒介。

③ 通过网络

个人计算机的普及和计算机网络的发展使病毒可以更广泛、更迅速地入侵计算机，网络已经成为病毒传播的主要途径。病毒通过网络传播主要有以下四种方式：第一种，通过电子邮件入侵计算机；第二种，通过网站下载入侵计算机；第三种，通过即时通信工具入侵计算机；第四种，通过BBS(电子公告板系统)入侵计算机。

计算机病毒传播途径如图9.12所示。从图9.12可以看出，凡是在计算机之间可以交换信息的途径，包括移动存储介质、计算机网络等，都是计算机病毒的传播途径。尤其是计算机网络这个途径，虽然出现得较晚，但是危害巨大。随着网络的延伸，无线局域网和4G无线接入等技术的发展，无线电波也将成为计算机病毒的传播途径之一。

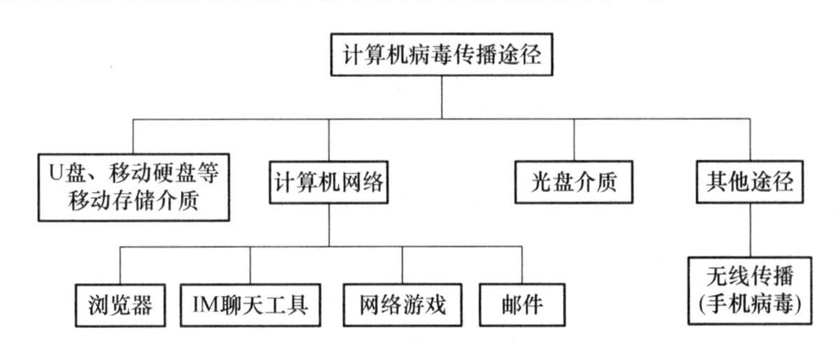

图9.12 计算机病毒传播途径

2) 手机病毒及其防范

(1) 手机病毒简介

手机病毒是一种具有传染性、破坏性的手机程序。它以手机等移动通信设备为感染对象，以移动运营商网络为平台，通过发送短信、彩信、电子邮件、浏览网站、下载铃声等方式进行传播，从而导致用户手机关机、死机、SIM卡或芯片损毁、存储资料被删或向外泄露、发送垃圾邮件、拨打未知电话、通话被窃听、订购高额SP(服务提供者)业务等。

最早的手机病毒出现于2000年3月的西班牙，被命名为Timofonica，它可以通过西班牙电信公司的移动系统向系统内的用户发送垃圾短信，然而Timofonica并不属于真正意义上的手机病毒。直到2004年6月，Cabir蠕虫病毒出现，这种病毒可以通过诺基亚560系列手机复制，然后不断寻找安装了蓝牙的手机。因为持续地搜索蓝牙设备，导致手机的待机能力明显降低并且手机被感染后蓝牙将不受控制。此后，手机病毒开始泛滥。

(2) 手机病毒的工作原理

智能手机平台一般都采用嵌入式操作系统(固化在芯片中，常见有诺基亚Symbian操作系统、苹果iOS操作系统和谷歌Android操作系统，一般由C++、Java等语言编写)，与PC

平台的硬件组成类似，因此容易被病毒所攻击。病毒可以通过网络浏览、彩信和电子邮件等途径来侵入手机。

手机病毒传播主要分为以下三种：

① 通过手机外部接口进行传播，例如，USB、蓝牙、红外等；

② 通过互联网接入进行传播，例如，网站浏览、程序下载等；

③ 通过手机业务进行传播，例如，短信、彩信中的未知链接等。

从后两种传播方式可以看出，手机病毒传播的必要条件是移动运营商要给手机提供数据传输功能，而且手机需要支持 Java 等高级程序写入功能。现在许多具备上网及下载等功能的手机都可能会被手机病毒入侵。图 9.13 展示了现今手机病毒的主要传播途径。

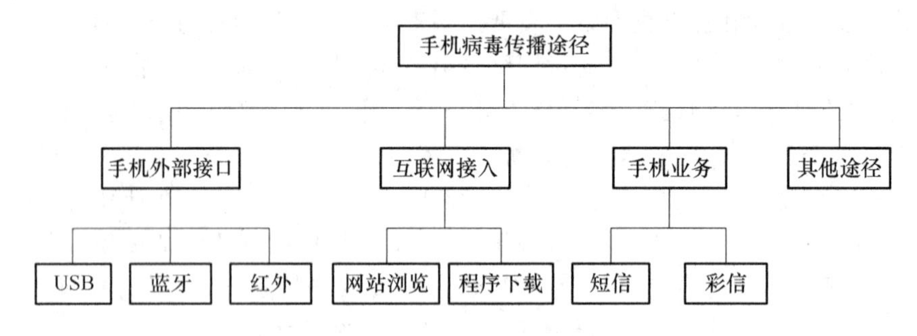

图 9.13　手机病毒传播途径

(3) 手机病毒的危害

手机病毒的攻击对象包括两类：手机终端和移动通信网络。

① 对手机终端的危害

手机终端是手机病毒的主要攻击目标，对手机终端的攻击可能会导致手机用户经济、信誉、设备和信息的损害或丢失，其危害形式主要表现如下。

第一，监听或窃取用户信息。手机木马可以将被感染手机中的个人信息、通讯录、图片和文件等传送到指定的地方，导致用户的敏感信息泄露。例如，国外已发生过多起公众人物手机中的私密照片被曝光的事件，这些都是手机木马软件的“杰作”。2007 年，国内市场上有公司非法销售一款名为“X 卧底”的手机间谍软件，可以全面监视手机短信、通信记录等，并具有远程窃听功能等。从技术的角度来看，这种软件实际上就是一种木马程序，它可以很容易地将用户手机变成窃听器，导致用户的信息泄露。

第二，导致用户经济损失。很多手机病毒会强制被感染手机不断地向外发送彩信或拨打电话，给用户造成经济损失，恶意的手机病毒制造者还会借此赚取不义之财。2007 年，在俄罗斯出现的 RedBrowser 手机病毒一旦被植入手机并被激活，被感染的手机会在非常隐蔽的状态下向付费号码 1055 发送短信，每条信息的收费为 177 卢布(合 6 美元)，短时间内就会导致用户支出巨额话费。

第三，破坏手机软硬件。手机病毒最常见的危害就是破坏手机软硬件，导致手机无法正常工作，典型的症状是手机死机、运行慢、待机时间减短、重启等，一些恶性病毒则能够摧毁手机操作系统，甚至导致内部芯片烧坏。芬兰一家信息安全公司发现的手机病毒 Fontal. a 是第一种能摧毁 Symbian 手机操作系统的手机病毒。它向手机操作系统植入恶意文件，一旦用户重启被感染的手机，该病毒就会导致操作系统崩溃，并且只能通过格式化并重新安装系统才能修复。

第四，远程控制用户手机。2004 年 8 月发现的后门病毒 Backdoor. Wince. Brador. a 可以使攻击者远程控制被感染的手机或其他手持设备。该病毒会在被感染设备中开设后门，攻击者利用它不但可以偷窃被感染手机里的电话号码和电子邮件，还可以对其进行远程控制，运行多种危险指令。此类病毒一旦大规模扩散并控制大量手机，将会成为一种能够对移动通信网络造成破坏的潜在力量。

② 对移动通信网络的危害

手机病毒也能对移动通信网络进行攻击，造成服务中断和网络瘫痪等事故。此类攻击的危害主要表现为以下两个方面。

第一个方面，堵塞移动通信服务。某些手机病毒会强制被感染手机不断地向所在通信网络发送垃圾信息或拨打特定服务号码，如果大量被感染的手机在短时间内同时发起此类行为，就会形成拒绝服务攻击，占用大量通信网络资源，堵塞网络通信服务，甚至会让移动通信网络局部瘫痪。

第二个方面，控制或使特定网络设施瘫痪。如果黑客找到了移动通信设备（如短信网关、WAP 网关、业务服务器等）的漏洞，就可以利用该漏洞研制出有针对性的手机病毒。一旦黑客攻击成功，或导致设备瘫痪，或成功控制这些设备，这将会对整个移动通信网络造成巨大影响，导致重大经济损失，并可能产生社会问题。

(4) 防范手机病毒的安全建议

① 从手机终端进行防范

手机终端是手机病毒寄生和发作的温床，防范手机病毒，应首先在手机上做好安全防护。一是增强手机用户的防病毒意识，不接受陌生请求，随时删除可疑短信或彩信，不浏览危险网站，保证下载的安全性等；二是在手机上安装杀毒软件和防火墙等安全软件，过滤收到的信息（短信、彩信和邮件等）和下载的文件，对其内容进行病毒查杀，防止有害的程序安装到手机上。

② 在移动通信网络设备处进行防范

移动通信网是一个受到严格管理的网络，手机病毒的防护重点是在网络层面上实现的。因为大部分手机病毒的传播方式需要依靠移动通信网络，运营商进行网络杀毒是最有效的方法，这可以在移动网络设备处（例如，GGSN、彩信网关、WAP 网关等）对网络行为和信息内容采用安全审计、深度报文检测等技术，实现对敏感信息和有害行为的及时发现和过滤，确保传送内容的安全可靠，并及时封堵攻击来源，把危害降到最低。

前面分析的主要是基于 DOS 和 Windows 操作系统的病毒，或者统称为微软操作系统病毒。目前市场上除了微软的操作系统，还有一些非主流的，但很具发展前景的操作系统，例如，Linux、UNIX、MacOS、FreeBSD、BeOS 等。随着嵌入式操作系统在各类电子产品中的应用，一些专门针对这些产品的病毒被黑客制造出来。此前就曾出现过袭击高级轿车、智能手机等的蠕虫病毒和木马病毒。在未来数年内，使用各种嵌入式操作系统的电子设备可能会遭到更大规模的病毒袭击。

9.2.2.2　蠕虫

1988 年 11 月 2 日，美国康奈尔大学的研究生罗伯特·莫里斯为了求证计算机程序能否在不同的计算机之间自我复制传播而编写了世界上第一个计算机蠕虫病毒。随着互联网的飞速发展，蠕虫病毒已经成为目前危害最大的一类恶意代码。例如，2017 年 5 月全球范围爆发的 WannaCry 病毒就是典型的蠕虫式的勒索病毒。

1）蠕虫病毒概述

蠕虫病毒是无须计算机使用者干预即可运行的独立程序，它通过不停地获得网络中存在漏洞的计算机上的部分或全部控制权来进行传播。蠕虫病毒与其他病毒的最大不同在于它不需要人为干预，并且能够不断地进行自我复制和传播。

蠕虫病毒具有如下一些典型的行为特征。

① 自我繁殖。蠕虫病毒在本质上已经演变为攻击者入侵的自动化工具。当蠕虫病毒被释放后，从搜索漏洞到利用搜索结果攻击系统，再到复制副本，整个流程全部由蠕虫病毒自身主动完成。就自主性而言，这一点有别于通常的恶意代码。

② 利用软件漏洞。计算机系统中的软件或多或少地存在漏洞，蠕虫病毒利用系统软件或者应用软件的漏洞就能够获得被攻击的计算机系统的相应权限，使进行复制和传播成为可能。正是由于漏洞产生原因的复杂性，各种类型的蠕虫病毒泛滥。

③ 造成网络拥塞。在扫描漏洞主机的过程中，蠕虫病毒需要进行一系列判断，包括判断其他计算机是否存在，判断特定应用服务是否存在，判断漏洞是否存在等，这不可避免地会产生附加的网络数据流量。同时，蠕虫副本在不同计算机之间传递，或者向随机目标发出的攻击数据都不可避免地会产生大量的网络数据流量。即使是不包含破坏系统正常工作的蠕虫病毒，也会因为它而产生大量的网络流量，最终可能导致整个网络瘫痪，从而造成经济损失。

④ 消耗系统资源。蠕虫病毒入侵计算机系统之后，会在被感染的计算机上产生自己的多个副本，每个副本将启动搜索程序寻找新的攻击目标。大量的进程会耗费系统的资源，导致系统的性能下降。这对网络服务器的影响尤其明显。

⑤ 留下安全隐患。大部分蠕虫病毒会搜集、扩散、暴露系统敏感信息（如用户信息等），并在系统中留下“后门”。这些都是安全隐患。

2）蠕虫病毒的传播机制

蠕虫病毒从感染第一台主机到全面爆发一般要经过以下四个步骤：首先，蠕虫病毒会根据一定的规则探测其他可被感染的主机；其次，蠕虫病毒会根据目标主机的某种漏洞发动攻击；再次，蠕虫病毒进行自我复制，将自己复制到目标主机上，这样就完成了蠕虫病毒的一次传播；最后，在感染主机上启动蠕虫病毒后，这台感染主机就变成了一台新的攻击主机，并继续扫描、感染其他计算机。由于蠕虫病毒的扫描总是多线程的，并且间隔时间非常短，所以其传播速度很快。

从功能结构上看，蠕虫病毒一般可以分为传播感染模块和目的功能模块两大部分。其中，传播感染模块负责将蠕虫病毒从一台主机传播到其他主机，具体又包括扫描模块、漏洞攻击模块和自我复制模块。目的功能模块则负责完成在被感染主机上的各种功能，如隐藏、破坏系统、自动升级等功能。现在的蠕虫病毒大多都具有病毒的功能，有些蠕虫病毒甚至会结合木马病毒。蠕虫病毒编写者可以在目的功能模块中加入自己所需的功能，如发动 DDoS 攻击、进行远程控制或者勒索等。

（1）传播感染模块

蠕虫病毒的传播感染模块主要负责蠕虫病毒从一台计算机到其他计算机的传染过程，一般又可以包含扫描模块、漏洞攻击模块和自我复制模块。

① 扫描模块

扫描是蠕虫病毒传播中最重要的模块。一个良好的扫描策略直接影响到蠕虫病毒传播的速度，理想的扫描策略能够在几分钟内感染互联网上所有可以被感染的主机。好的扫描策略不仅能够使蠕虫病毒传播得更快，而且也能使扫描不易被系统和网络管理员发现。

大多数的扫描都是针对某一个网络服务，即针对某一个特定的端口而进行的。端口扫描就是为了向程序提供被扫描主机当前所开放的端口和网络服务，以及确定是否有相应的漏洞存在。例如，WannaCry 病毒扫描 Windows 操作系统中 445 端口，以及确定对应的 SMB 服务漏洞是否存在。

扫描的基本原理是向目标主机发送特定的数据包，根据网络协议的不同，主机接收到不同的数据包后会产生不同的响应，而关闭的主机则不会对数据包有任何响应。根据返回的数据包，扫描模块可以判断目的主机相应的活动情况。扫描可根据所发送数据包协议的不同分为 ICMP 扫描、TCP 扫描、UDP 扫描。其中，TCP 扫描的种类最丰富，也是最常用的。例如，WannaCry 病毒采用的就是 TCP 扫描。TCP 扫描根据数据包的不同又可以分为 connect()扫描、SYN 扫描、ACK 扫描、FIN 扫描、NULL 扫描等方式。

② 漏洞攻击模块

漏洞攻击模块主要利用目标主机存在的漏洞对其发动攻击，并使目标主机能够执行所需功能的代码，例如，开辟后门，提升权限，使目标主机完全受控等。蠕虫病毒一般会利用漏洞对系统发动攻击。

③ 自我复制模块

自我复制模块的主要功能就是将蠕虫病毒从源主机复制到感染主机上，从而完成蠕虫病毒的传播。从技术上看，由于蠕虫病毒已经取得了目标主机的控制权限，所以很多蠕虫病毒都倾向于利用系统本身提供的程序（如 TFTP）来完成自我复制，这样可以有效地减少蠕虫病毒程序本身的大小。

（2）目的功能模块

蠕虫病毒的目的功能模块用于在目标主机感染蠕虫病毒后进行相应的行为操作，该模块具体又包含隐藏模块、系统破坏模块等其他的一些功能模块。

① 隐藏模块

隐藏模块的作用在于入侵主机后隐藏蠕虫病毒程序，使得正在运行的蠕虫病毒程序不被计算机使用者发现。隐藏方式通常有文件隐藏、进程隐藏等。文件隐藏最简单的方法是定制文件名，使蠕虫病毒文件更名为系统的合法程序文件名，或者将蠕虫病毒文件附加到合法程序文件中。文件隐藏稍微复杂的方法是，蠕虫病毒可以修改与文件系统操作有关的命令，使它们在显示文件系统信息时将蠕虫病毒的信息隐藏起来。此外，还可以通过附着或替换系统进程或者修改进程列表，以及命令行参数来隐藏蠕虫病毒进程。

② 系统破坏模块

系统破坏模块主要负责在蠕虫病毒成功感染主机后的破坏行为。从蠕虫病毒的破坏性上看，扫描模块会发出大量的探测数据包，给网络环境带来严重阻塞，主要破坏的是网络性能。而系统破坏模块的主要功能是蠕虫编写者设计的，负责病毒侵入主机后对主机进行攻击。这种攻击的形式是多种多样的，其中比较典型的是利用蠕虫病毒所发动的 DDoS 攻击。若要发动一次有一定规模的 DDoS 攻击，则攻击者必须找到相当数量的被控制主机。而蠕虫病毒快速传播的特性恰恰为这一条件提供了便利的条件。因此，蠕虫病毒常被用于进行 DDoS 攻击。例如：2001 年爆发的“红色代码”(Code Red)蠕虫病毒会对美国的白宫网站发动 DDoS 攻击；2003 爆发的“冲击波”(Worm. Blaster)蠕虫病毒会在攻陷计算机后，对微软公司的自动升级服务器发起 DDoS 攻击，导致用户无法从微软公司的升级服务器上下载补丁。

3）蠕虫病毒的防御

蠕虫病毒不同于普通病毒的一个典型特征是蠕虫病毒往往能够利用漏洞（缺陷），这里的漏洞（缺陷）可以分为两种。软件上的缺陷和人为因素的缺陷。软件上的缺陷，如远程溢出漏洞、微软 IE 和 Outlook 的自动执行漏洞等，需要软件开发商和用户共同配合，不断地升级软件来进行防御。而人为因素的缺陷主要指的是计算机用户的疏忽。例如，当收到一封含有病毒的求职邮件时，大多数人都会因为好奇而点击。防范蠕虫病毒，需要注意以下三点。

① 经常升级操作系统和应用软件。由于越来越多的蠕虫病毒依靠操作系统自身的漏洞以及应用软件的漏洞进行传播，因此，及时对操作系统和应用软件的漏洞进行打补丁操作已经成为当前蠕虫病毒防治的一个重要手段。在有条件、有能力的局域网环境中可以安排专门的更新服务器对局域网内部所有的主机进行集体升级操作。

② 安装合适的杀毒软件，增强防病毒意识。不要轻易点击陌生的站点，有可能里面就含有恶意代码。

③ 不随意查看陌生电子邮件，尤其是带有附件的电子邮件。

9.2.2.3 木马

1）木马病毒概述

（1）什么是木马病毒

木马病毒也称为特洛伊木马病毒，其名称源于一个古希腊神话故事。希腊人攻打特洛伊城十年，始终未获成功，后来建造了一个巨大的木马，让士兵藏匿于此木马中，大部队假装撤退，而将此木马弃于特洛伊城外。特洛伊人以为希腊人已走，就把木马当作献给雅典娜的礼物搬入城中。晚上，藏在木马内的士兵在特洛伊人庆祝胜利，放松警惕时从木马中爬出来，与城外的部队里应外合，攻下了特洛伊城。后来人们把进入敌人内部攻破防线的手段叫作木马计，木马计中使用的里应外合的工具叫作特洛伊木马。

计算机网络中的木马病毒是指隐藏在正常程序中的一段具有特殊功能的代码，它在目标计算机系统启动的时候自动运行，并在目标计算机上执行一些事先约定的操作。具体地说，木马病毒是指包含在合法程序里的未授权代码，未授权代码执行不为用户所知（或所希望）的功能；或者执行已被未授权代码更改过的合法程序，但程序执行不为用户所知（或所希望）的功能；或者执行任何看起来像是用户所知（或所希望）的功能，但实际上却执行不为用户所知（或所希望）的功能。

木马病毒实质上也是一种远程控制软件，但它与常规远程控制软件的本质区别在于：木马病毒是未经用户授权，通过网络攻击或欺骗手段安装到目标计算机中的；而常规远程控制软件是用户有意安装的。

（2）木马病毒的特点

木马病毒具有隐蔽性和非授权性等特点。

隐蔽性是指木马病毒的设计者为了防止木马病毒被发现，会想方设法地采用多种手段隐藏木马病毒。这样一来，服务端即使发现感染了木马病毒，由于不能确定其具体位置，也难以对其进行查杀。常用的隐藏方法包括：在任务栏中隐藏，在任务管理器中隐藏，在文件系统中隐藏等。在这一点上，木马病毒与远程控制软件是有区别的，木马病毒总是想方设法地隐藏自己，而远程控制软件则是正常地运行，且运行时一般都会出现醒目的标志。

非授权性是指一旦木马病毒的控制端（即客户端）与服务器端连接后，控制端将享有服务器端的大部分操作权限，包括修改文件、修改注册表、控制鼠标和键盘等。这些权限并不是服务器端赋予的，而是通过木马病毒程序窃取的。

(3) 特洛伊木马病毒的分类

① 远程访问型

这是使用最为广泛的木马病毒类型。远程访问型木马病毒会在受害者的计算机上打开一个供他人连接的端口，有一些木马病毒具有改变端口选项并且设置密码的功能，这样就可以只让令该计算机感染木马病毒的攻击者来控制该主机。

② 密码发送型

密码发送型木马病毒的目的是找到所有的隐藏密码，并且在受害者没有察觉的情况下把它们发送到指定的信箱。大多数的这类木马病毒会在每次 Windows 重启时启动，并使用 25 号端口发送电子邮件。

③ 键盘记录型

键盘记录型木马病毒的功能比较简单，它们只完成一个任务，就是记录受攻击者的键盘敲击信息，并且在日志(log)文件里查找密码。这种木马病毒随着 Windows 的启动而启动，通常会有在线和离线的选项。木马病毒的控制者可以通过在线选项来获知被攻击方是否在线并且记录每一件事。

④ 毁坏型

毁坏型木马病毒的目的是毁坏并且删除文件，这种木马病毒可以自动地删除被攻击的计算机上各种指定类型的文件。这类木马病毒非常危险，一旦被感染，并且没有及时清除，那么计算机中的信息可能就会遭到损坏。

2) 木马病毒的原理

木马病毒通常包含两部分：一个是服务器端(Server)，即被控制端；另一个是客户端(Client)，即控制端。服务器端是攻击者传送到被攻击计算机上的部分，用来在目标机上监听等待客户端连接；客户端是用来控制目标计算机的部分，安装在攻击者的计算机上。木马病毒实质上是一个客户机/服务器模式的程序，服务器端一般会打开一个默认的端口进行监听，等待客户端提出连接请求。客户端则指定服务器端地址及所打开的端口号，使用 Socket 向服务器端发送连接请求，服务器端监听到客户端的连接请求后，接受请求并建立连接。客户端发送命令，如模拟键盘动作、模拟鼠标事件、获取系统信息、记录各种口令信息等，服务器端接受并执行这些命令。

(1) 植入技术

若要通过木马病毒实现对目标系统的攻击，则必须先将其植入目标系统，常见的木马病毒植入方法有以下五种。

① 捆绑下载

将木马病毒与正常程序捆绑在一起发布到网站上供用户下载，当用户下载程序并安装后，木马病毒的服务器端程序就会被加载到目标系统中。

② 电子邮件传播

将木马病毒作为电子邮件的附件发送到目标系统，当用户打开邮件附件运行后，木马病毒就会被植入目标系统中。

③ 用户浏览网页

将木马病毒捆绑在网页中，如色情网页、虚假中奖链接等，诱使用户打开网页后，趁机将木马病毒植入用户系统，这种方式是目前较为常见的木马病毒植入方式之一。

④ QQ 消息链接

将木马病毒制作成有诱惑性的消息，当发送 QQ 消息时，木马病毒会与消息一并发送，用户点击链接后，木马病毒就被植入用户系统。

⑤ 直接植入

利用系统漏洞或用户防范意识的不足，直接操控用户系统，植入木马病毒。

(2) 自启动技术

自启动是木马病毒的基本特性之一，木马病毒的自启动特性使木马病毒不会因为一次关机而失去生命力。自启动特性是木马病毒实现系统攻击的首要条件。木马病毒利用操作系统的一些特性来实现自启动，从而达到自动加载运行的目的。下面介绍五种木马病毒常用的自启动方式。

① 在启动组中启动

木马病毒隐藏在启动组，虽然看起来不是十分隐蔽，但这里的确是自动加载运行的理想场所。启动组对应的文件夹为：C:\windows\start menu\programs\stariup；在注册表中的位置为：HEY_CURRENT_USER\Sofrware\Microsoft\Windows\Current Version\Explorer\Shellfolders Startup＝"C:\windows\start menu\programs\startup"。

② 利用注册表加载运行

如下所示的注册表位置都是木马病毒常用的隐藏位置，为了对付木马病毒，要经常检查确认是否存在可疑程序：

A. HKEY_LOCAL_MACHINE\Software\Microsoft\Windows\CurrentVersion 下所有以 Run 开头的键值；

B. HKEY_CURRENT_USER\Software\Microsoft\Windows\CurrentVersion 下所有以 Run 开头的键值；

C. HKEY_USER\Default\Software\Microsoft\Windows\CurrentVersion 下所有以 Run 开头的键值。

③ 修改文件关联

修改文件关联是木马病毒程序自启动的常用手段，例如，在正常情况下，扩展名为.txt 的文件的打开方式为 notepad.exe 文件，但一旦感染了修改文件关联启动方式的木马病毒，则扩展名为.txt 的文件打开方式就会被修改为用木马程序打开，如曾经著名的"冰河"木马病毒就使用了这种方式。"冰河"木马病毒通过修改 HKEY_CLASSES_ROOT\txtfile\shell\open\command，把键值 C:\WINDOWS\NOTEPAD.EXE%1 更改为 C:\WINDOWS\SYSTEM\SYSEXPLR.EXE%1。这样一来，一旦用户双击 txt 文件，本来应该用 Notepad 打开文本文件的，却变成启动木马程序 sysexplr.exe 了。不仅仅是 txt 文件，其他诸如 htm、exe、zip、com 等文件都是木马病毒修改文件关联的目标。为了对付这类木马病毒，要经常检查 HKEY_CLASSES_ROOT\文件类型\shell\open\command，查看主键的变化情况。

④ 添加任务计划

在 Windows 中，可以使用任务计划程序来创建和管理计算机将在指定的时间自动执行的常见任务。木马病毒程序利用这个程序的特点，将自己添加到任务计划中，并设置为开机自启动或其他启动条件，达到自启动的目的。

⑤ 作为服务启动

Windows 的服务是能创建在 Windows 会话中可长时间运行的可执行应用程序。这些服务可以在计算机启动时自动启动,也可以暂停和重新启动而且不显示任何用户界面。木马病毒程序根据服务的这种特点,将自己设置为服务形式的程序,并将该服务的启动类型设置为自启动,关联的程序设置为木马病毒程序本身,从而达到自启动的目的。

(3) 进程隐藏技术

为了避免被发现,木马病毒的服务器端都要进行进程隐藏处理。早期的木马病毒所采用的隐藏技术一般比较简单,最简单的隐藏方法是在任务栏目里隐藏程序,而现在的木马病毒通常采用内核插入式的嵌入方式,利用远程线程插入技术、动态链接库注入技术,或者挂钩(Hooking)API 技术等隐藏技术实现木马病毒的进程隐藏。

① 远程线程插入技术

远程线程插入技术将要实现的木马病毒程序转换为一个线程,并将此线程在运行时自动插入常见进程中,使之作为此进程的一个线程来运行。这种技术使木马病毒程序彻底消失,不以进程或服务方式工作。

② 动态链接库注入技术

动态链接库注入技术将木马病毒程序转换为一个动态链接库文件,使用远程线程插入技术将此动态链接库的加载语句插入目标进程中,并将调用动态链接库函数的语句插入目标进程,这个函数类似于普通程序中的入口程序。

③ Hooking API 技术

Hooking API 技术通过修改 API 函数的入口地址的方法来欺骗试图列举本地所有进程的程序。即采用 API 的拦截技术,通过建立一个后台的系统钩子,与 EnumProcessModules()等相关函数挂钩来实现对进程和服务的遍历调用控制。当检测到进程 ID 为木马病毒的服务器端进程的时候直接跳过,以实现木马进程的隐藏。

(4) 通信隐藏技术

木马病毒通常通过网络方式入侵目标系统,并且需要给目标发送指令,传递控制信息。整个程序过程通过绑定 TCP/UDP 协议簇中的网络端口进行端到端的通信传输。木马病毒通常会采用端口隐藏、ICMP(互联网控制报文协议)方法和反弹端口隐藏其通信行为。

① 端口隐藏

端口隐藏的主要方法有寄生和潜伏。木马病毒寄生在已打开的端口上,平时只负责监听,一旦接收到特殊指令就解释执行。在 Windows NT 操作系统下木马病毒寄生较为复杂,也比较难以实现。但一旦使用,就具有较强的危险性。潜伏是使用如 ICMP 等其他协议进行通信,从而跳过 netstat 和端口扫描软件的扫描。此外,还可使用直接对网卡进行编程的技术。

② ICMP 方法

木马病毒经常使用 ICMP 报文进行通信来避免使用端口进行通信,该方法具有较大的危险性。例如,木马病毒将自己伪装成一个 ping 进程来进行相应的通信传输。针对该隐藏方法的对策主要有捕获、分析相应 API 函数或者使用系统网络监控。

③ 反弹端口

反弹端口是木马病毒针对防火墙技术而采用的一种方法。被入侵的计算机安装防火墙之后,防火墙会严格过滤外部网络对本地计算机的连接。一旦木马病毒的客户端程序对安装了防火墙的服务器端计算机尝试连接,防火墙就会发现并立刻报警。但部分用户为了应用方便会将防火墙策略配置为内部通往外部的连接直接放行。反弹端口就是利用防火墙策略中对向外的连接不执行过滤的漏洞,采用服务器端程序主动连接客户端的技术,从而使木马病毒躲避防火墙的拦截，成功实现两端通信。

3）木马病毒的防御

（1）木马病毒检测方法

① 端口扫描

端口扫描是检查主机有无木马病毒的方法之一。端口扫描的原理非常简单，扫描程序尝试连接某个端口，如果连接成功，则说明端口开放，如果连接失败或超过某个特定的时间（超时），则说明端口关闭。但前提是要知道木马服务器使用的是哪个端口。

② 查看连接

在本地主机上通过命令行下的 netstat-a 命令（或其他第三方程序）即可以查看本机所有的 TCP/UDP 连接，通过查看本机和外部网络的连接情况判断是否存在可疑的网络交互。

③ 检查注册表

木马病毒大都是通过注册表启动的，可以通过检查注册表相应的自启动项发现木马病毒在注册表中留下的痕迹。

④ 查找文件

在找到木马病毒的其他方面线索后，通过木马病毒的名字、时间等线索在本地文件系统中查找与木马病毒相关的静态文件。

⑤ 对象一致性检测法

对象一致性检测法是一种简单的检测文件完整性的方法，它基于检测文件状态信息的变化进行判断。对于驱动程序或动态链接库木马病毒，可以使用对象一致性检测方法来检测操作系统文件的完整性。如果驱动程序或动态链接库在没有升级的情况下被改动了，就需要特别留意——它们可能正是木马病毒的藏身之处。

（2）增强安全意识

增强自己的网络安全意识，了解与木马病毒相关的常见技术，可以在一定程度上保证计算机的安全，降低被木马病毒入侵的概率。具体来说，可以从如下四个方面着手：

① 不要随便从网站上下载软件，应前往官方网站或者知名软件下载网站进行下载，这些网站一般都有专人在发布下载软件之前进行检测；

② 不随便运行来历不明的软件；

③ 经常检查自己的系统文件、注册表、端口，经常访问安全站点查看最新的木马病毒公告；

④ 更改 Windows 关于隐藏文件后缀名的默认设置。

9.2.2.4 僵尸

1）僵尸网络的定义

僵尸网络（Botnet）是在蠕虫病毒、木马病毒、后门软件等传统恶意代码形态的基础上发展、融合而产生的一种新型攻击方式。僵尸网络是攻击者出于恶意目的，传播僵尸程序（Bot程序），控制大量主机，并通过一对多的命令与控制信道所组成的网络。僵尸网络区别于其他攻击方式的基本特性是使用一对多的命令与控制机制。

僵尸网络采用一种或多种传播手段，使大量主机感染僵尸程序，从而在控制者和被感染主机之间形成一个可一对多控制的网络。攻击者通过各种途径传播僵尸程序，感染互联网上的大量主机，而被感染的主机将通过一个控制信道接收攻击者的指令，组成一个僵尸网络。之所以使用“僵尸网络”这个名称，是因为可以更形象地让人们认识到这类危害的特点：众多的计算机在不知不觉中如同传说中的僵尸群一样，被人驱赶和指挥着，成为被人利用的一种工具。

根据僵尸网络的通信控制方式，常见的僵尸网络有如下三种。

① 基于IRC(Internet Relay Chat，因特网中继聊天)通信控制的僵尸网络。即攻击者在公共或者私密的IRC服务器中开辟私有聊天频道作为控制频道，僵尸程序在运行时会根据预置的连接认证信息自动寻找和连接这些IRC控制频道，接收频道中的控制信息。攻击者则通过控制频道向所有连接的僵尸程序发送指令。

② 基于HTTP连接通信控制的僵尸网络。由于使用IRC方式比较容易被发现，于是出现了基于HTTP的连接和共享数据的方式。僵尸主机通过HTTP连接到服务器上，控制者也连接到服务器上并发送控制命令，这种方式不容易被防火墙发现和截获。

③ 基于P2P(Peer to Peer，个人对个人)通信控制的僵尸网络。以上两种方式，如果中心服务器被发现而宕机，整个僵尸网络就不复存在了，而该类僵尸网络中使用的程序本身包含了P2P的客户端，可以连接采用了Gnutella技术(一种开放源码的文件共享技术)的服务器，利用WASTE文件共享协议进行相互通信。由于这种协议分布式地进行连接，所以每一个僵尸主机可以很方便地找到其他的僵尸主机并进行通信。而当某些僵尸主机被发现时，并不会影响其他僵尸主机的生存，因此，这类的僵尸网络具有不存在单点失效，但实现起来相对复杂的特点。

2) 僵尸网络的功能结构

通常，僵尸程序的功能模块可以分为主体功能模块和辅助功能模块，其功能结构如图9.14所示。主体功能模块包括了实现僵尸网络定义特性的命令与控制模块和实现网络传播特性的传播模块。包含辅助功能模块的僵尸程序则具有更强大的攻击功能和更好的生存能力。

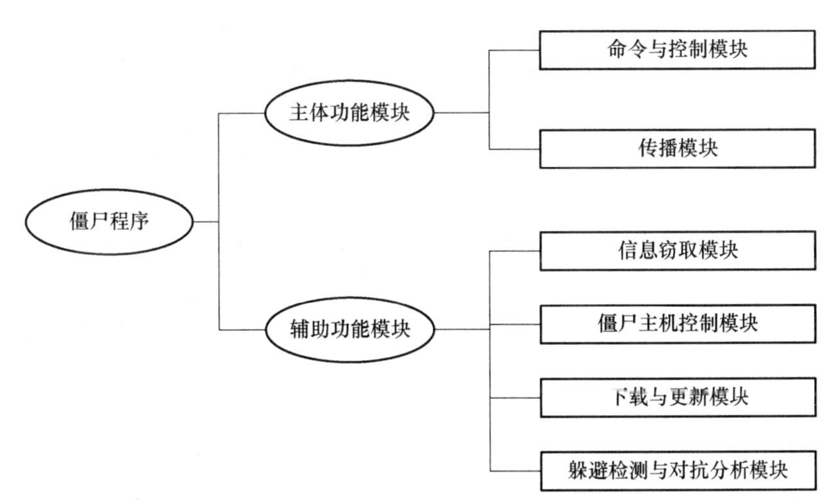

图9.14　僵尸程序的功能结构

主体功能模块中的命令与控制模块是整个僵尸程序的核心，其功能在于实现与僵尸网络控制器的交互，接收攻击者的控制命令并进行解析和执行，以及将执行结果反馈给僵尸网络控制器。

主体功能模块的传播模块通过多种多样的方式，如利用软件漏洞、社会工程学等方法将僵尸程序传播到新的主机，使其成为僵尸主机，加入僵尸网络接受攻击者的控制，从而扩展僵尸网络的规模。

僵尸程序按照传播策略可分为自动传播型僵尸程序和受控传播型僵尸程序两大类,僵尸程序的传播方式包括通过远程攻击软件漏洞传播,扫描 NetBIOS 弱密码传播,扫描恶意代码留下的后门进行传播,发送电子邮件病毒传播以及文件系统共享传播等。此外,新出现的僵尸程序也已经开始结合即时通信软件和 P2P 文件共享软件进行传播。

辅助功能模块是对僵尸程序除主体功能外其他功能的归纳,主要包括信息窃取、僵尸主机控制、下载与更新、躲避检测与对抗分析等功能模块。

(1) 信息窃取模块

它用于获取受控主机的信息(包括系统资源情况、进程列表、开启时间、网络带宽和速度情况等)以及搜索并窃取受控主机上有价值的敏感信息(如软件注册码、电子邮件列表、私人身份信息、账号口令等)。

(2) 僵尸主机控制模块

它是攻击者利用大量受控的僵尸主机完成各种不同攻击目标的模块集合。目前,主流僵尸程序中实现的僵尸主机控制模块包括 DDoS 攻击模块、架设服务模块、发送垃圾邮件模块以及点击欺诈模块等。

(3) 下载与更新模块

它为攻击者提供向受控主机注入二次感染代码以及更新僵尸程序的功能,使其能够随时在僵尸网络控制的大量主机上更新和添加僵尸程序以及其他恶意代码,以实现发动不同攻击目的。

(4) 躲避检测与对抗分析模块

它包括对僵尸程序的多态、变形、加密,通过 Rootkit 方式完成实体隐藏,检查 Debugger 的存在,识别虚拟机环境,杀死反病毒进程以及阻止杀毒软件升级等功能,其目标是使僵尸程序能够躲避受控主机的使用者和杀毒软件的检测,并对抗病毒分析师的分析,从而提高僵尸网络的生存能力。

基于 HTTP 的僵尸网络与基于 IRC 的僵尸网络的功能结构相似,所不同的仅仅是基于 HTTP 的僵尸网络控制器是以 Web 网站方式构建的。相应地,僵尸程序中的命令与控制模块通过 HTTP 向控制器注册并获取控制命令。由于 P2P 网络本身具有的对等节点特性,因此,在基于 P2P 的僵尸网络中也不存在只充当服务器角色的僵尸网络控制器,而是由 P2P 僵尸程序同时承担客户端和服务器的双重角色。P2P 僵尸程序与传统僵尸程序的差异在于其核心模块——命令与控制模块的实现机制不同。

3) 僵尸网络的工作机制

下面以基于 IRC 的僵尸网络为例来说明僵尸网络的工作机制。一个简单的基于 IRC 的僵尸网络如图 9.15 所示。攻击者编写好僵尸程序,该程序支持部分 IRC 命令,并将接收到的消息作为命令进行解释执行。建立 IRC 服务器后,再采用各种方式将僵尸程序植入用户计算机。例如:通过蠕虫病毒进行主动传播;利用系统漏洞直接入侵计算机;通过电子邮件或者即时通信工具传播;欺骗用户下载并执行僵尸程序;利用 IRC 协议的 DCC 命令直接通过 IRC 服务器进行传播;在网页中嵌入恶意代码等待用户浏览等。然后,僵尸程序以特定格式随机产生的用户名和昵称,尝试加入指定的 IRC 命令与控制服务器。攻击者普遍使用动态域名服务将僵尸程序连接的域名映射到其所控制的多台 IRC 服务器上,从而避免由于单一服务器被摧毁后导致整个僵尸网络瘫痪的情况。僵尸程序加入攻击者私有的 IRC 命令与控制信道中,加入信道的大量僵尸程序都将监听控制指令。

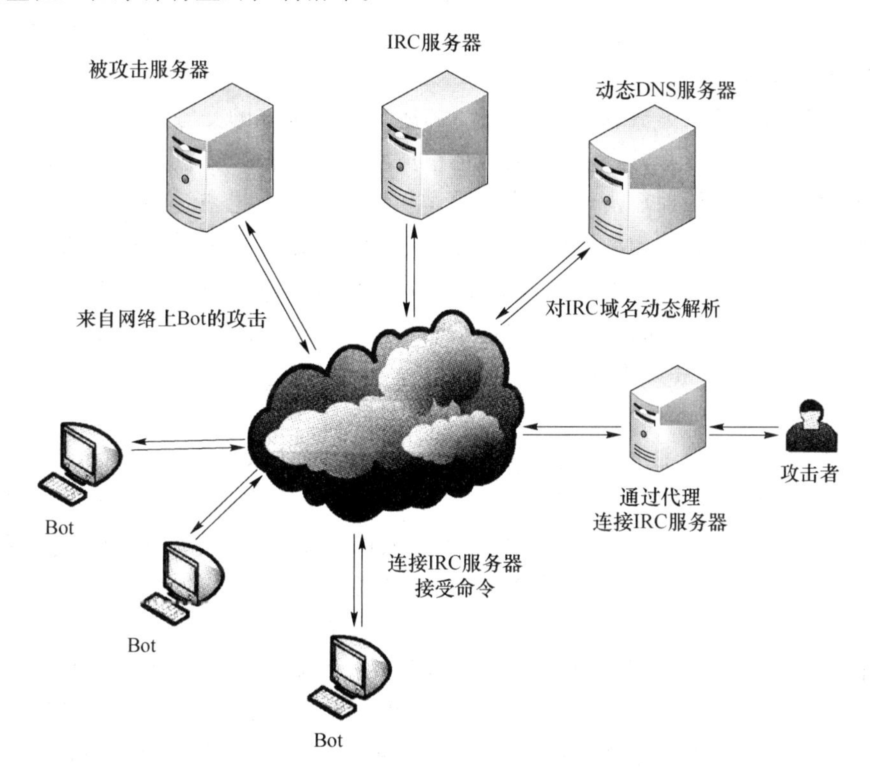

图 9.15　简单的基于 IRC 的僵尸网络

当攻击者需要操控僵尸网络时，就登录并加入 IRC 命令与控制信道中，通过认证后，向僵尸网络发出信息窃取、僵尸主机控制和攻击指令。僵尸程序接受指令后，调用对应模块执行指令，从而完成攻击者的攻击目标。

通过上述过程，攻击者把原本不相关的很多主机关联到一起，以实现信息盗取和攻击等操作。

4）僵尸网络的危害

僵尸网络仅仅只是一个工具，但不同的攻击者使用就有不同的攻击目的，常见的攻击目的有 DDoS 攻击，信息窃取，监听网络流量，记录键盘敲击信息，扩散恶意软件，操控在线投票和游戏等。僵尸网络对互联网的危害可谓无孔不入，从个人主机到 DNS 服务器，甚至是大型门户网站都留下过僵尸网络的足迹。图 9.16 所示的为典型基于 IRC 的僵尸网络的恶意行为。

（1）DDoS 攻击

僵尸网络经常被用于进行 DDoS 攻击。DDoS 攻击并不局限于 Web 服务器，实际上，Internet 上任何可用的服务都可以成为这种攻击的目标。攻击者还可利用高级协议进行特殊的攻击，例如，针对 BBS 的恶意查询或者在受害网站上运行递归 HTTP 洪水攻击（递归 HTTP 洪水攻击是指僵尸主机从一个给定的 HTTP 链接开始，然后以递归的方式沿着指定网站上所有的链接进行访问）。

（2）漏洞扫描

攻击者为了不断地扩大僵尸网络的规模，常利用已被感染的僵尸主机进一步传播恶意代码，包括扩散蠕虫病毒，安装新型恶意软件，扫描目标主机开放的服务与端口，对目标主机进行漏洞探测等。由于僵尸程序几乎都具有下载更新功能,因此,攻击者可以通过收集 Bot 扫描目标主机的信息,分析目标的漏洞并更新僵尸工具的攻击组件,对目标主机进行针对性的特定攻击。

(3) 发送垃圾电子邮件

如今的僵尸网络波及了数以百万计的主机,还有越来越多的受害主机频繁地成为某个独立的僵尸网络的成员。通常,这些僵尸网络都是被用来在受害计算机上安装广告软件或者对在线公司的服务进行可用性攻击,以便进行敲诈勒索的。由于越来越多的网络操作者关闭了公开邮件转发的功能或者使用黑名单来阻止这些转发,攻击者也不得不改变策略。攻击者使用受害主机以僵尸网络的形式发送垃圾邮件,且这些垃圾邮件难以过滤。僵尸程序还会使用电子邮件进行自我传播,从而在短时间内构筑庞大的僵尸网络,为攻击者提供大量可利用的资源,这增强了其破坏能力和危害性。

(4) 开放代理

僵尸网络往往在僵尸主机上开启 SOCKS v4/v5 代理,SOCKS 为基于 TCP/IP 的网络应用程序提供了一种通用化的代理机制,可以被用来代理最普遍的互联网流量,如 HTTP、SMTP 等。若攻击者成功地通过僵尸网络的控制使得各远程 Bot 都开放 SOCKS 代理服务功能,那么这些主机便可以被用来发送大量的垃圾邮件。

(5) 网络仿冒

僵尸网络通过发送大量假冒的电子邮件(如仿冒一些知名网站的中奖信息,银行密码修改验证链接等)来获取用户的个人隐私信息,如用户账号和密码等。一些僵尸程序利用 DNS 劫持、欺骗技术,对受害者的网络访问进行重定向,使用户去访问假冒的虚假网站,从而实施网络仿冒,窃取用户个人信息。

(6) 信息窃取

僵尸网络的控制者可以从僵尸主机中窃取用户的各种敏感信息和其他秘密,如个人账号、机密数据等。同时,僵尸程序能够监测网络数据,以分析并获取隐藏于网络流量中的秘密。攻击者常常在伪造的信息中植入窃取程序和键盘记录器,网络用户一旦触发这些伪造信息中的攻击代码,窃取程序和键盘记录器就会被自动安装到用户的系统中,进而随意窃取用户的敏感信息和财务数据。

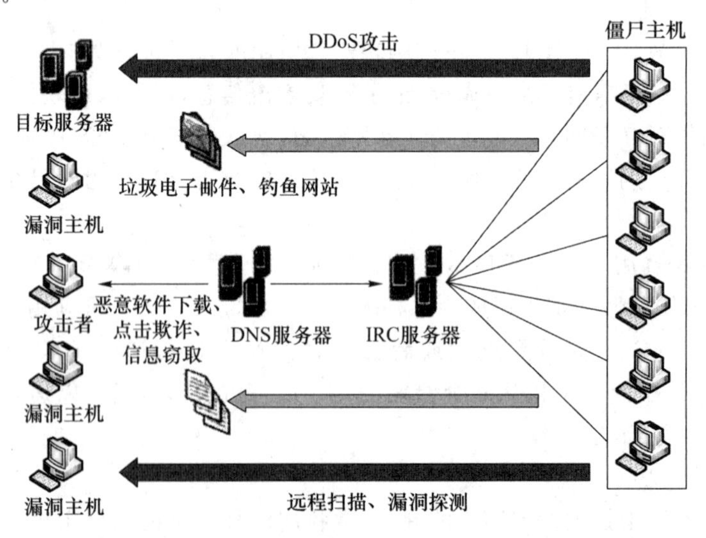

图 9.16　典型基于 IRC 的僵尸网络的恶意行为

5）僵尸网络的防御方法

由于构建僵尸网络的僵尸程序仍是恶意代码的一种，因此，传统的防御方法是通过加强Internet主机的安全防御等级来防止被僵尸程序感染的，并通过及时更新杀毒软件特征库清除主机中的僵尸程序。僵尸网络的一种防御方法包括遵循基本的安全策略以及使用防火墙、DNS阻断、补丁管理等技术手段。另一种防御方法是针对僵尸网络具有命令与控制信道这一基本特性，通过摧毁或无效化僵尸网络命令与控制机制，使其无法对Internet造成危害。由于命令与控制信道是僵尸网络得以生存和发挥攻击能力的基础，因此，这种防御方法往往比传统的防御方法更加有效。

对于集中式僵尸网络而言，在发现僵尸网络控制点的基础上，最直接的反制方法是通过CERT协调处理关闭控制点。然而，僵尸网络控制者可以在另外一台主机上重新构建控制服务器，并通过更改动态域名所绑定的控制服务器重建僵尸网络控制信道。因此，防御者还需通过联系域名服务提供商移除僵尸程序所使用的动态域名，从而彻底移除僵尸网络控制服务器。此外，在获得域名服务提供商的许可条件下，防御者还可以使用DNS劫持技术来获取被僵尸网络感染的僵尸主机IP列表，从而及时通知被感染主机用户进行僵尸程序的移除。通过控制点或者僵尸程序代码追溯僵尸网络控制者是反制的一个重要手段。由于基于P2P的僵尸网络不存在集中的控制点，因此，对基于P2P的僵尸网络的反制是更为困难的。

9.2.3 恶意代码分析技术

按照分析过程中恶意代码的执行状态，可以把恶意代码分析技术分成静态分析和动态分析两大类。

9.2.3.1 静态分析方法

静态分析方法是指在不运行恶意代码的情况下，利用分析工具对恶意代码的静态特征和功能模块进行基本分析的方法。静态分析方法主要用于发现恶意代码的特征码，得到功能模块和各个功能模块流程图等。该方法可以避免执行过程对系统的破坏。

静态分析方法属于逆向工程分析方法。从理论上说，静态分析方法通常主要包括以下三种方法：

① 静态反汇编分析，是指分析人员借助调试器来对代码样本进行反汇编，并对反汇编后的程序中的汇编指令码和提示信息进行分析；

② 静态源代码分析，是指在拥有二进制程序的源代码的前提下，通过分析源代码来理解程序的功能、流程、逻辑判定以及企图等；

③ 反编译分析，是指将经过优化的机器代码恢复到源代码形式，再对源代码进行程序执行流程的分析。

从实践操作层面来说，分析难度较大的是无源码的exe类型的恶意代码。针对这种类型的恶意代码的具体静态分析过程可以分为如下四步：

① 利用反病毒引擎或病毒在线测试网站对恶意代码进行初步扫描，确认是否为已知病毒；

② 对exe类型的未知恶意代码进行查、脱壳处理；

③ 对脱壳后的恶意代码调用API及字符串信息进行基本分析，初步确定其主要功能、对本地文件的操作及网络连接等直观信息；

④ 使用反汇编分析工具对脱壳后的恶意代码进行反汇编分析，在之前分析所得直观信息

的基础上，重点分析程序结构、调用函数、主要参数、代码特征等信息。同时为动态分析所需要的指令、参数、地址提供支持。

常用的静态分析方法、目的及主要工具如表9.3所示。

表9.3　常用静态分析方法、目的及主要工具

分析方法	目的	主要工具
恶意代码扫描	标识已知恶意代码	反病毒引擎、Virus Total
文件格式识别	确定攻击平台和类型	FileAnalyzer、WinHex
加壳识别和代码脱壳	识别是否加壳及类型，对抗代码混淆以恢复原始代码	PEiD、Exeinfo PE、UPX、VMUnpacker
恶意行为初判	寻找恶意代码分析线索	PE Explorer、PEview
字符串提取	寻找恶意代码分析线索	Strings
二进制结构分析	初步了解二进制文件结构	WinHex、OIO Editor (nm，objdump)
反汇编	二进制代码→汇编代码	IDA Pro、GDB、VC…
反编译	汇编代码→高级语言	REC、DCC、JAD、IDA Pro
代码结构与逻辑分析	分析二进制代码，理解二进制代码逻辑结构	IDA Pro、OllyDbg…

9.2.3.2　动态分析方法

动态分析方法是指监视恶意代码的运行过程来了解恶意代码功能，根据分析过程中是否需要考虑恶意代码的语义特征可分为外部观察法和跟踪调试法两种。

1）外部观察法

通过分析恶意代码运行过程中系统环境的变化来判断恶意代码的功能。通过观察恶意代码运行过程中系统文件、配置和注册表的变化就可以分析恶意代码的自启动实现方法和进程隐藏方法；通过观察恶意代码运行过程中的网络活动情况就可以了解恶意代码的网络功能。这种分析方法相对简单且效果明显，因此，已经成为分析恶意代码的常用手段之一。

2）跟踪调试法

通过跟踪恶意代码执行过程使用的系统函数和指令特征来分析恶意代码的功能。在实践过程中有两种方法：一种是单步跟踪，即监视恶意代码的每一个执行步骤，该方法能够全面监视执行过程，但该方法比较耗时；另一种是利用系统Hook技术监视恶意代码执行过程中的系统调用和API使用状态，这种方法经常用于恶意代码检测。

常用动态分析方法及主要工具如表9.4所示。

表9.4　常用动态分析方法及主要工具

分析方法	目的	主要工具
快照比对	获取恶意代码行为结果	FileSnap、RegSnap
动态行为监控 (API Hooking)	实时监控恶意代码的动态行为轨迹	FileMon、RegMon、Process Explorer、lsof命令
网络监控	分析恶意代码监听网络的端口及发起的网络会话	Fport、lsof命令、TDImon、ifconfig命令、tcpdump
沙盒(Sandbox)	在受控环境下进行完整的恶意代码动态行为监控与分析	Norman Sandbox、CWSandbox、FVM Sandbox
动态跟踪调试	单步调试恶意代码程序，理解程序结构和逻辑	OllyDbg、IDA Pro、GDB、SoftICE、Sys Trace

在通常情况下，分析恶意代码需要历经以下四个步骤。

步骤1 利用静态分析方法分析恶意代码的行为特征，对恶意代码可能的功能，对本地文件的操作以及网络连接的基本信息等进行基本判断。

步骤2 结合步骤1的分析，重点观察恶意代码运行过程中对系统文件、注册表和网络通信状态等的影响，从而进一步确认恶意代码实现的功能。由于这种分析方法需要实际运行恶意代码，可能会对分析所依赖的系统构成严重的安全威胁，因此，一般的处理方法是在可控环境（如虚拟机）内运行恶意代码。

步骤3 通过反汇编进行静态分析，深入分析恶意代码的功能模块、参数情况、核心函数等具体功能和实现方式。

步骤4 结合步骤3的静态分析，同时应用跟踪调试的动态分析方法，重点观测静态分析过程中不太明确的区域，确定静态分析结果，明确恶意代码的准确功能。

9.2.4 恶意代码检测方法

恶意代码检测方法有很多种，目前大部分杀毒软件都综合了多种检测方法。

1. 特征码扫描

特征码扫描是检测已知恶意代码的主要方法。该方法在新的恶意代码出现后，通过动态调试或静态反汇编，从代码中提取独一无二的程序指令片断来建立恶意代码的特征库文件。在扫描程序工作后，根据特征文件中的特征字符串进行与待检测文件的扫描匹配。该方法通过更新特征文件以更新最新的恶意代码特征字符串。

对于传统病毒来说，特征码扫描技术速度快，误报率低，是检测已知病毒最简单、开销最小的方法。目前的大多数反病毒产品都配备了这种扫描引擎。但是，随着病毒种类的增多，特别是变形病毒和隐蔽性病毒的发展，致使检测工具不能准确报警，扫描速度下降，给病毒的防治带来了严峻的挑战。

2. 完整性检测

完整性检测是一种针对文件感染型恶意代码的检测方法。如果新文件未感染恶意代码，则可通过 CRC32 和 MD5 等算法计算出文件的 Hash 值，再将其放入安全的数据库。检测时计算被检测文件的 Hash 值，再与数据库中原有的值进行比较，以判断该文件是否被修改过，以及是否可能含有恶意代码。完整性检测方法的优点是能够有效地检测恶意代码对文件的修改，可以在恶意代码检测软件中设置校验和法，也可以将校验和法常驻内存。

3. 启发式检测

启发式检测通过对历史经验的总结和提炼，形成有价值的检测规则，并依据这些规则来分析判断程序结构和特征，实现对恶意代码的准确检测。启发式检测可分为静态和动态两种。

① 静态启发式检测。通过分析目标对象的代码结构，检测其代码中是否包含已有的特征信息，这里的特征信息也包括已知的植入、隐藏、修改注册表等行为特征。该方法的主要缺陷在于，无法结合实时消息，对于出现的变种、加壳等恶意代码无法及时、有效地判断和识别。

② 动态启发式检测。通过虚拟机技术，构造与已有系统相同的仿真环境，观察并判断程序代码的异常行为。该方法的主要缺陷在于，由于其引入了虚拟机技术，占用了较多的系统资源，导致判断时间变长。

4. 基于云的查杀

随着病毒技术的不断“进化”，病毒特征库的规模越来越庞大，杀毒引擎的开销也与日俱增。面对这种情况，使用基于云的查杀已经成为日益普遍的一种方法。云查杀方法使用云端数据库，采用引擎和云上特征库相结合的方式，用最少的资源对病毒进行查杀。随着云技术的发展，这种轻量级的引擎逐步被采用，云查杀的概念也被逐渐赋予了更多的新内涵。

5. 基于机器学习的检测

基于机器学习的检测通过分别对已知的恶意代码样本和无害样本进行学习和建模，构建恶意代码判定模型，并基于所构建的模型对未知行为的代码样本进行检测和分类。利用数据挖掘等人工智能算法来获得更多有价值的特征信息，用这些特征信息来区分恶意代码与正常代码的行为特征，并形成特征知识库。新的未知代码经过系统评判和学习，分类器对其进一步操作后，将其划入某一个分类。目前，基于机器学习的检测方法是业内研究的主要热点。

本章小结

随着软件环境越来越复杂和开放，各种恶意代码层出不穷，软件安全成为我们急需面对的问题。本章介绍了软件安全的基本概念和保护软件安全的基本技术，并对软件漏洞的基本概念、分类及其标准，软件漏洞对系统造成的威胁，软件漏洞产生的原因，黑客对漏洞的利用方式，以及典型的软件漏洞进行了初步的介绍。

恶意代码作为我国网络安全所面临的主要威胁之一，目前的形势不容乐观。本章主要从恶意代码的一些基础知识出发，详细介绍了目前主要的四种恶意代码，包括病毒、蠕虫、木马和僵尸。首先阐述了它们各自的基本原理和防御方法；然后在此基础上，介绍了常见的可执行文件形式的恶意代码的基本分析步骤和方法；最后对恶意代码的检测方法和研究热点进行了简要的介绍。

本章习题

一、选择题

1. 网页病毒，又称网页恶意代码，是利用网页来进行破坏的病毒，是使用一些脚本语言编写的恶意代码。攻击者通常利用(　　)植入网页病毒。

A. 拒绝服务攻击　　B. 口令攻击　　C. 平台漏洞　　D. U盘

2. 下列不属于蠕虫病毒的恶意代码是(　　)。

A. 冲击波　　B. SQL Slammer　　C. 熊猫烧香　　D. 红色代码

3. (　　)不属于恶意代码。

A. 感染型病毒　　B. 蠕虫病毒　　C. 远程管理软件　　D. 木马病毒

4. 下列哪个软件能够查看到PE文件的头部信息和各节信息？(　　)

A. OllyDbg　　B. Dependency Walker

C. PE Explorer　　D. Resource Hacker

5. 使用虚拟机时，如果在安装软件或者执行程序时，造成虚拟机操作系统崩溃或感染木马病毒，(　　)是最快解决问题的方法。

A. 重新安装系统　　B. 重新安装虚拟机

C. 恢复虚拟机快照　　D. 重新复制虚拟机

6. WannaCry病毒利用了下列哪种漏洞？（　　）

A. 服务漏洞　　B. TCP漏洞　　C. 网页漏洞　　D. 人为漏洞

7. 传统计算机病毒与其他恶意代码最大的不同是其具有（　　）。

A. 破坏性　　B. 隐蔽性　　C. 寄生性　　D. 潜伏性

8. 下列哪种方式在手动检测木马病毒时不会用到？（　　）

A. 查看网络连接　　B. 查看自启动项

C. 查看进程信息　　D. 查看漏洞列表

9. 1988年，美国一名研究生编写了一个程序，这是史上第一个通过Internet传播的计算机病毒。请问这个病毒是下列哪个？（　　）

A. 小球病毒　　B. 莫里斯蠕虫病毒　　C. 红色代码病毒　　D. 震荡波病毒

10. 下列有关僵尸网络说法错误的是（　　）。

A. 僵尸网络是在蠕虫病毒、木马病毒、后门软件等传统恶意代码形态的基础上发展、融合而产生的一种新型攻击方式。

B. 僵尸网络是攻击者出于恶意目的，传播僵尸程序并控制大量主机的网络。

C. 僵尸网络区别于其他攻击方式的基本特性是使用一对多的命令与控制机制。

D. 僵尸网络使大量主机感染僵尸程序，从而在控制者和被感染主机之间形成一个可一对一控制的网络。

二、填空题

1. 传统计算机病毒是指（　　）或者在计算机程序中（　　）的破坏计算机功能或者数据，影响计算机的正常使用，并能（　　）的一组破坏计算机的指令或者程序代码。

2. 蠕虫病毒是具有（　　）、无须外力干预便可自动在网络环境中传播的恶意代码。蠕虫病毒一般不采用插入PE格式文件的方法，而是通过（　　）在网络环境下进行传播。

3. 木马病毒是通过伪装成（　　），欺骗用户执行，从而可以未经授权地收集、伪造或销毁用户数据的一类恶意代码。

4.（　　）能够绕过安全控制机制而获取对程序或系统的访问权，起初是程序员在开发程序代码时创建的，以便可以在未来修改程序中的缺陷。

5. 传统计算机病毒程序一般由三大功能模块组成，分别是（　　）、（　　）和（　　）。

6. 木马病毒一般分为服务器端和客户端。（　　）端是攻击者传到目标主机上的部分，用于在目标主机上监听等待客户端连接；（　　）端是用于控制目标主机的部分，放置于攻击者的主机上。

7.（　　）是木马病毒的基本特性之一，它的这一特性使木马病毒不会因为一次关机而失去生命力，是木马病毒实现系统攻击的首要条件。

8. 蠕虫病毒的传播感染模块主要负责蠕虫病毒从一台计算机到其他计算机的传染过程，一般又可以分为（　　）模块、（　　）模块和（　　）模块。

9. 僵尸程序的功能模块可以分为主体功能模块和辅助功能模块。主体功能模块包括了实现僵尸网络定义特性的（　　）模块和实现网络传播特性的（　　）模块。

10.（　　）分析方法是指监视恶意代码运行过程来了解恶意代码功能，根据分析过程中是否需要考虑恶意代码的语义特征分为外部观察法和（　　）法两种。

三、简答题

1. 漏洞的分类有哪些方法,你觉得这些漏洞分类方法是否合理,为什么?

2. 软件漏洞产生的原因有哪些,如何减少软件漏洞的产生?

3. 请比较 Windows XP、Windows 7 以及 windows 8 的安全性,并给出理由。

4. 软件漏洞有哪些利用方式,使用这些利用方式进行攻击时需要具备哪些计算机基础知识?

5. 请描述远程主动攻击模式和远程被动攻击模式之间的区别,并列出目前典型的漏洞 CVE 和攻击实例。

6. 请查阅微软安全公告的发布时间,其是否存在什么规律?如存在不规律的发布时间,请分析其原因。

7. 常见的恶意代码有哪几种,各自有什么特点?

8. 什么是计算机病毒,计算机病毒的主要特点有哪些?

9. 请简述计算机病毒发展的各个阶段。

10. 计算机病毒的结构主要包括哪几个部分,各部分的功能是什么?

11. 请简述木马病毒的工作原理。

12. 蠕虫病毒是如何传播的?

13. 请简述僵尸网络的工作机制。

14. 结合自己的实际情况,谈谈如何防范恶意代码。

四、实践题

1. 将某可执行代码上传到 VirSCAN、VirusTotal 等在线查毒网站后,进行分析并查看报告。

2. 尝试利用 Netstat、AutoRuns、Icesword 及其他 Windows 操作系统自带的组件进行木马病毒的手动查杀。

3. 在虚拟机中安装下列软件并分别进行试用:

① PE Explorer;

② PEiD;

③ Resource Hacker;

④ OllyDbg;

⑤ IDA;

⑥ Wireshark。

4. 基于实践题第 3 题中的工具集分析某个可执行程序,推测其所完成的基本功能。

5. 尝试编写 HTML 代码,实现打开浏览器,点击钓鱼链接即可自动打开本地 cmd.exe 程序的功能。

第10章 信息内容安全

本章学习要点

- 掌握信息内容安全的概念及关键技术；
- 熟悉信息内容安全面临的安全威胁；
- 了解信息内容安全的相关应用及发展趋势。

10.1 信息内容安全概述

人类社会已经从蒸汽机时代、电气化时代，进入信息化时代。据2015年中国互联网信息中心(CNNIC)发布的第35次《中国互联网络发展状况统计报告》披露，截至2014年12月，中国网民数量已达到6.49亿，其中手机网民规模达5.57亿，互联网总体普及率为47.9%。该报告指出，43.8%的中国网民表示喜欢在互联网上发表评论；53.1%的中国网民认为自身比较或非常依赖于互联网。互联网被认为是继报纸、广播和电视等之后的新型信息传播媒体，具有便捷性、即时性、自由性、开放性、虚拟性、交互性等特点。网络俨然已成为和现实世界并存的虚拟世界，人们从中可享受自由交往和沟通便利等优点，如即时通信、搜索引擎、网上购物、网络社交、网络视频、网络银行等。可见，互联网的发展已经深刻地改变了人们的工作和生活方式。

然而，在互联网上，信息内容的非法传播和利用将会对社会稳定和国家安全产生较大的影响。2007年，胡锦涛总书记强调要加强网络文化建设和管理。2013年，习近平总书记在《中共中央关于全面深化改革若干重大问题的决定》的说明中进一步指出："随着互联网媒体属性越来越强，网上媒体管理和产业管理远远跟不上形势发展变化。特别是面对传播快、影响大、覆盖广、社会动员能力强的微博、微信等社交网络和即时通信工具用户的快速增长，如何加强网络法制建设和舆论引导，确保网络信息传播秩序和国家安全、社会稳定，已经成为摆在我们面前的现实突出问题。"可见，信息内容安全(Information Content Security)已经成为国家信息安全保障建设的一个重要方面。

10.1.1 信息内容安全的概念

要了解信息内容安全，首先要了解什么是信息内容。1995年，西方七国信息会议首次提出内容产业(Content Industry)的概念；1997年，美国发布《北美产业分类系统》，提出使用信息内容产业；1996年，欧盟提出《INFO 2000计划》，给出了信息内容产业的范围："制造、开发、包装和销售信息产品及其服务的产业”。信息内容的主要表现形式包括文本、图像、音频、视频等，如电子文档、网络新闻、电子邮件、JPEG图像等，具有数字化、多样性、易复制、易分发、交互性等特点。在本书中，信息内容泛指互联网中的半结构化和非结构化数据，包括文本数据和多媒体数据。

目前，国内外关于信息内容安全没有统一的定义。方滨兴院士定义内容安全为“对信息真实内容的隐藏、发现、选择性阻断”。具体要解决的问题包括发现隐藏信息的真实内容、阻断所指定的信息、挖掘所关心的信息；主要的技术手段包括信息识别与挖掘技术、过滤技术、隐藏技术等。李建华等定义信息内容安全为“研究如何计算从包含海量信息且迅速变化的网络中，对与特定安全主题相关信息进行自动获取、识别和分析的技术。根据所处的网络环境，又被称为网络内容安全(Network Content Security)”。

总之，信息内容安全是指信息内容的产生、发布和传播过程中对信息内容本身及其相应执行者行为进行安全防护、管理和控制。可见，信息内容安全的目标是要保证信息利用的安全，即在获取信息内容的基础上，分析信息内容是否合法，以确保内容安全合法，阻止非法内容的传播和利用。其中，互联网上非法内容的界定在我国2000年颁布的《互联网信息服务管理办法》第十五条中有相关的规定：反对宪法所确定的基本原则的危害国家安全，泄露国家秘密，颠覆国家政权，破坏国家统一的；损害国家荣誉和利益的；煽动民族仇恨、民族歧视，破坏民族团结的；破坏国家宗教政策，宣扬邪教和封建迷信的；散布谣言，扰乱社会秩序，破坏社会稳定的；散布淫秽、色情、赌博、暴力、凶杀、恐怖或者教唆犯罪的；侮辱或者诽谤他人，侵害他人合法权益的；含有法律、行政法规禁止的其他内容的。

10.1.2 信息内容安全的威胁

由于互联网的开放性、共享性、动态性、自由性等特点，信息内容安全面临严峻的挑战，涉及政治、经济、文化、健康、隐私、产权等各个方面。除了传统的信息安全威胁，如信息泄露、篡改、破坏，黑客攻击，计算机病毒等，信息内容安全还存在以下安全威胁。

1. 互联网上各种不良信息内容泛滥

当前，网上充斥着大量的不良信息内容，如色情、暴力、反动、赌博、诈骗、诽谤等信息，严重阻碍了互联网的健康发展。据2010年美国研究机构的调查结果显示，全球互联网网站中，有12%是黄色网站，共有2 464.4万多个，全球每秒钟平均有28 258名网民在浏览黄色网站。为了浏览黄色网站，网民们投入了大量金钱。调查结果表明，美国的黄色网站每年获利28.4亿美元，全世界网民每年在黄色网站上的花费高达49亿美元，平均每秒超过3 000美元。此外，据2014年有关新闻报道，搜索引擎被大量赌博网站入侵，部分地方政府网站成为最大的受害者。

2. 互联网上垃圾信息内容严重过载

互联网上充斥着各种垃圾信息，如垃圾邮件、垃圾短信等，占用了大量的存储资源和带宽，严重地影响网络性能和危害用户的合法权益。据《2014年第三季度中国反垃圾邮件状况调查报告》披露，中国电子邮箱用户平均每周收到垃圾邮件数量为12.8封，所占比例为33.1%；用户平均每周花费8.7 min处理垃圾邮件。另据2014年上半年发布的《手机短信状况调查报告》显示，用户平均每周收到的垃圾短信息数量为12.0条。垃圾邮件和短信等发送的不良信息内容对用户的经济和生活会产生巨大的负面影响。

3. 互联网不良信息内容的传播和利用

网络谣言、网络诈骗、网络暴力等不良信息内容的传播和利用对个人身心健康和社会公共安全将造成极大的威胁。从地域来看,互联网信息内容的传播途径主要有两种:一种是信息源在国外,信息内容通过各种非法途径从国外传至国内;另一种是信息源在国内,信息内容通过非法途径从国内传至国外。典型的案例如2006年的虐猫人肉搜索事件,2008年的柑橘蛆虫事件,2010年的金庸死亡事件,2011年的日本核事故泄漏引发抢购食盐事件,2014年的周星驰被炮轰事件,2015年的何炅吃空饷事件等。可见,不良信息内容的传播和利用已经成为信息内容安全的一个重要威胁。

4. 互联网中信息内容侵权行为猖獗

由于信息内容的数字化,在互联网环境下信息内容具有易无损复制、容易篡改、传播成本低等特点,从而模糊了合理使用和侵权行为之间的界限,使得信息内容版权所有者的合法权益得不到保障,极大地阻碍了信息内容产业的发展。例如,2005年起,美国的作者行会和美国出版商协会就对Google公司提出指控,认为其扫描并以数字化方式发布各大图书馆藏书内容的计划触犯版权法。在2011年,多名作家控告百度文库在未经其许可条件下,将作品放入百度文库平台,免费向公众开放。同年,多家媒体公司控诉百度影音涉嫌视频盗版侵权等。这些盗版和侵权行为已经成为信息内容产业的主要威胁之一,严重地制约了互联网的发展。

10.1.3 信息内容安全的体系架构

信息安全学科主要研究信息的机密性、完整性、可用性、可控性以及抗抵赖性等安全属性的一门综合性学科,主要包括设备安全、数据安全、内容安全和行为安全四个层面。

信息内容安全作为信息安全在政治、法律和道德层次上的要求,旨在分析和识别信息内容的基础上,解决信息内容的利用方面的安全防护,保障对信息内容传播和利用的控制能力。

从学科特点上看,信息内容安全是通用网络内容分析的一个分支,涉及计算机网络、数据挖掘、机器学习、信息检索、中文信息分析、信息论和统计学等多门学科。根据对信息内容安全定义,按照"获取、分析、管理、控制"的一体化信息内容安全策略,本书给出信息内容安全体系架构,如图10.1所示。该体系结构由信息内容获取、信息内容识别与分析、信息内容管理和控制模块构成,系统可实现互联网数据的采集,不良信息内容的识别与分析,不良信息内容的过滤与阻断,敏感信息内容的隐藏以及信息内容版权保护等功能。

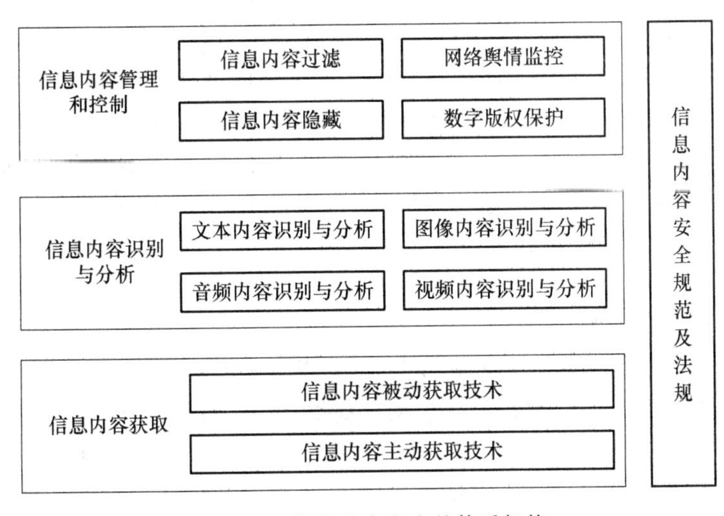

图10.1 信息内容安全的体系架构

10.2 信息内容获取技术

信息内容获取是数据收集的过程,而如何从互联网中有效获取信息内容是后续信息内容识别与分析的基础。本节将介绍当前两种主要的信息内容获取技术:信息内容主动获取技术和信息内容被动获取技术。

信息内容主动获取技术是通过向网络中注入数据包后的反馈来获取信息,其特点是接入方式简单、能广泛获取信息内容,但会对网络造成额外负荷,如搜索引擎技术。信息内容被动获取技术是将设备接入网络的特定部位进行获取信息,在网络出入口上通过镜像或旁路侦听方式获取网络信息,其特点是设备接入需要网络管理者的协作,获取的内容仅限于进出本地网络的数据流,但不会对网络造成额外流量,如网络数据包捕获技术。本书分别以搜索引擎技术和网络数据包捕获技术两种常用的技术为代表,介绍网络信息内容主动获取技术和信息内容被动获取技术的相关原理和过程。

10.2.1 信息内容主动获取技术

本节以搜索引擎技术为例,阐述互联网信息内容主动获取技术的原理和过程。在互联网发展初期,网站数量相对较少,从互联网上获取信息相对容易。然而,随着互联网爆炸性的发展,用户难以从海量信息中找到满足需求的信息,Web 信息检索在此背景下应运而生,搜索引擎作为最常见的 Web 信息检索系统在实际生活中得到了广泛应用。

1. 搜索引擎发展概述

1990 年,加拿大蒙特利尔的麦吉尔大学的学生 Alan Emtage、Peter Deutsch、Bill Wheelan 发明了 Archie。1993 年,Matthew Gray 开发出第一个“机器人”(Robot)程序 World Wide Web Wanderer。由于该程序在 Web 上沿着网页间的链接关系爬行,因此又称为“蜘蛛”(Spider),起初用于统计互联网上服务器的个数,后来发展到检索网络域名。在此基础上,Brian Pinkerton 于 1994 年开发出第一个支持全文搜索引擎 WebCrawler。在这一年里,Michael Mauldin 将 John Leavitt 的 Spider 程序接入其索引程序中,推出搜索引擎 IJycos,美国斯坦福大学的两名博士生 David Filo 和 Jerry Yang 共同创办了 Yahoo!(雅虎)。1998 年,采用 PageRank 技术的 Google 搜索引擎发布后成为全球最受欢迎的搜索引擎。2000 年,几位美国留学华人回国创业,推出了 Baidu 搜索引擎。2003 年,中国搜索 CEO 陈沛提出了第三代搜索引擎的概念,2004 年,中国搜索推出“网络猪”,2011 年,中国搜索正式推出其第三代搜索引擎平台。当前,有较多的公司加入搜索引擎的研究和开发中,常用的搜索引擎有 Google、Baidu、Yahoo!、Bing 等。

2. 搜索引擎概念及分类

搜索引擎是一种在 Web 上应用的软件系统,它以一定的策略在 Web 上搜集和发现信息,在对信息进行处理和组织后建立数据库,为用户提供 Web 信息查询服务。即搜索引擎后台通过爬虫程序遍历 Web,同时下载和存储分布在 Web 上的信息,并建立相应的索引记录。前端为用户提供网页界面,接受用户的查询请求,根据建立的索引按照一定的排列顺序为用户提供信息检索服务。

根据工作原理,搜索引擎可分为全文搜索引擎(Full Text Search Engine)、目录式搜索引擎(Directory Search Engine)和元搜索引擎(Meta Search Engine)。全文搜索引擎是通过将互联网上抓取的网站信息存入数据库,建立索引,然后查找满足用户需求的记录信息,并按照一定的排列顺序返回给用户,是真正意义上的搜索引擎,如Google、Baidu等;目录式搜索引擎是通过人工或半自动化方式发现信息,依靠编目员的知识将信息划分到事先已确定的分类目录中,用户不需要进行关键字查询,仅依靠分类目录即可找到所需要的信息,如Yahoo!、搜狐等;元搜索引擎通过一个统一的用户界面,调用多个搜索引擎进行搜索,然后将这些搜索引擎的查询结果经过归并、去重等处理后返回给用户,如Dogpile等。

根据搜索范围,搜索引擎可分为综合搜索引擎和垂直搜索引擎。综合搜索引擎,即通常意义上的引擎,可根据用户的需求检索任何类型、任何主题的资源;垂直搜索引擎是针对某特定领域的结构化内容的搜索技术,是对Web信息中某类专门的信息进行处理、整合,定向分字段抽取出需要的数据进行处理后再以某种形式返回给用户的搜索方式,如"去哪儿"搜索引擎等。

3. 搜索引擎体系结构及工作流程

搜索引擎技术是要在考虑信息关联性的基础上,尽可能地使搜索效率高,搜索结果全面,搜索准确度高。当用户提交查询请求时,搜索引擎并不是真正地搜索了整个互联网,而是搜索事先已整理好的网页索引数据库,其体系结构如图10.2所示。根据每个部件功能的划分,将搜索引擎的体系结构进行抽象,其三段式工作流程如图10.3所示,主要由网页搜索、预处理和检索服务三部分组成。

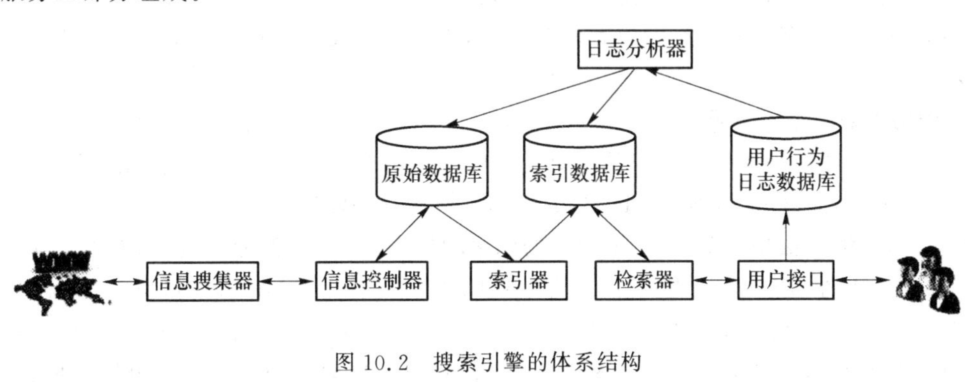

图 10.2　搜索引擎的体系结构

图 10.3　搜索引擎三段式工作流程

1) 网页搜集

该阶段主要用来抓取网页信息,存入数据库,是搜索引擎提供信息检索服务的基础。网页信息的抓取一般是将网页集合抽象为一个有向图模型,然后按照一定的策略进行,该部分是本节讨论的重点,详细过程将在后续进行介绍。在将网页内容存入数据库,对数据库维护的基本策略包括批量搜集和增量搜集两种形式。批量搜集是用每一次搜索的结果替换上一次的内容,其主要优点在于系统实现简单,然而,容易因重复搜索带来额外的带宽消耗,同时时新性不强。增量搜集是开始搜索一批,后来只搜索有改变的网页和新出现的网页,同时删除上次搜索后不再存在的网页,其具有较高的时新性,但系统实现较为复杂。

2) 预处理

在建立好网页数据库后,要提供网页信息检索服务,因此,需要为网页数据库进行预处理,具体包括关键字提取、网页消重、链接分析和索引构建四部分:

① 关键字提取主要将网页文档进行分词处理和表示后，找出能代表文档内容的特征词；

② 网页消重用来克服查询结果中内容重复或主题内容重复的问题，从而有效缓解网页检索时间和带宽，提高用户体验；

③ 链接分析通过分析网页之间的关联关系可解决基于内容搜索引擎搜索不到的结果，同时可判断网页的相对重要程度；

④索引构建主要利用关键字集合和文档编号形成倒排文件结构作为网页的组织结构，其中可将文档作为索引目标结构，文档中的关键字作为索引。

3）检索服务

检索服务是在网页搜索和预处理的基础上，根据用户的需求得到检索结果，并按一定的排列顺序返回给用户。因此，该阶段主要包括查询方式和匹配、结果排序以及文档摘要生成三部分：

① 查询方式和匹配主要用于描述用户的查询信息需求，一般采用一个词或短语来直接表达，若是短语则需要进行分词处理，然后按照信息检索模型（如集合论模型、代数论模型及概率模型等）匹配查询需求关键字和已经建立的索引关键字；

② 结果排序是指根据查询结果与用户需求之间的相关性，按照信息的重要程度对返回的结果进行排序的过程，排序方法有倒排文件、PageRank、HITS 等；

③ 文档摘要是构成每条查询结果的元素之一，其他元素还包括标题和网址，主要的生成方式包括静态方式和动态方式，静态方式按照某种规则，在预处理阶段就从网页内容中提取部分文字作为摘要，动态方式是在响应查询时，根据查询词在文档中的位置，提取周围的文字作为摘要。

4. 网络信息抓取技术原理

本部分重点介绍利用搜索引擎从网页上获取信息内容的技术原理，即搜索引擎体系结构中的信息搜索器，又被称为网络爬虫（Web Crawler）或网络蜘蛛（Web Spider）。

实质上，网络爬虫是一个基于 HTTP 的网络程序，其主要工作原理为，将初始的 URL 集放入一个待抓取的 URL 队列中，然后按照一定的顺序从中读取 URL，解析出此 URL 中主机名对应的 IP 地址。使用 HTTP 指向此 IP 地址所对应的 Web 服务器，下载此 URL 对应的网页并将该 URL 放入已抓取 URL 集，然后分析页面内容，提取页面中所有的链接 URL。对于提取到的每个链接 URL，判断其是否已经在已抓取 URL 集中，对于新的 URL，则加入待抓取的 URL 队列中。重复该过程，获取更多的页面，直到待抓取的 URL 队列为空。网络爬虫的具体工作流程如图 10.4 所示，该过程为通用网络爬虫，大多数爬虫算法均遵循该工作流程。

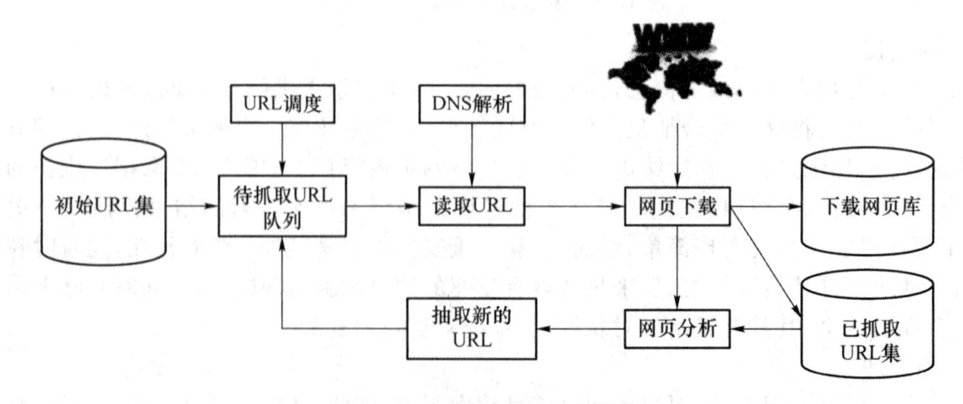

图 10.4　网络爬虫的工作流程

除此之外，网络爬虫还包括批量型爬虫(Batch Crawler)、增量型爬虫(Incremental Crawler)及垂直型爬虫(Focused Crawler)。具体而言，批量型爬虫具有比较明确的抓取范围和目标，当达到所设定的目标后，爬虫程序将停止；增量型爬虫会持续不断地抓取新网页，以及更新已有的网页；垂直型爬虫则是抓取特定主题内容或特定领域的网页。

在网络爬虫中，还有另外一个很重要的问题，即如何对待抓取URL队列中的URL进行调度，即先抓取哪个页面，后抓取哪个页面。而决定这些URL排列顺序的调度方法即为网页抓取策略或网络爬虫搜索策略。目前，常见的网络爬虫搜索策略有以下四种。

1) 深度或广度优先搜索策略

网页之间的关系可抽象为图模型，因此，可将图论中的深度优先算法和广度优先算法应用到网络爬虫中。深度优先搜索策略是从选定页面中未处理的某个超链接出发，按照一条线路，一条链接接着一条链接地搜索下去，直到搜索完该整条链，之后才从另外一个超链接开始重复该搜索过程，直到所有初始页面的所有链接都被处理完。该搜索策略容易出现爬虫的陷入问题，即进入之后，无法出来。广度优先搜索策略是将新的URL放到待抓取URL队列的队尾，优先抓取某网页中链接的所有网页，然后选择其中的一个链接网页，继续抓取在此网页中链接的所有网页。目前，网络爬虫大都使用的是广度优先搜索策略。

2) 非完全PageRank策略

将下载的网页和待抓取URL队列合在一起形成网页集合，在该集合内部进行PageRank值的计算，然后按照PageRank值对待抓取URL进行排序，得到的结果即为网络爬虫每次读取URL的顺序。PageRank是在下载完所有的网页之后，计算得到的排序结果才是可靠的。然而，网络爬虫在运行过程中只能得到部分网页，因而计算得到的结果是不可靠的，也就是非完全PageRank的原因。

3) OPIC(Online Page Importance Computation)搜索策略

OPIC的思想和PageRank的思想类似，在算法开始之前，给每个页面相同的“现金”(Cash)，当下载某个页面后，该页面将自己的现金平均分配给其所包含的链接页面，并清空自己的现金。最后，根据每个页面所拥有的现金值，来决定待抓取网页页面的下载顺序。

4) 大网站优先搜索策略

考虑大型网站的内容质量大都比较高，并且通常包含较多的页面，对于待抓取的URL队列，大网站优先搜索策略优先下载等待下载页面较多的大型网站的页面和链接。

总体而言，网络爬虫作为网络信息内容主动获取的一种方式具有易于实现、采集的数据具有一定的相关度且易于分析的特点。但容易消耗Web服务器的服务资源，并且采集的数据大都是Web网页数据，对于即时通信、邮件等数据而言具有一定的局限性。

10.2.2 信息内容被动获取技术

信息内容被动获取主要通过旁路侦听、被动接收等方式获取网络信息内容。本节以常见的网络数据捕获技术为例来介绍网络信息内容被动获取技术原理。相比以网络爬虫为例的信息内容主动获取技术，网络数据包捕获能有效捕获除Web之外更加丰富的信息，并且对网络造成的负载较少，对正常网络服务的影响较小。

1. 网卡工作模式

以太网是DEC、Intel和Xerox公司在1982年联合公布的一个标准，是当前TCP/IP采用的主要的局域网技术。以太网是由一条总线和多个连接在总线上的网络设备构成的，基本的传输单元是数据帧，其通过网卡采用载波侦听/冲突检测（CSMA/CD）的方式来发送数据。网卡的硬件地址（MAC 地址）大多数为 48 位，用来唯一标识网络上的设备。

在以太网中，所有的通信方式都是广播的，即在同一网段的所有网卡均可收到总线上传输的数据，因此可通过设置网卡进行网络数据包捕获。具体而言，网络数据包捕获就是通过物理接入网络的方式在网络的传输信道上获取数据。当前，网卡有以下四种工作模式：

① 广播模式：目的地址为 0xFFFFFF，网卡能够接收网络中的广播帧。

② 组播模式：网卡能够接收组播数据。

③ 直接模式：只有目的网卡才能接收该数据。

④ 混杂模式：网卡能够接收一切通过它的数据，而不管该数据是否是传给它。

在系统正常工作情况下，网卡只响应目标地址与自己 MAC 地址相匹配的数据帧以及目的地址是广播地址的数据帧，其余情况下的数据帧都将被丢弃。为此，在开始捕获网卡上传输的数据包之前，需要将网卡工作模式设置为混杂模式。在该模式下，对收到的每一个数据帧都产生中断，这使得操作系统能直接访问数据链路层，捕获相关的数据。

2. 网络数据包捕获原理

数据包捕获机制主要由最底层针对具体操作系统的包捕获机制、包过滤机制和最高层的用户程序接口组成。不同操作系统所对应的最底层的包捕获机制有所不同，具体将在下一节介绍。从形式上看，数据包都是经网卡、设备驱动层、数据链路层、IP 层、传输层，最后传送给应用程序。最底层的包捕获机制是在数据链路层增加一个旁路处理，对发送和接收的数据包做过滤和缓冲等相关处理；包过滤机制按照用户的需求，对捕获的数据包进行筛选，将满足条件的数据包发送给应用程序；对用户程序而言，包捕获机制提供了统一的程序接口，用户可通过调用相应的函数来捕获相应的数据包。

在最底层的包捕获机制方面，以太网中不同的信息交换方式使得网络数据包捕获的处理方式不同，可分为以下两种。

1）共享式以太网网络数据包捕获

共享式以太网通过共用一条总线或集线器实现网络互联，典型的代表是使用 10Base2 或 10Base5 的总线型网络和以集线器为核心的 10 Base-T 星型网络。集线器工作在物理层，实现对网络的集中管理，同时对接收到的信号进行再生、整形和放大，以扩大传输距离。本质上，以集线器为核心的以太网和总线型以太网没有区别。通过集线器连接的每个网络设备均能收到所有的数据。因此，将任意一台设备的网卡设置为混杂模式，则可监听同一网络内所有设备发送的数据，达到网络数据包捕获的目的。

2）交换式以太网网络数据包捕获

交换式以太网通过交换机连接网内各设备，交换机通过每个端口发送来的数据帧，形成源 MAC 地址和端口对应 MAC 地址表。当一个新的数据帧到达交换机时，根据目的 MAC 地址查找这张 MAC 地址表并转发到相应的端口。可见，交换式以太网中只有目标端口的设备能接收到相应的数据包。在广播模式下，数据帧将发往所有的端口。可见，交换机端口隔离了网络设备之间数据帧的传输，限制了通过侦听来捕获数据的功能。因此，实现交换式以太网中网络数据包捕获的典型方法包括端口镜像、ARP 欺骗和 MAC 洪泛等。简单而言，端口镜像就是将一个端口的流量自动复制到另一个端口；ARP 欺骗是分别向目标设备和网关发送 ARP 包，欺骗目标设备和网关刷新本地的 IP-MAC 对应表，使得所有数据包都经过监听设备；MAC 洪泛指当交换机设备的内存耗尽时候，便向连接的所有链路发送数据包。

本节主要介绍共享式以太网网络数据包捕获，即在将网卡设置为混杂模式后，在 Windows 平台下的网络数据捕获方法。

3. 基于 Windows 的网络数据捕获方法

在 Windows 操作系统下，网络数据包捕获方法有基于原始套接字（Raw Socket）、基于网络驱动接口规范（Network Driver Interface Specification，NDIS）驱动程序、基于 WinPcap（Windows Packet Capture）等。

1）基于原始套接字的网络数据捕获

应用层通过传输层进行数据通信时，存在多个应用程序并发使用 TCP 或 UDP 的情况。为有效区分不同应用程序和连接，计算机系统为应用程序和 TCP/IP 之间的协议交互提供了称为套接字（Socket）的接口。套接字地址由 IP 地址与端口号唯一确定，其中 IP 地址用于找到目的主机，端口号用来标识进程，即同一主机上不同应用程序由不同的端口号来确定。创建一个套接字需要三个参数：目的 IP、传输层使用的协议（TCP 或 UDP）、端口号。当前，套接字分为三种类型：①流式套接字（SOCK_STREAM）：一种面向连接的套接字，对应于 TCP 应用程序；②数据报套接字（SOCK_DGRAM）：一种无连接的套接字，对应于 UDP 应用程序；③原始套接字（SOCK_RAW）：一种能直接对 IP 数据包进行处理的套接字，能完成流式套接字和数据套接字不能完成的功能，如捕获和创建 IP 数据包等。通过使用原始套接字实现网络数据捕获，其具体流程图如图 10.5 所示。

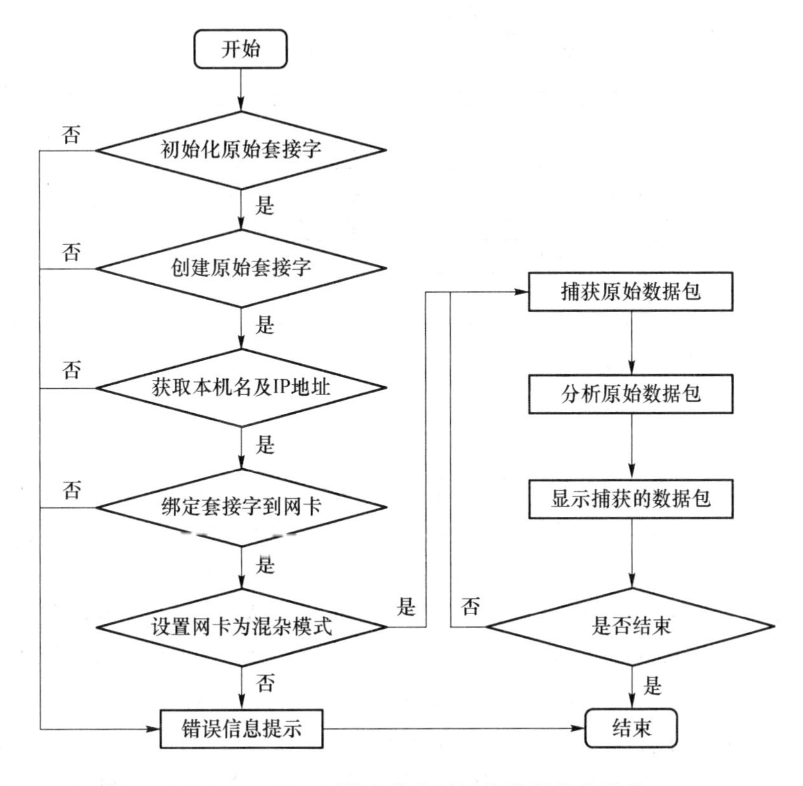

图 10.5　基于原始套接字的网络数据捕获流程

在创建原始套接字之前，需要调用 WSAStartup() 函数实现套接字库的初始化。然后可利用函数 Socket() 或 WSASocket() 来创建套接字。这两种方法都可以创建一个套接字，不同之处在于：WSASocket() 函数具有重叠 I/O 功能，即发送和接收数据操作可以被多次调用；而

Socket 函数只能发送之后有响应消息了才可做下一步操作。在此基础上，通过 bind()函数将创建好的原始套接字与网卡进行绑定。若要利用原始套接字捕获网络数据包，还需要通过函数 ioctlsocket()或 WSAIoctl()将网卡设置为混杂模式，其中 WSAIoctl()函数是在 winsock2 中将 ioctlsocket()函数中的参数 argp 分解成一系列输入函数。若网卡的混杂模式设置成功，则返回 0；否则可通过 WSAGetLastError()函数返回相应的错误提示消息。最后可以捕获到流经网卡的所有数据包，并实现进一步分析和显示等功能，直到程序终止。

2）基于 NDIS 中间驱动的网络数据捕获

NDIS 的早期版本是由 Microsoft 和 3COM 公司联合开发，现主要用于 Windows 平台。NDIS 定义了网卡或网卡驱动程序与上层协议驱动程序之间的通信接口规范，屏蔽了底层物理硬件的差异性，使得上层协议驱动程序可以一种与设备无关的方式与网卡驱动程序进行通信。NDIS 横跨传输层、网络层和数据链路层，支持三种网络驱动程序：微端口（网卡）驱动（Miniport Driver）程序；传输协议驱动（Protocol Driver）程序，如 TCP/IP 协议栈；中间层驱动（Intermediate Driver）程序，位于微端口驱动程序和传输协议驱动程序之间。NDIS 各个驱动层之间的结构关系如图 10.6 所示。

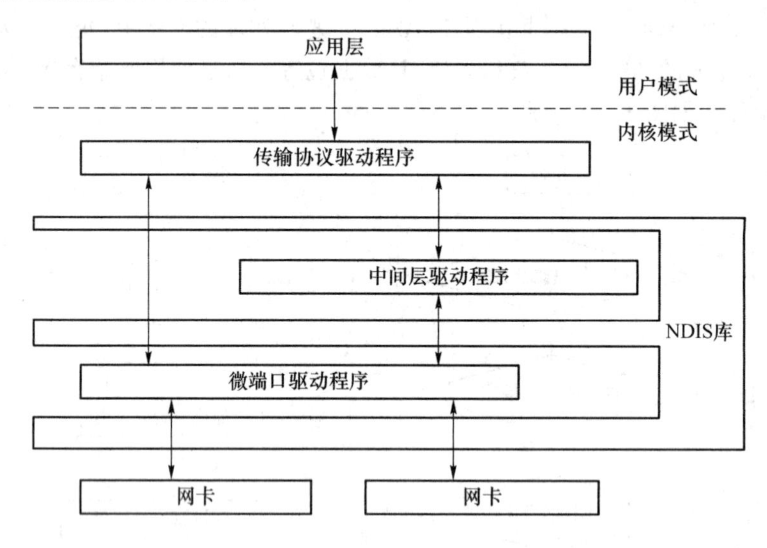

图 10.6　NDIS 层次结构

微端口驱动程序通过 NDIS 库向下与底层网卡进行通信，向上与中间层驱动程序或协议驱动程序交互。NDIS 库提供了函数集 NdisXXX 封装微端口需要调用的操作系统函数，同时对外提供了入口函数集 MiniPortXxx。中间层驱动程序要实现与下层的微端口驱动程序和上层的传输协议驱动程序之间的通信过程：①向下提供了协议入库点函数集 ProtocolXxx，NDIS 调用这些函数传递下层微端口的请求；②向上提供了微端口入口函数集 MiniPortXxx，NDIS 通过调用这些函数实现与传输协议驱动程序通信。因此，对于上层的驱动，其是微端口驱动程序；对于底层的驱动程序，其是传输协议驱动程序。传输协议驱动程序是 NDIS 层次结构的最高层，但是被当作传输层协议的传输驱动程序的最底层：①向下与中间层驱动程序和微端口驱动程序交互，将用户发来的数据复制到数据包中，然后通过调用函数集 NdisXXX 将数据包发送给中间层驱动程序或微端口驱动程序；同时协议驱动程序也提供了一套入口点函数集 ProtocolXxx，用来接收由底层传来的数据包；②向上提供了一个传输协议驱动程序接口 TDI，用来与上层的应用层进行交互。

总体而言，中间层驱动程序对上层传输协议驱动程序表现为一个虚拟的微端口网，对下层的微端口驱动程序表现为一个协议驱动。所有经过网卡发送到网络和从网络接收的数据包都要经过中间层驱动程序，因此在此处可以实现数据包的捕获。具体的方法下：首先，通过DriverEntry()函数调用 NdiSMlnitializeWrapper()函数使得微端口驱动和 NDIS 相联系，返回设备句柄 NdisWrapperHandle；然后，利用该句柄调用 NdislMRegisterLayeredMiniport()函数为 NDIS 中间层驱动程序注册回调函数集 MiniPortXxx，使得上层协议将其当作是网卡，并通过 NDIS 库调用这些回调函数；最后，调用 NdisRegisterProtocol()函数为中间层驱动程序注册回调函数集 ProtocolXxx，使得下层网卡将其当作是一个协议，并通过 NDIS 库调用这些回调函数。

当底层网络有数据到达时，将触发中断，通过调用 NdisMIndicateReceivePacket()函数接收数据包，并放入微端口驱动的缓冲区中。当接收的数据达到一定数量时，微端口驱动会告知 NDIS 新数据的到来。此时，将触发 NDIS 中间层驱动程序调用 ProtocolReceivePacket()函数来接收数据包。之后，可以再次请求 NDIS 告知协议驱动程序来接收数据。可见，在 NDIS 中间驱动程序即可以实现对网络数据包的捕获和处理。

3）基于 WinPcap 的网络数据捕获

WinPcap 是 Windows 平台下的一个免费的网络访问系统，可在其官网下载相应的版本。WinPcap 是 UNIX 系统下 Libpcap 在 Windows 下的移植，屏蔽了不同 Windows 系统的差异，主要提供底层原始网络数据包捕获、过滤、发送和分析等功能，广泛用于网络协议分析、流量监控、安全扫描和入侵检测等方面。

WinPcap 体系结构由三个部分组成：内核态下的网络组包过滤器（Netgroup Packet Filter，NPF）、用户态下的低级动态链接库 Packet. dll 和高级系统无关动态链接库 Wpcap. dll。WinPcap 内部结构如图 10.7 所示。

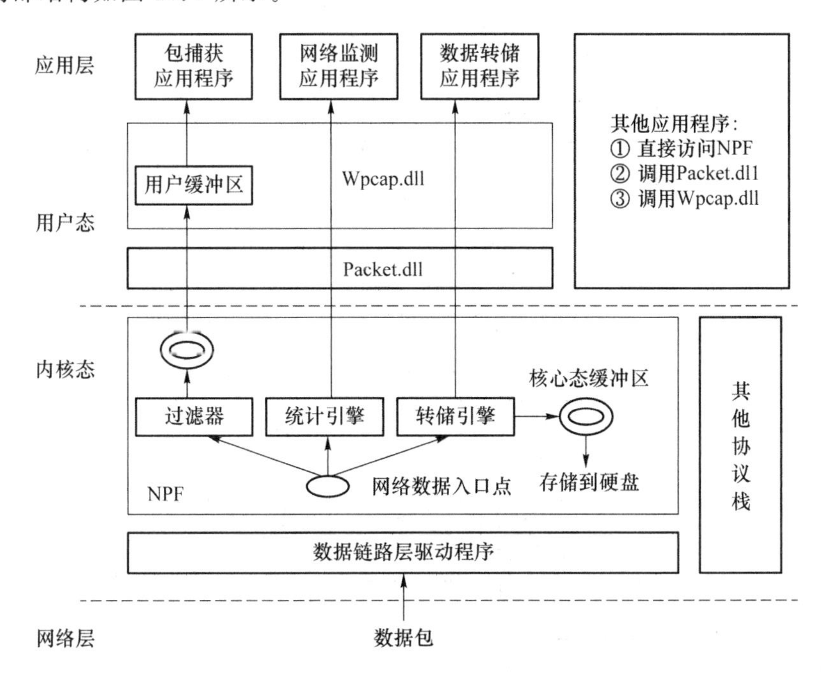

图 10.7　WinPcap 内部结构

上文中介绍的 NDIS 主要实现上层传输协议驱动程序以一种与设备无关的方式与网卡驱动程序进行交互。NPF 即被实现为一个传输协议驱动程序，是 WinPcap 的核心。为了捕获网络上的原始数据包，其绕过了操作系统的协议栈，直接与网卡驱动程序交互。主要实现从网卡驱动程序收集网络数据包，转发给过滤器进行过滤，也可以发送给统计引擎进行网络统计分析，还可以发送到转存器，将网络数据包存储到磁盘。NPF 与操作系统有关，在 Win95/98/ME 系统中，以 VxD 文件存在；在 Windows NT/2000 中，以.SYS 文件存在。两个动态链接库 Packet.dll 和 Wpcap.dll 均工作在用户态，其中低级动态链接库 Packet.dll 用来屏蔽不同 Windows 版本中用户态和内核态之间接口的差异，为 Windows 平台提供一个能直接访问 NPF 且与系统无关的公共接口。高级系统无关动态链接库 Wpcap.dll 是一个独立于底层驱动程序和操作系统，更加高层的编程接口。用户既可以使用包含在 Packet.dll 中的低级函数直接进入内核态调用，也可以使用由 Wpcap.dll 提供的高级函数进行调用，但应用程序进行调用 Wpcap.dll 提供的函数时，Packet.dll 中的函数也会被自动调用。

利用 WinPcap 实现网络数据包捕获主要是通过调用 Wpcap.dll 和 Packet.dll 中提供的 API 函数实现，具体流程如图 10.8 所示。首先，通过调用函数 pcap_findalldevs()来获取网络设备列表，得到设备的基本信息。然后，通过调用函数 pcap_open_live()来打开指定的网卡设备，设置网卡的工作模式为混杂模式。在此基础上，通过函数 pcap_compile()和 pcap_setfilter()的配合，实现满足用户需求的数据包过滤。其中：pcap_compile()函数将一个高层的布尔过滤表达式编译成一个能够被过滤引擎所解释的低层的字节码；pcap_setfilter()函数将一个过滤器与内核捕获会话相关联。通过调用 pcap_setfilter()函数，过滤器将应用于网络的所有数据包，只有符合要求的数据包才被传送给应用程序。最后，进行数据包的捕获，WinPcap 提供了多种网络数据包捕获函数，有的基于回调机制，如 pcap_loop()，有的采用直接方式，如 pcap_next_ex()。

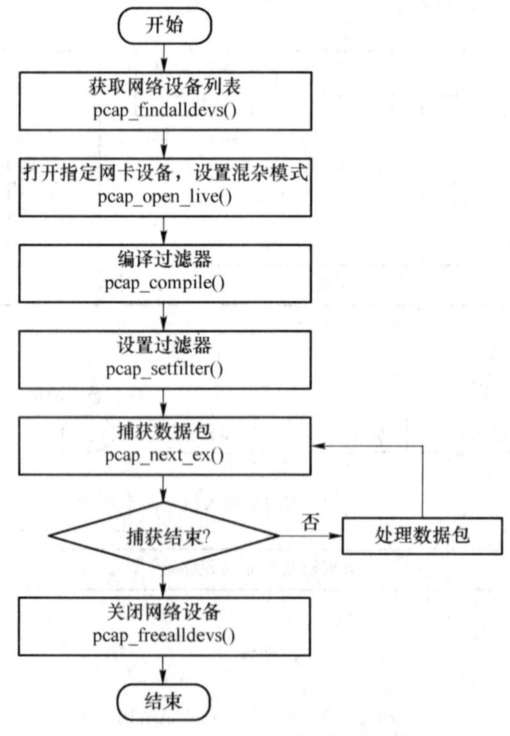

图 10.8　基于 WinPcap 网络数据包捕获流程

10.3　信息内容识别与分析

在获取网络信息内容后，需要对信息内容进行识别和分析，判断信息内容的合法性。根据信息内容的类型，本节主要以文本和图像两个方面为例，介绍信息内容的识别与分析技术，为后面信息内容控制与管理奠定基础。

10.3.1　文本内容识别与分析

当前，信息内容大都表现为半结构化或非结构化的电子文本形式，如网页、邮件、新闻、短信等。在对文本内容分析之前，首先介绍文本数据、文本信息和文本知识的定义。

定义 10.1　文本数据（Textual Data，TD）：面向人的，可以被人部分理解，但不能为人所利用，具有自然语言固有的模糊性与歧义性。

定义 10.2　文本信息（Textual Information，TD：面向机器的，将隐含在文本数据的关系以显式的方式展示给用户，具有无歧义性、显性关系等特点。

定义 10.3　文本知识（Textua Knowledge，TK）：对文本信息进行处理得到有意义的模式，对人来说是可理解的和有用的。

可见，通过信息获取技术得到的原始文本若要用于信息处理，则必须通过文本预处理技术实现文本数据到文本信息的转换，将文本由面向人的转换为面向机器可识别的信息。一般地，文本内容预处理包括文本分词、去停用词、文本表示和特征提取四个步骤，如图 10.9 所示。经过预处理后，原始文本数据从一个半结构化或非结构化转化为结构化的计算机可识别的文本信息，即对文本进行抽象，建立数学模型，用来描述和替代原始文本，使得计算机能够通过该对模型的计算和操作实现对文本的识别。由此可见，该过程为后续文本知识的发现奠定了基础。

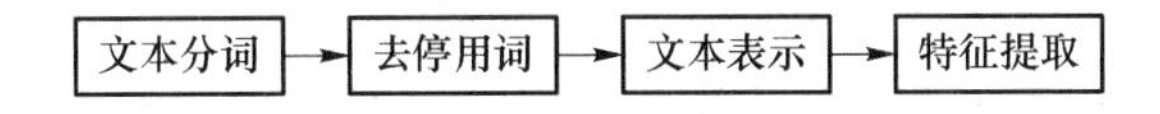

图 10.9　文本内容预处理过程

1. 文本分词

文本分词处理对象包括英文文本和中文文本两类，其中词是最小的、可独立运用的、有意义的语言单位。

在英文文本分词中，单词被当作基本处理单元，单词与单词之间通过空格隔开，因此，最为简单的方法是使用空格与标点作为分隔符。在中文文本分词中，字作为基本书写单元，字与字连接起来形成词，用于表达意思。然而，中文文本中的分隔符（，：。、!？等）一般用来分割短语或句子，词与词之间没有明显的分隔符。因此，中文分词就是将中文连续的字序列按照一定规范，重新组合成有意义的词序列的过程。对文本进行有效的分词是实现人与计算机沟通的基础，也是文本内容处理的基础。目前，文本分词技术已经广泛应用于信息检索、文本挖掘、机器翻译、语音识别等方面。

当前，中文分词面临了两个主要问题：歧义识别和未登录词识别。

1）歧义识别问题

中文分词歧义主要包括交叉型歧义和组合型歧义。其中交叉型歧义指两个相邻的词之间有重叠的部分，例如，对于字串 ABC，如果其子串 AB、BC 分别为两个不同的有意义的词，那么对 ABC 进行切分，既可以切分成 AB/C，也可以切分成 A/BC，则称 ABC 存在交叉型歧义。组合型歧义是指某个词组中的一部分也是一个完整的有意义的词，例如，对字符串 AB，如果 AB 组合起来是一个词，同时其子串 A、B 单独切分开也成为有意义的词，则称 AB 存在组合型歧义。

2）未登录词识别问题

分词的好坏依赖于词典所收录的词的多少。在语言的发展和变化中会出现很多新词，同时词的衍生现象也很普遍，因此，任何一个词典都不可能包含所有的词。未登录词是指没有加入分词词典而实际文本中存在的词汇。一般而言，未登录词大致包含两类：一类是专有名词，如人名、地名、产品名、简称等；另一类是新出现的通用词汇和专业用语，如“神马”“给力”等。

为解决上述两个挑战，常见的中文分词方法如下。

1）基于字符串匹配的分词方法

基于字符串匹配的分词方法又称机械分词法，基本思想是，首先建立词典（一般用汉字字典），然后对给定的待分词的汉字串 S 按照一定的扫描规则（正向/逆向）取 S 的子串，最后按照一定的匹配规则将此子串与词典中的某词条进行匹配。若匹配成功，则该子串是词，继续分割剩余的部分，直到剩余部分为空；否则继续取 S 的子串进行匹配。可见，按照扫描方向可分为正向匹配和逆向匹配；按照不同长度优先分配可分为最大匹配法和最小匹配法。

目前常见的实现方法有正向最大匹配法、逆向最大匹配法、最小切分分词法和双向匹配法。这里以正向最大匹配法为例介绍基于字符串匹配的分词方法，逆向最大匹配法的思想与之类似，只不过扫描规则是逆向的，双向匹配法即这两种方法的结合，最小切分分词法是使每一句中切出的词数最小。

基于上面的介绍，可以看出基于字符串正向最大匹配分词方法是按照从左到右的正向规则，将待分词的汉字串 S 中的几个连续字符与词典中的词进行匹配，即使匹配成功，也并不是马上就切分出来，而是继续进行匹配，直到下一个扫描出来的不是词典中的词才进行词的切分，以保证词的最大匹配。一般地，可通过增字匹配法或减字匹配法来实现。若词典中最长词的长度是 MaxLen，这里以减字匹配法为例说明基于字符串正向最大匹配分词方法的实现过程，详细流程如图 10.10 所示。

可见，利用最大匹配法进行中文分词实现简单，分词速度也比较快。但是分词的精度依赖于词，若词长过短，长词就会被切错；词长过长，查找效率降低。此外，也不能发现交叉型歧义，例如，以汉字字典为词典，利用正向最大匹配法和逆向最大匹配法对“小组合解散”进行分词，得到的结果为“小组/合/解散”和“小/组合/解散”。

2）基于统计的分词方法

基于统计的分词方法主要考虑词是稳定的字的组合，即在上下文中，相邻字之间同时出现的次数越多，就越可能构成一个词，故可以计算文本中相邻出现的各个字的组合频率，计算它们互现信息，并以此来判断它们组合成一个词的可信度。字与字之间互现信息的高低直接反映了这些字之间的紧密程度。当紧密程度高于某一阈值时，即可认为此字组可能构成了一个词。

由此可见，这种方法只需要对语料中字的组合频度进行统计，不需要基于切分词典，因而又叫无词典分词法或统计取词方法。具体的统计方法可采用 N-gram、隐 Markov 模型和最大熵模型等，这里不做详细介绍。然而，这种方法经常抽出一些共现频度高，但并不是词的常用字组，例如，“之一”“有的”“我的”等。可见，该方法对常用词的识别精度差。此外，由于需要统计语料中字的组合频率，因而带来的时空开销也比较大。

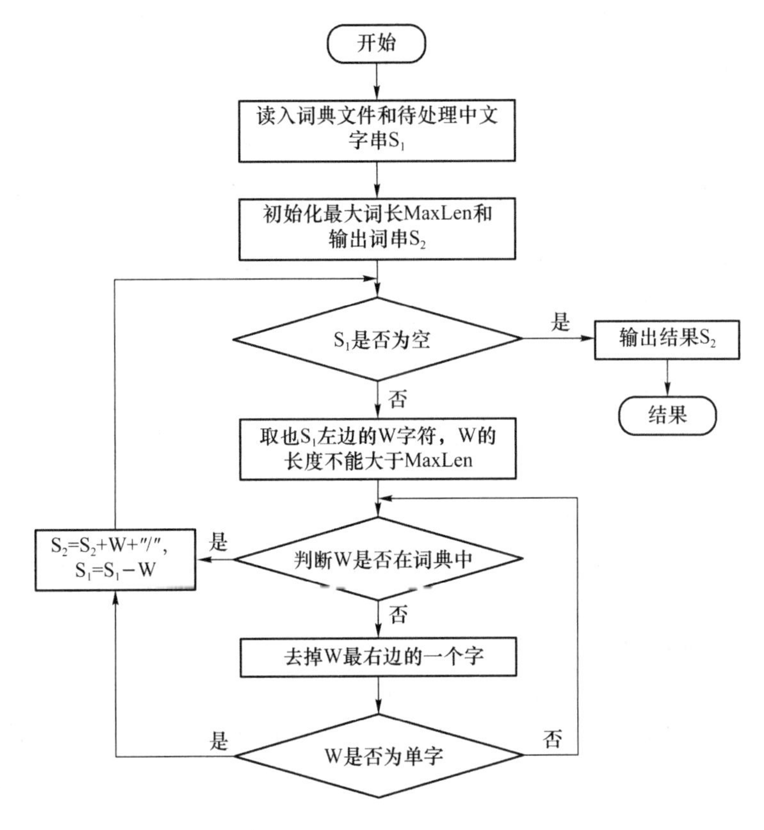

图 10.10　基于字符串正向最大匹配分词方法的实现过程

3）基于理解的分词方法

基于理解的分词方法的基本思想是在分词中考虑句法信息和语义信息，利用句法信息和语义信息来消除歧义。也就是说，这类方法是通过计算机模拟人对句子的理解实现中文分词。一般地，该方法由分词子系统、句法语义子系统、总控部分组成。在总控部分的协调下，分词子系统可以从句法语义子系统那里获得有关词、句子等的句法信息和语义信息，从而能有效解决分词过程中的歧义问题。然而，由于中文语言的笼统性和复杂性，计算机无法将各种语言组织成计算机能够处理的形式。因此，尽管该方法的初衷较好，但目前并没有得到广泛的应用。

总体而言，这三类分词方法各有优缺点，表 10.1 对这三类方法进行了比较，特别是在中文分词所面临的两种主要问题方面进行了比较。

表 10.1　三类分词方法的比较

优缺点	基于字符串匹配的分词方法	基于统计的分词方法	基于理解的分词方法
优点	① 实现简单 ② 分词速度快	① 不需要基于切分词典 ② 消除歧义	① 能识别未登录词 ② 消除歧义
缺点	① 分词精度与词库相关 ② 不能发现交叉型歧义 ③ 不能识别未登录词	① 经常抽出一些共现频度高，但不是词的常用字组 ② 不能识别未登录词 ③ 识别精度差，时空开销大	① 知识词库复杂 ② 分词精度与知识库相关

2. 去停用词

在文本分词的基础上,需要去掉那些常见的、价值不大的词,即去停用词(Stop Words)。去停用词能在不影响系统精度的前提下,有效节省存储空间和计算时间。常见的停用词包括冠词、介词、连词。

目前,去停用词的常见方法有查表法和基于文档频率的方法。具体而言,查表法是预先建立好一个停用词表(StopList),然后通过查阅停用词表的方式过滤掉与文本内容本身没有多大关系的词条。基于文档频率的方法是通过统计每个词的文档频率,判断其是否超过阈值,即总文档的某个百分比。若超过所设定的阈值,则当作停用词去掉。

3. 文本表示

文本表示是将实际的文本内容转换为计算机内部的表示结构,是文本内容识别与分析的基础。在介绍具体文本表示之前先给出特征项和特征权重的概念。

定义 10.4 特征项(Term):文本表示模型中所用的基本语言单位,如字、词或词组。

定义 10.5 特征项权重(Term Weight):表示该特征项对于文本内容的重要程度,权重越高的特征项越能代表该文本的内容。

最早文本表示模型用于信息检索领域,后来在文本分类、文本挖掘等领域也得到广泛的应用。当前,文本表示模型主要有以下三种。

1) 基于集合论的模型(Set Theoretic-based Models)

基于集合论的模型包括布尔模型(Boolean Model)、扩展布尔模型和基于模糊集的模型等,这里仅介绍典型的布尔模型。布尔模型建立在集合理论和布尔代数的基础上,是一个严格的基于查询特征项匹配的模型。该模型将文本表示为特征空间上的一个向量,向量中每个分量是二值变量。

查询特征项之间通过逻辑运算符 AND、OR 和 NOT 相连,其与文本之间的匹配方式遵循布尔表达式的运算规则。若查询的特征项表达式与文本相匹配,则文本被检索出来,返回 1;否则文本不被检索出来,返回 0。

可见,布尔模型比较简单,容易理解,因此被应用于商业检索系统,如 DIALOG、STAIRS 等。然而,把布尔模型用作文本表示具有一定的缺陷:基于严格的查询特征项匹配,不能提供近似匹配或部分匹配;查询结果是 1 或者 0,不能反映特征项对文本的重要程度,排序能力差;构造的查询决定了查询的结果的多少,同时对于一些复杂的用户需求也较难表达。

2) 基于代数论的模型(Algebraic-based Models)

基于代数论的典型模型有向量空间模型(Vector Space Model,VSM)、潜在语义索引模型和神经网络模型等,这里介绍应用广泛的 VSM。VSM 是由康奈尔大学的 Gerard Salton 等在 20 世纪 70 年代提出的,最早应用于信息检索领域,其原型系统为 SMART。

VSM 的两个基本假设:①一个文本所属的类别仅与某些特征项在该文本中出现的词频有关,而与这些特征项在该文本中出现的位置或顺序无关;②特征项与特征项之间是互异且相互独立的。VSM 的主要思想是,不考虑特征项在文本中出现的先后顺序,将文本表示为互异且相互独立的特征项的组合向量,以不同的特征项构造一个高维空间,每个特征项为该空间中的一维,文本则被表示为该空间中的一个向量。

具体地,对于一个文本 d,用 n 个互异的特征项表示为

$$(<d_1,w_1>,<d_2,w_2>,\cdots,<d_n,w_n>)$$

其中,d_i 表示该文本的特征项,w_i 为该特征项在该文本中的权重,最为经典的权重计算方法是

TF-IDF。查询也是一个文本，用 VSM 表示为

$$(<q_1, w_1'>, <q_2, w_2'>, \cdots, <q_n, W_n'>)$$

若要计算查询与文本之间的相似性，最简单直接的方法是计算它们之间的余弦值，如下：

$$\mathrm{Sim}(q,d) = \cos\theta = \frac{\sum_{i=1}^{n} w_i' \times w_i}{\sqrt{\sum_{i=1}^{n} w_i'^2}\sqrt{\sum_{i=1}^{n} w_i^2}}$$

此外，还有其他各种计算该相似性的方法，如 Dice 系数、Jaccard 系数等。

可见，VSM 能有效克服布尔模型的缺陷，即能根据需要对查询中的特征项的重要性进行个性化赋值；支持近似匹配和部分匹配；结果可以排序；通过权重计算方法能有效提高系统的检索性能。然而，其前提之一是特征项之间的相互独立性与实际不符。实际特征项之间是存在一定关系的，例如，"信息""技术"，另外，其没有考虑特征项在类别间的分布情况。

3）基于概率的模型（Probabilistic-based Models）

根据前面的分析，布尔模型和 VSM 都存在没有考虑特征项之间的关联性这一问题，基于概率的模型则是利用特征项与特征项之间以及特征项与文本之间的概率关系进行信息检索。常见的基于概率的统计模型有经典概率模型、回归模型、推理网络模型等。这里介绍经典概率模型，其主要思想：根据用户的查询 q，可将文本分为与查询 q 相关的集合 R，与查询 q 不相关的集合 $\overline{R}$。在同一类文本中，各检索特征项具有相同或相近的分布；而属于不同类的文本中，检索特征项具有不同的分布。因此，可通过计算文本中所有检索特征项的分布，判定该文本与检索的相关度。具体的相似度函数定义为

$$\mathrm{Sim}(q,d) = \frac{P(R|d)}{P(\overline{R}|d)}$$

其中，$P(R|d)$表示文本 d 和查询 q 相关的概率；$P(\overline{R}|d)$表示文本 d 和查询 q 不相关的概率。相似度函数越大说明文本 d 与查询 q 越相关。

由于检索特征项的数量较大，为了简化计算过程，引入了不同的假设，常见的模型有二元独立模型（Binary Independent Model）、二元一阶依赖模型（Binary First Order Dependent Model）和双 Poisson 分布模型（Two Poisson Independent Model）。

总之，概率模型建立在数学基础上，理论性较强，文本可以按照相关概率递减的顺序进行排序，同时较好地体现了文本信息的不确定性、模糊性，但过于依赖所处理的文本集的内容。

4. 特征提取

上述过程得到的文本原始特征项可能处在一个高维空间中，将耗费较多的系统存储内存和处理时间。因此，如何从原始特征项中选择一些具有代表性的有效特征作为新的特征集是解决"维度灾难"的有效途径。具体而言，文本的特征提取是指从文本信息中抽取能够代表该类文本或文本信息内容的过程。文本特征提取可以实现以下目的：①降低文本空间的维度和稀疏度，提高文本内容识别和分析的性能；②所选择的数量较少的特征项可更直接地反映文本主题，方便用户对文本内容的理解；③能一定程度上去掉有干扰的噪声特征项，增强文本之间相似度的准确性。

当前特征提取的方法可采用人工处理和计算机自动处理。人工处理是基于人的知识提取文本内容的代表性特征，但该方法具有一定的缺陷：人的工作量化较大，且需要领域专家的参

与;选择结果不便于动态调整,除非由人工不断地进行该工作。还有一种常用的方法是利用计算机自动化处理,首先通过造一个评价函数,对文本特征集中的每一个特征进行独立的评估,这样每个特征都将获得一个评估分。然后对所有的特征按照其评估得分的大小进行排序。最后选取预定数目的最佳特征作为结果的特征子集。至于选取多少个最佳特征以及采用什么评价函数,都需要根据具体的问题并通过实验来确定。当前常见的特征提取评价函数有文档频率(Document Frequency,DF)、互信息(Mutual Information,MI)、信息增益(Information Gain,IG)、卡方 χ^2 统计量(CHI-square)、交叉熵(Cross Entropy,CE)等。

10.3.2 图像内容识别与分析

当前,图像比文本更能提供一些直观、丰富的信息,因而不良图像比不良文本更具有危害性。以图像处理与图像理解技术为基础的不良图像内容识别与分析是实现不良图像过滤的基础,也是信息内容安全的一个重要组成部分。本节主要介绍不良图像的识别方法。

不良图像信息识别,即判断一幅图像中是否含有不良的信息,这里的不良信息主要是指裸露的人体敏感部位。一般可通过图像的基本特征进行识别,典型的特征有肤色、纹理、形状、轮廓等。当前互联网上的不良图像一般是彩色图像,并且很多时候呈现大面积的裸露皮肤,因此本节主要以肤色特征为例,介绍如何通过肤色检测技术实现不良图像的识别,其中,如何从不良图像中分割出肤色区域是肤色检测算法的前提。

1. 数字图像表示

图像根据像素空间坐标和亮度的连续性可分为模拟图像和数字图像。其中:模拟图像是通过物理量的强弱变化来记录图像上各点的亮度信息的图像,即人眼见到的物理图像;而数字图像是指完全用数字来记录图像亮度信息。

通过空间采样、亮度量化过程可实现模拟图像到数字图像的转换,因此,数字图像可用空间坐标及对应的亮度值来表示,基本元素为像素。数字图像一般采用矩阵形式来存储,如对于一个灰度图像可表示为 $\boldsymbol{I}_{m\times n}=(I(i,j))_{m\times n}$,其中 $I(i,j)$ 表示坐标为 (i,j) 的像素的灰度值,其取值范围为 0(全黑)~255(全白);对于一个彩色图像 $\boldsymbol{C}_{m\times n}=(C(i,j))_{m\times n}$,每个像素 $C(i,j)$ 由 RGB 三原色构成,其中 RGB 由灰度值来描述。

2. 颜色度量

颜色是人的视觉系统对可见光的感知结果,感知到的颜色由光波的波长所决定。在图像数字化中,首先得考虑如何利用数字来描述颜色。国际照明委员会(International Commission on Illumination,ICI)定义了颜色固有且截然不同的三个要素。

① 色调(Hue):又称色相,当人眼看一种或多种波长的光时所产生的色彩感觉,如红、橙、黄等,是使一种颜色区别于另一种颜色的要素。色调与饱和度统称为色度。

② 饱和度(Saturation):指颜色的纯度,表现颜色的深浅程度。一种特定的颜色可以看成某种纯光谱色与白色的混色结果,光谱色的比例越大,则该颜色接近纯光谱色的程度就越高,颜色纯度就越高。例如,鲜红色的饱和度比粉红色的饱和度高。

③ 亮度(Brightness):又称为明度,是人眼对光源和物体表面的明暗程度的感觉,主要由光线强弱决定的一种视觉经验。对于非彩色而言,其没有色调和饱和度的概念,而只有亮度的差别。

3. 颜色空间

颜色空间又称为颜色坐标系，在机器视觉中一般称为颜色模型，是颜色在三维空间中的排列方式。一般地，颜色可通过三个相对独立的属性来描述，这三个属性可看作三维坐标系中三个不同的维度，它们的综合作用构成了一个空间坐标，即为颜色空间。对于同一颜色而言，可从不同的角度去度量，即通过三个一组的不同属性所构成的不同颜色空间进行描述。常见的颜色空间如下。

1）基础颜色空间

基础颜色空间主要有RGB颜色空间、归一化RGB颜色空间以及CIE-XYZ颜色空间。具体而言，RGB颜色空间是将红色（Red）、绿色（Green）和蓝色（Blue）这三种基本颜色当作三维空间的三个维度，其中每个维度灰度值的取值范围为0～255。通过这三种颜色不同程度的叠加产生的256^3种颜色，几乎覆盖了人类视觉系统所能感知的所有颜色。然而，RGB颜色空间容易受到光照或阴影的影响，因此，可通过将RGB值归一化形成归一化RGB颜色空间，消除部分光照对其造成的影响。

尽管RGB颜色空间在彩色光栅图像等显示器系统中得到了广泛的应用，但是R,G,B三个分量之间相关度较高，且将色调、饱和度和亮度混在一起，因此，不适合对亮度多变的图像进行肤色检测。

2）正交颜色空间

正交颜色空间利用人眼对色彩敏感度低于对亮度敏感度的特性，通过将RGB颜色空间表示的彩色图像变换到其他彩色空间，实现亮度信号和色度信号的分离，从而降低RGB颜色空间冗余，提高颜色信息的传输效率，典型的正交颜色空间有YUV、YIQ、YCbCr等。

YUV颜色空间被欧洲电视系统所采用，用于PAL制式的电视系统，其中Y表示亮度，U和V代表的是色差，一般是与蓝色和红色的相对值，其与RGB颜色空间的转换关系如下：

$$\begin{bmatrix} Y \\ U \\ V \end{bmatrix} = \begin{bmatrix} 0.299 & 0.587 & 0.114 \\ -0.147 & -0.289 & 0.436 \\ 0.615 & -0.515 & -0.100 \end{bmatrix} \begin{bmatrix} R \\ G \\ B \end{bmatrix}$$

YIQ颜色空间与YUV颜色空间类似，被北美电视系统所采用，用于NTSC制式的电视系统，只不过I和Q分量是将U和V分量进行了33°的旋转，其与RGB颜色空间的转换关系如下：

$$\begin{bmatrix} Y \\ I \\ Q \end{bmatrix} = \begin{bmatrix} 0.299 & 0.587 & 0.114 \\ 0.596 & -0.275 & -0.321 \\ 0.212 & -0.523 & 0.311 \end{bmatrix} \begin{bmatrix} R \\ G \\ B \end{bmatrix}$$

YCbCr颜色空间是由YUV颜色空间派生出的一种颜色空间，主要用于数字电视系统，其中C_b和C_r分别表示蓝色差信号和红色差信号，其与RGB颜色空间的转换关系为

$$\begin{bmatrix} Y \\ C_b \\ C_r \end{bmatrix} = \begin{bmatrix} 0.299 & 0.587 & 0.114 \\ -0.1687 & -0.3313 & 0.5000 \\ 0.500 & -0.4187 & 0.0813 \end{bmatrix} \begin{bmatrix} R \\ G \\ B \end{bmatrix} + \begin{bmatrix} 0 \\ 128 \\ 128 \end{bmatrix}$$

3）认知颜色空间

认知颜色空间用以解决基础颜色空间中不能从RGB值中直观地知道颜色的色度和亮度

的问题，典型的认知颜色空间有 HIS、HSV、HSL 和 TSL 等。这里以 HSV 颜色空间为例进行介绍，HSV 颜色空间是从人的视觉系统出发，用色调、饱和度和亮度来描述颜色。一般可用圆锥体进行可视化表达，色调被表示为绕圆锥中心轴的角度，饱和度被表示为从圆锥的横截面的圆心到这个点的距离，亮度被表示为从圆锥的横截面的圆心到顶点的距离。

若(r,g,b)代表 RGB 颜色空间中一个颜色的红、绿、蓝坐标，其取值为 0～1 的实数，令 $\max V=\max\{r,g,b\}$，$\min V=\min\{r,g,b\}$。(h,s,v)代表 HSV 颜色空间中色调、饱和度和亮度，则从 RGB 颜色空间到 HSV 颜色空间的转换关系如下：

$$h=\begin{cases}0^\circ, & \max V=\min V\\ 60^\circ\times\dfrac{g-b}{\max V-\min V}+0^\circ, & \max V=r \text{ 且 } g\geqslant b\\ 60^\circ\times\dfrac{g-b}{\max V-\min V}+360^\circ, & \max V=r \text{ 且 } g<b\\ 60^\circ\times\dfrac{b-r}{\max V-\min V}+120^\circ, & \max V=g\\ 60^\circ\times\dfrac{r-g}{\max V-\min V}+240^\circ, & \max V=b\end{cases}$$

$$s=\begin{cases}0, & \max V=0\\ \dfrac{\max V-\min V}{\max V}=1-\dfrac{\min V}{\max V}, & \text{其他}\end{cases}$$

$$v=\max V$$

反之，从 HSV 颜色空间到 RGB 颜色空间的转换可表示为

$$h_i=\left\lfloor\frac{h}{60}\right\rfloor \bmod 6,\quad f=\frac{h}{60}-h_i$$

$$p=v\times(1-s),\quad q=v\times(1-f\times s),\quad t=v\times(1-(1-f)\times s)$$

则在 RGB 颜色空间中的每个颜色(r,g,b)，可计算如下：

$$(r,g,b)=\begin{cases}(v,t,p), & h_i=0\\ (q,v,p), & h_i=1\\ (p,v,t), & h_i=2\\ (p,q,v), & h_i=3\\ (t,p,v), & h_i=4\\ (v,p,q), & h_i=5\end{cases}$$

肤色一般在颜色空间中相当集中，但会受到照明和人种的影响。为了减少肤色受照明强度影响，通常将颜色空间从 RGB 转换到亮度和色度分离的某个空间中，如 YCbCr 或 HSV，然后放弃亮度分量。在双色差或色调和饱和度平面上，不同人种的肤色变化不大，肤色的差异性更多的是亮度方面而不是色度方面。

4. 肤色模型

这里仅介绍静态肤色模型，当前静态肤色模型主要有阈值法、参数化法和非参数化法。

1）阈值法

阈值法即直接用数学表达式明确规定肤色的范围，是一种简单的肤色建模方法。检测时

只需要用二值查找表即可。该模型实现起来很简单，但要想取得好的检测效果，需要解决两个问题：①如何选择合适的颜色空间；②如何确定规则中的参数。

2）参数化法

常用的利用参数化法进行肤色检测的模型有高斯分布模型、椭圆边界法、聚群法等。这里以高斯分布模型为例进行介绍。高斯分布模型是一种参数化模型，可分为单高斯模型（Single Gaussian Model，SGM）和高斯混合模型（Gaussian Mixture Model，GMM）。

① 单高斯模型采用椭圆高斯联合概率密度函数：

$$p(x|\text{skin})=\frac{1}{2\pi\ |\boldsymbol{\Sigma}|^{\frac{1}{2}}}\exp\left\{\frac{1}{2}(x-\mu)^{\mathrm{T}}\boldsymbol{\Sigma}^{-1}(x-\mu)\right\}$$

其中，x 是像素颜色向量，均值向量 μ 和协方差矩阵 $\boldsymbol{\Sigma}$ 是高斯分布参数，由训练样本估计：

$$\mu=\frac{1}{n}\sum_{j=1}^{n}x_j,\quad \sum=\frac{1}{n-1}\sum_{j=1}^{n}(x_j-\mu)(x_j-\mu)^{\mathrm{T}}$$

上述条件概率 $p(x|\text{skin})$ 可以直接用来衡量像素 x 属于肤色的可能性，也可以通过高斯分布参数计算输入像素，与均值 μ 的马氏距离 $d=(x-\mu)^{\mathrm{T}}\boldsymbol{\Sigma}^{-1}(x-\mu)$ 来表示像素与肤色模型的接近程度。

总体而言，若 $p(x|\text{skin})\geqslant\alpha$ 或 $d\leqslant\beta$，则 x 为肤色，其中 α 和 β 为定义的阈值。

② 高斯混合模型是一个有效描述复杂形状分布的模型，它是由单高斯肤色模型经过一般化后得到的，即可表示为

$$p(x\mid\text{skin})=\sum_{i=1}^{k}w_i p_i(x\mid\text{skin})$$

其中，k 为混合成分的个数，w_i 是混合权重，$p_i(x|\text{skin})$ 是高斯概率密度函数族，每个高斯概率密度函数都有其自己的均值 μ_i 和协方差矩阵 $\boldsymbol{\Sigma}_i$，其参数可通过期望最大化（EM）算法得到。

对于其判断方法与单高斯模型一样，可通过条件概率 $p(x|\text{skin})$，也可以通过像素与肤色模型之间的马氏距离进行计算。

3）非参数化法

非参数化法比参数化法更适合用于在不同摄像机、不同环境下获取图像，进行肤色建模。常用的非参数化法有统计直方图模型、神经网络模型等，这里以统计直方图模型为例。统计直方图模型是给离散化的颜色空间中的每个格子赋予一个概率值，得到肤色概率图（Skin Probability Map，SPM），再利用 SPM 进行肤色检测。当前，常用的方法有正则化查表法和贝叶斯分类器。

① 正则化查表法。直接利用 SPM 作为肤色概率查找表，即将输入像素的颜色向量经过与 SPM 相同的颜色空间变换和量化后所得到的向量作为查表的索引，查表得到的值是该输入像素属于肤色的概率。换句话，这里的肤色概率就是肤色训练样本在这种颜色上所出现的相对频数：

$$p_{\text{skin}}(x)=\frac{\text{Count}(x)}{\text{Norm}}$$

其中，Count(x)是训练样本中颜色空间向量 x 的像素个数，规则化参数 Norm 是训练样本中的像素个数的总数目。

② 贝叶斯分类器。正则化查表法中的 $p_{skin}(x)$ 只是估计条件概率 $p(x|\text{skin})$，对肤色检测更合适的度量应该是 $p(\text{skin}|x)$，则计算如下：

$$p(\text{skin}|x)=\frac{p(x|\text{skin})p(\text{skin})}{p(x|\text{skin})p(\text{skin})p(x|\neg\text{skin})p(\neg\text{skin})}$$

其中，$p(x|\text{skin})$ 和 $p(x|\neg\text{skin})$ 分别表示皮肤统计直方图中肤色和非肤色像素数目的比例。若 $p(\text{skin}|x)$ 大于某阈值时，则有颜色 x 的像素被判断为皮肤像素。

10.4 信息内容控制和管理

在信息内容识别与分析的基础上，对于不良的信息内容应进行过滤阻断，对私密信息应实现有效隐藏，对涉及版权的信息内容应加以保护。本节主要从信息过滤、信息隐藏及数字水印与版权保护三个方面介绍信息内容控制与管理方面的相关技术。

10.4.1 信息过滤技术

当前，海量增长的互联网信息加剧了信息查找的难度，同时不法分子通过网络散布反动、暴力、黄色、邪教等信息内容严重扰乱了人们的健康生活和社会的稳定。信息过滤一方面可以帮助人们从海量信息中找到所需的信息，有效地缓解信息过载的问题；另一方面，信息过滤作为一种信息内容控制技术，通过过滤各类不良信息，为用户营造健康的互联网环境提供了技术保障。作为信息过载和信息内容安全的一种有效解决方法，信息过滤得到了业界的广泛关注。本节主要介绍信息内容过滤流程及相关技术，并以具体的电子邮件为实例，介绍信息内容过滤技术的具体实践应用。

1. 信息过滤概念

信息过滤(Information Filtering，IF)最早出现在 1982 年，ACM(美国计算机协会)主席 Peter Denning 在 CACM(Communications of the ACM)期刊中指出，不仅要研究电子文本的自动生成和扩散途径，也要研究对接收到的信息的有效控制，即 IF。随后，在 1987 年，Malone 等提出社会过滤的概念，即基于以前用户对文本的标注来表示文本，通过交换信息自动识别具有共同兴趣的团体。

目前，IF 没有统一的定义，如 Belkin 和 Croft 定义 IF 是信息传递给有需要的用户的一系列过程的总称；Hanani 等定义 IF 是从动态信息流中将满足用户兴趣的信息挑选出来，用户的兴趣一般在较长一段时间内不会改变。IF 通常是在输入数据流中移除数据，而不是在输入数据流中找到数据。

一般地，IF 指根据用户的信息需求(User Profile)模型，在动态的信息流(如 Web，电子邮件)中搜索用户感兴趣的信息，屏蔽其他无用的和不良的信息。用户需求模型是信息过滤的主要依据，并以计算机可以理解的形式揭示用户的兴趣爱好。根据过滤的目的不同，IF 既可以用来收集有益的信息，也可以用来屏蔽有害的信息。本节讨论得更多的是后者，即以信息内容安全为出发点，为用户去除可能危害的信息，阻断其进一步传输。

IF 与信息检索(Information Retrieval，IR)密切相关，它们都是对用户某一特定的信息需求进行搜索,但其与IR有所不同。下面从需求、信息源、目标及用户等方面进行比较,IR和IF的比较结果见表10.2所示。

表10.2　IR和IF比较

比较类别	信息检索(IR)	信息过滤(IF)
需求表示	查询表达式	兴趣模型
需求变化	动态	静态
信息源	静态	动态
目标	选择相关条目	过滤掉不相关的条目
了解用户	否	是
用户特点	短期使用	长期使用

在IR中,用户通常基于查询表达式进行信息检索,因而信息需求的变化是比较快的,但是被检索的信息源的变化是比较缓慢的,即IR根据用户的特定信息需求,在静态的信息源中,检索与用户需求相关的信息条目,屏蔽无用的信息,用户的信息需求行为是一个短期行为。在IF中,用户通过构建用户需求模型来实现信息过滤。一般来说,用户的兴趣在一段时间内可认为变化不大,即用户的需求变化是静态的,但是数据源是将要到达的动态数据流,即IF根据用户的信息需求,在动态信息源中,搜索用户感兴趣的信息,屏蔽无用的信息,用户的信息需求行为是一个长期行为。可见,IR的实现不需要了解用户的相关信息,适合多数用户短期使用;而IF需要了解用户的相关信息,得到用户需求模型,适合少数用户长期使用。

除此之外,需要区分与IF密切相关的另外几个概念,如信息分类(Information Classification,IC)和信息抽取(Information Extraction,IE)。简单而言,某些场合下人们所称的IF实际就是一个IC问题,即判断信息是否符合用户需求可看作一个两类(是/否)的分类问题。一般而言,IC中的分类范畴通常不会变化,而IF的用户需求会动态调整。至于IE,一般直接从自然语言文本中抽取事实信息,并以结构化的形式描述信息,比如抽取恐怖事件发生的时间、地点、人物等字段。IE不太关注相关性,而只关注相关的字段;而IF需要关注相关性。

信息过滤系统(Information Filtering System,IFS)是指支持信息过滤过程而设计的自动化系统。一般地,IFS具有以下特点:①系统处理对象是半结构化或非结构化数据,主要是文本信息;②主要处理将要到达的数据流;③用户需求过滤模板一般情况下是静态的;④过滤意味着从即将到来的数据流中排除数据,而不是从数据流中发现数据。

2. 信息过滤系统的分类

根据不同的目的,信息过滤系统有不同的分类方式。

1) 按网络信息内容的捕获方式

本书将网络信息内容获取方式分为信息内容主动获取和信息内容被动获取,其中信息内容主动获取主要通过搜索引擎技术实现网页信息的抓取;信息内容被动获取通过网络数据捕获实现。因此,根据网络信息内容的捕获方式不同,信息过滤系统可划分为主动数据搜集式过滤系统和被动数据获取式过滤系统。其中,主动数据搜集式过滤系统根据用户需求模型主动为用户搜集相关信息,然后将相关信息推送给用户;而被动数据获取式过滤系统不需要收集数据，通常用于电子邮件或新闻组过滤。

2）按过滤操作的位置分类

按信息过滤系统所在的操作位置，可分为信息源过滤系统、信息过滤服务器过滤系统和用户端过滤系统。具体而言，信息源过滤系统，又称剪辑服务(Clipping Service)系统，是指用户将用户需求模型提交给一个信息提供者，由其为用户提供与过滤模型相匹配信息，如 Dialog 提供的 Alert 服务；信息过滤服务器过滤系统是指信息提供者将信息提交给服务器，同时用户将用户需求模型提交给该服务器，服务器通过这些信息实现信息过滤，并将相关信息发给用户，如 Stanford 在 1994 年开发的 SIFT 系统；用户端系统过滤是指对流经本地的信息进行评估，过滤掉不相关的信息，如 Outlook 邮件过滤。

3）按过滤的方法分类

按照过滤的方法，信息过滤系统可分为认知过滤系统、社会协作过滤系统、基于效用的过滤系统、基于智能代理的信息过滤系统等，其中认知过滤系统和社会协作过滤系统是两种常用的过滤系统。具体而言，认知过滤系统，又称基于内容的信息过滤系统，Malone 等定义："采用一种机制，描述信息内容和用户需求模型特征，然后用这些描述智能化地将信息与用户需求进行匹配。"社会协作过滤系统，又称基于协同过滤的信息过滤系统，是指利用用户之间相似的兴趣或相同的知识来构建用户需求模型，从而进行信息过滤和信息推荐。其与认知过滤系统的不同之处在于，它不是基于信息内容，而是基于其他用户的使用模式。除此之外，还有一些过滤系统，如：基于效用的过滤系统是利用成本-效益评价和价格机制实现信息过滤的；基于智能代理的信息过滤系统是通过引入智能代理，自动修改用户需求模型并自动地进行相关的过滤操作。

4）按获取用户知识的方式分类

按照用户知识的获取方法可分为显式知识获取过滤系统、隐式知识获取过滤系统以及显隐混合知识获取过滤系统。显式知识获取过滤系统需要用户直接参与，通过提问或填表等方式获取用户的信息需求，然而，由于语言表达问题，用户往往不能找到合适的关键字来表达真实的需求，从而影响过滤系统的准确度。隐式知识获取过滤系统是在不打扰用户的前提下，通过观测用户行为，如阅读文档时间、次数、上下文、行为(如保存、删除、打印、点击)等，采用机器学习方法来获取用户的信息需求。显隐混合知识获取过滤系统是对显式知识获取过滤系统和隐式知识获取过滤系统的综合使用。

5）按信息过滤的工具分类

按照所使用的过滤工具，信息过滤系统可分为专门的过滤软件系统、网络应用程序过滤系统、防火墙过滤系统、代理服务器过滤系统、旁路方式过滤系统。专门的过滤软件系统是为过滤网络信息专门开发的软件；网络应用程序过滤系统是利用应用程序所具有的过滤功能，如 Web 浏览器、搜索引擎、电子邮件等；防火墙过滤系统通过设置 IP 地址和端口等实现进入数据包的过滤；代理服务器过滤系统是在客户机和服务器之间增加一个代理服务器，通过配置代理服务器实现信息进出控制；旁路方式过滤系统通过获取进出局域网的所有信息，对相应的内容进行过滤处理，实现对网址和信息的控制，与代理服务器过滤系统相比，这种方法对用户的网速不造成影响。

3. 信息过滤系统的工作流程

信息过滤系统的一般模型可抽象为如图 10.11 所示，主要包括四个基本的组件：数据分析组件、过滤组件、用户需求模型组件和学习组件。

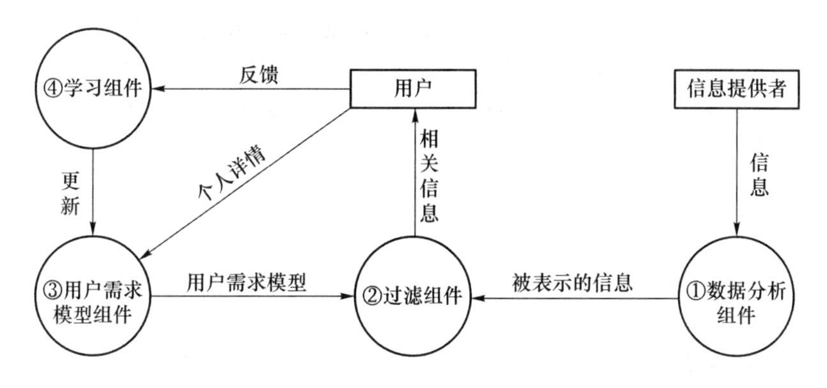

图 10.11 信息过滤系统的一般模型

1）数据分析组件

从信息提供者那里获取或收集信息（如文档、消息），对信息进行分析并抽取其中特征信息，以适当的数据形式（如空间向量）来表示，表示结果将被输入过滤组件中。

2）过滤组件

过滤组件是信息过滤系统的核心，主要用来计算信息源与用户需求模型的相关度。相关度可以通过一个二值数据表示，即相关或不相关；也可以通过对一个文本的评分（一般采用概率）表示。过滤组件可应用于一条单独的信息，如一封电子邮件；也可以应用于一组信息，如文档集合。然后将过滤的结果发送给用户，用户是信息相关性的最终决策者，其决策的结果可反馈给学习组件。当前，过滤组件采取的相似性度量方法在很大程度上取决于文本表示模型，在前面已经介绍了常见的文本表示模型，如基于集合论的模型、基于代数论的模型和基于概率的模型。除此之外，一些基于机器学习的方法，如支持向量机（Support Vector Machine，SVM）、最近邻分类法、基于贝叶斯的方法等也可用于文本表示。当前，典型的文本信息与用户需求模型的匹配技术包括基于关键字匹配、余弦相似性度量、基于范例的推理、朴素贝叶斯分类器、最近邻参照分类以及一些典型的分类算法（如神经网络、决策树、归纳规则和贝叶斯网络）等。

3）用户需求模型组件

用户需求模型组件通过显式或隐式地搜集用户的信息，生成用户需求模型，并将用户需求模型传递给过滤组件。因为过滤的主要目的是根据用户需求模型来判断信息与用户需求的相关度，所以如何有效地描述用户需求模型是信息过滤系统要解决的关键问题。若用户需求模型不准确，则会直接导致过滤结果存在偏差和错误。

一些文献将用户需求模型分成了四类，具体如图 10.12 所示。

此外，当前常见的用户需求建模方法有用户手工创建用户模型、系统创建用户模型、用户和系统相结合的建模方法、基于人工神经网络学习用户模型、基于用户版型导出用户模型和基于规则的用户建模等。

4）学习组件

考虑建立和更改用户需求模型的困难性，信息过滤系统中通过增加一个学习组件来更好地提供过滤模型，提高过滤系统性能，否则不精确的用户需求模型将影响过滤结果。学习组件通过发现用户兴趣变化，强化、弱化或取消现存有关用户的知识来更新用户模型。当前常见的学习方法包括：观察学习、反馈学习和用户训练学习等。观察学习是指将导致动作（保留或抛弃)发生的条件记录下来。当新的情况发生时,就与已经记录下来的情况相比较,从而决定是否采取某种行动。反馈学习是指通过用户直接或间接地提供的反馈来预测新的信息的相关度。用户训练学习是指通过模拟某种情景,根据用户对系统做出的相应操作来构建一个情景数据库,当要采取什么行动时,系统就使用所构建的情景数据库进行推断。

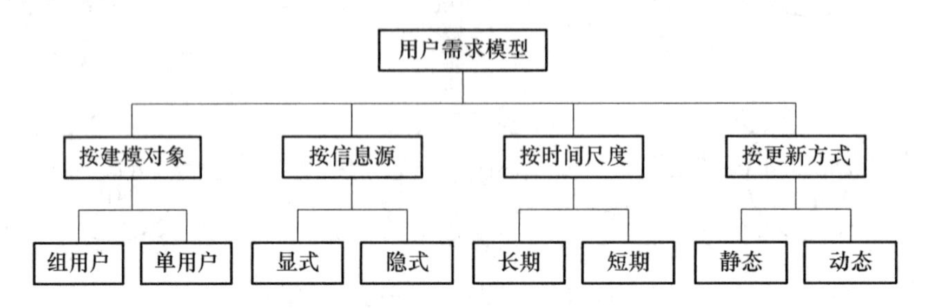

图 10.12　用户需求模型分类

4. 信息过滤系统的关键技术

上文介绍了信息过滤系统的基本工作流程,然而,由于组件之间是相互关联的,因而单独地描述每个部件的实现技术缺乏可操作性。这里介绍两种信息过滤技术。

1) 基于统计学理论的信息过滤系统

在该系统中,用户需求模型和信息均可用向量空间模型表示,过滤组件采用统计算法计算用户需求模型与信息的相似性,最常采用的为夹角余弦。若要评估大量的信息,则可对计算得到的相似性结果进行排序。学习组件要求用户决定过滤结果是否相关,从而得到相应反馈,通过采用反馈学习方式来更新用户需求模型(主要更新用户的特征项及其权重)。

2) 基于知识的信息过滤系统

在该系统中,主要基于知识论、本体论等中的相关知识,如产品规则、语义网络、神经网络等,实现信息过滤,主要包括基于规则的信息过滤系统、基于语义网络的信息过滤系统、基于神经网络的信息过滤系统和基于遗传学算法的信息过滤系统等。基于规则的信息过滤系统中,用户需求模型和过滤组件都是由一组规则组成。若规则被满足,则系统能够运行,规则命令过滤组件将信息滤掉或保留下来。若新接收的信息是半结构化的,则将规则应用于信息的结构化部分;若新接收的信息是非结构化的,则必须对非结构化数据进行推导。然而,基于规则的信息过滤系统中的规则需要动态进行更新。基于语义网络的信息过滤系统通过将语义信息引入用户需求模型和过滤组件中,提高过滤的准确率。

5. 信息过滤系统的评估指标

目前,没有统一评估信息过滤系统有效性的标准。这是因为对信息过滤系统而言,不仅针对信息内容,还包括用户的兴趣、内涵、用户理解等不同的因素,因而对过滤结果的评价因人而异。常用的评估指标包括查准率和查全率,其中查准率是指所有过滤出的信息中,与实际过滤判断的结果一致的信息所占的比例;查全率是指能够将实际判断应该过滤出来的所有信息均识别出来的比率。

对于集合大小为 N 的信息集合,实际与用户需求相关的集合大小为 M。通过过滤组件进行过滤,若已经通过过滤的 n 条相关信息中,有 m 条与用户需求是相关的,即符合用户需求模型,则有$(n-m)$条是与用户需求不相关的,具体见表 10.3 所示。

表 10.3 实例

过滤情况	相关	不相关	总数
已通过过滤	m	$n-m$	n
未通过过滤	$M-m$	$N-n-M+m$	$N-n$
总数	M	$N-M$	N

查准率和查全率可分别计算如下：

(1) 查准率(Precision)

$$p=\frac{\text{已通过过滤中相关信息集合大小}}{\text{已通过过滤集合大小}}=\frac{m}{n}$$

(2) 查全率(Recall)

$$r=\frac{\text{已通过过滤中相关信息集合大小}}{\text{信息源中实际相关的信息集合大小}}=\frac{m}{M}$$

除此之外,信息过滤系统的其他衡量指标还有响应时间、拒绝率、效用、平均精度等。

10.4.2 信息隐藏技术

当前,信息内容具有数字化、多样性、易复制、易分发、交互性等特点,极大地方便了对信息内容的操作。同时,开放的互联网环境为信息内容传播提供了有效的途径,也有效地促进了信息交换与信息共享。然而,这种便捷的操作和传播方式在便利人们生活和工作的同时,也给敏感信息保护和知识产权保护带来极大的挑战,如非法用户对信息内容的窃取、泄露和篡改,以及在未经授权的情况下复制和传播有版权的信息内容等。可见,如何实现信息内容的安全传输及版权保护已成为信息内容安全的一个重要部分。为了有效应对这种挑战,信息隐藏(Information Hiding,IH)和数字水印(Digital Watermarking)技术应运而生。

本节先介绍信息隐藏技术的基本概念,重点阐述其与密码学之间的关系,再介绍信息隐藏技术的原理、分类、特征及主要应用场景。

1. 信息隐藏技术基本概念

信息隐藏技术是研究如何将某一机密信息秘密地隐藏于公开传输的媒介信息中,使人难以察觉到机密信息的存在,然后通过公开媒介信息的传输来传递被隐藏的机密信息,其中公开媒介信息既可以是数字媒体信息,如图像、视频、音频,也可以是一般性文本。由于含有隐藏信息的媒介信息是公开发布的,并且攻击者难以从公开信息中检测出隐藏信息是否存在,更难以截获隐藏的信息,因此在一定程度上可保障信息的安全传输。

密码学和信息隐藏是信息安全领域两大重要的分支,但两者之间有如下这些差别。

1) 信息传输方式不同

密码学中的加密技术主要研究如何通过数学变换将机密信息编码成不可识别的密文信息。然而,加密后的信息更容易引起攻击者的注意,攻击者可通过截获密文,对其进行破译或者将密文进行破坏后发送,从而影响私密信息的安全性。

对于信息隐藏而言,其目标是要使得攻击者难以从公开的媒介信息中检测出是否有私密信息的存在,以及难以截获机密信息,从而能保证机密信息的安全。

2) 信息保护的形式和时间不同

加密技术使攻击者无法从密文中获取机密信息而达到信息安全保护的目的,因此,无法解决网络传输中的版权保护问题。一方面,加密技术将信息内容编码成无法理解的密文形式,阻碍了信息内容的传播和交流;另一方面,加密技术针对的是传输过程中或其他加密状态的信息安全问题,一旦信息内容被解密,其对信息内容的保护也就消失,从而无法防止信息内容的非法复制和传播,也就丧失了对信息内容数字版权的保护。

尽管加密技术和信息隐藏存在如上不同,但是加密技术和信息隐藏都是实现信息安全的重要手段,两者并不矛盾。在有些情况下,信息隐藏技术会用到加密技术,即通过先加密机密信息,然后把类似乱码的机密信息用嵌入算法隐藏到公开媒介中,以达到更高的安全性。

2. 信息隐藏技术模型

信息之所以能够隐藏在公开媒介信息中,主要是因为:一方面,多媒体信息本身存在较大的冗余性,从信息论的角度来看,未压缩的多媒体信息的编码效率是很低的,因此,将某些信息嵌入多媒体信息中进行秘密传送是可行的,并不会影响多媒体本身的传输和使用。另一方面,人眼或人耳本身的生理局限性对某些信息不敏感,利用人的这些特点,可以较好地将信息隐藏而不被察觉。

在介绍信息隐藏技术模型之前,先给出一些在信息隐藏技术中的专业术语:被隐藏的信息称为隐秘信息;用于嵌入隐秘信息的媒介信息称为载体;嵌入隐秘信息之后的载体称为伪装介质;将隐秘信息嵌入载体得到伪装介质的过程称为嵌入过程,对应的算法称为嵌入算法;通过处理伪装介质得到隐秘信息的过程称为提取过程,对应的算法称为提取算法;嵌入过程和提取过程中所使用的密钥分别称为嵌入密钥和提取密钥,由密钥分发中心来提供。

典型的信息隐藏技术模型如图 10.13 所示,主要由嵌入算法和提取算法构成。

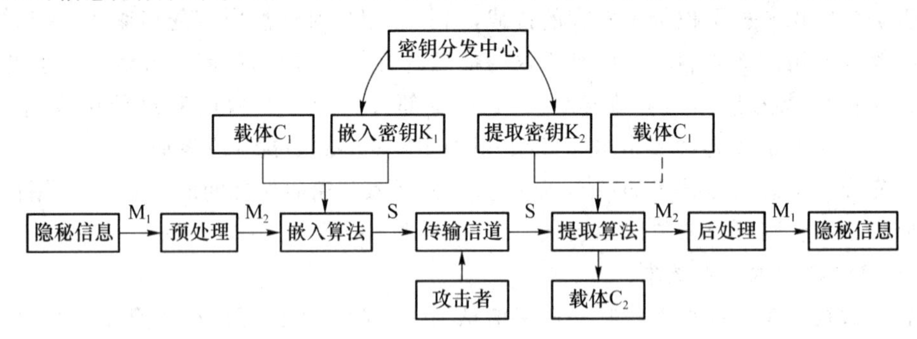

图 10.13　信息隐藏技术模型

隐秘信息 M_1 在加密、数据压缩或其他预处理操作之后得到的中间信息 M_2;然后在嵌入算法和嵌入密钥 K_1 的作用下,将 M_2 嵌入载体 C_1 中,得到嵌入隐秘信息的伪装介质 S;S 通过公共传输信道发送给接收方,攻击者可在传输信道处窃听或截获传输的信息;接收方在收到传输过来的伪装介质 S 之后,利用提取算法和提取密钥 K_2(可能也需要使用载体 C_1),从 S 中提取中间消息 M_2 和得到载体 C_2;在后处理阶段利用预处理的逆过程将 M_2 恢复成隐秘信息 M_1。为了能有效提取所嵌入的信息,通信双方需要事先协商好所采用的算法和密钥。若嵌入密钥 K_1 与提取密钥 K_2 相等,则为对称 IH 算法,反之为非对称 IH 算法。在提取过程中,可使用原始载体 C_1,也可以不使用载体 C_1。若提取时不使用原始载体 C_1,则称为盲检测,反之则称为非盲检测。若原始载体 C_1 与恢复的载体 C_2 相等,则为无损 IH 模型,又称可逆 IH 模型,反之为有损 IH 模型。

3. 信息隐藏技术分类

按照不同的标准,信息隐藏技术有不同的分类方法。最典型的信息隐藏技术分类如

图 10.14 所示。

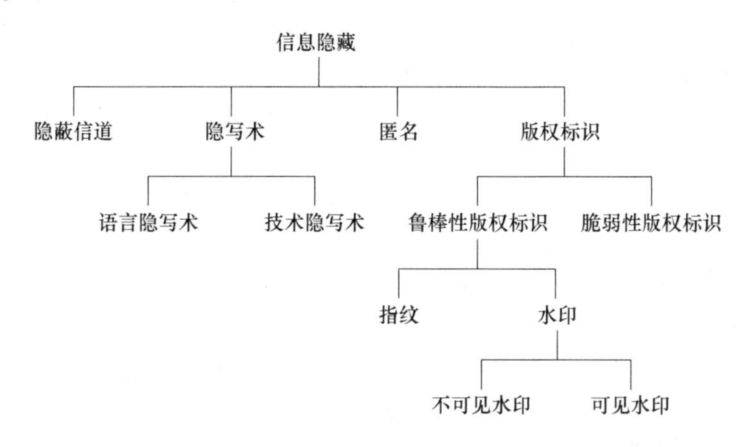

图 10.14　信息隐藏技术分类

IH 被划分为如下四种。

1）隐蔽信道

隐蔽信道(Covert Channcl)是指允许进程以危害系统安全策略的方式传输信息的通信信道。目前,对其有多种不同的定义方式,较为常见的是 Tsai 等的定义:给定一个强制安全策略 M 及其在一个操作系统中的介绍 I(M),则 I(M)中的两个主体 I(S_h)和(S_t)之间的通信是隐蔽的,当且仅当模型 M 中的对应主体 S_h 和 S_t 之间的任何通信都是非法的。可以看出,隐蔽通道只与系统的强制访问策略模型相关,并且广泛地存在于部署了强制访问控制机制的安全操作系统、安全网络和安全数据库中。

2）隐写术

隐写术(Steganography)是信息隐藏技术的重要分支之一,主要研究如何隐藏实际存在的隐秘信息。一般地,隐写术可分为语言隐写术和技术隐写术。其中:语言隐写术是利用语言本身的特性,将隐秘信息隐藏在文本中,如藏头诗;技术隐写术是将隐秘信息进行技术处理后隐藏到载体中,使得隐秘信息不易被察觉,同时也不影响载体信息的使用,如使用不可见墨水给报纸上的某些字母加上标记,向间谍发送信息等。

3）匿名

匿名(Anonymity)是通过隐藏信息通信的主体,即信息的发送者和接收者,来达到信息隐藏的目的。不同情况下的应用决定了需要匿名的对象,即匿名发送者,抑或匿名接收者,还是两者都要匿名。例如,Web 应用比较强调接收者匿名,而电子邮件用户则更关心发送者匿名。

4）版权标识

版权标识(Copyright Marking)是实现信息内容产品版权保护的一种有效技术,即将证明版权所有者的信息嵌入信息内容产品中以达到版权保护的目的,可分为鲁棒性版权标识和脆弱性版权标识。其中:鲁棒性版权标识主要用来在信息内容产品中标识版权信息,要求能抵御一般的信息处理,如滤波、缩放、旋转、裁剪和有失真压缩,以及一些恶意的攻击等;脆弱性版权标识嵌入信息量和提取阈值都很小,但很小的变化就足以破坏版权标识信息,一般用来对信息内容产品做真伪鉴别以及完整性校验。根据标识内容和采用的技术,可将鲁棒性版权标识分为指纹技术和水印技术。其中:指纹技术是为了避免未经授权的复制和发行,出版商可将不同序列号作为不同指纹嵌入信息内容产品的合法复制中,一旦发现未经授权的非法复制,可通过恢复指纹确定其来源;水印技术是将特制的标记利用数字内嵌的方法嵌入信息内容产品中,用来证明作者对其作品的所有权。根据水印的外观可分为不可见水印和可见水印。

除此之外,信息隐藏技术按照其他的标准,还有不同的分类方式。

① 根据信息隐藏技术的载体类型分类:文本信息隐藏技术、图像信息隐藏技术、音频信息隐藏技术、视频信息隐藏技术等。

② 根据嵌入域分类:时域(空域)信息隐藏技术和频域(变换域)信息隐藏技术。其中,时域信息隐藏技术是直接用待隐藏的信息替换载体信息中的冗余部分。频域信息隐藏技术是将待隐藏的信息嵌入载体的一个变换空间(如频域)中,具体内容将在后面进行介绍。

4. 信息隐藏技术特征

根据信息隐藏技术的目的和技术要求,信息隐藏技术具有如下特征。

① 鲁棒性(Robustness):指载体不因某种攻击或改动而导致隐藏信息丢失的能力,是衡量信息隐藏技术性能的重要指标。

② 不可检测性(Undetectability):要求嵌入隐秘信息的载体与原始载体之间具有一致性。由于信息隐藏技术主要通过伪装的方式提高信息的安全性,因此,在嵌入隐秘信息后,要求人们的感觉器官是不可感知的,同时使用统计方法也无法检测到载体上嵌入的隐秘信息。

③ 嵌入容量(Capacity):在单位时间内或在一个载体内最多嵌入信息的比特数。在满足嵌入隐秘信息到载体的质量前提下,应尽可能地提高嵌入容量。这样一方面可以嵌入尽量多的隐秘信息,另一方面可采用纠错编码等技术降低提取信息的误码率。

④ 透明性(Invisibility):经过一系列隐藏处理,目标数据在质量上没有明显的降低,但隐藏的数据无法人为地看见或听见。

⑤ 安全性(Security):嵌入算法具有较强的抗攻击能力,即它能够承受一定程度的攻击,但隐秘信息不会被破坏。

⑥ 自恢复性(Self-repairability):在嵌入隐秘信息的载体遭受破坏的情况下,能够从留下的片段数据中恢复出隐秘信息,且恢复过程中不需要原始载体的能力。

⑦ 对称性(Symmetry):嵌入过程和提取过程具有对称性,以减少存取难度。

在这些特点中,鲁棒性、不可检测性和嵌入容量是信息隐藏技术主要的三个属性,它们之间相互制约。除此之外,信息隐藏技术还有一些其他的特征,如可纠错性、通用性等。

5. 信息隐藏技术主要应用

当前,信息隐藏技术在不同领域得到了广泛的应用,这里介绍一些典型的应用。

1) 隐秘通信

信息隐藏技术最早主要用于实现隐秘信息的安全传输。由于嵌入隐秘信息的载体从表面上看与普通的公开媒介信息没有差别,因此攻击者难以觉察隐秘信息的存在。只有合法的接收者才可以知道隐秘信息的存在,并且能从伪装介质中恢复出隐秘信息。目前,信息隐藏技术除了可用于军事用途,还被应用于个人、商业机密信息保护、电子商务中的数据传输、网络金融交易中重要信息的传递等。

2) 版权保护

当前,信息内容产品具有数字化、易窃取、易篡改和易复制等特点,使得版权问题在当前开发的互联网环境下尤为突出。通过信息隐藏技术分支中的数字水印技术,能有效解决信息内容产品的版权保护问题。数字水印以不可检测的方式嵌入载体中,在不损害原信息内容产品使用价值的前提下,同时达到了版权保护的目的。此外,通过指纹版权标识能有效追查盗版来源。也就是说，信息内容产品拥有者向授权用户所提供的信息内容产品中嵌入了不同且唯一序列号的指纹信息，同时维护授权的信息内容产品复制中指纹与用户身份之间的对应关系数据库。一旦出现未经授权的复制，则信息内容产品拥有者可通过所维护的对应关系数据库找到提供非法复制的来源，从而实现有效追查盗版的目的。

3）认证和篡改检测

通过在信息内容产品中嵌入数字水印信息，能有效实现对信息内容产品所有权的认证。此外，通过使用脆弱性版权标识能够有效地检测信息内容的真实性以及完整性。目前，认证和篡改检测已经广泛应用于公安、法院、商业、交通等领域，用来判断犯罪记录、现场事故照片是否被篡改、伪造或特殊处理过。

4）票据防伪

高精度扫描机、打印机、复印机等产品的出现，使得货币、支票及其他票据的伪造变得更加容易。通过在票据中嵌入隐藏的水印信息，为各种票据提供不可见的认证标识，大大增加了伪造的难度，可有效保证票据的真实性。

5）数据的不可抵赖性

在电子商务交易中，交易的双方均不能抵赖自己所做过的行为，也不能否认曾经接收对方的信息。此时，可通过信息隐藏技术给交易过程中的信息嵌入各自的特征标识，并且这种特征标识是不可去除的，从而能避免不可抵赖行为的发生。

6）信息备注

在有些情况下，需要备注某些信息的有关情况，如数据采集时间、地点和数据采集人的信息。若直接将这些私密信息标注在原始文件上，将对用户的个人隐私造成极大的威胁。此时若利用信息隐藏来有效解决该问题，通过将要备注的信息秘密地嵌入媒介信息中，且只有通过特殊的提取算法或提取密钥才能读取隐秘信息，将有效地解决私密信息备注问题。

10.4.3　数字水印与版权保护

在信息隐藏技术中，隐写术和数字水印是两个主要的分支，其中，隐写术主要实现隐秘通信；数字水印技术作为信息隐藏技术的重要分支，主要用来实现版权保护、真伪鉴别、认证和完整性检测等。作为数字版权保护的主要技术，本节主要介绍数字水印的基本概念、特征、系统框架、分类及在数字版权保护中的应用。

1. 数字水印的基本概念

当前，数字水印没有统一的定义，一般地，数字水印技术是指把标识版权的数字信息嵌入多媒体数据中，如图像、音频、视频等，以达到数字产品真伪鉴别、版权的所有者证明等目的。这些信息可以是用户序列号、公司标识等版权标识，并且永久地镶嵌在数字多媒体中，只有通过专门的检测器或阅读器才能提取水印信息，从而解决版权归属问题。

总之，数字水印技术是信息隐藏技术的一个主要的分支，它的出现主要为了解决信息内容在互联网上的版权保护问题。

2. 数字水印的特征

数字水印技术是信息隐藏技术的重要分支，除了具备前面所述的信息隐藏技术的一般特点外，还有其固有特点，主要包括以下五个特点。

① 鲁棒性：其是数字水印最重要的一个特征。具体而言，鲁棒性是指含有数字水印的信息内容产品经过几何变换、压缩、加噪、滤波等攻击后，水印信息仍然可以正确地被检测并提取

出来。

② 不可感知性：主要是针对不可见水印而言，指从人类视觉上或采用统计方法也无法检测、提取数字水印信息。

③ 安全性：即使攻击者知道数字水印算法的情况下，也无法实现对未经授权的数字水印嵌入、检测、提取和删除等操作。

④ 可证明性：在含有数字水印的信息内容产品在遭受盗版、侵权或泄露等行为的时候，数字水印技术可以为用户提供安全、可靠且毫无争议的版权证明。

⑤ 嵌入容量：一般而言，对于数字水印系统而言，其嵌入容量要求相对较小，而隐写术则通常要求较大的嵌入容量。这是因为对于数字水印算法而言，嵌入的信息量越大，就越可能降低数字水印的鲁棒性。在实际中，需要均衡嵌入容量和鲁棒性之间的关系。

3. 数字水印的系统框架

一般地，数字水印系统框架可形式化为一个九元组(M,X,W,K,G,E_m,A,D,E_x)，其中：M 表示原始信息 m 的集合；X 表示所有要保护的信息内容产品 x 的集合；W 表示所有可能数字水印信号 w 的集合；K 表示数字水印密钥集合；G,E_m,A,D,E_x 分别表示数字水印的生成算法、嵌入算法、攻击算法、检测算法和提取算法。一个完整的数字水印系统框架应由五部分组成：数字水印生成算法、数字水印嵌入算法、数字水印攻击算法、数字水印检测算法和数字水印提取算法，具体如图 10.15 所示。

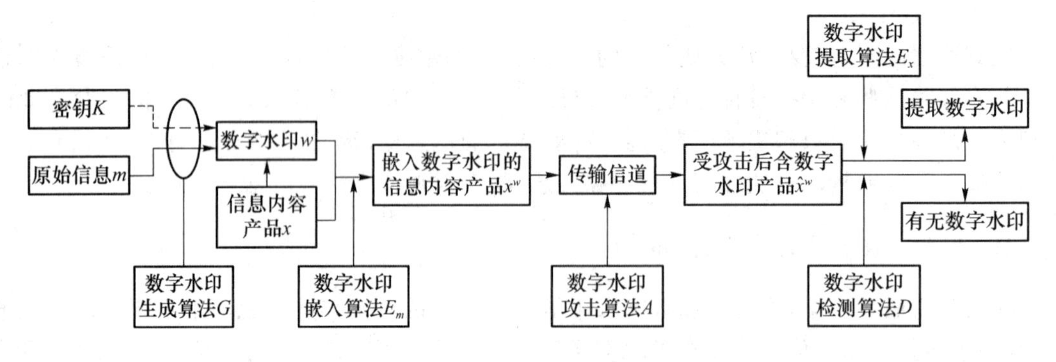

图 10.15　数字水印系统框架

1）数字水印生成算法

数字水印生成算法 G 是在密钥 K 的控制下，由原始信息 m 生成适合嵌入信息内容产品 x 中的待嵌入数字水印 w 的过程，是数字水印处理的基础。数字水印生成算法 G 可形式化表示为

$$G:M\times X\times K\rightarrow W,\ w=G(m,x,K)$$

其中，原始信息 m 主要类型有文本信息、声音信号、二值图像、灰度图像、彩色图像和无特定含义的序列。

数字水印生成算法应保证数字水印信息的唯一性和有效性。为了提高数字水印系统的鲁棒性和安全性，通常并非直接嵌入原始信息，而是通过某种方法生成适合嵌入的数字水印。常见的数字水印生成算法有伪随机水印生成、扩频水印生成、混沌水印生成、纠错编码水印生成、基于分解的水印生成、基于变换的水印生成、多分辨率水印生成和自适应水印生成方法。

2）数字水印嵌入算法

数字水印嵌入算法 E_m 是指将生成的数字水印按照一定的规则嵌入信息内容产品 x 中，

生成嵌入数字水印的信息内容产品 x^w，可形式化表示为

$$E_m: X \times W \to X, \quad x^w = E_m(x, w)$$

其中，x 表示信息内容产品，x^w 表示嵌入数字水印的信息内容产品。为了提高安全性，有时候在 E_m 中使用嵌入密钥进行水印嵌入。

常见的数字水印嵌入规则有加性规则、乘法规则、替换规则、量化规则、基于关系嵌入、基于统计特性嵌入等。例如，加性规则为 $x^w = x + aw$，乘法规则为 $x^w = x + axw$，其中 a 为数字水印强度，用以调节数字水印不可感知性和数字水印鲁棒性。

3）数字水印攻击算法

与密码技术类似，数字水印技术在实际应用中也会遭受各种各样的攻击，攻击者通过对含有数字水印的信息内容产品进行常规或恶意的处理，使得数字水印系统的检测工具无法正确地恢复数字水印信号，或者不能检测到数字水印信号的存在。数字水印攻击算法 A 可表示为

$$A: X \times K \to X, \quad \hat{x}^w = A(x^w, K')$$

其中，K' 是攻击者伪造的密钥，$\hat{x}^w$ 是被攻击后含数字水印的产品。

当前，不同的研究人员对数字水印攻击进行了不同的分类，如 Craver 等将攻击方法分为鲁棒性攻击（Robustness Attack）、表达攻击（Presentation Attack）、解释攻击（Interpretation Attack）和合法攻击（Legal Attack）。Hartung 等将攻击方法分为简单攻击（Simple Attack）、禁止提取攻击（Detection-disabling Attack）、混淆攻击（Ambiguity Attack）和去除攻击（Remove Attack）。Voloshynovskiy 等将攻击分为去除攻击（Removal Attack）、几何攻击（Geometrical Attack）、密码攻击（Cryptographic Attack）和协议攻击（Protocol Attack）。除此之外，还有各种其他类型的划分，这里就不再介绍。

4）数字水印检测算法和数字水印提取算法

数字水印检测算法 D 是根据检测密钥以及一定的算法判断出信息内容产品 $\hat{x}^w$ 中是否含有数字水印信息。数字水印提取算法 E_x 是在确定信息内容产品 $\hat{x}^w$ 含有数字水印信息的情况下，利用提取密钥，根据数字水印嵌入算法 E_m 的逆过程 E_x 提取信息内容产品 $\hat{x}^w$ 中的数字水印信息 $\hat{w}$，即数字水印提取算法 E_x 可看作数字水印嵌入算法 E_m 的逆过程。

目前，数字水印检测算法主要有基于相关性的数字水印检测算法和基于统计决策理论的数字水印检测算法。其中基于相关性的数字水印检测算法得到了广泛的应用，其基本思想是，通过计算受到攻击后且嵌入数字水印的信息内容产品 $\hat{x}^w$ 与原始信息内容产品 x 之间的相似性，若相似性超过了给定的阈值，则可判断信息内容产品 $\hat{x}^w$ 中已经嵌入数字水印信息 w，反之，则没有嵌入数字水印信息。

4. 数字水印的分类

按照不同的标准，数字水印有不同的分类方式，主要有以下八种分类方式。

1）按数字水印所依附的载体分类

根据数字水印所依附的载体不同，可将数字水印划分为文本数字水印、图像数字水印、音频数字水印、视频数字水印等。

2）按数字水印的外观分类

根据数字水印的外观可见性可将数字水印划分为可见数字水印和不可见数字水印。可见数字水印的目的在于明确标识版权，防止非法使用，其不会影响信息内容产品的使用，但会降

低信息内容产品的质量;不可见数字水印仅从信息内容产品的表面是察觉不到的,当发生版权纠纷时,版权所有者可通过专门的检测器从中提取标识,从而证明信息内容产品的版权,是目前应用比较广泛的数字水印。

3) 按数字水印的内容分类

根据数字水印的内容可将数字水印划分为有意义数字水印和无意义数字水印。有意义数字水印是指数字水印本身也是某个数字图像,如商标图形或数字音频片段的编码;无意义数字水印则使用一个随机序列来表示,无法从主观视觉上判断其表达的意思。

4) 按数字水印的特性分类

根据数字水印特性可将数字水印划分为鲁棒性数字水印和脆弱性数字水印。鲁棒性数字水印主要用于标识信息内容产品的版权归属,如版权信息、所有者信息等,其要求嵌入的数字水印能抵抗多种有意或无意攻击;脆弱性数字水印与鲁棒性数字水印刚好相反,其对内容的修改非常敏感,主要用于保护信息内容的完整性。

5) 按数字水印的检测/提取过程分类

根据数字水印的检测/提取过程可将数字水印划分为非盲水印、半盲水印和盲水印。非盲水印是指在检测/提取时需要原始附载信息内容和原始数字水印的参与;半盲水印是指在检测/提取过程中不需要原始附载信息内容,但需要原始数字水印;盲水印是指数字水印检测/提取过程中既不需要原始附载信息内容参与,也不需要原始数字水印。

6) 按数字水印隐藏的位置分类

根据数字水印的隐藏位置可将数字水印划分为时域(空域)数字水印、频域(变换域)数字水印。时域(空域)数字水印是通过在时/空域修改信号样本达到隐藏数字水印的目的,主要有最低有效位(Least Significant Bit,LSB)方法、Patchwork 方法、纹理块映射编码方法等;频域(变换域)数字水印是指通过将信号样本经过某种变换,如离散小波变换(Discrete Wavelet Transform,DWT)、离散傅里叶变换(Discrete Flourier Transform,DFT)、离散余弦变换(Discrete Cosine Transform,DCT)或奇异值分解(Singular Value Decomposition,SVD)变换后,通过改变其变换系数达到嵌入数字水印的目的。

7) 按数字水印算法的可逆性分类

根据数字水印检测/提取后是否可以完全恢复原始信息,可将数字水印划分为不可逆数字水印和可逆数字水印。

8) 按数字水印算法的用途分类

根据数字水印的用途,可将数字水印划分为版权保护水印、票据防伪水印、认证/篡改提示水印和隐藏标识水印等。

5. 数字水印在数字版权保护中的应用

数字水印技术为数字版权保护提供了一种解决方案。在开放的互联网环境中,要构建一个完整的信息内容产品的保护系统,除了制订数字水印的嵌入和检测/提取过程的实施方案外,还需要采取一套完整的体系,规定网上利益各方在信息内容产品交易时必须遵守的一套协议。

1) 数字版权保护概念

数字版权保护(Digital Rights Management,DRM)技术就是对各类数字内容的知识产权进行保护的一系列软硬件技术，用以保证数字内容在整个生命周期内的合法使用，平衡数字内容价值链中各个角色的利益和需求，促进整个数字化市场的发展和信息的合法传播。DRM 覆盖了数字内容从产生到分发、从销售到使用的整个生命周期，涉及整个数字内容价值链，数字内容价值链如图 10.16 所示。

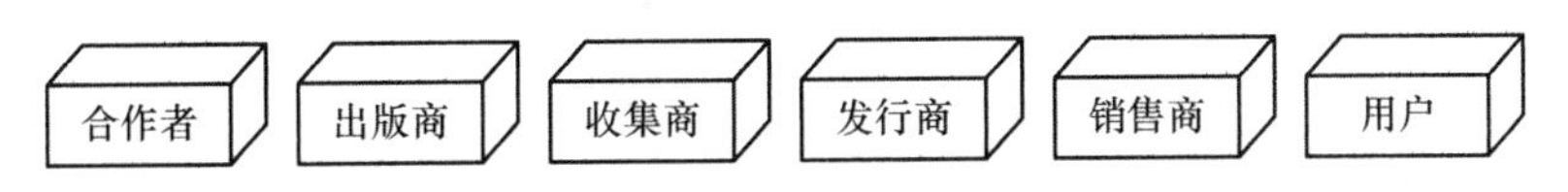

图 10.16　数字内容价值链

对于数字内容的版权保护，必须根据所保护的数字内容特征，按照相应的商业模式和现行的法律体系进行保护。DRM 技术和商业模式、法律基础三者相辅相成，构成整个数字版权保护体系。这里主要介绍数字版权保护技术。在 DRM 系统中，数字水印技术可实现元数据保护，发现盗版后取证或跟踪盗版源，篡改提示与完整性保护，许可证信息保护和数据注解以及访问控制等功能。

2）基于数字水印的数字版权保护系统

一个比较有影响力的安全数字水印体系是欧洲委员会 DG Ⅲ 计划制订的网络数字产品的知识版权保护（Intellectual Property Rights，IPR）认证和保护体系标准 IMPRMATUR。这里仅考虑数字产品原创者、销售商到购买用户之间的利益关系。在此基础上，介绍一种简化的基于数字水印的 DRM 系统，如图 10.17 所示。

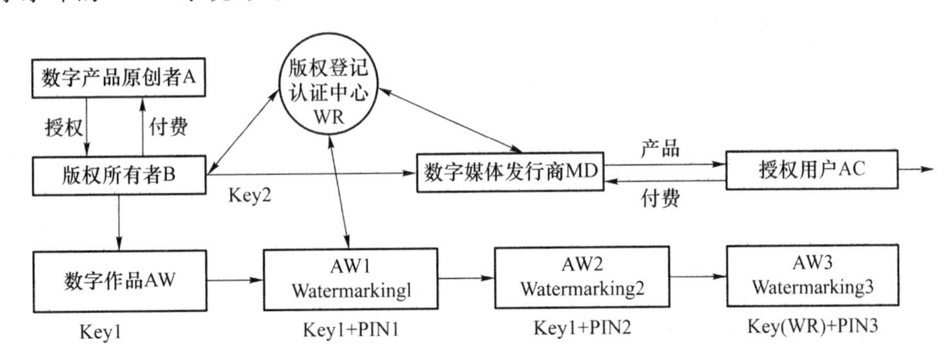

图 10.17　基于数字水印的 DRM 系统

在该系统中，A 为数字产品原创者，WR 为版权登记认证中心。A 在完成数字产品的生产后，将授权给版权所有者 B，然后由版权所有者 B 向版权登记认证中心 WR 进行作品登记，并选择私钥 Key1 向期望保护的数字作品 AW 嵌入含有 B 标识 PIN1 的第一个数字水印 Watermarking1。B 再将加过数字水印的数字产品 AW1 备份给 WR 的数据库，Key1 由 B 产生，具有唯一性。

当 B 决定将其数字产品授权给数字媒体发行商 MD，让 MD 销售其作品的复制品时，B 需要将 MD 的标识 PIN2 结合私钥 Key1 对数字作品嵌入第二个数字水印 Watermarking2，用来表示对 MD 的授权和认可。MD 得到加有两个数字水印的数字作品，其可以用 B 的公钥 Key2 验证 B 确实在其数字产品的复制品中加入了 MD 的标识 Watermarking2。MD 作为 B 的数字产品销售商，可以验证第二个数字水印内容和第一个数字水印内容。

已授权的 MD 将数字产品出售给授权用户 AC，为证明 AC 是经过授权的正版用户，MD

用 WR 的私钥 Key(WR)和 AC 的标识 PIN3 对数字作品嵌入第三个数字水印 Watermarking3,并将该消息通知给 WR,WR 发给 MD 一个证书,并给 B 一份收益。

10.5 信息内容安全应用

本节主要以垃圾电子邮件过滤系统和网络舆情监控与管理系统为例,从系统设计原理角度介绍信息内容安全技术的主要应用。

10.5.1 垃圾电子邮件过滤系统

当前,电子邮件以其快捷、低成本等优势已经成为人们日常生活中重要的通信手段之一,然而,近年来,垃圾电子邮件日益泛滥,不仅占用了网络带宽,也给人们的生活带来了诸多困扰。从信息过滤角度来看,垃圾邮件过滤可看作这样一个信息内容过滤问题:初始时,提供一定的垃圾邮件和非垃圾邮件给过滤系统学习,得到过滤模型,过滤的信息源是动态的邮件流,用户可以指定自己的垃圾邮件集和非垃圾邮件集,供系统反馈学习,建立新的过滤模型。从信息分类角度来看,垃圾邮件过滤是一个二值分类问题,也就是说,垃圾邮件过滤是将邮件分类为垃圾邮件和非垃圾邮件的过程。本节首先介绍垃圾邮件的概念及特征,然后介绍垃圾邮件过滤系统流程,最后介绍当前实现垃圾邮件过滤常用技术。

1. 垃圾邮件的概念

当前,对垃圾邮件(Spam)没有统一的定义。在《中国互联网协会反垃圾邮件规范》中对垃圾邮件的界定:

① 收件人事先没有提出要求或者同意接收的广告、电子刊物、各种形式的宣传品等宣传性的电子邮件;

② 收件人无法拒绝的电子邮件;

③ 隐藏发件人身份、地址、标题等信息的电子邮件;

④ 含有虚假的信息源、发件人、路由等信息的电子邮件。

可见,垃圾邮件具有以下特点:未经收件人允许“不请自来”;具有明显的商业目的或政治目的;邮件发送量大;非法的邮件地址收集;隐藏发件人身份、地址、标题等信息;含有虚假的、误导性的或欺骗性的信息;非法的传递途径等。

当前,垃圾邮件的处理手段包括法律和技术两个方面。从法律角度而言,目前许多国家制定了反垃圾邮件法,希望规范互联网上发送电子邮件的行为。虽然采用相应的法律措施可以在一定程度上遏制垃圾邮件泛滥,但一方面,对于垃圾邮件的概念存在争议,对于像宣传品、电子刊物等这类邮件是不是垃圾邮件较难界定,另一方面,国际上缺乏一个统一的反垃圾邮件法律或措施,使得反垃圾邮件问题收效不大。从技术角度而言,反垃圾邮件技术可分为“根源阻断”和“存在发现”两类,其中:“根源阻断”是指通过遏制垃圾邮件的产生来减少垃圾邮件的数量;“存在发现”是指对已经产生的垃圾邮件进行过滤。目前后者是主流,前者还没有得到实用。当前,利用技术来解决垃圾邮件问题是研究者关注的重点,也是本节讨论的重点。

2. 电子邮件系统原理

要设计出好的垃圾邮件过滤方案,需要对电子邮件系统有较好的了解。理论上,电子邮件系统主要由邮件用户代理(Mail User Agent,MUA)、邮件传送代理(Mail Transmit Agent,MTA)和邮件递交代理(Mail Deliver Agent,MDA)组成。

① MUA:主要用来帮助用户编辑、生成、发送、接收、阅读和管理邮件,如 Outlook、Foxmail 等。在邮件系统中,用户与 MUA 打交道,从而将邮件系统的复杂性与用户隔离开。

② MTA:主要用来处理所有接收和发送的邮件。对于每一个外发的邮件,MTA 决定其接收方的目的地。若目的地是本机,则 MTA 直接将邮件发送到本地邮箱或交给本地的 MDA 进行投递;若目的地是远程邮件服务器,则 MTA 必须使用 SMTP 在 Internet 上同远程主机通信。常用的 UNIX MTA 有 Sendmail、Qmail 和 Postfix 等。

③ MDA:MTA 自己并不完成最终的邮件发送,一般通过调用其他的程序来完成最后的投递服务。这个负责邮件递交的程序,即 MDA,常见的 UNIX MDA 有 Procmail 和 Binmail 等。

一般地,具体的电子邮件系统传输过程如图 10.18 所示。

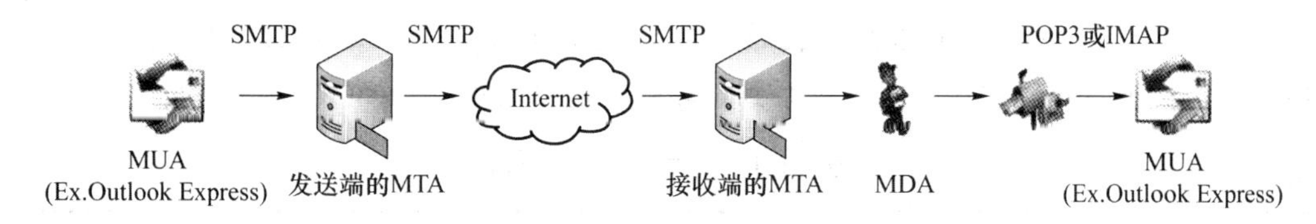

图 10.18 电子邮件系统传输过程

简单而言,首先,邮件发送者利用本地的 MUA,按照 SMTP 将邮件发送给本地 MTA。然后,MTA 根据邮件的接收地址的域名去查询域名服务器(DNS)获得接收端 MTA 的 IP 地址,发送端的 MTA 按照 SMTP,将邮件发送给接收端的 MTA。根据 SMTP 的规定:若发送端的 MTA 无法直接连接到接收端的 MTA,则可以通过中继 MTA 进行转发。发送端的 MTA 或中继 MTA 在发送邮件时,若发送不成功,则会尝试多次,直到发送成功或因尝试次数过多而放弃为止。这种转发方法对转发邮件来源没有限制,任何服务器都可以通过它来转发邮件,即开放式转发(Open Relay)。由于在邮件头中只记录了域名信息,而没有 IP 地址,因此经过转发之后就无法得知邮件初始发出的 IP 地址。很多垃圾邮件制造者就是利用这一点,并结合伪造域名信息来隐藏自己的实际发送地址。最后,接收端的 MTA 通过调用 MDA 将邮件分发到对应的邮箱中,用户通过 MUA,按照 POP3 或 IMAP 从邮箱中收取邮件。

从整个邮件传输过程来看,可以在其中的一个或多个环节中设置过滤器来过滤垃圾邮件。按照过滤器在垃圾邮件过滤系统中实施的主体,可以将过滤器分为三种。

1) MTA 过滤

指 MTA 在会话过程中对会话的数据进行检查,对符合过滤条件的邮件进行过滤处理。一般地,MTA 过滤可以在邮件会话过程中的两个阶段实行:①在邮件发送 DATA 指令之前的过滤,邮件对话可以在 SMTP 连接开始、HELO/EHLO 指令、MAIL FROM 指令和 RCPT TO 指令中对会话数据进行检查,若在检查中该会话符合过滤的条件,则按照规则采取相应的动作,如直接在会话阶段断开、发出警告代码等;②对信头和信体进行检查,即邮件在发送 DATA 指令后的过滤。实际上,发送邮件数据后的检查是在邮件数据传输基本完毕后进行的,因此,并不能节省下被垃圾邮件占用的带宽和处理能力,只是可以让用户不再收到这些已经被过滤的垃圾邮件。

2）MDA 过滤

指从 MTA 中接收邮件后，在本地或远程递交时进行检查，对于符合过滤条件的邮件进行过滤处理。大多数的 MTA 过滤并不检查邮件的内容，对邮件内容的过滤一般由 MDA 过滤来完成。

3）MUA 过滤

MTA 过滤和 MDA 过滤都是在邮件服务端的过滤，位于电子邮件服务器上，往往不能针对用户的个性化特点设置一些具有针对性的过滤规则，而用户通常希望能自主设置与管理个人过滤器的规则。因此，该功能可通过 MUA 过滤来实现，通常将识别出来的垃圾邮件存放在一个专门的邮箱文件夹中。当前大多数邮件客户端都支持 MUA 过滤，如 Outlook Express、Foxmail 等。

3. 垃圾邮件的特征分析

当前，电子邮件的主要特征模型层次分为网络层和应用层，主要考虑的因素如表 10.4 所示，其中：1、2、3 表示特征的重要程度：1 表示重要性强，特征明显；2 表示重要性次之；3 表示重要性更次。特征重要性的评估直接关系到垃圾邮件衡量大小的选择。

表 10.4 垃圾邮件层次特征

层次		特征描述	重要性
网络层		IP 地址是否可信	1
		IP 链接数量、频率是否异常	1
应用层	信头特征	X-mailer 没有或是特殊字段	2
		MAIL FROM 字段不相同或反向解析与真实的 IP 不符或包含关键字	2
		Received：时间有误，传送时间长，其中标识的 IP 地址有误，有三个以上 Received 或包含关键字	1
		Reply-To：与 FROM 字段不相同或包含关键字	1
		Message-ID 伪造、WHOIS 查询的结果该域名不存在	1
		Data：时间在当前时间之前	1
		Subject：包含关键字	1
		Cc：抄送人字段包含关键字	2
	信体特征	信体的大小问题，信体过大（包含内嵌资源或是大邮件轰炸）或批量空信	1
		附件的大小问题，附件过大	2
		附件的类型问题，为声音、图片、可执行文件或包含恶意宏	1
		信体、附件包含关键字	2
		信体、附件语义分析包含垃圾信息	3

在信体特征中，信体、附件语义分析包含垃圾信息这一特征中要求的中文文本语义分析是一个很复杂的机器学习过程。该过程能够用于自动化垃圾邮件特征的提取，再辅以人工，可实现大部分的垃圾邮件文本特征。中文文本由于其特殊性，文本分析也比较复杂，首先需要进行分词、词性和词义标注，其次实现词汇整合，短语、句子的语义分析，最后将句子整合为句群，达到段内、文本语义分析的目的。

4. 垃圾邮件过滤系统流程

一般地，垃圾邮件过滤系统处理流程可表示为如图10.19所示。电子邮件是以一定的编码方式在网络上根据SMTP进行传输的数据包。在SMTP会话过程中，可以根据会话过程中的MAIL FROM和RCPT TO等会话进行过滤。然后将得到的邮件数据包进行解码，得到普通文本格式。如上所述，电子邮件的一般格式包括信头和信体两部分，其中信头包括发件人地址、收件人地址、主题、日期、路由等重要信息，信体是邮件的正文。大部分情况下，根据信头信息即可判断一封邮件是否是垃圾邮件，故而先分离信头和信体，然后分别进行基于信头和基于内容的过滤。在基于内容的过滤中，计算机是无法识别文本邮件的内容的，因而首先需要进行分词处理，同时进行必要的词义消歧，然后根据垃圾邮件的文本表示构造表示该邮件文本的特征向量，最后将文本的特征向量通过邮件过滤器，区分出非垃圾邮件和垃圾邮件。若为非垃圾邮件，则直接进行编码，并按照SMTP发送给邮件服务器，而若为垃圾邮件则进行过滤处理。

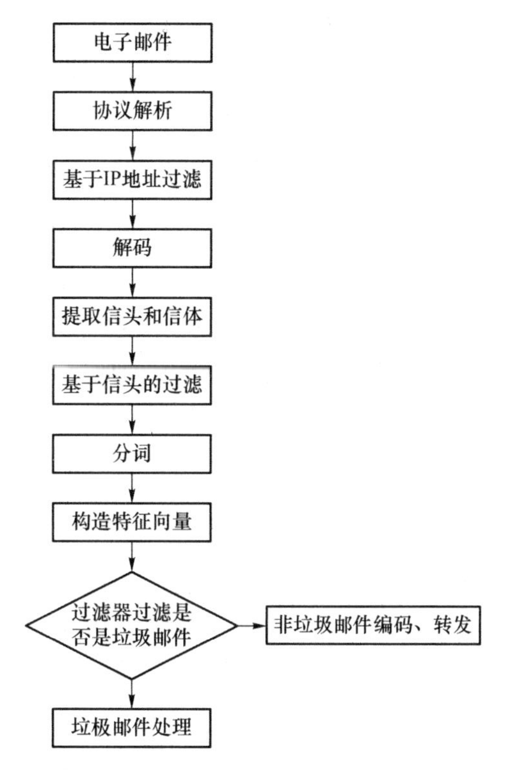

图10.19 垃圾邮件过滤系统处理流程

5. 典型的垃圾邮件过滤技术

当前，通过过滤器实现垃圾邮件过滤的主要技术如下。

1）基于IP地址的过滤技术

基于IP地址的过滤技术主要包括基于黑/白名单、实时黑名单、DNS反向查询等。例如，基于黑/白名单的方法首先通过维护一个黑/白名单列表，其中黑名单列表保存了已经被确认为垃圾邮件发送者的邮箱地址、邮件服务器域名和转发服务器IP地址等，白名单列表维持了一个信任列表，然后通过检查邮件是否来自这些邮箱或服务器来判断是否为垃圾邮件。实时黑名单(Real-time Blackhole List,RBL)通过DNS查询的方式提供对某个IP或域名是不是垃圾邮件发送源的判断。具体而言，若某IP地址在某个RBL中，则查询会返回一个具体的解析结构，该邮件就会被丢弃；若该IP地址没有在RBL中，则查询返回一个查询错误，则该邮件为非垃圾邮件。一般情况下，RBL服务是由比较有信誉的组织提供和维护的，如中国反垃圾邮件联盟等。DNS反向查询通过将发送服务器的IP进行DNS反向解析后得到的域名与信头中其声称的域是否一致来判断是否是垃圾邮件。

2）基于关键字的过滤技术

基于关键字的过滤技术通过信头和信体中是否含有设定的关键字来判断邮件是否是垃圾邮件，然后进行相应的处理。该技术的基础是需要创建一个关键字库，一般情况下可以定义一些反映垃圾邮件特征的关键字或短语，如“免费”“特价”等。这种技术实现起来比较简单，但是缺点是需要手工维护关键字列表，并且存在较高的误判率。另外，若通过对关键字进行某些变化可以很容易避开这种过滤技术。

3）基于行为识别的过滤技术

通过行为识别的过滤技术可有效区分非垃圾邮件和垃圾邮件的行为特征。一般地，行为识别技术包括信息发送过程中的各类行为因素，如发送时间、发送频度、发送 IP、发送地址、收件地址、回复地址、协议声明和指纹识别等。常见的垃圾邮件发送行为可分为以下四种：

① 邮件滥发行为：垃圾邮件发送者登录邮件服务器进行联机查询或投递邮件，尝试各种方式投递邮件，发件主机异常变动等行为；

② 邮件非法行为：垃圾邮件发送者借用各地的多个开启了 Open Relay 邮件转发功能的邮件服务器来发送邮件的行为；

③ 邮件匿名行为：发件人、收件人、发件主机或邮件传输信息刻意隐匿，使得无法追溯其来源的行为；

④ 邮件伪造行为：发件人、收件人、发件主机或邮件传输信息经过刻意伪造，经查证后为不属实的行为。

基于行为识别技术的垃圾邮件过滤技术的基本原理如图 10.20 所示。首先通过数据采集，收集训练邮件数据集合。然后对收集到的邮件进行数据预处理，包括从原始邮件信息中提取信头信息、提取具有垃圾邮件可区分性的行为特征、对行为特征进行向量化处理和确定特征的权重信息。最后建立行为识别模型，并对测试邮件进行分类判别。

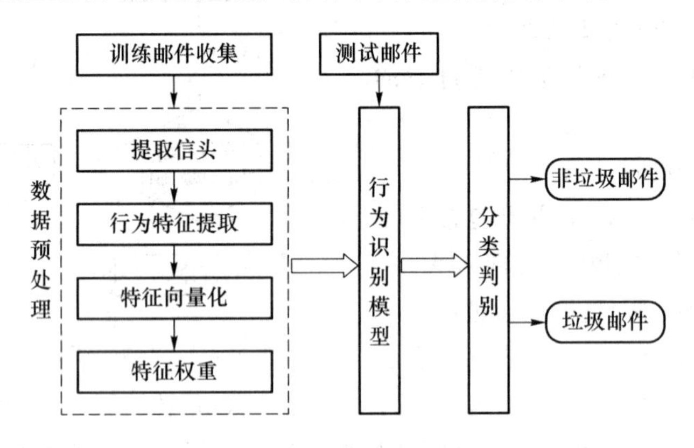

图 10.20　基于行为识别的过滤技术

4）基于规则的过滤技术

基于规则的过滤技术是从大量训练样本中提取有规律性的特征生成过滤规则，然后利用该过滤规则判断新到达的邮件是否是垃圾邮件。比较简单的基于规则的邮件过滤器可通过邮件服务器管理员对大量的垃圾邮件进行人工分析，从中找出垃圾邮件的明显特征，人为地设定一些关于邮件头字段、正文中简单字符串的匹配规则来构建。一般情况下，可根据机器学习中的智能算法从训练集中提炼过滤规则，当前常用的利用过滤规则实现垃圾邮件过滤的方法有 Ripper 方法、决策树（Decision Tree）方法、PART 方法、Boosting 方法、粗糙集（Rough Set）方法。

5）基于统计内容的过滤技术

基于统计内容的过滤技术是将垃圾邮件过滤看成一个二值信息分类问题，即是否是垃圾邮件。该技术通过提取信头和信体，利用数据挖掘和机器学习的相关技术，进行训练分类。目前常见的基于统计内容的过滤技术有 KNN(K-Nearest Neighbor)、SVM、Rocchio 方法、神经网络方法和贝叶斯方法等。

10.5.2 网络舆情监控与管理系统

互联网的开放性、自由性和便捷性等特点使得网络舆论的表达诉求日益多元化。人们能在网上随时随地分享自己的意见、情绪和态度，其中既包括积极的消息内容，也包括消极的消息内容。在人人都参与网络的今天，任何突发事件的发生或者对热点的谈论都会吸引人们大量的注意力，其传播速度快、受众广，并且难以控制，很容易造成强烈的舆论压力。当舆论被故意误解后，将难以控制，并可能对社会稳定和国家安全造成极大的危害。因此，通过构建网络舆情监控与管理系统，实时采集相关信息，智能分析信息内容，及时发现舆情危机，能为自动化解决监控、处理网络舆情提供技术支持，极大地辅助有关部门正确地处理舆情危机。

1. 网络舆情的概念及特点

网络舆情没有统一的定义，一般地，网络舆情是指由于各种事件的刺激而产生的人们对该事件的所有认知、态度、情感和行为倾向的集合，是社会不同领域在网络上的不同表现，有政治舆情、法制舆情、道德舆情和消费舆情等。

一般地，网络舆情具有以下五方面的特点。

① 网络舆情的自由性。网络的开放性使得每个人都可以成为网络信息的发布者，可以在网络上发表自己的意见。同时由于互联网具有匿名的特点，多数网民会自然地反映出自己的真实情绪。因此，网络舆情比较客观地反映了现实社会的矛盾，同时比较真实地体现了不同群体的价值。

② 网络舆情的交互性。在互联网上，网民普遍表现出强烈的参与意识。在对某一问题或事件发表意见、进行评论的过程中，常常有许多网民参与讨论，网民之间也经常形成互动场面，赞成方的观点和反对方的观点同时出现，相互探讨、争论，相互交汇、碰撞，甚至会出现激烈的意见交锋。

③ 网络舆情的多元性。网络舆情的主题极为宽泛，话题的确定往往是自发、随意的。

从舆情主体的范围来看，网民分布于社会各阶层和各个领域；从舆情的话题来看，涉及政治、经济、文化、军事、外交以及社会生活的各个方面；从舆情的来源上看，网民可以在不受任何干扰的情况下预先写好言论，随时在网上发布，发表后的言论可以被任意评论和转载。

④ 网络舆情的偏差性。受各种主客观因素的影响，一些网络言论缺乏理性，比较感性化和情绪化，甚至有些人把互联网作为发泄情绪的场所。通过相互感染，这些情绪化言论很可能在众人的响应下，发展成为有害的舆论。

⑤ 网络舆情的突发性。网络舆论的形成迅速，一个热点事件的存在加上一种情绪化的意见，就可以成为点燃一片舆论的导火索。当某一事件发生时，网民可以立即在网络中发表意见，网民个体意见可以迅速地汇聚起来形成公共意见。同时，各种渠道的意见又可以迅速地进行互动，从而迅速形成强大意见声势。

2. 网络舆情监控系统架构

互联网上的信息量巨大，仅依靠人工的方法很难完成网上海量信息的收集和处理。因此，有必要形成一套自动化网络舆情监控系统，由被动防堵转换为主动引导。因此，一个典型的网络舆情监控系统应包括如下模块：网络舆情信息采集、网络舆情分析处理和网络舆情服务，具体如图 10.21 所示。

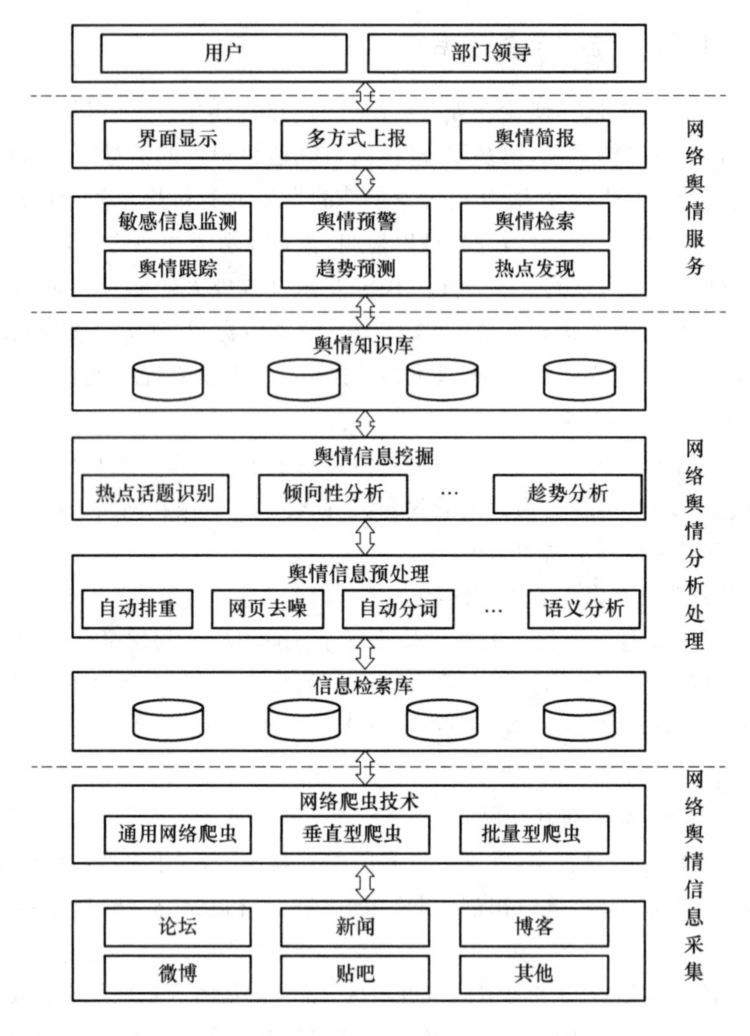

图 10.21　网络舆情监控系统架构

1）网络舆情信息采集

一般情况下，用户按照具体的需求定制信息采集参数，包括需要监控的网站、采集频率、关注网页报道的类型以及感兴趣的关键字。在参数定制好后，系统在后台运行网络舆情信息采集模块，通过各种类型的网络爬虫技术来抓取整个互联网中所有与舆情相关的信息，并将这些信息放入信息检索库中。具体的网络爬虫技术在 10.2.1 节中已经进行了相关的介绍。总体而言，该模块主要完成以下功能：

① 采集各种论坛、新闻、博客、微博、贴吧以及其他信息源的各类信息，主要以文本为主，同时也包括图像、音频和视频等多媒体信息；

② 能够实现满足用户需求的定向网络舆情信息的抓取；

③ 支持具有多线程、分布式采集功能的高速采集技术；

④ 支持具有身份验证的网络的采集，需要提供合法的用户账号；

⑤ 内置自动转码功能，可以将 Big5 或 Unicode 编码统一转换为 GBK 编码进行后续

处理。

2）网络舆情分析处理

该阶段包括信息检索库、舆情信息预处理、舆情信息挖掘和舆情知识库四个部分组成。信息检索库主要用来存储网络爬虫抓取的海量信息；舆情知识库用来存储舆情相关信息。这里重点介绍舆情信息预处理和舆情信息挖掘两个模块。

舆情信息预处理模块主要用来完成自动排重、网页去噪、自动分词和语义分析等。

① 自动排重。用来识别网络爬虫采集到的网页信息，剔除一些冗余的网页，以便大幅度减少网页的数量，提高网页搜索的效率，降低后续操作的工作量和存储复杂度。目前，网页自动排重的主要思路是，首先从输入的文本中提取适当的特征，然后和以前输入的文本的特征进行比较判断。常见的网页自动排重算法有 DSC（Digital Syntactic Clustering）算法、改进的 DSC-SS 算法（DSC-supershingle）、I-Match 算法、基于关键词匹配的向量空间模型检测算法等。

② 网页去噪。主要用来识别并排除与网页主题无关的噪声信息，如广告信息、版权信息等，从而实现网页净化。网页噪声容易导致主题漂移，即在一个网页中存在多个主题的情况。当网页经过净化后，系统可以快速识别并提取网页中主题信息，将之作为处理对象，提高处理结果的准确度。另外，网页净化可以简化网页内标签结构的复杂度并减少网页的大小，从而节省后续处理过程的时间开销和空间开销。目前，常用的方法是通过构建高效的、具有自动性和可适应性的包装器来实现噪声识别和网页净化。

③ 自动分词。利用分词技术、文本表示、特征选择等处理文本信息都是后续处理过程的基础，相关的方法已经在第 10.3 节中进行了介绍。

④ 语义分析。语义分析是指运用各种机器学习方法，挖掘与学习文本、图像等深层次概念。

网页文本信息是在分析句子的句法结构和辨析句中每个词词义的基础上，推导句义的形式化表达。由于自然语言的复杂性，浅层语义分析的出现简化了语义分析方式。其基于一套非严格定义的标签体系，标注句子的部分成分并以标注结构作为分析结果，摒弃了深层成分和关系的复杂性，能在真实语料环境下实现快速分析，并获得比深层分析更高的准确率。相比简单的分词和匹配技术，通过更深层次的自然语言处理和分析，能够更有效地表达舆情信息所包含的各种情绪、意见和态度等。

舆情信息挖掘模块在舆情信息预处理的基础上进一步分析网页相关信息，主要包括以下两个方面。

① 热点话题识别。话题识别与跟踪（Topic Detection and Tracking，TDT）是网络舆情监控中的关键技术。具体而言，TDT 是指在新闻专线和广播新闻等来源的数据流中自动发现主题，并把主题相关的内容联系在一起的技术。TDT 能帮助人们把分散的信息有效地汇集并组织起来，从整体上了解一个事件的全部细节以及该事件与其他事件之间的关系，有助于进行历史性研究。目前，TDT 可应用于大规模动态信息中新的热点话题发现、指定话题跟踪、实时监控关键人物动态和分析信息的倾向性、判定和预警有害话题等。

热点话题识别作为 TDT 的一种应用，构建在网络舆情信息采集和舆情信息预处理的基础上，一般包括文本获取、文本表示、话题聚类和热度评估四个阶段，其中前两个阶段在上面已经进行介绍。这里仅介绍话题聚类和热度评估，其一般实现框架如图 10.22 所示。

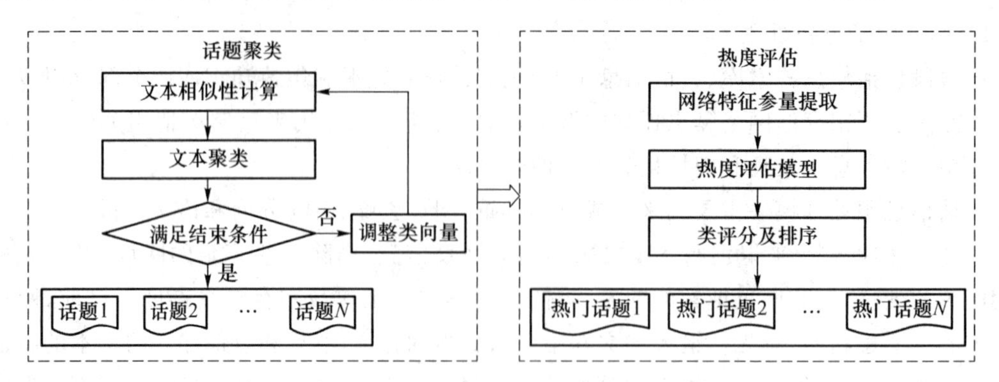

图 10.22　话题聚类和热度评估一般实现框架

话题聚类的核心思想是一个文本集被聚成若干称为簇的子集，每个簇中的文本之间具有较大的相似性。在基于文本表示的基础上，通过计算文本之间的相似性实现话题聚类。当前常用的相似度计算方法有基于距离的相似度计算方法、基于本体的语义相似度计算方法、基于索引图的概念相似度计算方法等。

在话题聚类之后，可得到一组用聚类中心表示的话题向量，每个话题向量包含一个特征项序列，通过热度评估模型提取出某一个时间段内的热点话题。当前，针对新闻报道所建立的热度评估模型大多结合媒体关注度和用户关注度两个方面进行建立，并通过提取网络特征参量计算媒体报道频率、话题分布率、报道时长等。显然，媒体关注度的高低与网络特征参量的数值成正比，而用户关注度可以通过每篇报道的点击率和评论数等来计算。

② 倾向性分析。网页文本倾向性分析是指对说话人的态度(或称观点、情感)进行分析，即对文本中对事件或产品的评论、看法等主观信息进行分析和挖掘，进而得到评价的主观倾向，如正面、负面或者中立。舆情信息预处理模块的浅层语义分析实现了一种浅层的语义理解，能够较好地为倾向分析提供语言分析基础。

当前，文本倾向性分析主要包括基于语义的文本倾向性研究和基于机器学习的文本倾向性研究。总体来看，文本情感倾向性分析可分为词语情感倾向性分析、句子情感倾向性分析、篇章情感倾向性分析和海量数据倾向性预测。

3) 网络舆情服务

网络舆情服务模块主要提供舆情跟踪、趋势预测、热点发现、敏感信息监测、舆情预警、舆情检索、舆情信息显示等功能。例如，热点发现利用热点话题识别功能来提供热点事件的关键字、原文索引等信息。对发现的热点事件可按照热度的不同进行排序，然后以舆情简报的形式向用户或上级报道。敏感信息监测是指根据信息内容的分析方式，从大量文件中发现包含敏感信息的文件和内容。舆情预警是指根据相关信息重复的次数，设置一定的报警阈值，保证在较短时间内产生预警信息，使管理部门能发现并及时采取处理措施。根据信息的危险性和重要性，可分为不同级别的预警。舆情信息显示是通过舆情信息分析平台，利用地理信息、新闻、视频等资源，以立体的、直观的、自然的方式呈现给用户。

本章小结

本章主要介绍信息内容安全的相关概念及关键技术。首先，本章介绍了信息内容安全的相关概念、安全威胁及其体系架构，重点阐述信息内容安全概念和信息安全之间的关系，以及信息内容安全架构。然后，以信息内容处理流程为主线，重点介绍信息内容安全的关键技术，包括信息内容获取技术、信息内容识别与分析和信息内容控制与管理。最后，结合两种具体的应用系统，阐述信息内容安全在实际生活中的应用。

本章习题

1. 简述什么是信息内容安全，它与信息安全有何关系？
2. 当前信息内容安全面临哪些安全威胁？
3. 简述信息内容主动获取技术和信息内容被动获取技术的主要思想。
4. 搜索引擎的原理是什么，简述其工作流程。
5. 简述网络爬虫的工作原理，并说明爬虫的类型和抓取策略。
6. 简述网络数据包捕获的原理，并说明在 Windows 平台下有哪些网络数据包捕获方法？
7. 简述当前中文分词主要有哪些方法，并比较这些方法的优缺点。
8. 文本表示有哪些模型，各自有何优缺点？
9. 当前文本特征主要的提取方法有哪些？
10. 肤色检测的步骤有哪些，当前静态肤色检测有哪些方法？
11. 什么是信息内容过滤，其与信息检索、信息分类、信息抽取有什么区别？
12. 请简述信息过滤系统的工作流程。
13. 什么是信息隐藏技术，其与密码学、数字水印有何关系？
14. 信息隐藏的主要流程包括哪些部分？
15. 什么是数字水印与版权保护，请简述如何通过数字水印实现数字版权保护。
16. 当前主要的垃圾邮件过滤技术有哪些，请简述这些技术的主要思想。
17. 什么是网络舆情，其具有哪些特点？
18. 当前的网络舆情监控系统架构至少包括哪些部分，各部分主要完成哪些功能？

第 11 章 数据安全

本章学习要点	
	• 掌握数据备份与恢复相关概念及实现技术； • 掌握云计算相关概念； • 熟悉云计算体系结构； • 熟悉云计算面临的安全威胁； • 了解当前云计算安全主要保护技术。

11.1 数据安全概述

数据安全通常有两方面的含义：①数据本身的安全，主要指采用现代密码算法对数据进行主动保护；②数据的防护安全，主要是采用现代信息存储手段对数据进行主动防护，如通过磁盘阵列、数据备份和异地容灾等手段保证数据的安全。

只有服务平台在保证自身数据安全的前提下，才能使中小企业积极主动参与到云平台建设中，实现提高服务工作办理效率的目的。作为一个典型的政务信息管理系统，中小企业平台在数据安全方面必须提供主动的防护措施，依靠可靠、完整的安全体系与安全技术来保证数据内容的安全。简单来讲，有关数据安全的内容可以简化为机密性、完整性和可用性。

本章接下来将主要从数据的防护安全角度介绍数据备份与恢复，并结合新的计算环境，介绍云环境下数据的存储管理技术和云数据的安全防护技术等。

11.2 数据备份与恢复

在当今复杂的计算机系统应用环境中，每天都可能面对各种自然灾害和人为灾难，对于各种关键性业务来说，即使是几分钟的业务中断或少部分的数据丢失，所带来的损失常常也是难以估量的。在信息时代，业务的发展离不开信息系统，构成信息系统平台的硬件与软件并不是系统的核心价值，只有存储于计算机中的数据才是真正的财富。企业自身发展中的众多数据如何保护，对保证业务的持续性至关重要。因此，数据备份越来越得到企业的重视。在数据变得越来越重要的今天，一套稳定的数据备份还原系统成为保证系统正常运行的关键组件。数据备份不仅仅是数据的保存，还包括数据备份管理、备份策略等。

数据恢复就是将数据恢复到事故之前的状态。数据恢复总是与备份相对应,实际上,数据恢复可以看成数据备份操作的逆过程。数据备份是数据恢复的前提,数据恢复是数据备份的目的,无法恢复的数据备份是没有意义的。因此,在信息系统安全中,数据恢复是不可忽略的,而事实上,一般的企业往往是在遭受灾难以后或者在灾难发生时才考虑数据恢复策略,然而,此时已经无法挽回损失。

因此,数据恢复技术是一种预防性的措施。数据灾难恢复工作对信息系统的建设至关重要,据有关研究结果表明,各行业在遭受灾难打击造成服务中断时所造成的损失是巨大的:证券业因服务中断带来的损失为每小时 650 万美元;信用卡授权中心因服务中断造成的损失为每小时 260 万美元;因 ATM 系统中断而造成的损失每小时为 14 500 美元。由于服务中断带来的损失巨大,美国在 20 世纪 70 年代就具有灾备能力的企业,经过多年的发展已经形成了专业的灾备市场和完善的灾难恢复系统。从 2004 年 10 月开始,国务院信息化工作办公室就着手组织中国人民银行、信息产业部等八个国家重要信息系统主管部门,共同起草我国的信息系统灾难恢复有关标准,并成立了重要信息系统灾难恢复规划指南起草组。在参考有关国际标准的基础上,结合我国具体的信息安全保障国情,于 2005 年 5 月 26 日正式出台了《重要信息系统灾难恢复规划指南》。

数据备份和恢复技术实质上就是根据管理规划,将重要数据建立副本,将数据副本保存到与原始数据不同的存储位置,当原始数据丢失或破坏时,按照一定的恢复策略从备份数据恢复出原始数据的过程。数据备份是数据恢复的前提条件,数据恢复是数据备份的最终目的,两个过程协同工作才能最终保障数据存储的安全。

在日常工作中,人为操作错误、系统软件或应用软件缺陷、硬件损毁、电脑病毒、黑客攻击、突然断电、宕机、自然灾害等诸多因素都有可能造成计算机中数据的丢失,给用户造成无法估量的损失。因此,数据备份与恢复对用户来说显得格外重要。

11.2.1　数据备份

1. 数据备份

1) 数据备份的概念

在网络化时代,数据面临各种安全风险,而数据的备份和恢复是数据安全的有力保障。顾名思义,数据备份与恢复就是将数据以某种方式加以保留,以便在系统遭受破坏或其他特定情况下,重新恢复的过程。例如,在日常生活中,常常为自己家的门多配几把钥匙,这就是备份的体现。在复杂的计算机信息系统中,数据备份不仅仅是简单的文件复制,在多数情况下是指数据库的备份。所谓数据库的备份是指制作数据库结构和数据的复制,以便在数据库遭受破坏时能够迅速地恢复数据库系统。

长期以来,对企业而言,建立一套可行的备份系统相当困难,主要是因为高昂的成本和技术实现的复杂度。鉴于此,从可行的角度来说,一个数据备份与恢复系统必须有良好的性价比。

对一个相当规模的系统来说,让系统进行完全自动化的备份是对备份系统的一个基本要求。除此以外,数据备份系统还需要重点考察 CPU 占用、网络带宽占用、单位数据量的备份等情况。系统资源的开销和备份过程给系统带来的影响是不可小觑的。在实际环境中,一个备份作业运行过程中,可能会占用中档小型服务器 60%的 CPU 资源,而一个未妥善处理的备份日志文件,可能会占用大量的磁盘空间。这些数据都是来自真实的运行环境,而且属于普遍现象。由此可见，备份系统的选择和优化工作也是一个至关重要的任务。

即使在科技发达的今天，数据备份的价值仍然不能忽略，数据备份也仍然作为防止数据丢失的首要选择。在日常生活中，大多数的文档数据会存储在信息系统中，因此，如果没有数据备份系统，当信息系统崩溃或损坏时，那么数据会全部丢失，再也恢复不出来。例如，当一个用户在网络上进行一宗大型交易时，相关的电脑或者银行服务器崩溃，导致相关的文件丢失，并最终造成交易数据的丢失。在这个场景中，除非交易双方用其他的方式可以证明他们发生了交易，不然，数据丢失会给双方带来莫大的损失。

在信息系统中，任何东西都无法取代原始数据的地位，因此，在数据丢失的情况下，为能使数据快速且高效地恢复，数据备份是最好的，也是首要的选择。对于任何一个组织而言，没有对数据进行备份是非常危险的。在如今的网络环境下，每一次数据传输都要经过复杂的网络环境，经过大量的网络设备，因此，一旦中途有设备崩溃，造成数据丢失，用户就很难找到证据证明自己传输了这条数据。

另外，数据备份可以保证用户数据的可用性和完整性。当数据库系统崩溃并丢失所有数据后，信息管理系统可以利用备份的数据进行恢复，从而使数据重新可用，因此保证了数据的可用性。而当数据完整性遭到破坏时，信息管理系统仍然可以通过数据恢复系统将备份的数据恢复。可见，数据备份是信息系统中不可或缺的组成部分。

数据备份就是指为防止系统出现操作失误或系统故障导致数据丢失，而将全部或部分数据集合从应用主机的硬盘或阵列中复制到其他存储介质上的过程。计算机系统中的数据备份，通常是指将存储在计算机系统中的数据复制到磁带、磁盘、光盘等存储介质上，在计算机以外的地方另行保管。这样，当计算机系统设备发生故障或发生其他威胁数据安全的灾害时，能及时地从备份的存储介质上恢复出正确的数据。

数据备份就是为了系统数据崩溃时能够快速地恢复数据，使系统迅速恢复运行。那么就必须保证备份数据和源数据的一致性和完整性，消除系统使用者的后顾之忧。其关键在于保障系统的高可用性，即操作失误或系统故障发生后，能够保障系统的正常运行。

如果没有了数据，一切的恢复都是不可能实现的，因此备份是一切灾难恢复的基石。从这个意义上说，任何灾难恢复系统实际上都是建立在备份基础上的。数据备份与恢复系统是数据保护措施中最直接、最有效、最经济的方案，也是任何计算机信息系统不可缺少的一部分。现在不少用户也意识到了这一点，采取了系统定期检测与维护、双机热备份、磁盘镜像或容错、备份磁带异地存放、关键部件冗余等多种预防措施。这些措施一般能够进行数据备份，并且在系统发生故障后进行快速系统恢复。

数据备份能够用一种增加数据存储代价的方法保护数据安全，它对于拥有重要数据的大中型企事业单位而言是非常重要的，因此，数据备份和恢复通常是大中型企事业单位网络系统管理员每天必做的工作之一。对于个人计算机用户，数据备份也是非常必要的。

传统的数据备份主要是采用数据内置或外置的磁带机进行冷备份。一般来说，各种操作系统都附带了备份程序，但随着数据的不断增加和系统要求的不断提高，附带的备份程序已无法满足需求。要想对数据进行可靠的备份，必须选择专门的备份软硬件，并制订相应的数据备份及恢复方案。

目前比较常用的数据备份方式有以下七种。

① 本地磁带备份。利用大容量磁带备份数据。

② 本地可移动存储器备份。利用大容量等价软盘驱动器、可移动等价硬盘驱动器、一次

性可刻录光盘驱动器、可重复刻录光盘驱动器进行数据备份。

③ 本地可移动硬盘备份。利用可移动硬盘备份数据。

④ 本机多硬盘备份。在本机内装有多块硬盘,利用除安装和运行操作系统以及应用程序的硬盘以外的硬盘进行数据备份。

⑤ 远程磁带库、光盘库备份。将数据传送到远程备份中心,制作完整的备份磁带或光盘。

远程数据库备份。在与主数据库所在生产机相分离的备份机上建立主数据库的副本。

⑥ 网络数据镜像。对生产系统的数据库数据和所需跟踪的重要目标文件的更新进行监控与跟踪,并将更新日志通过网络实时传送到备份系统,备份系统则根据日志对磁盘进行更新。

⑦ 远程镜像磁盘。通过高速光纤通道线路和磁盘控制技术将镜像磁盘延伸到远离生产机的地方,镜像磁盘数据与主磁盘数据完全一致,更新方式为同步或异步。

2) 数据备份的类型

根据不同的标准,数据备份有不同的类型,例如:根据数据备份的位置可以分为本地备份和异地备份;根据数据备份的层次可以分为硬件冗余和软件冗余;根据数据备份的自动化程度可以分为高度自动化备份、按计划自动化备份和人工备份;按数据备份时数据库状态可分为冷备份(Cold Backup)、热备份(Hot Backup)和逻辑备份等类型。本节着重介绍按照最后一种标准划分的数据备份类型。

(1) 冷备份

冷备份是指在关闭数据库的状态下进行的数据库完全备份。备份内容包括所有的数据文件、控制文件、联机日志文件等。因此,在进行冷备份时,数据库将不能被访问。冷备份通常只采用完全备份。

(2) 热备份

热备份是指在数据库运行状态下,对数据文件和控制文件进行的备份。使用热备份时,必须将数据库运行在归档方式下。在进行热备份的同时可以对数据库进行各种的操作。

(3) 逻辑备份

逻辑备份是最简单的备份方法,可按数据库中某个表、某个用户或整个数据库进行导出。使用逻辑备份时,数据库必须处于打开状态,且如果数据库不是在 restrict 状态的话将不能保证导出数据的一致性。

3) 数据备份策略

需要进行数据备份的部门都要先制定数据备份策略。数据备份策略包括确定需备份的数据内容(如进行完全备份、增量备份、差别备份还是按需备份)、备份类型(如采用冷备份还是热备份)、备份周期(如以月、周、天还是小时为备份周期)、备份方式(如采用人工备份还是自动化备份)、备份介质(如以光盘、硬盘、磁带还是 U 盘做备份介质)和备份介质的存放等。下面是不同数据内容的几种备份方式。

(1) 完全备份

完全备份(Full Backup)是指按备份周期(如一天)对整个系统的文件(数据)进行备份。这种备份方式比较流行,也是解决系统数据不安全问题的最简单方法,操作起来也很方便。有了完全备份,网络管理员可清楚地知道,从备份之日起便可恢复网络系统的所有信息,恢复操作也可一次性完成。如当发现数据丢失时,只要用一盘故障发生前一天备份的磁带,即可恢复丢失的数据。但这种方式的不足之处是,由于每天都对系统进行完全备份,在备份数据中必定有大量的内容是重复的，这些重复的数据占用了大量的磁带空间，这对用户来说就意味着增加成本。另外，由于进行完全备份时需要备份的数据量相当大，因此，备份所需时间较长，对于那些业务繁忙、备份窗口时间有限的单位，选择这种备份策略是不合适的。

(2) 增量备份

增量备份(Incremental Backup)是指每次备份的数据只是相对于上一次备份后增加的和修改过的内容，即备份的都是更新过的数据。例如，系统在周日进行了一次完全备份，然后在以后的六天(周一到周六)中只对当天新的或被修改过的数据进行备份。这种备份的优点是，没有或减少了重复的备份数据，既节省存储介质空间，又缩短了备份时间。但它的缺点是，恢复数据过程比较麻烦，不可能一次性地完成整体数据的恢复。

(3)差分备份

差分备份(Differential Backup)也是在完全备份后将新增加或修改过的数据进行备份，但它与增量备份的区别是每次备份都对上次完全备份后更新过的数据进行备份。例如，周日进行完全备份后，其余六天(周一到周六)都将当天所有与周日进行完全备份时不同的数据进行备份。差分备份可节省备份时间和存储介质空间，只需两盘磁带(周日备份磁带和故障发生前一天的备份磁带)即可恢复数据。差分备份兼具了完全备份在发生数据丢失时恢复数据较方便，以及增量备份节省存储空间和备份时间的优点。

完全备份所需的时间最长，占用存储介质容量最大，但数据恢复时间最短，操作最方便，当系统数据量不大时该备份方式最可靠。但当数据量增大时，很难每天都进行完全备份，因此可选择周末进行完全备份，在其他时间采用备份时间最少的增量备份或时间介于两者之间的差分备份。在实际备份中，通常是根据具体情况，采用这三种备份方式的组合，如年底、月底、周末进行完全备份，而每天进行增量备份或差分备份。

(4) 按需备份

除以上备份方式之外，还可采用对随时所需数据进行备份的方式进行数据备份。按需备份就是指除正常备份外，额外进行的备份操作。按需备份可以有许多原因，比如，只想备份几个文件或目录，备份服务器上所有的必需信息，以便进行更安全的升级等。这样的备份在实际应用中经常遇到。

具体而言，完全备份、增量备份及差分备份之间的关系如图 11.1 所示。

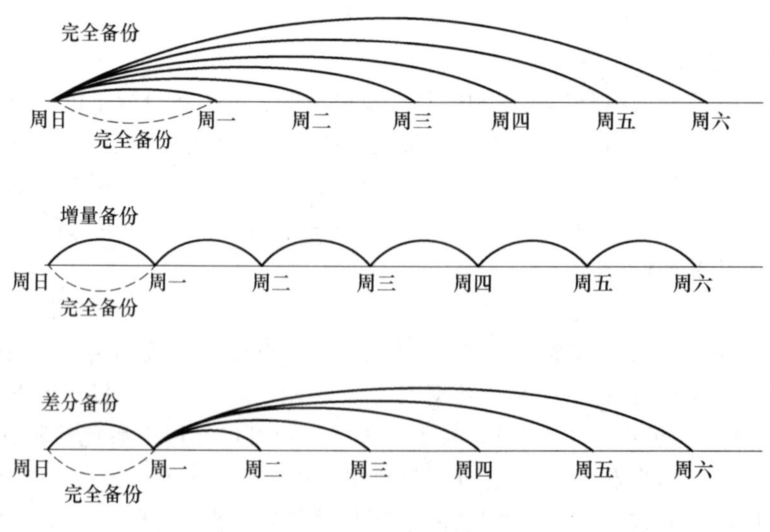

图 11.1　三种备份方式之间的关系

在实际备份应用系统中,通常是这三种不同的备份技术进行结合实现数据备份,这里介绍两种结合方式。

(1) 完全备份和增量备份的结合

完全备份和增量备份的结合方式源于完全备份,不过减少了数据移动,其思想就是较少使用完全备份,如图 11.2 所示。如在周日晚上进行完全备份(此时对网络和系统的使用最小),在其他六天(周一到周六)则进行增量备份。增量备份会对系统进行查询,当查询到从昨天开始,哪些数据发生了变化之后,就会把这些变化的数据复制到当天已经备好的磁盘上。如果在周一到周六使用增量备份,则能保证只移动那些在最近 24 h 内改变的文件,而不是所有的文件。由于只对较少的数据进行移动和存储,所以增量备份减少了对磁盘阵列的需求。对于用户来讲,则可以在一个高度自动化的系统中使用更加集中的磁盘阵列,以便允许多个客户机共享存储资源。

完全备份和增量备份的结合方式的明显不足之处在于其恢复数据较为困难。完整的恢复过程需要先恢复上周日完全备份的备份数据,再将增量备份的数据恢复并覆盖掉完全备份中对应的数据。因此,该结合方式最坏的情况就是要设置七个磁盘整理,如果每天都有数据修改,则需要恢复七次才能恢复成最新数据。

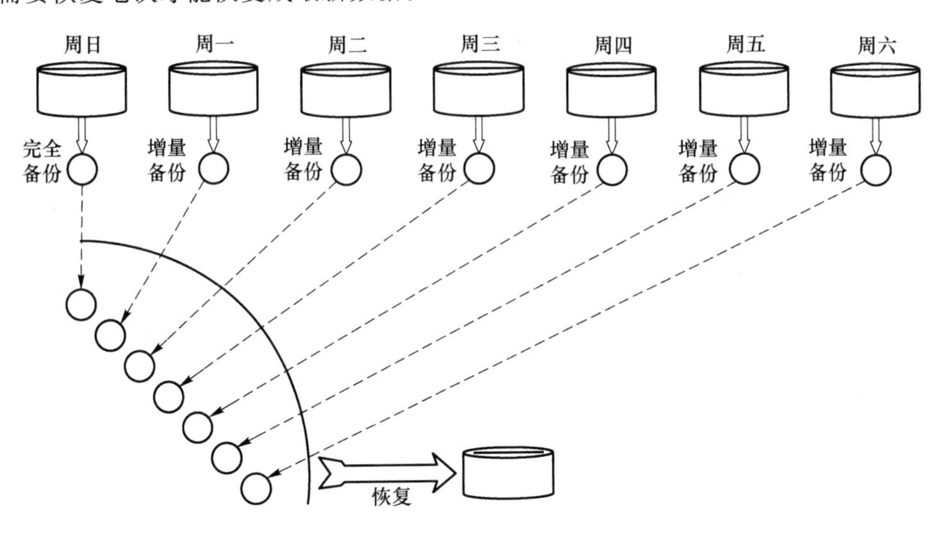

图 11.2 完全备份和增量备份的结合

(2) 完全备份和差分备份的结合

为了解决完全备份和增量备份的结合方式中数据恢复困难的问题,产生了完全备份和差分备份的结合方式。因此,数据差异性成为备份过程中要考虑的问题。在采用增量备份时,需要查询从昨天以来哪些数据发生了变化,而采用差分备份的方式,需要查询自完全备份以来,哪些数据发生了变化。对于完全备份后的第一次备份,因为周日刚对数据系统进行了完全备份,所以在周一进行备份时,这两种方法备份的数据是一样的。但是到了周二进行备份时,增量备份只需要备份从昨天(周一)开始发生了变化的数据,而差分备份则需要查询自上次完全备份(周日)后发生变化的数据,并把这些变化的数据备份到磁盘阵列中。到了周三时,增量备份还是只需要备份过去 24 h 发生变化的数据,则差分备份需要备份过去 72 h 发生变化的数据。

尽管差分备份比增量备份移动和存储的数据更多,但是在进行数据恢复时更加简单。在完全备份和差分备份的结合方式下，完整的恢复过程包括先对上周日完全备份的数据进行恢复，再将经差分备份的最新数据进行恢复并覆盖到已恢复的完全备份的数据中，如图11.3所示。

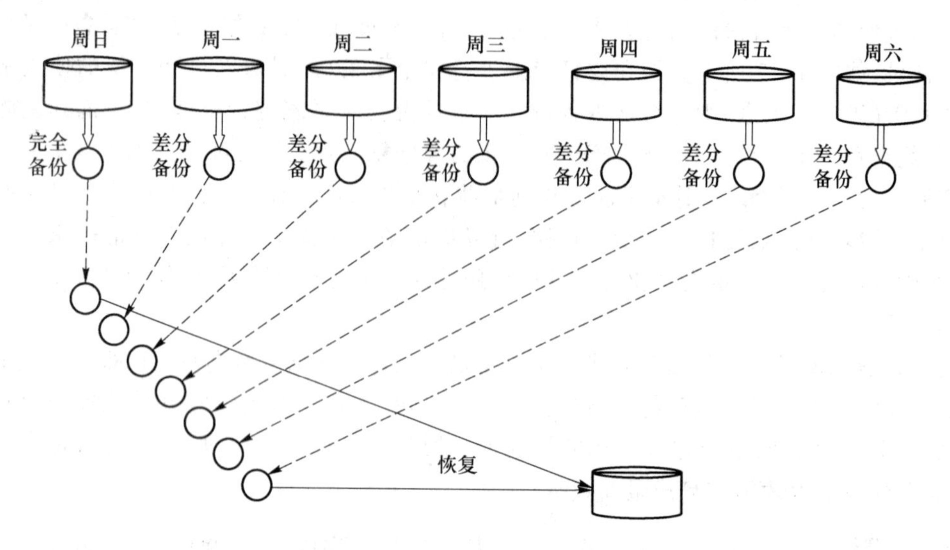

图11.3　完全备份和差分备份的结合

2. 数据容灾

对于IT而言，容灾系统就是为计算机信息系统提供的一个能应付各种灾难的环境。

当计算机系统在遭受如火灾、水灾、地震、战争等不可抗拒的灾难和意外时，容灾系统将保证用户数据的安全性，甚至提供不间断的应用服务。

1）容灾系统和容灾备份

这里所说的"灾"具体是指计算机网络系统遇到的自然灾难（洪水、飓风、地震）、外在事件（电力或通信中断）、技术失效及设备受损（火灾）等。容灾（或容灾备份）就是指计算机网络系统在遇到这些灾难时仍能保证系统数据的完整、可用和系统正常运行。对于那些业务不能中断的行业，如银行、证券、电信等，因其关键业务的特殊性，必须有相应的容灾系统进行防护。保持业务的连续性是当今企事业单位需要考虑的一个极为重要的问题，而容灾的目的就是保证关键业务的可靠运行。利用容灾系统，用户把关键数据存放在异地，当生产（工作）中心发生灾难时，备份中心可以很快将系统接管并运行起来。

从概念上讲，容灾备份是指通过技术和管理的途径，确保在灾难发生后，企事业单位的关键数据、数据处理系统和业务在短时间内能够恢复。因此，在实施容灾备份之前，企事业单位首先要分析哪些数据最重要，哪些数据要做备份，这些数据价值多少，再决定采用何种形式的容灾备份。

现容灾备份的技术和市场正处于一个快速发展的阶段。据权威机构研究结果表明，国外的容灾备份市场每年增幅达20%，而中国市场每年的增幅在40%以上。在此契机下，国家已将容灾备份作为今后信息发展规划中的一个重点，各地方和行业准备或已建立一些容灾备份中心。这不仅可以为大型企业和部门提供容灾服务，也可以为大量的中小型企业提供不同需求的容灾服务。

2）数据容灾与数据备份的关系

许多用户对经常听到的数据容灾这种说法表示并不理解。把数据容灾与数据备份等同起来，其实这是不对的，至少是不全面的。

备份与容灾不是等同的关系，而是“交集”的关系，中间有大部分的重合关系。多数容灾工作可由备份来完成，但容灾还包括网络等其他部分，而且只有容灾才能保证业务的连续性。数据容灾与数据备份的关系主要体现在以下三个方面。

(1) 数据备份是数据容灾的基础

数据备份是数据高可用性的一道安全防线，其目的是在系统数据崩溃时能够快速地恢复数据。虽然数据备份也算一种容灾方案，但其容灾能力非常有限。因为传统的数据备份主要是采用磁带进行冷备份，备份磁带同时也在机房中统一管理，因此一旦整个机房出现了灾难，这些备份磁带也将随之销毁，所存储的磁带备份也起不到任何容灾作用。

(2) 容灾不是简单备份

显然，容灾备份不等同于一般意义上的业务数据备份与恢复，数据备份与恢复只是容灾备份中的一个方面。容灾备份还包括最大范围地容灾、最大限度地减少数据丢失、实时切换、短时间恢复等多项内容。可以说，容灾备份正在成为保护企事业单位关键数据的一种有效手段。

真正的数据容灾就是要避免传统冷备份的不足，要能在灾难发生时，全面、及时地恢复整个系统。容灾按其容灾能力的高低可分为多个层次，例如，国际标准 SHARE 78 定义的容灾系统有七个层次，分别为本地数据备份与恢复、批量存取访问方式、批量存取访问方式＋热备份地点、电子链接、工作状态的备份地点、双重在线存储和零数据丢失。这些层次从最简单的仅在本地进行磁带备份，到将备份的磁带存储在异地，再到建立应用系统实时切换的异地备份系统，恢复时间也可以从几天到几小时，甚至到分钟级、秒级，也可能实现 0 数据丢失等。

无论是采用哪种容灾方案，数据备份还是最基础的，没有备份的数据，任何容灾方案都没有现实意义。但光有备份是不够的，容灾也必不可少。

(3) 容灾不仅仅是技术

容灾不仅仅是一项技术，更是一项工程。目前很多客户还停留在对容灾技术的关注上，而对容灾的流程、规范及具体措施还不太清楚，也从不对容灾方案的可行性进行评估，认为只要建立了容灾方案就可以放心了，但其实这样还具有很大风险。特别是一些中小型企事业单位，觉得为了数据备份和容灾，年年花费了大量的人力和财力，结果几年下来根本就没有发生任何大的灾难，于是放松了警惕。可一旦发生了灾难，将损失巨大。在数据备份和容灾方面国外的跨国公司就做得非常好，尽管几年下来的确未出现大的灾难，备份了那么多磁带，几乎没有派上任何用场，但仍一如既往、非常认真地进行数据备份和容灾工作，并且基本上每月都有对现行容灾方案的可行性进行评估和实地演练。

3) 容灾系统

容灾系统包括数据容灾和应用容灾两部分。数据容灾可保证用户数据的完整性、可靠性和一致性，但不能保证服务不中断。应用容灾是在数据容灾的基础上，在异地建立一套完整的，与本地生产系统相当的备份应用系统，在灾难情况下，远程的备份应用系统迅速接管业务运行，提供不间断的应用服务，让客户的服务请求能够继续。可以说，数据容灾是系统能够正常工作的保障，而应用容灾则是容灾系统建设的目标，它是建立在可靠的数据容灾基础上，通过应用系统、网络系统等各种资源之间的良好协调来实现的。

(1) 本地容灾

本地容灾的主要手段是容错。容错的基本思想就是利用外加资源的冗余技术来达到屏蔽故障、自动恢复系统或安全停机的目的。容错是以牺牲外加资源为代价来提高系统可靠性的。

外加资源的形式很多,主要有硬件冗余、时间冗余、信息冗余和软件冗余。容错使得容灾系统能恢复大多数的故障,然而,当遇到自然灾害及战争等意外时,仅采用本地容灾技术并不能满足要求,这时应考虑采用异地容灾保护措施。

在系统设计中,企业一般考虑进行数据备份和采用主机集群的结构,因为它们能解决本地数据的安全性和可用性。目前人们所关注的容灾,大部分也只是停留在本地容灾的层面上。

(2) 异地容灾

异地容灾是指在相隔较远的异地,建立两套或多套功能相同的系统。当主系统因意外停止工作时,备用系统可以接替工作,保证系统不间断地运行。异地容灾系统采用的主要方法是数据复制,目的是在本地与异地之间确保各系统关键数据和状态参数一致。

异地容灾系统具备应对各种灾难,特别是区域性与毁灭性灾难的能力,具备较为完善的数据保护与灾难恢复功能,保证灾难降临时数据的完整性及业务的连续性,并在最短时间内恢复业务系统,将损失降到最小。该系统一般由生产系统、可接替运行的后备系统、数据备份系统、备用通信线路等部分组成。在正常生产和数据备份状态下,生产系统向备份系统传送需备份的数据。当系统处于灾难恢复状态时,备份系统将接替生产系统继续运行,此时重要营业终端用户将从生产主机切换到备份中心主机,继续对外营业。

4) 数据容灾技术

容灾系统的核心技术是数据复制,目前主要有同步数据复制和异步数据复制两种。同步数据复制是指通过将本地数据以完全同步的方式复制到异地,每一个本地 I/O 交易均需等远程复制完成方予以释放。异步数据复制是指将本地数据以后台方式复制到异地,每一本地 I/O 交易均正常释放,无须等待远程复制的完成。数据复制对数据系统的一致性和可靠性,以及系统的应变能力具有十分重要的作用,它决定着容灾系统的可靠性和可用性。

对数据库系统可采用远程数据库复制技术来实现容灾,这种技术是由数据库系统软件实现数据库的远程复制和同步的。基于数据库的复制方式可分为实时复制、定时复制和存储转发复制,并且在复制过程中,还有自动冲突检测和解决的手段,以保证数据的一致性不受破坏。远程数据库复制技术对主机的性能有一定要求,可能增加对磁盘存储容量的需求,但系统运行恢复较简单。在采用实时复制方式时,数据一致性较好,所以对于一些对数据一致性要求较高、数据修改更新较频繁的应用,可采用基于数据库的容灾备份方案。

目前,业内实施比较多的容灾技术是基于智能存储系统的远程数据复制技术。该技术由智能存储系统自身实现数据的远程复制和同步,即智能存储系统将对本系统中的存储器 I/O 操作请求复制到远端的存储系统中并执行,以保证数据的一致性。

此外,还可以采用基于逻辑磁盘卷的远程数据复制技术进行容灾,这种技术就是将物理存储设备划分为一个或多个逻辑磁盘卷(Volume),便于数据的存储规划和管理。逻辑磁盘卷可理解为在物理存储设备和操作系统之间增加一个逻辑存储管理层。基于逻辑磁盘卷的远程数据复制技术就是根据需要,将一个或多个卷进行远程同步或异步复制,该技术通常通过软件来实现,基本配置包括卷管理软件和远程复制控制管理软件。基于逻辑磁盘卷的远程数据复制技术因为是基于逻辑存储管理层的技术,一般与主机系统、物理存储系统设备无关,对物理存储设备自身的管理功能要求不高,有较好的可管理性。

在建立容灾备份系统时会涉及多种技术,具体有 SAN 和 NAS 技术、远程镜像技术、快照技术、虚拟存储技术、基于 IP 的 SAN 的互联技术等。

(1) SAN和NAS技术

SAN(Storage Area Network,存储区域网)提供一个存储系统、备份设备和服务器相互连接的架构,在该架构中,它们之间的数据不再在以太网上流通,从而大大提高了以太网的性能。正由于存储设备与服务器的完全分离,用户得以采用与服务器分开的存储管理理念。复制、备份、恢复数据和安全管理能够以中央的控制和管理手段进行,加上不同的存储池以网络的方式连接,用户能够以任何需要的方式访问数据,并确保数据的高完整性。

NAS(Network Attached Storage,网络附加存储)使用了传统以太网和IP协议进行网络连接,当进行文件共享时,NAS利用NFS和CIFS(Common Internet File System)来沟通Windows NT和UNIX操作系统。由于NFS和CIFS都是基于操作系统的文件共享协议,所以NAS的性能特点是可进行小文件级的共享存取。

SAN以光纤通道交换机和光纤通道协议为主要特征的本质决定了它在性能、距离、管理等方面有诸多优点。而NAS的部署非常简单,只需与传统交换机连接即可。NAS的成本较低,因为它的投资仅限于一台NAS服务器,而不像SAN需要整个存储网络,且NAS的价格往往是针对中小型企业的。NAS的管理非常简单,它一般都支持Web的客户端管理,对熟悉操作系统的网络管理人员来说,其设置既熟悉又简单。概括来说,SAN对于高容量块状级数据传输具有明显的优势,而NAS则更加适合文件级别上的数据处理。SAN和NAS实际上是能够相互补充的存储技术。

(2) 远程镜像技术

远程镜像技术用于主数据中心和备援数据中心之间的数据备份。两个镜像系统中,一个叫主镜像系统,另一个叫从镜像系统。按主从镜像存储系统所处的位置可分为本地镜像和远程镜像。

远程镜像又叫远程复制,是容灾备份的核心技术,同时也是保持远程数据同步和实现灾难恢复的基础。远程镜像按请求镜像的主机是否需要远程镜像站点的确认信息,又可分为同步远程镜像和异步远程镜像。同步远程镜像是指通过远程镜像软件,将本地数据以完全同步的方式复制到异地,每一个本地的I/O事务均需等待远程复制的完成确认信息,方可予以释放。同步远程镜像使远程复制总能与本地机要求复制的内容相匹配。当主站点出现故障,用户的应用程序切换到备份的替代站点后,被镜像的远程副本可以保证业务继续执行而没有数据丢失。但同步远程镜像存在因往返传输导致延时较长的缺点,因此它仅适合于在相对较近的距离上应用。

异步远程镜像保证在更新远程存储视图前完成向本地存储系统进行的基本I/O操作,并由本地存储系统提供给请求镜像主机的I/O操作完成确认信息。远程数据复制是以后台同步的方式进行的,这使本地存储系统性能受到的影响很小,传输距离远(可达1 000 km以上),对网络带宽要求小。但是,许多远程的从属存储子系统的写操作没有得到确认,当因某种因素导致数据传输失败时,就可能会出现数据不一致的问题。为了解决这个问题,目前大多采用延迟复制的技术,即在确保本地数据完好无损后再进行远程数据更新。

(3) 快照技术

远程镜像技术往往同快照技术结合起来实现远程备份,即通过镜像把数据备份到远程存储系统中,再用快照技术把远程存储系统中的信息备份到远程的磁带库、光盘库中。

快照是通过软件对要备份的磁盘子系统的数据快速扫描,建立一个要备份数据的快照逻辑单元号(LUN)和快照Cache。在快速扫描时,把备份过程中即将要修改的数据块同时快速复制到快照 Cache 中。快照 LUN 是一组指针，它指向快照 Cache 和磁盘子系统中不变的数据块。在正常业务进行的同时，利用快照 LUN 实现对原数据的完全备份，它可使用户在正常业务不受影响的情况下，实时提取当前在线业务数据。其“备份窗口”接近于零，因此可大大增加系统业务的连续性，为实现系统真正的全天候运转提供了保证。

(4) 虚拟存储技术

有些容灾方案中还采取了虚拟存储技术，如西瑞异地容灾方案。虚拟存储技术在系统弹性和可扩展性上开创了新的局面，它将几个 IDE 或 SCSI 驱动器等不同的存储设备串联成一个存储器池，存储器池的整个存储容量可以分为多个逻辑卷，并作为虚拟分区进行管理。存储由此成为一种功能而非物理属性，而这正是基于服务器的存储结构存在的主要限制。

虚拟存储系统还提供动态改变逻辑卷大小的功能(事实上，存储卷的容量可以在线随意增加或减少)，可以通过在系统中增加或减少物理磁盘的数量来改变集群中逻辑卷的大小。这一功能允许逻辑卷的容量随用户的即时要求动态改变。随着业务的发展，可利用剩余空间根据需要扩展逻辑卷，也可以将数据在线从旧驱动器转移到新的驱动器上，而不中断正常服务的运行。

虚拟存储系统的一个关键优势是它允许异构系统和应用程序共享存储设备，而不管它们位于何处，系统将不再需要在每个分部的服务器上都连接一台磁带设备。

11.2.2 数据恢复

数据恢复是指将备份到存储介质上的数据再恢复到计算机系统中，它与数据备份是一个相反的过程。数据恢复措施在整个数据安全保护中占有相当重要的地位，因为它关系到系统在经历灾难后能否迅速恢复运行。

通常，当硬盘数据被破坏时，需要查询以往年份的历史数据，而这些数据又已从现系统上清除，以及系统需要从一台计算机转移到另一台计算机上运行时，应使用数据恢复功能进行数据恢复。

1. 数据恢复时的注意事项

① 由于数据恢复是覆盖性的，不正确地恢复数据可能破坏硬盘中的最新数据，因此在进行数据恢复时，应先将硬盘数据备份。

② 进行数据恢复操作时，用户应指明恢复何年何月的数据。当开始恢复数据时，系统首先识别备份介质上标识的备份日期是否与用户选择的日期相同，如果不同将提醒用户更换备份介质。

③ 由于数据恢复工作比较重要，但又容易错把系统上的最新数据变成备份盘上的旧数据，因此应指定少数人进行此项操作。

④ 不要在数据恢复过程中关机、关电源或重新启动机器。

⑤ 不要在数据恢复过程中打开驱动器开关或抽出软盘、光盘(除非系统提示换盘)。

2. 数据恢复的类型

一般来说，数据恢复操作比数据备份操作更容易出问题。数据备份操作只是将信息从磁盘中复制出来，而数据恢复操作则要在目标系统上创建文件。在创建文件时容易出现许多差错，如超过容量限制、权限问题和文件覆盖错误等。数据备份操作不需知道太多的系统信息，只需复制指定信息就可以了，而数据恢复操作则需要知道哪些文件需要恢复，哪些文件不需要恢复等。

数据恢复操作通常有全盘恢复、个别文件恢复和重定向恢复三种类型。

1）全盘恢复

全盘恢复就是将备份到介质上的指定系统信息全部转储到原来的地方。全盘恢复一般应用在服务器发生意外灾难导致数据全部丢失、系统崩溃时，或是有计划的系统升级、系统重组等，也称为系统恢复。

2）个别文件恢复

个别文件恢复就是将个别已备份的最新版文件恢复到原来的地方。对大多数备份来说，这是一种相对简单的操作。个别文件恢复要比全盘恢复更普遍。利用网络备份系统的恢复功能很容易恢复受损的个别文件。需要个别文件恢复时只要浏览备份数据库或目录，找到该文件，启动恢复功能即可，系统将自动驱动存储设备，加载相应的存储媒体，恢复指定文件。

3）重定向恢复

重定向恢复是将备份的文件（数据）恢复到另一个不同的位置或系统上去，而不是做备份操作时它们所在的位置。重定向恢复可以是全盘恢复，也可以是个别文件恢复。重定向恢复时需要慎重考虑，确保系统或文件恢复后的可用性。

11.3 云计算安全

1. 云计算技术

1）云计算概述

当前，物联网、大数据等应用快速的发展对系统计算和数据管理带来新的要求，云计算（Cloud Computing）作为一种新的共享基础资源的技术和商业模式，可提供高效率计算能力和海量数据管理能力，是一种解决新需求的有效方案。

（1）云计算概念

2006年，Google在“Google 101计划”中第一次提出云计算概念和理论，指出云计算是继分布式计算（Distributed Computing）、并行计算（Parallel Computing）和网格计算（Grid Computing）之后的一种新的商业计算模式。此后，各研究机构从不同的角度对云计算进行了不同的定义。IBM技术白皮书中的定义：云计算一词描述了一个系统平台或一类应用程序；该平台可以根据用户的需求动态部署、配置、重新配置以及取消服务等；云计算是一种可以通过互联网进行访问的可扩展的应用程序。Berkeley白皮书中的定义：云计算包括互联网上各种服务形式的应用以及数据中心中提供这些服务的软硬件设施。互联网上的应用服务一直被称作软件即服务（Software as a Service，SaaS），而数据中心的软硬件设施就是云。

ISO/IEC JTC1和ITU-T组成的联合项目组的国际标准ISO/IEC 17788：2014《信息技术 云计算 词汇与概述》（*Information Technology-Cloud Computing-Overview and Vocabulary*）DIS版中的定义：云计算是一种将可伸缩、弹性、共享的物理和虚拟资源池以按需自服务的方式供应和管理，并提供网络访问的模式。云计算模式由关键特征、云计算角色和活动、云能力类型和云服务分类、云部署模型、云计算共同关注点组成。NIST中的定义：云计算是一种计算模式，它以一种便捷的、通过网络按需接入一组已经配好的计算资源池，如网络、服务器、存储、应用程序和服务等。在这种模式中，计算资源将以最小的管理和交互代价快速提供给用户。

目前，NIST对云计算的定义被广泛地接受，其给出了云计算的五个基本特征、三种服务模式以及四种部署模式，其概念模型可用图 11.4 表示。

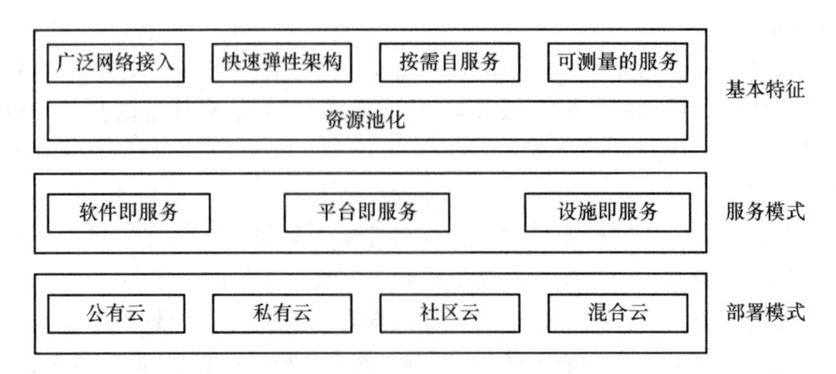

图 11.4　NIST 中云计算的概念模型

（2）云计算特征

基于云计算的概念，云计算主要有以下五个基本特征：

① 广泛网络接入：用户可从任何网络覆盖的地方，使用各种终端设备，如笔记本、智能手机、平板等，随时随地地通过互联网访问云计算服务。

② 快速弹性架构：服务的规模可快速伸缩，以自动适应业务负载的动态变化。用户使用的资源同业务的需求相一致，避免了因服务器性能过载或冗余而导致服务质量下降或资源浪费。

③ 资源池化：资源以共享资源池的方式统一管理。利用虚拟化技术，将资源分享给不同用户，资源的放置、管理和分配策略对用户透明。

④ 按需自服务：以服务的形式为用户提供应用程序、数据存储、基础设施等资源，并可根据用户需求，自动分配资源，而不需要系统管理员的干预。

⑤ 可测量的服务：通过监控用户的资源使用量，并根据资源的使用情况对服务计费。通过该特性，可优化并验证已交付的云服务。这个关键特性强调客户只需对使用的资源付费。

（3）云计算分类

按照云计算的服务模式，云计算可分为以下三种。

① 软件即服务。SaaS 是指向用户提供使用运行在云基础设施上的某些应用软件的能力。用户可使用各种类型终端设备上搭载的“瘦”客户端或程序界面来访问应用。用户不需要管理或控制底层的云基础设施，如网络、服务器、操作系统、存储等，只需要配置某些参数即可。典型的应用有 Salesforce 的客户关系管理（CRM）系统，Google 的在线办公自动化软件等。

② 平台即服务（Platform as a Service，PaaS）。PaaS 是指为用户提供在云基础设施之上部署定制应用的系统软件平台。该平台允许用户使用平台所支持的开发语言和软件工具，部署自己需要的软件运行环境和配置。用户不需要管理或控制底层的云基础设施，底层服务对用户是透明的。典型的代表有 Google App Engine、Microsoft Azure 等。

③ 基础设施即服务（Infrastructure as a Service，laas）。IaaS 是指通过虚拟化技术来组织底层网络连接、服务器等物理设备，为用户提供资源租用与管理服务。在使用 IaaS 过程中，用户需要向 IaaS 层服务提供商提供基础设施的配置信息，运行于基础设施的程序代码以及相关的用户数据。典型的代表有 Amazon 的 Web 服务，包括弹性计算云（EC2）、简单存储服务（S3）和结构化数据存储服务（SimpleDB），IBM 公司的蓝云 Blue Cloud，Sun 的云基础设施服务（IaaS）等。

按照云计算的部署模式，云计算可分为以下四种：

① 公有云(Public Cloud)：由某个组织拥有，其云基础设施向普通用户、公司或各类组织提供云服务。

② 私有云(Private Cloud)：云基础设施特定为某个组织运行服务，可以由该组织或某个第三方负责管理，可以是场内服务(On premises)，也可以是场外服务(Off premises)。

③ 社区云(Community Cloud)：云基础设施由若干个组织分享，以支持某个特定的社区。社区是指有共同诉求和追求的团体，如使命、安全要求、政策或合规性考虑等。和私有云类似，社区云可以由该组织或某个第三方负责管理，可以是场内服务，也可以是场外服务。

④ 混合云(Hybird Cloud)：云基础设施由两个或多个云(公有云、私有云或社区云)组成，独立存在，但是通过标准的或私有的技术绑定在一起，这些技术可促成数据和应用的可移植性，如用于云之间负载分担的 Cloud Bursting 技术。

2) 云数据存储技术

当前，云计算中的数据呈现出海量性、异构型、非确定性、异地备份等特点，因此，需要采用有效的数据管理技术对海量数据和信息进行分析和处理，从而构建高可用和可扩展的分布式数据存储系统。目前，云计算系统中常用的数据文件存储系统有 Google 的 GFS(Google File System)和 Hadoop 开发的、GFS 的开源实现 HDFS(Hadoop Distributed File System)。

(1) GFS

GFS 是一个管理大型分布式数据密集型计算的可扩展的分布式文件系统，通过使用廉价的商用硬件搭建系统，并向大量用户提供容错的高性能服务。GFS 将系统的结点分为三类：客户端(Client)、主服务器(Master Server)和数据块服务器(Chunk Server)，具体如图 11.5 所示。

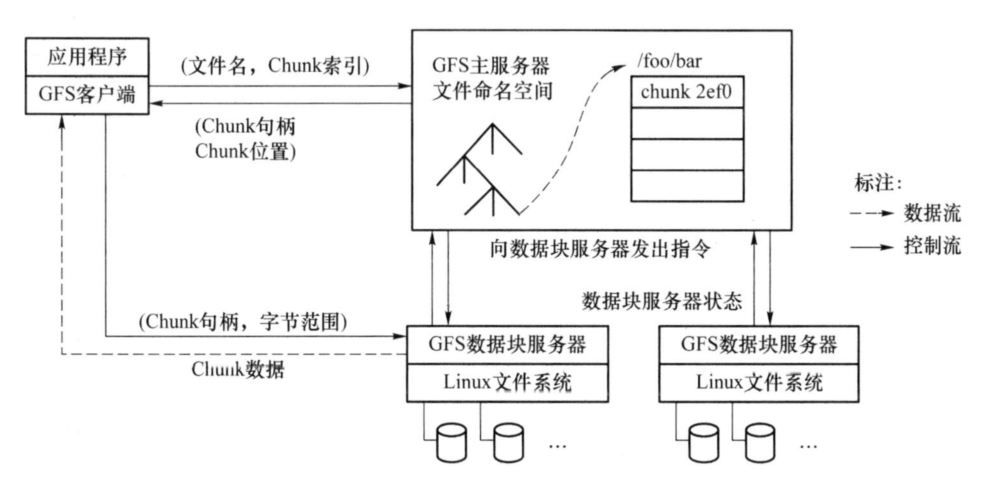

图 11.5 GFS 系统结构

GFS 主服务器管理所有的文件系统元数据，包括名字空间、访问控制信息、文件和 Chunk 的映射信息，以及当前 Chunk 的位置信息。此外，主服务器还管理着系统范围内的活动，如 Chunk 租用管理、孤儿 Chunk 的回收以及 Chunk 在数据块服务器之间的迁移。GFS 存储的文件被分割为固定大小的 Chunk，在 Chunk 创建的时候，主服务器会给每个 Chunk 分配一个不变的、全球唯一的 64 位的 Chunk 标识。为了提高数据的可靠性，每份数据在系统中保存三个以上的备份。

客户端在访问 GFS 时，首先访问主服务器，获取将要与之进行交互的数据块服务器信息，然后直接访问这些数据块服务器，完成数据存取。GFS 的这种设计方法实现了控制流和数据流的分离。客户端与主服务器之间只有控制流，而无数据流，这样就极大地降低了主服务器的负载，使之不成为系统性能的一个瓶颈。客户端与数据块服务器之间直接传输数据流，同时由于文件被分成多个 Chunk 进行分布式存储，客户端可以同时访问多个数据块服务器，从而使得整个系统的 I/O 高度并行，系统整体性能得到提高。

(2) HDFS

HDFS 的设计思想参考了 Google 的 GFS，是专门针对廉价硬件设计的分布式文件系统，在软件层内置了数据容错能力，可应用于云数据存储系统的创建开发，其体系结构如图 11.6 所示。

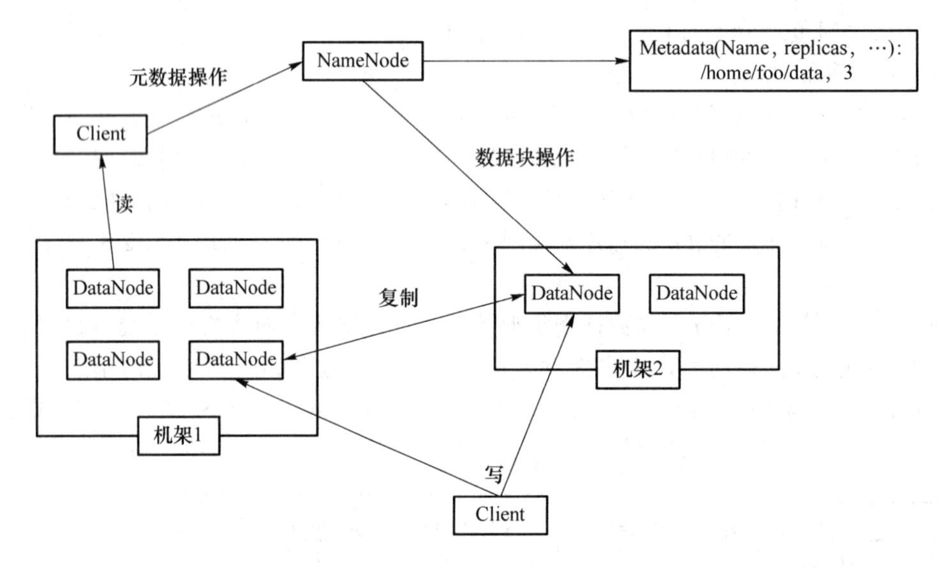

图 11.6 HDFS 体系结构

HDFS 采用主从(Master/Slave)式架构，包含三个重要的角色：NameNode、DataNode 和 Client。Client 是需要获取分布式文件系统文件的应用程序。

NameNode 作为中心服务器，是 HDFS 中的管理者，主要负责管理文件系统中的命名空间和特定 DataNode 的映射，同时管理用户对文件进行打开、关闭、重命名文件等操作。在 NameNode 上，文件系统的 Metadata 存储于内存中，Metadata 中包含了文件信息、文件对应的文件块的信息和文件块在 DataNode 中的信息等。

DataNode 用来存储数据。在 HDFS 中，需要将存储的文件分成一个或多个数据库，存储在多个 DataNode 上。DataNode 是保存文件数据的基本单元，文件的数据块就存储于 DataNode 的本地文件系统中。DataNode 同时保存数据块的元数据，并将所存储的数据块信息周期性地发给 NameNode。DataNode 接收并处理来自分布式文件系统 Client 的读写请求，并在 NameNode 的统一调度下创建、删除和复制数据块。

3) 云数据管理技术

当前，常见的云数据管理技术有 Google 的 BigTable，Hadoop 开发的开源数据管理模块 HBase 等。这里以 BigTable 为例进行简单介绍。BigTable 是建立在 GFS、Scheduler、Lockservice 和 MapReduce 之上的一个大型分布式数据库，它将所有数据都作为对象来处理，形成了一个巨大的表格，用来管理结构化数据。Google 对 BigTable 的定义：BigTable 是一种为了管理结构化数据而设计的分布式存储系统，其被设计成能够可靠地处理 PB 的数据并能部署在上千台机器上。

BigTable 的数据模型是一个稀疏的、分布式的、持续的多维度排序 Map，Map 由 key 和 value 组成，其通过行关键字、列关键字和时间戳实现数据检索功能，因而其存储结构可表示为

```
(row:string,column:String,time:int64)→String
```

BigTable 是在 Google 的其他基础设施之上构建的，其包括三个主要的组件：一个主服务器、多个子表服务器和链接到客户程序中的库。主服务器主要负责：管理元数据并处理来自客户端关于元数据的请求；为子表服务器分配表；检查新加入的或过期失效的子表服务器；对子表服务器进行负载均衡等。子表服务器主要用于存储数据并管理子表，每个子表服务器都管理一个由上千个表组成的集合，并负责处理子表的读写操作，以及当表数量过大时对其进行的分割操作。由于客户端读取的数据都不经过主服务器，即客户程序不必通过主服务器获取表的位置信息而直接与子表服务器进行读写操作，因而大多数客户程序完全不需要和主服务器通信，从而有效降低了主服务器的负载。

2. 云计算安全

信息安全管理是一项重要的活动，它致力于控制信息的供应并防止未经授权的使用。

安全措施的目的是要保护数据的价值，这种价值取决于机密性、完整性和可用性三个方面。根据云数据的部署特点，可以看到云数据具有高度可用性、数据冗余性、数据保密性等特性，而且这些特性都与信息安全中的保密性和可靠性十分相关。因此，为保证云数据的安全问题，就必须妥善地解决云计算平台的安全问题，以达到信息安全的五个基本要素的要求，即实现云计算平台的可用性、可控性、完整性、保密性和不可抵赖性。

1）云计算安全需求

云计算作为一种基于互联网的计算方式，对用户数据的隐私保护问题显得尤其突出。在云计算中，由于用户不仅数据完全存储在云端，而且计算过程也全部在云端进行，因此，云计算对于用户数据隐私保护比传统的 Web 应用有着更为严格的要求。例如：由于用户的数据存在大量的商业利益，许多黑客以此为攻击目标，在获得用户的数据后将其倒卖以获得利益；云计算服务商往往使用数据挖掘等技术手段，对用户的数据进行统计与挖掘，获取用户的行为数据；云服务商中的工作人员由于利益或者其他原因，也常常会对存储在云端的数据进行侵犯。而云计算的通用性、虚拟性、共享性等特点，又导致了传统系统中的隐私保护技术往往无法使用在云数据中。由此可见，隐私保护问题已经成为阻碍云计算发展的主要问题之一，不解决云数据的隐私保护问题，云计算的推广与应用将会受到很大阻碍。

在云计算环境下，用户将他们的数据迁移到云计算平台后，数据和信息管理流程将对这些用户不再透明，用户将不再知道自己的数据存储在哪里、被怎么存储的、谁在处理、有没有备份等信息。这个问题同时也是云计算系统中诸多安全挑战的最主要根源。另外，建立云计算服务提供商和用户之间的信任需要相当长的一段时间，且需要云服务产业链各个环节的企业和组织共同努力。当然，有效地解决上述问题和挑战也是必不可少的。

另外，随着云计算规模的不断扩大，越来越多具有不同属性、不同权限的用户开始使用云计算。正因为如此，数据资源的安全共享也变得越来越困难。面对众多不同属性的用户，如何在云计算中实现数据资源的安全共享也成为一大难题。在云计算中，不同权限的用户在共享某一数据资源时，因为用户权限的不同，其所得到此数据资源的内容也不同。但是，传统的安

全机制在云计算中难以保证数据资源的这种安全共享，因此，基于云计算的安全共享机制也成为研究的一大热点。

2）云计算安全威胁

云计算给互联网带来颠覆性的改变，但同时引发了新的安全问题。下面将分别从云计算网络层面、主机层面、应用层面介绍云计算环境中数据资源所面对的安全威胁。

（1）云计算网络层面的数据安全风险

因为私有云的所有者不需要与其他组织或企业共享任何资源，私有云又是企业或组织专有的计算环境，所以我们不需要考虑在这种新模式下所带来的新漏洞或者特定拓扑结构的危险变化。因此，这里主要讨论云计算模式给公有云带来的数据安全威胁，主要包括以下四个方面。

① 确保服务提供商传输数据的保密性及完整性。由于公有云需要对外部用户提供相关资源和开发所需服务，所以公有云中的数据资源会面对来自网络外部的访问。2008 年 12 月的亚马逊 Web 服务漏洞是第一个该方面的安全威胁。另外，在云计算系统中，计算节点之间的互联互通往往会跨越非安全的公共网络，因此在数据传输过程中面临着窃听、篡改、损毁等各种风险。从原理上说，若要保证数据传输的安全，则需要保证在发包端、收包端和包传输全过程三个方面的安全。对于发包端和收包端来说，可以通过基于终端的安全措施来保护数据传输在发送和接收过程中的安全性，如安全输入输出、内存屏蔽、存储密封等。云计算系统中结点之间的数据传输可以通过加密隧道技术来保证数据传输的机密性，通过数字摘要、数字证书和数字时间标签来保证数据的完整性和不可篡改性。

② 确保服务提供商对所有的资源都提供适当的访问控制，包括审计、认证和授权。由于部分资源，甚至全部资源是暴露在公有云中的，对云计算服务提供商的审计、监控变得相当困难。同时，数据在公有云中会接受所有用户的访问申请，如果用户访问到不属于自己的数据就会泄露别人的隐私，因此，服务提供商需要对数据资源进行适当的访问控制，使得每个用户只能访问到自己拥有的数据，而不能跨用户访问。

③ 确保云计算中的公有云资源具备可用性。众多的用户数据和资源被公开在公有云上，如何保证所有合法用户能正常访问服务提供商的数据资源成为云计算安全的关注点之一。DoS 和 DDoS 就是两种严重破坏资源可用性的网络攻击。

④ 域管理来代替现有的网络层面模型。随着云计算的发展，传统网络区域的概念逐渐被取代，云计算中的 IaaS 和 PaaS 将不再按照传统意义上的网络层来进行划分。域成为云计算网络管理的一个重要措施。域具有排他性，只允许特定角色访问指定的区域。同理，域管理下的数据根据其自身所处位置的不同也只能访问特定层面的数据。建立在 IaaS 和 PaaS 基础上的 SaaS 也具备上述域管理的特点。因此，传统意义上的网络层逐渐通过云计算环境中的安全域进行逻辑隔离，但是与传统隔离不同，云计算环境中不同层的系统在主机层面上并不一定是物理隔离的。在公有云中则只是针对不同的系统提供了逻辑隔离。

（2）云计算主机层面的数据安全威胁

云计算中的主机层面目前没有碰到专门的新威胁，但是虚拟化技术的引入给公有云计算环境带来了主机方面的安全风险。并且云计算提供的服务模式需要服务提供商能够及时且迅速地配置虚拟机资源，以及实现实时的动态迁移，因此，及时更新主机的漏洞补丁也开始变得困难。此外，云计算资源包括了成千上万的主机，包括虚拟机和硬件服务器，并且这些主机在同一个云计算环境中会使用相同的系统配置，这意味着云计算中存在“高速攻击”的风险，攻破主机系统的风险将被放大化。

① SaaS 和 PaaS 的主机安全。黑客容易利用云计算平台中的主机、操作系统信息来入侵云计算服务提供商的云计算平台，但是由于数据资源共享机制，Iaas 和 PaaS 中的用户对主机安全变得不敏感，大多数的主机安全任务仍由云计算服务提供商来承担。为了防止主机服务器相关信息的泄露，云计算服务提供商在云计算平台中采用逻辑上的抽象分层技术来加强对云计算用户的管理。但 SaaS 和 PaaS 有一些明显的区别：SaaS 用户不能访问到主机系统的任何信息，实现了完全的逻辑隔离；而 PaaS 的用户可以通过云计算服务提供商开放的 PaaS 平台接口访问到部分关于服务器的信息。总之，SaaS 和 PaaS 的用户和云计算服务提供商的合作者需要做好对云计算平台的安全审核，以确保主机服务器的安全。

② IaaS 的主机安全。为了实现云计算环境中数据资源的共享，虚拟化技术发挥着至关重要的作用，这方面的技术包括 Vmware 和 Xen 等。因此，虚拟化技术的安全也是 IaaS 的安全因素之一。从云计算平台的角度来看，云计算系统最基本的单元就是虚拟机。当一个数据文件初次存储到云计算系统中时，它会被分割成若干个碎片并存储在不同的虚拟机上，并在各个虚拟机上并行地完成对文件碎片的操作。文件分割、存储和计算管理的全部流程都是由云计算平台来负责的。来自不同公司的重要数据和文件可能会被存储在同一个虚拟机上，因此数据隔离和数据保护就显得非常重要了。虚拟机本身往往会附带一系列的数据管理系统，可以实现一定的数据加密、数据访问控制和数据隔离功能。除此之外，虚拟防火墙可以实现针对单个虚拟机设置安全策略和访问控制策略。另外，云计算系统中的虚拟机可以被分成若干组，并配置不同的安全级别，如不同的加密强度、数据备份、数据恢复设置。用户数据在初次存储到云计算系统中的时候，系统可以根据用户的服务级别将用户数据存储在不同的虚拟机组中，从而实现服务分级和安全保护分级。

(3) 云计算应用层面的数据安全威胁

应用程序或软件安全是云数据安全解决方案的关键，但是大多数安全方案没有充分考虑应用层面的安全问题。应用程序包括从单机单用户到复杂的、有几百万用户的多用户，现阶段的网络应用程序就是多用户应用程序的典型实例，例如，CRM 系统、Wiki、门户网站、BBS、社交网络。很多企业也开始利用不同的网络框架(PHP、. NET、J2EE、Ruby on Rails、Python)开发和维护一些网络应用程序。目前，网络漏洞攻击快速增长，多种新的网络渗透方法涌现，云计算模式中的网络应用程序急需受到严格的安全管理。此外，云计算软件服务提供商通过基于 Web 的“瘦”客户端为用户提供鉴权、登录和应用是非常常见的场景。但由于 Web 浏览器本身的脆弱性，Wcb 应用程序很容易被植入恶意代码而对用户和云计算软件服务提供商带来损失。Web 应用程序防火墙可以良好地防范一些基于 Web 的常见攻击，如跨网站脚本攻击、SQL 注入攻击等。

3) 云计算安全技术

为了给云用户提供全面的数据安全保护，用户与云之间的双向身份认证、针对云计算环境各层服务的安全机制等均是必须考虑的关键技术。下面将针对以数据安全保护为主要目标的云安全架构、云计算中的身份认证技术、静态数据的保护、动态数据的保护进行详细叙述和分析。

(1) 以数据安全保护为主要目标的云安全架构

数据安全和隐私保护是用户最为担心的云安全问题，目前已有研究者提出以数据安全保护为主要目标的云安全架构，其中一种架构是 DSLC(Data Security Life Cycle)，其需要管理策略、关键技术、监控机制来共同保障。该架构对云中数据进行保护的思路分为三个步骤：第一，获得云中数据的存储、传输、处理的相关信息，这样做是由于数据在不同云服务中的表现形式有所不同；第二，建立数据安全生命周期，包括创建、存储、使用、共享、归档和销毁六个阶段；第三，对数据安全生命周期中的每个阶段均明确数据安全保护机制，将行为实施者（可以是用户、用户、系统/进行等）对数据的操作定义为 functions，而安全机制则定义为 controls，并将所有可能的行为限制在允许的行为范围内。DSLC 的局限性是与云计算的体系结构联系不够紧密，安全机制针对性不强。

(2) 云计算中的身份认证技术

在云计算中，用户可能使用不同云服务提供商的服务，从而拥有不同的标识符，很容易造成混淆与遗忘。因此，采用联合身份认证技术实现跨云的服务访问，这要求在服务访问过程中能够协调各个云之间的认证机制。公钥基础设施（PKI）能根据特定人员或具有相同安全需求的特定应用提供安全服务，包括数据加密、数字签名、身份识别以及所必需的密钥证书管理等。因此，基于 PKI 的联合身份认证技术被广泛用于云中。

虽然 PKI 能够使得云服务提供商方便地验证用户的证书，但用户群巨大。由于用户所归属的信任域众多，用户和云服务提供商的信任关系动态变换，PKI 的效率，证书的撤销等问题，将会使 PKI 系统设计和实现的复杂度迅速增大。为了降低基于证书的 PKI 实现复杂度，基于身份的密码学（Identity Based Cryptography，IBC）被应用到云计算环境下的用户认证，IBC 不使用证书，用户的公钥可直接从用户的身份信息中提取。

(3) 静态数据的保护

云提供的存储服务，也称为数据即服务（DaaS），是云计算中 IaaS 的一种重要形式。借助于虚拟化和分布式计算与存储技术，云存储将廉价的存储介质整合为大的存储资源池，并向用户屏蔽硬件配置、数据分配、容灾备份等细节。用户租用存储资源放置自己的数据，并且可以远程进行访问。云存储中的数据是静态数据，数据的机密性、可取回性、完整性、隐私性、安全问责等均是用户关注的安全问题。

对于数据保密性问题，一种直观的方式是由用户对数据进行加密。由于加密数据无法用传统的基于明文关键字进行检索，所以密文检索成为一个研究热点。基于安全索引的方法通过为密文关键字建立安全索引，检索索引查询关键字是否存在。基于密文扫描的方法对密文中每个单词进行比对，确认关键字的存在，并统计出现次数。还有一种保证机密性的方法是通过访问控制机制来实现。由于云服务提供商拥有管理员权限，用户无法相信云服务提供商会诚实地实施用户定义的访问控制策略，而传统的访问控制类手段无法解决这一问题，因此，基于密码学的访问控制策略开始出现，例如，将用户密钥或密文嵌入访问控制树，访问者只有具有树节点所代表的所有属性，才能获得访问权限。

针对数据丢失问题，云服务提供商会由于商业利益，竭力隐瞒数据丢失事故，因此，对于用户来说，希望能够验证其数据的完整性。如果将数据全部下载来进行验证，通信开销会比较大，因此，某种形式的挑战—应答协议被应用到完整性验证算法中，使云用户在取回很少数据的情况下，通过基于伪随机抽样的概率性检查方法，能够以高置信概率判断远端数据是否完整。

在数据隐私保护方面，用户希望云服务提供商除检索结果之外一无所知，即不能通过对用户数据的搜集和分析，挖掘出用户隐私。常采用的方法有 K-匿名、l-多样性、差分隐私等。

(4) 动态数据的保护

为了保护动态数据的机密性,密文处理技术是一种直接的方法。IBM研究院Gentry利用"理想格"构造隐私同态(Privacy Homomorphism)算法,也称为全同态加密算法,使人们可以充分地操作加密状态下的数据,在理论上取得了一定突破。Sadeghi将全同态加密与可信计算技术相结合,为云用户提供了可信的云服务。上述方案虽然实现了理论上的突破,但由于效率问题,距离实际应用很遥远。如果数据在计算时解密,以明文形式驻留在内存中,则机密性和完整性的保护需要依赖其他的安全机制。因此,一些基于策略模型的安全机制常用来保护云服务中的动态数据。

① 隔离机制。保护云服务中的动态数据的一种思路就是采用沙箱机制对云应用进行隔离。Cyber Guarder是一个虚拟化安全保护框架,在操作系统用户隔离方面,它采用Linux自带的chroot命令创建了一个独立的软件系统的虚拟复制。chroot命令可更改根路径到新的指定路径,并由超级用户执行此命令。经过chroot命令后,在新的根目录下,将访问不到旧系统的根目录结构和文件。

② 访问控制模型和机制。访问控制仍然是云服务中的基本安全机制之一,通过访问权限管理来实现系统中数据和资源的保护,防止用户进行非授权的访问。但是,云计算系统具有高度的开放性、动态性和异构性,对数据进行保护时要考虑不同的参与者、安全策略和使用模式等,这些特点对传统的访问控制模型,如强制访问控制(MAC)、自主访问控制(DAC)和基于角色的访问控制(RBAC)提出了新的挑战。在SaaS应用中,最常用的访问控制模型是RBAC模型,为了解决传统模型在开放、动态环境中的缺陷,研究者对其进行了改进。由于不同云用户安全策略的差异性,为所有云用户建立统一的访问控制模型显然不合理。大多数的方案是按云用户进行信任域的划分,再解决跨域的访问控制问题。在云计算中,云用户和服务提供商各方既要提供必需的资源以完成用户的任务,又需要保证他们提供的资源不被对方非法利用。上述场景需要更细粒度的访问控制策略,但在访问控制模型中,一般对权限的设置是允许或禁止,更细粒度的访问控制策略会大大提高模型的复杂度。

③ 基于信息流模型的数据安全保护机制。信息流控制(Information Flow Control,IFC)通过追踪系统中的数据蔓延过程,允许不可信的代码对机密数据进行访问,并阻止代码将机密数据传播给非授权的主体。IFC比访问控制机制更便于实现细粒度的数据保护,为了将IFC模型用于动态、协作的分布式计算系统中,Mayer等在2000年提出了分布式信息流控制(Decentralized Information Flow Control,DIFC),对主体、标记、安全策略、标记传递规则分别进行描述,并建立它们之间的内在联系。DIFC具有两个突出特点:安全策略由用户自主制定,不需要CA集中授权,这一特点使其适用于用户数量多、用户安全需求复杂的云计算系统;虽然是分散授权,但能够明确策略的执行点,策略执行由可信的小部分代码实现,易被监控。

本章小结

本章主要从数据备份与恢复、云计算安全两个角度介绍数据安全的相关知识。在数据备份与恢复方面,重点介绍数据备份类型和数据灾备技术。在云计算安全方面,首先介绍云计算相关概念及体系结构,然后分别从云数据存储和云数据管理角度介绍云数据存储与管理相关技术,最后介绍当前云计算面临的安全威胁以及常用的安全技术。

本 章 习 题

1. 请简述什么是数据备份，为什么需要数据备份，数据备份与数据复制有什么不同？

2. 数据备份技术有哪几种分类方式，每种分类方式是如何进行划分的，各有什么优缺点？

3. 请简述完全备份、增量备份、差分备份这三种备份的思路，并说明三种备份有哪些不同，各自又有哪些优缺点？

4. 什么是数据容灾，当前主要的数据容灾技术有哪些？

5. 什么是云计算，云计算有哪些主要的特点？

6. 什么是公有云、私有云、混合云？

7. 请说明云计算体系结构中 SaaS、PaaS、IaaS 的含义，以及它们主要有什么功能？

8. 当前的云存储和管理技术有哪些，请简述其主要思想。

9. 请简述云计算安全面临的安全威胁。

10. 当前解决云计算安全有哪些技术？

第12章 操作系统安全

本章学习要点	• 了解操作系统安全概念和目标； • 了解操作系统安全的安全策略与模型； • 了解 Windows 操作系统的安全性； • 了解 Linux 操作系统的安全性。

12.1 操作系统安全的基本概念和原理

操作系统是计算机软件的基础，它直接与硬件设备进行交互，处于软件系统的最底层。操作系统的安全性在计算机系统的整体安全性中具有至关重要的基础作用，是整个网络信息安全的基石。例如，访问控制和加密保护是解决计算机安全问题经常要考虑的两个问题，但如果没有操作系统对强制安全性和可信路径的支持，用户空间中的访问控制和加密保护机制是不可能安全实现的。

操作系统安全的主要目标有以下四个：

① 按系统安全策略对用户的操作进行访问控制，防止用户对计算机资源的非法访问（窃取、篡改和破坏等）；

② 实现用户标识和身份认证；

③ 监督系统运行的安全性；

④ 保证系统自身的安全性和完整性。

操作系统安全通常包含两层含义：第一层是指在设计操作系统时，提供的权限访问控制、信息加密保护、完整性鉴定等安全机制所实现的安全；第二层是指操作系统在使用过程中，应通过系统配置，确保操作系统尽量避免由于实现时的缺陷和具体应用环境因素而产生的不安全因素。

（注：在本章中，大多数的 Windows 与 Windows 操作系统、Linux 与 Linux 操作系统含义相同）

1. 操作系统安全的概念

实现操作系统安全这一目标，需要建立相应的安全机制。这将涉及许多概念，包括隔离控制、访问控制、最小特权管理、日志与审计、标识与鉴别、可信路径、隐蔽信道和后门程序、访问监视器和安全内核、可信计算基等。

1）隔离控制

操作系统安全最基本的保护方法就是隔离控制，即保持一个用户的对象独立于其他用户。在操作系统中通常有以下四种隔离方法：

① 物理隔离：指不同的进程使用不同的物理对象。例如，不同安全级别的输出需要不同的打印机。

② 时间隔离：指具有不同安全要求的进程在不同的时间段被执行。

③ 逻辑隔离：指用户感受不到其他进程的存在，因为操作系统不允许进程进行越界的互相访问。

④ 密码隔离：指进程以外部其他进程不能理解的方式隐藏本进程的数据和计算的活动。例如，把文件、数据加密。

上述四种隔离控制方法的实现复杂度依次递增，同时，前三种方法提供的安全程度按序递减，而且前两种方法由于过于严格，将导致资源利用率大幅降低。

2）访问控制

访问控制是现代操作系统常用的安全控制方式之一，它是指在身份识别的基础上，根据身份对提出资源访问的请求加以控制。它基于对主体（及主体所属的主体组）的识别，来限制主体（及主体所属的身份组）对客体的访问，还要校验主体对客体的访问请求是否符合访问控制的规定，从而决定对客体访问的执行与否。访问控制的基础是主客体的安全属性。

主体是一种实体，可引起信息在客体之间流动。通常地，这些实体指人、进程或设备等，一般指的是代表用户执行操作的进程。例如，编辑一个文件时，编辑进程是访问文件的主体，文件则是客体。当主体访问客体时必须注意以下三点。

① 访问是有限的，不宜在任何场合下都永远保留主体对客体的访问权。

② 遵循最小特权原则，不能进行额外的访问。

③ 访问方式应该予以检查，也就是说，不仅要检查是否可以访问，还要检查允许何种访问。

3）最小特权管理

为使系统能够正常地运行，系统中的某些进程需要具有一些可以违反系统安全策略的操作能力，这些进程一般是系统管理员/操作员进程。

在现有的多用户操作系统中，如 UNIX、Linux 等，超级用户具有所有特权，普通用户不具有任何特权。也就是说，一个进程要么具有所有特权（超级用户进程），要么不具有任何特权（普通用户进程）。这种特权管理方式便于系统维护和配置，但不利于系统的安全防护。一旦超级用户的口令丢失或超级用户权限被侵占，将会造成重大损失。此外，超级用户的误操作也是系统的潜在安全隐患。因此，必须实行最小特权管理机制。

最小特权管理就是指系统中每一个主体只拥有与其操作相符且必需的最小特权集。如将超级用户的特权划分为一组细粒度的特权，分别授予不同的系统管理员/操作员，使各种系统管理员/操作员只具有完成其任务所需的特权。

4）日志与审计

系统日志是记录系统中硬件、软件和系统问题的信息，同时还可以记录系统中发生的事件。用户可以通过系统日志来检查系统错误的产生原因，同时也可以利用系统日志来查询系统违规操作或者受到攻击时留下的痕迹。系统日志通常是审计最重要的数据来源。审计是操作系统安全的一个重要内容，所有的安全操作系统都要求用审计方法监视与安全相关的活动。

5）标识与鉴别

标识与鉴别用于保证只有合法用户才能进入系统，进而访问系统中的资源。标识与鉴别是涉及系统和用户的一个过程，系统必须标识用户的身份，并为每个用户取一个名称——用户标识符，用户标识符必须是唯一且不能被伪造的。将用户标识符与用户联系的动作称为鉴别，用于识别用户的真实身份。

在操作系统中，鉴别一般是在用户登录时完成的。对于安全操作系统，不但要完成一般的用户管理和登录功能，例如，检查用户的登录名和口令，赋予用户唯一标识用户ID、组ID等，还要检查用户申请的安全级、计算特权集，赋予用户进程安全级和特权集标识。检查用户安全级就是检验本次申请的安全级是否在系统安全文件中该用户定义的安全级范围之内，若是在定义的安全级范围内则系统将同意用户的本次登录，否则系统将拒绝用户的本次登录。若用户没有申请安全级，则系统将取出缺省安全级作为用户本次登录的安全级，并赋予其用户进程。

具体而言，系统创建登录进程提示用户输入登录信息，登录进程检测到输入时，调用标识与鉴别机制进行用户身份验证。标识与鉴别机制根据用户的身份信息(登录名)和身份验证信息(口令)验证用户身份的合法性，同时检验用户申请登录的安全级是否有效、合法，并将验证结果返回登录进程。若用户的身份合法，则登录进程创建一个新进程(用户Shell)，并将其安全级设置为用户的登录安全级。

6）可信路径

在计算机系统中，用户是通过不可信的中间应用层与操作系统进行交互的。用户在进行用户登录，定义用户的安全属性，改变文件的安全级等操作时，必须确信自己是在与安全内核通信，而不是与一个木马病毒通信。系统必须防止木马病毒模拟登录过程套取用户的口令。特权用户在进行特权操作时，系统也要提供方法证实从终端输出的信息是来自正确的用户的，而不是来自木马病毒。上述要求需要一种机制保障用户与安全内核之间的通信，这种机制就是由可信路径提供的。

可信路径是一种实现用户与可信软件之间进行直接交互作用的机制，它只能由用户或可信软件激活，不能由其他软件模仿。

可信软件是指由可信人员根据严格标准开发出来的，并且经过先进的软件工程技术(形式化的安全模型的设计与验证)验证了安全性的软件，如操作系统。不可信软件分为良性软件(灰色安全软件)和恶意软件。良性软件是指不能确保该软件的安全运行，但是其差错不会损害操作系统。恶意软件是指能够破坏操作系统的程序。

7）隐蔽通道和后门程序

隐蔽通道和后门程序与木马病毒一样，是与操作系统安全十分密切的另外两个概念。

隐蔽通道可定义为系统中不受安全策略控制的、违反安全策略的信息泄露路径，它允许进程以违反安全策略的方式传输信息。

后门程序是指嵌入在操作系统里的一段代码，渗透者可以利用该程序逃避审查，侵入操作系统。后门程序由专门的命令激活，一般不会有人发现它。渗透者可通过后门程序获取渗透者所没有的特权。

8）访问监视器和安全内核

访问监视器是安全操作系统的基本概念之一，它用于监控主体和客体之间的授权访问关系，是一种负责实施安全策略的软件和硬件的结合体，其功能结构如图12.1所示。访问控制数据库中包含主体访问客体方式的信息，该数据库是动态的，随主体和客体的产生或删除及权限的修改而改变。访问监视器控制从主体到客体的每一次访问，并将重要的安全事件存入审计文件之中。

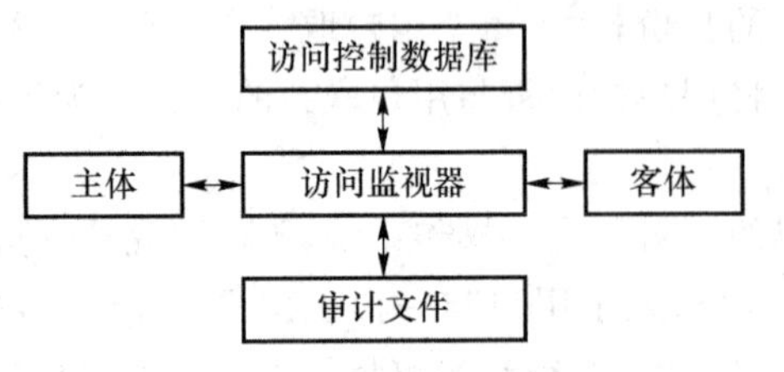

图 12.1　访问监视器的功能结构

访问监视器是理论概念，安全内核是实现访问监视器的一种技术。安全内核必须被适当地保护（如不能被篡改），同时必须保证访问不能绕过安全内核。此外，安全内核必须尽可能小，以便进行正确性验证。安全内核的软件和硬件是可信的，处于安全周界内，但操作系统和应用程序均处于安全周界外。操作系统和应用程序的任何错误均不能破坏安全内核的安全策略。

访问监视器和安全内核必须符合以下三条基本原则：

① 完整性：它不能被绕过。

② 隔离性：它不能被篡改。

③ 可验证性：要能证明它被合理使用。

9）可信计算基

可信计算基（TCB）是指计算机系统内保护装置的集合，包括硬件、固件、软件和负责执行安全策略的组合体。它建立了基本的保护环境并提供可信计算系统所要求的附加用户服务。具体而言，可信计算基由以下七个部分组成：

① 操作系统的安全内核；

② 具有特权的程序和命令；

③ 处理敏感信息的程序，如系统管理命令；

④ 与 TCB 实施安全策略有关的文件；

⑤ 构成系统的固件、硬件和有关设备；

⑥ 负责系统管理的人员；

⑦ 保障固件和硬件正确的程序与诊断软件。

其中，可信计算基的软件部分是安全操作系统的核心内容，它包括以下五个方面：

① 安全内核；

② 标识和鉴别；

③ 可信登录路径；

④ 访问控制；

⑤ 审计。

2. 操作系统的安全配置

评估操作系统安全性能的重要指标是其安全级别。除了操作系统所能提供的安全性功能外，还有一个影响操作系统安全性能的重要因素，就是在利用操作系统提供的安全性功能时，在实际配置中产生的安全隐患问题。

操作系统的安全配置主要有三个方面的问题：操作系统访问权限的设置问题、操作系统的及时更新问题以及如何利用操作系统提供的功能有效防范外界攻击的问题。

① 操作系统访问权限的设置问题是指如何利用操作系统提供的访问控制功能，为用户和文件系统设置恰当的访问权限。由于目前流行的操作系统多数提供自主访问控制，对于用户

和重要文件的访问权限设置是否恰当，将直接影响系统的安全性、稳定性和信息的完整性、保密性。操作系统不同，其安全设置也有所区别。

② 操作系统的及时更新问题是系统安全管理方面的一个重要问题。及时更新操作系统，会使系统的稳定性、安全性得到提高。目前，各主流操作系统都建立了自己的更新网站，用户定期访问相应网站或订阅相应操作系统的邮件，就可及时发现新的安全漏洞，并采取相应的措施进行修复。

③ 有效防范外界攻击的问题，主要是指防范各种可能的攻击。目前，利用操作系统和TCP/IP的各种缺陷进行攻击的方法不断出现。如何在不影响系统功能的情况下，对这些攻击进行安全的防范，也是后续将要讨论的问题。

3. 操作系统的安全设计

开发一个安全的操作系统可分为四个阶段：建立安全模型、进行系统设计、可信度检查和系统实现。安全模型就是对安全策略所表达的安全需求所做的简单、抽象和无歧义的描述，包括机密性、完整性和可用性。安全模型一般分为两种：非形式化的安全模型和形式化的安全模型。非形式化的安全模型仅模拟系统的安全功能；形式化的安全模型则使用数学模型，精确地描述系统的安全功能。目前公认的形式化安全模型主要有以下五种：状态机模型、信息流模型、非干扰模型(Non-Interference Model)、不可推断模型、完整性模型。

建立了安全模型之后，结合系统的特点选择一种实现该安全模型的方法，使得开发后的安全操作系统具有最佳安全/开发代价比。根据安全模型，系统设计和实现要考虑的内容包括但不限于：

① 对所有主体和客体实施强制访问控制；

② 实施强制完整性策略保护数据完整性；

③ 实现标识/鉴别与强身份认证；

④ 实现客体重用控制；

⑤ 实现隐蔽存储通道分析；

⑥ 建立完备的审计机制；

⑦ 建立完备的可信通路；

⑧ 实现最小特权管理；

⑨ 提供可靠的密码服务。

最后是安全操作系统的可信度检查和认证。安全操作系统设计完成后，要进行反复的测试和安全性分析，并提交权威评测部门进行安全可信度认证。

4. 操作系统安全性的设计原则及方法

操作系统的设计是异常复杂的，它要处理多任务、各种中断事件，并对底层的文件进行操作，又要求尽可能少的系统开销，以提供高响应速度。若在此基础上再考虑安全的因素，就会极大地增加操作系统的设计难度。因此，接下来我们首先讨论通用操作系统的设计方法，然后讨论用户资源共享及用户域的分离问题，最后探讨在操作系统内核中提供安全性的有效方法。

在通用操作系统中，除了实现基本的内存保护、文件保护、访问控制和用户身份认证外，还需考虑诸如共享约束、公平服务、通信与同步等问题。在设计操作系统时，可从以下三个方面进行思考：

① 隔离性：解决最少通用机制的问题。

② 内核机制：解决最少权限及经济性的问题。

③ 分层结构:解决开放式设计及整体策划的问题。

1) 隔离性

进程间彼此隔离的方法有物理分离、时间分离、密码分离和逻辑分离,一个安全操作系统可以同时使用这四种形式的分离,常见的有虚拟存储和虚拟机方式。

虚拟存储最初是为提供编址和内存管理的灵活性而设计的,但它同时也提供了一种安全机制,即提供了逻辑分离。每个用户的逻辑地址空间通过存储机制与其他用户分隔,用户程序看似运行在一台单用户的计算机上。

虚拟存储的概念进行扩充,即系统通过为用户提供逻辑设备、逻辑文件等多种逻辑资源,就形成了虚拟机的隔离方式。虚拟机提供给用户一台完整的虚拟计算机,这样就实现了用户与计算机硬件设备的隔离,减少了系统的安全隐患,当然同时也增加了这个层次上的系统开销。

2) 内核机制

内核是操作系统中完成最底层功能的部分。在通用操作系统中,内核操作包含进程调度、同步、通信、消息传递及中断处理。安全内核则是负责实现整个操作系统安全机制的部分,提供硬件、操作系统及系统中其他部件间的安全接口。安全内核通常包含在系统内核中,而又与系统内核在逻辑上分离。安全内核在系统内核中增加了用户程序和操作系统资源间的一个接口层,它的实现会在某种程度上降低系统性能,且不能保证内核包含所有安全功能。安全内核具有如下六个特性:

① 分离性:安全机制与操作系统的其余部分及用户空间分离,可防止操作系统和用户空间互相侵入。

② 均一性:所有安全功能都可由单一的代码集完成。

③ 灵活性:安全机制易于改变、易于测试。

④ 紧凑性:安全功能核心尽可能小。

⑤ 验证性:由于安全内核相对较小,可进行严格的形式化证明其正确性。

⑥ 覆盖性:每次对被保护实体的访问都经过安全内核,可保证对每次访问进行检查。

3) 分层结构

分层结构是一种较好的操作系统设计方法,每层设计为外层提供特定的功能和支持的核心服务。安全操作系统的设计也可采用这种方式,在各个层次中考虑系统的安全机制。在进行系统设计时,可先设计安全内核,再围绕安全内核设计操作系统。在安全分层结构中,最敏感的操作位于最内层,进程的可信度及访问权限由其邻近的中心决定,更可信的进程更接近中心。

用户认证在安全内核之外实现,这些可信模块必须提供很高的可信度。可信度和访问权限是分层的基础,单个安全功能可在不同层的模块中实现,每层中的模块可完成具有特定敏感度的操作。较为合理的方案是先设计安全内核,再围绕它设计操作系统,这种设计方式称为基于安全的设计。

已设计完成的操作系统,最初可能并未考虑某种安全设计,但又需要将安全功能加入原有的操作系统模块中。这种加入可能会破坏已有的系统模块化特性,而且使加入安全功能后的内核的安全验证更加困难。折中方案是从已有的操作系统中分离出安全功能,建立单独的安全内核。

12.2　安全策略与安全模型

1. 安全策略

安全策略是指有关管理、保护和发布敏感信息的法律、规定和实施细则。例如，可以将安全策略定义为：系统中的用户和信息被划分为不同的层次，一些级别比另一些级别高；如果主体能读访问客体，那么当且仅当主体的级别高于或等于客体的级别；如果主体能写访问客体，那么当且仅当主体的级别低于或等于客体的级别。

如果说一个操作系统是安全的，那么是指它满足某一给定的安全策略。另外，在进行安全操作系统的设计和开发时，也要围绕一个给定的安全策略进行。安全策略由一整套严密的规则组成，这些确定授权访问的规则是决定访问控制的基础。许多系统的安全控制失败，主要不是因为程序错误，而是因为没有明确的安全策略。

1）军事安全策略

军事安全策略是基于保护机密信息的策略。每条信息被标识为一个特定的等级，如公开、受限制、秘密、机密和绝密。这些等级构成了安全等级层次结构，如图12.2所示。

使用须知限制来限制访问：只有那些在工作中需要知道某些数据的主体才允许访问相应的数据。每条机密信息都与一个或更多的项目相关，这些项目被称为分隔项(Compartment)，它描述了信息的相关内容。例如，A项目要用到机密信息，而B项目也要用到机密信息，但是A项目中的员工并不需要访问B项目相关的机密信息。换句话说，两个项目都会使用机密信息，但每个项目只能访问与它相关的机密信息。分隔项以这种方式帮助实施须知限制，使人们只能访问那些与他们工作相关的信息。一个分隔项的信息可以只属于一个安全等级，也可以属于不同的安全等级。一个用户必须得到许可(Clearance)才能够访问相关信息。许可表明了可以信赖某人访问某个级别以下的相关信息，以及该人需要知道某些类的相关信息。

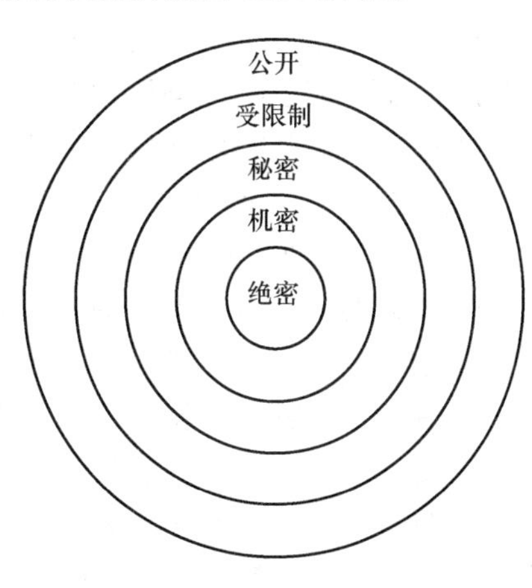

图12.2　安全等级层次结构

军事安全策略同时实施了安全等级要求和须知限制。安全等级要求是层次化的，因为它反映了安全等级的层次结构；而须知限制是非层次化的，因为分隔项不需要表现为一个层次结构。许可和分类通常由一些被称为安全职员的人控制，而不是由个人就能够随便改变的。

2）商业安全策略

企业非常关心安全问题，他们担心商业间谍会将自己正在开发的产品消息透露给自己的竞争对手。同样，企业通常也非常希望能够保护其金融信息的安全。因此，即便商业界不像军事领域那样严格苛刻和层次化，在商业安全策略中也会发现许多与军事安全策略相同的概念。例如，一个大的机构，如一家公司或一所大学，可能会被分成许多个组或者部门，并各自负责不同的项目。当然，还可能存在一些机构级的职责，如财务或者人事。位于不同级别的数据项具有不同的安全等级，例如，公共的、专有的或内部的。级别的名字可能会因组织的不同而不同，因此并没有一个通用的层次结构。

假设公共信息不如专有信息敏感，而专有信息又不如内部信息敏感。因此，项目和部门应尽可能被细分，其中可能存在一些人同时参与两个或者多个项目。机构级的职责趋向于涵盖所有的部门和项目，因为公司的所有人都需要财务或者人事数据，但是即便是机构级的数据也可能有敏感度。

商业信息安全和军事信息安全有两个很显著的区别。第一，在军事以外，"许可"通常没有正式的概念，也就是说，商业项目的人不需要得到中心安全职员的正式批准就可以访问某个项目。例如，在允许一个雇员访问内部数据之前不需要对其授予不同的信任度。第二，由于"许可"没有正式的概念，所以允许访问的规则并不太规范。例如，如果一个高级经理认为A需要访问某个项目的一段内部数据，那么他就会向B下达一个命令，表示允许A访问数据，并指出允许A访问的时限：要么只允许A访问一次，要么允许A一直访问这些数据。因此，大多数商业信息的访问不存在一个支配函数，因为没有正式的"商业许可"概念。

到目前为止，本书讨论的主要内容都只集中在读访问上，而且都只专注于安全方面的机密性。事实上，这种狭义的观点在现行的大多数计算机安全工作中都是正确的。然而，完整性和可用性在许多情况下和机密性至少是同等重要的。在军事和商业领域中，对完整性和可用性策略的阐述明显没有机密性策略那么详细。下面探讨一些有关完整性的实例。

（1）Clark-Wilson 商业安全策略

在很多商业应用中，完整性的重要性至少和机密性相当。财务记录的正确性、法律工作的精确性以及医疗的合适时间等都是各自领域中要完成的最基本的东西。Clark 和 Wilson 为他们提出的良构事务（Well-Formed Transaction）提供了一个策略，他们声称这个策略在各自领域中的重要性就像机密性在军事领域中一样。为了明白其中原因，考虑这样一个例子：一家公司预订货物，然后付款。典型的流程如下所示。

① 采购员先做一张供应订单，并把订单同时发给供货方和收货部门。

② 供货方将货物运到收货部门。接收员检查货物，确保收到货物的种类和数量是正确的，然后在送货单上签字，并把送货单和原始订单交给财务部门。

③ 供货方将发票送到财务部门。财务人员将发票同原始订单进行校对（校对价格和其他条款），并将发票同送货单进行校对（校对数量和品种），然后开支票给供货方。

流程运作的顺序非常重要。收货员在没有接收到与订单相符的货物之前是不能够签署送货单的，因为这样就等于允许供货方随便把他们想卖出去的任何货物卖给收货方。而财务人员在收到一份与实际收到货物相匹配的原始订单和送货单之前，也不能够开支票，因为如果没有订购某种货物，或者没有收到订购的货物，就不应该付款给供货方。而且在大多数实例中，原始订单和送货单都需要由某个被授权的人员来签署。委派专人按顺序准确执行以上步骤，就构成了一个良构事务。Clark-Wilson 商业安全策略的目标是使内部数据和外部（用户）期望保持一致。

Clark 和 Wilson 用受约束数据项来表达他们的策略，受约束数据项由转变程序（Transformation Procedure）进行处理。转变程序就像一个监控器，它对特定种类的数据项执行特定的操作，且只有转变程序才能对这些数据项进行操作。转变程序通过确认这些操作已经执行来维持数据项的完整性。Clark 和 Wilson 将这个策略定义为访问三元组（Access Triples）：＜Userid，Tpi，{Cdij，Cdik，…}＞，通过它将转变程序、一个或多个受约束数据项以及用户识别结合起来，其中用户是指已被授权且以事务程序的方式操作数据项的人。

（2）中国墙安全策略

Brewer和Nash定义了一个名为中国墙（Chinese Wall）的安全策略，这个安全策略反映了对信息访问保护的某种商业安全需求。商业安全需求反映了与某些特定人群相关的问题，这些人在法律、医疗、投资或者会计事务中有可能存在利益冲突。当一家公司的某个人获得了其竞争对手关于人力、产品或者服务的敏感信息时，利益冲突便随之产生了。

安全策略建立在以下三个抽象等级上：

① 对象（Object）：位于最低等级，例如文件，每个文件只包含一个公司的信息。

② 公司群体（Company Group）：位于第二个等级，由与一家特定公司相关的所有对象组成。

③ 冲突类（Conflict Class）：位于最高等级，相互竞争的公司的所有对象集合。

在这个模型中，每个对象都属于唯一的公司群体，而每一个公司群体又被包含在唯一的冲突类中。例如，假设一家广告公司有着几个分属于不同领域的客户：巧克力公司、银行和航空公司。该广告公司可能想要存储一些数据，这些数据和巧克力公司Suchard、Cadbury，银行Citicorp、Deutsche Bank、Credit Lyonnais，以及航空公司SAS有关。那么运用中国墙安全策略的等级结构，会形成六个公司群体（每个公司一个）和三个冲突类：{Suchard，Cadbury}，{Citicorp，Deutsche Bank，Credit Lyonnais}和{SAS}。这个层次结构将引导出一个简单的访问控制策略：只要一个人至多访问过一个冲突类中某一个公司的信息，那么他就可以访问该冲突类中的任何信息。也就是说，如果被访问的对象所属的公司群体中的某个对象已被访问过，或者这个对象所属的冲突类从未被访问过，那么就允许访问该对象。在上例中，最初可以访问任何对象。假设读了Suchard的一个文件，接下来的访问请求如果是针对银行或者SAS的，那么就会被许可，但是如果请求访问Cadbury就会被拒绝。接下来对SAS的访问不会影响将来的访问，但如果接下来访问了Credit Lyonnais上的文件，将来就不可以访问Deutsche Bank或者Citicorp。基于这个观点，广告公司只能访问和Suchard、SAS、Credit Lyonnais或者新定义的冲突类有关的对象。

中国墙安全策略在商业界中是非常有名的机密策略。和其他的商业策略不同，中国墙安全策略注重完整性。有趣的是，该策略的访问许可能动态地变化：当一个主体访问某些对象后，就不能够访问先前可以访问的这一类中的其他对象了。

2. 安全模型

安全模型是对安全策略所表达的安全需求的简单、抽象和无歧义的描述，为安全策略和安全策略实现机制的关联提供了一种框架。安全模型描述了对某个安全策略需要用哪种机制来满足，而安全模型的实现则描述了如何把特定的机制应用于系统中，从而实现某一特定安全策略所需的安全保护。

J. P. Anderson指出要开发安全系统首先必须建立系统的安全模型。安全模型给出了安全系统的形式化定义，并且正确地综合了系统的各类因素。这些因素包括系统的使用方式、使用环境类型、授权的定义、共享的客体（系统资源）、共享的类型和受控共享思想等。构成安全系统的形式化抽象描述，使得系统可以被证明是完整的、反映真实环境的、逻辑上能够实现程序的受控执行的。

安全模型有以下四个特点：

① 它是精确的、无歧义的；

② 它是简易和抽象的，所以容易理解；

③ 它是一般性的，只涉及安全性质，而不过度地牵扯系统的功能或其实现；

④ 它是安全策略的明显表现。

安全模型一般分为两种：非形式化的安全模型和形式化的安全模型。非形式化的安全模型仅模拟系统的安全功能；形式化的安全模型则使用数学模型，精确地描述安全性及其在系统中使用的情况。安全模型与安全操作系统开发过程如图 12.3 所示。

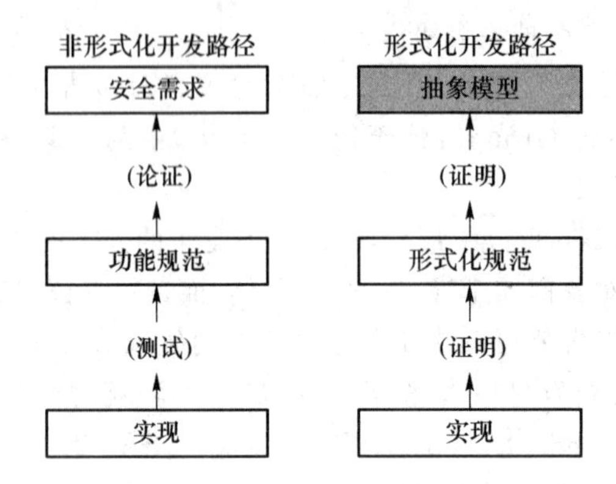

图 12.3　安全模型与安全操作系统开发过程

如图 12.3 所示，对于高安全级别的操作系统，尤其是以安全内核为基础的操作系统，需要用形式化开发路径来实现。这时安全模型就要求运用形式化的数学符号来精确表达。形式化的安全模型是设计开发高级别安全系统的前提。如果是用非形式化的开发路径修改一个现有的操作系统以改进它的安全性能，则只能达到中等的安全级别。即使如此，编写一个用自然语言描述的非形式化的安全模型也是很值得的，因为安全模型可以保证当设计是和安全模型一致时，实现的系统是安全的。

为满足简易性，安全模型仅仅需模拟系统中与安全相关的功能，可以省略掉系统中其他与安全无关的功能，这也是系统安全模型和形式化功能规范之间的差别，因为相比较而言，形式化功能规范包括了过多的与安全策略无关的系统功能特征。

1）形式化的安全模型设计

J. P. Anderson 指出，要开发安全系统首先必须建立系统的安全模型，完成安全系统的建模之后，再进行安全内核的设计和实现。在高等级安全操作系统开发中，要求采用形式化的安全模型来模拟安全系统，以正确地综合系统的各类因素，这些因素包括：系统的使用方式、使用环境类型、授权的定义、共享的客体（系统资源）、共享的类型和受控共享思想等。所有这些因素应构成安全系统的形式化抽象描述，使得系统可以被证明是完整的、反映真实环境的、逻辑上能够实现程序的受控执行的。

形式化安全策略模型设计要求人们不仅要建立深刻的模型设计理论，而且要发掘出具有坚实理论基础的实现方法。为了安全模型的形式化，必须遵循形式设计的过程及表达方式。尽管目前有不少文献探讨这个问题，但是如何开发一个安全模型仍然是很困难的。Bell 把安全策略划分为四个层次，而 Lapadula 则把安全模型设计分为五个层次。前者说明安全策略在系统设计的不同阶段的不同表现形式，强调安全策略发展的逻辑过程。后者说明安全模型在系统设计的不同阶段的不同功能要求，强调安全模型对象的逻辑联系。因为安全模型对象必须通过执行安全策略才能形成一个有机的安全模型整体，而且随着安全模型在不同层次的发展，安全模型对象执行安全策略的表现形式必将不同，所以二者是相辅相成的。然而，它们也仅只是指明了安全模型与安全策略设计的逻辑过程，并不关心这些逻辑过程的实现，因为开发者的意图主要是对现有工作进行分类总结。但是面对一个具体的设计，实现显然是重要的。美国国防部的"彩虹"系列中的《对理解可信系统中安全模型的指导》(*A Guide To Understanding Security Modeling in Trusted System*)提出了指导实现的一般性的步骤，这些步骤明显受 Lapadula 对模型设计的五个层次划分的影响。下面分析这些步骤与安全模型层次的关系。

① 确定对外部接口的要求(Identify Requirements on the External Interface)。这一步主要明确系统主要的安全需求，并把它们与其他问题隔离开。这些安全需求将足以支持已知的高层策略对象——可信对象，因此，这一步可以说主要是给出系统安全的确切定义，提出支持可信对象的各种条件及描述安全需求的各种机制和方法，构造一个外部模型。

② 确定内部要求(Identify Internal Requirements)。为了支持已确定的外部需求，系统必须对系统的控制对象进行限制，这些限制往往就形成了模型的安全性定义。这一步实质上就是把安全需求与系统的抽象进行结合，提出合理的模型变量，构造一个内部模型。

③ 为策略的执行设计操作规则(Design Rules of Operation for Policy Enforcement)。系统实体为获得安全限制必须遵循一定的操作规则，也就是说把安全策略规则化，以确保系统在有效完成系统任务的同时，系统的状态始终处于安全状态中。这里有一个非常值得注意的问题就是 Mclean 在 1987 年提出的完备性问题：一个安全状态可以经由一个安全操作进入下一个安全状态，也可能经由一个不安全操作进入下一个安全状态。也就是说，安全操作只是确保系统的状态始终处于安全状态的充分条件。如果系统设计得不完备，从一个安全状态进入下一个安全状态时完全可以规避安全操作，这一步对应了 Lapadula 层次划分的操作规则层次。

④ 确定什么是已经知道的(Determine What Is Already Known)。对于高安全等级操作系统的安全模型的设计必须是形式化的，而且是可形式验证的。因此，必须选择适当的形式规范语言，开发相应的形式验证工具，看看是否有可直接使用或进行二次开发的形式验证工具，并尽量优化设计开发过程。

⑤ 论述一致性和正确性(Demonstrate Consistency and Correctness)。这一步可以说是安全模型的评论(Review)阶段，具体到操作系统安全模型的设计，主要内容应该包括：安全需求的表达是否准确、合理，安全操作规则是否与安全需求协调一致，安全需求是否在安全模型中得到准确反映，安全模型的形式化与安全模型之间的对应性论证等。

⑥ 论述关联性(Demonstrate Relevance)。这一步可以说是模型的实施阶段，对应于 Lapadula 层次划分的功能设计层次。许多著名的系统设计(例如，SCOMP、Multics、ASOS 等)都把这一步称为安全模型在系统中的解释(Interpretation)，也有人称之为模型实现。论述关联性应分层次进行：首先是实现的模式，其次是实现的架构，再次是安全模型在架构里的解释，最后是实现的对应性(Correspondence)论证。

2) 状态机模型原理

在现有技术条件下，安全模型大都是以状态机模型作为模拟系统状态的手段，通过对影响系统安全的各种变量和规则的描述和限制，确保系统保持安全状态。所以这里先简要叙述状态机模型的原理，再介绍各种主要的安全模型。

状态机模型最初受到欢迎是由于其用模仿操作系统和硬件执行过程的方法描述了计算机系统，将一个系统描述为一个抽象的数学状态机器。在这样的模型里，状态变量表示机器的状态，转换函数或者操作规则用以描述状态变量的变化过程，是对系统应用通过请求系统调用从而影响操作系统状态的这一方式的抽象，而抽象的操作系统具有正确描述状态可以怎样变化和不可以怎样变化的能力。

其实将一个系统模拟为状态机的思想很早就出现了，但是状态机模型在软件开发方面并没有得到广泛的应用，问题在于在现有软硬件技术水平下，模拟一个操作系统的所有状态变量是非常困难的，也可以说是不可能的。由于安全模型并未涉及系统的所有状态变量和函数，仅仅涉及数目有限的几个安全相关的状态变量，使得在用状态机来模拟一个系统的安全状态变化时，不至于出现如同在软件开发中不得不面临的由于状态变量太多而引发的状态爆炸问题，所以状态机模型在系统安全模型中得到了较为广泛的应用，它可以比较自由地模拟和处理安全相关的各种变量和函数。

开发一个状态机模型需要确定模型的要素（变量、函数、规则等）和安全初始状态。一旦证明了初始状态是安全的并且所有的函数也都是安全的，那么精确的推导会表明此时不论调用这些函数中的哪一个，系统都将保持在安全状态。

开发一个状态机模型要求采用如下特定的步骤。

① 定义安全相关的状态变量。状态变量表示了系统的主体和客体、主体和客体的安全属性以及主体与客体之间的访问权限。

② 定义安全状态的条件。这个定义是一个不变式，表达了在状态转换期间状态变量的数值所必须始终保持的关系。

③ 定义状态转换函数。状态转换函数描述了状态变量可能发生的变化，也被称为操作规则，因为这些函数的意图是限制系统可能产生的类型，而非列举所有可能的变化。另外，系统不能以函数不允许的方式修改状态变量。

④ 检验函数是否维持了安全状态。为了确定模型与安全状态的定义是否一致，必须检验每项函数，要求如果系统在运行之前处于安全状态，那么系统在运行之后仍将保持在安全状态。

⑤ 定义初始状态。选择每个状态变量的值，这些值模拟系统在最初的安全状态中是如何启动的。

⑥ 依据安全状态的定义，证明初始状态安全。

3）主要安全模型介绍

本书主要介绍具有代表性的 Bell-Lapadula 机密性安全模型、Biba 完整性安全模型和基于角色的访问控制安全模型。此外，还有 Clark-Wilson 完整性安全模型、信息流模型、DTE 安全模型和无干扰安全模型等。

（1）Bell-Lapadula 模型

Bell-Lapadula 模型（BLP 模型）是 Bell 和 Lapadula 于 1973 年提出的一种适用于军事安全策略的计算机操作系统安全模型，它是最早，也是最常用的一种计算机多级安全模型之一。BLP 模型中将主体定义为能够发起行为的实体，如进程；将客体定义为被动的主体行为承担者，如数据、文件等；将主体对客体的访问分为 R（只读）、W（读写）、A（只写）、E（执行）以及 C（控制）等几种访问模式，其中 C 是指该主体用来授予或撤销另一主体对某一客体的访问权限的能力。BLP 模型的安全策略包括两部分：自主安全策略和强制安全策略。自主安全策略使用一个访问矩阵表示，访问矩阵第 I 行第 J 列的元素 M 表示主体 S_i 对客体 O_j 的所有允许的访问模式，主体只能按照在访问矩阵中被授予对客体的访问权限对客体进行相应的访问。强制安全策略包括简单安全特性和 * 特性，系统对所有的主体和客体分配一个访问类属性，包括主体和客体的密级和范畴，系统通过比较主体与客体的访问类属性来控制主体对客体的访问。

BLP 模型是一个状态机模型，它形式化地定义了系统、系统状态以及系统状态间的转换规则；定义了安全概念；规定了一组安全特性，以此对系统状态和状态转换规则进行限制和约束，使得对于一个系统而言，如果它的初始状态是安全的，并且所经过的一系列规则转换都保持安全，那么可以证明该系统的终止也是安全的。

但随着计算机安全理论和技术的发展，BLP 模型已不足以描述各种各样的安全需求。应用 BLP 模型的安全系统还应考虑以下问题。

① 在 BLP 模型中，可信主体不受 * 特性约束，访问权限太大，不符合最小特权原则，应对可信主体的操作权限和应用范围进一步细化。

② BLP 模型主要注重保密性控制，控制信息从低安全级传向高安全级，但缺少完整性控制，不能控制向上写（Write Up）操作，而向上写操作存在潜在的问题，它不能有效地限制隐蔽信道。

(2) Biba 模型

BLP 模型通过防止非授权信息的扩散以保证系统的安全，但不能防止非授权修改系统信息。于是 Biba 等在 1977 年提出了第一个完整性安全模型——Biba 模型，其主要应用类似 BLP 模型的规则来保护信息的完整性。Biba 模型也是基于主体、客体以及它们级别的概念的，该模型中主体和客体的概念与 BLP 模型相同，对系统中的每个主体和每个客体均分配一个级别，称为完整级别。每个完整级别由两个部分组成：密级和范畴。其中，密级是如下分层元素集合中的一个元素：{极重要（Critical，C），非常重要（Very Important，VI），重要（Important，I）}。此集合是全序的，即 C>VI>I。范畴的定义与 BLP 模型类似。

基于 Biba 模型的完整性访问控制方案认为，在一个系统中，完整性策略的主要目标是用以防止对系统数据的非授权修改，从而达到对整个系统数据完整性进行控制的目的，对于职责隔离这一目标，则是通过对访问类的恰当划分方案来实现的。Biba 模型要实现的是与 Bell 和 Lapadula 所定义的机密性分级数据安全类似的完整性分级数据安全。

Biba 定义了一个与 BLP 模型完全相反的模型，声称在 Biba 模型中数据项存在于不同的完整级上，文件的完整性级别标签确定其内容的完整程度，并且系统应防止完整级低的数据污染高完整级的数据，特别是，一旦一个程序读取了低完整级数据，那么系统就将禁止其写高完整级的数据。

Biba 模型的优势在于其具有简单性以及和 BLP 模型相结合的可能性。Biba 模型的不足之处主要在于完整性级别标签确定的困难性，以及在有效保护数据一致性方面是不充分的。Biba 模型仅在 Multics 和 VAX 等少数几个系统中实现。因此，无论是依据 Biba 模型来有效实现系统完整性访问控制，还是把完整性和机密性相结合方面，Biba 模型都难以满足实际系统真正的需求。

(3) 基于角色的访问控制模型

基于角色的访问控制（RBAC）模型提供了一种强制访问控制机制。在一个采用 RBAC 模型作为授权访问控制的系统中，根据公司或组织的业务特征或管理需求，一般要求在系统内设置若干个称之为“角色”的客体，用以支撑 RBAC 模型授权访问控制机制的实现。所谓角色，用普通业务系统中的术语来说，就是业务系统中的岗位、职位或者分工。例如，在一个公司内，财会主管、会计、出纳、核算员等每一种岗位都可以设置多个职员，因此他们都可以视为角色。

在一个采用 RBAC 模型作为授权访问控制机制的系统中，由系统管理员负责管理系统的角色集合和访问权限集合，并将这些权限（不同类别和级别）根据相应的角色赋予承担不同工作职责的终端用户，而且还可以随时根据业务的要求或变化对角色的访问权限集和用户所拥有的角色集进行调整，这里也包括对可传递性的限制。

在RBAC模型中，要求明确区分权限（Authority）和职责（Responsibility）这两个概念。例如，在有限个保密级别的系统内，访问权限为0级的某个官员，就不能访问保密级别为0的所有资源，因为此时0级是他的权限，而不是他的职责。再如，一个用户或操作员可能有权访问资源的某个集合，但是不能涉及有关授权分配等工作。而一位主管安全的负责人可以修改访问权限，可以分配授权给各个操作员，但是不能同时具备访问任何数据资源的权限，这就是他的职责。这些职责之间的不同是通过不同的角色来区分的。

RBAC模型的功能相当强大，适用于许多类型（从政府机构到商业应用）的用户需求。NetWare、Windows NT、Solaris和SELinux等操作系统中都采用了类似的RBAC模型作为访问控制手段。

12.3 Windows操作系统的安全性

一个通用操作系统一般具有如下安全性服务及其需要的基本特征：

① 安全登录：要求在允许用户访问系统之前，输入唯一的登录标识符和密码来标识自身。

② 自主访问控制：允许资源的所有者决定哪些用户可以访问资源和他们可以如何处理这些资源。所有者可以授权给某个用户或某一组用户，允许他们进行各种访问。

③ 安全审计：提供检测和记录与安全性有关的任何创建、访问或删除系统资源的事件或尝试的能力。登录标识符记录了所有用户的身份，这样便于跟踪任何执行非法操作的用户。

④ 内存保护：防止非法进程访问其他进程的专用虚拟内存。另外，还应保证当物理内存页面分配给某个用户进程时，该页面中绝对不含有其他进程的数据。

Windows操作系统通过它的安全性子系统和相关组件来达到这些需求，并引入了一系列安全性术语，例如，活动目录、组织单元、用户、组、域、安全ID、访问控制列表、访问令牌、用户权限和安全审计等。

Windows操作系统历经了从Windows 1.0到当前Windows 10的发展过程。第一代Windows操作系统是基于DOS研发的，其突出特点就是实现了多进程运行。使用Windows 1.0操作系统的计算机用户可以同时运行多个程序，如日历、记事本、计算器等，该功能吸引了众多的客户，也为微软赢得了口碑。此后，基于对话窗口操作的Windows系统不断推出改进版本，包括Windows 2.0、Windows 3.0、Windows 9X、Windows NT、Windows 7、Windows 8和Windows 10操作系统。

Windows 2.0增加了386扩展模式支持，跳出了64 KB基地址内存的束缚。Windows 3.0提供了对虚拟设备驱动（VxDs）的支持，极大地改善了系统的可扩展性，并开始通过发布SDK（Software Development Kit）来支持硬件厂商开发驱动程序，但开放的同时也引入了安全隐患。

Windows 7基于Windows Vista的操作系统核心和SDL（Security Development Lifecycle）开发，进行系统服务保护，通过NX（No Execution）保护和ASLR（Address Space Layout Randomization）防止缓冲区溢出，对64位平台进行安全改进。权限保护包括用户账

号控制(User Account Control,UAC)、智能卡登录体系和网络权限保护。通过安全中心、反间谍软件和有害软件删除工具、防火墙等防止恶意软件入侵,通过 BitLocker、加密文件系统(Encrypted File System,EFS)、版权保护和 USB 设备控制进行数据保护。

Windows 10 中引入了基于虚拟化的安全功能,即 Device Guard 和 Credential Guard,并在随后的更新中,为操作系统添加了其他基于虚拟化的保护。在 Windows 10 中,微软解决了企业面临的密码管理和保护操作系统免受攻击者攻击两大挑战。Windows Defender 于 2017 年更名为 Windows Seurity,现在包含反恶意软件和威胁检测、防火墙、网络安全、应用程序和浏览器控制、设备和账户安全以及查看设备运行状况等功能。Windows 10 可在 Microsoft 365 服务之间共享状态信息,并与 Windows Defender Advanced Threat Protection(Microsoft 的基于云的取证分析工具)进行互操作。

Windows Server 是微软在 2003 年 4 月推出的 Windows 的服务器版操作系统,其核心是 Microsoft Windows Server System(WSS),每个 Windows Server 版本都与同期的 Windows 家用(工作站)版对应(Windows Server 2003 R2 除外)。Windows Server 的最新稳定版本是 Windows Server 2019。

1. Windows 操作系统的安全模型

Windows 操作系统分为桌面版 Windows 和服务器版 Windows Server,本章以 NT 5.0 内核版本对二者进行讲解。Windows Server 操作系统将其安全模型扩展到分布式环境中,此分布式安全服务能让组织识别网络用户并控制他们对资源的访问。操作系统的安全模型使用信任域控制器身份认证、服务之间的信任委派以及基于对象的访问控制,其核心功能包括与 Windows Active Directory 服务的集成、支持 Kerberos V5 身份认证协议(用于认证 Windows 用户的身份)、认证外部用户的身份时使用的公钥证书、保护本地数据的 EFS,以及使用 IPSec 来支持公共网络上的安全通信。此外,开发人员可在自定义应用程序中使用 Windows 安全性元素,且组织可以将 Windows 安全设置与其他使用基于 Kerberos 安全设置的操作系统集成在一起,Windows 操作系统的安全模型如图 12.4 所示。

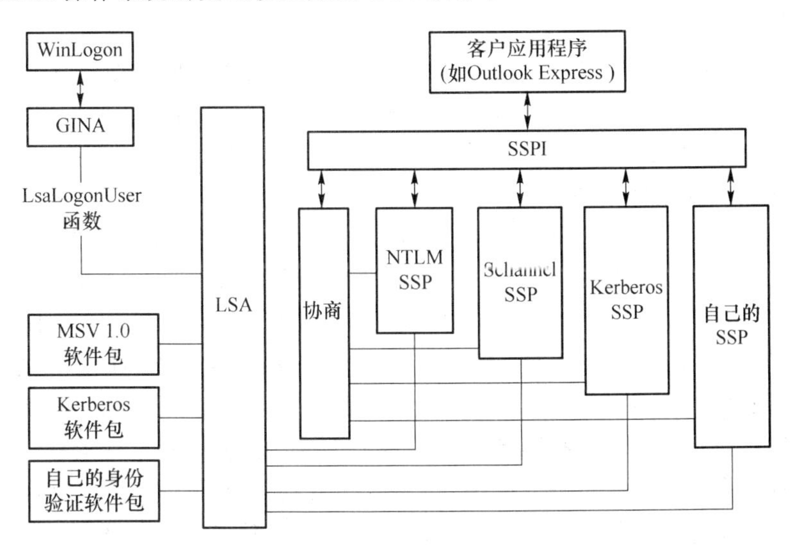

图 12.4　Windows 操作系统的安全模型

1）Windows 的域和委托

域模型是 Windows 的核心，所有与 Windows 相关的内容都是围绕着域来组织的，而且大部分 Windows 的网络都基于域模型。而且与工作组相比，域模型在安全性方面有非常突出的优势。域是一些服务器的集合，这些服务器被归为一组并共享同一个安全策略和用户账号数据库。域的集中化用户账号数据库和安全策略，使得系统管理员可以使用简单而有效的方法来维护整个网络的安全。域由主域控制器、备份域控制器、服务器和工作站组成。域可以把机构中不同的部门区分开来。虽然设定正确的域配置并不能保证用户获得完全安全的网络系统，但这能使系统管理员控制网络用户的访问。在域中，维护域的安全和安全账号管理数据库的服务器称为主域控制器，而其他存有域的安全数据和用户账号信息的服务器则称为备份域控制器。主域控制器和备份域控制器都能对上网的用户进行认证。备份域控制器的作用在于，如果主域控制器崩溃，它能为网络提供备份并防止重要数据丢失。每个域只允许有一台主域控制器。安全账号管理数据库的原件就存放在主域控制器中，并且只能在主域控制器中对数据进行维护，而不允许在备份域控制器中对数据进行任何改动。

委托是一种管理方法，它将两个域连接在一起并允许两个域中的用户互相访问，委托关系使用户账号和工作组能够在其他域中使用。委托分为两个部分，即受托域和委托域。受托域使用户账号可以被委托域使用，这样一来，用户就可使用同一个用户名和口令访问多个域。委托关系只能被定义为单向的。为了获得双向委托关系，域与域之间必须相互委托。受托域就是账号所在的域，也称为账号域；委托域含有可用的资源，也称为资源域。Windows NT 含有三种委托关系：单一域模型、主域模型和多主域模型。

① 在单一域模型中，由于只有一个域，因此没有管理委托关系的负担。用户账号是集中管理的，资源可以被整个工作组的成员访问。

② 在主域模型中有多个域，其中一个被设定为主域，主域被所有的委托域委托而自己却不委托任何域，委托域之间不能建立委托关系。主域模型具有集中管理多个域的优点。在主域模型中对用户账号和资源的管理是在不同的域之内进行的，资源由本地的委托域管理，而用户账号则由受托的主域进行管理。

③ 在多主域模型中，除了拥有一个以上的主域外，其他和主域模型基本上是相同的。所有的主域之间都建立了双向委托关系，所有的资源都委托所有的主域，而委托域之间不建立任何委托关系。由于主域之间彼此委托，所以只需要一份用户账号数据库的副本即可。

2）Windows 的安全性组件

用于实现 Windows NT/2000/XP 安全模型的安全子系统的组件和数据库如下。

① 安全引用监视器(SRM)。它是 Windows NT 执行体(ntoskrnl. exe)的一个组件，负责执行对对象的安全访问检查、处理权限(用户权限)和生成任何结果的安全审计消息。

② 本地安全认证(LSA)服务器。它是一个运行映像 lsass. exe 的用户态进程，负责本地系统安全性规则(例如，允许用户登录到计算机的规则、密码规则、授予用户和组的权限列表以及系统安全性审计设置)、用户身份验证以及向事件日志发送安全性审计消息。

③ LSA 策略数据库。它是一个包含了系统安全性规则设置的数据库，被保存在注册表中的 HKEY-LOCAL-MACHINE\security 目录下。LSA 策略数据库包含了这样一些信息：哪些域被信任用于认证登录企图，哪些用户可以访问系统以及怎样访问(交互、网络和服务登录方式)，哪些用户(组)被授予了哪些权限，执行的安全性审计的种类。

④ 安全账号管理器(SAM)服务。它是一组负责管理数据库的子例程，包含定义在本地

计算机上或用于域(如果系统是域控制器)的用户名和组。SAM 在 lsass. exe 进程的描述表中运行。

⑤ SAM 数据库。它是一个包含定义用户和组以及它们的密码和属性的数据库,被保存在注册表中的 HKEY-LOCAL-MACHINE\SAM 目录下。

⑥ 默认身份认证包。它是一个被称为 rnsvl_0 的动态链接库(DLL),在进行 Windows 身份验证的 lsass. exe 进程的描述表中运行。该 DLL 负责检查给定的用户名和密码是否与 SAM 数据库中指定的相匹配,如果匹配,则返回该用户的信息。

⑦ 登录进程。它是一个运行 winlogon. exe 的用户态进程,负责搜寻用户名和密码,将它们发送至 LSA 进行验证,并在用户会话中创建初始化进程。

⑧ 网络登录服务。它是一个响应网络登录请求的 services. exe 进程内部的用户态服务。身份验证与本地登录一样,都是通过把它们发送到 lsass. exe 进程中进行验证的。

2. Windows 操作系统的用户登录过程

登录是通过登录进程(WinLogon)、LSA、一个或多个身份认证包与 SAM 的相互作用进行的。身份认证包是执行身份验证检查的 DLL,msvl_0 是一个用于交互式登录的身份认证包。WinLogon 是一个受托进程,负责管理与安全性相关的用户相互作用,协调登录,在登录时启动用户外壳,处理注销和管理各种与安全性相关的其他操作,包括登录时输入口令、更改口令以及锁定和解锁工作站。WinLogon 必须确保与安全性相关的操作对任何活动的进程是不可见的。例如,WinLogon 保证非受托进程在进行这些操作时,不能控制桌面并由此获得访问口令。WinLogon 是从键盘截取登录请求的唯一进程,它将调用 LSA 来确认试图登录的用户,如果用户被确认,那么该登录进程就会代表用户激活一个登录外壳。

登录进程的认证和身份验证都是在 GINA(图形认证和身份验证)的可替换 DLL 中实现的。标准 Windows gina. dll(msgina. dll)实现了默认的 Windows 登录接口。但是开发者可以使用自己的 gina. dll 来实现其他的认证和身份验证机制,从而取代标准的 Windows 用户名/口令的登录方法。另外,WinLogon 还可以加载其他网络供应商的 DLL 来进行二级身份验证,该功能可以使多个网络供应商在正常登录过程中同时收集所有的标识和认证信息。

1) WinLogon 初始化

系统初始化过程中,在激活任何用户应用程序之前,WinLogon 将执行一些特定的步骤以确保系统为用户登录已做好准备。

2) 用户登录步骤

当用户按下 SAS 键时,登录就开始了。在按 SAS 键以后,WinLogon 切换到安全桌面并提示用户输入用户名称和口令,同时 WinLogon 为用户创建了一个唯一的本地组,并将桌面的实例(键盘、屏幕和鼠标)分配给该用户。WinLogon 把这个组传送到 LSA,如果用户成功地登录,那么该组将包含在登录进程令牌中(这是保护访问桌面的一个步骤)。

3. Windows 操作系统的资源访问

Windows 的资源对象包括文件、设备、邮件槽、已命名的和未命名的管道、进程、线程、事件、互斥体、信号量、可等待定时器、访问令牌、窗口站、桌面、网络共享、服务、注册表键以及打印机。因为被导出到用户态的系统资源(和以后需要的安全性有效权限)是作为对象来实现的,所以 Windows 对象管理器就成为执行安全访问检查的关键关口。若要控制谁可以处理对象,安全系统就必须首先明确每个用户的标识。之所以需要确认用户标识,是因为 Windows 在访问任何系统资源之前都要进行身份验证登录。当一个线程打开某对象的句柄时,对象管理器和安全系统就会使用调用者的安全标识来决定是否将申请的句柄授予调用者。下面从两个方面说明 Windows 的资源访问:控制哪些用户可以访问哪些对象;识别用户的安全信息。

1) 安全性描述符和访问控制

为了实现进程间的安全访问,Windows 中的所有对象在它们被创建时都被分配了安全性描述符(Security Descriptor)。安全性描述符用于控制哪些用户可以对被访问的对象执行何种操作。安全性描述符主要包含下列四个属性:

① 所有者 SID(Security Identifiers,安全标识符):所有者的安全 ID。

② 组 SID:用于对象主要组的 SID,只有可移植操作系统接口(DOSIX)使用。

③ 自主访问控制列表(DAM):指定谁可以对访问的对象执行何种操作。

④ 系统访问控制列表(SACL):指定哪些用户的哪些操作应记录到安全审计日志中。

安全性描述符的构成如图 12.5 所示。

2) 访问令牌与模仿

访问令牌包含进程或线程安全标识的数据结构、SID、用户所属组的列表以及启用和禁用的特权列表。由于访问令牌被输出到用户态,所以使用 Win32 中的一个函数就可以创建和处理它们。在内部,核心态访问令牌结构是一个对象,是由对象管理器分配、由执行体进程块或线程块指向的对象,可以使用 Pview 实用工具和内核调试器来检查访问令牌对象。

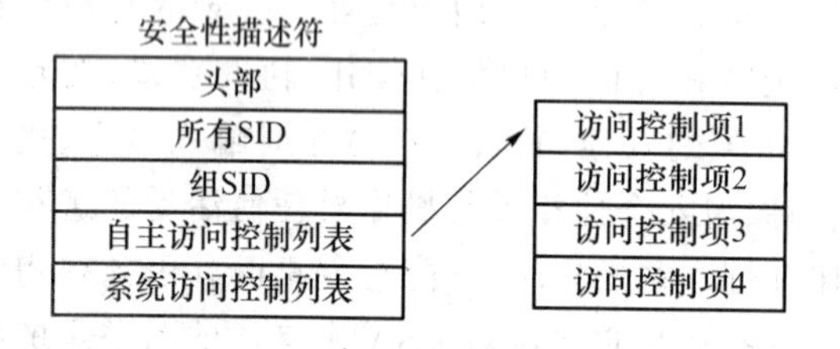

图 12.5 安全性描述符的构成

每个进程都从创建它的进程继承一个首选访问令牌。在登录时,LSASS(Local Security Authority Subsystem Service)进程验证用户名称及口令是否与保存在 SAM 中的一致。如果一致,则将一个访问令牌返回给 WinLogon,然后 WinLogon 将该访问令牌分配到用户会话中的初始进程。接下来,在用户会话中创建的进程就继承了这个访问令牌。也可使用 Win32 中 LogonUser()函数生成一个访问令牌,然后使用该令牌调用 Win32 CreateProcessAsUser()函数来创建带有一个特定访问令牌的进程。

单个线程也可以有自己的访问令牌(如果它们在"模仿"客户进程),这就使得线程具有不同于进程的访问令牌。例如,典型的服务器进程模仿一个客户进程,这样一来,服务器进程(它在运行时可能具有管理权力)就可以使用客户的安全配置文件,而不是自己的安全配置文件来代表客户执行操作。当连接到服务器时,通过指定服务安全质量(Security Quality of Service, SQoS),客户进程可以限制服务器进程模仿的级别。

3) 加密文件系统

加密文件系统(EFS)可将加密的 NTFS(New Technology File System)文件存储到磁盘上。EFS 特别考虑了其他操作系统上的现有工具引起的安全问题,这些工具允许用户不经过权限检查就可以从 NTFS 卷访问文件。通过 EFS,可在磁盘上对 NTFS 文件中的数据进行加密。EFS 加密技术是基于公共密钥的,它用一个随机产生的文件密钥(File Encryption Key, FEK),通过加强型的数据加密标准(Data Encryption Standard, DES)算法——DESX 对文件进行加密。

EFS 加密技术作为一个集成系统服务运行,易于管理,不易受攻击,并且对用户是透明的。如果用户要访问一个加密的 NTFS 文件,并且有这个文件的私钥,那么用户就能够打开这个文件，并可透明地将该文件作为普通文档使用，而没有该文件私钥的用户对文件进行访问将被拒绝。

DESX算法使用同一个密钥来加密和存储数据，这是一种对称加密算法(Symmetric Encryption Algorithm,SEA)。一般来说，这种算法的处理速度相当快，适用于加密类似文件的大块数据，但缺点也是很明显的：如果有人窃取了密钥，那么一切安全措施都将形同虚设。而这种情况是很可能发生的，例如，若多个用户共享一个仅由DESX算法保护的文件，每个用户都要求知道FEK，如果不加密FEK，显然会有严重的安全隐患，但是若加密了FEK，则要给每个用户同样的FEK解密密钥，这依然是个严重的安全问题。

EFS使用基于RSA(Rivest-Shamir-Adleman)的公共密钥加密算法对FEK进行加密，并把它和文件存储在一起，形成了文件的一个特殊EFS属性字段：数据解密字段(Data Decryption Field,DDF)。在解密时，用户首先用自己的私钥解密存储在文件DDF中的FEK，然后再用解密得到的FEK对文件数据进行解密，最后得到文件的原文(即未加密的文件，与密文相对应)。只有文件的拥有者和管理员掌握解密的私钥(Private Key)。任何人都可以得到加密的公共密钥，但是即使他们能够登录到系统中，由于没有解密的私钥，也没有办法破解。尽管基于公共密钥加密算法的处理速度通常比较慢，但是EFS仅仅使用该算法来加密FEK，再通过与加密文件的DESX算法配合，在使EFS达到高速度的同时，也获得了令人满意的高安全性。图12.6所示为EFS体系结构示意图。

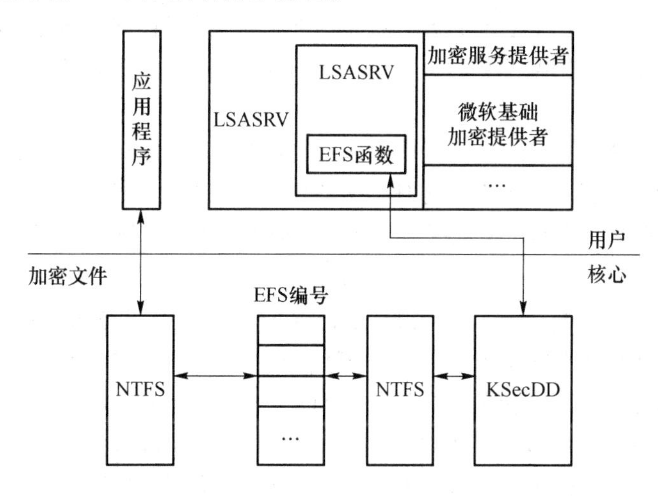

图12.6 EFS体系结构示意图

从图12.6中可以看到，EFS的实现类似于在核心态运行的设备驱动程序，与NTFS有着十分紧密的联系。当处于用户模式的应用程序需要访问加密的文件时，EFS向NTFS发出访问请求，NTFS收到请求后立即执行EFS驱动程序。EFS通过KSecDD(\winnt\Systom32\Drivers\KSecDD.sys)设备驱动程序转发LPC(Local Procedure Call)给LSASS(Local Security Authority Subsystem——\Winnt\System32\lsass.exe)。LSASS不仅处理用户登录事务，也对EFS的密钥进行管理。LSASS的功能组成部分LSASS(Local Security Authority Server——\Winnt\system32\lsasrv.dll)侦听该请求，并执行所包含的相应功能函数，在处于用户模式的加密服务API(Crypto API)的帮助下，进行文件的加密和解密。

LSASRV通过加密服务API对FEK进行加密。通过DLL实现的CSP(Cryptographic Service Provider)很好地封装了加密服务API，以至于LSASRV根本不必知晓EFS的实现细节。LSASRV 取得 EFS 的 FEK 后，通过 LPC 返回给 EFS 驱动程序，然后 EFS 就可以利用 FEK 与 DESX 算法进行文件的解密运算，并通过 NTFS 把结果返回给用户程序。

4. Windows 操作系统的安全审计

在 Windows 中，对象管理器可以将访问检查的结果生成审计事件，同时，用户使用有效的 Win32 函数也可以直接生成这些审计事件。核心态代码通常只允许生成一个审计事件。但是调用审计系统服务的进程必须具有 SeAuditPrivilege 特权才能成功地生成审计记录，这项要求防止了恶意的用户态程序"淹没"安全日志。

本地系统的审计规则控制对审计一个特殊类型的安全事件的判定，本地安全规则调用的审计规则是本地系统上 LSA 维护的安全规则的一部分。LSA 向 SRM 发送消息以通知它系统初始化时的审计规则和规则更改的时间，LSA 负责接收来自 SRM 的审计记录，对这些审计记录进行编辑并将其发送到事件日志中。LSA(而不是 SRM)之所以发送这些审计记录，是因为它可添加恰当的细节，例如，LSA 可更完全地识别被审计的进程所需信息。

SRM 经连接到 LSA 的 IPC 后发送这些审计事件，事件记录器将审计事件写入安全日志中。除了由 SRM 传递的审计事件，LSA 和 SAM 二者都会产生直接发送到事件记录器的审计记录。

当接收到审计记录后，审计记录被放到队列中，再被发送到 LSA。可以使用两种方式从 SRM 中把审计记录移至安全子系统：如果审计记录较小(小于最大的 LPC 消息)，那么它就被作为一条 LPC 消息发送，审计记录从 SRM 的地址空间复制到 LSASS 进程的地址空间；如果审计记录较大，则 SRM 使用共享内存，使 LSASS 进程可以使用该消息，并在 LPC 消息中简单地传送一个指针。

Windows 在运行中产生三类日志：系统日志、应用程序日志和安全日志，可使用事件查看器浏览和按条件过滤显示。前两类日志任何人都能查看，它们是系统和应用程序生成的错误警告和其他信息。安全日志则对应着审计数据，它只能由审计管理员查看和管理，但前提是它必须存放于 NTFS 中，以使 Windows 的系统访问控制列表(SACL)生效。

Windows 的审计子系统默认是关闭的，审计管理员可以在服务器的域用户管理或工作站的用户管理中打开审计并设置审计事件类。事件分为七类：系统类、登录类、对象访问类、特权应用类、账号管理类、安全策略管理类和详细审计类。对于每类事件，可以选择审计失败或审计成功的事件(或二者都审计)。对于对象访问类事件的审计，审计管理员还可以在资源管理器中进一步指定各文件和目录的具体审计标准，如读、写、修改、删除、运行等操作，也分为审计失败和审计成功两类。对注册表项及打印机等设备的审计与之类似。Windows 的审计数据以二进制结构文件形式存放于物理磁盘，每条记录包括事件发生时间、事件源、事件号及其所属类别、计算机名、用户名和事件本身的详细描述。

12.4 Linux 操作系统的安全性

Linux 从 UNIX 和 POSIX 中继承了最基本的安全机制：用户、文件权限、进程的 Capabilities 的管理。同时，第三方还通过补丁的形式提供了很多新机制：安全增强 Linux (SELinux)、域和类型增强(DTE)以及 Linux 入侵检测系统(LIDS)等。Linux 2.6 内核版本新增的 Linux 安全模块(LSM)为系统增加了更多的安全机制，LSM 是内核的一个轻量级通用访问控制框架，SELinux、DTE、LIDS等都可以通过LSM提供自己的服务。安全防护有保护和审计两个维度，LSM进行保护，控制是否允许访问，审计则由具体的安全模块完成。

1. Linux操作系统的安全机制

基于最新版本内核的Linux提供以下安全机制。

1）PAM机制

PAM(Pluggable Authentication Modules)是一套共享库，其目的是提供一个框架和一套编程接口，将认证工作由程序员交给管理员，队M允许管理员在多种认证方法之间做出选择，它能够改变本地认证方法而无须重新编译与认证相关的应用程序。PAM的功能包括：

① 加密口令(包括DES以外的算法)；

② 对用户进行资源限制，防止DoS攻击；

③ 允许随机Shadow口令；

④ 限制特定用户在指定时间从指定地点登录；

⑤ 引入概念client plug-in agents，使PAM支持C/S应用中的计算机——计算机认证成为可能。

PAM为更有效的认证方法的开发提供了便利，在此基础上，人们可以很容易地开发出替代常规的用户名加口令的认证方法，如智能卡、指纹识别等认证方法。

2）身份验证

身份验证是Linux的第一道防线，Linux为合法用户提供账号，用户登录时必须输入合法的账号和口令。创建一个新用户后，必须为它指定一个私有组或其他组，而且必须为用户设置密码。Linux对账号和口令进行验证后才允许用户进入，连续多次登录失败将禁止再登录。用户账号保存在/etc/passwd文件中，但是这个文件不保存对应的用户密码，密码另外保存在一个影子文件(/etc/shadow)中。Linux通过将用户信息与密码数据分隔开而提高了安全性。

3）访问控制

Linux对文件的访问使用了文件访问许可机制。Linux为每个文件都分配了一个文件所有者，系统中的每个文件(包括设备文件和目录)都有对应的访问许可权限，只有具备相应权限的用户才可以进行读、写或执行操作。访问权限规定了三种不同类型的用户：文件主、组用户和其他用户。访问文件或目录的权限也有三种：读、写和可执行。文件或目录的创建者对所创建的文件或目录拥有特别权限。文件或目录的所有权是可以转让的，但只有文件主或root用户才有权转让。文件访问许可机制的引入可提高文件访问的安全性。

4）安全审计

Linux提供日志文件来记录整个操作系统的使用状况，如用户登录、用户切换、权限改变等。系统管理员可以通过查看这些日志文件来对系统进行维护。即使系统管理员采取了各种安全措施，但仍然会存在一些难以发现的漏洞。攻击者在漏洞被修补之前会迅速抓住机会攻破尽可能多的计算机。虽然Linux不能预测何时主机会受到攻击，但是它可以记录攻击者的行踪。

Linux还可以检测、记录攻击时信息和网络连接的情况，这些信息将被重定向到日志中备查。日志是Linux安全结构中的一项重要内容，它是提供攻击发生的唯一真实证据。Linux可提供网络、主机和用户级的日志信息。Linux可以记录以下内容：

① 所有系统和内核信息；

② 每一次网络连接及其源IP地址、长度，有时还包括攻击者的用户名和使用的操作

系统；

③ 远程用户申请访问哪些文件；

④ 用户可以控制哪些进程；

⑤ 具体用户使用的每条命令。

在调查网络入侵者的时候，日志信息是不可缺少的，即使这种调查是在实际攻击发生之后进行的。

5）加密文件系统

加密技术在现代计算机系统安全中扮演着越来越重要的角色。EFS 就是将加密服务引入文件系统，从而提高计算机系统的安全性。EFS 可防止硬盘被偷窃、防止未经授权的访问等。

目前 Linux 已有多种 EFS，如 CFS、TCFS（Transparent Cryptographic File System）、CRYPTFS 等。其中比较有代表性的是 TCFS，它通过将加密服务和文件系统紧密集成，使用户感觉不到文件的加密过程。TCFS 不修改文件系统的数据结构，备份与修复以及用户访问保密文件的语义也不发生变化。

TCFS 能够让保密文件对以下用户不可读：

① 合法拥有者以外的用户；

② 用户和远程文件系统通信线路上的窃听者；

③ 文件系统服务器的超级用户。

对于合法用户而言，访问保密文件与访问普通文件的方式几乎没有区别。

6）程序角色切换

Linux 为大多数系统服务都定义了软件角色，程序以 root 用户权限启动以后通常需要切换到服务的软件角色上，如 Apache，当攻击者获得该服务权限，其身份就不再是超级用户 root 了。

7）内存管理

Linux 采取内存保护模式来执行程序，可以避免因一个程序执行失败而影响整个系统的运行。

8）客体重用

客体重用是指当主体（如用户、进程、I/O 设备等）获得对一个已经释放的客体（如内存、外存储设备等）的访问权时，可以获得原主体活动所产生的信息。为了避免这一情况的发生，Linux 实行禁止客体重用机制：禁止内存客体重用，禁止外存储设备客体重用。

9）防火墙

防火墙是在被保护网络和 Internet 之间，或者在其他网络之间限制访问的一种部件或一系列部件。Linux 内核中集成了 Netfilter/iptables 系统。

Linux 防火墙系统提供了如下功能。

① 访问控制。可以执行基于地址（源和目标）、用户和时间的访问控制策略，从而杜绝非授权的访问，同时保护内部用户的合法访问不受影响。

② 审计。对通过它的网络访问进行记录，建立完备的日志、审计和追踪网络访问记录，并可以根据需要产生报表。

③ 抗攻击。防火墙系统直接暴露在非信任网络中，对外界来说，受到防火墙保护的内部网络如同一个点，所有的攻击都是直接针对它的，该点称为堡垒机，因此，要求堡垒机具有高度

的安全性和抵御各种攻击的能力。

④ 其他附属功能。如与审计相关的报警和入侵检测，与访问控制相关的身份验证、加密和认证、VPN等。

10）入侵检测系统

目前，安装了入侵检测工具的操作系统很少。事实上，标准的Linux发布版本也是最近才配备了入侵检测工具。尽管入侵检测系统的起步很晚，但发展很快，目前比较流行的入侵检测系统有Snort、Portsentry、LIDS等。

利用Linux配备的工具和从Internet下载的工具，就可以使Linux具备高级的入侵检测能力，这些能力包括：

① 记录入侵企图，当攻击发生时及时通知管理员；

② 在规定情况的攻击发生时，采取事先规定的措施；

③ 发送一些错误信息，例如，伪装成其他操作系统，这样攻击者会认为他们正在攻击一个Windows NT或Solaris操作系统。

11）扫描检测工具

Linux提供了众多的扫描检测工具，系统管理员利用这些工具可以探测系统的缺陷，以采取相应的安全防范措施。

2. 提高Linux操作系统安全的策略

Linux提供了众多的安全机制，安全性、稳定性要好于目前使用最广泛的Windows。但操作系统的安全性不是进行简单的安装就能获得的，而是要进行完善的配置，只有配置得当才能发挥出Linux的安全性和稳定性的优势。下面介绍一些可以增强Linux的安全性的措施。

1）系统安装及启动登录

① 安装尽量少的模块，然后再根据需要添加必要的模块。因为安装的模块越少，出现安全漏洞的概率就越小，相应的系统安全性就越高。

② 安装时尽量根据角色划分多个分区。

③ 设置BIOS（基本输入输出系统）密码且修改启动时的引导次序，禁止从软盘启动。

④ 修改/etc/inetd.conf文件，使得其他系统登录到本系统时不显示操作系统和版本信息，增强系统的安全性。

⑤ 经常访问Linux技术支持网站，下载最新的补丁安装程序并及时安装，修补系统的安全漏洞。

2）用户账号密码管理和登录

安装系统时默认的密码长度为5，最好将最短密码长度修改为8。操作员（尤其是root用户）在退出系统时应及时注销账号，如果操作员退出时忘记注销，系统应能自动注销。

在系统建立一个新用户时，应根据需要赋予该用户账号不同的安全等级，并且归并到不同的用户组中。例如，除了一些重要的用户外，建议屏蔽其他用户的Telnet权限，这样就可以防止入侵者利用其他账号登录系统。此外，Linux提供了许多默认账号，而账号越多系统就越容易受到攻击，因此可以删除不必要的账号，以及禁止普通用户切换为root用户。

3）文件管理

对重要的文件进行加密处理来予以保护。为了确保安全，操作系统应把不同的用户目录分隔开来。也就是说，每个用户都有自己的主目录和硬盘空间，且这块空间与操作系统的其他用户空间是分隔开的。这样一来，就可以防止普通用户的操作影响整个文件系统。此外，可使用 chown 或 chgrp 命令正确设置文件的所有权或用户组关系，提高文件访问的安全性。

4）防御技术

① 通过设置可以防止 Ping 攻击、IP 欺骗、DoS 攻击；

② 定期审查日志信息；

③ 设置防火墙、入侵检测系统；

④ 进行病毒防护；

⑤ 做好数据备份。

本章小结

操作系统是计算机软件的基础，它直接与硬件设备进行交互，处于软件系统的最底层。操作系统的安全性在计算机系统的整体安全性中具有至关重要的基础作用，是整个网络信息安全的基石。

如果说一个操作系统是安全的，则是指它满足某一给定的安全策略。另外，在进行安全操作系统的设计和开发时，也要围绕一个给定的安全策略进行。安全策略由一整套严密的规则组成，这些确定授权访问的规则是决定访问控制的基础。许多系统的安全控制遭到失败，主要不是因为程序错误，而是因为没有明确的安全策略。

安全模型则是对安全策略所表达的安全需求的简单、抽象和无歧义的描述，为安全策略和安全策略实现机制的关联提供了一种框架。安全模型描述了对某个安全策略需要用哪种机制来满足，而安全模型的实现则描述了如何把特定的机制应用于系统中，从而实现某一特定安全策略所需的安全保护。

作为操作系统安全的实例，本章主要介绍了两大主流操作系统 Windows 和 Linux 的安全特性。

本章习题

一、选择题

1. 下列哪项不属于操作系统中常用的隔离方法？（　　）

A. 物理隔离　　B. 时间隔离　　C. 逻辑隔离　　D. 文件隔离

2. MAC 指的是（　　）。

A. 自主访问控制　　B. 强制访问控制

C. 基于角色的访问控制　　D. 基于属性的访问控制

3. 对于安全操作系统，用户登录时不需要检查的是（　　）。

A. 用户名和口令　　B. 用户申请的安全级别

C. 用户登录特点　　D. 用户特权集

4.（　　）不属于实现 Windows NT/2000/XP 安全模型安全子系统的组件或数据库。

A. 安全引用监视器　　B. LSA 服务器

C. 影子文件　　D. SAM 数据库

5. 普通进程的访问令牌是如何获得的？（　　）

A. 登录时系统分配的　　　　B. 创建时系统分配的

C. 从它的创建进程继承的　　　　D. 第一次启动时计算的

6. 关于 Windows 安全审计，下列哪种说法是错误的？（　　）

A. 对象管理器可以将访问检查的结果生成审计事件

B. 核心态代码通常只允许生成一个审计事件

C. 用户可以使用 Win32 函数生成审计事件

D. 任何调用审计系统服务的进程都可以生成审计记录

7. Windows 的审计数据以（　　）文件形式存于物理磁盘，每条记录包括事件发生时间、事件源、事件号和所属类别、计算机名、用户名和事件本身的详细描述。

A. 二进制结构　　B. 文本结构　　C. xml 结构　　D. html 结构

8. Linux 2.6 内核版本中新增加的 Linux 安全模块为系统增加了更多的安全机制，其中不包括（　　）。

A. 身份认证　　B. 访问控制　　C. 安全审计　　D. 文件校验

9. 在 Linux 中，用户账号保存在（　　）文件中，用户密码保存在（　　）文件中。

A. /etc/passwd/etc/passwd　　　　B. /etc/shadow/etc/shadow

C. /etc/passwd/etc/shadow　　　　D. /etc/shadow/etc/passwd

10. （　　）不是 Linux 的加密文件系统。

A. CFS　　B. TCFS　　C. CRYPTFS　　D. EFS

二、填空题

1. 在通用操作系统中，除了实现基本的内存保护、文件保护、访问控制和（　　）外，还需考虑诸如（　　）、公平服务、通信与同步等。

2. 一个通用操作系统的安全性服务及其需要的基本特征包括安全登录、（　　）、（　　）和内存保护。

3. 为了实现安全操作系统的基本原则，在设计操作系统时可从（　　）、（　　）和分层结构三个方面进行。

4. （　　）是一个运行 Winlogon.exe 的用户态进程，它负责搜寻用户名和密码，将它们发送给 LSA 进行验证，并在用户会话中创建初始化进程。

5. 为了实现进程间的安全访问，Windows 中的所有的对象在它们被创建时都被分配以（　　），它控制哪些用户可以对被访问的对象执行何种操作。

6. EFS 加密技术是基于（　　）的，它用一个随机产生的文件密钥通过 DESX 算法对文件进行加密。

7. Windows 在运行中产生三类日志：（　　）日志、应用程序日志和（　　）日志，可使用事件查看器浏览和按条件过滤显示它们。

8. Windows 自带的审计系统对于每一类审计事件都可选择审计（　　）或审计（　　）。

9. Linux 采取（　　）模式来执行程序，可避免因一个程序执行失败而影响整个系统的运行。

10. 客体重用是指当主体获得对一个已经释放的客体的访问权时，可以获得（　　）活动所产生的信息。

三、简答题

1. 操作系统安全的目标是什么?

2. 实现操作系统安全需要使用哪些机制?

3. 请比较并分析你使用过的操作系统的安全性。

4. 操作系统的安全配置主要包括哪些方面?

5. 请收集国内外有关操作系统的最新动态。

四、实践题

1. 在 Windows 下查看当前登录用户的 SID 和组 SID 信息。

2. 使用 Windows 的 Bitlock 加密机制,对某文件和文件夹进行加密。

3. 基于 Windows 自带的审计功能,记录访问某个文件成功和失败的情况。

4. 使用 Linux 的加密机制,对某文件和文件夹进行加密。

5. 在 Linux 下设置系统默认密码最短长度为 8,屏蔽系统中除 root 用户之外的其他用户的 Telnet 权限,删除不必要的默认账号,禁止普通用户 su 为 root 用户。

第13章 网络数据库安全

本章学习要点	
	• 了解网络数据库特性及安全； • 了解网络数据库的安全特性； • 掌握网络数据库的安全保护。

13.1 网络数据库安全概述

在当今信息时代，几乎所有企事业单位的核心业务处理都依赖于计算机网络系统。在计算机网络系统中最为宝贵的就是数据。数据在计算机网络中具有两种状态：存储状态和传输状态。数据在计算机系统的数据库中保存时，处于存储状态；而在与其他用户或系统交换时，处于传输状态。无论数据是处于存储状态还是处于传输状态，都可能受到安全威胁。要保证企事业单位业务持续成功地运作，就要保护数据库系统中的数据安全。

保证网络系统中数据安全的主要任务就是使数据免受各种因素的影响，保护数据的完整性、保密性和可用性。人为错误、硬盘损毁、电脑病毒、自然灾难等都有可能造成数据库中数据的丢失，给企事业单位造成不可估量的损失。如果丢失了系统文件、客户资料、技术文档、人事档案文件、财务账目文件，企事业单位的业务将难以正常进行。因此，所有的企事业单位管理者都应采取数据库的有效保护措施，即使在灾难发生后，也能够尽快地恢复系统中的数据，恢复系统的正常运行。

为了保护数据安全，可以采用很多安全技术和措施。这些技术和措施主要有数据完整性技术、数据备份和恢复技术、数据加密技术、访问控制技术、用户身份验证技术、数据鉴别技术、并发控制技术等。

13.1.1 数据库安全的概念

数据库安全是指数据库的任何部分都不允许受到侵害，或未经授权地存取和修改。数据库安全性问题一直是数据库管理员(DBA)所关心的问题。

1. 数据库安全

数据库安全主要包括数据库系统的安全性和数据库数据的安全性两层含义。

第一层含义是数据库系统的安全性。数据库系统的安全性是指在系统级控制数据库的存取和使用的机制,应尽可能地堵住潜在的各种漏洞,防止非法用户利用这些漏洞侵入数据库系统;保证数据库系统不因软硬件故障及灾害的影响而不能正常运行。数据库系统安全包括硬件运行安全,物理控制安全,操作系统安全,用户有可连接数据库的授权,灾害、故障恢复。

第二层含义是数据库数据的安全性。数据库数据的安全性是指在对象级控制数据库的存取和使用的机制,应明确哪些用户可存取哪些指定的模式对象及允许在对象上有哪些操作类型。数据库数据安全包括有效的用户名/口令鉴别,用户访问权限控制,数据存取权限、方式控制,审计跟踪,数据加密,防止电磁信息泄露。

数据库数据的安全措施应能确保在数据库系统关闭后,当数据库数据存储媒体被破坏或数据库用户误操作时,数据库中的数据信息不至于丢失。对于数据库数据的安全问题,DBA可以采用系统双机热备份、数据库的备份和恢复、数据加密、访问控制等措施实施。

2. 数据库安全管理原则

一个强大的数据库安全系统应当确保其中信息的安全性,并对其进行有效地管理控制。下面四项数据库安全管理原则有助于企业在安全规划中实现对数据库的安全保护。

(1) 管理细分和委派原则

在数据库工作环境中,DBA一般都是独立执行数据库的管理和其他事务工作的,一旦出现岗位变换,就可能带来一连串的问题,导致任务完成效率低下。通过管理责任细分和任务委派,DBA可从常规事务中解脱出来,更多地关注数据库执行效率及管理相关的重要问题,从而保证任务的高效完成。企业应设法通过功能和可信赖的用户群进一步细分数据库管理的责任和角色。

(2) 最小权限原则

企业必须本着最小权限原则,从需求和工作职能两个方面严格限制对数据库的访问。通过角色的合理运用,最小权限原则可确保数据库功能限制和特定数据的访问。

(3) 账号安全原则

对于每一个数据库的连接来说,用户账号都是必需的。账号的设立应遵循传统的用户账号管理方法,包括密码的设定和更改、账号锁定功能、对数据提供有限的访问权限、禁止休眠状态的账户、设定账户的生命周期等。

(4) 有效审计原则

数据库审计是数据库安全的基本要求,它可用来监视各用户对数据库实施的操作。企业应针对自己的应用和数据库活动定义审计策略。条件允许的地方可采取智能审计,这样不仅能节约时间,而且能减少执行审计的范围和对象。通过智能限制日志大小,还能突出关键的安全事件。

13.1.2 数据库管理系统及其特性

1. 数据库管理系统简介

数据库管理系统(DBMS)已经发展了六十余年。自1979年,IBM的Oracle第一个RDBMS开始。人们提出了许多数据模型,并一一实现,其中比较重要的是关系型数据库。在关系型数据库中,数据项保存在行中,文件就像一个表,关系被描述成不同数据表间的匹配关系。区别关系型数据库和网络型数据库、分级型数据库的重要一点就是数据项关系可以被动态地描述或定义,而不需要因结构改变而重新加载数据库。

早在1980年,数据库市场就被关系型数据库管理系统所占领。这个模型基于一个可靠的基础，可以简单并恰当地将数据项描述成表(Table)中的记录行(Raw)。关系型数据库第一次被广泛地推行是在1980年，得益于一种标准的数据库访问程序语言——结构化查询语言(SQL)——的问世。今天，成千上万使用关系型数据库的应用程序已经被开发出来。

2. 数据库管理系统的安全功能

由于数据库保证了数据的完整性，企业通常将他们的关键业务数据存放在数据库中。因此，保护数据库安全、避免错误和数据库故障已经成为企业关注的重点。

DBMS是专门负责数据库管理和维护的计算机软件系统。它是数据库系统的核心，不仅负责数据库的维护工作，还能保护数据库的安全性和完整性。

DBMS是近似于文件系统的软件系统，通过该系统，应用程序和用户可以取得所需的数据。但与文件系统不同，DBMS定义了所管理数据之间的结构和约束关系，且提供了一些基本的数据管理和安全功能。

(1) 数据的安全性

在网络应用上，数据库必须是一个可以存储数据的安全地方。DBMS能够提供有效的备份和恢复功能，确保在故障和错误发生后，数据能够尽快地恢复并可被访问。对于企事业单位来说，若把重要的数据存放在数据库中，则要求DBMS必须能够防止未授权的数据访问。只有DBA对数据库中的数据拥有完全的操作权限，并可以规定各用户的权限。

DBMS保证对数据的存取方法是唯一的。每当用户想要存取敏感数据时，DBMS就进行安全性检查。在数据库中，对数据进行各种类型的操作(检索、修改、删除等)时，DBMS都可以对其实施不同的安全检查。

(2) 数据的共享性

一个数据库中的数据不仅可以为同一企业或组织内部的各个部门所共享，也可为不同组织、不同地区甚至不同国家的多个应用和用户同时进行访问，而且不影响数据的安全性和完整性，这就是数据的共享性。数据的共享性是数据库系统的目的，也是它的一个重要特点。

数据库中数据的共享性主要体现在以下方面：

① 不同的应用程序可以使用同一个数据库；

② 不同的应用程序可以在同一时刻存取同一个数据；

③ 数据库中的数据不但可供现有的应用程序共享，还可为新开发的应用程序使用；

④ 应用程序可用不同的程序设计语言编写，且可以访问同一个数据库。

(3) 数据的结构化

基于文件的数据的主要优势在于它利用了数据结构。数据库中的文件相互联系，并在整体上服从一定的结构形式。数据库具有复杂的结构，不仅因为它拥有大量的数据，也因为在数据之间和文件之间存在着种种联系。数据库的结构使开发者避免了针对每一个应用都需要重新定义数据逻辑关系的过程。

(4) 数据的独立性

数据的独立性指数据与应用程序之间不存在相互依赖关系，也就是数据的逻辑结构、存储结构和存取方法等不因应用程序的修改而改变，反之亦然。从某种意义上讲，一个DBMS存在的理由就是在数据组织和用户的应用之间提供某种程度的独立性。数据库系统的数据独立性可分为物理独立性和逻辑独立性两个方面。

① 物理独立性。数据库的物理结构变化不影响数据库的应用结构，因此也就不影响其相应的应用程序。这里的物理结构是指数据库的物理位置、物理设备等。

② 逻辑独立性。数据库的逻辑结构变化不影响用户的应用程序，数据类型的修改或增加、改变各表之间的联系等都不会导致应用程序的修改。

以上两种数据独立性都要依靠 DBMS 来实现。到目前为止，物理独立性已经实现，但逻辑独立性实现起来非常困难。因为一般情况下，数据结构一旦发生变化，相应的应用程序都要进行或多或少地修改。

（5）其他安全功能

DBMS 除了具有一些基本的数据库管理功能外，还具有以下安全功能：

① 保证数据的完整性，抵御一定程度的物理破坏，维护和提交数据库内容；

② 实施并发控制，避免数据的不一致性；

③ 数据库的数据备份与数据恢复；

④ 能识别用户，分配授权和进行访问控制，包括用户的身份识别和验证。

3. 数据库事务

"事务"是数据库中的一个重要概念，是一系列操作过程的集合，也是数据库数据操作的并发控制单位。一个事务就是一次活动所引起的一系列的数据库操作。例如，一个会计事务可能由读取借方数据、减去借方记录中的借款数量、重写借方记录、读取贷方记录、在贷方记录上的数量加上从借方扣除的数量、重写贷方记录、写一条单独的记录来描述这次操作以便日后审计等操作组成。这些操作组成了一个事务，描述了一个业务动作。无论是借方的动作还是贷方的动作，哪一个没有被执行，数据库都不会反映该业务执行的正确性。

DBMS 在数据库操作时进行对事务的定义，要么一个事务应用的全部操作结果都反映在数据库中，即全部完成，要么就一点都没有反映在数据库中，即全部撤除，数据库回到该次事务操作的初始状态。这就是说，一个数据库事务序列中的所有操作只有两种结果，即要么全部完成，全部撤除。

上述会计事务例子包含了两个数据库操作：从借方数据中扣除资金和在贷方记录中加入这部分资金。如果系统在执行该事务的过程中崩溃，而此时借方数据已修改完毕，但还没有修改贷方数据，那么资金就会在此时物化。因此，如果把这两个操作合并成一个事务命令，这样在数据库系统执行时，两个操作要么全部完成，要么都不进行。当只完成一部分时，系统是不会对已做的操作予以响应的。因此，事务是不可分割的单位。

13.1.3 数据库系统的缺陷和威胁

大多数企业、组织以及政府部门的电子数据都保存在各种数据库中，并用这些数据库保存一些敏感信息，例如，员工薪水、医疗记录、员工个人资料等。数据库服务器还掌握着敏感的金融数据，包括交易记录、商业事务、账号数据、战略上的或者专业的信息（如专利和工程数据），甚至市场计划等应该保护起来防止竞争者和其他非法者获取的资料。

1. 数据库系统缺陷

常见的数据库安全漏洞和缺陷有以下七种。

（1）数据库应用程序通常都同操作系统的最高管理员密切相关

如 Oracle、Sybase 和 SQL Server 数据库系统都涉及用户账号和密码、认证系统、授权模块和数据对象的许可控制、内置命令（存储过程）、特定的脚本和程序语言、中间件、网络协议、补丁和服务包、数据库管理和开发工具等。许多 DBA 把全部精力投入管理这些复杂的系统中，因为安全漏洞和不当的配置通常会造成严重的后果，且都难以被发现。

(2) 人们对数据库安全的忽视

人们认为只要把网络和操作系统的安全搞好了，所有的应用程序也就安全了。然而，现在的数据库系统都有很多方面被误用或者因存在漏洞而影响到安全，而且常用的关系型数据库都是"端口"型的，这就表示任何人都能够绕过操作系统的安全机制，利用分析工具试图连接到数据库上。

(3) 部分数据库机制威胁网络底层安全

如某公司的数据库里面保存着所有技术文档、手册和白皮书，但不重视数据库的安全，那么即使数据库运行在一个非常安全的操作系统上，入侵者也很容易通过数据库获得操作系统权限。这些存储过程能提供一些执行操作系统命令的接口，而且能访问所有的系统资源，如果该数据库服务器还同其他服务器建立着信任关系，那么入侵者就能够对整个域产生严重的安全威胁。因此，少数数据库安全漏洞不仅威胁数据库的安全，也威胁操作系统和其他可信任系统的安全。

(4) 安全特性缺陷

大多数关系型数据库已经存在十多年了，都是成熟的产品，但 IT 业界和安全专家对网络和操作系统要求的许多安全特性在多数关系型数据库上还没有被实现。

(5) 数据库账号密码容易泄露

多数数据库提供的基本安全特性，都没有相应机制来限制用户必须选择健壮的密码。许多系统密码都能给入侵者完全访问数据库的机会，更有甚者，有些密码就存储在操作系统的普通文本文件中。比如，Oracle 内部密码就存储在 strxxx. cmd 文件中，其中 xxx 是 Oracle 系统 ID 和 SID，该密码用于数据库启动进程，提供完全访问数据库资源功能，该文件在 Windows NT 中需要设置权限。又如，Oracle 监听进程密码保存在文件 listener. ora 中，入侵者可以通过这个弱点进行 DoS 攻击。

(6) 操作系统后门

多数数据库系统都有一些特性，来满足 DBA 的需要，这些也成为数据库主机操作系统的后门。

(7) 木马病毒的威胁

木马病毒能够在密码改变的存储过程中修改密码，并能告知入侵者。例如，可以添加几行信息到 sp_password 中，将新账号记录在库表中，通过电子邮件发送这个密码，或者先写入文件中，以后再使用等。

2. 数据库系统的威胁形式

对数据库构成的威胁主要有篡改、损坏和窃取三种表现形式。

(1) 篡改

所谓篡改，是指对数据库中数据进行的未经授权的修改，使其失去原来的真实性。篡改的形式具有多样性，但有一点是明确的，就是在造成影响之前很难发现它。篡改是由于人为因素而产生的，一般来说，发生这种人为威胁的原因主要有个人利益驱动、隐藏证据、恶作剧和无知等。

(2) 损坏

网络系统中数据的损坏是数据库安全性所面临的一个威胁。其表现形式是，表和整个数据库部分或全部被删除、移走或破坏。产生这种威胁的原因主要有破坏、恶作剧和病毒。其中：破坏往往带有明确的作案动机；恶作剧者往往是出于爱好或好奇而给数据造成损坏；计算机病毒不仅能对系统文件进行破坏，也能对数据文件进行破坏。

(3) 窃取

窃取一般是对敏感数据进行的。窃取的手法除了将数据复制到软盘之类的可移动介质上外，也可以把数据打印后取走。导致窃取威胁的因素有工商业间谍、不满和要离开的员工、被窃取的数据可能比想象中的更有价值等。

3. 数据库系统的威胁来源

数据库安全的威胁主要来自以下七个方面。

① 物理和环境的因素。如物理设备的损坏，设备的机械和电气故障，火灾，水灾，以及丢失磁盘磁带等。

② 事务内部故障。数据库事务是数据操作的并发控制单位，是一个不可分割的操作序列。数据库事务内部的故障多源于数据的不一致性，主要表现有丢失修改、不能重复读、无用数据的读出。

③ 系统故障。系统故障又称软故障，是指系统突然停止运行时造成的数据库故障。这些故障不破坏数据库，但影响正在运行的所有事务。系统故障时，缓冲区中的内容会全部丢失，运行的事务非正常终止，从而造成数据库处于一种不正确的状态。

④ 介质故障。介质故障又称硬故障，主要指外存储器故障。如磁盘磁头碰撞，瞬时的强磁场干扰等。这类故障会破坏数据库或部分数据库，并影响正在使用数据库的所有事务。

⑤ 并发事件。在数据库实现多用户共享数据时，可能由于多个用户同时对一组数据的不同访问而使数据出现不一致的现象。

⑥ 人为破坏。某些人为了某种目的，故意破坏数据库。

⑦ 病毒与黑客。病毒可破坏计算机中的数据，使计算机处于不正确或瘫痪状态。黑客是一些精通计算机网络和软硬件的计算机操作者，他们往往利用非法手段取得相关授权，进行非法地读取，甚至修改其他计算机数据。系统病毒发作和黑客攻击可造成对数据保密性和数据完整性的破坏。

此外，数据库系统的威胁还有：未经授权非法访问或非法修改数据库的信息，窃取数据库数据或使数据失去真实性；对数据不正确的访问，引起数据库中数据的错误；网络及数据库的安全级别不能满足应用的要求；网络和数据库的设置错误和管理混乱导致越权访问和越权使用数据。

13.2 网络数据库的安全特性

为了保证数据库数据的安全可靠和正确有效，DBMS 必须提供统一的数据保护功能。数据保护也被称为数据控制，主要包括数据库的安全性、完整性、并发控制和恢复。下面以多用户数据库系统 Oracle 为例，阐述数据库的安全特性。

13.2.1 数据库的安全性

数据库安全性是指保护数据库以防止不合法地使用所造成的数据泄露、更改或破坏。在数据库系统中有大量的计算机系统数据集中存放，为许多用户所共享，这样就使得安全问题更为突出。在一般的计算机系统中，安全措施是逐级设置数据库的存取控制，因此数据库系统可提供数据存取控制,来实施数据保护。

1. 数据库的安全机制

多用户数据库系统(如Oracle)提供的安全机制包含以下五点:

① 防止非授权的数据库存取;

② 防止非授权的对模式对象的存取;

③ 控制磁盘使用;

④ 控制系统资源使用;

⑤ 审计用户动作。

Oracle服务器上提供了一种任意存取控制,是一种基于特权限制信息存取的方法。用户要存取某一对象必须被授予相应的权限,已授权的用户可任意地授权给其他用户。Oracle保护信息的方法是采用任意存取控制来控制全部用户对命名对象的存取。用户对对象的存取受特权控制,特权是存取一个命名对象的许可,为一种规定格式。

2. 模式和用户机制

Oracle使用多种不同的机制管理数据库的安全性,其中有模式和用户两种机制。

① 模式机制:模式为模式对象的集合,模式对象如表、视图、过程和包等。

② 用户机制:每一个Oracle都有一组合法的用户,这些用户可运行该数据库的应用和使用该用户连接到定义该用户的数据库。当建立一个数据库用户时,需对该用户建立一个相应的模式,模式名与用户名相同。一旦用户连接到一个数据库,该用户就可存取相应模式中的全部对象,一个用户仅与同名的模式相联系,所以用户和模式是类似的。

3. 特权和角色

(1) 特权

特权是执行一种特殊类型的SQL语句或存取另一用户对象的权力,有系统特权和对象特权两类。系统特权是执行一种特殊动作或者在对象类型上执行一种特殊动作的权力,可授权给用户或角色。系统可将授予用户的系统特权授予其他用户或角色。也可从那些被授权的用户或角色处收回系统特权。对象特权是指在表、视图、序列、过程、函数或包上执行特殊动作的权力,对于不同类型的对象,有不同类型的对象特权。

(2) 角色

角色是相关特权的命名组。数据库系统利用角色可更容易地进行特权管理。

利用角色进行特权管理的优点有:减少特权管理、动态特权管理、特权的选择可用性、应用可知性、专门的应用安全性。

一般,数据库建立角色有两个目的:一是为数据库应用管理特权,相应的角色称为应用角色;二是为用户组管理特权,相应的角色称为用户角色。应用角色是系统授予的运行一组数据库应用所需的全部特权,一个应用角色可授予其他角色或指定用户,一个应用也可有几种不同的角色,具有不同特权组的每一个角色在使用应用时可进行不同的数据存取。用户角色是为具有公开特权需求的一组数据库用户而建立的。

数据库角色的功能如下:

① 一个角色可被授予系统特权或对象特权;

② 一个角色可授权给其他角色,但不能循环授权;

③ 任何角色可授权给任何数据库用户;

④ 授权给一个用户的每一角色可以是可用的,也可以是不可用的;

⑤ 一个间接授权角色(授权给另一角色的角色)对一个用户可明确其可用或不可用;

⑥ 在一个数据库中,每一个角色名是唯一的。

4. 审计

审计是对选定用户动作的监控和记录,通常用于审查可疑的活动,监视和收集关于指定数据库活动的数据。Oracle 支持的三种审计类型如下。

① 语句审计。语句审计是指对某种类型的 SQL 语句进行的审计,不涉及具体对象。这种审计既可对系统的所有用户进行,也可对部分用户进行。

② 特权审计。特权审计是指对执行相应动作的系统特权进行的审计,不涉及具体对象。这种审计既可对系统的所有用户进行,也可对部分用户进行。

③ 对象审计。对象审计是指对特殊模式对象访问情况的审计,不涉及具体用户,是由监控有对象特权的 SQL 语句进行的。

Oracle 允许的审计选择范围如下。

① 审计语句的成功执行、不成功执行,或其两者都包括。

② 对每一用户会话审计语句的执行审计一次或对语句的每次执行审计一次。

③ 对全部用户或指定用户活动的审计。

当数据库审计是可能的时,在语句执行阶段产生审计记录。审计记录包含审计的操作、用户执行的操作、操作的日期和时间等信息。审计记录可存放于数据字典(称为审计记录)或操作系统的审计记录中。

13.2.2 数据库的完整性

数据库的完整性是指保护数据库数据的正确性和一致性,它反映了实体的本来面貌。数据库系统应提供保护数据完整性的功能,通常用一定的机制检查数据库中的数据是否满足完整性约束条件。Oracle 应用于关系型数据库的表的数据完整性有下列类型。

① 空与非空规则。在插入或修改表的行时允许或不允许包含空值的列。

② 唯一列值规则。允许插入或修改表的行在该列上的值唯一。

③ 引用完整性规则。

④ 用户对定义的规则。

Oracle 允许定义和实施每一种类型的数据完整性规则,如空与非空规则、唯一列值规则和引用完整性规则等,这些规则可用完整性约束和数据库触发器来定义。

1. 完整性约束

(1) 完整性约束条件

完整性约束条件作为模式的一部分,是对表的列定义的一些规则的说明性方法。具有定义数据完整性约束条件功能和检查数据完整性约束条件方法的数据库系统可实现对数据完整性的约束。

完整性约束有数值类型与值域的完整性约束、关键字的完整性约束、数据联系(结构)的完整性约束等。这些完整性约束都是在稳定状态下必须满足的条件,叫静态完整性约束。相应地还有动态完整性约束,就是指数据库中的数据从一种状态变为另一种状态时,新旧数值之间的完整性约束,例如,更新人的年龄时,新值不能小于旧值等。

(2) 完整性约束的优点

利用完整性约束实施数据完整性规则有以下优点。

① 定义或更改表时,不需要程序设计便可很容易地编写程序并消除程序性错误,其功能由 Oracle 控制。

② 对表所定义的完整性约束被存储在数据字典中,因此,输入的任何应用的数据都必须遵守与表相关联的完整性约束。

③ 具有最大的开发能力。当由完整性约束所实施的事务规则改变时,系统管理员只需改变完整性约束的定义,所有应用将自动地遵守所修改的完整性约束。

④ 完整性约束存储在数据字典中,数据库应用可利用这些信息,在 SQL 语句执行之前或 Oracle 检查之前,就立即反馈信息。

⑤ 完整性约束说明的语义被清楚地定义,对于每一指定说明规则可实现性能优化。

⑥ 完整性约束可临时地使其不可用,使之在装入大量数据时避免约束检索的开销。当数据库装入完成时,完整性约束可容易地使其可用,任何破坏完整性约束的新记录可在另外表中列出。

2. 数据库触发器

数据库触发器是使用非说明方法实施的数据单元操作过程,利用数据库触发器可定义和实施任何类型的完整性规则。

Oracle 允许定义过程,当对相关的表进行 INSERT、UPDATE 或 DELETE 语句操作时,这些过程将被隐式地执行,而这些过程被称为数据库触发器。数据库触发器类似于存储过程,可包含 SQL 语句和 PL/SQL 语句,可调用其他的存储过程。过程与数据库触发器的差别在于调用方法:过程由用户或应用显式地执行,而数据库触发器由一个激发语句(INSERT、UPDATE 或 DELETE)发出并由 Oracle 隐式地触发。一个数据库应用可隐式地触发存储在数据库中的多个触发器。

一个数据库触发器由触发事件或语句、触发限制和触发器动作三个部分组成。触发事件或语句是指引起激发数据库触发器的 SQL 语句,可为对一个指定表的 INSERT、UPDATE 或 DELETE 语句。触发限制是指定一个布尔表达式,当数据库触发器激发时,该表达式必须为真。数据库触发器作为过程,是 PL/SQL 块,当触发语句发出、触发限制计算为真时,该过程被执行。

在许多情况下,数据库触发器可补充 Oracle 的标准功能,提供高度专用的 DBMS。一般数据库触发器可用于以下方面:

① 自动地生成导出列值;

② 实施复杂的安全审核;

③ 在分布式数据库中实施跨节点的完整性引用;

④ 实施复杂的事务规则;

⑤ 提供透明的事件记录;

⑥ 提供高级的审计;

⑦ 收集表存取的统计信息。

13.2.3 数据库的并发控制

数据库是一种共享资源库,可为多个应用程序所共享。在许多情况下,由于应用程序涉及的数据量很大,常常会涉及输入/输出的交换,因此,可能有多个程序或一个程序的多个进程并行地运行,这就是数据库的并发操作。在多用户数据库环境中,多个用户程序可并行地存取数据库。并发控制是指在多用户的环境下，对数据库的并行操作进行规范的机制，其目的是避免数据的丢失修改、无效数据的读出与不可重复读数据等，保证数据的正确性与一致性。并发控制在多用户的模式下是十分重要的，但这一点经常被一些数据库应用人员忽视，而且因为并发控制的层次和类型非常丰富、复杂，有时使人在进行选择时会比较迷惑，不清楚如何衡量并发控制的原则和途径。

1. 一致性和实时性

具有一致性的数据库是指并发数据处理响应过程已完成的数据库。例如，在会计数据库中，如果借方记录与相应的贷方记录相匹配，那么就认为该数据库保持了数据一致性。

具有实时性的数据库是指所有的事务全部执行完毕后才响应。如果一个正在运行的 DBMS 出现了故障而不能继续进行数据处理，原来事务的处理结果还存在缓存中而没有写入磁盘文件中，那么当系统重新启动时，系统数据就是非实时性的。数据库日志被用来在故障发生后恢复数据库，可保证数据库的一致性和实时性。

2. 数据不一致现象

事务并发控制不当，可能产生数据丢失修改、无效数据的读出、不可重复读数据等数据不一致现象。

(1) 数据丢失修改

数据丢失修改是指一个事务的修改覆盖了另一个事务的修改，使前一个事务修改丢失。例如，两个事务 T1 和 T2 读入同一数据，T2 提交的数据破坏了 T1 提交的数据，使 T1 对数据库的修改丢失，导致数据库中的数据错误。

(2) 无效数据的读出

无效数据的读出是指不正确的数据被读出。例如，事务 T1 将某一值修改，然后事务 T2 读该值，此后 T1 由于某种原因撤销对该值的修改，这就导致 T2 读取的数据是无效的。

(3) 不可重复读数据

之所以在一个事务范围内，两个相同的查询却返回了不同数据，是因为查询时系统中其他事务提交了修改。例如，事务 T1 读取某一数据，事务 T2 读取并修改了该数据，T1 为了对读取值进行检验而再次读取该数据，便得到了不同的结果。但在应用中为了提高并发度，可以容忍一些数据读取不一致现象。例如，大多数业务经适当的调整后可以容忍不可重复读。当今流行的关系数据库系统（如 Oracle、SQL Server 等）是通过事务隔离与封锁机制来定义并发控制所要达到的目标的，根据其提供的协议，可以得到几乎任何类型的合理的并发控制方式。并发控制数据库中的数据资源必须具有共享属性。为了充分利用数据库资源，应允许多个用户并行操作数据库。同时，数据库必须能对这种并行操作进行控制，以保证数据被不同的用户使用时的一致性。

3. 并发控制的实现

并发控制的实现途径有多种，如果 DBMS 支持，最好是运用其自身的并发控制能力。如果系统不具有并发控制能力，则可以借助开发工具的支持，还可以考虑调整数据库应用程序。

并发控制能力是指多用户在同一时间对相同数据同时访问的能力。一般的关系型数据库都具有并发控制能力，但是这种并发控制能力也会对数据的一致性带来威胁。试想，若有两个用户都试图访问某个银行用户的记录，并同时要求修改该用户的存款余额时，情况将会怎样呢？

13.2.4 数据库的恢复

当人们使用数据库时，总希望数据库的内容是可靠的、正确的，但由于计算机系统的故障（硬件故障、软件故障、网络故障、进程故障和系统故障等），可能会影响数据库系统的操作，影响数据库中数据的正确性，甚至破坏数据库，使得数据库中全部或部分数据丢失。因此，当发生上述故障后，希望能尽快恢复到原数据库状态或重新建立一个完整的数据库，该处理称为数据库的恢复。数据库恢复子系统是 DBMS 的一个重要组成部分。具体的恢复处理随所发生的故障类型及影响的情况而变化。

1. 操作系统备份

不管为 Oracle 数据库设计成什么样的恢复模式，数据库数据文件、在线日志文件和控制文件的操作系统备份都是绝对需要的，它是应对介质故障的策略。操作系统备份分为完全备份和部分备份。

(1) 完全备份

一个完全备份将构成 Oracle 数据库的全部数据库数据文件、在线日志文件和控制文件的一个操作系统备份。完全备份在数据库正常关闭之后进行，不能在实例故障后进行。此时，构成数据库的全部文件是关闭的，并与当前状态一致，且在数据库打开时不能进行完全备份。由完全备份得到的数据文件在任何类型的介质恢复模式中都是有用的。

(2) 部分备份

部分备份是除完全备份外的任何操作系统备份，可在数据库打开或关闭状态下进行，如单个表空间中全部数据文件的备份、单个数据文件的备份和控制文件的备份。部分备份仅对在归档日志方式下运行的数据库有用，数据文件可由部分备份恢复，在恢复过程中与数据库其他部分一致。

通过正规备份，并且快速地将备份介质运送到安全的地方，数据库就能够在大多数的灾难中得到恢复。由于不可预知的物理灾难，完全的数据库恢复（包括重应用日志）可以使数据库映象恢复到尽可能接近灾难发生的时间点的状态。对于逻辑灾难，如人为破坏或应用故障，数据库映像应该恢复到错误发生前的事务状态。

在数据库的完全恢复过程中，所有基点之后的事务都从日志中被重新应用，因此，数据库映象反映的是所有在灾难发生前已接受的事务，而灾难发生前没有被接受的事务则不被反映。也就是说，数据库恢复可以恢复到错误发生前的最后一个时刻。

2. 介质故障的恢复

介质故障是当一个文件、文件的一部分或一块磁盘出现故障，导致不能读或不能写。介质故障的恢复有以下两种形式，这决定于数据库运行的归档方式：

① 如果数据库是可运行的，但它的在线日志仅可重用但不能归档，那么介质故障的恢复可使用完全备份的简单恢复。

② 如果数据库是可运行且其在线日志是可归档的，那么该介质故障的恢复将通过实际恢复操作来重构受损的数据库，将其恢复到介质故障发生前的一个指定事务状态。

不管哪种方式，介质故障的恢复总是将整个数据库恢复到故障前的一个事务状态。

13.3 网络数据库的安全保护

目前,计算机大批量数据存储的安全问题、敏感数据的防窃取和防篡改问题越来越引起人们的重视。数据库系统是计算机信息系统的核心部件,数据库文件是信息的聚集体,保证其安全性是非常重要的。因此,对数据库数据和文件进行安全保护是非常必要的。

13.3.1 数据库的安全保护层次

数据库的安全除依赖自身内部的安全机制以外,还与外部网络环境、应用环境、从业人员素质等因素有关,因此,从广义上讲,数据库的安全框架可划分为网络系统、操作系统和数据库管理系统三个层次。这三个层次构成数据库的安全体系,从外到内、由表及里保证数据的安全,与数据库安全的关系是逐步紧密的,防范的重要性也逐层加强。

1. 网络系统层次安全

从广义上讲,数据库的安全首先依赖于网络系统。随着 Internet 的发展和普及,越来越多的公司将其核心业务向互联网转移,各种基于网络的数据库应用系统涌现,面向网络用户提供各种信息服务。可以说,网络系统是数据库应用的外部环境和基础,数据库要发挥其强大的作用离不开网络系统的支持,而数据库的用户(如异地用户、分布式用户)也要通过网络才能访问数据库的数据。网络系统的安全是数据库安全的第一道屏障,因为外部入侵首先就是从入侵网络系统开始的。

网络系统开放式环境面临的威胁主要有欺骗(Masquerade)、重发(Replay)、报文修改、拒绝服务(DoS)、陷阱门(Trapdoor)、木马(Trojan horse)、应用软件攻击等。这些安全威胁是无时无处不在的,因此,必须采取有效的措施来保障网络系统的安全。

2. 操作系统层次安全

操作系统是大型数据库的运行平台,为数据库提供了一定程度的安全保护。目前操作系统平台大多为 Windows 系列、Linux 和 UNIX。主要安全技术有访问控制安全策略、系统漏洞分析与防范、操作系统安全管理等。其中,访问控制安全策略用于配置本地计算机的安全设置,包括密码策略、账户策略、审核策略、IP 安全策略、用户权限分配、资源属性设置等,具体可以体现在用户账户、口令、访问权限、审计等方面。

3. 数据库管理系统层次安全

数据库的安全性很大程度上依赖于 DBMS。如果 DBMS 的安全性机制非常完善,则数据库的安全性能就好。目前市场上流行的是关系型 DBMS 的安全性并不十分完善,这就导致数据库的安全性存在一定的威胁。由于数据库在操作系统下都是以文件形式进行管理的,所以入侵者可以直接利用操作系统漏洞窃取数据库文件,或直接利用操作系统工具非法伪造、篡改数据库文件内容。数据库管理系统层次安全技术主要用来解决这些问题,即当前面两个层次已经被突破的情况下,DBMS 必须有一套强有力的安全机制来保障数据库数据的安全。采取对数据库文件进行加密处理是解决该层次安全的有效方法,因此,即使数据不幸泄露或者丢失,也难以被人破译和阅读。

13.3.2　数据库的审计

对于数据库，数据的使用、记录和审计是同时进行的。审计的主要任务是对应用程序或用户使用数据库资源的情况进行记录和审查，一旦数据库出现问题，审计人员将对审计记录进行分析，查出问题产生的原因。因此，数据库的审计可作为保证数据库安全的一种补救措施。

安全系统的审计过程是记录、检查和回顾系统安全相关行为的过程。通过对审计记录的分析，可以明确责任个体，追查违反安全策略的违规行为。审计过程不可省略，审计记录也不可更改或删除。

由于审计行为将影响 DBMS 的存取速度和反馈时间，因此，必须综合考虑安全性与系统性能，需要提供配置审计事件的机制，以允许 DBA 根据具体系统的安全性和性能需求做出选择。这些可由多种方法实现，如扩充、打开/关闭审计的 SQL 语句、使用审计掩码等。

数据库的审计有用户审计和系统审计两种方式。

① 用户审计：进行用户审计时，DBMS 的审计系统记录下所有对表和视图进行访问的企图，以及每次操作的用户名、时间、操作代码等信息。这些信息一般都被记录在数据字典中，利用这些信息可进行审计分析。

② 系统审计：系统审计由系统管理员进行，其审计内容主要是系统一级命令及数据库客体的使用情况。

数据库的审计工作主要包括设备安全审计、操作审计、应用审计和攻击审计等方面。设备安全审计主要审查系统资源的安全策略、安全保护措施和故障恢复计划等；操作审计可对系统的各种操作进行记录和分析；应用审计可确保建立于数据库上整个应用系统的功能、控制逻辑和数据流的正确性；攻击审计可对已发生的攻击性操作和危害系统安全的事件进行检查和审计。

为了真正达到审计目的，必须对记录了数据库中所发生过的事件的审计数据提供查询和分析手段。具体而言，审计分析要解决特权用户的身份鉴别、审计数据的查询、审计数据的格式、审计分析工具的开发等问题。

13.3.3　数据库的加密保护

大型 DBMS 的运行平台(如 Windows 和 UNIX)一般都具有用户注册、用户识别、任意存取控制(DAC)、审计等安全功能。虽然 DBMS 在操作系统的基础上增加了不少安全措施，但操作系统和 DBMS 对数据库文件本身仍然缺乏有效的保护措施。有经验的黑客会绕过一些防范措施，直接利用操作系统工具窃取或篡改数据库文件内容。这种隐患被称为通向 DBMS 的“隐秘通道”，它所带来的危害是一般数据库用户难以察觉的。

对数据库存储的数据进行加密是一种保护数据库数据安全的有效方法。数据库的数据加密一般是在通用的 DBMS 之上，增加一些加/解密控件来完成对数据本身的控制。与一般通信中加密的情况不同，数据库的数据加密通常不是对数据文件加密，而是对记录的字段加密。当然，在数据备份通过离线的介质送到异地保存时，也有必要对整个数据文件进行加密。

实现数据库的数据加密以后，各用户(或用户组)的数据由用户使用自己的密钥加密，DBA 对获得的信息无法进行随意解密，从而保证了用户信息的安全。另外，数据库的备份内容通过加密成为密文，从而能减少因备份介质失窃或丢失而造成的损失。由此可见，数据库的加密保护对于企业内部安全管理是不可或缺的。

也许有人认为对数据库加密后会严重影响数据库系统的效率，使系统不堪重负。事实并非如此。如果在数据库客户端进行数据加/解密运算，对数据库服务器的负载及系统运行几乎没有影响。例如，在普通PC上用纯软件实现DES加密算法的速度超过200 KB/s，如果对一篇包含一万个汉字的文章进行加密，其加/解密的时间仅需0.1 s，这种时间延迟用户是几乎无感觉的。目前，加密卡的加/解密速度一般为1 Mbit/s，对中小型数据库系统来说，这个速度即使在服务器端进行数据的加/解密运算也是可行的，因为一般的关系型数据项都不会太长。

1. 数据库加密的要求

一个良好的数据库加密系统应该满足以下基本要求。

(1) 字段加密

在目前条件下，加/解密是对每个记录的字段数据进行的。如果以文件或列为单位进行加密，则必然会形成密钥的反复使用，从而降低加密系统的可靠性，或者因加/解密时间过长而无法使用。只有以记录的字段数据为单位进行加/解密，才能适应数据库操作，同时进行有效的密钥管理并完成“一次一密钥”的密码操作。

(2) 密钥动态管理

数据库客体之间隐含着复杂的逻辑关系，一个逻辑结构可能对应着多个数据库物理客体，因此，数据库加密后不仅密钥量大，而且组织和存储工作较复杂，需要对密钥实行动态管理。

(3) 合理处理数据

合理处理数据包括两个方面的内容：第一，要恰当地处理数据类型，否则DBMS将会因加密后的数据不符合定义的数据类型而拒绝加载；第二，需要处理数据存储的问题，实现数据库加密后，应基本上不增加空间开销。在目前条件下，数据库关系运算中的匹配字段(如表间连接码、索引字段等)数据不宜加密。

(4) 不影响合法用户的操作

要求加密系统对数据操作响应的时间尽量短。在现阶段，平均时间延迟不应超过0.1 s。此外，对数据库的合法用户来说，数据的录入、修改和检索操作应该是透明的，不需要考虑数据的加/解密问题。

2. 不同层次的数据库加密

可以考虑在三个层次上实现对数据库数据进行加密，这三个层次分别是操作系统层、DBMS内核层和DBMS外层。

在操作系统层，由于无法辨认数据库文件中的数据关系，因而无法产生合理的密钥，也无法进行合理的密钥管理和使用。所以对于大型数据库来说，目前还难以实现在操作系统层对数据库文件进行加密。

在DBMS内核层实现加密是指数据在物理存取之前完成加/解密工作，这种加密方式(如图13.1所示)要求DBMS和加密器(软件或硬件)之间的接口有DBMS开发商的支持。DBMS内核层加密方式的优点是加密功能强，加密几乎不会影响DBMS的功能，且可以实现加密与DBMS之间的无缝耦合。但这种加密方式的缺点是在服务器端进行的加/解密运算加重了数据库服务器的负载。

比较实际的做法是将数据库加密系统做成DBMS的一个外层工具，如图13.2所示。采用这种加密方式时，加/解密运算可以放在客户端进行，其优点是不会加重数据库服务器的负载并可实现网上传输加密，缺点是加密功能会受到一些限制，与DBMS之间的耦合性稍差。图13.2中“加密定义工具”的主要功能是确定如何对每个数据库表数据进行加密。在创建了一个数据库表后，通过加密定义工具对该表进行定义。“数据库应用系统”的功能是完成对数据库定义和操作。数据库加密系统将根据加密要求自动完成对数据库数据的加/解密。

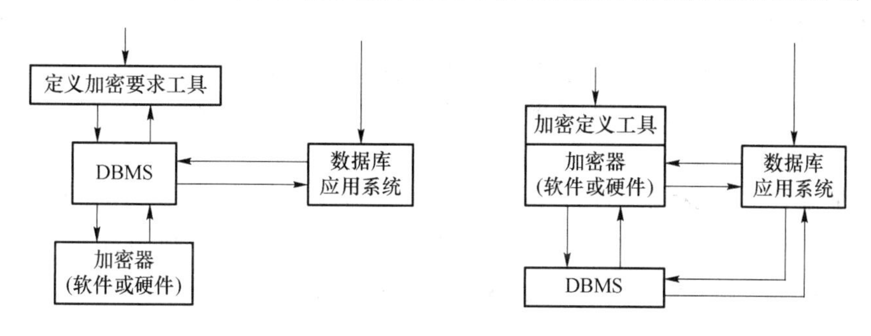

图13.1　DBMS内核层加密关系　　　　图13.2　DBMS外层加密关系

3. 数据库加密系统结构

数据库加密系统主要分为两个功能独立的部件：一个是加密字典管理程序，另一个是数据库加/解密引擎。数据库加密系统体系结构如图13.3所示。

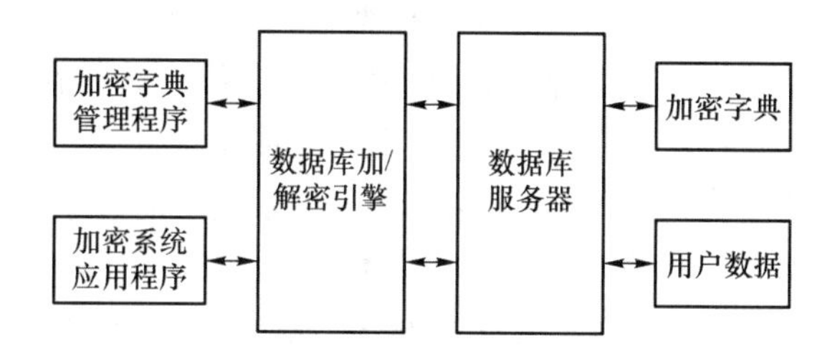

图13.3　数据库加密系统体系结构

数据库加密系统将用户对数据库信息具体的加密要求记载在加密字典中，加密字典是数据库加密系统的基础信息，通过调用数据库加/解密引擎实现对数据库表的加/解密及数据转换等功能。数据库信息的加/解密处理是在后台完成的，对数据库服务器而言是透明的。

加密字典管理程序是管理加密字典的实用程序，是DBA变更加密要求的工具。加密字典管理程序通过数据库加/解密引擎实现对数据库表的加/解密及数据转换等功能，此时，它作为一个特殊客户来使用数据库加/解密引擎。

数据库加/解密引擎是数据库加密系统的核心部件，它位于应用程序与数据库服务器之间，负责在后台完成数据库信息的加/解密处理，且对应用开发人员和操作人员来说是透明的。数据库加/解密引擎没有操作界面，在需要时由操作系统自动加载并驻留在内存中，通过内部接口与加密字典管理程序和用户应用程序通信。

数据库加/解密引擎由三大模块组成：数据库接口模块、用户接口模块和加/解密处理模块。数据库接口模块的主要工作是接受用户的操作请求，并传递给加/解密处理模块。此外，数据库接口模块还代替加/解密处理模块去访问数据库服务器，并完成外部接口参数与数据库加/解密引擎内部数据结构之间的转换。加/解密处理模块完成数据库加/解密引擎的初始化、内部专用命令的处理、加密字典信息的检索、加密字典缓冲区的管理、SQL命令的加密变换、查询结果的解密处理以及加/解密算法的实现等功能,另外还包括一些公用的辅助函数。

按以上方式实现的数据库加密系统具有如下优点。

① 系统对数据库的最终用户完全透明,DBA 可以指定需要加密的数据并根据需要进行明文和密文的转换。

② 系统完全独立于数据库应用系统,不需要改动数据库应用系统就能实现加密功能,同时,系统采用了分组加密法和二级密钥管理,实现了“一次一密钥”加密。

③ 系统在客户端进行数据加/解密算法时,不会影响数据库服务器的系统效率,数据加/解密算法基本无时间延迟。

数据库加密系统能够有效地保证数据的安全,即使黑客窃取了关键数据,也仍然难以得到所需的信息,因为所有的数据都经过了加密处理。另外,数据库加密以后,可以设定对数据内容没有权限的系统管理员无法查看明文,这样可大大提高关键数据的安全性。

本章小结

在当今信息时代,几乎所有企事业单位的核心业务处理都依赖于计算机网络系统。在计算机网络系统中最为宝贵的就是数据。数据在计算机网络中具有两种状态:存储状态和传输状态。当数据在计算机系统数据库中保存时,数据处于存储状态;而在与其他用户或系统交换时,数据处于传输状态。无论数据是处于存储状态还是传输状态,都可能会受到安全威胁。要保证企事业单位业务持续成功地运作,就要保护数据库系统中的数据安全。

保证网络系统中数据安全的主要任务就是使数据免受各种因素的影响,保护数据的完整性、保密性和可用性。为了保证数据库数据的安全可靠和正确有效,DBMS 必须提供统一的数据保护功能。数据保护也称为数据控制,主要包括数据库的安全性、完整性、并发控制和恢复。本章以多用户数据库系统 Oracle 为例,阐述了数据库的安全特性。

数据库系统的安全除依赖自身内部的安全机制以外,还与外部网络环境、应用环境、从业人员素质等因素有关。因此,从广义上讲,数据库系统的安全框架可划分为网络系统、操作系统和数据库管理系统三个层次。这三个层次构筑成数据库系统的安全体系,与数据库安全的关系是逐步紧密的,防范的重要性也逐层加强,从外到内、由表及里保证数据的安全。

对于数据库系统,数据的使用、记录和审计是同时进行的。审计的主要任务是对应用程序或用户使用数据库资源的情况进行记录和审查,一旦数据库出现问题,审计人员对审计事件记录进行分析,查出问题产生的原因。因此,数据库审计可作为保证数据库安全的一种补救措施。

本章习题

1. 什么是数据库,什么是关系型数据库?
2. 请简述几种常用的数据库系统。
3. 请简述数据库数据的安全措施。

4. 请简述数据库系统安全威胁的来源。
5. 如何进行数据库安全管理？
6. 何为数据库的完整性，数据库的完整性约束条件有哪些？
7. 数据库中如何进行用户标识和鉴别？
8. 对数据库中的视图更新有什么限制？
9. 常用的数据库备份的方法有哪些？

第14章 信息安全新技术与应用

本章学习要点	• 理解量子密钥分发、量子隐形传态过程； • 了解建立量子纠缠通道的相关量子技术； • 了解大数据面临的主要安全与隐私威胁； • 理解当前大数据安全与隐私保护的主要措施； • 理解可信计算的思想及体系结构； • 了解可信网络连接。

14.1 量子密码

随着科学技术的快速发展和创新，信息安全技术不断取得新的突破。本节所要介绍的量子信息技术就是量子力学与信息技术相结合而产生的新兴交叉技术。与传统的经典信息技术相比，量子信息技术在确保信息安全、提高运算速度和探测精度等方面具有重大的、颠覆性的影响，是目前最引人瞩目的前沿技术领域之一。

根据摩尔(Moore)定律，每十八个月计算机微处理器的速度就增长一倍，其中单位面积(或体积)上集成的元件数目会相应地增加。可以预见，在不久的将来，芯片元件就会达到它能以经典方式工作的极限尺度。因此，突破这种尺度极限是当代信息科学所面临的一个重大问题。量子信息的研究就是充分利用量子物理基本原理的研究成果，发挥量子叠加、量子纠缠等特性的强大作用，探索以全新的方式进行计算、编码和信息传输的可能性，为突破芯片极限提供新概念、新思路和新途径。

量子信息技术基于量子力学特性，具有得天独厚的优势，为信息技术的发展开创了新的原理和方法，涉及量子密码、量子通信、量子计算和量子雷达等领域。量子信息领域的开拓者——美国IBM公司的研究人员Bennett曾说："量子信息对经典信息的扩展与完善，就像复数对实数的扩展与完善一样。"目前，量子信息技术已经成为信息安全新技术中的重要研究分支。本节主要从量子密码技术和量子通信技术两个方面进行介绍。

14.1.1 量子密码技术

量子密码是密码学与量子力学相结合的产物，不同于以数学为基础的经典密码机制。目前，经典密码机制面临三个方面的威胁。第一，经典密码机制的安全性建立在没有被严格证明的数学难题之上，因此，数学难题的突破必将给经典密码机制带来毁灭性打击。第二，计算机科学的飞速发展导致其计算能力的快速提高，且始终冲击着经典密码机制。第三，量子计算理论的发展使得数学难题具有量子可解性。1994 年，Shor 提出了多项式时间内求解大数因子和离散对数的量子算法，使得当时常用的基于大数分解困难问题的 RSA 公钥密码机制和 ElGamal 公钥密码机制受到极大威胁。1998 年，Grove 提出了量子搜索算法，即在 N 个记录的无序数据库中搜索记录的时间复杂度为 $O(\sqrt{N})$，可以提高量子计算机利用蛮力攻击方法破解经典密码的效率，使得经典密码机制受到威胁。

量子密码学的思想最早是由美国人 Wiesner 在 1969 年提出的。后来，IBM 公司的 Bennett 和蒙特利尔大学的 Brassard 在此基础上提出了量子密码学的概念，并于 1984 年提出了第一个量子密钥分发（Quantum-Key Distribution，QKD）协议——BB84 协议。这一成果标志着量子密码学的诞生，也奠定了量子密码学发展的基础。之后，许多新的量子密钥分配方案相继出现，实验研究也取得重大突破。

鉴于量子密码技术在下一代安全通信领域具有巨大的战略意义，近年来，美国、欧盟、日本等投入了巨大的人力、物力对这一技术进行研究，新一轮的技术竞赛正在激烈地进行。例如，美国 DARPA 于 2002—2007 年在波士顿建设了一个 10 节点的量子密码网络；欧洲于 2009 年在维也纳建立了一个 8 节点的量子密码网络；2010 年，日本 NICT 在东京建立了一个 4 节点的量子密码演示网络，使用了 6 种量子密钥分配系统。

中国研究组在量子密码技术实用化研究领域走在了世界前列。2004 年，中国科学技术大学韩正甫研究组在北京和天津之间的 125 km 商用光纤中演示了量子密钥分配，发明了基于波分复用技术的“全时全通”型“量子路由器”，实现了量子密码网络中光量子信号的自动寻址，并使用这一方案分别在北京（2007 年）和芜湖（2009 年）的商用光纤通信网中组建了 4 节点和 7 节点的城域量子密码演示网络。中国科学技术大学潘建伟研究组也分别于 2008 年和 2009 年在合肥实现了 3 节点和 5 节点量子密码网络。目前，清华大学、北京大学、华东师范大学、上海交通大学、华南师范大学、山西大学、国防科技大学、北京邮电大学等高校的研究组也在量子密码技术的研究上取得了出色的成果。

这里，我们以 BB84 协议为例，介绍量子密钥分配的基本原理。量子密钥分配与经典密钥分配最本质的区别在于：前者运用量子态来表征随机数 0、1（经典比特），而后者运用物理量来表征经典比特 0、1，如有无电荷等。若采用光脉冲来传送比特，在经典信息中，光脉冲“有光子”代表比特“1”，“无光子”代表比特“0”，但在量子信息中则是采用单个光子的量子态，如偏振状态来表征比特的。BB84 协议采用四个量子态（↔，↕，↗，↘）来实现量子密钥分配，事先约定：水平偏振和－45°偏振代表比特“0”，垂直偏振和＋45°偏振代表比特“1”。BB84 协议量子密钥分配的操作步骤如图 14.1 所示。

这种密钥建立方式的安全性由量子力学的测不准原理（指不可能完全知道量子系统的物理特征，对一种特征的测量将会改变另一种特征）、不可克隆定理（指不可能生成一个未知量子状态的完整副本）保证：当有窃听者对信道中传输的光子进行窃听时，会被合法的收发双方通过一定的检测步骤发现。由于其物理安全保障机制不依赖于密钥分发算法的计算复杂度，因此可以在理论上达到密码学意义上的无条件安全。

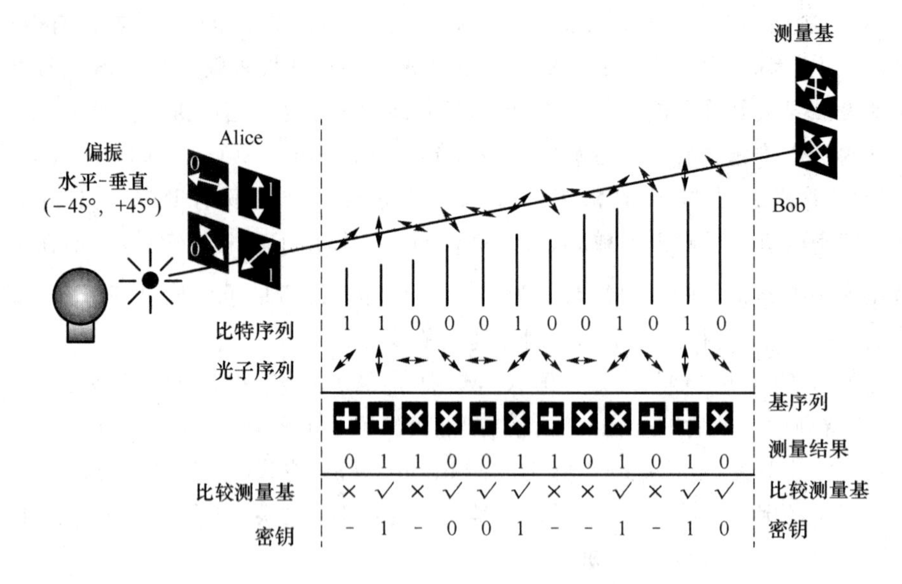

图 14.1 BB84 协议量子密钥分配的操作步骤

将量子密钥分发协议获得的密钥与"一次一密"密码机制结合,可以实现无条件安全的保密通信。也就是说,通信双方在进行保密通信之前,先使用量子光源,通过公开的量子信道,依照量子密钥分配协议在通信双方之间建立对称密钥,再使用建立起来的密钥对明文进行加密。这一过程使得"一次一密"密码机制真正能应用于实际。

量子密码的安全性是其核心价值,安全性分为协议安全性和实际系统安全性两个层面。量子密码概念提出至今,研究者已设计了多种量子密钥分配协议,并围绕这些通信协议的无条件安全性证明进行了大量的理论工作。

在通信协议安全性得到证明的基础上,为了实现高可靠性的量子密码系统,还需要跨越理想协议模型和实现技术之间的鸿沟。实际的量子密码系统中,光源、探测器和编解码器等部件都可能出现安全性漏洞。因此,实际非理想条件下的量子密码系统安全性也成为各国学者关注和研究的热点。2013 年,由中国科学技术大学潘建伟院士及其同事张强、陈腾云与清华大学马雄峰等组成的联合研究小组在国际上首次实现的测量器件无关的量子密钥分发,以解决量子黑客隐患的重大价值成功入选国际物理学"年度重大进展"。

量子密码学自提出到现在已有三十多年的时间,量子密码技术已发展成较为系统的体系,其研究内容不仅包括量子密钥分配,还包括量子秘密共享、量子比特承诺、量子身份认证、量子签名、量子密码安全协议、量子密码信息理论、量子密码分析等新的研究方向。总体来讲,量子密码协议的安全性是值得信赖的,但是对于现有的实际量子密码系统来说,接收端安全性漏洞比发射端大,往返式系统安全性明显弱于单向系统,单探测器系统安全性强于多探测器系统,单激光器比多激光器安全,主动器件比被动器件安全。只有解决了上述器件实现方案中的实际安全性问题,量子密码才能做到真正的安全。

14.1.2 量子通信技术

量子通信是通信和信息领域的研究前沿,除量子密码通信以外,它还涉及量子隐形传态、量子密集编码等内容。量子通信技术作为应用前景极为广阔的通信技术领域"新宠",其以绝对安全性、超大信道容量、超高通信速率、可远距离传输和信息高效率等特点,引起了世界范围特别是一些大国的充分重视、紧密跟踪与竞争性研究。在 1998 年之前,有关量子通信的文章多数发表在英国的 Nature 和美国的 Science 等期刊上。从 1998 年下半年开始,世界著名的物理学期刊 Physics Review A 开设了 Quantum Information 专栏,比较集中地报道这方面的研究成果,相应的论文数量也逐年增加。

广义来讲,量子密钥分配过程中确实利用了量子态来执行保密通信的功能。但是,这里的量子态的作用在于建立通信双方之间经典信息的关联,即量子态只是充当建立这个安全的经典信息关联的桥梁和保障,人们最终还是将其转化为经典信息,从而进行经典意义上的密码通信。本节所说的量子通信,则是完全利用量子信道来传送和处理真正意义上的量子信息。

量子通信关键的一环是建立量子通道(也称为量子信道),并通过这个量子信道安全无误地传送量子态的信息。这一问题于 1993 年在理论上获得了解决:量子信息领域的开拓者 Bennett 及其合作者提出了著名的 Quantum Teleportation 方案,中文翻译为“量子隐形传态”。

所谓的量子隐形传态是指:如果能够在量子通信的双方(如 Alice 和 Bob)之间建立最大的量子纠缠态(Bell 态),那么 Alice 和 Bob 可以通过经典通信来协同两地的操作,利用量子纠缠态,可以将 Alice 处待发送的量子态准确无误地传送给 Bob。成功传送量子态的代价是量子纠缠态被损毁。如图 14.2 所示,在这一量子通信过程中,承载 Alice(A)处量子态信息的物理的量子系统并没有被发送出去,仍然待在 Alice 处,但是原先蕴藏在该系统中的量子态信息,已经借助量子纠缠态中奇妙的量子关联,被传送到 Bob(B)处。这一过程仿佛一个量子物体的灵魂被抽走,重新装载在遥远异地的另外一个物体上,因此被称为量子隐形传态。有了量子隐形传态方案,我们就可以将量子纠缠作为量子信道,充当联系各个节点的桥梁。

量子纠缠态是一种由多个微观粒子构成的复合系统的量子态,目前人们已经在各种不同的物理系统中产生了量子纠缠态。此外,人们找到了最适合做量子信道的物理系统,那就是光子系统。光子能够在媒介中快速传输,而不易受到环境的扰动。

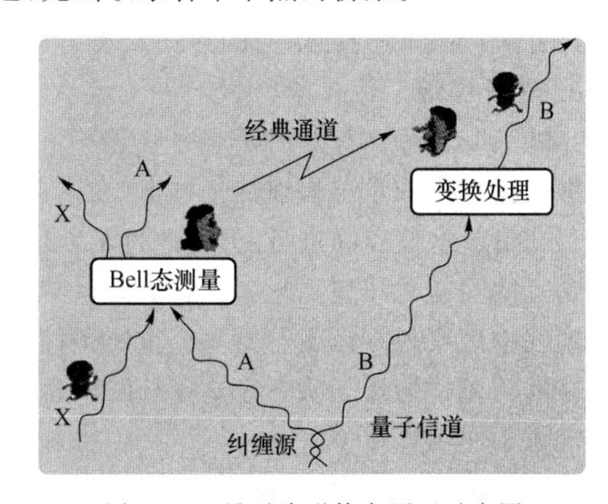

图 14.2 量子隐形传态原理示意图

世界上第一个量子隐形传态的实验验证是由奥地利的 Zeilinger 小组于 1997 年在光子系统中完成的。此后,基于纠缠光子的量子隐形传态的研究被广泛开展。例如:2003 年潘建伟和 Zcilingcr 等改进了先前的实验,使得被传送的粒子能自由传播,而不需要使用先前实验中必须通过的破坏性的量子测量来证实实验的成功与否;潘建伟等于 2004 年在建立 5 光子纠缠的基础上,完成了开放终端的量子隐形传态,能够将待传送的量子态发送给非单一的用户。

纠缠是量子通信中的基本资源,然而在纠缠分发过程中,由于通道噪声,远距离的共享纠缠光子会使通信质量下降,从而影响量子通信任务的实现。面对如何在大尺度空间范围内建立高品质的量子纠缠通道这一问题,一些重要的理论、实验方案被相继提出。

1. 量子纠缠交换

1993 年,Zukowski 等提出了量子纠缠交换(Quantum Entanglement Swapping)的方案:对于两对纠缠光子,每对拿出一个光子,对它们做一个 Bell 态测量之后,剩余的两个光子由最初没有纠缠的状态变成有纠缠的状态。这个 Bell 态测量的过程相当于将两段绳子接成一条长绳,而这条长绳就成了新的、具有更长距离的纠缠通道,其实验原理如图 14.3 所示。

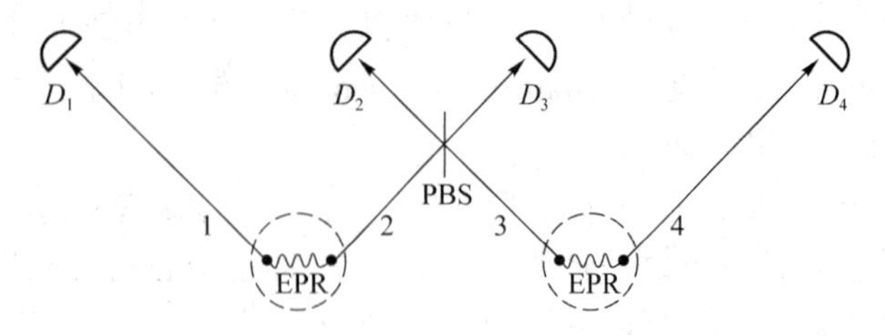

图 14.3　量子纠缠交换原理

2. 量子纠缠纯化

Bennett 等在 1996 年提出了著名的纠缠纯化(Entanglement-Purification)方案:当身处异地的两者之间拥有很多对纠缠程度比较低的劣质纠缠态的时候,他们可以通过一些局部的量子操作和经典通信过程,从中提取出少量高品质的纠缠态。最初的量子纠缠纯化方案需要用到受控非门,但精确的受控非门无法用现有技术实现。2001 年,潘建伟等提出了无须受控非门的量子纠缠纯化理论方案,现有技术实现纠缠纯化成为可能;2003 年,他们利用该方案成功实现了对任意纠缠态的量子纠缠纯化,如图 14.4 所示,《自然》杂志以封面论文的形式发表了该研究成果。

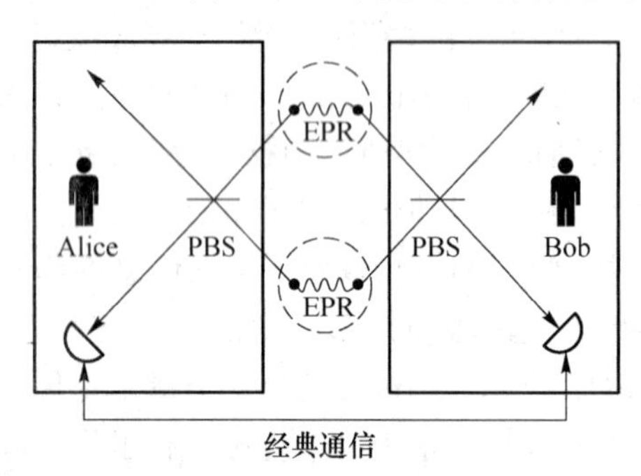

图 14.4　量子纠缠纯化

3. 量子中继

1995 年,Briegel 等提出了量子中继(Quantum-Repeaters)的策略,实际上就是结合了量子纠缠交换技术和量子纠缠纯化技术,在遥远的两地之间添加很多中间节点,分发纠缠态的过程仅仅在最短的节点间进行,但是通过不断地量子纠缠纯化和量子纠缠交换过程,原则上可以在这遥远的两地之间建立起高品质的共享纠缠态,从而实现远距离量子通信。上述的量子中继方案在物理实现方面还需要一个重要条件,就是在每个节点上都要有量子存储器。量子存储器能够将光子的量子状态存储较长时间,并能够实施必要的量子操作步骤,以实现量子纠缠连接和量子纠缠纯化。

量子中继与经典中继(也称可信中继)在安全性上是完全不一样的。可信中继是通过中继把形成的密码"接力"下去,它要求所有中继站都是安全的,只要在通信双方跨越的中继站中有一个不安全,则通信内容完全不安全。而量子中继的中继站只转换纠缠却看不到密码,即便所有中继站都不安全,两个通信终端间形成的密钥及以此为基础的通信仍然绝对安全,如图 14.5所示。

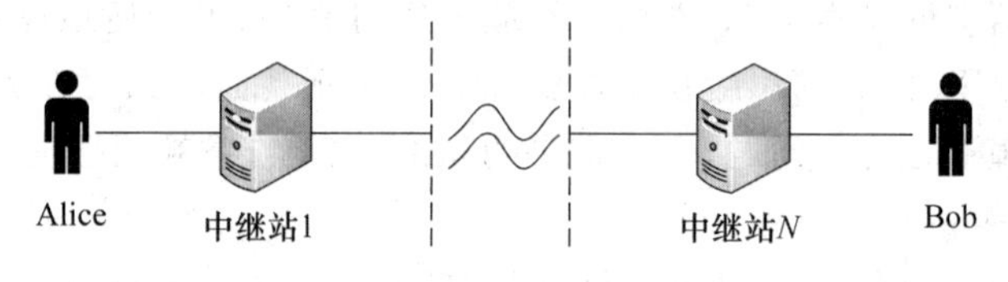

图 14.5　量子中继

除了量子中继技术，还可以利用卫星和地面之间的光量子态传输来增大量子通信距离。相对于在地表大气中的光子传输，在星地之间的光子传输不受地表曲率的影响，同时也没有障碍物的阻碍。另外，地表与人造卫星之间只有5～10 km的水平大气等效厚度，而大气对某些波长的光子吸收非常小，在外太空无衰减和退相干，能保持光子极化纠缠品质。

一个可能的展望是，由星地之间的量子通信联系不同的城域量子网络，完成量子密钥分配、量子隐形传态、类空间隔的量子非定域性检验等任务。在直接以大气为媒介传输光子态的研究方面，2007年，欧洲的实验组已实现了144 km的自由空间量子密钥的分发。此后，我国专家、学者也在此研究领域获得了一些重大的成果。例如：2010年，中国科学技术大学潘建伟研究组实现了举世瞩目的跨越长城的16 km自由空间量子隐形传态的验证；2012年，该研究组在青海湖实现了百公里量级的量子态隐形传输和量子密钥分发，该距离已经超过了星地之间的等效大气厚度，佐证了星地量子通信的可行性；2015年，该研究组在国际上首次实现多自由度量子体系的隐形传态，《自然》杂志以封面标题的形式发表了这一最新研究成果，这一重要突破，将为发展可扩展的量子计算和量子网络技术奠定坚实的基础；2016年8月16日，由中国科学家自主研发的世界首颗量子科学实验卫星“墨子号”发射升空，这使中国先于欧美拥有量子通信覆盖全球的能力。

最近十年，量子通信研究实现突破，相关技术发明层出不穷，加快了理论向实用化推进的速度。由于量子通信与国家安全和利益紧密相连，美国、日本和欧洲的一些发达国家纷纷投入大量人力、物力、财力，积极开展量子通信研究，推广量子通信技术。尤其值得注意的是，全球信息产业界的巨头们，如IBM、Philips、AT&T、Bell实验室、HP、西门子、NEC、日立、三菱、NTT等，对量子通信技术投入了高额研发资本，正抓紧开展量子通信技术的研发，并努力加强产业化。

构建一个全量子的通信网络，需要有通信波段的纠缠光源、高品质的量子存储器、高效的量子中继技术、节点的量子信息处理技术等环节。从目前的进展看，将这些环节组合在一起，构成一个全量子的通信网络，不存在原则上的困难。但是如何提高各个环节的品质，优化整个系统，达到高速率的量子信息传输，是一个很大的技术挑战。

14.2　大数据安全与隐私保护

大数据的产生使企业数据更加复杂且难以管理。据统计，在过去五年中，全球产生的数据量要比以往400年产生的数据量加起来还要多，这些数据包括图片、视频、音频等不同的数据类型，其中只有20%的是结构化数据，其余都是非结构化数据。企业如果要利用这些数据必须花费大量的时间与金钱，而面对这样庞大的数据，保障其安全也是一项极具挑战性的任务。

14.2.1　大数据面临的安全威胁

数据的不断增加使得数据安全与隐私保护问题日益突出，各种安全事件给企业和组织敲响了警钟。在数据的整个生命周期里，企业需要遵守比以往更严格的合规标准和保密规定。随着对数据存储和分析使用的安全与隐私保护要求越来越高，传统的数据保护方法常常无法满足需求。网络和数字化生活使得黑客更容易获得他人的相关信息，有了更多不易被追踪和防范的犯罪手段。因此，大数据应用中的数据安全与隐私保护是一个重要的问题。

隐私是指当事人不愿意被他人知道或不便被他人知道的敏感信息，它与公共利益、群体利益无关，具有隐藏特性。安全是指不受威胁，没有危险、危害或损失。信息安全是指采取技术和管理的安全保护手段，保护软硬件与数据不由于偶然的或恶意的原因而遭到破坏、更改或泄露。在大数据时代，传统的隐私数据内涵与外延有了巨大的突破与延伸，隐私数据保护不力所造成的恐慌已不能由个人或团体承受，隐私数据保护技术面临更多的挑战。大数据时代下的隐私数据保护与安全体系除涉及技术、管理外，还涉及国家安全与国际秩序。隐私数据泄露的影响很可能会突破个人、团体或地区的限制，发展为全球性的影响。从本质上来说，大数据安全与隐私保护就是要求我们能够在大数据时代兼顾安全与自由、个性化服务与商业利益、国家安全与个人隐私的基础上，从数据中挖掘其潜在的巨大商业价值和学术价值，并使关于数据研究成果真正地服务于社会。

在大数据时代，随着我们对大数据的进一步认识和研究，呈现出的安全隐私威胁主要有以下五个方面。

1. 大数据基础设施安全威胁

大数据基础设施包括存储设备、计算设备、一体机和其他基础软件(如虚拟化软件)等。为了支持大数据的应用，需要创建支持大数据环境的基础设施。例如，需要高速的网络来收集各种数据源，需要大规模的存储设备对海量数据进行存储，还需要各种服务器和计算设备对数据进行分析与应用。这些基础设施带有虚拟化和分布式性质等特点，给用户带来各种大数据新应用的同时，也会使用户遭受安全威胁。

① 非授权访问。也就是说，没有经过同意就使用网络或计算机资源。例如，有意避开系统访问控制机制，对网络设备及资源进行非正常访问，或使用，或擅自扩大使用权限，越权访问信息。由于基础设施中有大量的数据(包括企业运营数据、客户信息、个人的隐私和各种行为的细节记录)汇集，因此这些数据被集中存储。但是，集中存储增加了数据泄露的风险，因此使这些数据不被越权访问也成为保护大数据安全的重要部分。非授权访问的主要形式有假冒、身份攻击、非法用户进入网络系统进行违法操作，以及合法用户以未授权方式进行操作等。

② 信息泄露或丢失。数据可能在传输过程中泄露或丢失(如利用电磁泄漏或搭线监听的方式截获机密信息，或通过对信息流向、流量、通信频度和长度等参数进行分析，窃取有用信息等)，在存储介质中泄露或丢失，以及黑客通过建立隐蔽隧道窃取敏感信息等。

③ 在网络基础设施传输过程中破坏数据完整性。大数据采用分布式和虚拟化架构就意味着比传统的基础设施有更多的数据传输过程，大量数据在一个共享的系统里被集成和复制，当加密强度不够的数据在进行传输时，攻击者能通过实施嗅探、中间人攻击、重放攻击来窃取或篡改数据。

④ 拒绝服务攻击。通过对网络服务系统的不断干扰，改变其正常的作业流程或使其执行无关程序，导致系统响应迟缓，影响合法用户的正常使用，甚至使合法用户遭到排斥，不能得到相应的服务。

⑤ 网络病毒传播。即通过信息网络传播计算机病毒。通过针对虚拟化技术的安全漏洞攻击，黑客可利用虚拟机管理系统自身的漏洞，入侵宿主机或同个宿主机上的其他虚拟机。

2. 大数据存储安全威胁

大数据规模的爆发性增长对存储架构产生新的需求，大数据分析应用需求也推动着 IT 技术以及云计算技术的发展。大数据的规模通常可达到 PB 量级，结构化数据和非结构化数据混杂其中，数据的来源多种多样，传统的结构化存储系统已经无法满足大数据应用的需要，因此,需要采用面向大数据处理的存储系统架构。大数据存储系统要有强大的扩展能力,可以通过增加模块或磁盘来增加存储容量。此外,大数据存储系统的扩展要操作简单、快速,执行扩展操作时甚至不需要停机。在此种背景下,Scale-out 架构越来越受到研究人员青睐。

Scale-out 是指根据需求增加不同的服务器和存储应用,依靠多台服务器、存储协同计算、负载平衡及容错等功能来提高运算能力及可靠度。与传统的存储系统架构完全不同,Scale-out 架构可以实现无缝、平滑地扩展,避免产生"存储孤岛"。

在传统的数据安全中,数据存储是非法入侵的最后环节,目前已形成完善的安全防护体系。大数据对存储的需求主要体现在海量数据处理、大规模集群管理、低延迟读写速度、较低的建设及运营成本方面。大数据时代的数据非常繁杂,来自生活、学术、商业等各个方面,而且其数据量非常惊人,其数据之间的相关性也使得保证这些数据在得到有效利用之前的安全是一个重要话题。在数据应用的生命周期中,数据存储是一个关键环节,数据停留在此阶段的时间最长。目前,可采用关系型(SQL)数据库和非关系型(NoSQL)数据库进行存储。现阶段,大多数的企业主要采用非关系型数据库存储大数据。

(1) 关系型数据库存储安全

SQL 数据库的理论基础是 ACID 模型,即原子性(Atomicity)、一致性(Consistency)、隔离性(Isolation)、持久性(Durability)。事务的原子性是指事务中包含的所有操作要么全做,要么全不做。事务的一致性是指在事务开始之前,数据库处于一致性状态,事务结束后,数据库也必须处于一致性状态。事务的隔离性要求系统必须保证事务不受其他并发执行的事务的影响。例如,对于任何一对事务 T1 和 T2,在事务 T1 看来,T2 要么在 T1 开始之前已经结束,要么在 T1 完成之后才开始执行。事务的持久性是指一个事务一旦成功完成,即便是在系统遇到故障的情况下,它对数据库的改变也必须是永久的。数据的重要性决定了事务持久性的重要性。

通过 SQL 数据库的 ACID 模型可以知道,传统的 SQL 数据库虽然因为通用性设计带来了性能上的限制,但可以通过集群提供较强的横向扩展能力。SQL 数据库的优点除了具有较强的并发读写能力,数据强一致性保障,很强的结构化查询与复杂分析能力和标准的数据访问接口外,还有操作方便、易于维护、便于访问、安全便捷等优点。

通常,数据结构化对于数据库开发和数据防护有着非常重要的作用。结构化的数据便于管理、加密、处理和分类,能够智能、有效地分辨非法入侵数据,数据结构化虽然不能够彻底避免数据安全风险,但是能够加强数据安全防护的效果。

SQL 数据库所具有的 ACID 模型保证了数据库交易的可靠处理。SQL 数据库通过集成的安全功能保证了数据的机密性、完整性和可用性,例如,基于角色的权限控制、数据加密机制、支持行和列的访问控制等。但是 SQL 数据库也存在很多瓶颈,包括不能有效处理多维数据,不能有效处理半结构化和非结构化的海量数据,高并发读写性能低,支撑容量有限,数据库的可扩展性和可用性低,建设和运维成本高等。

(2) 非关系型数据库存储安全

由于大数据具备数据量大、多数据类型、增长速度快和价值密度低的特点,采用传统 SQL 数据库管理技术往往面临成本支出过多、扩展性差、数据快速查询困难等问题。对于占数据总量 80%以上的非结构化数据,通常采用 NoSQL 数据库完成对大数据的存储、管理和处理。NoSQL 数据库存储着大量不同类型的结构化数据和非结构化数据。和 SQL 数据库的 ACID 模型相对应,NoSQL 数据库的理论基础是 BASE 模型。BASE 模型来自互联网电子商务领域的实践，它由 CAP 理论逐步演化而来，核心思想是即便不能达到强一致性（Strong Consistency），也可以根据应用特点采用适当的方式来达到最终一致性（Eventual Consistency）的效果。BASE 模型是对 CAP 中 CA 应用的延伸，BASE 模型的含义包括：基本可用（Basically Available）；软状态/柔性事务（Soft-state），即状态可以有一段时间的不同步；最终一致性（Eventual Consistency）。BASE 模型是反 ACID 模型的，该模型完全不同于 ACID 模型，它牺牲了强一致性，目的是获得基本可用性和柔性可靠性性能，并要求达到最终一致性。

从 NoSQL 数据库的理论基础可以知道，由于数据多样性，因此 NoSQL 数据库并不是通过标准的 SQL 语言进行访问的。NoSQL 数据存储方法的主要优点是数据具有可扩展性和可用性、数据存储具有灵活性。每个数据的镜像都存储在不同地点以确保数据可用性。NoSQL 数据库的不足之处在于：数据一致性需要应用层保障，结构化查询统计能力也较弱。

NoSQL 数据库存储带来如下安全挑战。

① 模式成熟度不够。目前的标准 SQL 技术包括严格的访问控制和隐私管理工具，而在 NoSQL 模式中，并没有这样的要求。事实上，NoSQL 数据库无法沿用 SQL 模式，它有自己的新模式。例如，与传统 SQL 数据存储相比，在 NoSQL 数据存储中，列级和行级的安全性更为重要。此外，NoSQL 数据库允许不断对数据记录添加属性，需要为这些新属性定义安全策略。

② 系统成熟度不够。在饱受各种安全问题的困扰后，SQL 数据库和文件服务器系统的安全机制已经变得比较成熟。虽然 NoSQL 数据库可以从 SQL 数据库的安全设计中学习经验教训，但至少在几年内 NoSQL 数据库仍然会存在各种漏洞。

③ 客户端软件问题。由于 NoSQL 服务器软件没有内置足够的安全机制，因此，必须对访问这些软件的客户端应用程序提供安全措施。但这样又会产生其他问题，如身份验证和授权功能，SQL 注入问题，代码容易产生漏洞，数据冗余和分散性问题等。

3. 大数据网络安全威胁

互联网及移动互联网的快速发展不断地改变着人们的工作、生活方式，同时也带来了严重的安全威胁。网络面临的风险可分为广度风险和深度风险。广度风险是指安全问题随网络节点数量的增加呈指数级上升；深度风险是指传统攻击依然存在且手段多样，APT（高级持续性威胁）攻击逐渐增多且造成的损失不断增大，攻击者的工具和手段呈现平台化、集成化和自动化的特点，具有更强的隐蔽性、更长的攻击与潜伏时间、更加明确和特定的攻击目标。结合广度风险与深度风险，大规模网络主要面临的问题包括安全数据规模巨大、安全事件难以被发现、安全的整体状况无法被描述、安全态势难以被感知等。

通过上述分析，网络安全是大数据安全防护的重要内容。现有的安全机制对大数据环境下的网络安全防护来说并不完美。一方面，大数据时代的信息爆炸，导致来自网络的非法入侵次数急剧增加，网络防御形势十分严峻。另一方面，由于攻击技术的不断成熟，现在的网络攻击手段越来越难以辨识，给现有的数据防护机制带来了巨大的挑战。因此，对于大规模网络而言，在网络安全层面，除了访问控制、入侵检测、身份识别等基础防御手段，还需要管理人员能够及时感知网络中的异常事件与整体安全态势，从成千上万的安全事件和日志中找到最有价值、最需要处理和解决的安全问题，从而保障网络的安全。

4. 大数据隐私安全威胁

大数据通常包含了大量用户的身份信息、属性信息、行为信息，在大数据应用的各个阶段内，如果不能保护好大数据，则极易导致用户隐私泄露。此外，大数据的多源性使得来自各个渠道的数据可以用来进行交叉检验。过去，一些拥有数据的企业经常提供经过简单匿名化的数据作为公开的测试集，在大数据环境下，多源交叉检验有可能发现匿名化数据后面的真实用户，同样会导致隐私泄露。

隐私泄露成为大数据必须面对且急需解决的问题。大数据时代，现有的隐私保护技术还不够完善，除了要建立健全的个人隐私保护的法律法规等基本规则，还应鼓励隐私保护技术的研发、创新和使用，从技术层面保障隐私安全，完善用户保障体系。

传统数据安全往往是围绕数据生命周期部署的，即数据的产生、存储、使用和销毁。随着大数据应用越来越多，数据的拥有者和管理者相分离，原来的数据生命周期逐渐转变成数据的产生、传输、存储和处理。由于大数据的规模没有上限，且许多数据的生命周期极为短暂，因此，常规安全产品要想继续发挥作用，需要解决如何根据数据存储和处理的动态化、并行化特征，动态跟踪数据边界，管理对数据的操作行为等问题。

大数据中的隐私泄露主要有以下表现形式。

① 在数据传输的过程中对用户隐私权造成的侵犯。大数据环境下的数据传输将更为开放和多元化，传统的物理区域隔离方法无法有效保障远距离传输的安全性，电磁泄漏和窃听将成为更加突出的安全威胁。

② 在数据存储的过程中对用户隐私权造成的侵犯。大数据中，用户无法知道数据的确切存放位置，用户无法对其个人数据的采集、存储、使用、分享等进行有效控制。

③ 在数据处理的过程中对用户隐私权造成的侵犯。大数据环境下可能部署大量的虚拟技术，基础设施的脆弱性和加密措施的失效可能产生新的安全风险。大规模的数据处理需要完备的访问控制和身份认证管理，以避免未经授权的数据访问，但资源动态共享的模式无疑增加了这种管理的难度，账户劫持、攻击、身份伪装、认证失败、密钥丢失等都可能威胁用户数据安全。

5. 大数据其他安全威胁

大数据除了在基础设施、存储、网络、隐私等方面面临安全威胁外，在其他方面面临的安全威胁还包括如下三个方面。

① 网络化社会使大数据成为易被攻击的目标。一方面，以论坛、博客、微博、视频网站为代表的新媒体形式促进了网络化社会的形成，在网络化社会中，信息的价值超过基础设施的价值，极易吸引黑客的攻击。另一方面，网络化社会中的大数据隐藏着人与人之间的关系与联系，使得黑客成功攻击一次就能获得大量数据，无形中降低了黑客的进攻成本，增加了攻击收益。从近年来互联网上发生的用户账号失窃等连锁反应可以看出，大数据更容易吸引黑客，而且一旦遭受攻击，造成的损失巨大。

② 大数据滥用风险。计算机网络技术和人工智能的发展为大数据自动收集，以及智能动态分析提供便利，但是大数据技术被滥用会带来安全风险。一方面，大数据本身的安全防护存在漏洞。用户对大数据的安全控制力度仍然不够，API 访问权限控制以及密钥生成、存储和管理方面的不足都可能造成数据泄露。另一方面，攻击者也在利用大数据技术进行攻击。例如，黑客能够利用大数据技术最大限度地收集更多的用户敏感信息。

③ 大数据误用风险。一方面是大数据的准确性较低会对使用大数据做出的决定产生不良影响，例如，从社交媒体获取个人信息的准确性不高，基本的个人资料例如年龄、婚姻状况、教育或者就业情况等通常都是未经验证的，分析结果可信度不高。另一方面是数据的质量较低，从公众渠道收集到的信息可能与需求相关度较小，这些数据的价值密度较低，如果对其进

行分析和使用可能产生无效的结果，从而导致错误的决策。

14.2.2 大数据安全与隐私保护技术

大数据安全与隐私保护技术可以从两个方向进行研究：一是确保大数据安全的关键技术，涉及大数据业务链条上的数据产生、存储、处理、价值提取、商业应用等环节的数据安全防御和保护技术；二是利用涉及安全信息的大数据在信息安全领域进行分析与应用，涉及安全大数据的收集、整理、过滤、整合、存储、挖掘、审计、应用等环节的关键技术。

大数据安全与隐私保护技术可以从物理安全、系统安全、网络安全、存储安全、访问安全、审计安全、运营安全等角度进行考虑，围绕大数据全生命周期，即数据产生、采集、传输、存储、处理、分析、发布、展示和应用、产生新数据等阶段进行安全防护。其目标在于：最大程度地保护具有流动性和开放性特征的大数据自身安全，防止数据泄露、越权访问、数据篡改、数据丢失、密钥泄露、侵犯用户隐私等问题的出现。因此，大数据安全与隐私保护技术需要设计和构建更多的技术标准、安全规范、工具产品、安全服务等形式来保护大数据的安全。

根据大数据的特点及应用需求的特点，将数据的生命周期进行合并与精简，可以将大数据的应用过程划分为采集、存储、挖掘、发布四个环节。数据采集环节是指数据的采集与汇聚，其安全问题主要是数据汇集过程中的传输安全问题；数据存储环节是指数据汇聚完毕后大数据的存储，需要保证数据的机密性和可用性，提供隐私保护；数据挖掘环节是指从海量数据中抽取出有用信息的过程，需要认证数据挖掘者的身份、严格控制数据挖掘的操作权限，防止机密信息的泄露；数据发布环节是指将有用信息输出到应用系统的过程，需要进行安全审计，并保证可以对可能的机密泄露进行数据溯源。

1. 数据采集安全技术

海量大数据的存储需求催生了大规模分布式采集及存储模式。在数据采集过程中，可能存在数据损坏、数据丢失、数据泄露、数据窃取等安全威胁，因此，需要使用身份认证、数据加密、完整性保护等安全机制来保证采集过程的安全性。下面将先讨论数据采集过程中数据传输的安全要求，然后简单介绍 VPN 技术，并重点介绍 SSL-VPN 技术在大数据传输过程中的应用。

一般来说，数据传输的安全要求有真实性、机密性、完整性和防止重放攻击等。要达到上述安全要求，一般采用的技术手段有：目的端认证源端的身份，以确保数据的真实性；数据加密以满足数据机密性要求；密文数据后附加 MAC（消息认证码），以达到数据完整性保护的目的；数据分组中加入时间戳或不可重复的标识，来保证数据抵抗重放攻击的能力等。

一般地，要实现数据的安全传输，可采用 VPN 技术。该技术将隧道技术、协议封装技术、密码技术和配置管理技术结合在一起，采用安全通道技术在源端和目的端建立安全的数据通道，在对待传输的原始数据进行加密和协议封装处理后再嵌套装入另一种协议的数据报文，像普通数据报文一样在网络中进行传输。经过这样的处理，只有源端和目的端的用户能够对通道中的嵌套信息进行解释和处理，而这些信息对于其他用户而言只是无意义的信息。

目前，较为成熟的 VPN 技术均有相应的协议规范和配置管理方法。这些常用的配置方法和协议主要包括路由过滤技术、通用路由封装（GRE）协议、第二层转发（L2F）协议、第二层隧道协议（L2TP）、IP 安全（IPSec）协议、SSL 协议等。多年来，IPSec 协议一直被认为是构建 VPN 最好的选择，从理论上讲，IPSec 协议保障网络层之上所有协议的安全。然而，IPSec 协议的复杂性使其很难满足构建 VPN 要求的灵活性和可扩展性。

SSL-VPN 凭借其简单、灵活、安全的特点得到了迅速地发展，尤其在大数据环境下的远程接入访问应用方面，SSL-VPN 具有明显的优势。SSL-VPN 采用标准的安全套接层协议，基于 X.509 证书，支持多种加密算法，可以提供基于应用层的访问控制，具有数据加密、完整性检测和认证机制，而且客户端无须安装特定软件，更加容易配置和管理等特点，从而降低用户的总成本，提高远程用户的工作效率。

大数据环境下的数据应用和挖掘需要以海量数据的采集与汇聚为基础，采用 SSL-VPN 技术可以保证数据在节点之间传输的安全性。以电信运营商的大数据应用为例，运营商的大数据平台一般采用多级架构，处于不同地理位置的节点之间需要传输数据，在任意传输节点之间均可部署 SSL-VPN，以保证端到端的数据安全传输。安全机制的配置意味着额外的开销，引入传输保护机制除了保证数据安全性，对数据传输效率的影响主要有两个方面：一是加密与解密对数据速率造成的影响；二是加密与解密对主机性能造成的影响。在实际应用中，选择加解密算法和认证方法时，需要在开销和效率之间进行权衡。

2. 数据存储安全技术

大数据的关键在于数据分析和利用，因此，不可避免地增加了数据存储的安全风险。相对于传统的数据，大数据还具有生命周期长、多次访问、频繁使用的特征。大数据环境下，云服务商、数据合作厂商的引入增加了用户隐私数据泄露、企业机密数据泄露、数据被窃取的风险。另外，由于大数据具有如此高的价值，因此，大量的黑客就会设法窃取平台中存储的大数据以牟取利益，大数据的泄露将会对企业和用户造成无法估量的损失。如果数据存储的安全性得不到保证，就会极大地限制大数据的应用与发展。

接下来阐述大数据存储安全的几项关键技术，包括隐私保护、数据加密、数据备份与恢复等。

(1) 隐私保护

简单地说，隐私就是个人、机构等实体不愿意被外部世界知晓的信息。在具体数据应用中，隐私即为数据所有者不愿意被披露的敏感信息，包括敏感数据以及数据所表征的特性，例如，用户的手机号、固定电话、位置信息等。然而，当针对不同的数据以及数据所有者时，隐私的定义也存在差别，例如，保守的病人会视疾病信息为隐私，而开放的病人却不视之为隐私。一般来说，从隐私所有者的角度而言，隐私包括个人隐私和共同隐私。个人隐私是指任何可以确认的特定个人或与可确认的个人相关及个人不愿被透露的信息，都叫作个人隐私，如身份证号、就诊记录等。共同隐私不仅包含个人的隐私，还包含所有个人共同表现出的但不愿被暴露的信息，如公司员工的平均薪资、社交网络群组成员的共同爱好等信息。

隐私保护技术主要保护以下两个方面的内容：如何保证数据在应用过程中不泄露隐私，以及如何更有利于数据的应用。

当前，隐私保护领域的研究工作主要集中于如何设计隐私保护原则和算法以更好地达到这两个方面的均衡。隐私保护技术主要有以下三类。

① 基于数据变换的隐私保护技术。所谓数据变换，简单地讲就是对敏感属性进行转换，使原始数据部分失真，但是同时保持某些数据或数据属性不变的保护方法。目前，该类技术主要包括随机化、数据交换、添加噪声等。一般来说，当进行分类器构建和关联规则挖掘，而数据所有者又不希望发布真实数据时，可以预先对原始数据进行扰动再发布。

② 基于数据加密的隐私保护技术。采用对称或非对称加密技术在数据挖掘过程中隐藏敏感数据，多用于分布式应用环境中，如分布式数据挖掘、分布式安全查询、集合计算、科学计

算等。分布式应用一般采用两种模式存储数据:垂直划分的数据模式和水平划分的数据模式。垂直划分数据是指分布式环境中每个站点只存储部分属性的数据,所有站点存储的数据不重复;水平划分数据是将数据记录存储到分布式环境中的多个站点,所有站点存储的数据不重复。

③ 基于匿名化的隐私保护技术。匿名化是指根据具体情况有条件地发布数据。如不发布数据的某些阈值、数据泛化等。限制发布即有选择地发布原始数据、不发布或者发布精度较低的敏感数据,以实现隐私保护。数据匿名化一般采用两种基本操作:抑制和泛化。抑制是指抑制某些数据项,即不发布这些数据项;泛化是指对数据进行更概括、更抽象的描述。

(2) 数据加密

大数据环境下,数据可以分为两类:静态数据和动态数据。静态数据是指文档、报表、资料等不参与计算的数据;动态数据则是指需要检索或参与计算的数据。使用 SSL-VPN 可以保证数据传输的安全,但存储系统要先解密数据,然后进行存储。当数据以明文的方式存储在系统中时,面对未被授权的入侵者的破坏、修改和重放攻击显得很脆弱,因此对重要数据的存储加密是必须采取的技术手段。然而,"先加密再存储"的加密方案只适用于静态数据,对于需要参与运算的动态数据则无能为力,因为动态数据需要在 CPU 和内存中以明文的形式存在。

(3) 数据备份与恢复

数据存储系统应提供完备的数据备份与恢复机制来保障数据的可用性和完整性。一旦发生数据丢失或破坏,可以利用备份来恢复数据,从而保证在故障发生后数据不丢失。常见的备份与恢复机制有异地备份、RAID(独立磁盘冗余阵列)、数据镜像、快照等。在大数据环境下,备份与恢复数据是一个比较棘手的问题。Hadoop 作为应用最广泛的大数据软件架构,其分布式文件系统(HDFS)可以利用自身的数据备份和恢复机制来实现对数据的可靠保护。

3. 数据挖掘安全技术

数据挖掘是大数据应用的核心部分,是挖掘大数据价值的过程,即从海量的数据中自动抽取隐藏在数据中有用信息的过程。有用信息可能包括规则、概念、规律及模式等。数据挖掘融合了数据库、人工智能、机器学习、统计学、高性能计算、模式识别、神经网络、数据可视化、信息检索和空间数据分析等多个领域的理论和技术。但拥有大数据的机构往往不是专业的数据挖掘者,因此,在挖掘大数据核心价值的过程中,可能会引入第三方机构,如何确保第三方机构在进行数据挖掘的过程中不植入恶意程序,不窃取系统数据,是大数据应用进程中必然面临的问题。

对数据挖掘者的身份认证和访问管理是需要解决的首要安全问题。接下来在介绍这两类技术机制的基础上,总结其在大数据挖掘过程中的应用方法。

(1) 身份认证

身份认证是指计算机及网络系统确认操作者身份的过程,也就是判断用户的真实身份与其所声称的身份是否符合的过程。根据被认证方能够证明身份的认证信息,身份认证技术可以分为以下三种。

① 基于秘密信息的身份认证技术。所谓的秘密信息是指用户所拥有的秘密知识,如用户 ID、口令、密钥等。基于秘密信息的身份认证方式包括基于账号和口令的身份认证、基于对称密钥的身份认证、基于密钥分配中心(KDC)的身份认证、基于公钥的身份认证、基于数字证书的身份认证等。

② 基于信物的身份认证技术。信物主要有信用卡、智能卡、令牌等。智能卡也叫令牌卡，实质上是IC卡的一种。智能卡的组成部分包括微处理器、存储器、输入输出部分和软件资源。为了更好地提高性能，智能卡通常会包含一个分离的加密处理器。

③ 基于生物特征的身份认证技术。此项身份认证技术包括基于生理特征（如指纹、声音、虹膜）的身份认证和基于行为特征（如步态、签名）的身份认证等。

(2) 访问控制

访问控制是指主体依据某些控制策略或权限对客体或其资源进行的不同授权访问，限制对关键资源的访问，防止非法用户进入系统及合法用户对资源的非法使用。访问控制是进行数据安全保护的核心策略，为有效控制用户访问数据存储系统，保证数据资源的安全，通常授予每个系统访问者不同的访问级别，并设置相应的策略保证合法用户获得数据的访问权。访问控制一般可以是自主或者非自主的，较为常见的访问控制模式有自主访问控制、强制访问控制和基于角色的访问控制。虽然这三种访问控制模式在底层机制上不同，但它们本身却可以相互兼容，并以多种方式组合使用。后来出现了一些新的访问控制机制，如基于时空的访问控制、基于行为的访问控制、基于身份的访问控制和基于属性的访问控制等。

4. 数据发布安全技术

数据发布是指大数据在经过数据挖掘分析后，向数据应用实体输出挖掘结果数据的环节，也就是数据"出门"的环节，其安全性尤其重要。数据发布前必须对即将输出的数据进行全面的审查，确保输出的数据符合"不泄密、无隐私、不超限、合规约"等要求。因此，安全的审计技术在数据输出环节是必需的。

当然，再严密的审计手段，也难免有疏漏之处。因此，在数据发布后，一旦出现机密外泄、隐私泄露等数据安全问题，必须有必要的数据溯源机制，确保能够迅速地定位到出现问题的环节、出现问题的实体，以便对出现泄露的环节进行封堵，追查责任者，防止类似问题的再次发生。

(1) 安全审计技术

安全审计是指在记录一切（或部分）与系统安全有关活动的基础上，对其进行分析处理、评估审查，查找安全隐患，对系统安全进行审核、稽查和计算，追查造成事故的原因，并做出进一步的处理。目前，常用的审计技术有如下三种。

① 基于日志的审计技术。通常，SQL数据库和NoSQL数据库均具有日志审计功能，通过配置数据库的自审计功能，即可实现对大数据的审计。日志审计能够对网络操作数据及本地操作数据的行为进行审计。由于依托于现有的数据存储系统，因此兼容性很好。但这种审计技术的缺点也比较明显：在数据存储系统上开启自身日志审计对数据存储系统的性能有影响，特别是在大流量情况下，对数据存储系统的性能损耗较大。

② 基于网络监听的审计技术。基于网络监听的审计技术是通过将对数据存储系统的访问流量镜像到交换机的某一个端口，然后通过专用硬件设备对该端口的流量进行分析和还原，从而实现对数据访问的审计。基于网络监听的审计技术的最大优点就是其与现有数据存储系统无关，部署过程不会给数据库系统带来性能上的负担，且即使出现故障也不会影响数据库系统的正常运行，具备易部署、无风险的特点。然而，其部署的实现原理决定了网络监听技术在针对加密协议时，只能实现到会话级别的审计，即可以审计到时间、源IP、源端口、目的IP、目的端口等信息，但无法对内容进行审计。

③ 基于网关的审计技术。该审计技术通过在数据存储系统前部署网关设备，在线截获并

转发到数据存储系统的流量而实现审计。该审计技术起源于安全审计在互联网审计中的应用。在互联网环境中,审计过程除了记录,还需要关注控制,而网络监听方式无法实现很好的控制效果,故多数互联网审计厂商选择通过串行的方式来实现控制。在实际应用过程中,基于网关的审计技术往往主要运用在对数据运维审计的情况下,不能完全覆盖所有对数据访问行为的审计。

(2) 数据溯源技术

数据溯源是一个新兴的研究领域,源于 20 世纪 90 年代,被普遍理解为追踪数据的起源和重现数据的历史状态,目前还没有公认的定义。在大数据应用领域,数据溯源就是对大数据应用周期的各个环节的操作进行标记和定位,在发生数据安全问题时,可以及时、准确地定位到出现问题的环节和责任者,以便对数据安全问题进行解决。

目前,学术界对数据溯源的理论研究主要基于数据库溯源的模型和方法,主要的方法有标注法和反向查询法,这些方法都是基于数据操作记录的,对于恶意窃取、非法访问者来说,很容易破坏数据溯源信息。大数据溯源系统都是在一个独立的系统内部实现溯源管理的,数据如何在多个分布式系统之间转换或传播,没有统一的业界标准。随着云计算和大数据环境的不断发展,数据溯源技术将变得越来越重要,逐渐成为研究的热点。

14.3 可信计算技术

随着计算机网络的深度应用,首要的三个安全威胁是恶意代码攻击、信息非法窃取、数据和系统非法破坏,其中以窃取用户私密信息为目标的恶意代码攻击是最大安全威胁。产生这些安全威胁的根本原因在于没有从体系架构上建立计算机的恶意代码攻击免疫机制。因此,如何从体系架构上建立恶意代码攻击免疫机制,实现计算系统平台安全、可信赖地运行,已经成为亟待解决的核心问题。

可信计算就是在此背景下提出的一种技术理念,其主要思想是,在硬件平台上引入具有一定防篡改能力的安全芯片,并以该芯片为“根”构造一个体系,建立一种特定的完整性度量机制,保证在“根”得到信任的前提下,计算平台在运行时具备分辨可信程序代码与不可信程序代码的能力,从而对不可信的程序代码建立有效的防治方法和措施。换句话说,就是通过加入安全芯片,辅以其他硬件、固件和软件,将部分或整个计算平台变成“可信”的计算平台。

目前,可信计算中的“可信”存在多种不同定义。ISO/IEC 将可信定义为,参与计算的组件、操作或过程在任意的条件下是可预测的,并能够抵御病毒和一定程度的物理干扰。

由众多国际 IT 厂商共同组建的可信计算组织(Trust Computing Group,TCG)将可信定义为,一个实体是可信的,如果它的行为总是以预期的方式朝着预期的目标。TCG 的可信计算技术思路是通过在硬件平台上引入硬件安全芯片,即可信平台模块(Trusted Platform Module,TPM),来提高计算机系统的安全性。这种可信计算技术思路目前得到了产业界的普遍认同。

可信计算技术综合了多种安全技术,涵盖了众多的研究开发点,当前的主要研究方向集中在可信计算安全体系结构〔包括虚拟技术、仅执行内存(XOM)、AEGIS、Cerium〕、安全启动、远程证明、安全增强(包括操作系统安全增强、Web 服务器安全增强、PKI 增强)、可信计算应用与测评〔包括数字版权管理(DRM)、TPM 测评〕等。

TCG 在 2003 年推出了 TPM 1.2 技术规范，从个人计算机到服务器、平板电脑、移动电话等，以可信平台模块为信任根，将可信计算技术渗透到计算平台的各个层面，以建立满足各行各业对可信计算环境构建的技术要求，可信计算技术应用如图 14.6 所示。与此同时，我国政府、学术界和产业界也在积极推动可信计算的研究和相关产品的研发工作。2007 年，我国国家密码管理局发布了《可信计算密码支撑平台功能与接口规范》，标志着我国独立自主的可信计算和标准的成熟。随着我国具有自主知识产权的 TCM(Trusted Cryptography Module)芯片的推出，我国深入开展了以 TCM 为基础的系统研究的开发和推广工作。

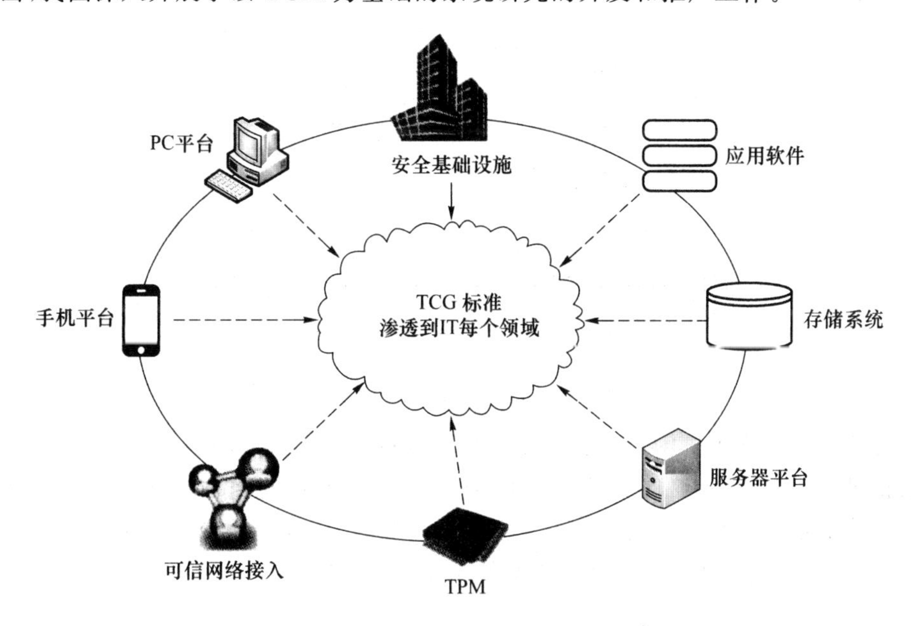

图 14.6 可信计算技术应用广泛

14.3.1 可信计算平台体系结构

可信计算的宗旨是，以可信计算安全芯片为核心改进现有平台体系结构，增强通用计算平台和网络的可信性。TCG 在现有体系结构上引入硬件安全芯片 TPM，利用 TPM 的安全特性来保证通用计算平台的可信性。

TCG 是一个非营利的工业标准组织，于 2003 年成立，并采纳由美国 IBM、HP、Intel、微软等著名企业组成的可信计算平台联盟(Trusted Computing Platform Alliance，TCPA)所开发的规范 TCPA TPM v1.1。同年，TCG 推出了新的规范 TPM v1.2。2005 年，TCG 推出可信网络连接规范 v1.0。

TCG 可信计算平台提供以下三个基本特性：

① 受保护能力(Protected Capability)：即一个命令集，其中的命令具有访问被屏蔽位置的特权。被屏蔽位置就是能安全地操作敏感数据的地方，如内存、寄存器等，或者说是仅能被受保护能力访问的数据位置。

② 平台证明(Platform Attestation)：一个平台能够证明对影响平台完整性(可信的)的平台特性的描述，所有形式的证明都需要佐证实体提供可靠的证据。

③ 完整性度量、存储与报告(Integrity Measurement，Storage and Report)：完整性度量、存储与报告就是获取影响一个平台完整性特性的量度，存储这些度量值，并将其摘要放入平台

配置寄存器(PCR)中的过程。

可信计算平台体系结构如图 14.7 所示。硬件层是构建可信计算平台的基础,其中 TPM 是平台的信任根,是可信计算平台信任链的源点和起点。平台(服务器、移动终端等)运行的部件是以操作系统服务的形式存在的,为上层软件层中的应用程序提供密码管理服务接口,同时具备线程管理的功能。在平台和软件层之间存在标准的安全芯片密码服务接口。在软件层,可信计算平台利用 TPM 提供的功能支持多种应用和软件服务,如安全芯片管理工具、VPN、安全 E-mail、磁盘加密等。

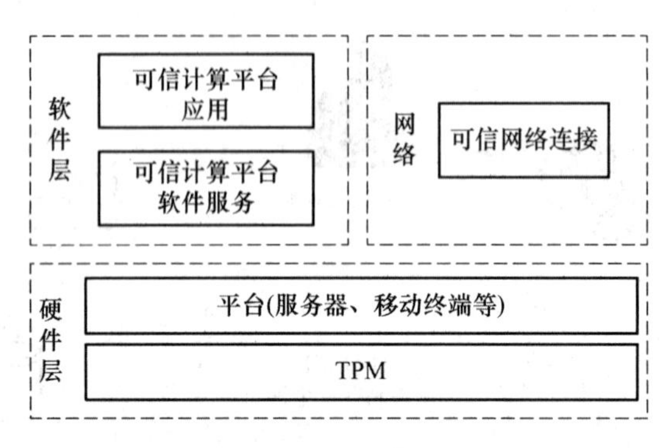

图 14.7　可信计算平台体系结构

可信计算平台是指本机用户及远程交易方都信赖的平台,可以从四个方面来理解:第一,用户的身份唯一性认证,是对使用者的信任;第二,平台软硬件配置的正确性,体现了使用者对平台运行环境的信任;第三,应用程序的完整性和合法性,体现了应用程序运行可信;第四,平台之间的可验证性,指网络环境下平台之间的相互信任。

14.3.2　可信计算终端平台信任技术

可信计算平台的基本思想为:首先建立一个信任根,信任根的可信性由物理安全和管理安全确保;再建立一条信任链,从信任根开始,到硬件平台、BIOS、操作系统,再到应用,一级测量认证一级,一级信任一级,从而把这种信任扩展到整个计算机系统。

1. 信任根技术

在 TCG 可信计算平台中,信任根是必须被信任的组件。一个完全的根信任集合至少要有描述影响平台可信性的平台特性所必需的最少功能。TCG 认为一个信任根包括三个根:①可信度量根(Root of Trust for Measurement,RTM);②可信存储根(Root of Trust for Storage,RTS);③可信报告根(Root of Trust for Reporting,RTR)。RTM 是能够在内部进行可靠完整性检测的计算引擎,是一个软件模块。具有代表性的 RTM 是受对检测的核心根信任(CRTM)控制的普通平台计算引擎。RTM 也是传递信任链的根。RTS 是能够维护一个精确的对完整性摘要的值和摘要的次序进行概括的计算引擎,以此向访问实体报告平台或其上运行实体的可信度的依据。RTS 由 TPM 芯片和存储根密钥(SRK)组成。RTR 是能够可靠地报告 RTS 持有信息的计算引擎,RTR 通过询问实体并据此来衡量当前平台的可信度,决定是否与该平台建立会话。RTR 由 TPM 芯片和根密钥(EK)组成。

2. 信任链技术

TCG 的信任度量采用了一种链式的信任度量模型,简称信任链,其目的是测试信任链上各节点的真实性和正确性,信任链技术如图 14.8 所示。从 BIOS Boot Block→BIOS→OS

Loader→OS 构成了一个串行链，其中 BIOS Boot Block 是 RTM，采用了一种迭代计算 Hash 值的方式，将现值与新值相连，再计算 Hash 值，并将其作为新的完整性度量值存储到平台配置寄存器 PCR 中：

$$\text{New PCR}_i = \text{HASH}(\text{Old PCR}_i \| \text{New Value})$$

其中，符号||表示连接。

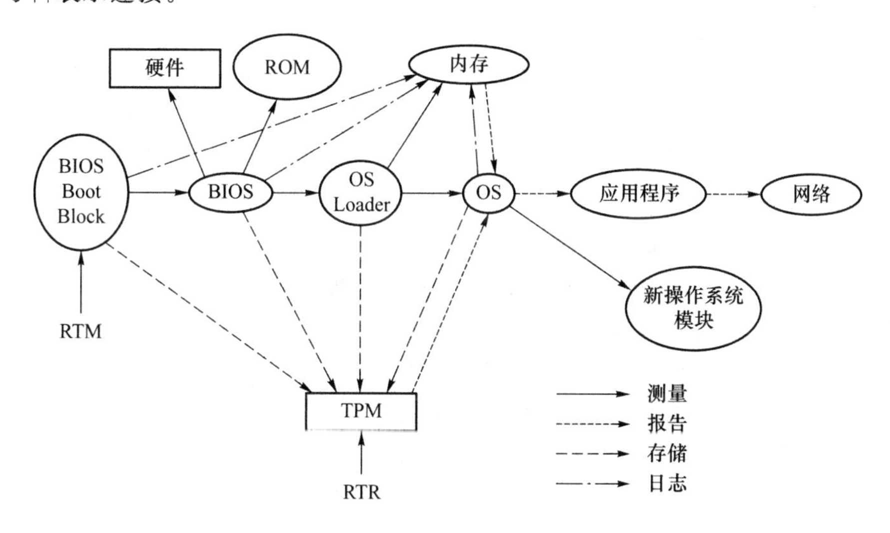

图 14.8　信任链技术

信任链的这种链式信任度量模型的最大优点是，实现了可信计算的基本思想。此外，信任链与现有计算机有较好的兼容性，实现简单。但是，这种链式信任度量模型具有如下的缺点：第一，信任链较长，信任传递的路径越长，信任的损失就可能越大；第二，信任度量值的计算采用迭代计算 Hash 值的方式，使得在信任链中加入或删除一个部件时，如信任链中的软件部件更新，PCR 的值都得重新计算，过程较为烦琐；第三，在实现技术上，RTM（如图 14.8 中的 BIOS Boot Block）是一个软件模块，将它存储在 TPM 之外，容易受到恶意攻击。

对 BIOS、操作系统（OS）的数据完整性测试认证是静态的，但是软件数据完整性还不能保证动态的安全性，因此，还必须进行动态可信性的测量认证。平台动态信任环境构建技术主要分为两个阶段来实施，即平台启动阶段和平台运行阶段。在平台启动阶段，主要通过可信引导技术保证 BIOS、引导程序、操作系统内核可信；在平台运行阶段，主要通过操作系统组件动态度量技术，保证系统运行组件如软件、应用程序等可信。组件动态度量方法能够即时地反映系统当前时刻的完整性，支持在任意时刻度量进程状态，能够最大程度地避免度量失效，通过 TPM/TCM 保证度量架构本身的安全性。

3. 虚拟平台度量技术

随着虚拟技术的发展，终端平台的虚拟化应用越来越广泛。虚拟平台度量技术的研究逐渐成为研究热点。这方面的主要成果包括 LKIM 系统、HIMA 和 Hyper Sentry 度量架构。LKIM 和 HIMA 都是利用虚拟平台的隔离特性，通过对虚拟机内存的监控实现对虚拟机的完整性度量。而 Hyper Sentry 采用硬件机制，在 Hypervisor（虚拟机监视器）无法感知的情况下对其进行度量。虚拟平台构建信任的基础在于建立为多个虚拟机提供信任服务的信任根。IMB 公司提出了 vTPM 架构，以软件虚拟的方式为每个虚拟机提供一个单独的 vTPM，从而规避多个虚拟机共享 TPM 的资源冲突问题。德国波鸿鲁尔大学在 vTPM 架构的基础上提出了基于属性的 TPM 虚拟方案，进一步增强了 vTPM 的可用性。以上这两种方案的不足都在于 vTPM 与 TPM 之间缺乏有效绑定。

14.3.3 可信计算平台间信任扩展技术

在终端平台信任构建的基础上，将终端平台的信任扩展到远程平台的主要方法是远程证明，主要包括平台身份证明和平台状态证明。

在平台身份证明方面，TPM v1.1 规范首先提出了基于 Privacy CA 的身份证明方案，它通过平台身份证书证明平台的真实身份，但该方案无法实现平台身份的匿名性。针对 TPM 匿名证明的需求，TPM v1.2 规范提出了基于 CL 签名的直接匿名证明（Direct Anonymous Attestation，DAA）方案。DAA 方案的早期研究主要针对 RSA 密码机制，这方面的研究都存在 DAA 签名长度较长、计算量大的缺点。后来，有学者提出了基于椭圆曲线及双线性映射的 DAA 方案，大幅提高了计算和通信性能，此后大量的改进研究主要集中在效率提高方面。

在平台状态证明方面，TCG 提出二进制直接远程证明方法。IBM 公司遵循该方法实现直接证明的原型系统。这种方法存在平台配置信息容易泄露、扩展性差等问题。为克服上述缺点，国际上提出了基于属性的证明方法，将平台配置度量值转换为特定的安全属性，并加以证明。这方面的主要研究成果有 IBM 公司基于属性证明的框架和德国波鸿鲁尔大学的属性远程证明实现方案。

14.3.4 可信网络连接

仅有终端可信是不能满足需求的，还需将终端的信任扩展到网络，将网络构建成一个可信的计算环境。

TCG 组织于 2005 年发布了可信网络连接（Trusted Network Connection，TNC）架构规范 1.0 版，其特点在于将终端完整性引入网络接入控制的判定。TCG 对网络接入规范进行了持续的改进。在最新发布的规范中，TNC 架构增加了元数据存取点（Meta Access Point，MAP）和 MAP 客户端，能够根据元数据信息的变化动态控制终端对网络的访问。同时，TNC 架构还实现了与 NAP 方案的互操作。TNC 架构如图 14.9 所示。

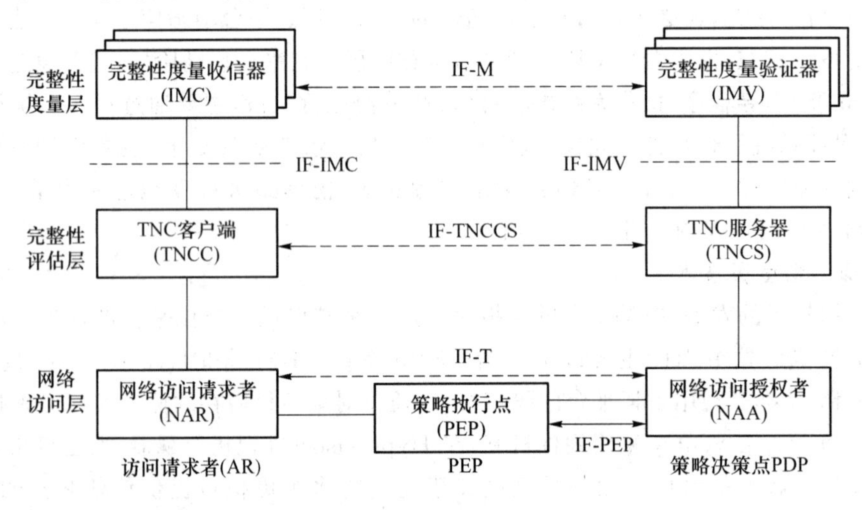

图 14.9 TNC 架构

TNC包括三个层次、三个实体和若干个接口组件。该架构在传统的网络接入层次上增加了完整性评估层与完整性度量层,从而实现对接入平台的身份验证与完整性验证。

TNC分为网络访问层、完整性评估层、完整性度量层三个层次。网络访问层支持传统的网络连接技术,如IEEE-802.11X和VPN等机制。完整性评估层用于平台的认证,并评估AR的完整性。完整性度量层用于收集和校验AR的完整性相关信息。

TNC中的三个实体分别是访问请求者(Access Requestor,AR)、策略执行点(Policy Enforcement Point,PEP)和策略决策点(Policy Decision Point,PDP)。AR发出访问请求,收集平台完整性可信信息,发送给PDP,申请建立网络连接;PDP根据本地安全策略对AR的访问请求进行决策判定,判定依据包括AR的身份与AR的平台完整性状态,判定结果为允许/禁止/隔离;PEP控制对被保护网络的访问,执行PDP的访问控制决策。

其中,AR包括三个组件:①网络访问请求者(Network Access Requestor,NAR),发出访问请求,申请建立网络连接,在一个AR中可以有多个NAR;②TNC客户端(TNC Client,TNCC),收集完整性度量收集器(Integrity Measurement Collector,IMC)的完整性测量信息,同时测量并报告平台和IMC自身的完整性信息;③IMC,测量AR中各个组件的完整性,在一个AR上可以有多个不同的IMC。PDP也包括三个组件:①网络访问授权者(Network Access Authority,NAA),对AR的网络访问请求进行决策,NAA可以咨询上层的可信网络连接服务器(TNC Server,TNCS)来确定AR的完整性状态是否与PDP的安全策略一致,从而决定AR的访问请求是否被允许;②TNCS,负责与TNCC之间的通信,收集来自完整性度量验证器(Integrity Measurement Verifier,IMV)的决策,形成一个全局的访问决策传递给NAA;③IMV对IMC传递过来的AR各个部件的完整性测量信息进行验证,并给出访问决策意见。

TNC开创性地提出了将可信计算机制引入网络,引起了国内外研究者的研究。国际上主要有思科的网络准入控制系统(NAC)、微软的网络访问保护(NAP)等解决方案。思科推出的NAC方案的优势在于网络设备的接入控制和监控,微软推出的NAP方案的优势在于终端安全状态评估和监控。我国学者基于TNC架构也开展了可信网络连接的研究工作,如中国科学院软件所TCA实验室提出了一种平台匿名网络接入控制系统架构,解决了TNC终端平台接入网络时的身份隐私问题。此外,现有的网络安全协议,如SSL协议、TLS协议和IPSec协议,只能实现终端平台接入可信网络时的用户身份认证,保证网络通信数据的机密性和完整性,但无法实现终端完整性的认证。针对该问题,IBM公司、德国波鸿鲁尔大学等提出了将终端完整性的认证扩展到SSL协议的方案,使终端可以在SSL协议中证明平台配置状态,建立与可信网络之间的可信信道。

本章小结

本章从量子密码、大数据安全与隐私保护、可信计算技术三个方面阐述信息安全的新技术。在量子密码方面,从量子密码技术和量子通信技术两个角度介绍量子密码的基本概念,以及国内外量子密码的发展情况;在大数据安全与隐私保护方面,介绍当前大数据面临的安全威胁,同时介绍了当前主要的大数据安全与隐私保护技术;在可信计算技术方面,介绍了可信计算平台的基础思想及体系结构,以及可信网络连接的基础架构。

本章习题

1. 请简述量子信息技术的出现给经典密码带来的威胁。
2. 请说明量子隐形传态的含义。
3. 当前大数据面临哪些安全与隐私问题,有哪些主要的威胁?
4. 请简述当前大数据安全与隐私保护的主要技术。
5. 什么是可信,什么是信任根,什么是信任链?
6. 请简述可信计算的思想。
7. 请简述可信网络连接结构。

参考文献

[1] Mark Stamp. 信息安全原理与实践[M]. 张戈,译. 北京：清华大学出版社，2013.
[2] 翟健宏. 信息安全导论[M]. 北京：科学出版社，2011.
[3] 朱建明，王秀利. 信息安全导论[M]. 北京：清华大学出版社，2015.
[4] 吴衡，董峰. 信息安全理论与实践[M]. 北京：国防工业出版社，2015.
[5] 张凯. 信息安全导论[M]. 北京：清华大学出版社，2018.
[6] 李冬冬. 信息安全导论[M]. 北京：人民邮电出版社，2020.
[7] 印润远，彭灿华. 信息安全导论[M]. 2 版. 北京：中国铁道出版社，2021.
[8] 李春艳，王欣. 信息安全技术与实践[M]. 北京：机械工业出版社，2019.
[9] 刘远生，辛一. 计算机网络安全[M]. 2 版. 北京：清华大学出版社，2009.
[10] 邵丽萍. 计算机安全技术[M]. 北京：清华大学出版社，2012.
[11] 彭国军，傅建明，梁玉. 软件安全[M]. 武汉：武汉大学出版社，2015.